KB102258

2D 3D AutoCAD

기계설계제도

이광수 · 계상덕 · 김성원 공저

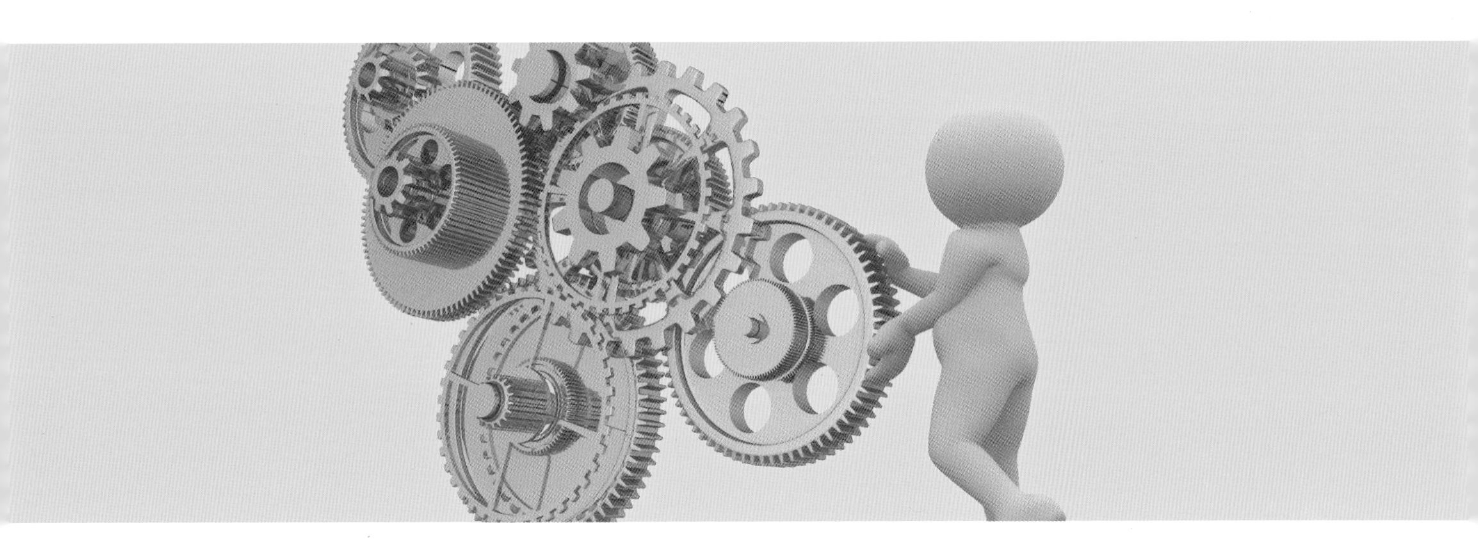

일진사

개정판을 내면서...

도면을 쉽게 이해하고 설계할 수 있는 좋은 방법이 없습니까?
설계에 필요한 2D, 3D CAD의 핵심 기능만을 일목요연하게 정리할 수는 없습니까?
KS 규격을 도면에 바로 적용하여 도면 실습을 할 수 있는 책을 만들 수는 없습니까?

언제부터인가 도서출판 일진사에서 이러한 독자들의 요구를 충족할 교재를 만들자고 제안해 왔습니다. 두려움도 있었지만 사실은 저희 필자들 역시 그것에 대한 갈증이 있었습니다.

우리는 도서출판 일진사의 원고 집필에 관한 조언과 협조로 시중의 다양한 CAD 교재와 기계설계 · 제도 교재를 검토하고 분석하여, 이를 학습자들에게 쉽게 전달하고 각각의 기능들을 빠르게 익힐 수 있는 방법을 찾기 시작하였습니다. 또한, 산업현장과 학교의 격차를 줄이기 위하여 현장실무자를 집필자로 참여시켜 원고를 작성하였습니다.

각고의 노력 끝에 도면작성에 꼭 필요한 CAD의 핵심 기능과 KS 제도 통칙을 기반으로 한 새로운 개념의 기계설계 · 제도 책을 완성하였습니다.
특히 KS 및 ISO 규정을 따로 공부할 필요 없이 쉽게 도면을 작성하고 해독할 수 있도록 본문 사이에 KS 규격을 삽입하여 학습의 효과를 극대화시킬 수 있도록 하였습니다.
또한, 치수 공차 및 형상 공차는 기능 중심으로 산업현장 전문가와 기능올림픽 학생을 지도했던 선생님들의 자문을 거쳐 어느 부분에 어떤 기하 공차가 사용되고, 그 값은 무엇에 근거하여 설정되었는지를 설명하였습니다.

문득, 격세지감이란 말이 생각납니다. 몇 년 전 기대 반 두려움 반으로 집필한 『AutoCAD기계설계제도』 초판이 독자들로부터 엄청난 사랑과 격려를 받으며 소위 잘 만든 책으로 인식되기 시작한 것은 저희들에게 큰 기쁨이자 부담이었습니다.
초판 이후 4년의 짧은 기간 동안 많은 것이 변하고 발전하였습니다. 이제 저희 집필진은 초심으로 돌아가 NCS 교육 시스템을 도입한 학교 측의 요구에 부응하고 그동안 개정되거나 추가, 삭제된 KS 규격을 정리하여 기존의 교재를 전면 개편하게 되었습니다.

아무쪼록, 본 개정판이 기계를 전공하는 학생이나 현장실무자 및 자격시험을 준비하는 수험생 모두에게 도움이 되었으면 좋겠습니다.
끝으로 이 책이 나오기까지 부족한 원고를 정성껏 다듬고 NCS 교육 시스템과 개정된 KS 규격을 일일이 확인해가며 편집해주신 **일진사** 임직원 여러분들께 진심으로 고마움을 전합니다.

저자 일동

Chapter 1 AutoCAD

Chapter 2 기계 제도의 기본

Chapter 3 투상도

Chapter 4 치수 기입

Chapter 7 기하 공차

Chapter 8 주서 및 도면 검도법

Chapter 9 KS 규격을 요소 제도에 적용하기

Contents

Chapter 10 동력 전달 장치 도면 그리기

Chapter 11 실습 과제 도면 해석

Chapter

AutoCAD

1 AutoCAD 환경 및 개념

1 AutoCAD의 기능

AutoCAD는 벡터 방식의 그래픽 소프트웨어로 2차원 도면 작성에 적합하다. 사용되는 파일 확장자는 주로 DWG이며 다른 CAD와의 호환을 위해 DXF, IGES 등도 사용할 수 있다.

초기 작업값은 메트릭 단위로 설정되어 있으며 inch 단위로 설정할 수 있다.

캐드 화면은 영역을 무한대로 사용할 수 있으므로 모든 형상은 실제 크기로 작도하고, 출력 단계에서 확대 및 축소하여 도면을 출력한다. 예를 들어 비행기를 제도할 경우 실제 비행기 크기로 그리고, 종이에 출력을 할 경우 척도에 의해 축소하여 프린트한다.

2 AutoCAD의 실행

① 바탕화면에 있는 AutoCAD 아이콘을 더블클릭하거나 시작 메뉴에서 AutoCAD를 찾아 실행한다.

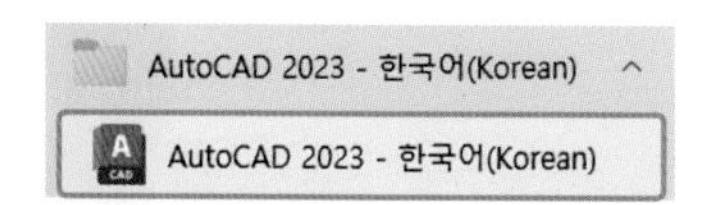

② AutoCAD를 실행하여 나타난 초기 화면은 아래와 같다.

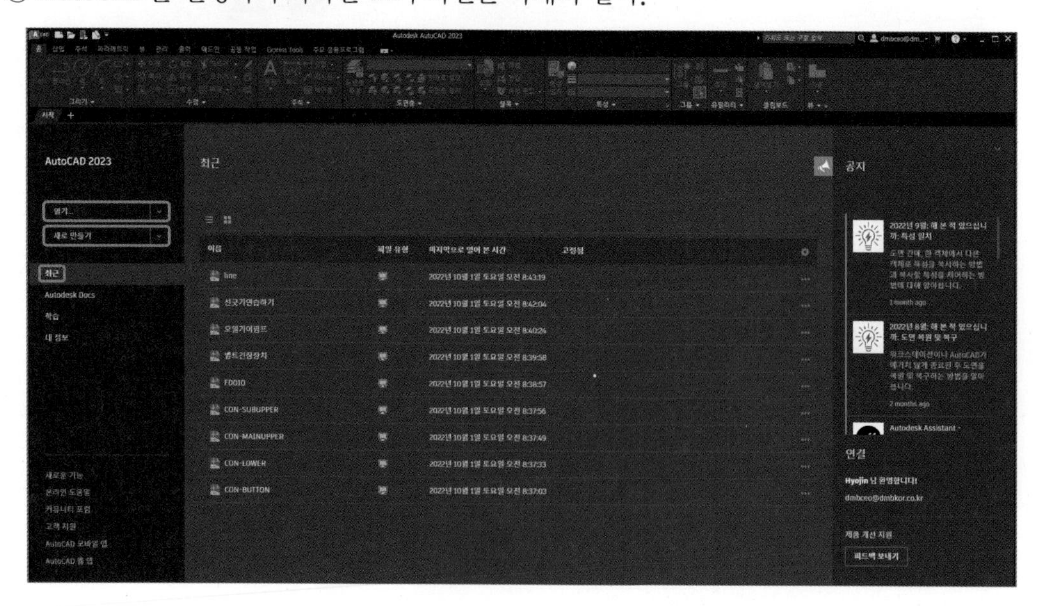

- **열기** – 기존에 저장된 작업파일을 불러온다.
- **새로 만들기** – 처음 작업화면으로 넘어간다.
- **최근** – 최근에 작업한 파일을 보여주며 상세 아이콘과 큰 아이콘을 볼 수 있다.

3 AutoCAD의 초기 화면 구성

응용 프로그램 아이콘 신속 접근 도구막대

리본 메뉴

뷰큐브 도구

탐색 도구

그래픽 윈도우

명령 입력 창

객체 스냅 도구막대 사용자 구성 도구막대

4 AutoCAD 명령 실행 방식

(1) 응용 프로그램 아이콘

새로 만들기(새 도면 작성), 열기, 저장, 게시, 인쇄 등 파일 작업 명령이 표시되며, 최근 작업한 도면 리스트를 정렬 조건을 부여하여 나열할 수 있다.

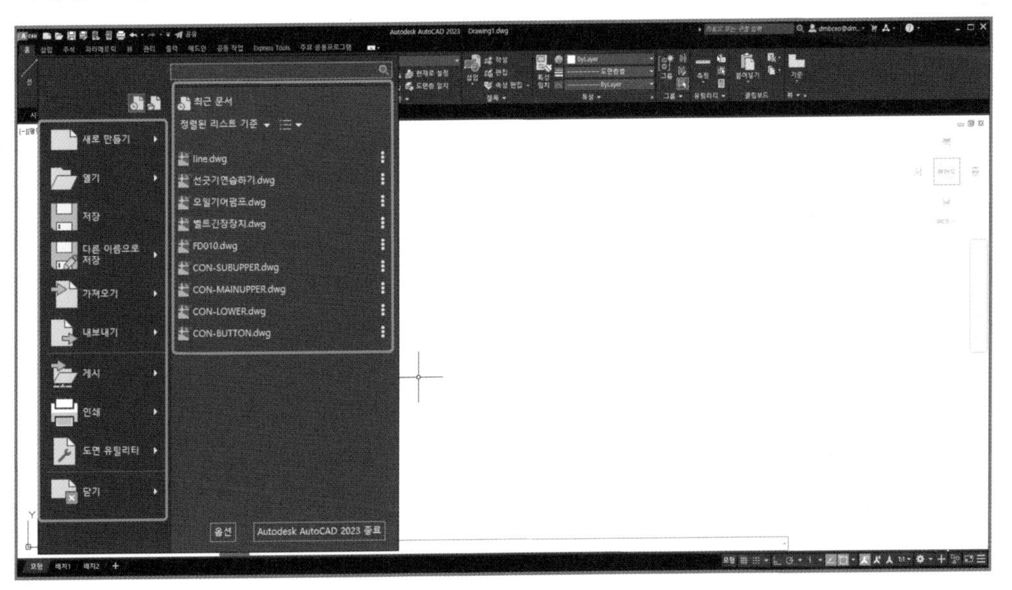

(2) 신속 접근 도구막대

자주 사용하는 도구가 표시되며, 오른쪽 끝에 있는 을 클릭하면 나타나는 팝업창에서 원하는 기능을 포함하도록 사용자가 직접 편집할 수 있다.

(3) 리본 메뉴

탭을 선택할 때마다 해당하는 패널이 표시되며, 리본 메뉴에 표시되는 명령어와 아이콘은 사용자가 직접 편집할 수 있다.

(4) 명령 입력 창

명령어를 입력하여 지령하며 Ctrl + 9를 눌러 On/Off할 수 있다.

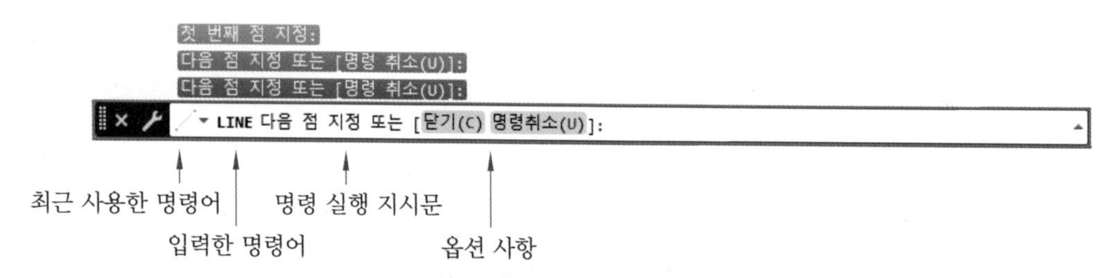

(5) 객체 스냅 도구막대

도면작업을 위해 자주 사용하는 객체 스냅을 설정하는 곳이다. 한 번 클릭하면 해당 객체 스냅이 실행되고, 한 번 더 클릭하면 객체 스냅이 해제된다.

(6) 사용자 구성 도구막대

사용자 구성 도구막대는 을 클릭하여 원하는 기능으로 쉽게 사용자화할 수 있다. 을 클릭하면 팝업창이 나타나며, 제도 및 주석, 3D 기본 사항, 3D 모델링 작업공간으로 전환하여 사용할 수 있다.

(7) 탐색 도구

초점 이동, 줌(확대/축소), 내비게이션 휠 등 화면 표시와 관련된 기능을 표시한다.

내비게이션 도구를 이용하면 화면에 항상 표시되면서 선택한 기능을 실시간으로 편리하게 사용할 수 있다.

(8) 뷰큐브 도구

현재의 뷰포트를 변경할 수 있으며, 회전 도구를 사용하여 뷰포트를 회전할 수도 있다.

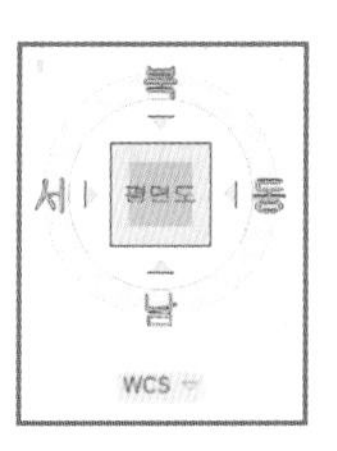

5 도면 영역에서 초점 이동 및 확대/축소

① 마우스의 MB3를 클릭하여 팝업창에 있는 초점 이동과 줌을 이용할 수 있다.

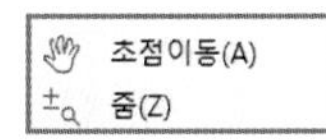

② **초점 이동 :** 마우스의 MB1을 드래그하여 화면의 중심을 이동한 후 Enter↵한다.

명령 : PAN, 단축명령 : P

PAN
ESC 또는 ENTER 키를 눌러 종료하거나 오른쪽 클릭하여 바로 가기 메뉴를 표시하십시오.

PAN

③ **확대/축소 :** Zoom 명령 옵션을 사용하여 화면을 확대/축소할 수 있다.

명령 : ZOOM, 단축명령 : Z

ZOOM
윈도우 구석 지정, 축척 비율(nX 또는 nXP) 입력 또는
ZOOM [전체(A) 중심(C) 동적(D) 범위(E) 이전(P) 축척(S) 윈도우(W) 객체(O)] <실시간>:

참고

마우스 기능

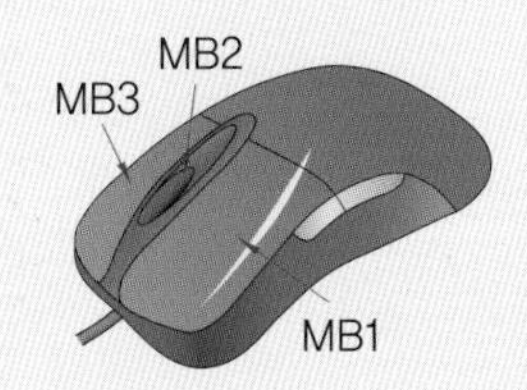

MB1	메뉴나 도구 등 각종 객체들을 선택한다.
MB2	• 휠을 굴려 올리면 화면이 확대되고 내리면 축소된다. • 휠을 클릭한 상태로 이동하면 화면 그림이 이동한다. • 휠을 더블 클릭하면 전체 도형이 화면에 꽉 차게 보인다.
MB3	팝업(바로가기) 메뉴를 사용한다.

6 파일 관리

(1) 열기

명령 : OPEN

기존에 저장된 오토캐드 파일을 열 때 사용한다. 파일의 기본 확장자는 DWG이며, 그 외에 필요에 따라 선택적으로 사용한다.

① 신속 접근 도구막대에서 열기

② 응용 프로그램에서 열기

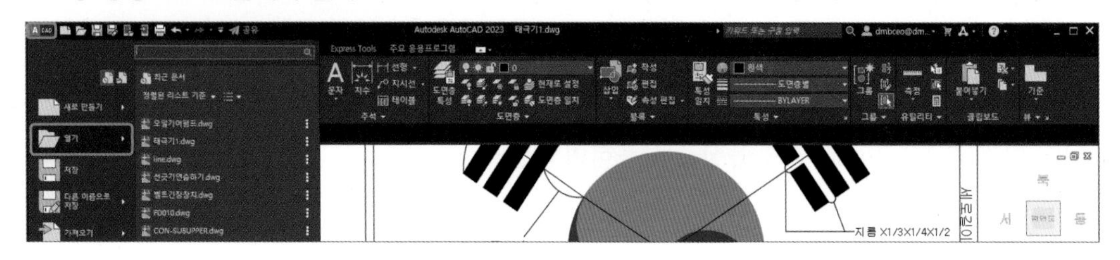

(2) 저장 및 다른 이름으로 저장

응용 프로그램 아이콘 ⇨ 저장, 다른 이름으로 저장

같은 DWG 확장자라도 다양한 버전이 존재하므로 추후 작업의 용이성을 고려하여 확장자를 결정한다.

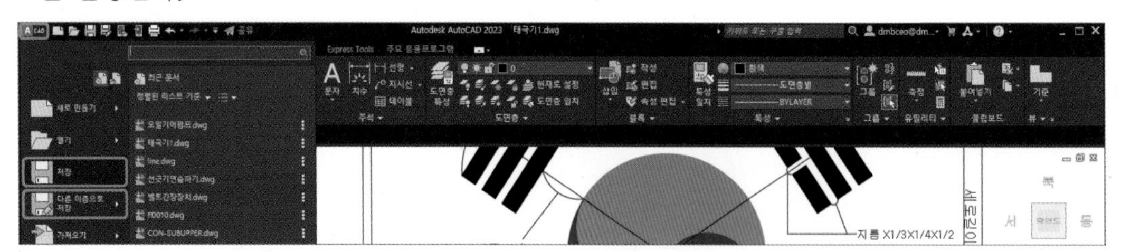

> **참고**
> 최신 버전의 확장자를 사용하면 이전 버전에서는 파일이 열리지 않을 수 있다. 단축키 Ctrl + S를 더 많이 사용한다.

7 옵션

명령 : OPTIONS, 단축명령 : OP

응용 프로그램 아이콘 ⇨ 옵션을 클릭하여 옵션 대화상자에서 각각의 탭을 클릭하고, 다음과 같이 작업환경을 설정한다.

(1) 화면 표시

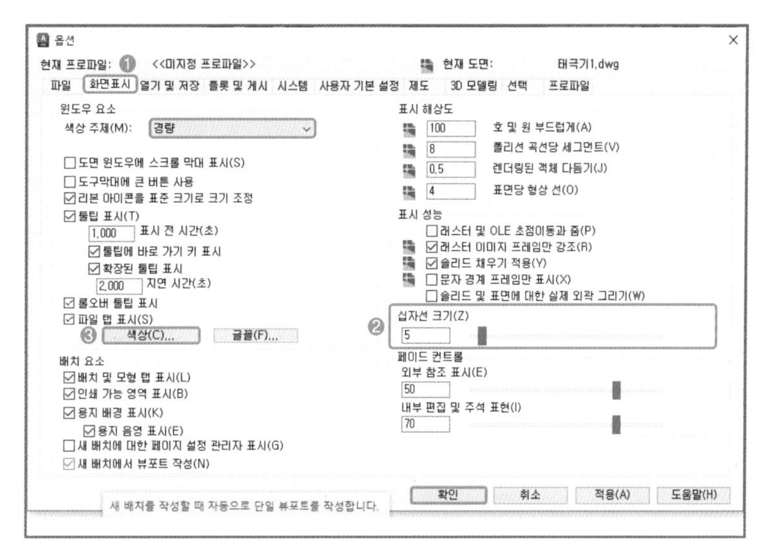

❶ [화면 표시] ⇨ [어두움] 또는 [경량]을 선택하면 리본이 검은색 또는 흰색으로 변경된다.

❷ [화면 표시] ⇨ 십자선 크기를 [5]%로 설정한다.

❸ [화면 표시] ⇨ [색상]을 클릭하면 팝업창에서 [2D 모형 공간] ⇨ [균일한 배경] ⇨ [검은색]으로 변경한다.

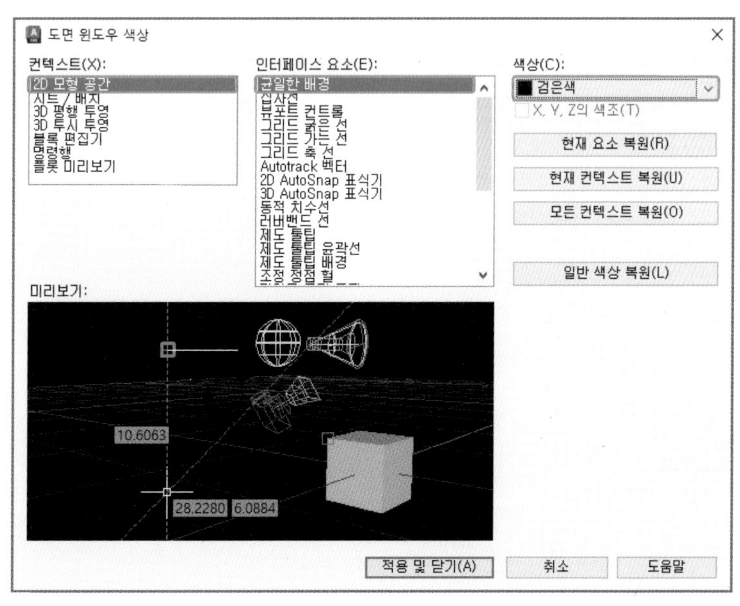

(2) 열기 및 저장

❶ **파일 저장** : 작성된 도면을 낮은 버전 [AutoCAD 2018 도면(*.dwg)]로 저장하여 다른 버전에서 열 수 있다.

❷ **자동 저장** : 파일을 10분 간격으로 자동 저장을 할 수 있다.

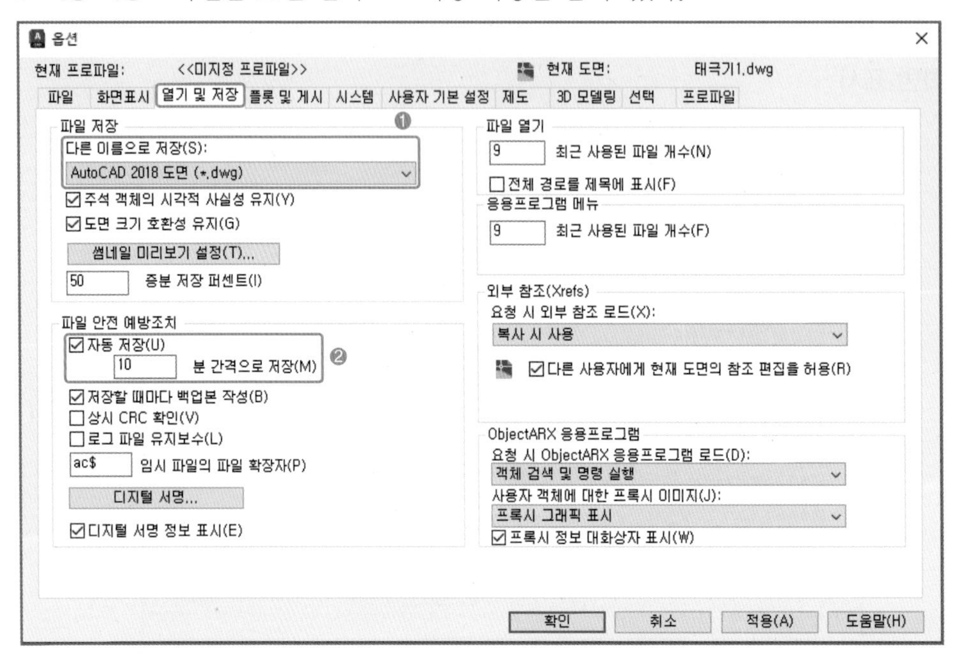

(3) 플롯 및 게시

도면 출력 시 사용할 프린터 기종에 알맞은 출력 장치를 지정한다.

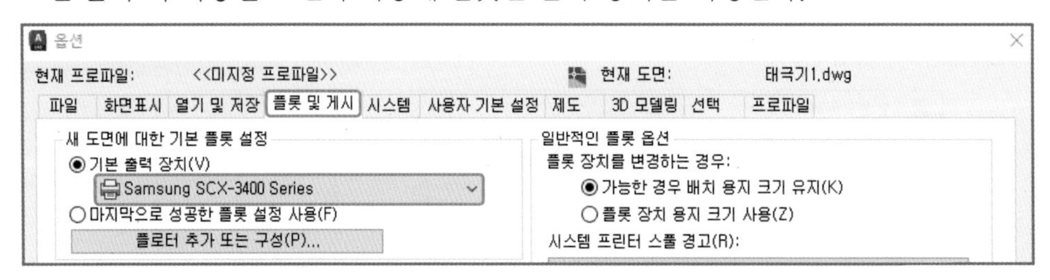

참고

열기 및 저장

도면 파일을 열거나 저장할 때의 환경을 설정한다. 기본으로 저장하는 도면 파일의 형식과 자동 저장 간격, 외부 참조 도면의 연결 방법 등을 설정할 수 있다.

(4) 제도

그림과 같이 AutoSnap 표식기 크기와 조준창 크기를 조절할 수 있다. 윈도우 그래픽 화면은 주로 검은색을 사용하므로 AutoSnap 표식기 색상은 빨간색이나 노란색으로 변경하여 사용하는 것이 좋다.

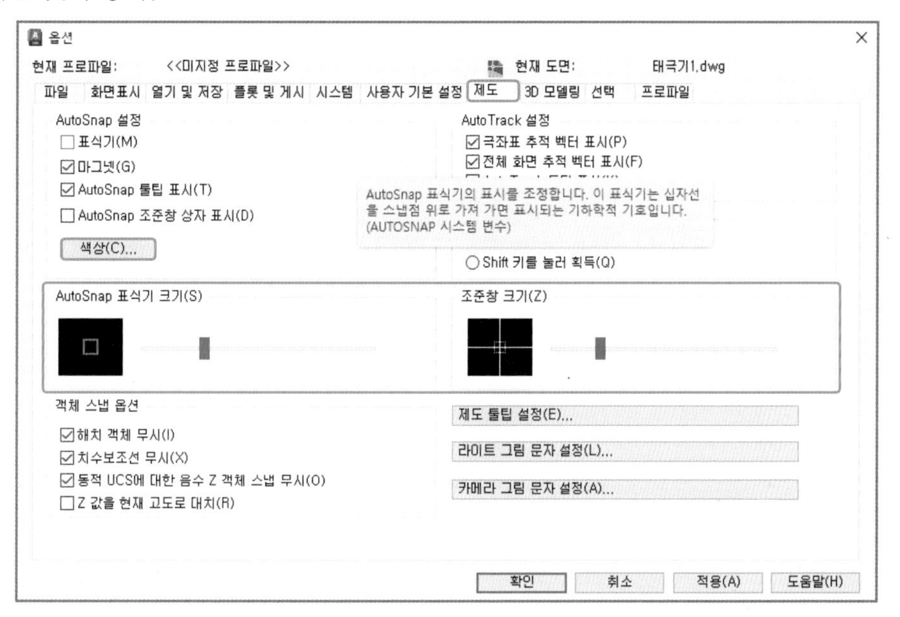

(5) 선택

❶ 확인란 크기와 그립 크기를 조절한다.

❷ 선택 모드 항목은 다음과 같이 기본값으로 설정한다.

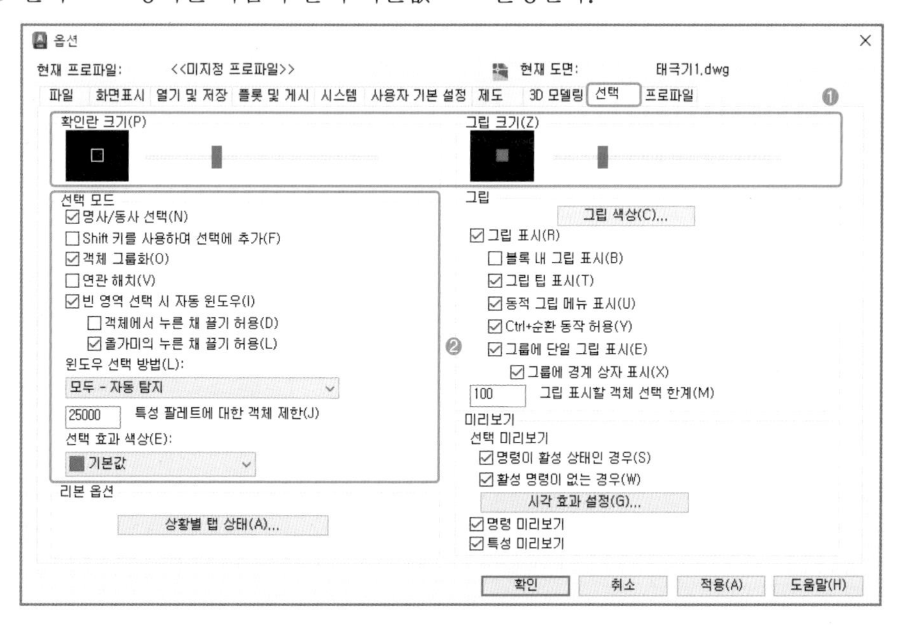

8 제도 설정

명령 : OSNAP, 단축명령 : OS

스냅 및 그리드, 극좌표 추적, 객체 스냅, 3D 객체 스냅, 동적 입력, 빠른 특성, 선택 순환 명령을 제어하여 도면 작도에 활용할 수 있다.

(1) 스냅 및 그리드

스냅은 커서를 일정 간격으로만 움직이는 도구로, 스냅 간격과 그리드 간격을 다르게 설정할 수 있다.

- 스냅 On/Off : F9
- 그리드 On/Off : F7

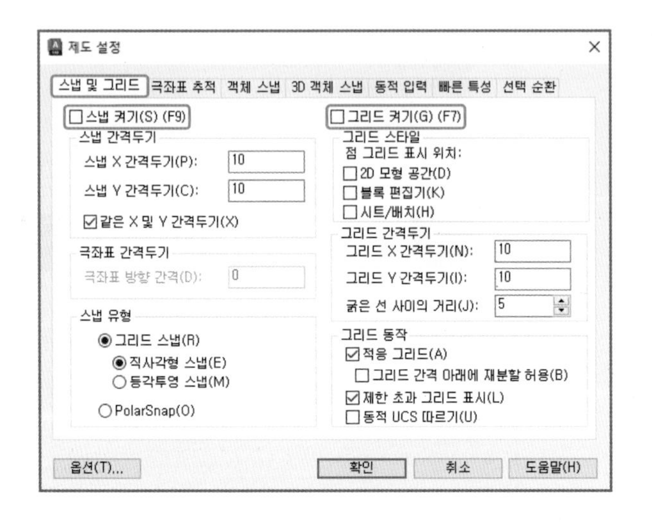

(2) 극좌표 추적

각도를 추적하는 기능으로 설정한 각도에 따라 커서의 움직임을 제어한다.

- 극좌표 추적 켜기 : ☑ 체크하거나 F10

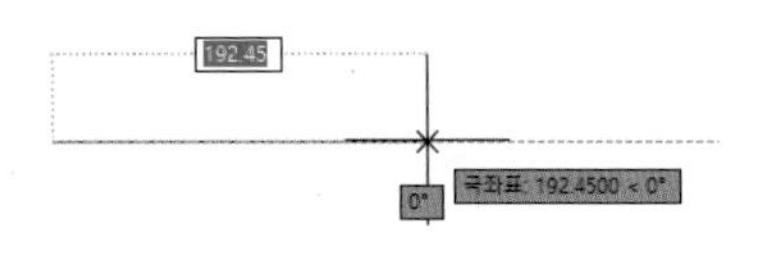

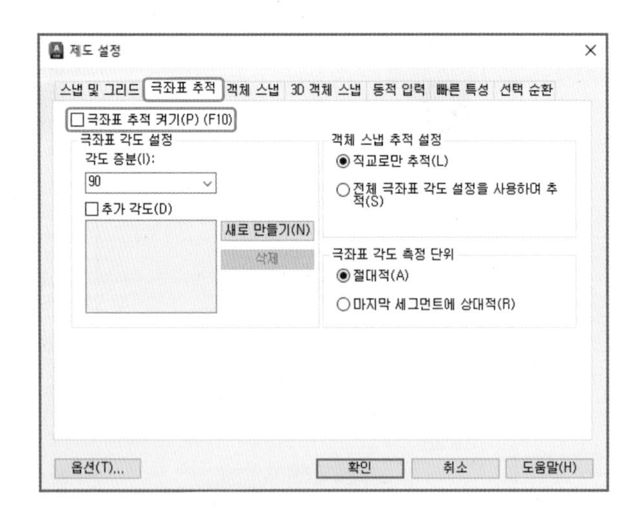

- 극좌표 추적 끄기 : ☐ 체크 해제하거나 F10

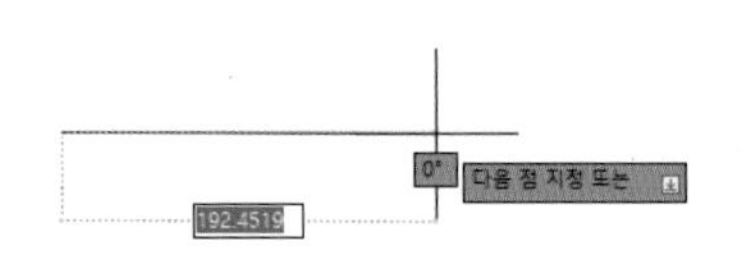

(3) 객체 스냅(Object snap)

객체 스냅은 도면작업에서 가장 많이 사용하는 기능으로, 정점을 찾을 때 도움이 된다.

- 객체 스냅 켜기 : ☑ 체크하거나 F3
- 객체 스냅 모드에서 ☑ 체크하면 객체를 편리하게 선택할 수 있다.

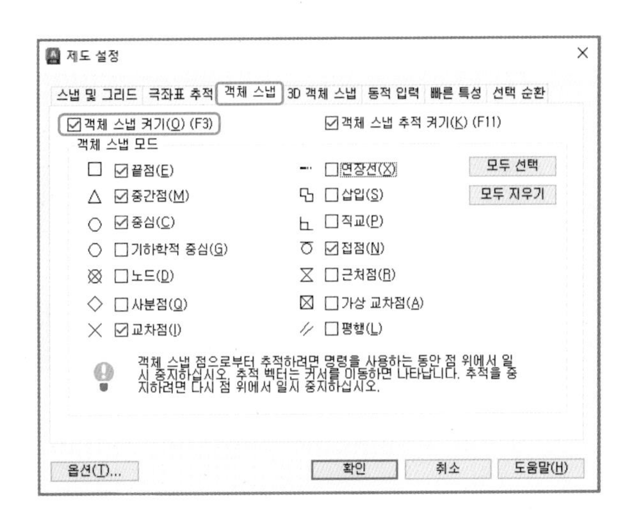

> **참고**
>
> **객체 스냅 설정**
>
> F3 또는 객체 스냅 도구막대에서 객체 스냅 켜기를 On/Off시킬 수 있다.
>
> 
>

(4) 3D 객체 스냅

3D에서 객체 스냅을 설정하는 기능으로, 도면 작성 중 객체를 편리하게 선택할 수 있다.

- 3D 객체 스냅 켜기 : ☑ 체크하거나 F4
- 객체 스냅 모드에서 ☑ 체크하면 객체를 편리하게 선택할 수 있다.

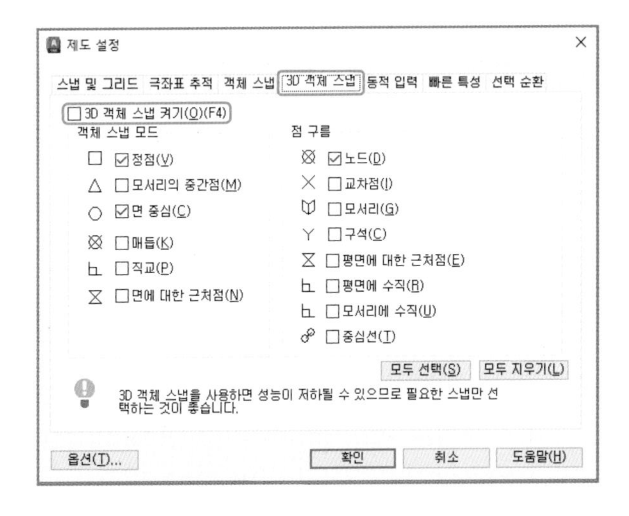

(5) 동적 입력

포인터 입력, 치수 입력 및 동적 프롬프트 모양을 설정한다.

- 동적 입력 크기 : ☑ 체크를 하거나 F12
- 절대좌표 및 상대좌표 설정
  동적 입력 ⇨ 포인터 입력 ⇨ 설정 ⇨ 절대좌표 또는 상대좌표에 체크

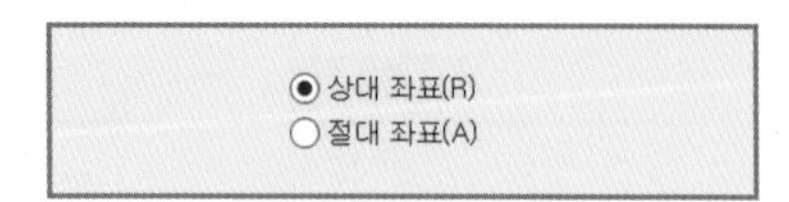

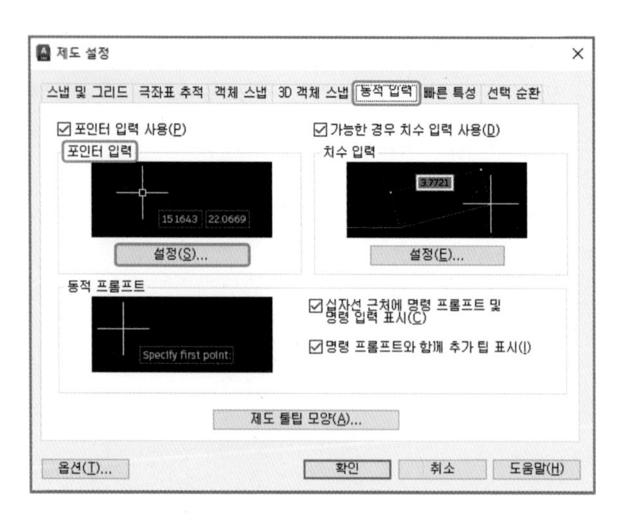

(6) 빠른 특성

객체 선택 시 선택한 객체 유형에 따른 특성 팔레트가 나타나며, 팔레트를 통해 신속하게 객체 속성을 변경할 수 있다.

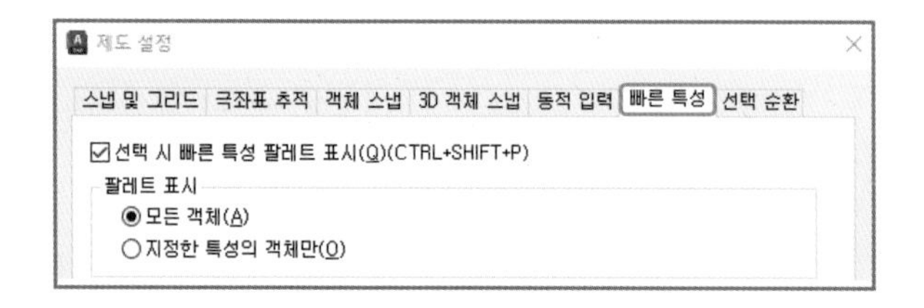

9 한계 영역 설정

명령 : LIMITS

도면 작업 시 한계 영역을 설정하는 기능이다. Limits 명령은 리본 메뉴에서는 사용할 수 없으며, 명령 입력 창에 직접 명령을 입력하여 사용한다. 명령 입력 창에 LIMITS를 입력하고, 왼쪽 아래 좌표와 오른쪽 위 좌표를 입력하여 작업 한계 영역 치수를 기입한다.

Limits 기능이 ON 상태이면 설정된 영역 밖에서는 어떠한 형상도 그릴 수 없다.

(1) 도면영역을 A2(594×420)로 설정하기

명령 : LIMITS Enter↵

왼쪽 아래 구석점 지정 또는 [켜기(ON)/끄기(OFF) : 0,0 Enter↵

오른쪽 위 구석점 지정 : 594,420 Enter↵

(2) 윤곽선 작도하기

제도용지의 영역을 4개의 변으로 둘러싸는 윤곽의 왼쪽 선은 20mm의 폭을, 다른 윤곽은 10mm의 폭을 가진다. 윤곽선은 0.7mm 굵기의 실선으로 그린다.

명령 : REC Enter↵
첫 번째 구석점 지정 또는 [모떼기(C)/고도(E)/모깎기(F)/두께(T)/폭(W)] : 20,10 Enter↵
다른 구석점 지정 또는 [영역(A)/치수(D)/회전(R)] : 564,400 Enter↵

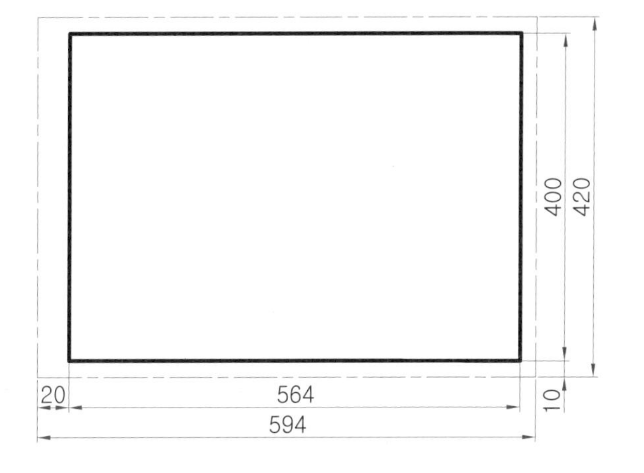

(3) 중심 마크 작도하기

중심 마크는 구역 표시의 경계에서 시작하여 도면의 윤곽선을 지나 10mm까지 0.7mm 굵기의 실선으로 그린다.

명령 : L Enter↵
그림처럼 선으로 중심 마크를 객체 스냅의 중간점을 이용하여 그린다.

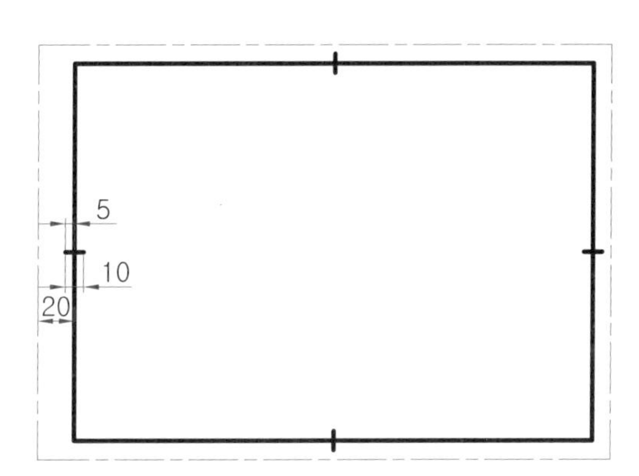

(4) 저장하기

응용 프로그램 아이콘 ⇨ 다른 이름으로 저장 ⇨ 파일명 입력 ⇨ 확인

(5) 화면 전체 보기

명령 : Z Enter↵
윈도우 구석을 지정, 축척 비율(nX 또는 nXP)을 입력 또는 [전체(A)/중심(C)/동적(D)/범위(E)/이전(P)/축척(S)/윈도우(W)/객체(O)] 〈실시간〉 : A Enter↵

2 도형 그리기

1 선 그리기 – Line

명령 : LINE, 단축명령 : L

Line은 단일선 또는 시작점과 끝점을 연속적으로 연결하는 직선을 그릴 때 사용한다. 절대좌표와 상대좌표는 F12를 클릭하거나 객체 스냅 도구막대에서 동적 입력( )을 On/Off하여 설정할 수 있다.

(1) 절대좌표

X축과 Y축이 이루는 평면에서 두 축이 만나는 교차점을 원점(0, 0)으로 지정하고, 원점으로부터 거리값으로 좌표를 표시한다.

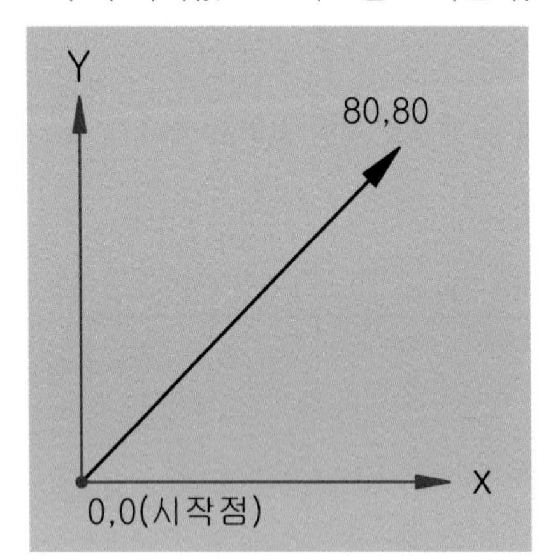

X값 : 원점에서 X축 방향의 거리(80)
Y값 : 원점에서 Y축 방향의 거리(80)

원점에서 X80Y80 좌표점
명령 : L Enter↵
LINE 첫 번째 점 지정 : 0,0 Enter↵
다음 점 지정 또는 [명령 취소(U)] : 80,80 Enter↵

● **절대좌푯값으로 정사각형 그리기**

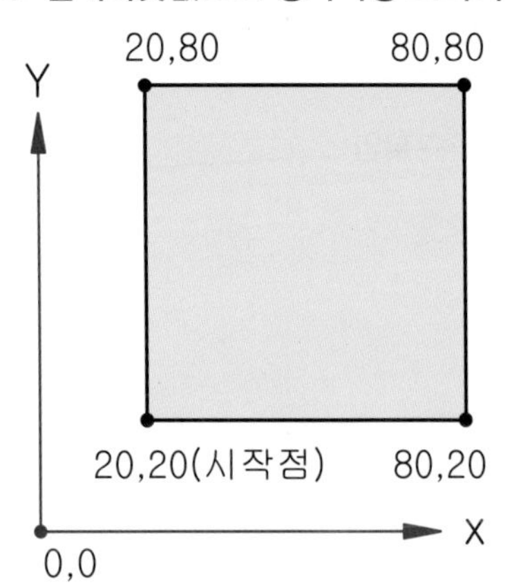

명령 : L Enter↵
LINE 첫 번째 점 지정 : 20,20 Enter↵
다음 점 지정 또는 [명령 취소(U)] : 80,20 Enter↵
다음 점 지정 또는 [명령 취소(U)]
: 80,80 Enter↵
다음 점 지정 또는 [닫기(C) 명령 취소(U)]
: 20,80 Enter↵
다음 점 지정 또는 [닫기(C) 명령 취소(U]
: C Enter↵ 또는 20,20 Enter↵하거나 마우스로 시작점 클릭

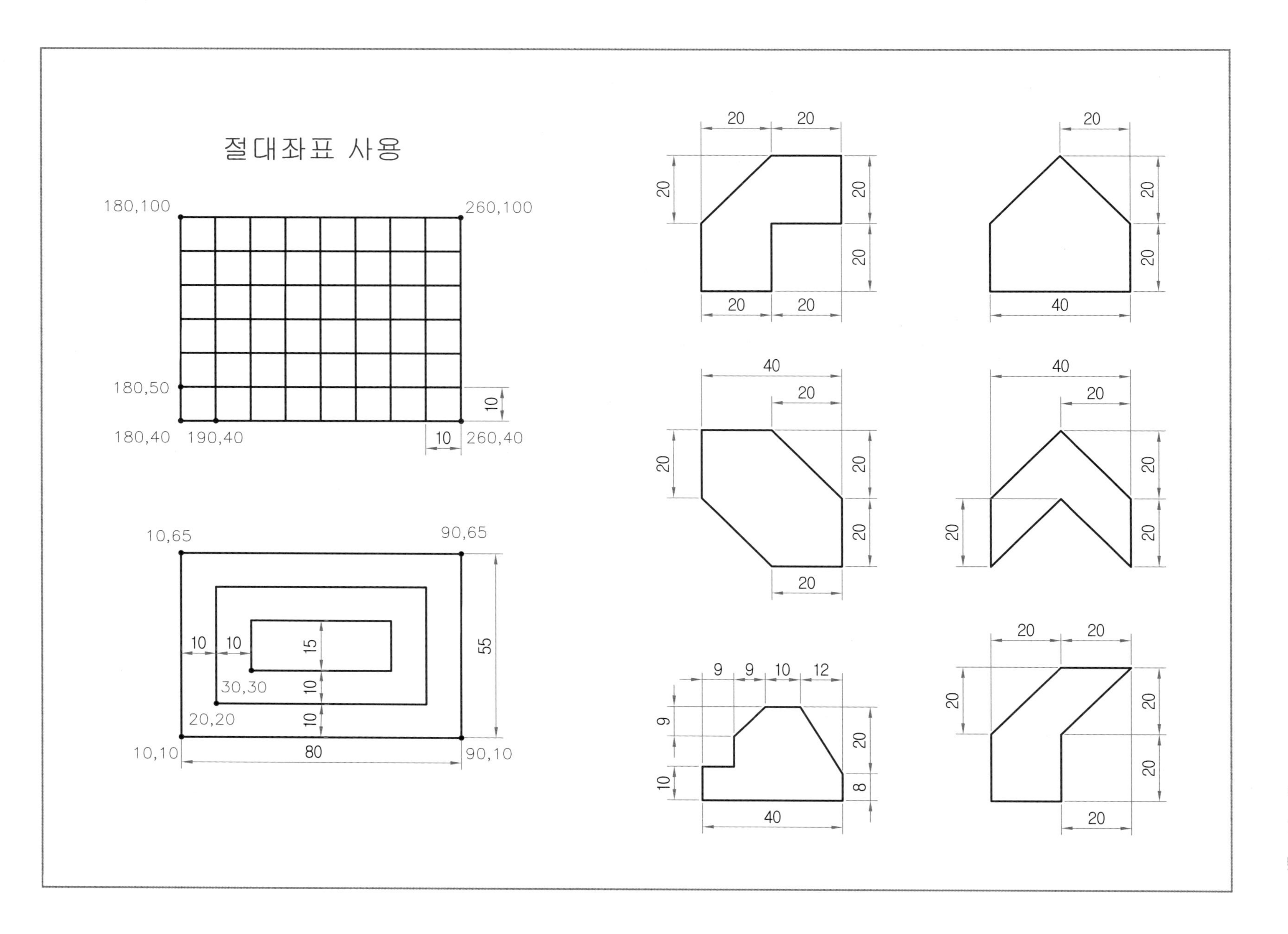
절대좌표 사용
180,100
260,100
180,50
180,40
190,40
260,40
10,65
90,65
30,30
20,20
10,10
90,10
80
55
15
10

(2) 상대좌표

마지막으로 입력한 점을 원점으로 하여 X축과 Y축의 변위를 좌표로 표시한 점이다.

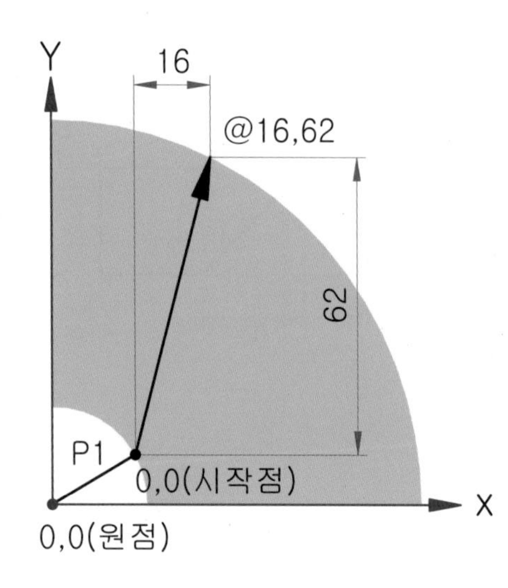

@ : 마지막으로 입력한 점을 원점으로 상대좌표 표시

X값 : 마지막으로 입력한 점에서 **X축 방향의 거리**

Y값 : 마지막으로 입력한 점에서 **Y축 방향의 거리**

시작점에서 마지막 입력한 점 : X16Y62의 좌표점

명령 : L [Enter↵]

LINE 첫 번째 점 지정 : **P1 클릭**

다음 점 지정 또는 [명령 취소(U)] : **@16,62** [Enter↵]

● **상대좌푯값으로 정사각형 그리기**

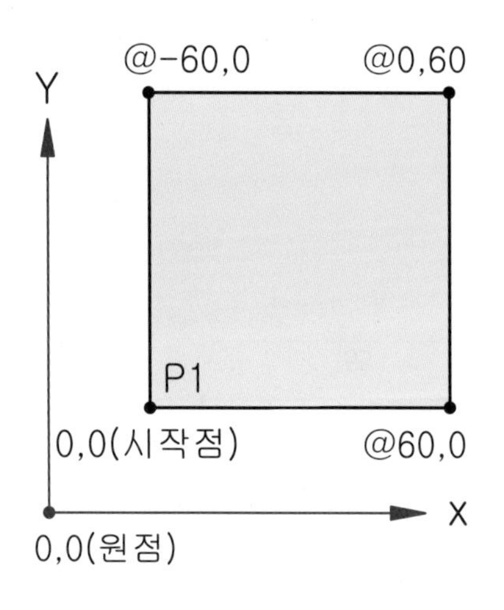

명령 : L [Enter↵]

LINE 첫 번째 점 지정 : **P1 클릭**

다음 점 지정 또는 [명령 취소(U)]
: **@60,0** [Enter↵]

다음 점 지정 또는 [명령 취소(U)]
: **@0,60** [Enter↵]

다음 점 지정 또는 [닫기(C) 명령 취소(U)]
: **@-60,0** [Enter↵]

다음 점 지정 또는 [닫기(C) 명령 취소(U]
: C [Enter↵] 또는 **@0,-60** [Enter↵]하거나 마우스로 시작점 클릭

참고

AutoCAD에서 [Space Bar]는 [Enter↵]와 기능이 같다. 단, 문자 입력 시에만 [Space Bar]는 칸 띄우기를 하고 [Enter↵]는 줄 바꿈을 한다.

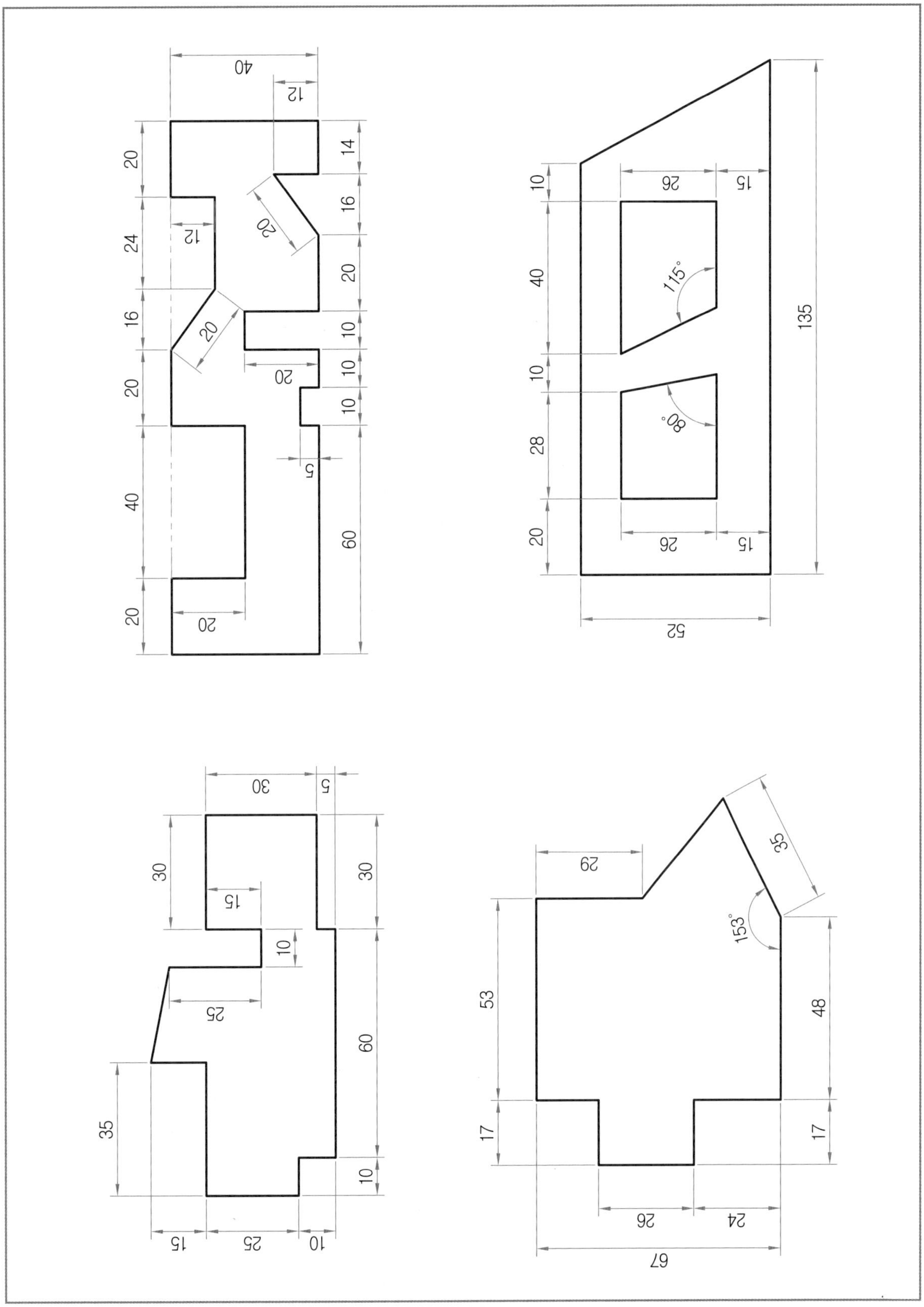
40
12
14
16
20
10
10
10
60
20
24
16
20
40
20
12
20
20
20
5
20
10
40
10
28
20
26
15
26
15
115°
80°
135
52
30
5
30
15
10
25
30
60
10
35
15
25
10
29
35
153°
53
48
17
17
26
24
67

(3) 절대극좌표

X축과 Y축이 이루는 평면에서 두 축이 만나는 교차점을 원점(0, 0)으로 지정하고, 원점으로부터 거리와 X축과 이루는 각도로 표시한다. 절대극좌표는 많이 사용하지 않는다.

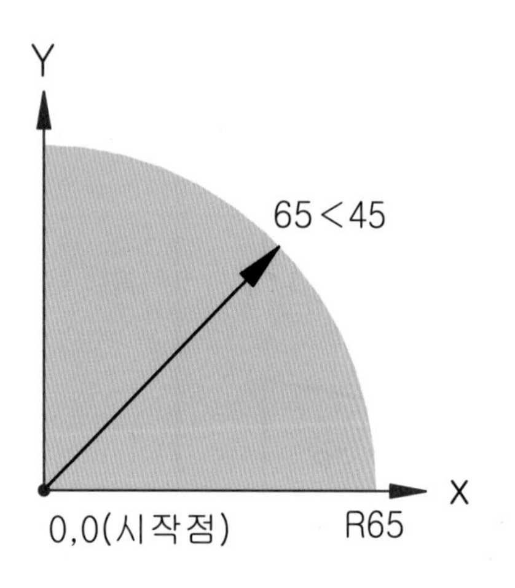

입력 : 거리<각도
거리 : 원점에서 좌표점까지의 거리
< : 극좌표 기호
각도 : X축과 이루는 각도

원점에서 거리 65와 각도 45도인 좌표점
명령 : L [Enter↵]
LINE 첫 번째 점 지정 : 0,0 [Enter↵]
다음 점 지정 또는 [명령 취소(U)] : 65<45 [Enter↵]

● 절대극좌푯값으로 직선 그리기

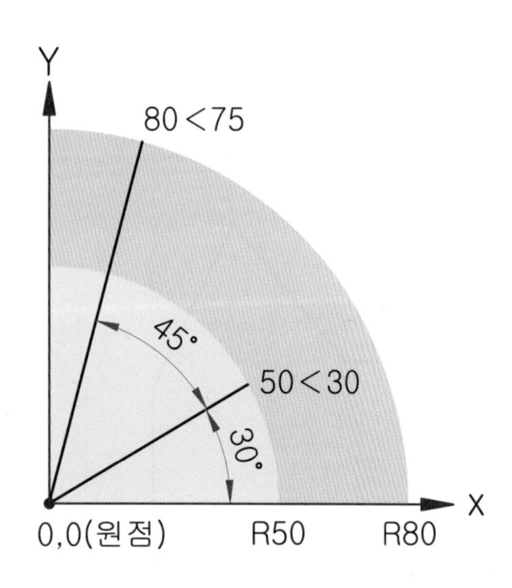

명령 : L [Enter↵]
LINE 첫 번째 점 지정 : 0,0 [Enter↵]
다음 점 지정 또는 [명령 취소(U)] : 80<75 [Enter↵]

명령 : L [Enter↵]
LINE 첫 번째 점 지정 : 0,0 [Enter↵]
다음 점 지정 또는 [명령 취소(U)] : 50<30 [Enter↵]

참고

맨 마지막에 실행된 명령을 다시 실행할 때에는 명령어를 입력하지 않고 [Enter↵]를 하면 된다.

(4) 상대극좌표

마지막에 입력한 점을 시작점(0,0)으로 X축과 Y축의 변위를 나타내는 것으로, 마지막에 나타내는 점을 상대극좌푯값으로 입력한다.

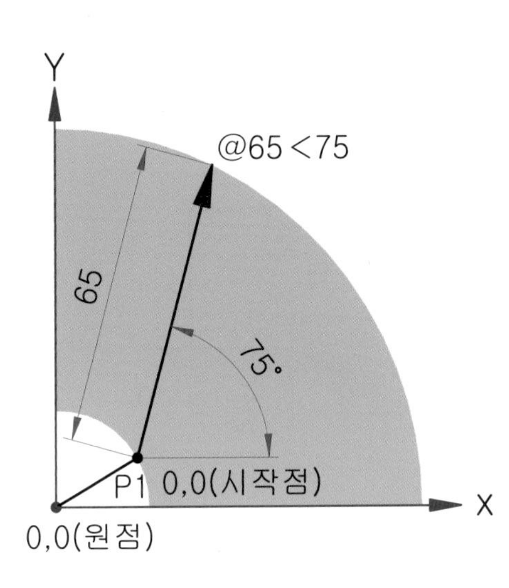

입력 : @거리<각도

거리 : 마지막으로 입력한 점에서 좌표점까지의 거리

< : 극좌표 기호

각도 : X축과 이루는 각도

마지막으로 입력한 점에서 65와 각도 75도인 좌표점

명령 : L Enter↵

LINE 첫 번째 점 지정 : **마지막으로 입력한 점(P1)**

다음 점 지정 또는 [명령 취소(U)]

: **@65<75** Enter↵

● **상대좌푯값으로 정사각형 그리기**

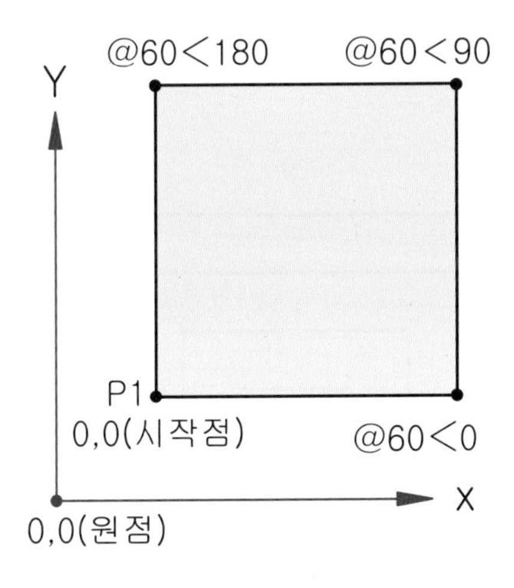

명령 : L Enter↵

Line 첫 번째 점 지정 : **P1 클릭**

다음 점 지정 또는 [명령 취소(U)]

: **@60<0** Enter↵

다음 점 지정 또는 [명령 취소(U)]

: **@60<90** Enter↵

다음 점 지정 또는 [닫기(C) 명령 취소(U)]

: **@60<180** Enter↵

다음 점 지정 또는 [닫기(C) 명령 취소(U]

: **C** Enter↵ 또는 **@60<270** Enter↵, **P1 클릭**

참고

도형을 지울 때는 Ctrl+Z를 하거나 지울 객체를 선택한 후 Del키를 누른다.

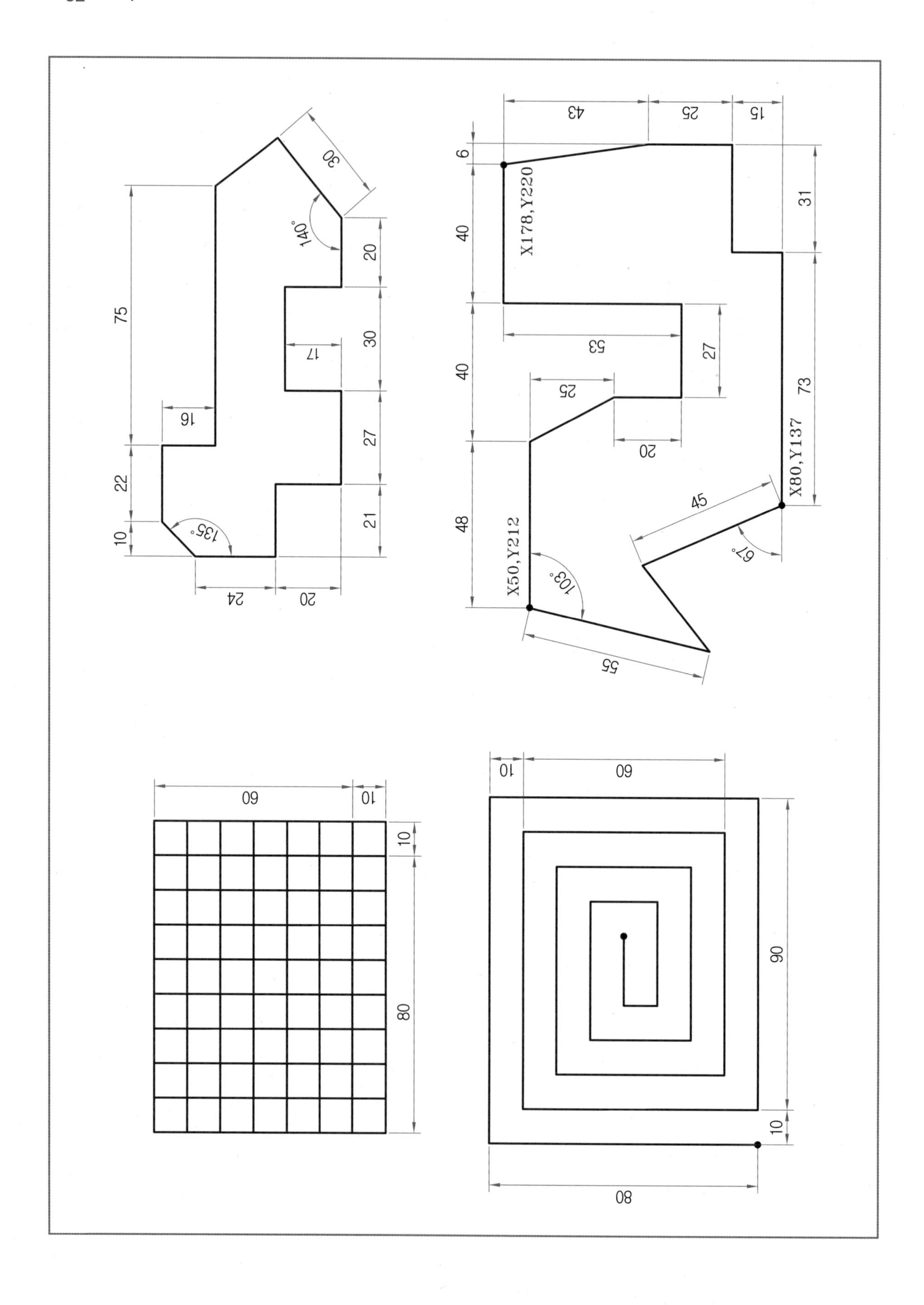
X178,Y220
X50,Y212
X80,Y137
140°
135°
103°
67°

2 원 그리기 – Circle

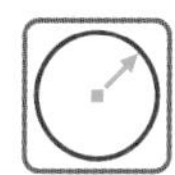

명령 : CIRCLE, 단축명령 : C

(1) 반지름 입력

반지름(R)을 입력하여 원을 그린다.

원의 중심점 지정 : 원의 중심점(P1)을 클릭하거나 좌푯값을 입력한다.

원의 반지름 지정 : 원의 반지름(P2)을 클릭하거나 반지름을 입력한다.

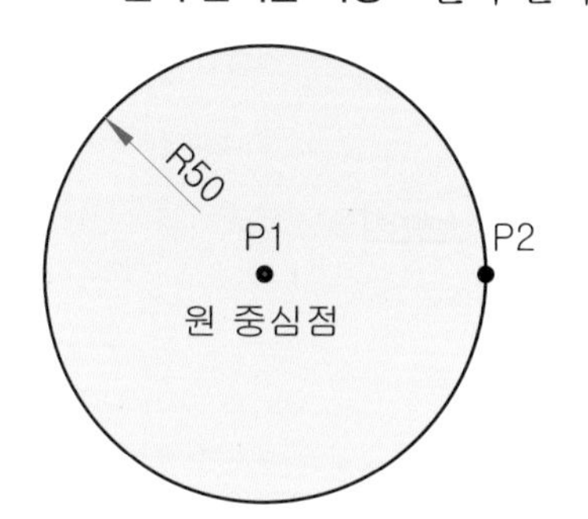

명령 : C Enter↵ ( )
CIRCLE 원에 대한 중심점 지정 또는 [3점(3P)/2점(2P)/TTR–접선 접선 반지름]
 : **P1 클릭 또는 좌표점 입력** Enter↵
원의 반지름 지정 또는 [지름(D)]
 : **50** Enter↵ **또는 P2 클릭**

(2) 지름 입력

지름(ϕ)을 입력하여 원을 그린다.

원의 중심점 지정 : 원의 중심점(P1)을 선택(클릭)하거나 좌푯값을 입력한다.

원의 지름 지정 : 원의 지름(P2)을 선택(클릭)하거나 지름을 입력한다.

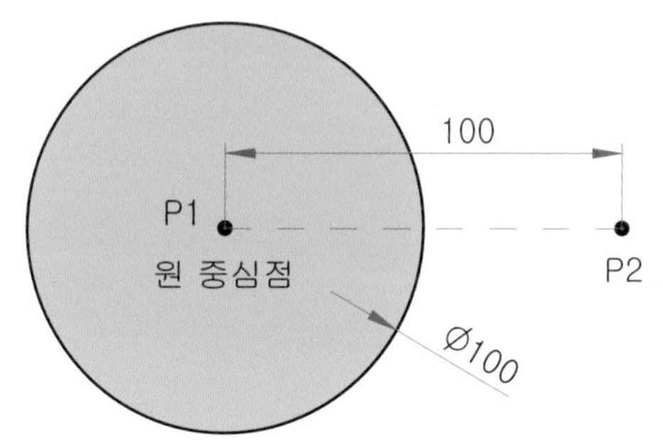

명령 : C Enter↵ ( )
CIRCLE 원에 대한 중심점 지정 또는 [3점(3P)/2점(2P)/TTR–접선 접선 반지름(T)]
 : **P1 클릭 또는 좌표점 입력** Enter↵
원의 반지름 지정 또는 [지름(D)] : **D** Enter↵
원의 지름을 지정함 : **100** Enter↵ **또는 P2 클릭**

(3) 3점(3P) 입력

3점이 원주를 지나는 원을 그린다. 세 점 P1, P2, P3가 원주에 있는 원을 그려보자.

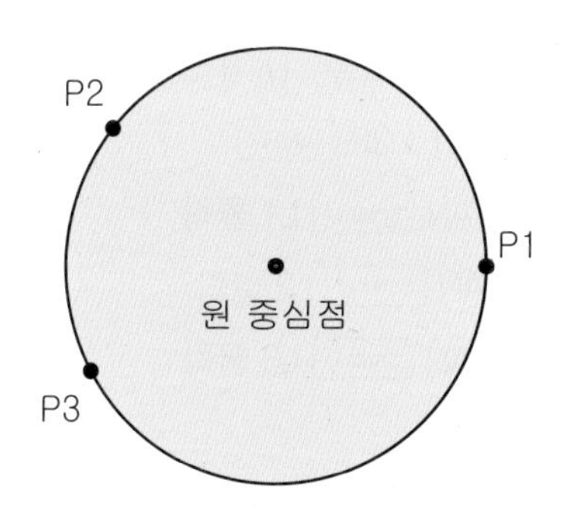

명령 : C Enter↵ ( )
CIRCLE 원에 대한 중심점 지정 또는 [3점(3P)/2점(2P)/TTR–접선 접선 반지름(T) : **3P** Enter↵
원 위의 첫 번째 지점 지정

(4) 2점(2P) 입력

2점을 지나는 원을 그린다.

원의 지름을 입력한다.

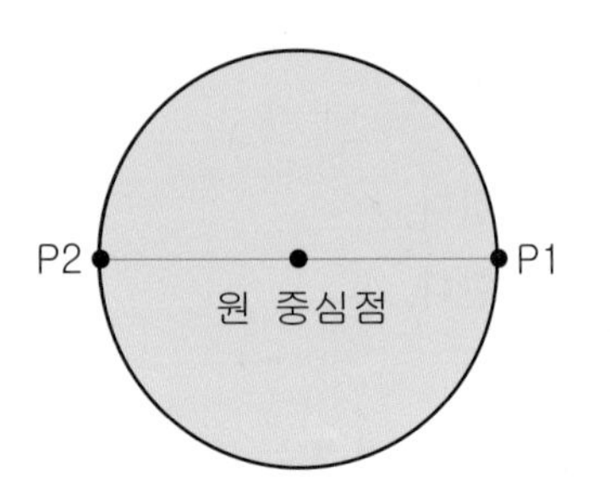

명령 : C Enter↵ ( )
CIRCLE 원에 대한 중심점 지정 또는 [3점(3P)/2점(2P)/TTR－접선 접선 반지름(T)] : 2P Enter↵
원의 지름의 첫 번째 끝점 지정
: **P1을 클릭하거나 좌푯값 입력** Enter↵
원의 지름의 두 번째 끝점 지정
: **P2를 클릭하거나 좌푯값 입력** Enter↵

(5) TTR(접선 접선 반지름) 입력

두 선과 교차하는 반지름(R)이 35인 원을 그린다.

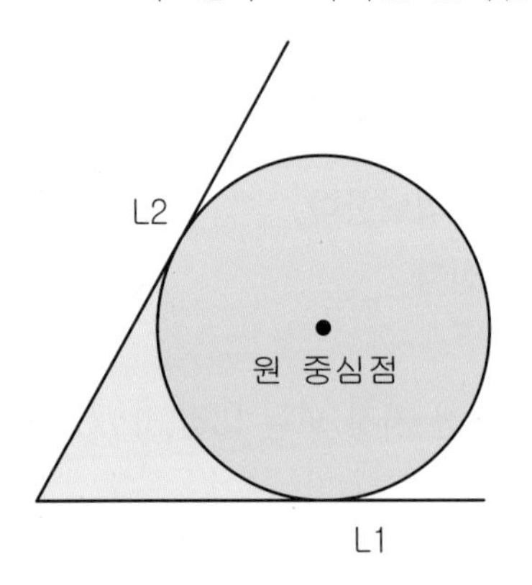

명령 : C Enter↵ ( )
CIRCLE 원에 대한 중심점 지정 또는 [3점(3P)/2점(2P)/TTR－접선 접선 반지름(T)] : TTR Enter↵
원의 첫 번째 접점에 대한 객체 위의 점 지정 : L1 클릭
원의 두 번째 접점에 대한 객체 위의 점 지정 : L2 클릭
원의 반지름 지정 : 35 Enter↵

(6) TTT(접선 접선 접선) 입력

세 점을 지나는 원을 그린다.

세 개의 접선(L1, L2, L3)을 이용한 원을 그린다.

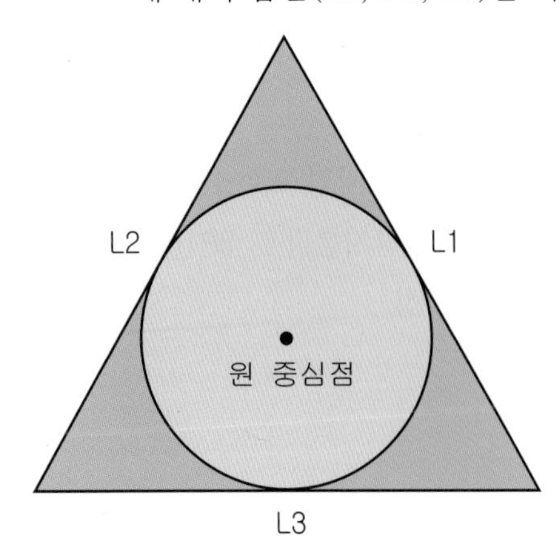

명령 : C Enter↵ ( )
CIRCLE 원에 대한 중심점 지정 또는 [3점(3P)/2점(2P)/TTR－접선 접선 반지름(T)] : 3P Enter↵
원 위의 첫 번째 지점 지정 : TAN Enter↵ L1 클릭
원 위의 두 번째 지점 지정: TAN Enter↵ L2 클릭
원 위의 세 번째 지점 지정 : TAN Enter↵ L3 클릭

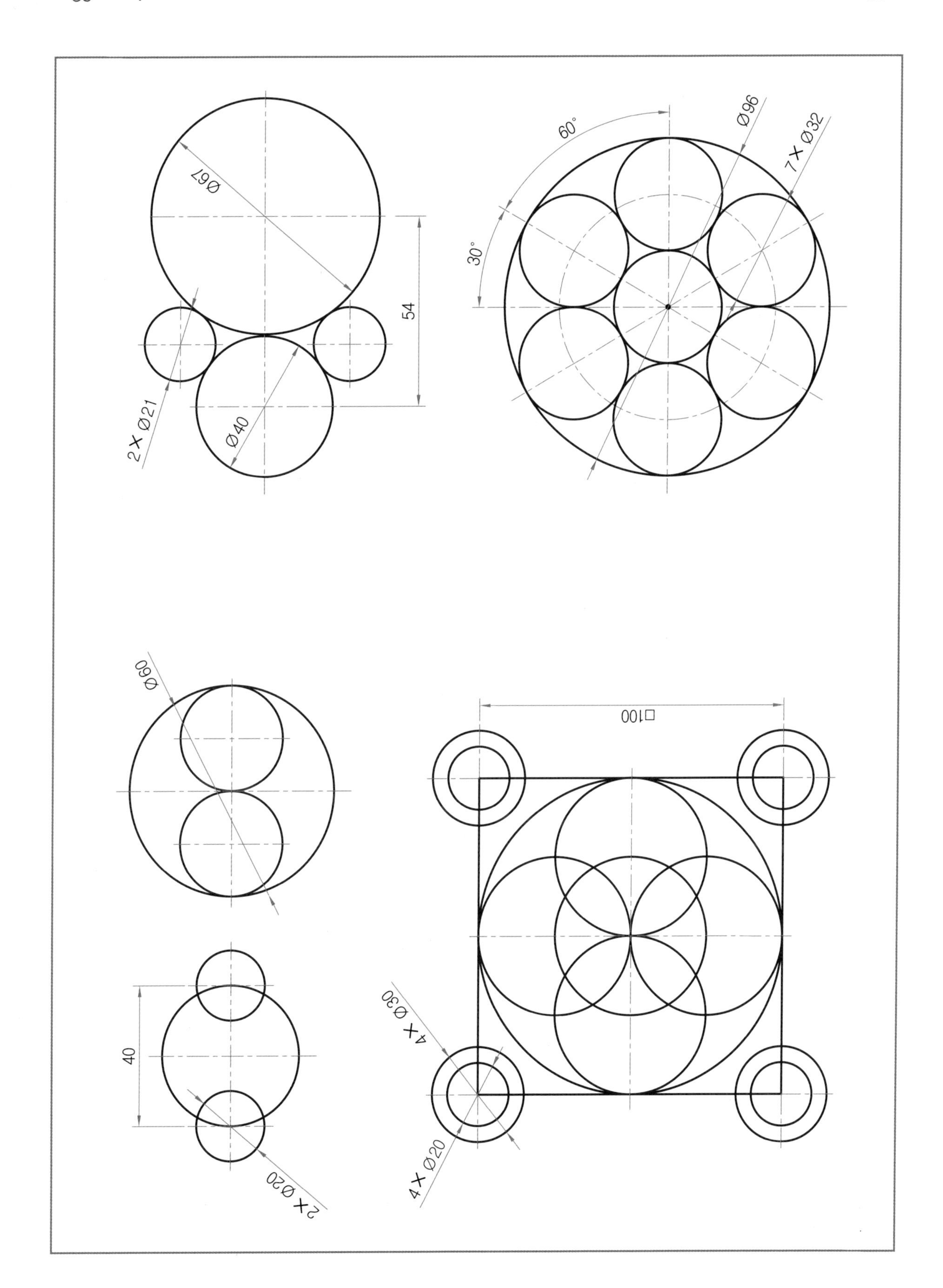
Ø67
54
2X Ø21
Ø40
60°
30°
Ø96
7X Ø32
Ø60
40
2X Ø20
□100
4X Ø30
4X Ø20

3 해상도 조절하기 – Viewers

명령 : VIEWERS

가상 화면을 조정하여 원, 원호를 구성하는 선의 수를 지정함으로써 모니터상에 원이나 호 등을 그리는 가속도와 해상도를 조절한다. 설정값을 크게 하면 높은 해상도의 원 및 호 디스플레이를 얻게 되나 도면을 재생하는 데 시간이 많이 소요된다.

명령 : VIEWERS Enter↵
고속 줌을 원하십니까? [예(Y)/아니오(N)] 〈Y〉 : ── **고속 줌을 사용 선택**
원 줌 퍼센트 입력 (1-20000) 〈1000〉 : 100 ── **원의 줌 퍼센트 입력 (기본값 100)**

Viwers 명령의 Enter circle zoom percent가 1%일 때와 100%일 때의 차이점

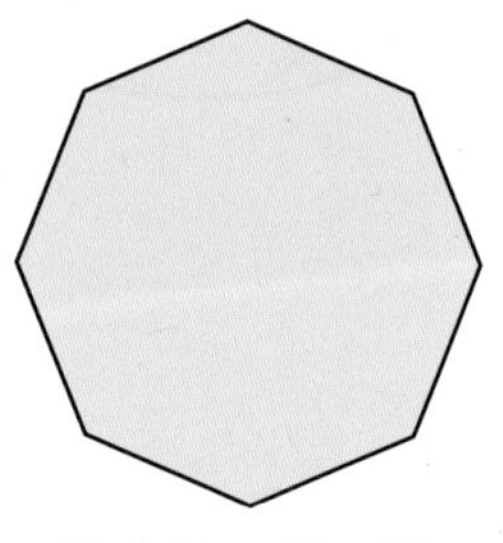

설정값 1%일 경우

설정값 100%일 경우

4 원호 재생성하기 – Regen

명령 : REGEN, 단축명령 : RE

위 Viewers처럼 원, 원호를 구성하는 선의 수는 기본 설정이 8각이며 Regen Enter↵하면, 모니터상에 원이나 호를 진원상태로 부드럽게 보여준다.

참고
초점 이동(Pan) 또는 줌(Zoom)을 사용해도 화면에 아무런 반응이 없을 경우에는 Regen을 한 다음 다시 초점 이동이나 줌을 사용한다.

5 호 그리기 – Arc

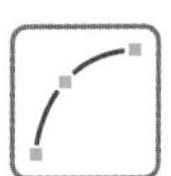

명령 : ARC, 단축명령 : A

(1) 3점(3P) – 세 점을 지나는 호

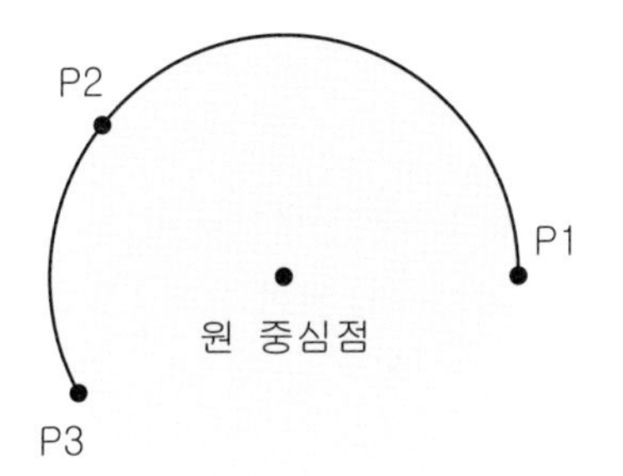

명령 : A Enter↵ ( )
ARC 호의 시작점 또는 [중심(C)] 지정
 : **P1 클릭 또는 P1 좌표점 입력** Enter↵
호의 두 번째 점 또는 [중심(C)/끝(E)] 지정
 : **P2 클릭 또는 P2 좌표점 입력** Enter↵
호의 끝점 지정
 : **P3 클릭 또는 P3 좌표점 입력** Enter↵

(2) 시작점, 중심점, 끝점(S) – 시작점, 중심점, 끝점을 알고 있는 원호

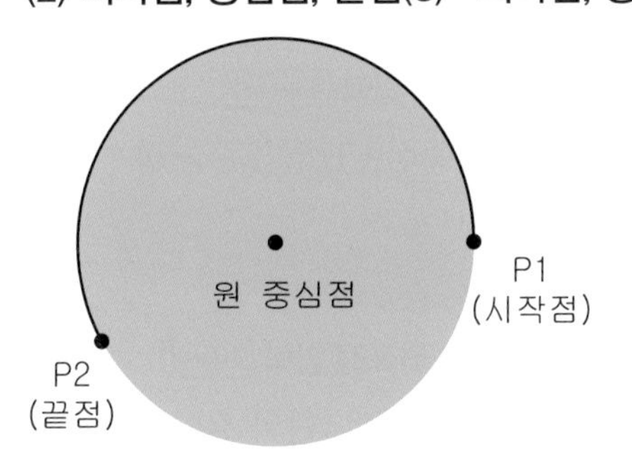

명령 : A Enter↵ ( )
ARC 호의 시작점 또는 [중심(C)] 지정
 : **P1 클릭 또는 P1 좌표점 입력** Enter↵
호의 두 번째 점 또는 [중심(C)/끝(E)] 지정
 : C Enter↵
호의 중심점 지정
 : **중심점 클릭 또는 중심 좌표점 입력** Enter↵
호의 끝점 지정 또는 [각도(A)/현의 길이(L)] 지정
 : **P2 클릭 또는 P2 좌표점 입력** Enter↵

참고

ARC 명령

원호를 그리는 명령이며 기본적으로 시계 반대 방향(CCW)으로 그려지나, 원호를 그리면서 각도, –(음수) 등을 주면 시계 방향으로 그려진다.

(3) 시작점, 중심점, 각도(T) – 시작점, 중심점, 각도가 있는 원호

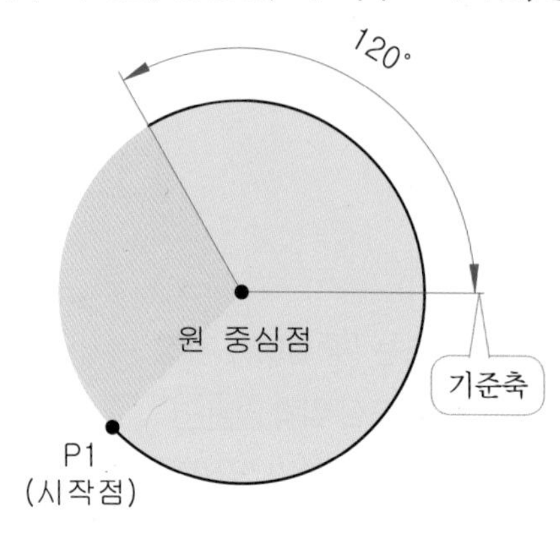

명령 : A Enter↵ ( )
ARC 호의 시작점 또는 [중심(C)] 지정
 : **P1 클릭 또는 P1 좌표점 입력** Enter↵
호의 두 번째 점 또는 [중심(C)/끝(E)] 지정
 : C Enter↵
호의 중심점 지정
 : **중심점 클릭 또는 중심 좌표점 입력** Enter↵
호의 끝점 지정 또는 [각도(A)/현의 길이(L)] 지정
 : A Enter↵
사잇각 지정 : 120 Enter↵

(4) 시작점, 중심점, 길이(L) – 시작점, 중심점, 호의 길이가 있는 원호

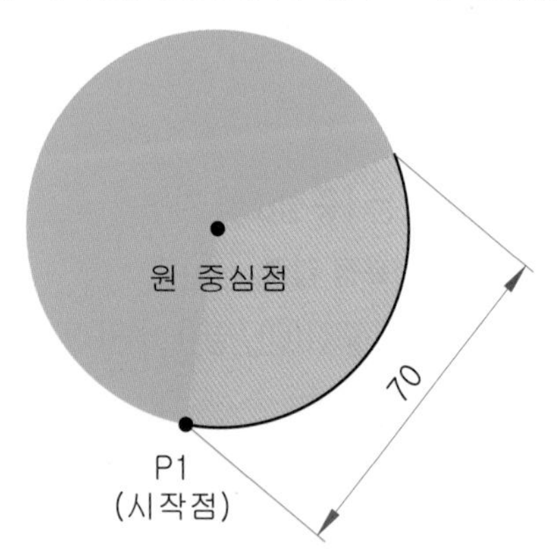

참조 현의 길이는 지름보다 작은 180도 이하에서 적용한다.

명령 : A Enter↵ ( )
ARC 호의 시작점 또는 [중심(C)] 지정
 : **P1 클릭 또는 P1 좌표점 입력** Enter↵
호의 두 번째 점 또는 [중심(C)/끝(E)] 지정
 : C Enter↵
호의 중심점 지정
 : **중심점 클릭 또는 중심 좌표점 입력** Enter↵
호의 끝점 지정 또는 [각도(A)/현의 길이(L)] 지정
 : L Enter↵
현의 길이 지정 : 70 Enter↵

(5) 시작점, 끝점, 각도(N) – 시작점, 끝점, 사잇각이 있는 원호

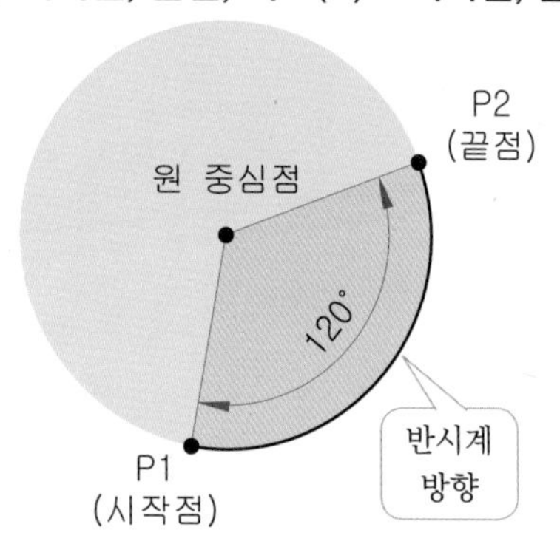

참조 반시계 방향으로 시작점과 끝점의 사잇각이다.

명령 : A Enter↵ ( )
Arc 호의 시작점 또는 [중심(C)] 지정
 : **P1 클릭 또는 P1 좌표점 입력** Enter↵
호의 두 번째 점 또는 [중심(C)/끝(E)] 지정
 : E Enter↵
호의 끝점 지정
 : **P2 클릭 또는 P2 좌표점 입력** Enter↵
호의 중심점 지정 또는 [각도(A)/방향(D)/반지름(R)]
 : A Enter↵
사잇각 지정 : 120 Enter↵

(6) 시작점, 끝점, 방향(D) – 시작점, 끝점, 시작점에서 접선의 방향이 있는 원호

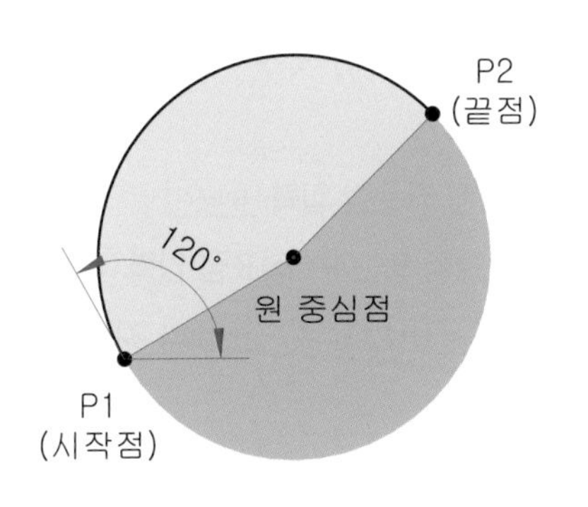

명령 : A Enter↵ ( )
ARC 호의 시작점 또는 [중심(C)] 지정
 : **P1 클릭 또는 P1 좌표점 입력** Enter↵
호의 두 번째 점 또는 [중심(C)/끝(E)] 지정 : E Enter↵
호의 끝점 지정 : **P2 클릭 또는 P2 좌표점 입력** Enter↵
호의 중심점 지정 또는 [각도(A)/방향(D)/반지름(R)]
 : D Enter↵
호의 시작점에 대한 접선의 방향을 지정 : 120 Enter↵

참조 호의 시작점에서 접선의 방향을 지정한다.

(7) 시작점, 끝점, 반지름(R) – 시작점, 끝점, 반지름이 있는 원호

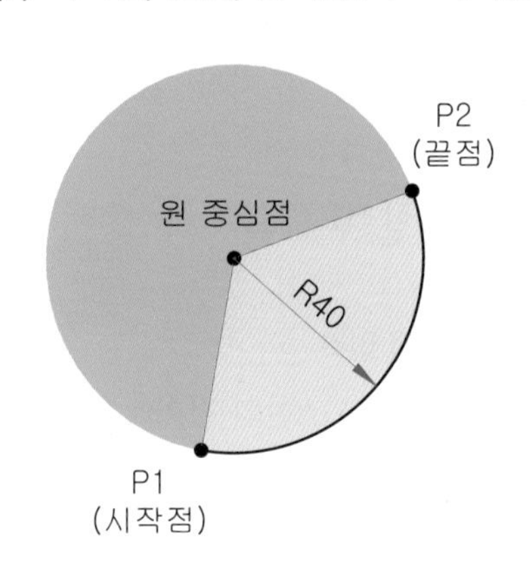

명령 : A Enter↵ ( )
ARC 호의 시작점 또는 [중심(C)] 지정
 : **P1 클릭 또는 P1 좌표점 입력** Enter↵
호의 두 번째 점 또는 [중심(C)/끝(E)] 지정
 : E Enter↵
호의 끝점 지정 : **P2 클릭 또는 P2 좌표점 입력** Enter↵
호의 중심점 지정 또는 [각도(A)/방향(D)/반지름(R)]
 : R Enter↵
호의 반지름 지정 : 40 Enter↵

(8) 중심점, 시작점, 끝점(C) – 중심점, 시작점, 끝점이 있는 원호

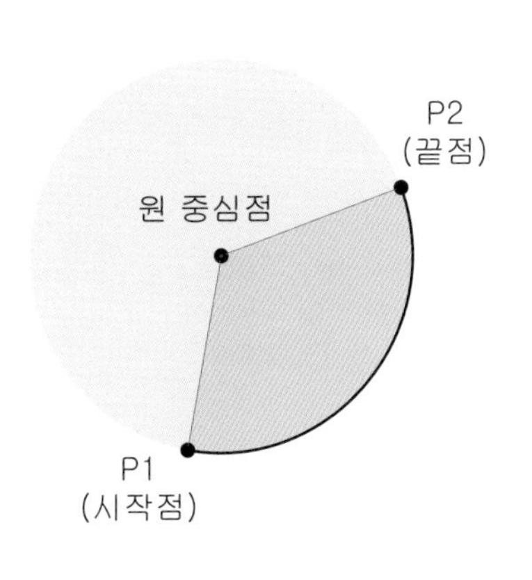

명령 : A Enter↵ ( )
ARC 호의 시작점 또는 [중심(C)] 지정 : C Enter↵
호의 중심점 지정
 : **중심점 클릭 또는 중심점 좌표점 입력** Enter↵
호의 시작점 지정
 : **P1 클릭 또는 P1 좌표점 입력** Enter↵
호의 끝점 지정 또는 [각도(A)/현의 길이L)] 지정
 : **P2 클릭 또는 P2 좌표점 입력** Enter↵

(9) 중심점, 시작점, 각도(A) – 중심점, 시작점, 사잇각이 있는 원호

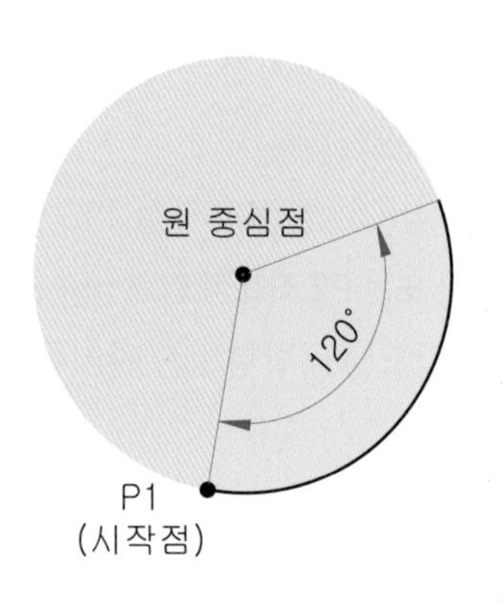

명령 : A Enter↵ ( )

ARC 호의 시작점 또는 [중심(C)] 지정 : C Enter↵

호의 중심점 지정

: **중심점 클릭 또는 중심점 좌푯점 입력** Enter↵

호의 시작점 지정 : **P1 클릭 또는 P1 좌표점 입력** Enter↵

호의 끝점 지정 또는 [각도(A)/현의 길이L)] 지정

: A Enter↵

사잇각 지정 : 120 Enter↵

참조 시작점이 각도 기준이 된다.

(10) 중심점, 시작점, 길이(L) – 중심점, 시작점, 현의 길이가 있는 원호

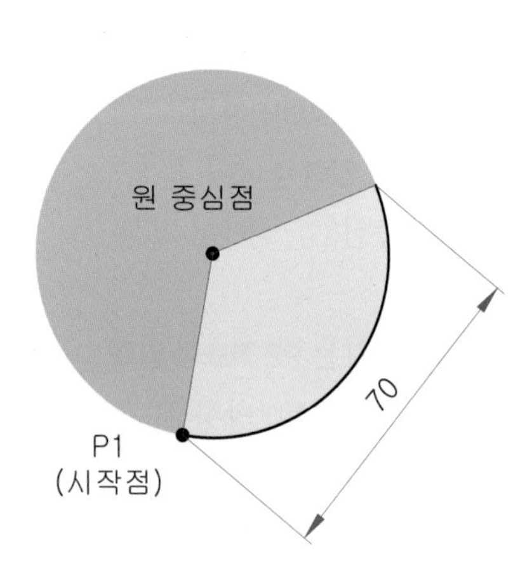

명령 : A Enter↵ ( )

ARC 호의 시작점 또는 [중심(C)] 지정 : C Enter↵

호의 중심점 지정

: **중심점 클릭 또는 중심점 좌표점 입력** Enter↵

호의 시작점 지정

: **P1 클릭 또는 P1 좌표점 입력** Enter↵

호의 끝점 지정 또는 [각도(A)/현의 길이(L)] 지정

: L Enter↵

현의 길이 지정 : 70 Enter↵

참조 현의 길이는 지름보다 적은 180도 이하에서 적용한다.

참고

도면 영역에서 Shift 나 Ctrl 키를 누른 상태로 마우스 오른쪽 버튼을 클릭하면 나타나는 Osnap 팝업창을 사용하면 편리하게 이용할 수 있다.

기하학적 중심
사분점(Q)
접점(G)
직교(P)
평행(L)
노드(D)

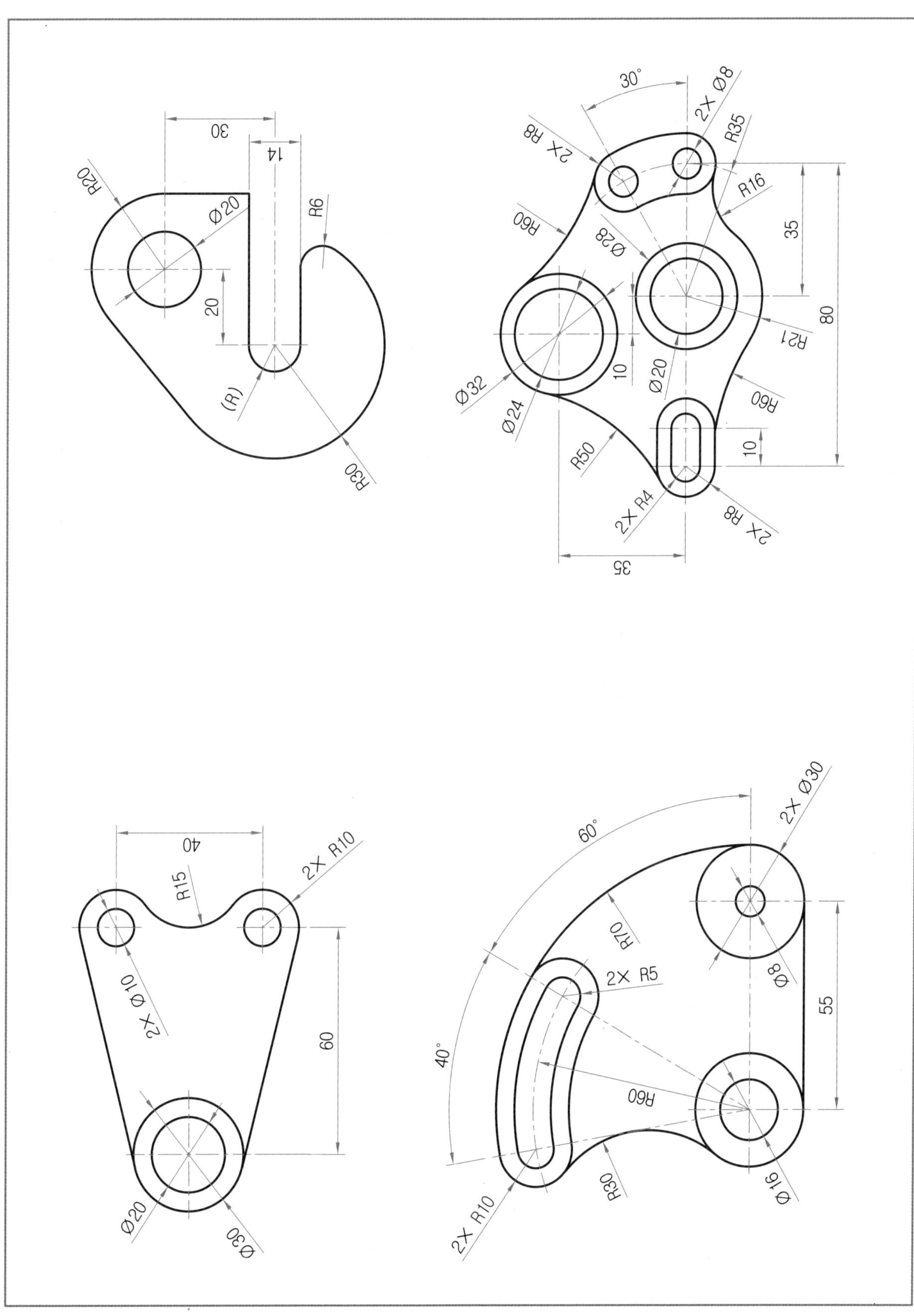
30
14
R20
Ø20
R6
20
(R)
R30
30°
2X Ø8
2X R8
R35
R16
R60
Ø28
35
80
R21
Ø32
Ø24
10
Ø20
R60
R50
10
2X R4
2X R8
35
40
2X R10
R15
2X Ø10
60
Ø20
Ø30
60°
2X Ø30
R70
2X R5
Ø8
55
40°
R60
R30
2X R10
Ø16

6 사각형 그리기 – Rectang

명령 : RECTANG, 단축 명령 : REC

대각선 방향의 두 점으로 사각형을 그리는 명령이며, Line 명령으로 사각형을 그리는 것보다 효율적으로 선을 그릴 수 있다.

명령 : REC Enter↵

RECTANG
× RECTANG 첫 번째 구석점 지정 또는 [모따기(C) 고도(E) 모깎기(F) 두께(T) 폭(W)]:

● **옵션**

모떼기(C) : 모서리가 모떼기된 형태로 사각형을 그린다.
고도(E) : 레벨을 지정하여 사각형을 그린다.
모깎기(F) : 모서리가 라운딩된 형태로 사각형을 그린다.
두께(T) : 두께가 있는 사각형을 그린다.
폭(W) : 지정 폭으로 사각형을 그린다.
회전(R) : 입력한 각도를 가진 사각형을 그린다.

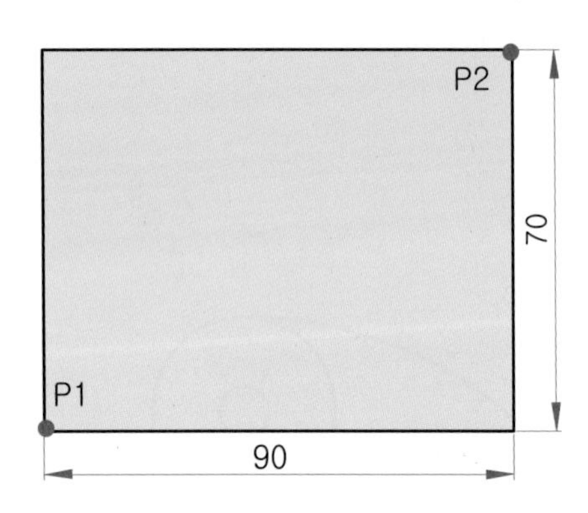

명령 : REC Enter↵
첫 번째 구석점 지정 또는 [모떼기(C) / 고도(E) / 모깎기(F) / 두께(T) / 폭(W)]
: **P1 클릭 또는 좌표점 입력**
다른 구석점 지정 또는 [영역(A) / 치수(D) / 회전(R)] : **P2 클릭 또는 @90, 70** Enter↵

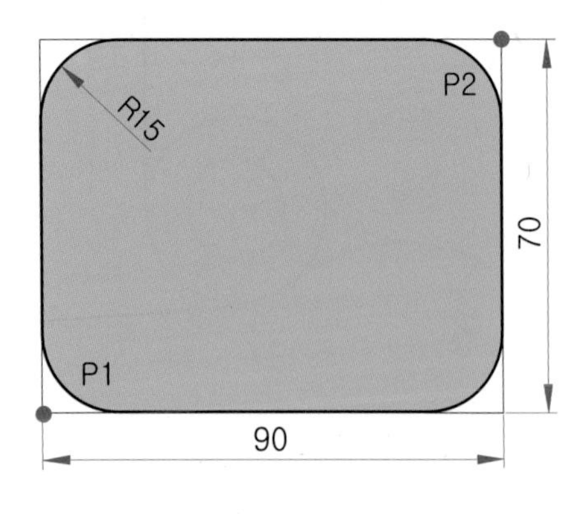

명령 : REC Enter↵
첫 번째 구석점 지정 또는 [모떼기(C) / 고도(E) / 모깎기(F) / 두께(T) / 폭(W)] : F
직사각형의 모깎기 반지름 지정〈0〉 : 15
첫 번째 구석점 지정 또는 [모떼기(C) / 고도(E) / 모깎기(F) / 두께(T) / 폭(W)]
: **P1 클릭 또는 좌표점 입력**
다른 구석점 지정 또는 [영역(A) / 치수(D) / 회전(R)] : **P2 클릭 또는 @90, 70** Enter↵

7 다각형 그리기 – Polygon

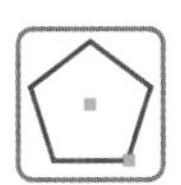

명령 : POLYGON, 단축명령 : POL

원에 내접 또는 외접하는 다각형을 그리는 명령이며, 3각형~1024각형까지 다각형을 그릴 수 있다.

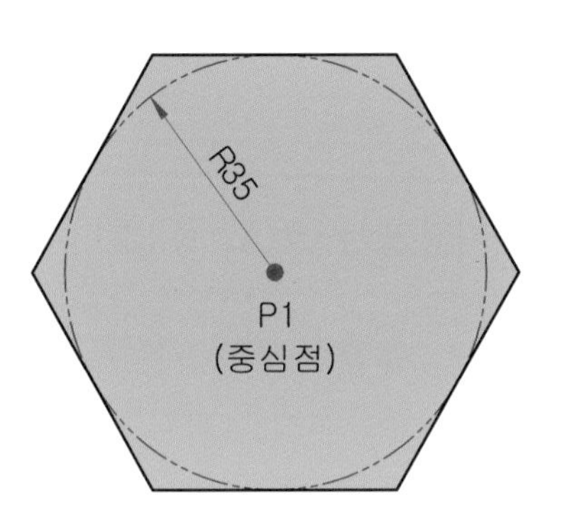

명령 : POL Enter↵
POLYGON 면의 수 입력 〈4〉 : 6
다각형의 중심을 지정 또는 [모서리(E)]
: **중심점을 클릭 또는 좌표점 입력** Enter↵
옵션을 입력 [원에 내접(I)/원에 외접(C)] 〈I〉 : C Enter↵
원의 반지름 지정 : 35 Enter↵

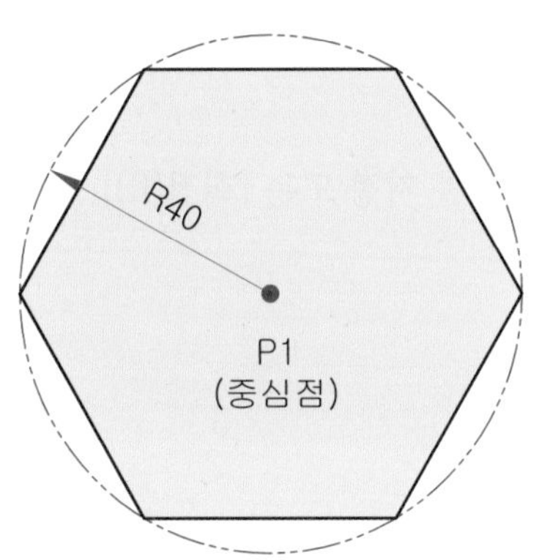

명령 : POL Enter↵
POLYGON 면의 수 입력 〈4〉 : 6
다각형의 중심을 지정 또는 [모서리(E)]
: **중심점을 클릭 또는 좌표점 입력** Enter↵
옵션을 입력 [원에 내접(I)/원에 외접(C)] 〈I〉 : I Enter↵
원의 반지름 지정 : 40 Enter↵

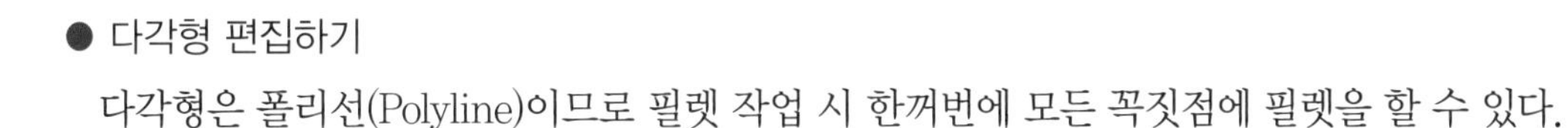

● 다각형 편집하기

다각형은 폴리선(Polyline)이므로 필렛 작업 시 한꺼번에 모든 꼭짓점에 필렛을 할 수 있다.

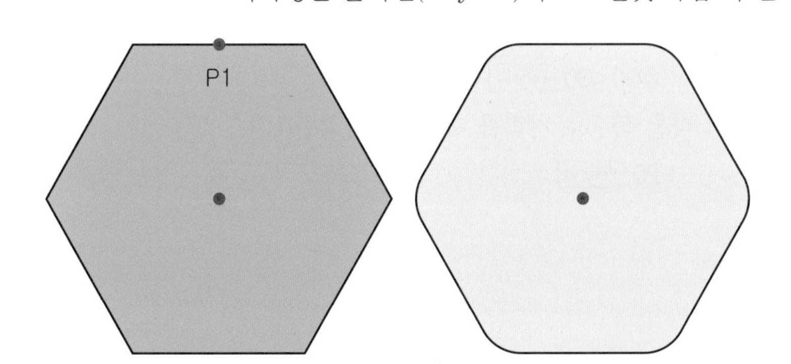

명령 : Fillet Enter↵
첫 번째 객체 선택 또는 [...폴리선(P)/반지름(R)...] : D Enter↵
모깎기 반지름 지정 : 10 Enter↵
첫 번째 객체 선택 또는 [...폴리선(P)/반지름(R)...]
: **다각형선(P1점) 클릭**

8 타원 그리기 – Ellipse

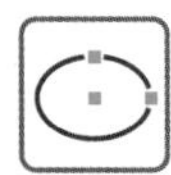

명령 : ELLIPSE, 단축명령 : EL

타원은 장축과 단축으로 정의된 원이며, 시작 각도와 끝 각도까지 정의하여 타원형 호를 작도한다.

(1) 중심(C)으로 타원 작도하기

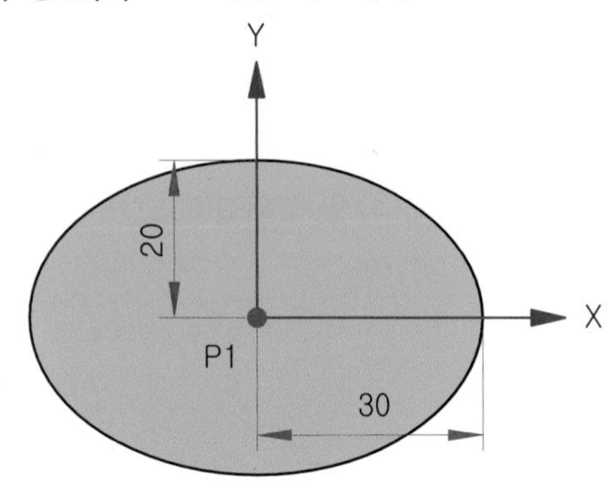

명령 : EL Enter↵

타원의 축 끝점 지정 또는 [호(A)/중심(C)]

: C Enter↵

타원의 중심 지정

: P1 클릭

축의 끝점 지정 : F8(직교) 켜기

커서의 방향을 오른쪽으로 적당히 옮겨 놓은 후 30 Enter↵

다른 축으로 거리를 지정 또는 [회전(R)]

: 20 Enter↵

(2) 중심(C)으로 30도 기울어진 타원 작도하기

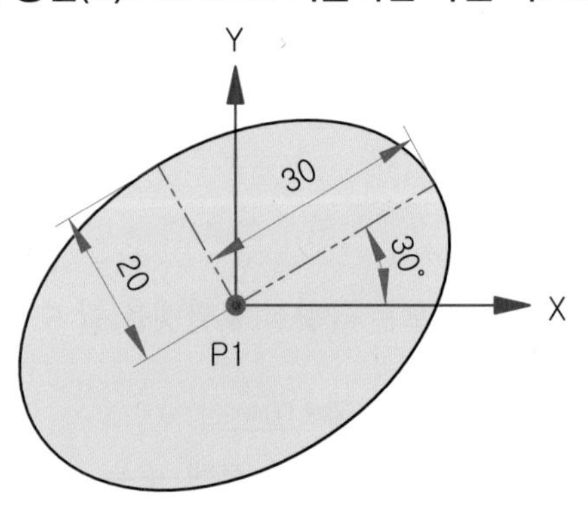

명령 : EL Enter↵

타원의 축 끝점 지정 또는 [호(A)/중심(C)]

: C Enter↵

타원의 중심 지정

: P1 클릭

축의 끝점 지정

: @30<30 Enter↵

다른 축으로 거리를 지정 또는 [회전(R)]

: 20 Enter↵

참고

Ctrl + 9를 눌러 명령 입력 창을 도면 영역상에서 On/Off할 수 있다.

3 도형 편집하기

1 지우기 – Erase

명령 : ERASE, 단축명령 : E

도면에서 선택적으로 객체를 삭제할 때 사용하는 명령이다. 삭제하고자 하는 객체를 선택한 후 Del 키를 사용해도 좋다.

● 옵션

- 옵션을 사용하지 않고 객체를 마우스로 하나씩 선택하여 삭제한다.
- 모두(ALL) : 객체를 모두 선택하여 삭제한다.
- 울타리(F) : 울타리 선에 걸친 객체만 선택하여 삭제한다.
- 윈도우(W) : 선택 상자 안으로 완전히 포위된 객체만 선택하여 삭제한다.
  컬러풀 객체 선택 방법 : 마우스를 오른쪽 P1 또는 P2 위치에 클릭한 후 왼쪽 방향의 P3 또는 P4를 클릭하면 걸치기(Crossing)가 실행된다.

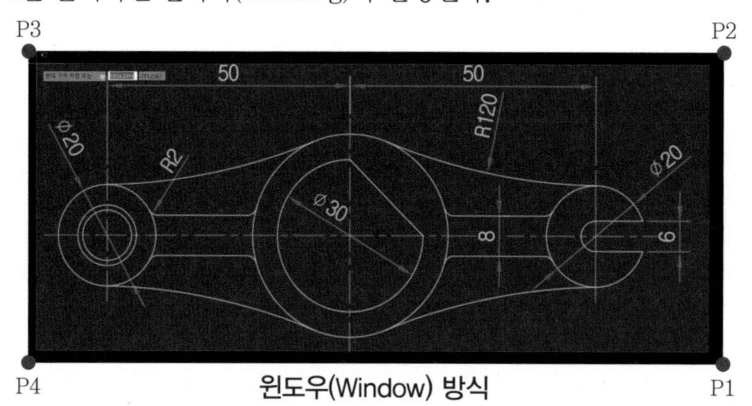

윈도우(Window) 방식

- 걸치기(C) : 윈도우(W)와 울타리(F)를 동시에 사용하는 결과가 된다.
  컬러풀 객체 선택 방법 : 마우스를 왼쪽 P3 또는 P4 위치에 클릭한 후 오른쪽 방향의 P1 또는 P2를 클릭하면 윈도우(Window)가 시행된다.

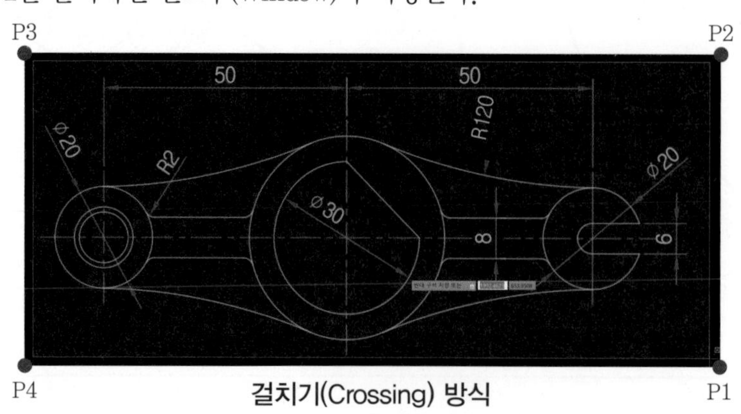

걸치기(Crossing) 방식

2 실행 명령 취소하기 – Undo

명령 : UNDO, 단축명령 : U, Ctrl+Z

실행한 명령을 취소하여 이전 작업으로 되돌리는 명령이다.

현재 설정: 자동 = 켜기, 조정 = 전체, 결합 = 예, 도면층 = 예
UNDO 취소할 작업의 수 또는 [자동(A) 조정(C) 시작(BE) 끝(E) 표식(M) 뒤(B)] 입력 <1>:

3 지운 객체 되살리기 – Oops

명령 : OOPS

Erase 명령 또는 Del 키로 마지막에 지워버린 객체를 다시 되살리는 명령이다.

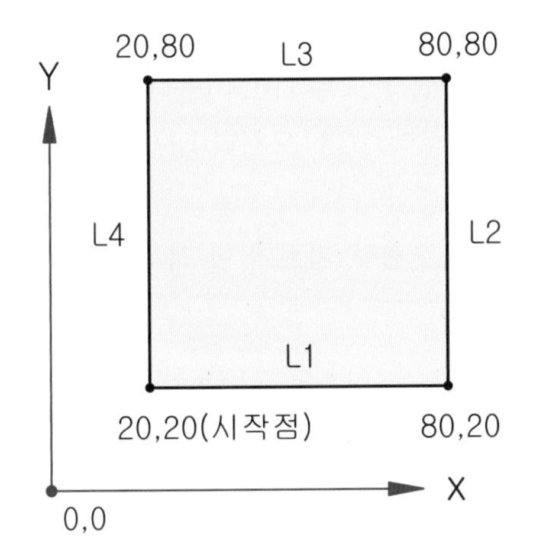

명령 : ERASE Enter↵
객체 선택 : L4 클릭 — 한 객체를 선택한다.
객체 선택 : 마우스 오른쪽 클릭 또는 Enter↵

명령 : OOPS Enter↵
Erase 명령으로 마지막에 지워버린 객체를 1회 복구한다.

4 Undo 명령 취소하기 – Redo, Mredo

(1) 한 번 복원하기 – Redo

명령 : REDO, 단축명령 : RE, Ctrl+Y

Undo 명령으로 취소시킨 이전 명령을 다시 복원시킬 때 사용한다. 단, UNDO 명령을 사용한 후 바로 적용해야만 하며, 바로 이전 명령 한 번만 적용된다.

(2) 여러 번 복원하기 – Mredo

명령 : MREDO

Mredo는 이전 명령을 여러 번 다시 복원할 수 있다.

명령: MREDO
MREDO 작업의 수 입력 또는 [전체(A) 최종(L)]:

- 전체(A) : 이전 작업으로 모두 되돌려준다.
- 최종(L) : Redo와 같은 방법으로 마지막 이전 작업으로만 되돌려준다.

5 자르기 – Trim

명령 : TRIM, 단축명령 : TR

경계선을 기준으로 객체를 자르는 명령이며, 경계선을 지정하고 객체를 선택하여 자른다.

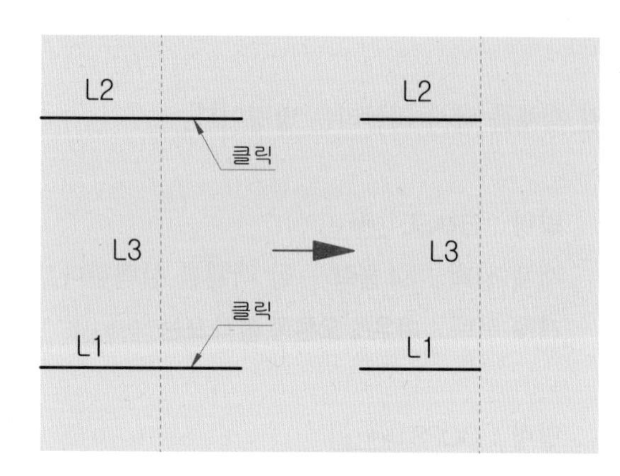

명령 : TR Enter↵
객체 선택 또는 <모두 선택>
: L3 Enter↵(자르기 할 경계 객체 선택)
자를 객체 선택 또는 Shift 키를 누른 채 선택하여 연장 또는 TRIM [울타리(F)/걸치기(C)/프로젝트(P)/모서리(E)/지우기(R)/명령 취소(U)]
: L1, L2 **클릭** (자르기 할 객체 쪽을선택)

● **옵션**

울타리(F) : 선택한 기준선에 교차하는 모든 객체 자르기
걸치기(C) : 두 개의 점에 의해 정의된 직사각형에 포함 또는 교차하는 객체 자르기
프로젝트(P) : 3차원 자르기
모서리(E) : 경계선을 연장하여 자르기
지우기(R) : 선택한 객체를 삭제하기
명령 취소(U) : 자른 객체를 원상 복구시키기

● **Trim 명령 실행 중 객체 연장하기**

객체 선택 시 Shift 키를 누른 상태에서 선택하면 트림하는 대신 연장이 된다.
명령 : TR Enter↵
객체 선택 또는 <모두 선택> : 경계선 클릭 Enter↵

```
객체 선택 또는 <모두 선택>: 1개를 찾음
객체 선택:
자를 객체 선택 또는 Shift 키를 누른 채 선택하여 연장 또는
TRIM [울타리(F) 걸치기(C) 프로젝트(P) 모서리(E) 지우기(R)]:
```

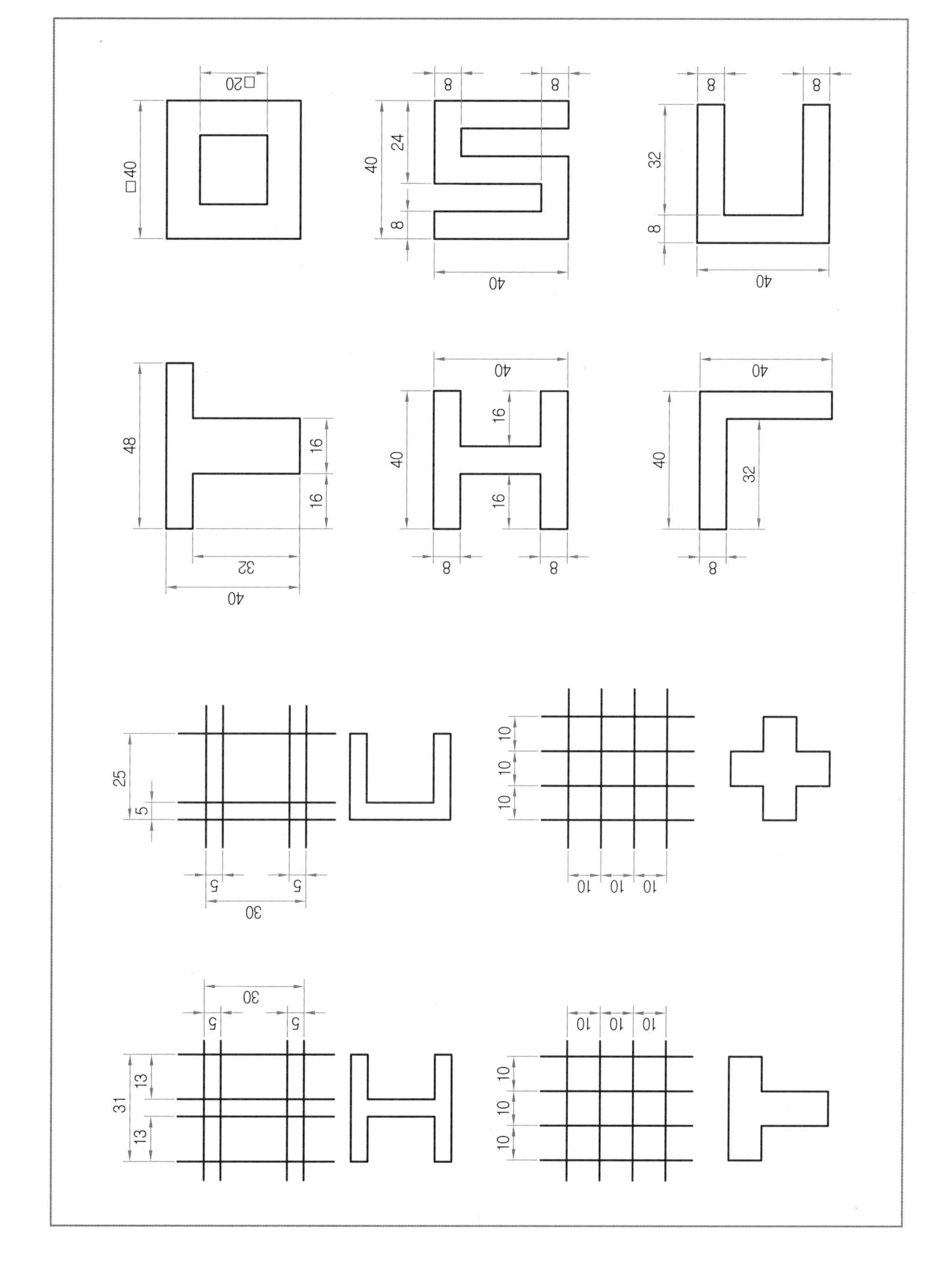
□20
□40
8
8
40
24
8
40
8
8
32
8
40
48
16
16
32
40
40
40
16
16
8
8
40
40
32
8
25
5
5
5
30
10
10
10
10
10
10
30
5
5
31
13
13
10
10
10
10
10
10

6 연장하기 – Extend

명령 : EXTEND, 단축명령 : EX

선택한 객체의 길이를 연장하는 명령이며, 경계선(기준선)을 지정하지 않고 Enter↵를 두 번 하면 모든 선이 경계선이 되어 쉽게 연장할 수 있다.

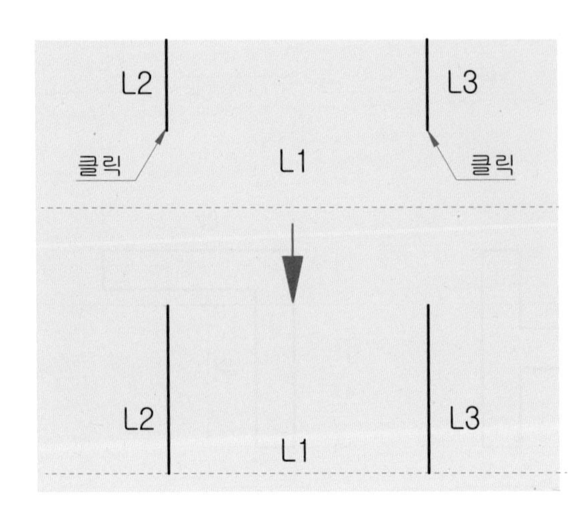

명령 : EX Enter↵
객체 선택 또는 〈모두 선택〉
: L1 Enter↵(연장할 경계 객체 선택)
연장할 객체 선택 또는 Shift 키를 누른 채 선택하여 자르기 또는 EXTEND [울타리(F)/걸치기(C)/프로젝트(P)/모서리(E)/명령 취소(U)]
: **L2, L3 클릭** (연장할 객체 쪽을 선택)

7 모깎기 – Fillet

명령 : FILLET, 단축명령 : F

교차하는 두 개의 선, 원, 호에 반지름을 지정하여 모서리를 둥글게 해주는 명령어이다.

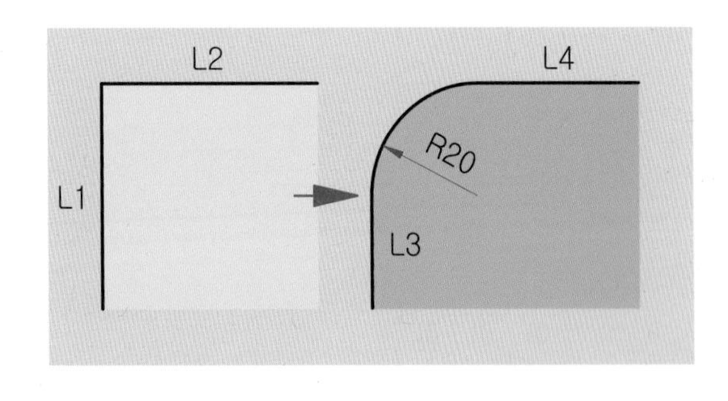

명령 : F Enter↵
현재 설정 : 모드=TRIM,
반지름=100.0000
첫 번째 객체 선택 또는 [명령 취소(U)/폴리선(P)/반지름(R)/자르기(T)/다중(M)] : R Enter↵
모깎기 반지름 지정 〈100.0000〉
: 20 Enter↵
첫 번째 객체 선택 또는 [명령 취소(U)/폴리선(P)/반지름(R)/자르기(T)/다중(M)] : L1
두 번째 객체 선택 또는 Shift 키를 누른 채 선택하여 구석 적용 [반지름(R)] : L2

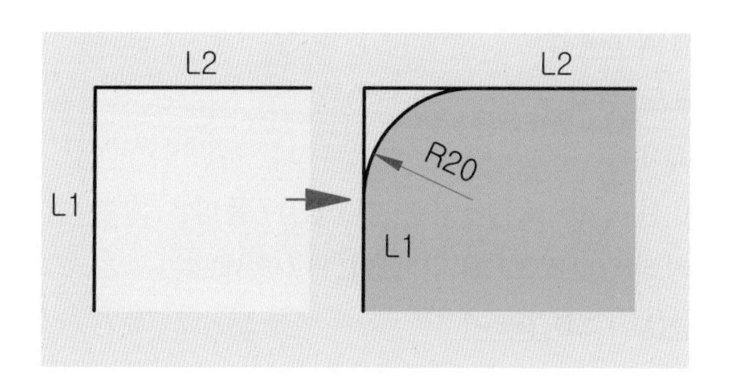

명령 : F Enter↵
현재 설정 : 모드=TRIM, 반지름=0.0000
첫 번째 객체 선택 또는 [명령 취소(U)/폴리선(P)/반지름(R)/자르기(T)/다중(M)] : T Enter↵
자르기 옵션을 선택 자르기 모드 옵션 입력 [자르기(T)/자르지 않기(N)] 〈자르기〉 : N Enter↵
첫 번째 객체 선택 또는 [명령 취소(U)/폴리선(P)/반지름(R)/자르기(T)/다중(M)] : R Enter↵
모깎기 반지름 지정 〈0.0000〉 : 15 Enter↵
첫 번째 객체 선택 또는 [명령 취소(U)/폴리선(P)/반지름(R)/자르기(T)/다중(M)] : L1
두 번째 객체 선택 또는 Shift 키를 누른 채 선택하여 구석 적용[반지름(R)] : L2

● 옵션

명령 취소(U) : 명령 이전 동작으로 전환
폴리선(P) : 2D 폴리선의 모깎기 적용
반지름(R) : 반지름값 지정
자르기(T) : 모서리 절단 여부 설정 – 자르기(T), 자르지 않기(N)
다중(M) : 두 세트 이상의 객체 모서리를 둥글게 한다.

8 모떼기 – Chamfer

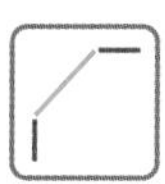

명령 : CHAMFER, 단축명령 : CHA

모떼기는 교차하는 두 선의 교차점을 기준으로 잘라낸다.
명령 : CHA Enter↵

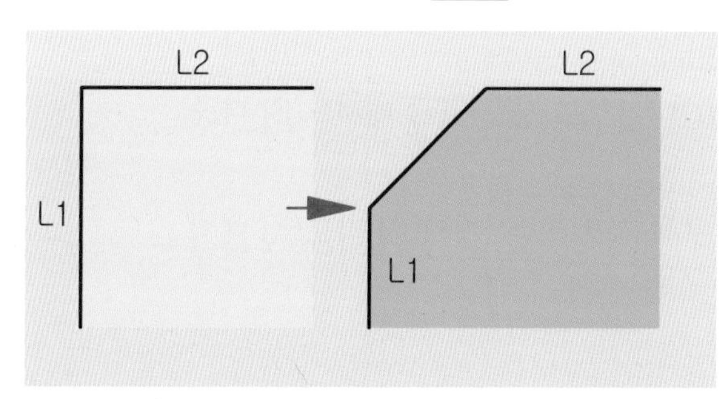

(TRIM 모드) 현재 모떼기 거리 1=0.000, 거리 2=0.000
첫 번째 선 선택 또는 [명령 취소(U)/폴리선(P)/거리(D)/각도(A)/자르기(T)/메서드(E)/다중(M)] : D Enter↵
첫 번째 모떼기 거리 지정 〈0.0000〉 : 5 Enter↵
두 번째 모떼기 거리 지정 〈5.0000〉 : Enter↵
첫 번째 선 선택 또는 [명령 취소(U) 폴리선(P) 거리(D) 각도(A) 자르기(T) 메서드(E) 다중(M)] : L1 Enter↵
두 번째 선 선택 또는 Shift 키를 누른 채 선택하여 구석 적용 또는 [거리(D) 각도(A) 메서드(E)] : L2 Enter↵

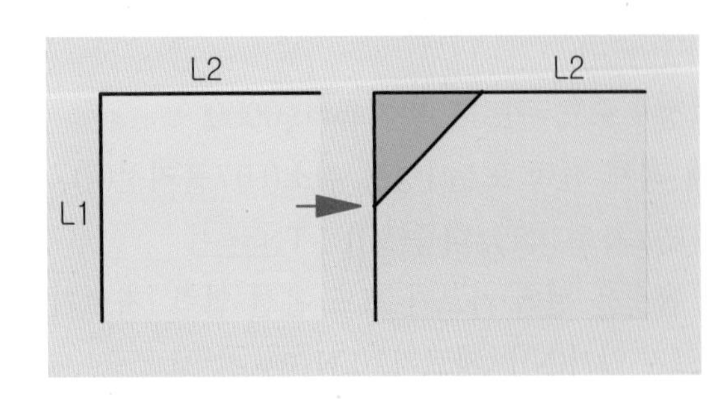

명령 : CHA Enter↵
(TRIM 모드) 현재 모떼기 거리 1=0.0,
거리 2=0.0
첫 번째 선 선택 또는 [명령 취소(U)/폴리선(P)/거리(D)/각도(A)/자르기(T)/메서드(E)/다중(M)] : D Enter↵
첫 번째 모떼기 거리 지정 〈0.0000〉:5 Enter↵
두 번째 모떼기 거리 지정 〈5.0000〉 : Enter↵
첫 번째 선 선택 또는 [명령 취소(U) 폴리선(P) 거리(D) 각도(A) 자르기(T) 메서드(E) 다중(M)] : T Enter↵
자르기 모드 옵션 입력 [자르기(T)/자르지 않기(N)] 〈자르기〉 : N Enter↵
첫 번째 선 선택 또는 [명령 취소(U) 폴리선(P) 거리(D) 각도(A) 자르기(T) 메서드(E) 다중(M)] : L1 Enter↵
두 번째 선 선택 또는 Shift 키를 누른 채 선택하여 구석 적용 또는 [거리(D) 각도(A) 메서드(E) : L2

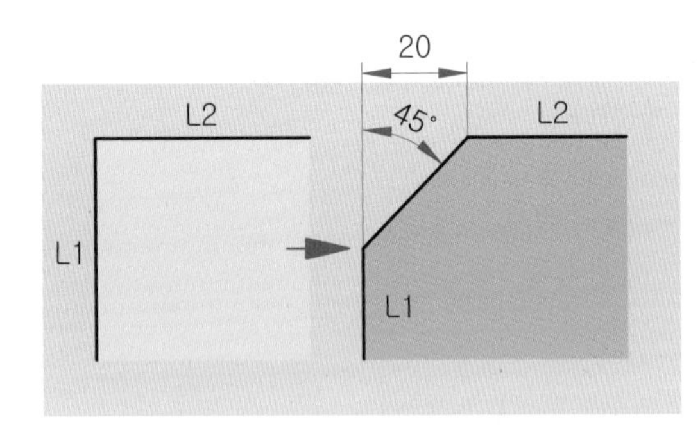

명령 : CHA Enter↵
(TRIM 모드) 현재 모떼기 거리 1=0.0,
거리 2=0.0
첫 번째 선 선택 또는 [명령 취소(U)/폴리선(P)/거리(D)/각도(A)/자르기(T)/메서드(E)/다중(M)] : A Enter↵
첫 번째 선의 모떼기 길이 지정 〈0.0000〉 : 5 Enter↵
첫 번째 선으로부터 모떼기 각도 지정 〈0〉 : 45 Enter↵
첫 번째 선 선택 또는 [명령 취소(U) 폴리선(P) 거리(D) 각도(A) 자르기(T) 메서드(E) 다중(M)] : L1 Enter↵
두 번째 선 선택 또는 Shift 키를 누른 채 선택하여 구석 적용 또는 [거리(D) 각도(A) 메서드(E)] : L2 Enter↵

참고

모깎기와 모떼기 작업 시 설정된 거리값과 자르기 모드에 상관없이 Shift 키를 누른 상태에서 두 번째 선을 선택하면 양쪽 모두 트림과 연장이 동시에 되어 코너가 만들어진다.

9 간격띄우기 – Offset

명령 : OFFSET, 단축명령 : O

지정된 간격 또는 점을 통과하는 평행한 객체를 생성하는 명령이며, 간격을 주고 객체를 선택한 후 그려지는 방향을 클릭한다. 원이나 호에서는 원이나 호의 외부 또는 내부를 클릭하면 된다.

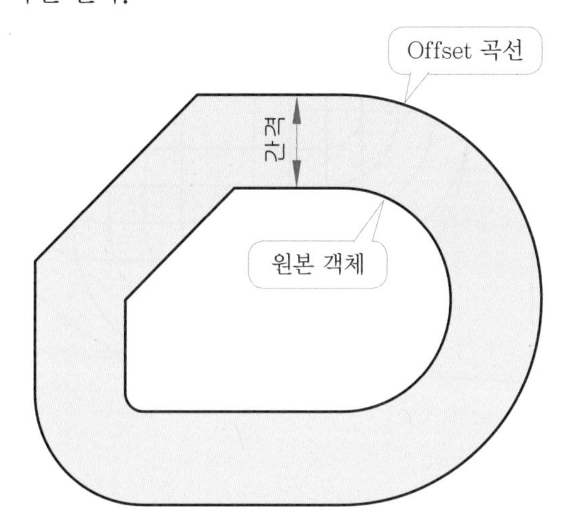

명령 : O Enter↵
현재 설정 : 원본 지우기=아니오 도면층=원본 OFFSETGAPTYPE=0
간격띄우기 거리 지정 또는 [통과점(T) 지우기(E) 도면층(L)] 〈통과점〉
 : 10 Enter↵
간격띄우기 할 객체 선택 또는 [종료(E) 명령 취소(U)] 〈종료〉 : **객체(L1) 클릭**
간격띄우기 할 면의 점 지정 또는 [종료(E) 다중(M) 명령 취소(U)] 〈종료〉
 : **간격띄우기 할 방향을 지정**

● **옵션**

통과점(T) : 지정한 스냅점까지 간격을 띄운다.
지우기(E) : 지정된 원본 객체를 보존할 것인지 지울 것인지를 설정한다.
도면층(L) : 오프셋한 사본 객체를 원본 객체의 Layer층에 종속시키거나 현재 활성화된 Layer층에 종속시킨다.
종료(E) : 오프셋 명령을 종료한다.
명령 취소(U) : 잘못 오프셋시킨 객체를 오프셋 전으로 되돌린다.
다중(M) : 반복적으로 지정된 한 개의 거리 값이나 여러 개의 통과점을 사용하여 오프셋한다.

참고

- 드래그(Drag) : 마우스 왼쪽 버튼을 누른 채로 끌고 가는 것
- 드래그 앤 드롭(Drag and Drop) : 마우스 왼쪽 버튼을 누른 채로 원하는 위치로 끌고 가서 마우스를 놓는 것

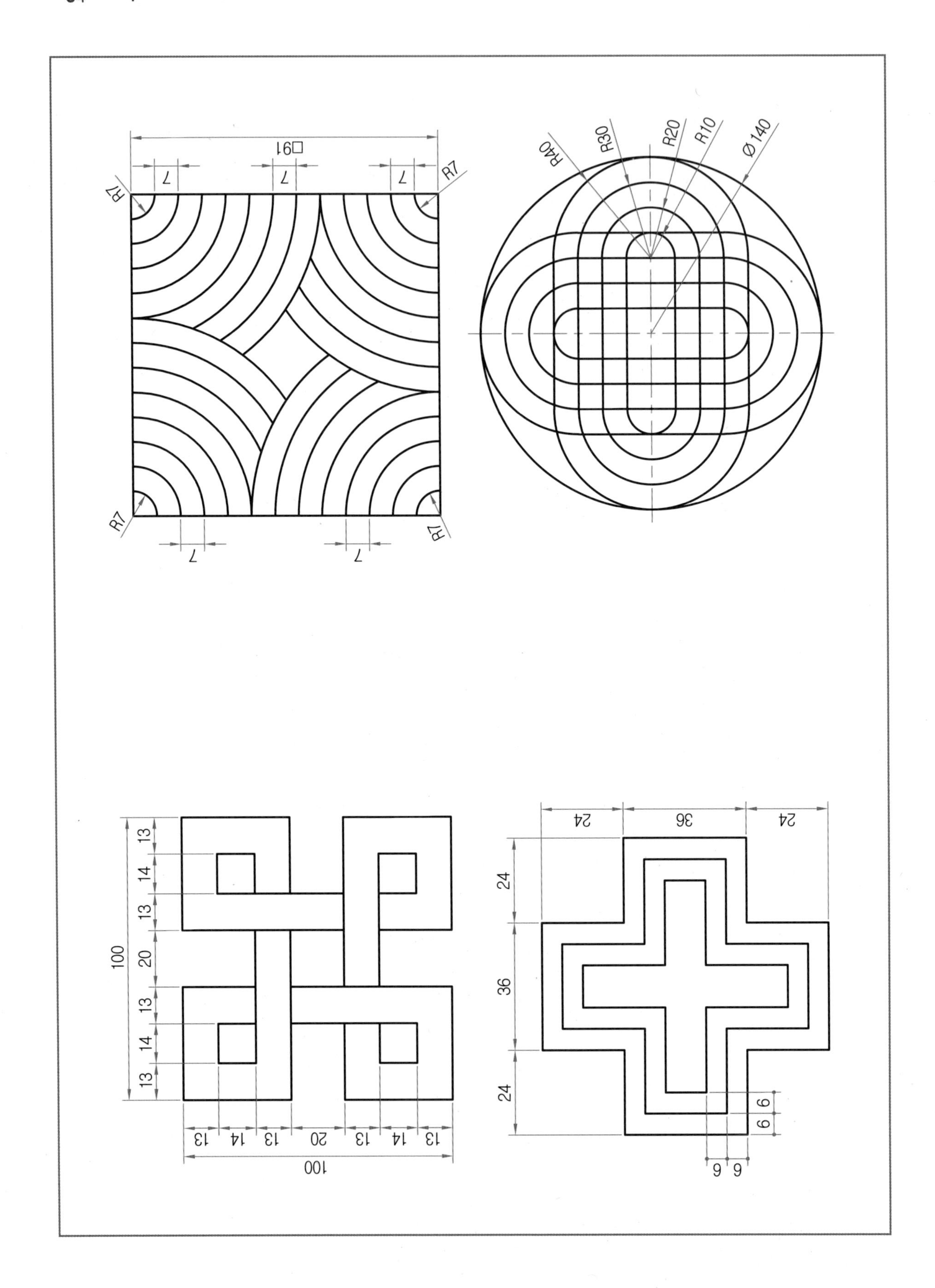

□91
7
7
7
R7
R7
R7
R7
7
7
R40
R30
R20
R10
Ø140
13
14
13
20
13
14
13
100
13
14
13
20
13
14
13
100
24
36
24
24
36
24
6
6
6
6

10 복사하기 – Copy

명령 : COPY, 단축명령 : CO 또는 CP

작도된 객체를 원래의 객체와 같은 형상 및 척도를 유지하면서 복사하는 명령이다.

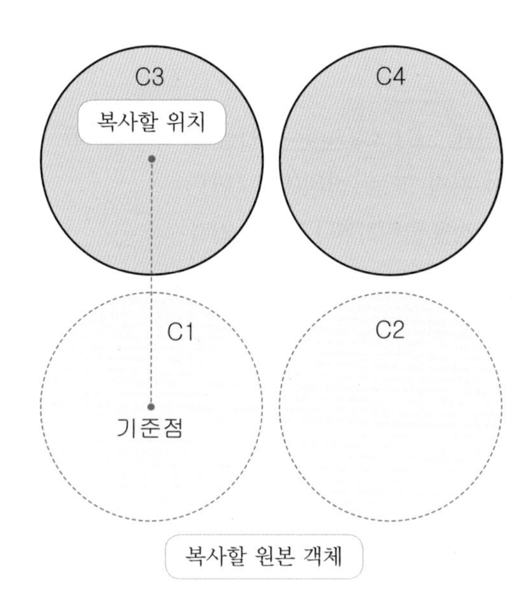

명령 : CO Enter↵
객체 선택 : C1, C2 Enter↵(복사할 객체 선택)
기본점 지정 또는 [변위(D) 모드(O)] 〈변위(D)〉
: **기준점을 클릭하거나 좌푯값 입력** Enter↵
기준점 지정 또는 [변위 지정] 두 번째 점 지정 또는 〈첫 번째 점을 변위로 사용〉 : 변위의 두 번째 점 지정 또는 〈변위로 첫 번째 지점 사용〉
: **복사할 위치를 클릭하거나 좌푯값 입력** Enter↵
두 번째 점 지정 또는 [종료(E) 명령 취소(U)] 〈종료〉
두 번째 점 지정을 지정하여 복사 또는 종료
: Enter↵

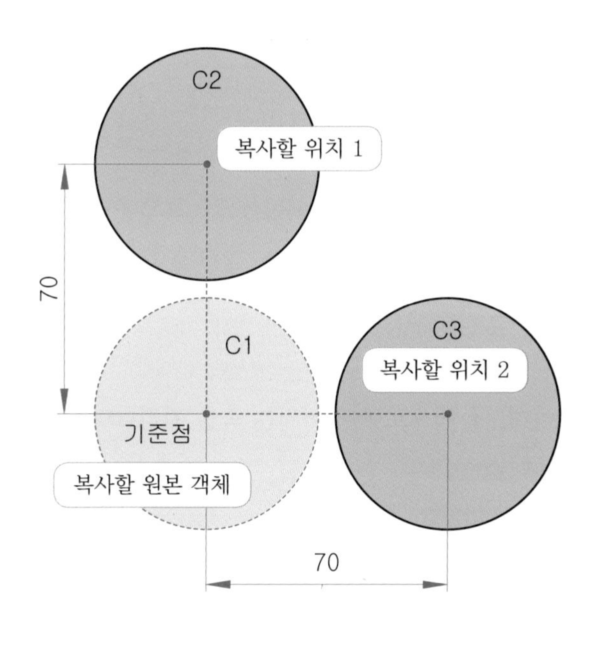

명령 : CO Enter↵
객체 선택 : C1 Enter↵(복사할 객체 선택)
기본점 지정 또는 [변위(D) 모드(O)] 〈변위(D)〉
: **기준점 선택**
두 번째 점 지정 또는 〈첫 번째 점을 변위로 사용〉 : 70 (**위쪽**으로 마우스를 향한다. 직교 모드(F8)가 ON된 상태로 클릭)
두 번째 점 지정 또는 [종료(E) 명령 취소(U)] 〈종료〉 : 70 (**우측**으로 마우스를 향한다. 직교 모드(F8)가 ON된 상태로 클릭)
두 번째 점 지정 또는 [종료(E) 명령 취소(U)] 〈종료〉 : Enter↵

11 이동하기 – Move

명령 : MOVE, 단축키 : M

선택한 객체의 위치를 이동하는 명령으로 현재 위치에서 방향과 크기의 변화 없이 원하는 위치로 이동하는 명령이다.

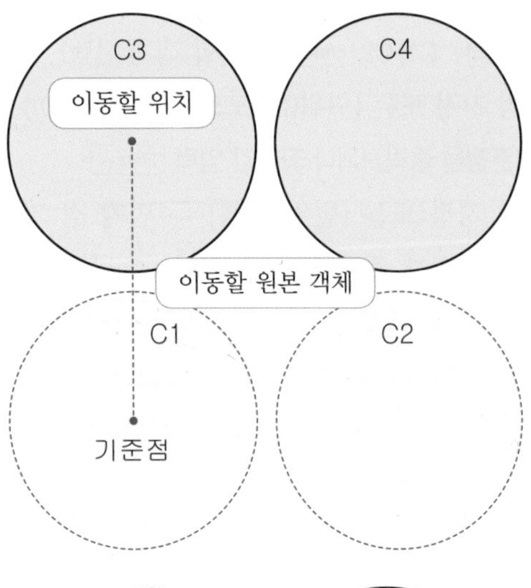

명령 : M Enter↵
객체 선택 : C1, C2 Enter↵(이동할 객체 선택)
기준점 지정 또는 [변위(D)] 〈변위〉
: **기준점을 클릭하거나 좌푯값 입력** Enter↵
두 번째 점 지정 또는 〈첫 번째 점을 변위로 사용〉
: **이동할 위치점 클릭 또는 좌푯값 입력** Enter↵

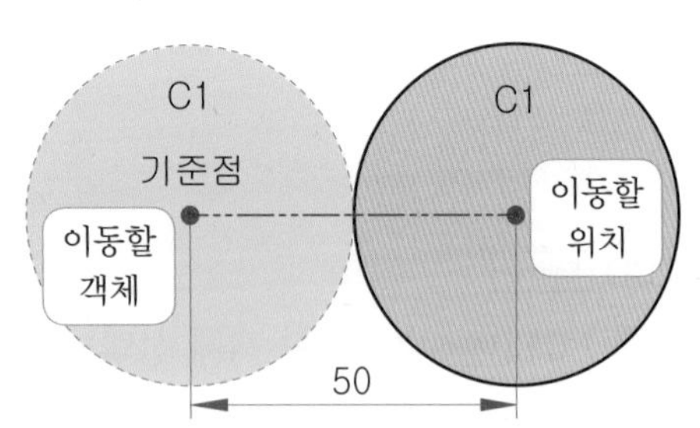

명령 : M Enter↵
객체 선택 : C1 Enter↵
기준점 지정 또는 [변위(D)] 〈변위〉: **기준점 클릭**
두 번째 점 지정 또는 〈첫 번째 점을 변위로 사용〉
: **50** (직교 모드(F8) ON 상태에서 마우스를 우측 방향으로 클릭한다.)

12 대칭 이동하기 – Mirror

명령 : MIRROR, 단축명령 : MI

객체를 기준 축 중심으로 대칭 이동시키는 명령이며, 두 점으로 이루어지는 축을 지정한다.

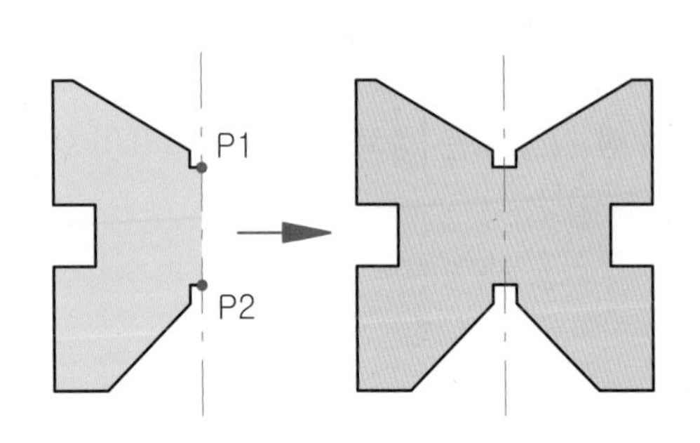

명령 : MI Enter↵
객체 선택 : **이동할 객체 선택**
객체 선택 : Enter↵
대칭선의 첫 번째 점 지정 : **P1**
대칭선의 두 번째 점 지정 : **P2**
원본 객체를 지우시겠습니까? [예(Y) 아니오(N)]
〈N〉 : Enter↵

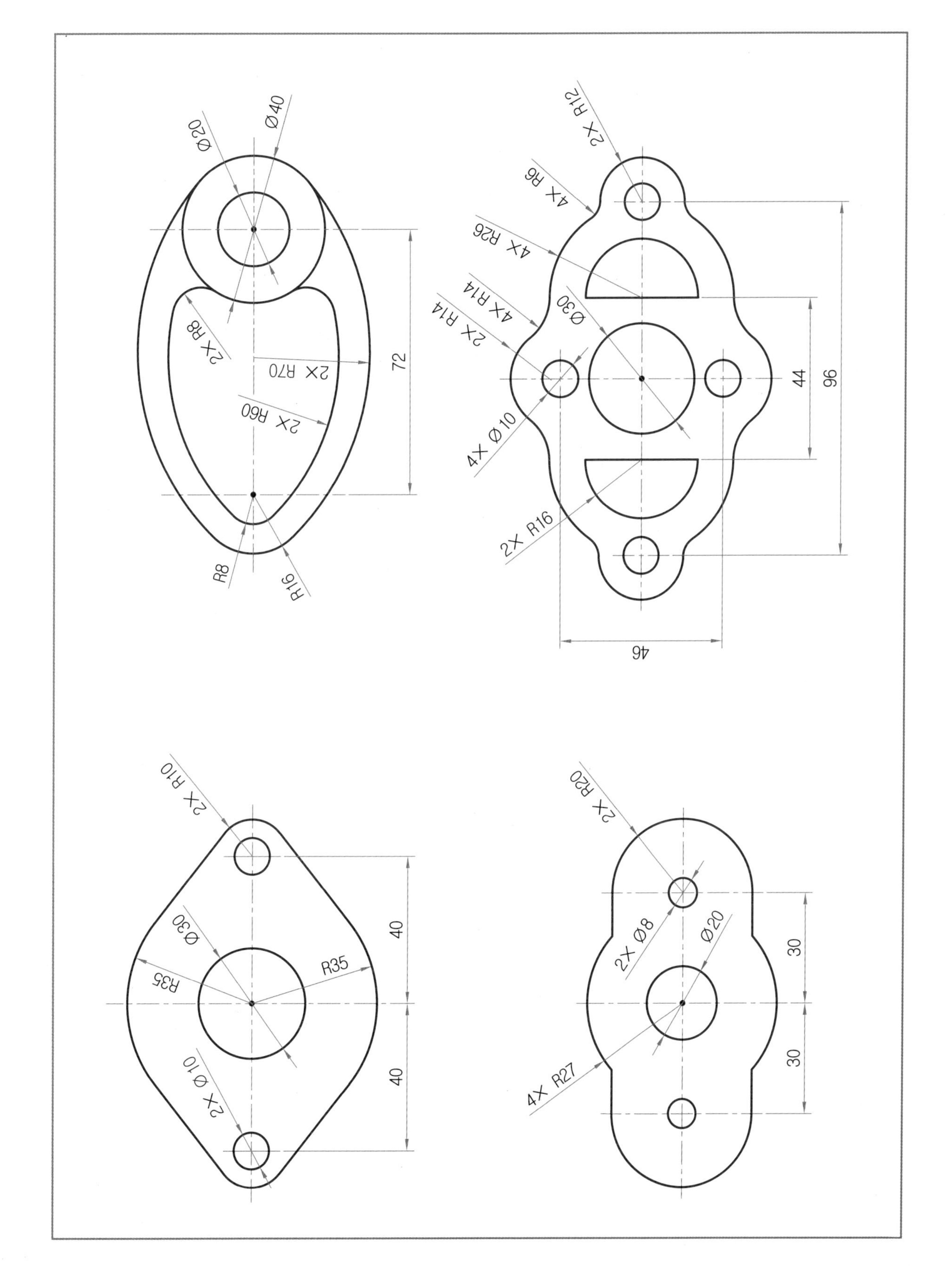
Ø20
Ø40
2X R8
2X R70
2X R60
72
R8
R16
2X R12
4X R6
4X R26
4X R14
2X R14
Ø30
4X Ø10
2X R16
44
96
46
2X R10
Ø30
R35
R35
40
40
2X Ø10
2X R20
2X Ø8
Ø20
4X R27
30
30

13 배열하기 – Array

명령 : ARRAY, 단축명령 : AR

객체를 일정 간격으로 가로, 세로로 배열하는 직사각형 배열과 기준 축을 중심으로 회전시켜 배열하는 원형 배열이 있다.

명령 : AR Enter↵

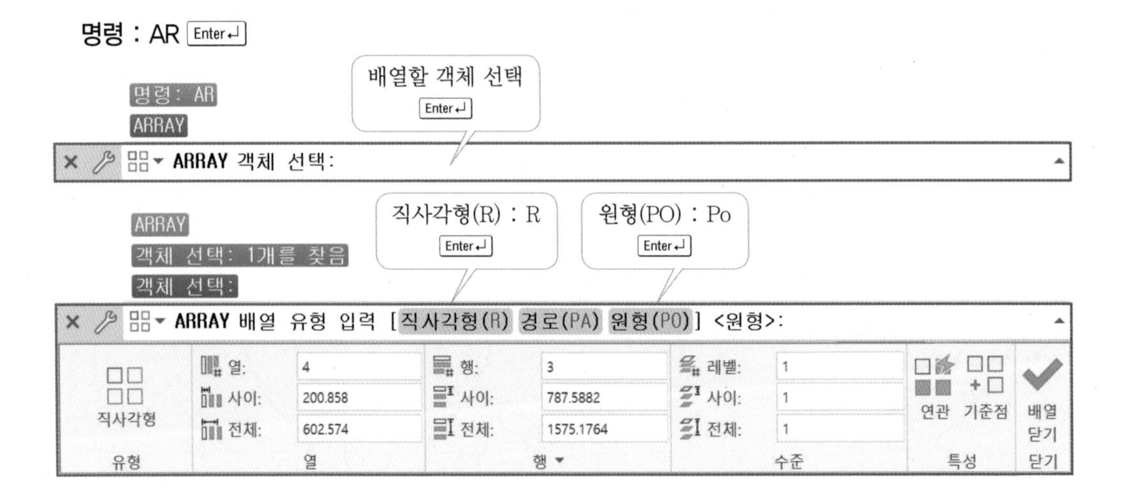

● **배열하기 – Arrayclassic**

AutoCAD에서 객체 배열 시 나타나는 작업 창을 생성하는 명령이다(2012버전 이후).
기본으로 사용하는 배열하기(Array)보다 편리하여 더 많이 사용한다.

(1) 직사각형 배열

Arrayclassic 명령을 사용하면 아래 팝업창과 같이 배열할 수 있다.

명령 : ARRAYCLASSIC Enter↵

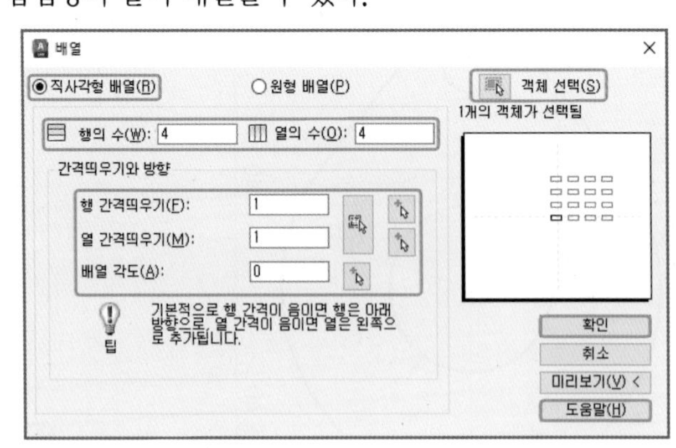

- 객체 선택(S) : 객체를 선택
- 행의 수(W) : 행의 개수를 지정
- 열의 수(O) : 열의 개수를 지정
- 행 간격 띄우기(F) : 행 배열의 객체 간 간격
- 열 간격 띄우기(M) : 열 배열의 객체 간 간격
- 배열 각도(A) : 사각 모양 배열에 각도를 이용하여 회전된 상태로 배열한다.
- 미리보기(V) : 적용된 형태를 미리 볼 수 있다.
- 확인

다음과 같은 도면으로 사각 모양 배열한다. (가로 20×세로 15)

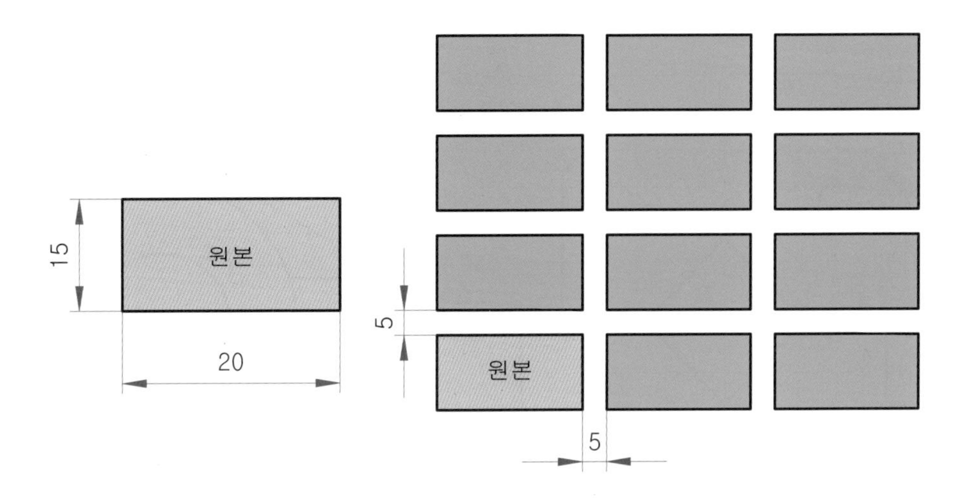

● **직사각형 배열 체크**

명령 : ARRAYCLASSIC Enter↵

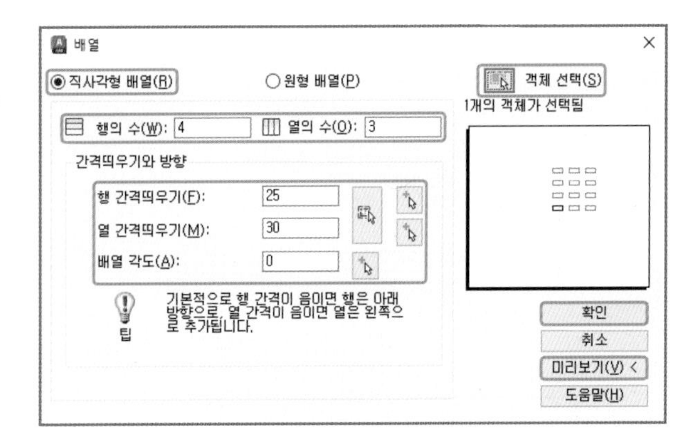

- 객체 선택(S) : **객체**(사각 가로 20×세로 15) **선택**
- 행의 수(W) : 4
- 열의 수(O) : 3
- 행 간격 띄우기(F) : 25
- 열 간격 띄우기(M) : 30
- 배열 각도(A) : 0
- 미리보기(V) : 적용된 형태를 미리 볼 수 있다.
- 확인

참고

행과 열의 개수는 원본을 포함한 개수이며 양의 값은 위쪽과 오른쪽으로, 음의 값은 아래쪽과 왼쪽으로 배열된다.

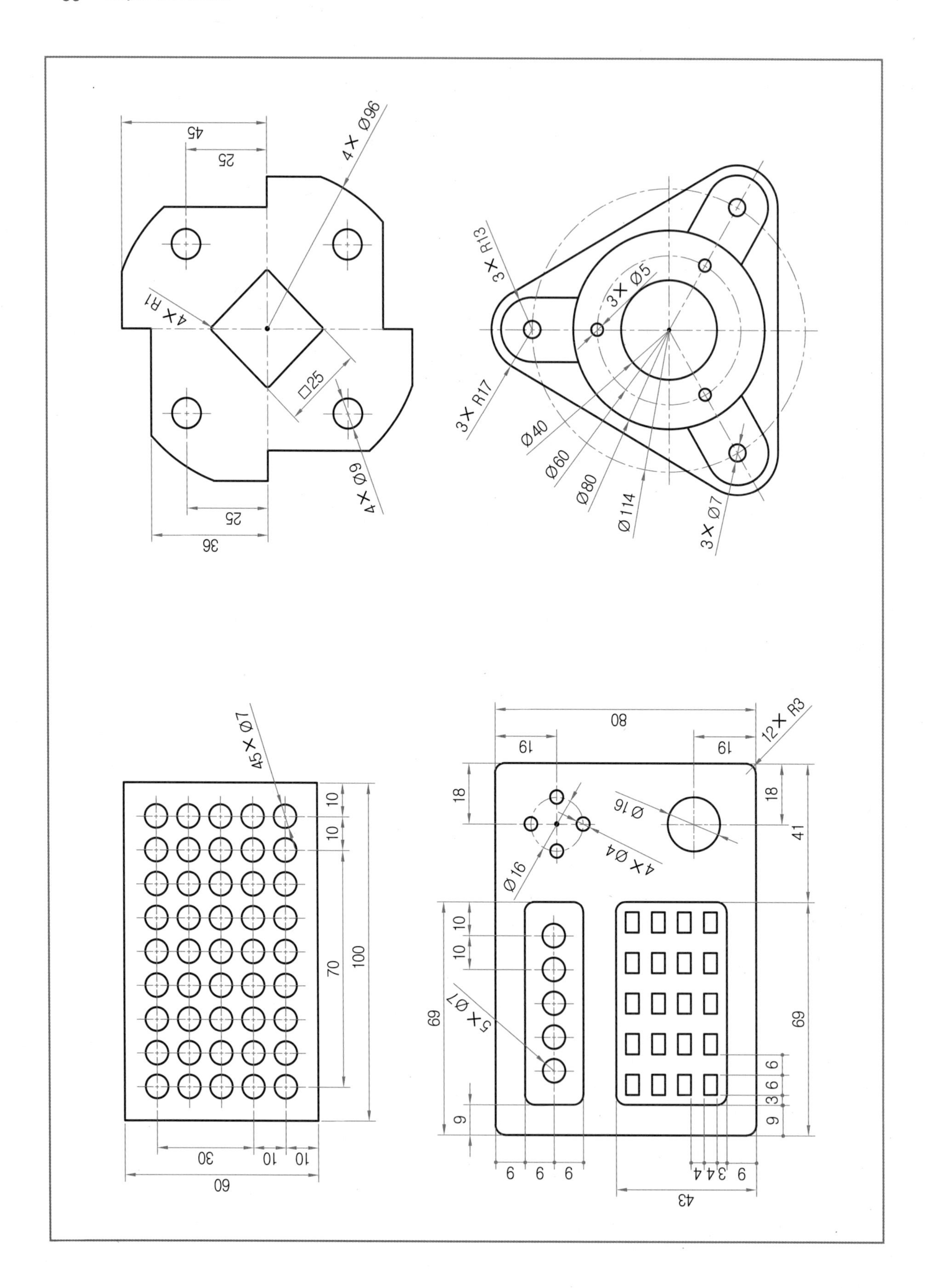
45
25
4 X Ø96
4 X R1
□25
4 X Ø9
25
36
3 X R13
3 X Ø5
3 X R17
Ø40
Ø60
Ø80
Ø114
3 X Ø7
45 X Ø7
10
10
70
100
30
10
10
60
80
19
19
12 X R3
18
Ø 16
4 X Ø4
Ø 16
18
41
10
10
5 X Ø7
69
69
6
6
3
6
6
6
6
6
6
3
4
4
6
43

(2) 원형 배열

명령 : ARRAYCLASSIC

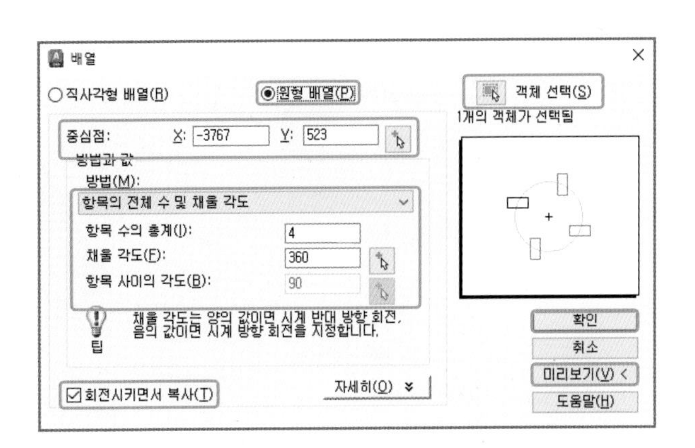

- 객체 선택(S) : 객체를 선택
- 중심점 : X, Y 입력, 중심 클릭
- 방법(M)
  - 항목의 전체 수 및 채울 각도 : 전체 배열 각과 배열 개수로 배열
  - 항목의 전체 수 및 항목 사이의 각도 : 각 객체의 사잇각으로 배열
  - 채울 각도 및 항목 사이의 각도 : 전체 배열 각과 객체 사잇각으로 배열
- 항목 수의 총계(I) : 배열할 개수를 지정
- 채울 각도(F) : 배열 전체 각을 지정
- 항목 사이의 각도(B) : 각각의 객체 사이의 각도
- 회전시키면서 복사(T) : ☑ 체크하면 객체가 법선 방향으로 중심점을 향해 원형 배열한다.
- 미리보기(V) : 적용된 형태를 미리 볼 수 있다.

● 옵션

연관(AS) : 배열된 객체가 하나의 단일 배열 객체가 되도록 연관성을 부여한다.

기준점(B) : 배열 기준점과 그립의 위치를 변경하거나 연관 배열의 점을 재지정한다.

회전축(A) : 3차원 배열에 적용되는 회전축이며, 두 개의 스냅점을 회전축으로 정의한다.

항목(I) : 회전 배열 개수를 입력하거나 표현식을 선택하여 수학 공식이나 방정식을 대입하여 개수를 정의할 수도 있다.

사이의 각도(A) : 객체와 객체 사이의 등간격 각도값을 입력한다.

채울 각도(F) : 배열 개수가 모두 포함된 전체 각도값을 입력한다.

행(ROW) : 배열되는 행의 개수와 행 사이의 거리값을 입력한다.

레벨(L) : 3차원 배열에 적용되는 Z축 방향의 객체 개수와 거리값을 입력한다.

항목 회전(ROT) : 객체 자신도 배열의 중심점을 기준으로 회전될 것인지 아니면 객체가 가지고 있는 방향성을 유지하며 회전될 것인지를 제어한다.

참고

- 원형 배열의 개수는 원본을 포함한 개수이다.
- 배열 각은 양의 값이 반시계 방향으로, 음의 값이 시계 방향으로 원형 배열된다.

다음과 같은 도면으로 원형 배열한다.

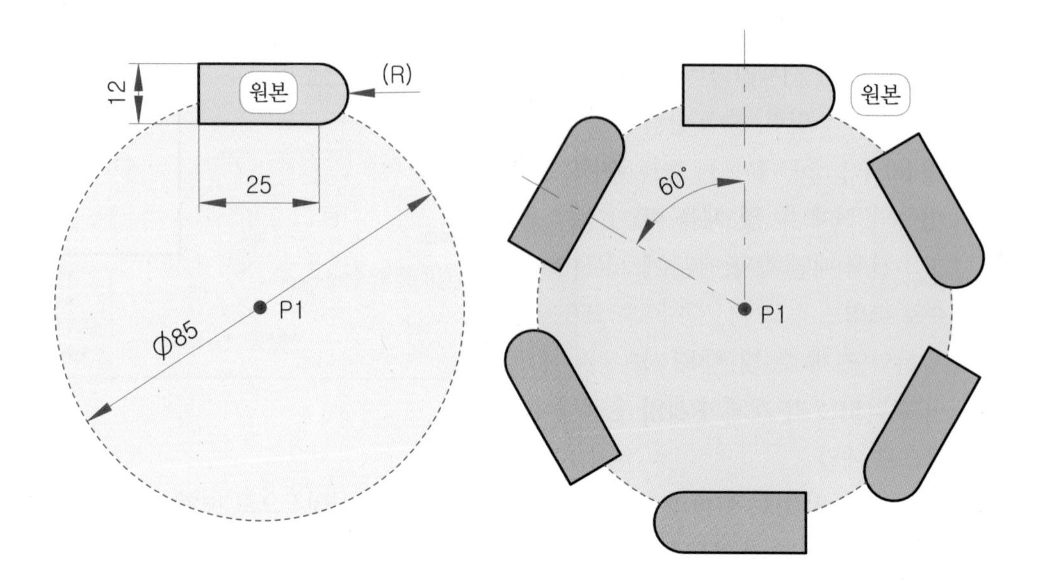

● **원형 배열 체크**

명령 : ARRAYCLASSIC Enter↵

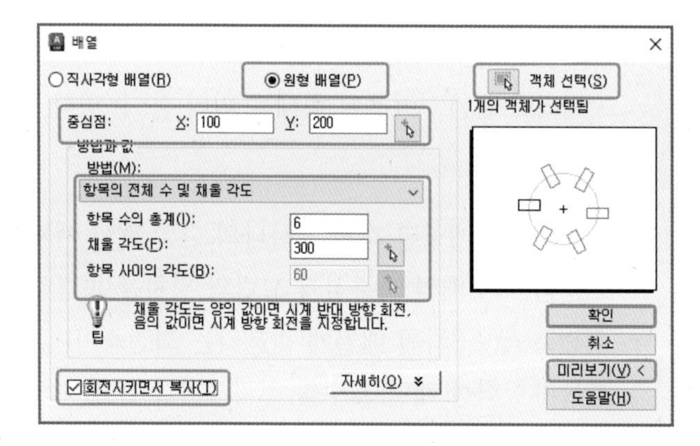

- 객체 선택(S) : **객체 선택**
- 중심점 : X, Y값 입력 또는 중심점 P1 클릭
- 방법(M) : **항목의 전체 수 및 채울 각도**
- 항목 수의 총계(I) : 6
- 채울 각도(F) : 360
- 항목 사이의 각도(B) : **비활성**
- 회전시키면서 복사(T) : ☑ **체크**(객체가 회전하면서 배열)
- 미리보기(V) : 적용된 형태를 미리 볼 수 있다.
- 확인

참고

- 원형 배열에서 객체의 기준점을 선택하면 중심점으로부터 일정한 거리를 유지하며 배열이 된다.
- 양(+)의 각도 값은 시계 반대 방향으로 배열되고, 음(–)의 각도 값은 시계 방향으로 배열된다.

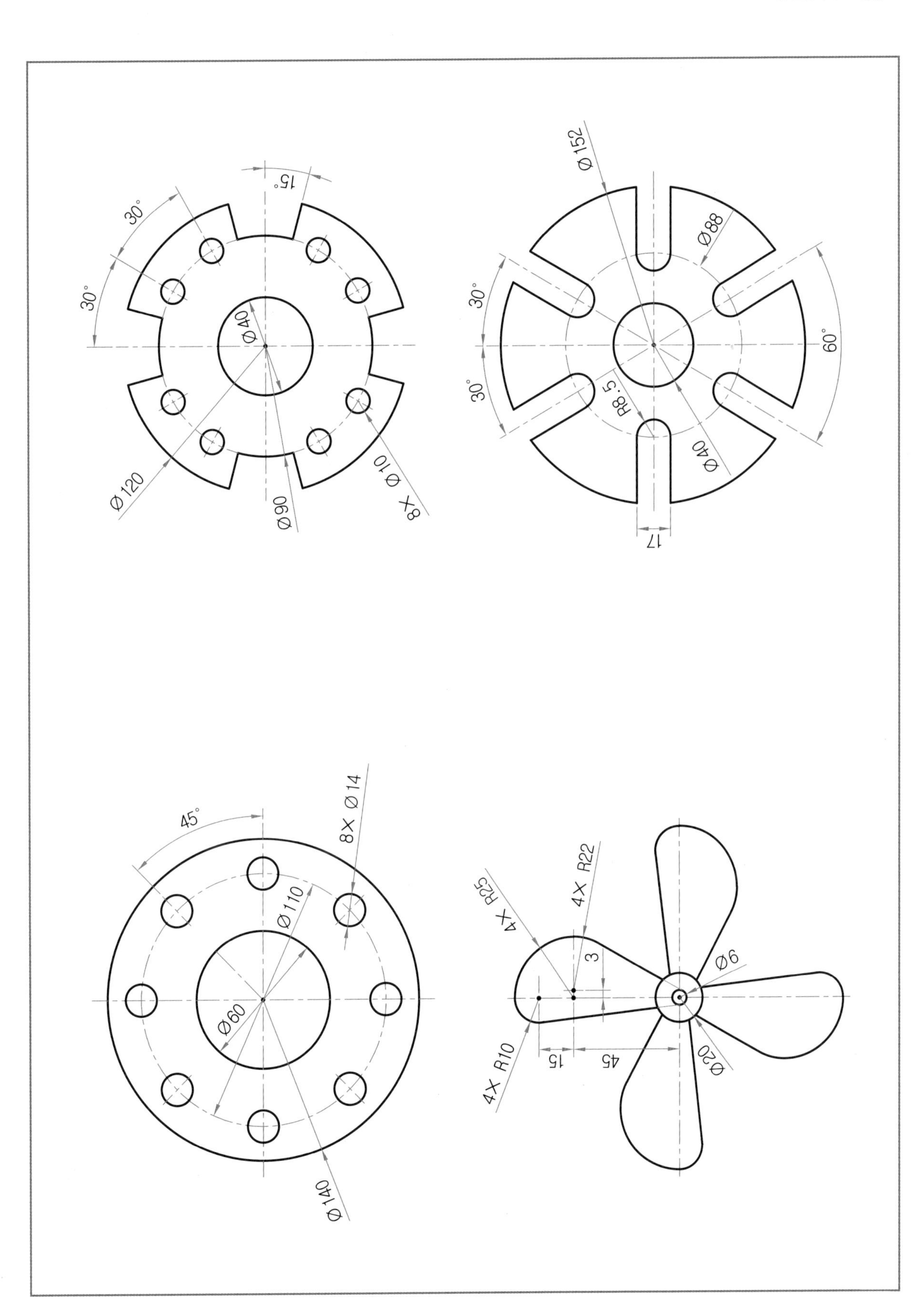
15°
30°
30°
Ø40
Ø120
Ø90
8× Ø10
Ø152
Ø88
30°
30°
60°
R8.5
Ø40
17
45°
8× Ø14
Ø110
Ø60
Ø140
4× R25
4× R22
3
Ø6
4× R10
15
45
Ø20

14 회전하기 – Rotate

명령 : ROTATE, 단축명령 : RO

객체를 원하는 각도만큼 회전시켜 주는 명령으로, 회전 방향은 반시계 방향이며 시계 방향으로 회전을 하려면 각도를 음의 값으로 입력한다.

명령 : RO Enter↵

- 객체 선택 : 회전할 객체 선택
- 기준점 지정 : 회전시킬 기준점을 클릭 또는 좌표점 입력
- 회전 각도 지정 또는 [복사(C) 참조(R)] 〈0〉 : C(원본을 남기고 복사한다.)
- 회전 각도 지정 또는 [참고] : 회전할 각도 입력

(1) 원본을 남기지 않고 회전하기

명령 : RO Enter↵

객체 선택 : **사각형 선택**

객체 선택 : Enter↵

기준점 지정 : **기준점 클릭 또는 좌표점 입력**

회전 각도 지정 또는 [복사(C) 참조(R)] 〈5〉

: 45 Enter↵

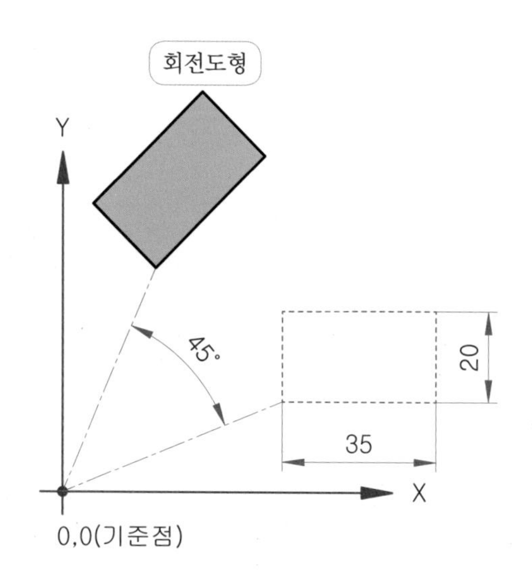

(2) 원본을 남기고 회전하기

명령 : RO Enter↵

객체 선택 : **사각형 선택**

객체 선택 : Enter↵

기준점 지정 : **기준점 클릭 또는 좌표점 입력**

회전 각도 지정 또는 [복사(C) 참조(R)] 〈5〉

: C Enter↵

회전 각도 지정 또는 [복사(C) 참조(R)] 〈5〉

: 45 Enter↵

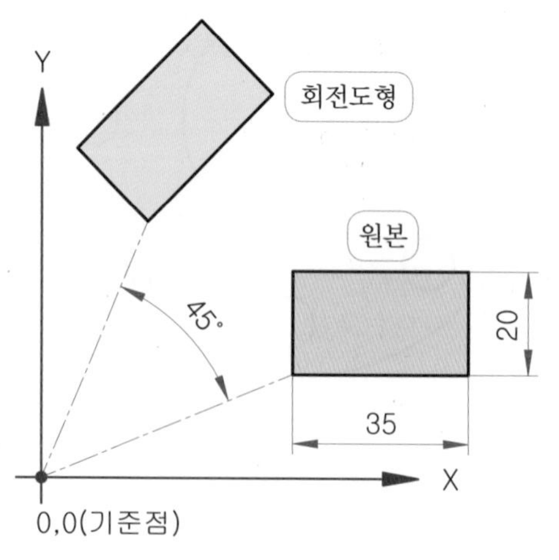

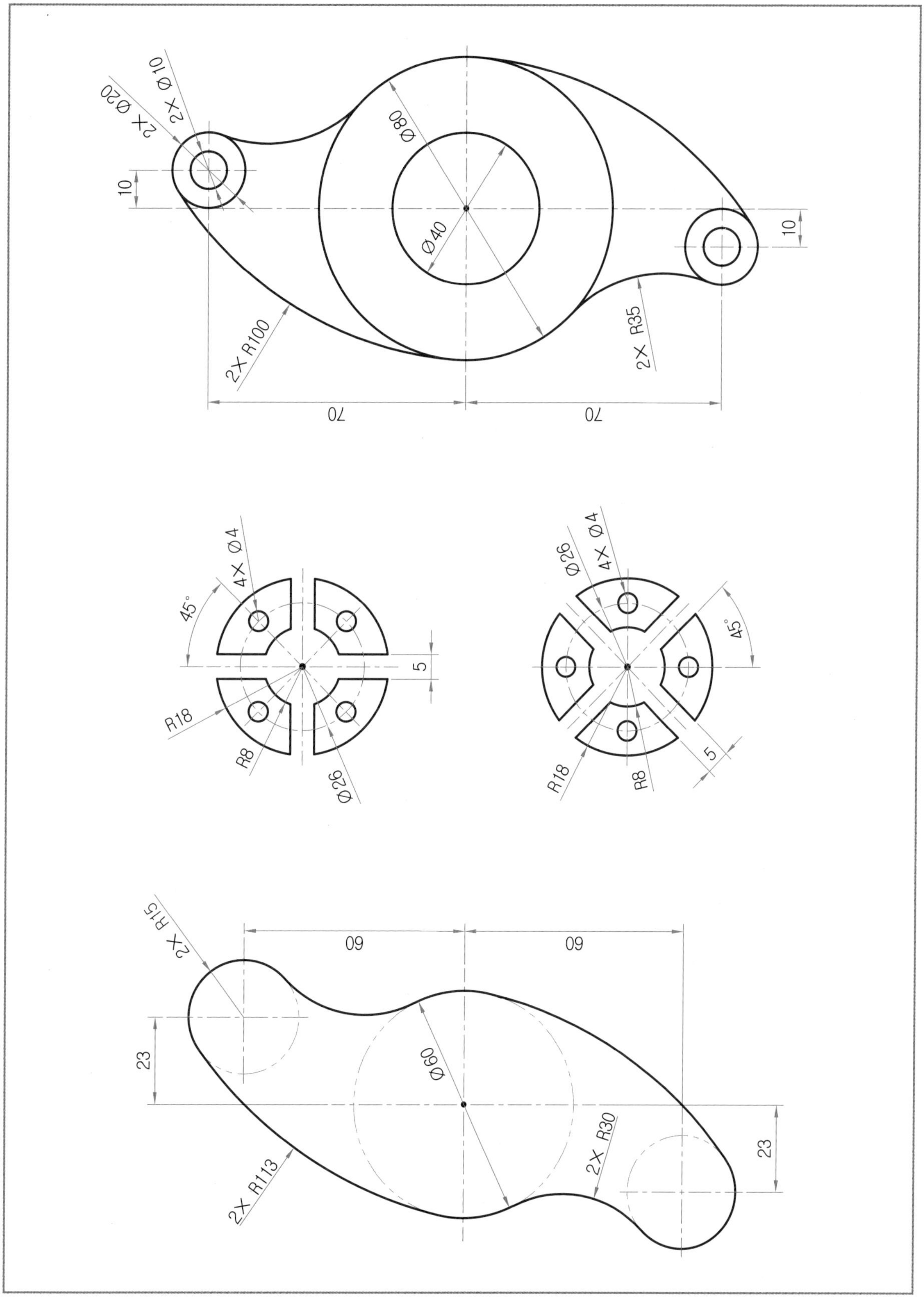
2X Ø20
2X Ø10
Ø80
Ø40
10
10
2X R100
2X R35
70
70
4X Ø4
45°
5
R18
R8
Ø26
Ø26
4X Ø4
45°
5
R18
R8
2X R15
60
60
23
Ø60
2X R30
23
2X R113

15 끊기 – Break

명령 : BREAK, 명령 : BR

객체에서 지정한 두 점 사이를 삭제하거나 지정한 점을 기준으로 분리하는 명령이며, 원은 첫 점을 기준으로 반시계 방향으로 잘린다.

명령 : BR Enter↵
객체 선택 : **원 선택** Enter↵
두 번째 끊기점을 지정 또는 [첫 번째 점(F)]
 : F Enter↵
첫 번째 끊기점 지정 : P1
두 번째 끊기점 지정 : P2

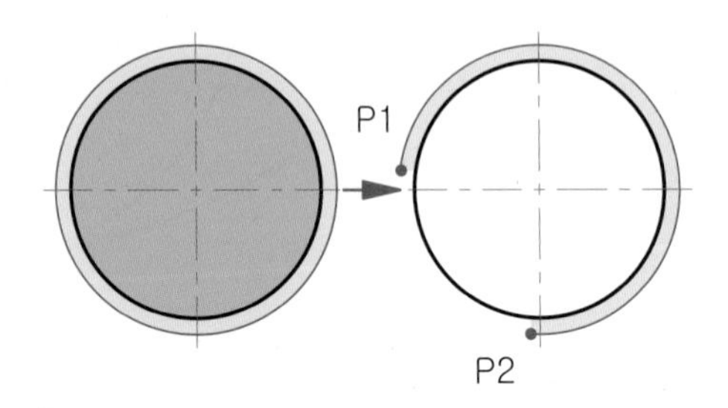

16 비율 조절하기(축척) – Scale

명령 : SCALE, 단축명령 : SC

객체의 크기를 확대하거나 축소할 때 사용하는 명령이다. 1보다 크면 확대되고 1보다 작으면 축소되며, 비율은 길이의 비율이다.

명령 : SC Enter↵
객체 선택 : **원과 사각형 선택**
객체 선택 : Enter↵
기준점 지정 : **기준점 클릭 또는 좌표점 입력**
축척 비율 지정 또는 [복사(C) 참조(R)] : C Enter↵
축척 비율 지정 또는 [복사(C) 참조(R)] : 2 Enter↵

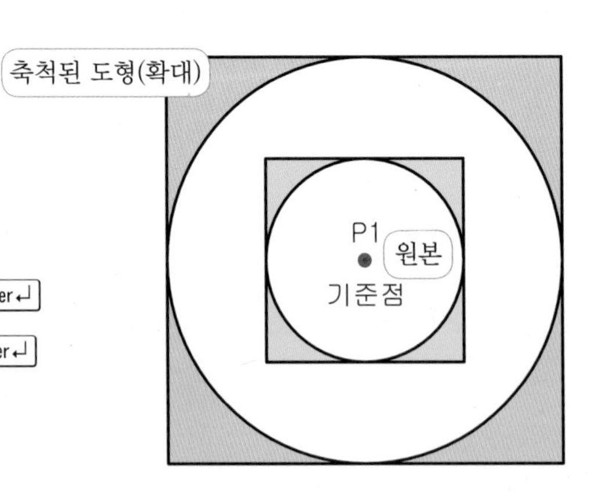

참고

SCALE (축척)

X, Y, Z의 크기를 따로 설정하지 못하며, 한 점을 기준으로 일정 비율로 확대 또는 축소한다.

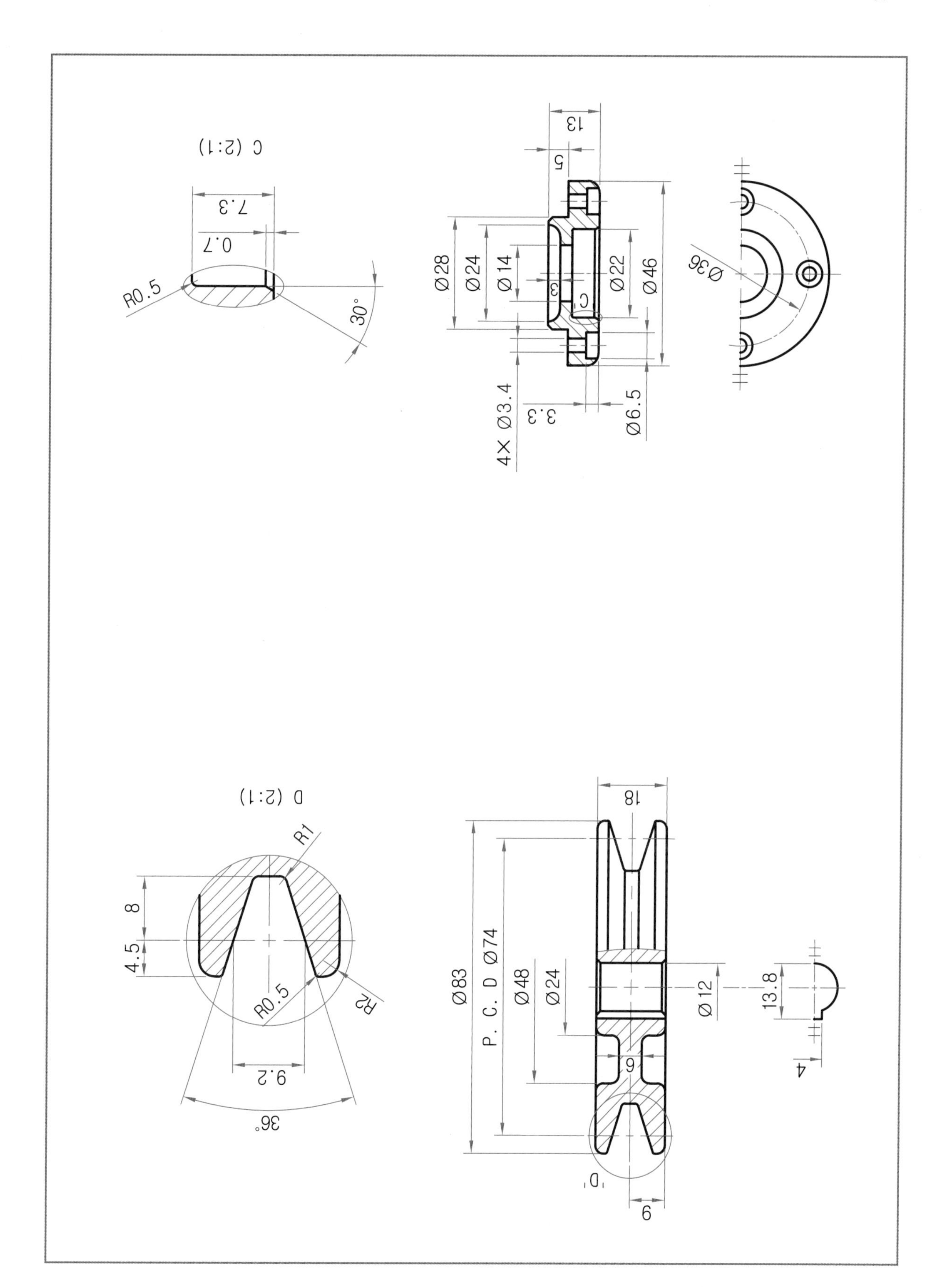
C (2:1)
R0.5
0.7
7.3
30°
13
5
Ø28
Ø24
Ø14
Ø22
Ø46
Ø36
4× Ø3.4
3.3
Ø6.5
D (2:1)
R1
8
4.5
R0.5
R2
9.2
36°
18
Ø83
P. C. D Ø74
Ø48
Ø24
Ø12
6
9
13.8
4
D

17 늘리기 – Stretch

명령 : STRETCH, 단축명령 : S

객체 일부를 선택하여 걸쳐진 부분만 설정한 방향과 길이만큼 늘려주는 명령이다.

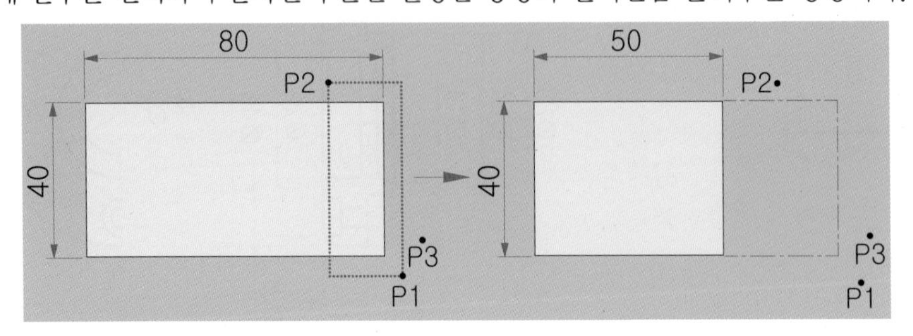

명령 : **S** Enter↵

객체 선택 : **걸침 윈도우(P1–P2)로 선택**

객체 선택 : Enter↵

기준점 지정 또는 [변위(D)] 〈변위〉 : **임의의 위치인 P3 클릭**

두 번째 점 지정 또는 〈첫 번째 점을 변위로 사용〉 : **@ –30,0** Enter↵

18 확장/축소하기 – Lengthen

명령 : LENGTHEN, 단축명령 : LEN

객체의 길이나 호의 각도를 변경하고자 할 때 사용하는 명령이다.

명령 : **LEN** Enter↵

객체 선택 또는 [증분(DE) 퍼센트(P) 합계(T) 동적(DY)] : **DE** Enter↵

증분 길이 또는 [각도(A)] 입력 〈0.0000〉 : **20** Enter↵

변경할 객체 선택 또는 [명령 취소(U)] : **P1 클릭**

변경할 객체 선택 또는 [명령 취소(U)] : Enter↵

● **옵션**

증분(DE) : 선분의 길이나 호의 각으로 객체의 길이를 변경한다.

합계(T) : 입력된 길이나 호의 각이 객체의 전체 길이나 전체 각도가 된다.

각도(A) : 확장하거나 축소할 호의 각을 입력한다.

19 점 유형 설정하기 – Ddptype

명령 : DDPTYPE

점(포인트)의 종류와 크기를 설정하는 명령이다.

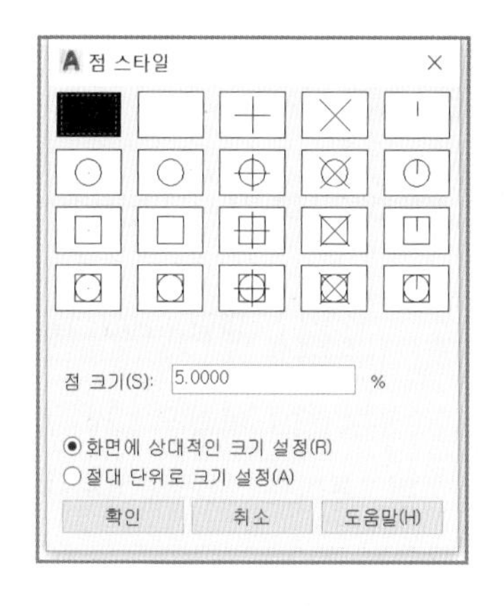

● **옵션**

점 크기 : 점의 크기 입력

화면에 상대적인 크기 설정(R) : 상대 크기, %로 표시

절대 단위로 크기 설정(A) : 절대 크기, 단위로 표시

20 지정한 개수로 분할하기 – Divide

명령 : DIVIDE, 단축명령 : DIV

길이를 갖는 객체를 원하는 개수로 나누는 명령이며, 일정 거리의 점을 생성한다.

명령 : DIV Enter↵

등분할 객체 선택

 : 등분할 객체 선택

세그먼트의 개수 또는 [블록(B)]

입력 : 5 Enter↵

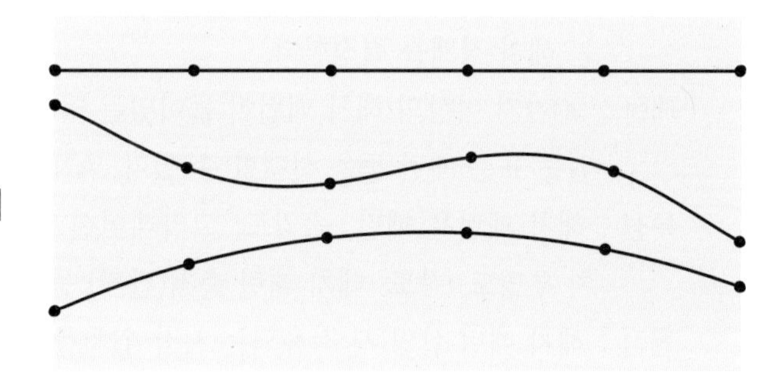

21 지정한 길이로 분할하기 – Measure

명령: MEASURE

길이를 갖는 객체를 원하는 길이로 나누는 명령이며, 원하는 길이로 선 위에 점을 생성한다.

명령 : MEASURE Enter↵

길이 분할 객체 선택

 : 분할 객체 선택

세그먼트의 길이 지정 또는 [블록(B)] : 20 Enter↵

20mm 간격으로 분할되며, 원호는 반시계 방향으로 점을 생성한다.

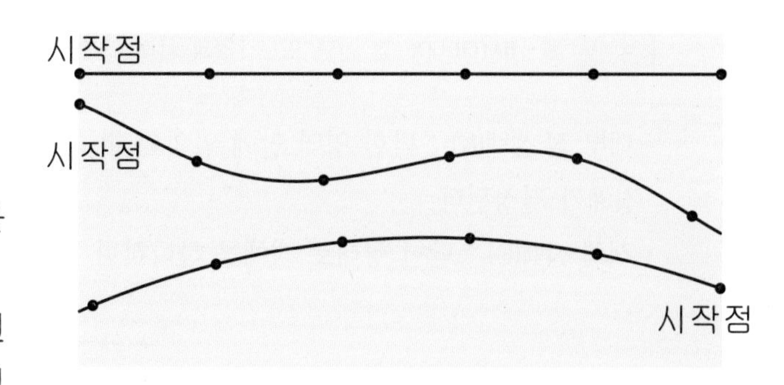

4 해칭하기

1 해칭하기 – Hatch

명령 : HATCH, 단축명령 : H

HATCH 명령은 닫힌 형태(폐구간)인 객체 또는 영역 내를 선택하여 세 가지 방법(해치 패턴, 솔리드, 그라데이션)으로 그 안을 채우는 명령이다.

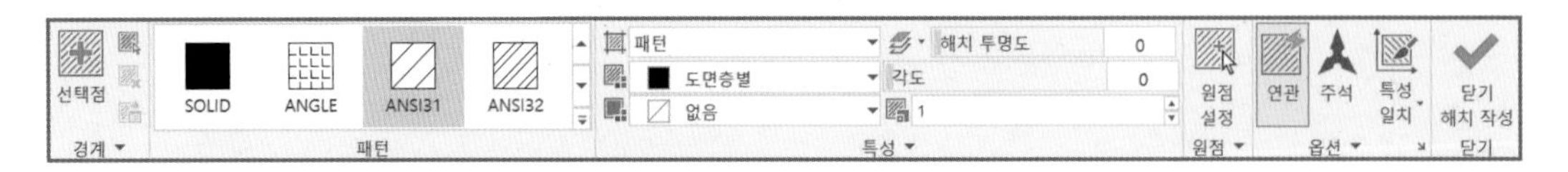

● **옵션**

경계 : 해치 영역 선택 방법은 내부 점 선택, 객체 선택 중 하나를 지정하여 영역을 둘러싸는 해치 경계를 결정한다.

패턴 : 90가지 이상의 해치 패턴이 들어있는 라이브러리 항목으로 ANSI 및 ISO 또는 기타 업종 표준 패턴 등을 선택할 수 있다. ANSI31를 주로 사용한다.

특성 : 해치 패턴은 패턴, 솔리드, 그라데이션 중 하나를 지정하여 해치 색상, 배경색, 해치 투명도, 각도, 해치 패턴 축척(간격) 등의 특성을 설정한다.

원점 : 해치 패턴 삽입 시 적용되는 시작 위치를 설정한다.

옵션 : 해치 영역이 삽입된 해치와 연관되도록 지정할 때, 해치가 주석이 되도록 지정할 때, 미리 삽입된 해치로 특성을 일치시키고자 할 때 사용한다.

명령 : H Enter↵

HATCH

× HATCH 내부 점 선택 또는 [객체 선택(S) 명령 취소(U) 설정(T)]:

• 내부 점 선택(K) : 닫힌 영역 안에 임의의 한 점을 지정하면 영역을 둘러싸는 해치를 채울 경계가 결정된다.

• 객체 선택(S) : 닫힌 형태로 객체를 하나하나 선택하여 해치를 채울 경계를 결정한다.

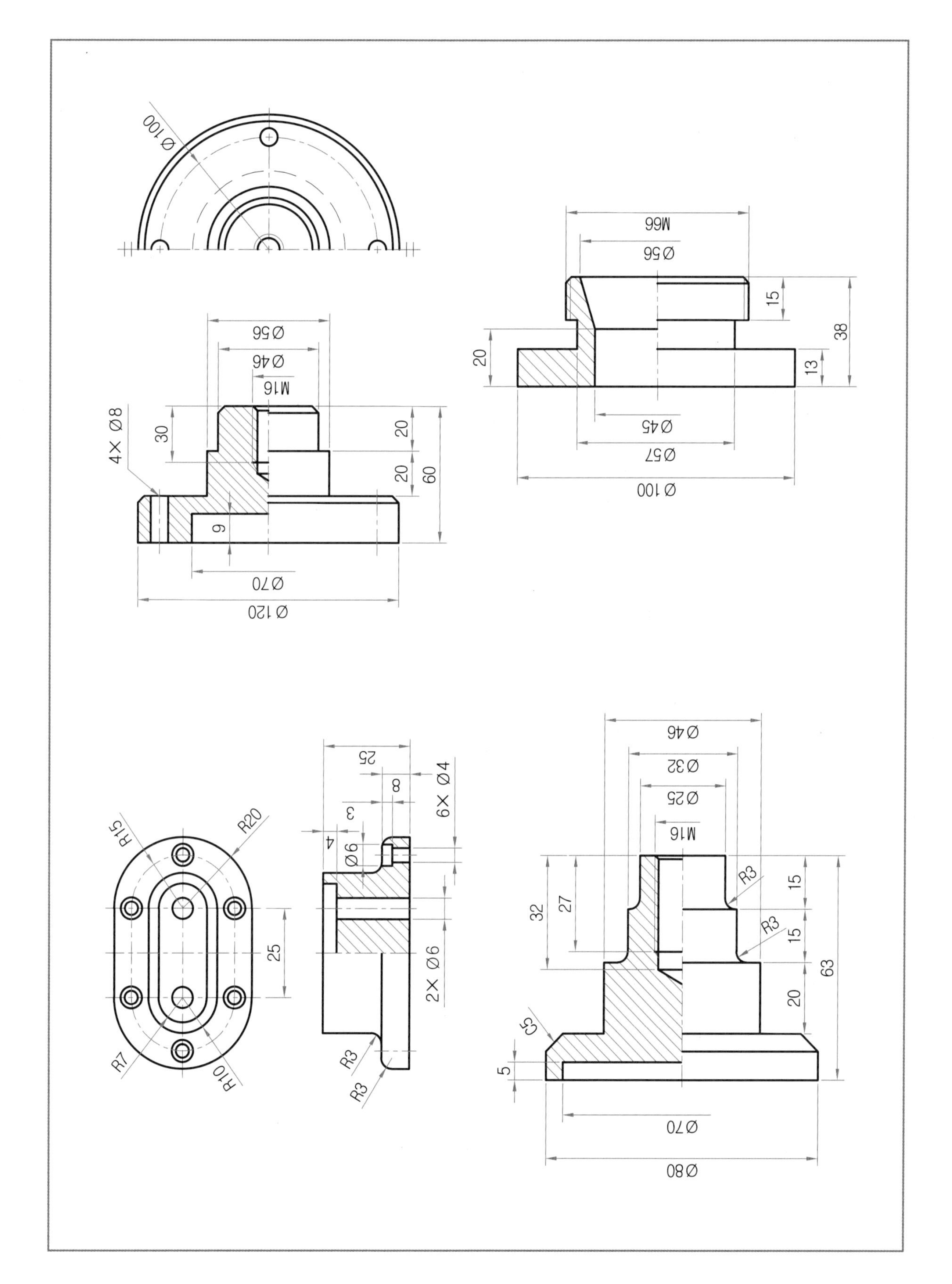
Ø100
Ø56
Ø46
M16
4× Ø8
30
20
20
60
9
Ø70
Ø120
M66
Ø56
15
38
20
13
Ø45
Ø57
Ø100
R15
R20
25
R7
R10
25
8
6× Ø4
3
4
Ø6
2× Ø6
R3
R3
Ø46
Ø32
Ø25
M16
32
27
R3
15
R3
15
63
20
C3
5
Ø70
Ø80

2 해칭 수정하기 – Hatchedit

명령 : HATCHEDIT, 단축명령 : HE

이미 작성된 기존 해치의 조건을 수정할 수 있는 명령이다.

명령 : HE Enter↵

등분할 객체 선택 : **해칭 편집할 객체를 클릭한다.**

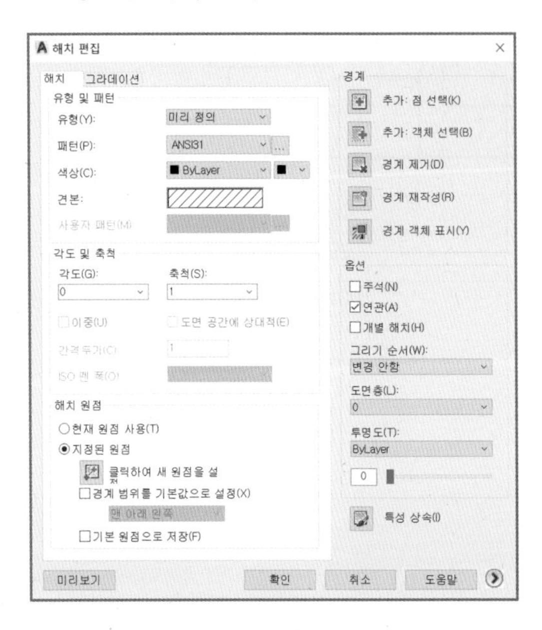

해치

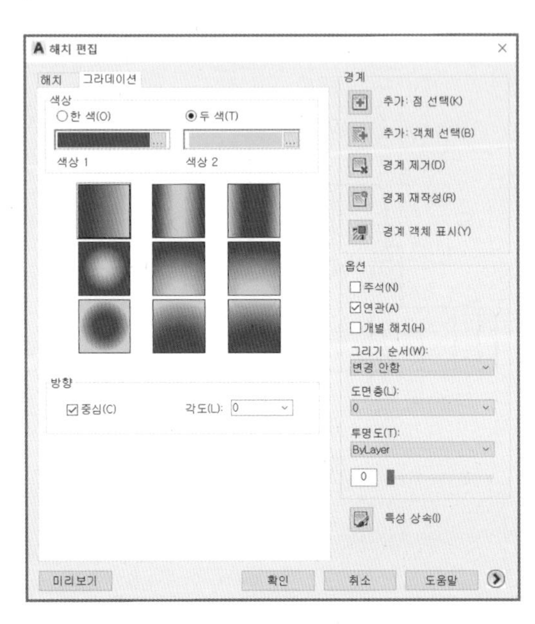

그라데이션

편집 전

편집 후

유형과 패턴은 같고 각도와 축척, 색상의 변화를 주었다.

ANSI31 패턴의 기본 각도가 45°이기 때문에 편집 전 그림은 각도가 0°, 축척은 1, 색상은 흰색으로 표현되었고, 편집 후 그림은 각도가 45°, 축척은 2로 설정할 때 수직으로 표현되며, 색상는 빨강색으로 편집되었다.

5 레이어(도면층) 설정하기

1 레이어 만들기 – Layer

명령 : LAYER, 단축명령 : LA

도면층을 사용하여 객체의 색상과 선 종류 등의 특성을 지정하고 화면상에서 객체의 표시 여부를 결정하는 명령이다.

명령 : LA Enter↵

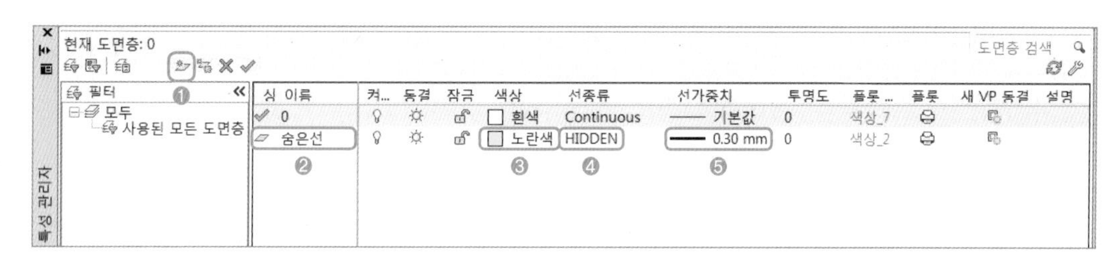

❶ 새 도면층에서 새로운 도면층을 추가한다.

❷ 선의 이름을 [숨은선]으로 입력한다.

❸ 숨은선은 노란색을 사용하며, 색상에서 Color 대화상자를 열어 2번 노란색을 설정한다.

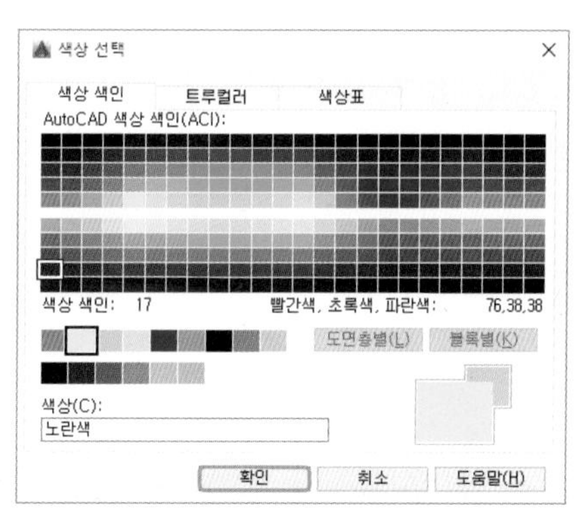

❹ 선종류의 [Continuous]를 클릭하면 다음과 같은 [선종류 선택] 대화상자가 생긴다.

- [로드]를 클릭하면 [선종류 로드 또는 다시 로드] 창이 나온다.
- [HIDDEN]을 선택하고 [확인]을 클릭하면 [선종류 선택] 대화상자로 다시 넘어 간다.
- [HIDDEN]을 선택하고 [확인]을 클릭한다.

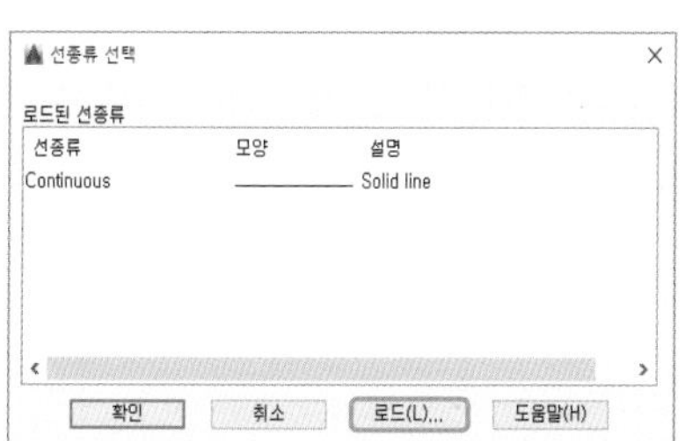

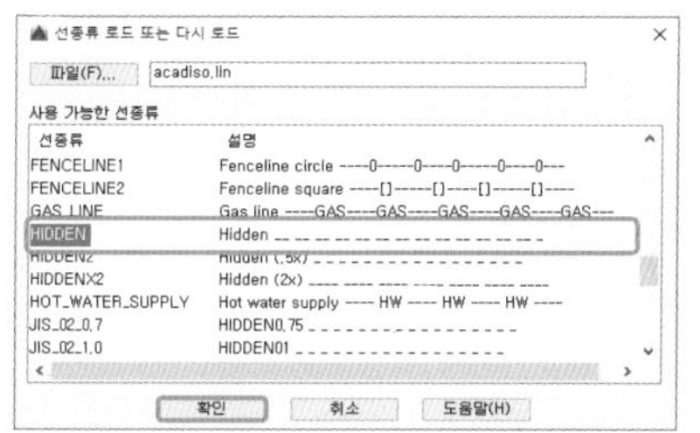

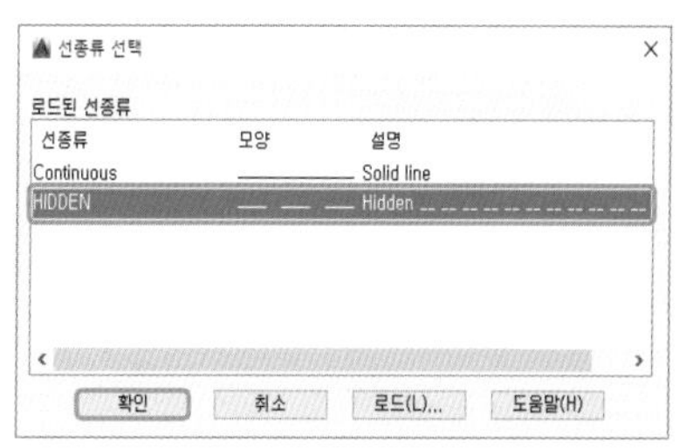

❺ [선가중치]를 클릭하면 [선가중치] 대화상자가 생긴다. 목록에서 [0.30mm]를 선택하고 [확인]을 클릭한다.

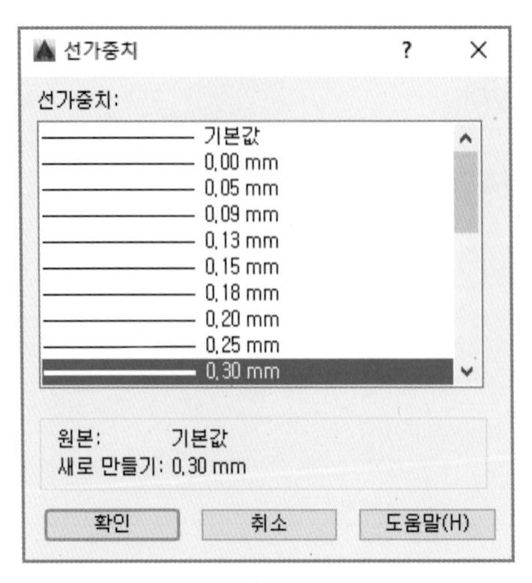

> **참고**
>
> Properties 명령은 선택된 객체의 여러 속성이 하나의 팔레트에 나열되어 손쉽게 기존 속성을 수정할 수 있다. 객체의 속성을 도면층(ByLayer)별로 수정하거나 도면층에 관계없이 명시적으로 수정한다.

다음 그림과 같이 외형선, 윤곽선, 중심선, 치수선(치수 보조선 포함), 가는 선(해칭선, 파단선, 인출선 등), 가상선 등의 색상, 선종류, 선가중치 등을 설정한다.

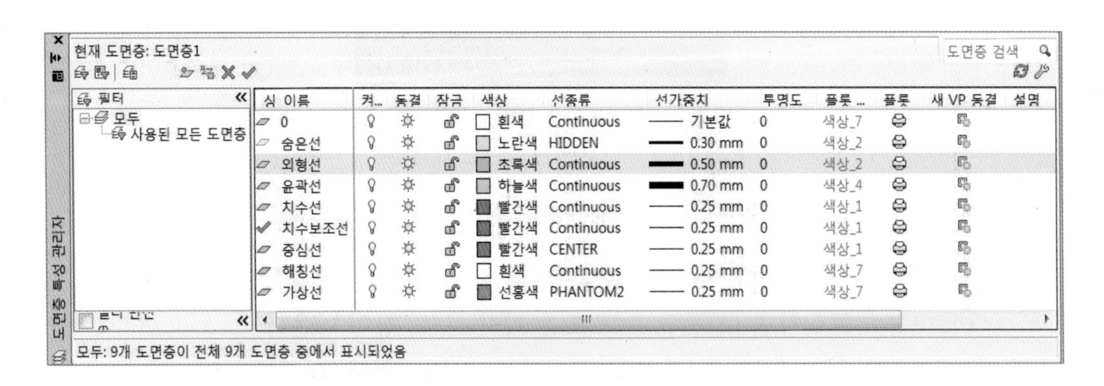

이름	색상	선종류	선가중치	투명도	플롯 스타일
0	흰색	Continuous	기본값	0	색상_7
숨은선	노란색	HIDDEN	0.30 mm	0	색상_2
외형선	초록색	Continuous	0.50 mm	0	색상_2
윤곽선	하늘색	Continuous	0.70 mm	0	색상_4
치수선	빨간색	Continuous	0.25 mm	0	색상_1
치수보조선	빨간색	Continuous	0.25 mm	0	색상_1
중심선	빨간색	CENTER	0.25 mm	0	색상_1
해칭선	흰색	Continuous	0.25 mm	0	색상_7
가상선	선홍색	PHANTOM2	0.25 mm	0	색상_7

도면층 설정

> **참고**
>
> **숨은선의 가중치**
>
> 가는 선과 굵은 선의 굵기 비율은 중간 정도로 한다.

2 객체의 속성 변경하기 – Chprop, Properties

(1) 객체의 기본 속성 변경하기

명령 : CHPROP, 단축명령 : CH

객체의 색상, 도면층, 선의 유형, 선의 길이 등 기본 속성을 바꿀 수 있는 명령으로, 주로 Matchprop와 같이 사용한다.

명령 : CHPROP Enter↵

객체 선택 : **객체를 선택** Enter↵

CHPROP 변경할 특성 입력 [색상(C) 도면층(LA) 선종류(LT) 선종류 축척(S) 선가중치(LW) 두께(T) 재료(M) 주석(A)] : **바꿀 객체의 특성값 입력**

- **옵션**

색상(C) : 색상을 바꿀 수 있다.

도면층(LA) : Layer를 바꿀 수 있다.

선종류(LT) : 선의 유형을 바꿀 수 있다.

선종류 축척(S) : 선의 축척을 바꿀 수 있다.

선가중치(LW) : 선의 굵기를 바꿀 수 있다.

두께(T) : 선의 두께를 바꿀 수 있다.

재료(M) : 재료가 부착된 경우 선택된 객체의 재료를 바꿀 수 있다.

주석(A) : 선택된 객체의 주석 특성을 바꿀 수 있다.

(2) 객체의 속성 변경하기

명령 : PROPERTIES, 단축명령 : PR

객체의 속성을 직접 속성 팔레트에서 변경하여 사용할 수 있는 명령이다.

객체를 선택하면 객체의 특성에 맞는 조건 등을 변경하여 설정할 수 있다.

선택 요소가 없습니다

일반	
색상	□ 노란색
도면층	외형선
선종류	——— ByLayer
선종류 축척	1
선가중치	——— ByLayer
투명도	ByLayer
두께	0
3D 시각화	
재료	ByLayer
그림자 표시	그림자 주사 및 수신
플롯 스타일	
플롯 스타일	ByColor
플롯 스타일 테이블	acad.ctb
플롯 테이블을 부착할 위치	모형
플롯 테이블 형식	색상 종속
뷰	
X 중심	629.3435
Y 중심	2318.8571
Z 중심	0
높이	434.0674
폭	976.5126
기타	
주석 축척	1:1
UCS 아이콘 켜기	예
원점에 있는 UCS 아이콘	예
뷰포트당 UCS	예
UCS 이름	
비주얼 스타일	2D 와이어프레임

3 객체의 속성 복사하기 – Matchprop

명령 : MATCHPROP, 단축명령 : MA

선택된 모든 객체의 속성을 다른 객체에 복사하는 명령이다.

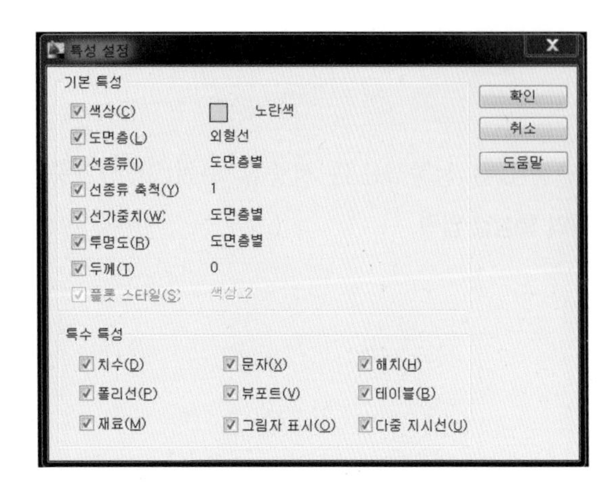

명령 : MA Enter↵
원본 객체를 선택하십시오.
 : **원본 객체 클릭**
대상 객체를 선택 또는 [설정(S)]
 : **대상 객체를 클릭 또는 S** Enter↵

설정값은 필요한 것만 골라서 복사할 수 있다.

L1

L2

L1

L2

명령 : MA Enter↵
원본 객체를 선택하십시오 : **L1 클릭**
대상 객체를 선택 또는 [설정(S)] : **L2 클릭**
대상 객체를 선택 또는 [설정(S)] : Enter↵

참고

- 기본 속성은 색상, 도면층, 선 종류, 선 종류 축척, 선 가중치, 투명도, 두께 등 기본 속성만 대상 객체에 복사가 된다.
- 특수 속성은 기본 속성 외에도 치수, 문자, 해치, 폴리선, 뷰포트 등 선택된 속성이 대상 객체에 복사가 된다.

6 치수 기입하기

1 치수 스타일 만들기 – Dimstyle

명령 : DIMSTYLE, 단축명령 : D

치수 기입에는 치수선, 치수 보조선, 치수 문자, 화살표, 지시선 등을 이용하여 치수를 기입한다.

(1) 치수 스타일 관리자

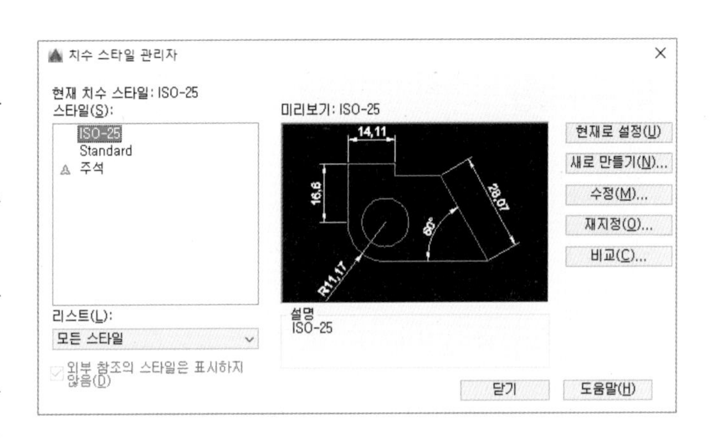

- 현재로 설정 : 작성된 유형 중 하나를 선택하여 활성화 한다.
- 새로 만들기 : 새로운 치수 유형을 만든다.
- 수정 : 작성된 유형을 선택하여 수정한다.
- 재지정 : 특정 치수 유형을 임시로 재지정하여 사용한다.

(2) 치수선, 치수 보조선 설정

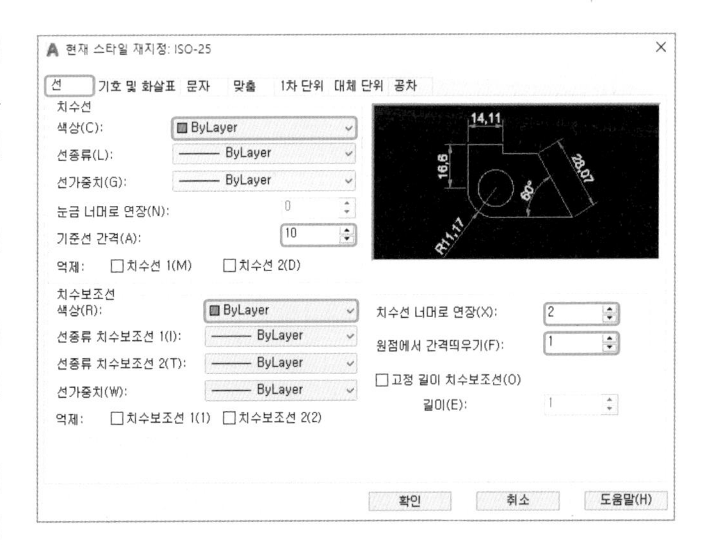

- 색상, 선종류, 선가중치를 별도 지정하기보다 ByLayer로 지정하면 도면층 설정과 연동되므로 편리하다.
- 기준선 간격은 10mm로 설정한다.
- 치수 보조선은 치수선 너머로 2mm 길게 연장하여 설정한다.
- 원점에서 간격 띄우기는 외형선에서 치수 보조선까지의 간격이 1mm 떨어지게 설정하여 외형선과 치수 보조선을 혼돈하지 않도록 한다.

(3) 기호 및 화살표 설정

- 화살촉과 지시선은 [닫고 채움]을 선택하고 화살표의 크기는 3mm로 설정한다.
- 중심 표식은 [표식(M)]에 체크한 다음 2.5mm로 설정한다.
- 치수 끊기에서 끊기 크기는 [3.75]로 설정한다.

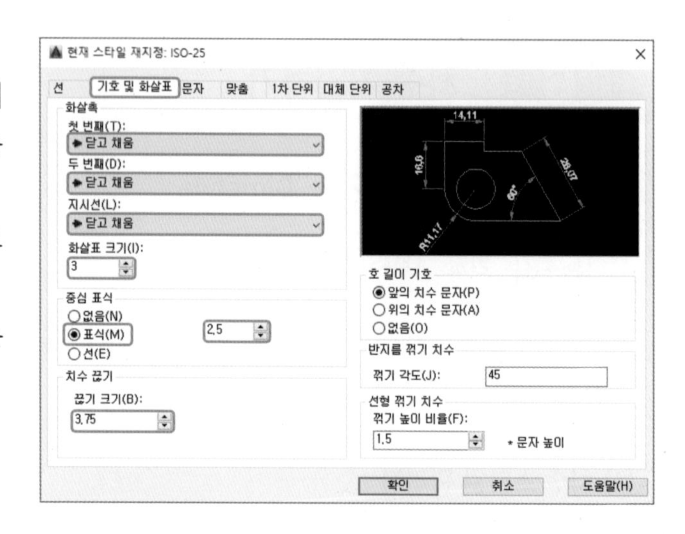

(4) 문자 설정

- 문자 스타일은 [굴림]을 선택한다.
- 문자 색상은 [노란색]을 선택한다.
- 문자 높이를 3.5mm로 설정한다.
- 문자 배치에서 [수직(V) : 위, 수평(Z) : 중심, 뷰 방향(D) : 왼쪽에서 오른쪽으로]를 설정한다.
- 치수선과 문자 사이의 간격은 0.5mm로 설정한다.

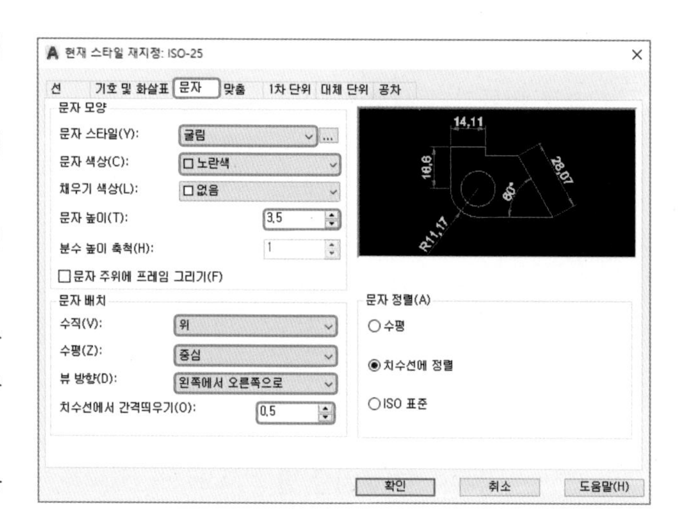

(5) 1차 단위

- 선형 치수에서 단위 형식은 [십진]으로 설정한다.
- 소수 구분 기호는 ['.'(마침표)]로 설정한다.
- 각도 치수에서 단위 형식은 [십진 도수]로 설정한다.

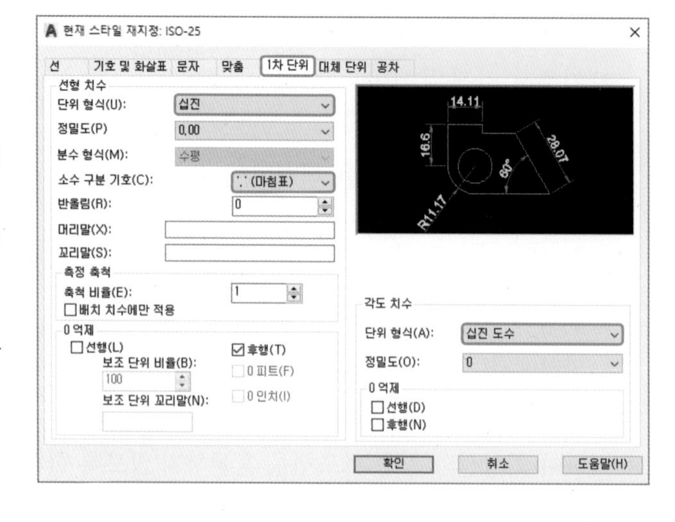

2 지름 치수 기입하기 – Dimdiameter

명령 : DIMDIAMETER, 단축명령 : DIMDIA, DDI

원이나 호 객체에 지름(φ)으로 지름 치수를 기입하는 명령이다.

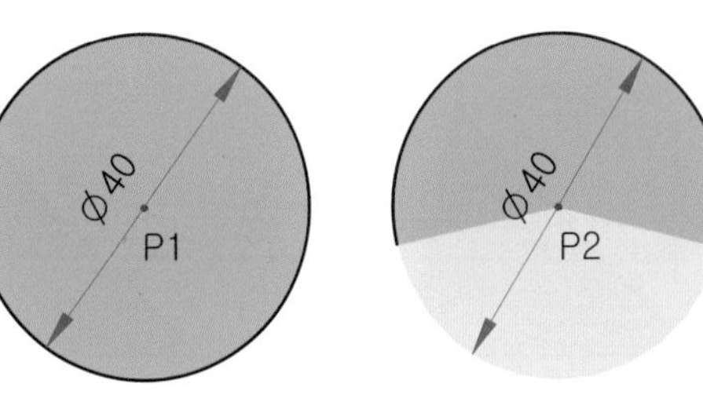

명령 : DDI Enter↵
호 또는 원 선택
: 치수를 기입할 원을 클릭
치수 문자=3.15(치수 문자 높이)
치수선의 위치 지정 또는 [여러 줄 문자(M) 문자(T) 각도(A)]
: 치수 위치를 클릭하면 지름 치수가 기입된다.

3 반지름 치수 기입하기 – Dimradius

명령 : DIMRADIUS, 단축명령 : DIMRAD, DRA

원이나 호 객체에 반지름(R)으로 반지름 치수를 기입하는 명령이다.

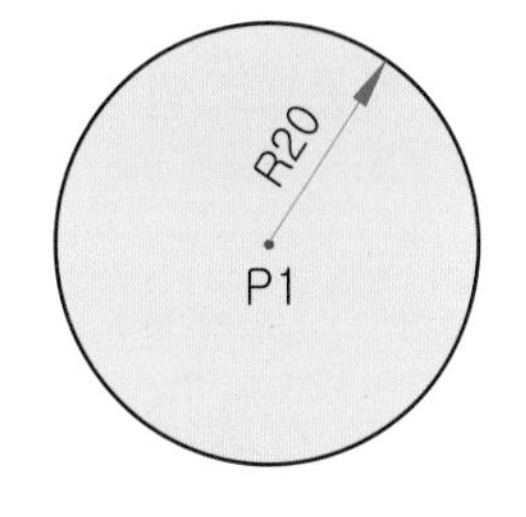

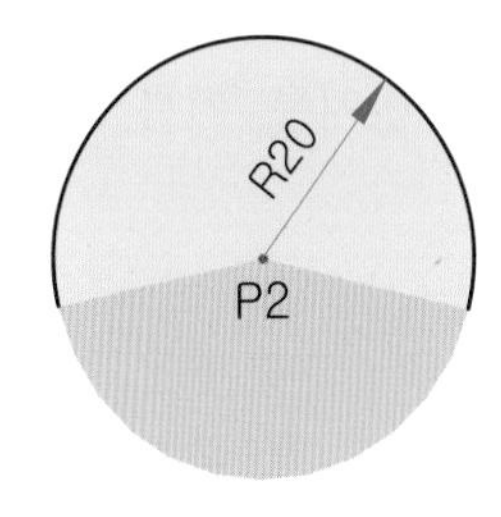

명령 : DRA Enter↵
호 또는 원 선택
: 치수를 기입할 호를 클릭
치수 문자=4(치수 문자 높이)
치수선의 위치 지정 또는 [여러 줄 문자(M) 문자(T) 각도(A)]
: 호의 치수 문자 위치를 클릭하면 반지름 치수가 기입된다.

4 호의 길이 치수 기입하기 – Dimarc

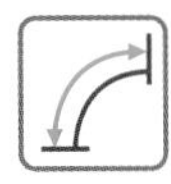

명령 : DIMARC, 단축명령 : DAR

일반 호나 폴리선 호의 치수를 기입하는 명령이다.

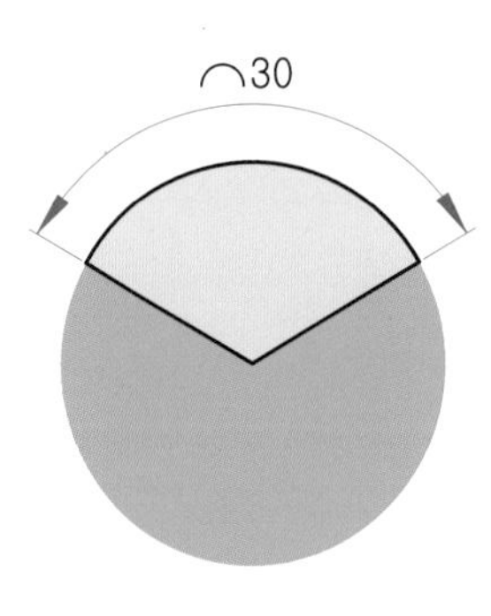

명령 : DAR Enter↵
호 또는 폴리선 호 세그먼트 선택 : **호 클릭**
치수 문자 =30(치수 문자 높이)
호의 길이 치수 위치 지정 또는 [여러 줄 문자(M) 문자(T) 각도(A) 부분(P) 지시선(L)] : **치수 위치를 클릭하면 호의 길이 치수가 기입된다.**

5 각도 치수 기입하기 – Dimangular

명령 : DIMANGULAR, 단축명령 : DIMANG, DAN

직선이나 원, 호 객체에 각도(°) 치수를 기입하는 명령이다.

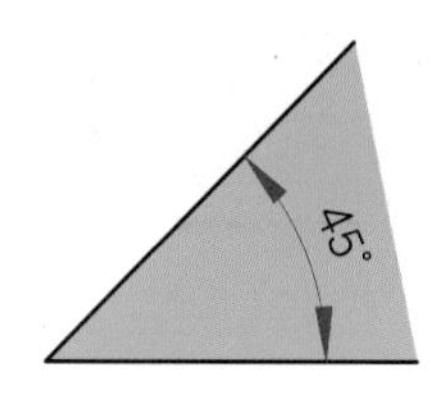

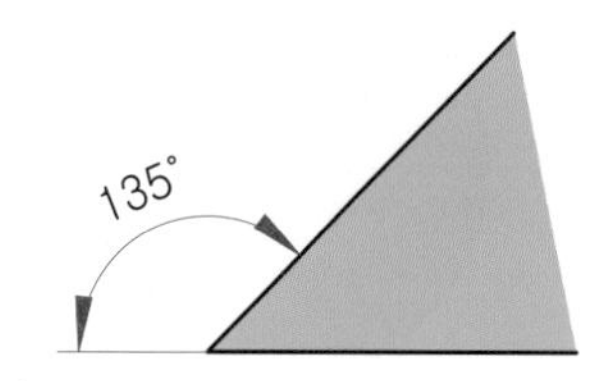

명령 : DAN Enter↵

호, 원, 선을 선택하거나 〈정점 지정〉

 : L1 클릭

두 번째 선 선택

 : L2 클릭

치수 호 선의 위치 지정 또는 [여러 줄 문자(M) 문자(T) 각도(A) 사분점(Q)] **: 각도 치수 문자 위치를 클릭하면 각도 치수가 기입된다.**

6 빠른 치수 기입하기 – Qdim

명령 : QDIM, 단축명령 : QD

반지름, 지름, 각도 등을 자동으로 인식하여 빠른 치수 기입을 하는 명령이다.

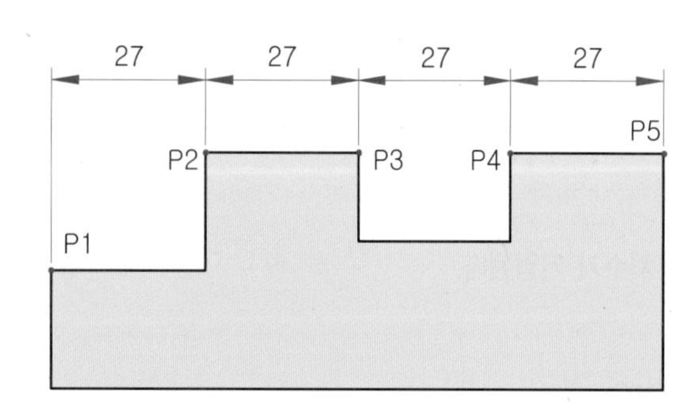

명령 : QD Enter↵

연관 치수 우선 순위=끝점(E)

치수 기입할 형상 선택

 : P1 클릭

치수 기입할 형상 선택

 : P2 클릭

이어서 **나머지 점 클릭**

치수 기입할 형상 선택 : Enter↵

치수선의 위치 지정 또는 연속(C) 다중(S) 기준선(B) 세로좌표(O) 반지름(R) 지름(D) 데이텀 점(P) 편집(E) 설정(T)] 〈연속(C)〉

 : 치수 문자 위치 클릭

7 지시선 작성 및 치수 기입하기

(1) 지시선 작성하기 – Leader

명령 : LEADER, 단축명령 : LEAD

지시선을 작성하고 치수를 기입하는 명령이다.

명령 : LEAD [Enter↵]

지시선 시작점 지정 : P1 클릭

다음 점 지정 : P2 클릭

다음 점 지정 또는 [주석(A) 형식(F) 명령 취소(U)] 〈주석(A)〉: A [Enter↵]

주석 문자의 첫 번째 행 입력 또는 〈옵션〉 : [Enter↵]

주석 옵션 입력 [공차(T) 복사(C) 블록(B) 없음(N) 여러 줄 문자(M)] 〈여러 줄 문자(M)〉 : M [Enter↵]

4× %%C5를 입력 [Enter↵] (⇨ 4× ϕ5)

4× Ø15

(2) 데이텀 표기하기 – Tolerance

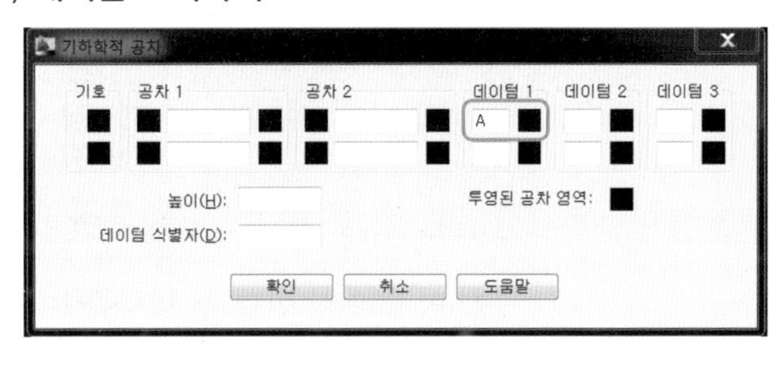

명령 : LEAD [Enter↵]

지시선 시작점 지정 : P1 클릭

다음 점 지정 : LDRBLK [Enter↵]

치수 변수에 대한 새 값 입력… : DATUMFILLED [Enter↵]

다음 점 지정 : P2 클릭

다음 점 지정 또는 [주석(A) 형식(F) 명령 취소(U)] 〈주석(A)〉 : [Enter↵]

주석 문자의 첫 번째 행 입력 또는 〈옵션〉 : [Enter↵]

주석 옵션 입력 [공차(T) 복사(C) 블록(B) 없음(N) 여러 줄 문자(M)] : N [Enter↵]

명령 : TOLERANCE [Enter↵]

데이텀 1 : A

[확인]

(3) 빠른 지시선 작성하기 – Qleader

명령 : QLEADER, 단축명령 : LE

지시선 유형의 기입 방법, 내용의 위치를 설정하여 설정된 형태로 빠르게 지시선을 기입하는 명령이다.

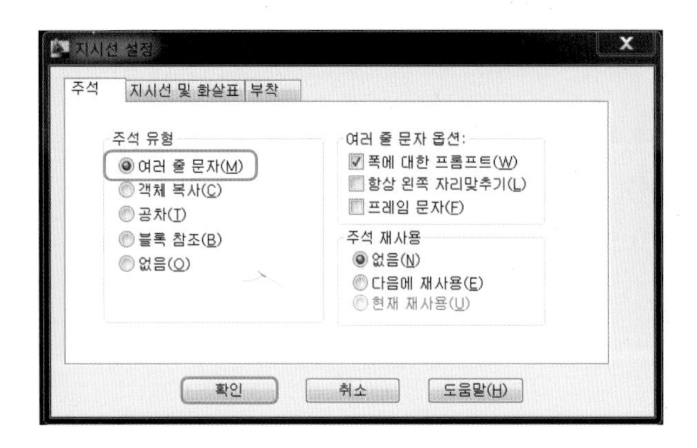

명령 : LE Enter↵

첫 번째 지시선 지정 또는 [설정(S)]

〈설정〉 : S Enter↵

주석 선택

주석 유형에서 **여러 줄 문자에 체크**

[확인]

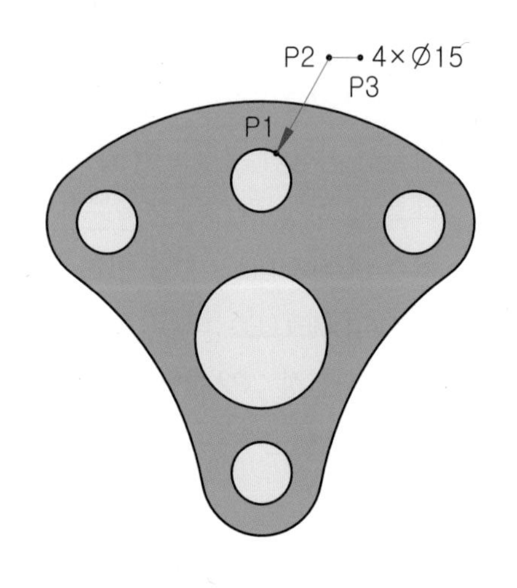

첫 번째 지시선 지정 또는 [설정(S)]

〈설정〉 : **P1 클릭**

다음 점 지정 : **P2 클릭**

다음 점 지정 : **P3 클릭**

문자 폭 지정 〈0〉 : 3.15 Enter↵

주석 문자의 첫 번째 행 입력 또는 〈여러 줄 문자〉

: Enter↵

4× %%C15 입력 Enter↵

4× Ø15

● **옵션**

주석 : 지시선 끝에 작성될 주석 형태를 지정한다.

지시선 및 화살표 : 지시선 형태를 표시한다.

부착 : 여러 줄 문자를 지시선에 사용할 때 문자의 위치를 지정한다.

(4) 기하 공차 기입하기

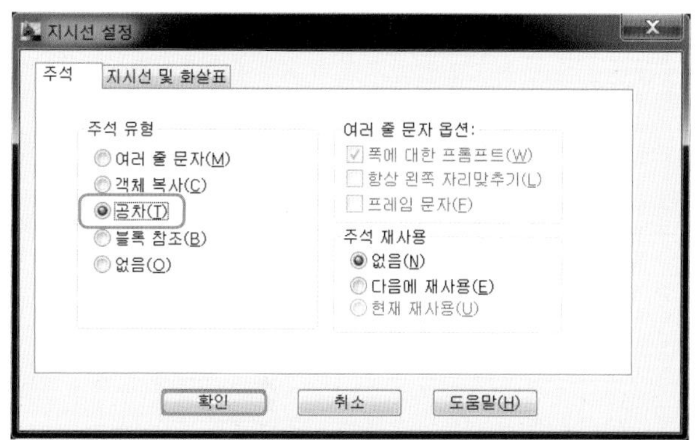

명령 : LE Enter↵

첫 번째 지시선 지정 또는 [설정(S)] 〈설정〉 : S Enter↵

공차(T)에 체크, [확인]

첫 번째 지시선 지정 또는 [설정(S)] 〈설정〉 : P1 클릭

다음 점 지정 : P2 클릭

다음 점 지정 : P3 클릭

기하학적 공차에서 왼쪽과 같이 입력 [확인]

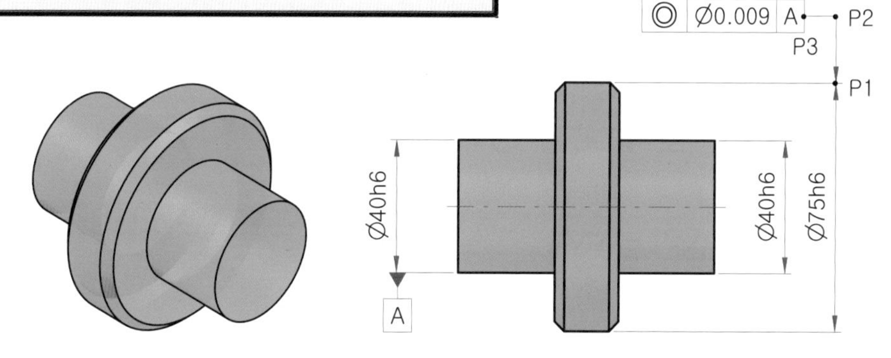

8 치수 수정 및 편집하기 – Dimedit, Dimtedit

명령 : DIMEDIT, 단축명령 : DED

치수를 수정 및 회전하거나 치수 보조선에 기울기 각도를 줄 때 사용한다.

명령 : DED Enter↵

치수 편집의 유형 입력 [홈(H) 새로 만들기(N) 회전(R) 기울기(O)] 〈홈(H)〉

● **옵션**

홈(H) : 변형된 치수 문자를 원래의 상태로 한다.

새로 만들기(N) : 치수 문자의 내용을 바꾼다.

회전(R) : 치수 문자를 회전한다.

기울기(O) : 치수 문자 전체를 입력한 각도만큼 기울인다.

명령 : DIMTEDIT, 단축명령 : DIMTED

치수를 회전하거나 치수선의 어느 쪽에 배치할지 조정할 때 사용한다.

명령 : DIMTED Enter↵

치수 선택 : **편집할 치수 문자 선택**

DIMTEDIT 치수 문자에 대한 새 위치 또는 다음 점을 지정 [왼쪽(L) 오른쪽(R) 중심(C) 홈(H) 각도(A)]

● **옵션**

왼쪽(L) : 치수 문자를 치수선 왼쪽 구석에 배치한다.

오른쪽(R) : 치수 문자를 치수선 오른쪽 구석에 배치한다.

중심(C) : 치수 문자를 치수선 중앙에 배치한다.

홈(H) : 회전시킨 치수 문자를 다시 원래 방향(치수선과 평행)으로 되돌린다.

각도(A) : 치수 문자를 회전시킨다.

7 문자 입력 및 수정하기

1 문자 스타일 만들기 – Style

명령 : STYLE, 단축명령 : ST

글꼴, 크기, 기울기, 각도, 방향 등을 설정하여 문자 유형을 작성한다.

명령 : ST Enter↵

스타일 : Standard

글꼴 이름 : **굴림체**

글꼴 스타일 : **보통**

높이 : 3.15

[적용]

스타일 : 문자 유형의 이름을 지정한다.

유형 이름

- 현재로 설정 : 문자 스타일을 현재로 설정
- 새로 만들기 : 새로운 글자 유형을 만들기

- 삭제 : 유형 목록에서 선택한 유형을 삭제

글꼴 : 문자 유형의 글꼴을 선택한다.

- SHX 글꼴 : 사용할 글꼴을 선택한다.
- 큰 글꼴 : 사용할 글꼴을 선택한다.
- 높이 : 문자 높이를 입력한다.
- 큰 글꼴 : 큰 글꼴 사용 여부를 설정한다.

효과 : 글꼴 특성에 효과를 부여한다.

- 거꾸로 : 문자를 거꾸로 뒤집어 표시한다.
- 반대로 : 문자를 반대 방향으로 표시한다.
- 수직 : 문자를 수직으로 정렬한다.

폭 비율 : 문자의 폭 비율을 입력한다.

기울기 각도 : 문자의 기울기 각도를 입력한다.

2 한 줄 문자 입력하기 – Text, Dtext

명령 : TEXT, DTEXT, 단축명령 : DT

짧고 간단한 단일 행 문자를 한 줄 단위로 입력한다.

명령 : DT Enter↵

문자의 시작점 지정 또는 [자리맞추기(J) 스타일(S)] : J Enter↵

```
명령: TEXT
현재 문자 스타일: "Standard" 문자 높이: 2.5000 주석: 아니오 자리맞추기: 왼쪽
문자의 시작점 지정 또는 [자리맞추기(J)/스타일(S)]: j
TEXT 옵션 입력 [왼쪽(L) 중심(C) 오른쪽(R) 정렬(A) 중간(M) 맞춤(F) 맨위왼쪽(TL) 맨위중심(TC)
맨위오른쪽(TR) 중간왼쪽(ML) 중간중심(MC) 중간오른쪽(MR) 맨아래왼쪽(BL) 맨아래중심(BC) 맨아래오른쪽(BR)
]: L
```

Enter↵

TEXT 문자의 시작점 지정 : **시작점 클릭**

TEXT 높이 지정 〈2.5000〉 : 3.15 Enter↵

문자의 회전 각도 지정 〈θ〉 0 : Enter↵

AutoCAD 입력 후 Enter↵

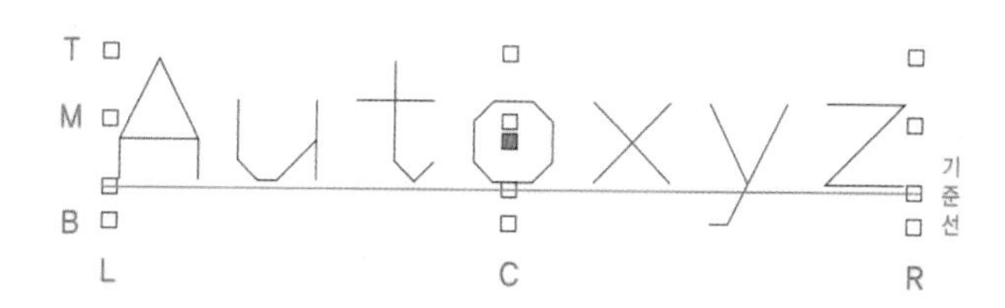

● **옵션**

- 거꾸로 : 문자를 거꾸로 뒤집어 표시한다.
- 왼쪽(L) : 문자의 왼쪽 아래를 기준점으로 정렬
- 중심(C) : 문자의 아래 중심을 기준점으로 양방향 정렬
- 오른쪽(R) : 문자의 오른쪽 아래를 기준점으로 정렬
- 정렬(A) : 양 끝점을 기준으로 문자의 크기가 자동으로 조정되며, 문자 높이는 양 끝점 사이에 입력되는 문자 수에 비례하여 자동으로 조정
- 중간(M) : 시작점이 문자의 가로 중심 및 세로 중심에 정렬
- 맞춤(F) : 양 끝점을 기준으로 문자 높이가 일정하게 유지되면서 글자 간격 조정
- 맨위왼쪽(TL) : 문자의 왼쪽 맨 위를 기준점으로 정렬
- 맨위중심(TC) : 문자의 맨 위 중심을 기준점으로 양방향으로 정렬
- 맨위오른쪽(TR) : 문자의 오른쪽 맨 위를 기준점으로 정렬
- 중간왼쪽(ML) : 문자의 왼쪽 중간을 기준점으로 정렬
- 중간중심(MC) : 문자의 가로 및 세로 중심을 기준점으로 양방향으로 정렬
- 중간오른쪽(MR) : 문자의 오른쪽 중간을 기준점으로 정렬
- 맨아래왼쪽(BL) : 왼쪽 아래를 기준점으로 정렬(가로 방향 문자에만 적용)
- 맨아래중심(BC) : 문자 아래를 기준점으로 양방향 정렬(가로 방향 문자에만 적용)
- 맨아래오른쪽(BR) : 문자 오른쪽 아래를 기준점으로 정렬(가로 방향 문자에만 적용)

● **원의 중심에 문자 입력하기**

명령 : CIRCLE
먼저 지름 $\phi 10$ 원을 그린다.

명령 : DT [Enter↵]
문자의 시작점 지정 또는 [자리맞추기(J) 스타일(S)] : M [Enter↵]
문자의 중간점 지정 : **원 중심점 클릭**
높이 지정 〈3.150〉 : 4.5 [Enter↵]
문자의 회전 각도 지정 〈0〉 : 0 [Enter↵]
8 입력 후 [Enter↵] [Enter↵]

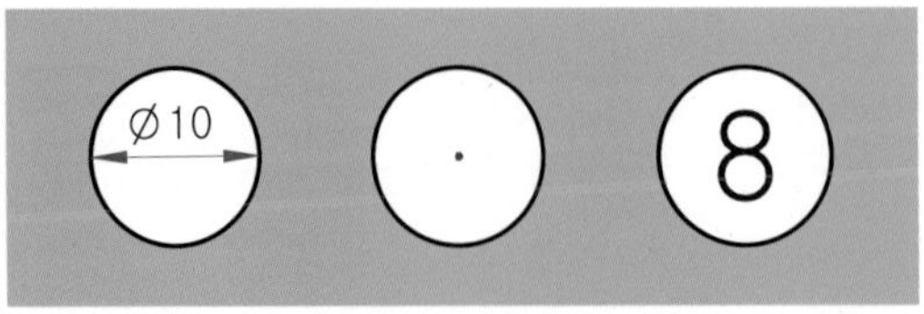

Ø10

8

3 여러 줄 문자 입력하기 – Mtext

명령 : MTEXT, 단축명령 : T, MT

여러 개의 문자 단락을 하나의 객체로 작성한다.

명령 : MT Enter↵
현재 문자 스타일 : "Standard" 문자 높이 : 3.15 주석 : 아니오
첫 번째 구석 지정 : **문자를 입력할 시작점 클릭**
반대 구석 지정 또는 [높이(H) 자리맞추기(J) 선 간격두기(L) 회전(R) 스타일(S) 폭(W) 열(C)] : **문자를 입력하고 [확인] 클릭**

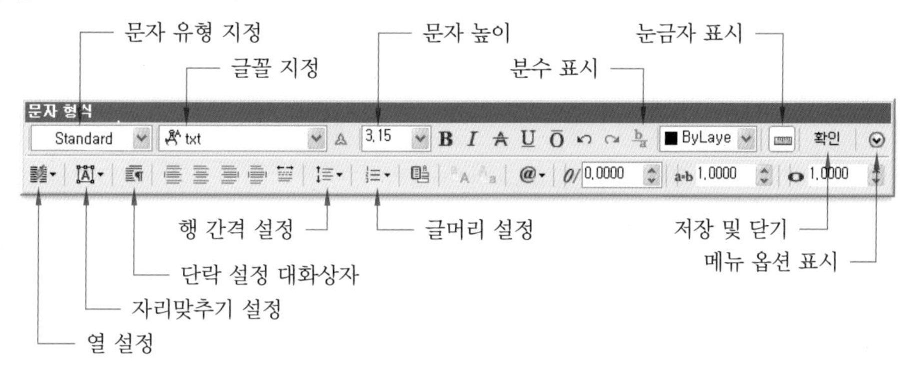

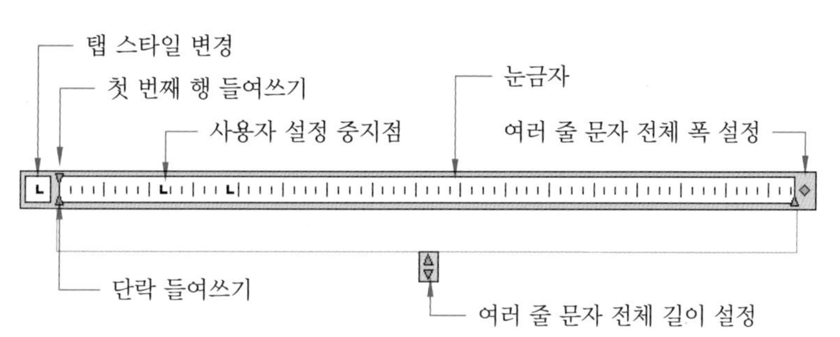

명령 : MT Enter↵
현재 문자 스타일 : "Standard" 문자 높이 : 3.15 주석 : 아니오
첫 번째 구석 지정 : **문자를 입력할 시작점 클릭**
반대 구석 지정 또는 [높이(H) 자리맞추기(J) 선 간격두기(L) 회전(R) 스타일(S) 폭(W) 열(C)] : **문자를 입력할 대각선 끝점 클릭, 전산응용기계설계제도 & AutoCAD 입력, [확인]**

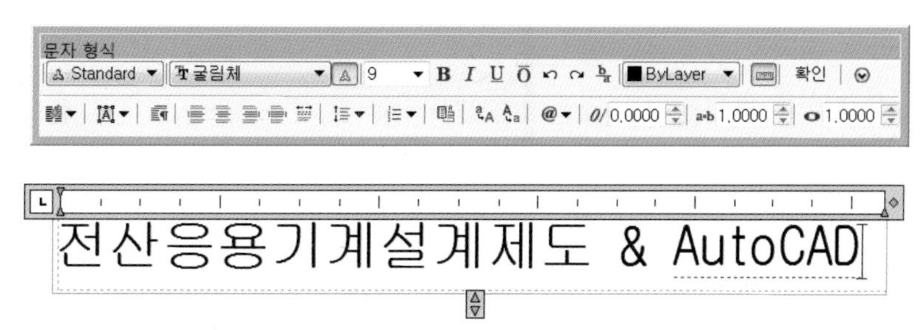

● **특수 문자**

특수 문자를 삽입할 경우 %%를 앞에 입력한다.

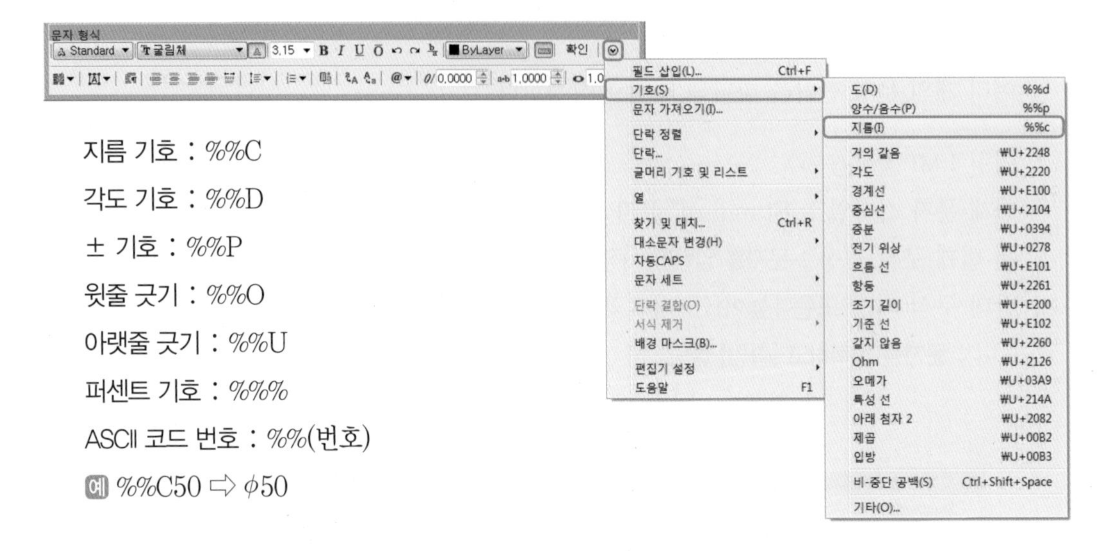

지름 기호 : %%C

각도 기호 : %%D

± 기호 : %%P

윗줄 긋기 : %%O

아랫줄 긋기 : %%U

퍼센트 기호 : %%%

ASCII 코드 번호 : %%(번호)

예 %%C50 ⇨ ϕ50

4 빠른 문자 입력하기 – Qtext

명령 : QTEXT

입력된 모든 문자를 문자 대신 테두리(경계)로만 표시한다.

명령 : QTEXT Enter↵

모드 입력 [켜기(ON) 끄기(OFF)] 〈끄기〉 : ON

켜기(ON) : **문자열을 테두리(경계)로 표시**

끄기(OFF) : **문자열을 원래대로 표시**

5 문자 검사하기 – Spell

명령 : SPELL, 단축명령 : SP

도면의 모든 문자를 검사한다.

명령 : SP Enter↵

객체 선택 : **문자 클릭**

AotoCAD라는 철자가 틀린 문자를 선택하고 [시작(S)]을 클릭하면 다른 버튼들이 활성화된다.

[변경(C)]을 클릭하면 AutoCAD 문자로 변경된다.

6 문자 수정하기 – Ddedit, Textedit

명령 : DDEIT, 단축명령 : ED

입력한 텍스트를 수정한다.

명령 : ED Enter↵
주석 객체 선택 또는 [명령 취소(U)]

전산응용기계설계제도 & AutoCAD

텍스트를 수정할 수 있는 입력 박스가 표시되면 텍스트를 선택하여 수정한다.

8 블록 만들기와 그룹 지정하기

1 블록 만들기 – Block

명령 : BLOCK, 단축명령 : B

여러 가지 객체를 묶어서 하나의 객체로 정의하여 현재 도면에 저장할 수 있다.

명령 : B Enter↵
블록 이름(N) : **"다듬질기호 W"**
기준점 : **화면상에서 지정 체크 해제**
선택점 클릭
객체 : **화면상에서 지정 체크 해제**
객체 선택 클릭
[확인]

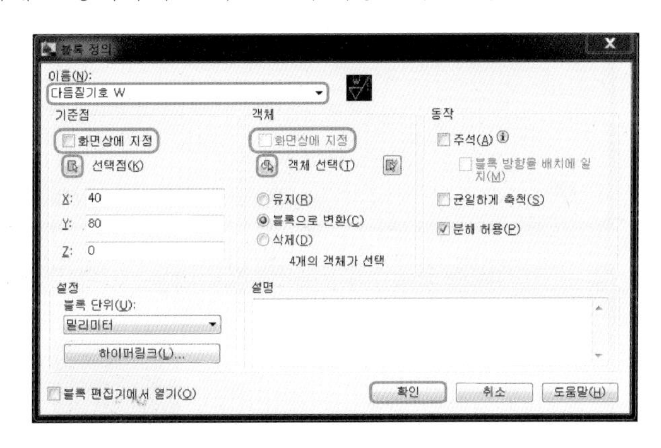

이름 : 블록의 이름 입력(이름은 문자, 숫자 또는 특수문자를 포함하여 입력)

기준점 : 블록의 삽입 기준점 좌표를 직접 입력하거나 화면상에서 선택점을 도면상에서 선택할 수 있다.

- 화면상에 지정 : 블록 정의 대화상자를 닫고 기준점을 선택
- 선택점 : 현재 도면상에서 블록 삽입의 기준점을 선택

객체 : 블록에 포함시킬 객체를 도면상에서 선택할 수 있다.

- 유지 : 화면상에 객체가 그대로 남겨진다.

- 블록으로 변환 : 일반적인 객체가 자동으로 블록으로 변환된다.
- 삭제 : 화면에서 지운다.

동작 : 정의된 블록이 도면에 삽입할 때 어떤 특성을 가질지 지정한다.

- 주석 : 블록을 하나의 주석으로 변경
- 균일하게 축척 : 블록이 균일하게 축척될지 여부 지정
- 분해 허용 : 블록을 분해할지 여부 지정

설정 : 블록의 환경을 설정한다.

- 블록 단위 : 블록에 대한 삽입 단위 지정
- 하이퍼링크 : 블록을 클릭하였을 경우 연결할 하이퍼링크 지정

2 블록 삽입하기 – Insert

명령 : INSERT, 단축명령 : I

작성 중인 도면에 미리 작성된 블록 객체나 다른 도면을 블록으로 삽입할 수 있다.

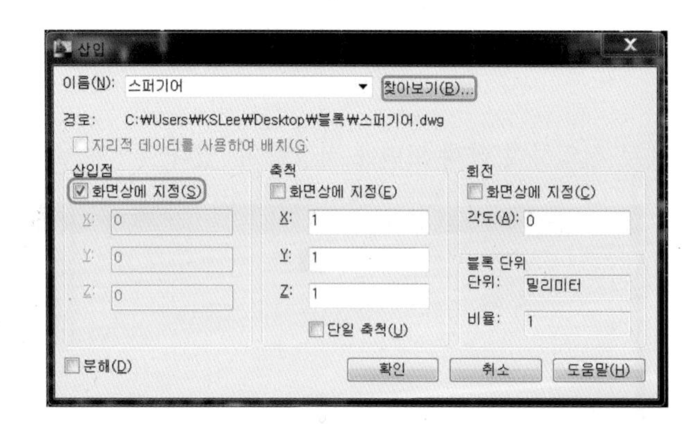

명령 : I Enter↵

삽입점 : **화면상에 지정을 체크**

[찾아보기]

파일 경로 찾기

'스퍼 기어' 열기

[확인]

이름

삽입할 블록 이름을 지정하거나 찾아보기에서 삽입할 파일을 선택한다.

삽입점

- 화면상에 지정을 체크하면 대화창을 닫고 도면상에서 직접 삽입점을 지정한다.
- 화면상에 지정을 체크하지 않으면 X, Y, Z좌표에 입력한 위치로 자동 삽입된다.

축척(비율 지정)

- 화면상에 지정을 체크하면 대화창을 닫고 도면상에서 직접 비율을 입력한다.
- 화면상에 지정을 체크하지 않으면 대화창에서 X, Y, Z 축척을 미리 지정한다.
- 단일 축척에 체크하면 X, Y, Z 축척을 동등 비율로 X만 입력한다.

회전(회전 각도 지정)

- 화면상에 지정을 체크하면 대화창을 닫고 도면상에서 직접 각도를 입력한다.
- 화면상에 지정을 체크하지 않으면 대화창에서 블록 회전 각도를 미리 지정한다.

블록 단위 : 삽입된 블록 단위 또는 단위 축척을 표시한다.

분해 : 분해를 체크하면 블록이 각각의 요소로 분해되어 삽입되며, 단일 축척만 지정된다.

3 블록을 파일로 저장하기 – Wblock

명령 : WBLOCK, 단축명령 : W

Block 명령과 다르게 현재 작성하는 도면뿐만 아니라 다른 도면 또는 새롭게 작성되고 있는 파일 내에서도 현재의 블록을 사용할 수 있도록 블록을 도면(*.dwg)로 저장하여 사용한다.

명령 : W Enter↵
객체를 선택 : **Wblock할 객체 선택**
기준점 : **Wblock의 기준점 클릭**
파일 이름 및 경로(F) 클릭

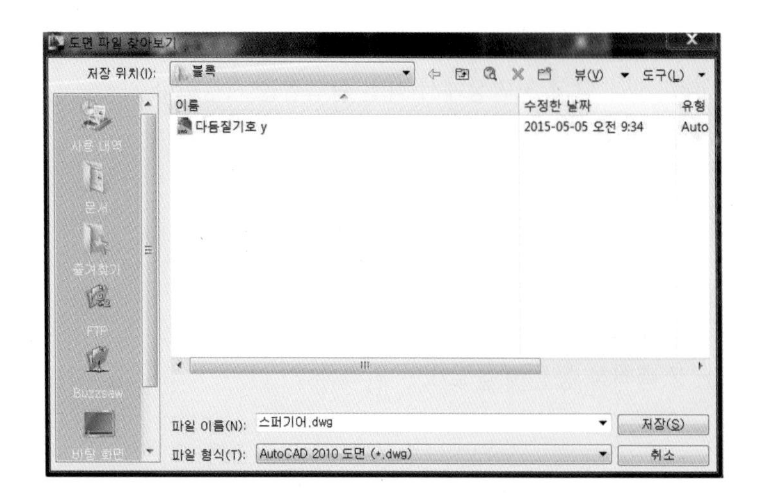

저장경로 지정
파일이름 "스퍼 기어"
[저장]
[확인]

원본(파일로 저장하고자 하는 대상을 세 가지 방법 중에서 선정)

- 블록 : 현재 도면에서도 Block처럼 이용할 수 있다.
- 전체 도면 : 전체 도면을 Wblock으로 만든다.
- 객체 : 블록으로 정의할 객체를 '객체 선택'으로 선택한 후 원본 객체를 유지할 것인지 삭제나 블록으로 대치할 것인지 지정한다.

기준점 : Wblock의 삽입 기준점을 '선택점'으로 지정한다.

대상

- 파일 이름 및 경로 : 블록 또는 객체를 저장할 파일 이름 및 경로를 지정한다.
- 삽입 단위 : 삽입 단위를 지정한다.

4 결합하기 – Join

명령 : JOIN, 단축명령 : J

개별적인 객체들의 끝점을 결합하여 단일 객체로 변경시키는 명령이다.

명령 : J Enter↵
한 번에 결합할 원본 객체 또는 여러 객체 선택 : **결합할 객체를 선택**
결합할 객체를 선택 : Enter↵

5 분해하기 – Explod

명령 : EXPLOD, 단축명령 : X

Bhatch, Block, Polyline, Rectangle 등의 명령으로 결합된 객체를 분해한다.

명령 : X Enter↵

객체를 선택 : **분해할 객체를 선택** Enter↵

6 그룹으로 묶기 – Group

명령 : GROUP, 단축명령 : G

요소 객체를 하나의 그룹으로 묶어 하나의 객체로 인식하게 한다.

명령 : G Enter↵

객체 선택 또는 [이름(N)/설명(D)]

: N Enter↵

그룹 이름 또는 [?] 입력

: BOLT Enter↵

객체 선택 또는 […] 입력

: **윈도우 박스로 BOLT 선택**

객체 선택 또는 [이름(N)/설명(D)]

: Enter↵

BOLT 그룹이 작성되었습니다.

7 그룹 해제하기 – Ungroup

명령 : UNGROUP, 단축명령 : UNG

명령 : UNG Enter↵

그룹 선택 또는 [이름(N)] : N Enter↵

그룹 이름 또는 [?] 입력 : BOLT Enter↵

BOLT 그룹이 분해되었습니다.

● **그룹 삭제하기**

명령 : ERASE

객체 선택 : G Enter↵ (그룹을 선택하려는 옵션)

그룹 이름 입력 : BOLT Enter↵ (그룹의 이름을 입력)

객체 선택 : Enter↵

9 도면 출력하기

완성된 도면을 프린터, 플로터 또는 PDF 형식의 전자 파일 등으로 출력한다.

● PLOT

명령 : PLOT, 단축명령 : PLO, Ctrl+P

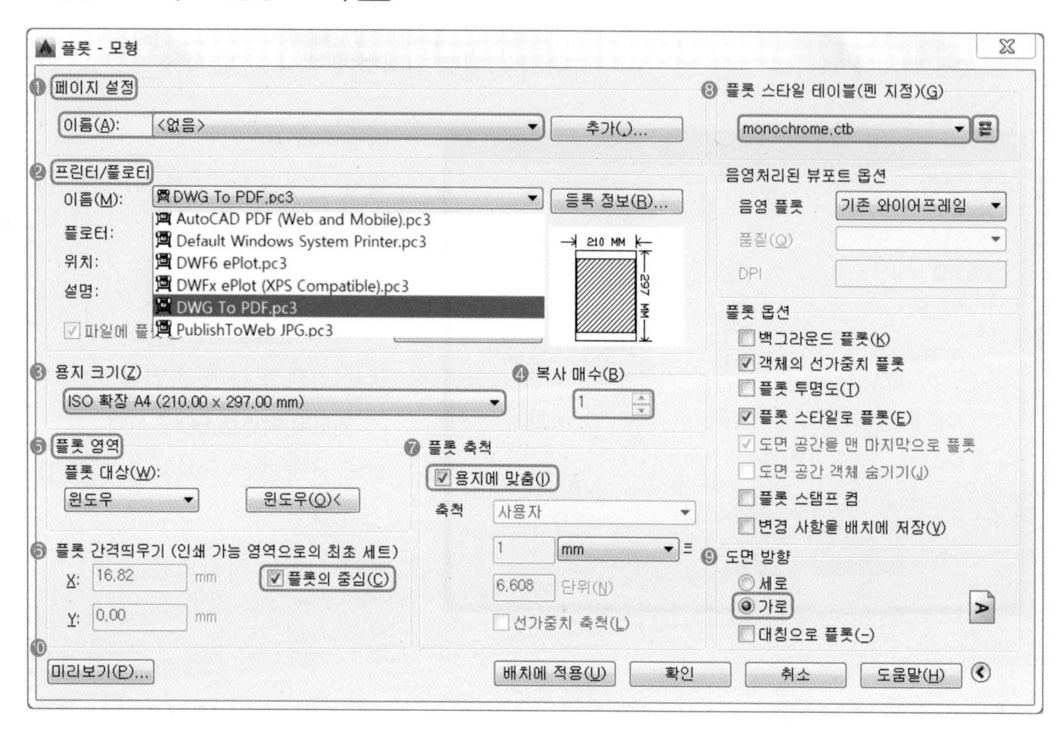

❶ **페이지 설정**

- 이름 : 저장된 페이지 설정을 지정하거나 이전에 사용한 페이지를 선택한다.

❷ **프린터/플로터**

- 이름(M) : 사용할 프린터나 플로터를 지정한다.

참조 최근에는 PDF 파일로 저장하여 출력하기도 한다.

❸ **용지 크기(Z)** : 용지 크기 설정

❹ **복사 매수(B)** : 출력 매수 설정

❺ **플롯 영역** : 출력될 영역을 지정한다.

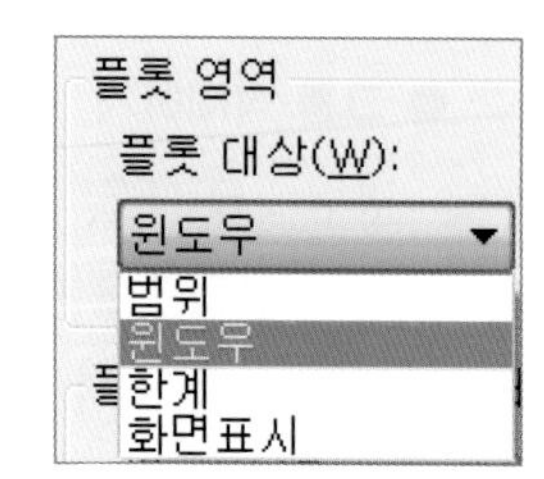

참조 범위, 윈도우, 한계, 화면표시 등으로 영역을 선택할 수 있으며, 윈도우 기능을 널리 사용한다.

- 범위 : 출력할 범위를 지정
- 윈도우 : 사용자가 출력하고 싶은 범위를 윈도우로 지정

- 한계 : 한계 영역 전체를 출력할 범위로 지정
- 화면 표시 : 현재 작업 화면에 나타나 있는 부분을 범위로 지정

⑥ **플롯 간격 띄우기(인쇄 가능 영역으로의 최초 세트)**

- ☑ 플롯의 중심 : [플롯의 중심]에 체크하면 용지의 중앙에 위치한다.

⑦ **플롯 축척**

- ☑ 용지에 맞춤 : [용지에 맞춤]에 체크하면 척도에 상관없이 용지에 맞게 출력된다.

⑧ **플롯 스타일 테이블(펜 지정)(G)** : 출력 스타일 및 펜을 지정한다.

창에서 [monochrome.ctb]를 선택하고, 를 클릭하여 선의 가중치를 적용한다.

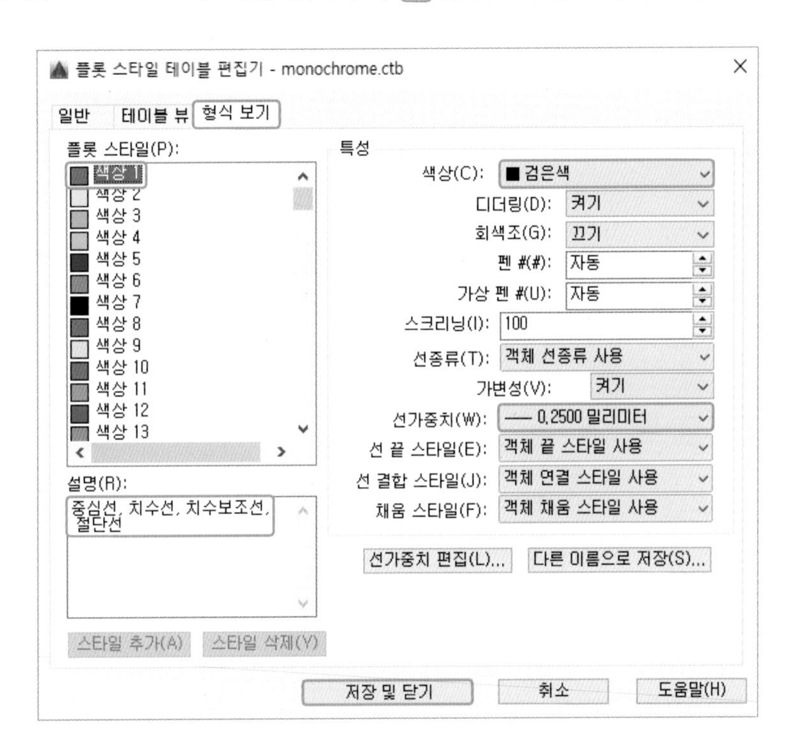

- 플롯 스타일 테이블 편집기 창의 [형식 보기] 탭에서 설정한다.
- 특성의 색상을 [검은색]으로 설정한다.
- 플롯 스타일의 [색상 1(빨간색)]을 선택하고 선가중치를 0.25mm로 설정한다.
- 설명은 사용자가 참고 사항을 기입한다.
- 사용자가 색상별로 출력될 선의 가중치를 모두 설정한다.

⑨ **도면 방향**

- 세로 : 세로 방향으로 출력
- 가로 : 가로 방향으로 출력
- 대칭으로 플롯 : 상하 뒤집어서 출력

⑩ **미리보기** : 출력할 도면을 미리보기한다.

● 단축키

1. 도형 그리기 명령

단축 명령	명령	사용법 설명	단축 명령	명령	사용법 설명
L	LINE	선 그리기	C	CIRCLE	원 그리기
A	ARC	호 그리기	REC	RECTANGLE	사각형 그리기
POL	POLYGON	정다각형 그리기	EL	ELLIPSE	타원 그리기
XL	XLINE	무한선 그리기	ML	MLINE	다중선 그리기
PL	PLINE	폴리라인 그리기	SPL	SPLINE	스플라인 그리기
DO	DONUT	도넛 그리기	PO	POINT	점 찍기

2. 도형 편집 명령

단축 명령	명령	사용법 설명	단축 명령	명령	사용법 설명
E	ERASE	지우기	M	MOVE	이동하기
EX	EXTEND	연장하기	TR	TRIM	자르기
CO	COPY	복사하기	O	OFFSET	간격 띄우기
AR	ARRAY	배열하기	MI	MIROR	대칭 이동하기
F	FILLET	모깎기	CHA	CHAMFER	모떼기
RO	ROTATE	회전하기	SC	SCALE	비율 조절하기(축척)
LEN	LENGTHEN	확장/축소하기	S	STRETCH	늘리기
BR	BREAK	끊기	ED	DRAWORDER	객체 높낮이 조절
PE	PEDIT	PLINE 만들기	SPE	SPLINEDIT	PLINE 편집
H	HATCH	해칭하기	BH	BHATCH	해칭하기
HE	BHATCHEDIT	해칭 수정하기	GD	GRADIENT	그라데이션

3. 문자 입력 및 편집 명령

단축 명령	명령	사용법 설명	단축 명령	명령	사용법 설명
ED	DDEDIT	문자 편집	ED	DDEDIT	문자 수정하기
ST	STYLE	문자 스타일	MT	MTEXT	여러 줄 문자 쓰기
DT	TEXT	한 줄 문자 쓰기	SP	SPELL	문자 검사하기

4. 치수 기입 및 편집 명령

단축 명령	명령	사용법 설명	단축 명령	명령	사용법 설명
D	DIMSTYLE	치수 스타일	DED	DIMEDIT	치수 수정
DLI	DIMLINEAR	선형 치수	QDIM	QD	빠른 치수
DAR	DIMARC	호 길이 치수	DOR	DIMORDINATE	좌표 치수
DRA	DIMRADIUS	반지름 치수	DJO	DIMJOGGED	꺾기 치수
DAN	DIMANGULAR	각도 치수	DDI	DIMDIAMETER	지름 치수
DAL	DIMALIGNED	사선 치수	DED	DIMEDIT	치수 수정
DBA	DIMBASELINE	첫 점 연속 치수	DCO	DIMCONTINUE	끝점 연속 치수
MLD	MLEADER	다중치수보조선 작성	MLE	MLEADEREDIT	다중치수보조선 수정
LEAD	LEADER	지시선 작도	DCE	DIMCENTER	중심선 작성
LE	QLEADER	빠른 지시선 작도	DI	DIST	거리, 각도 측정

5. 레이어 특성 명령

단축 명령	명령	사용법 설명	단축 명령	명령	사용법 설명
LA	LAYER	레이어 만들기	LT	LINETYPE	선분의 특성 관리
LTS	LTSCALE	선분 특성 비율	CLO	CLOOR	기본 색상 변경
CH	CHPROP	객체 속성 변경	PR	PROPERTIES	객체 속성 변경
MA	MATCHPROP	객체 속성 복사			

6. 블록 및 삽입 명령

단축 명령	명령	사용법 설명	단축 명령	명령	사용법 설명
B	BLOCK	블록 만들기	W	WBLOCK	블록을 파일로 저장
I	INSERT	블록 삽입하기	BE	BEDIT	객체 블록 수정
J	JOIN	결합하기	X	EXPLODE	분해하기
XR	XREF	참조 도면 관리	G	GROUP	그룹으로 묶기

7. AutoCAD 환경 설정

단축 명령	명령	사용법 설명	단축 명령	명령	사용법 설명
OS	OSNAP	제도 설정	OP	OPTION	옵션 설정
U	UNDO	실행 명령 취소	RE	REDO	UNDO 명령 취소
Z	ZOOM	화면 확대/축소	P	PAN	초점 이동
R	REDRAW	화면 정리	RA	REDRAWALL	전체 화면 정리
REA	REGENALL	전체화면 재생성	UN	UNITS	도면 단위 설정
NEW	QNEW	새로 시작하기	EXIT	QUIT	AutoCAD의 종료
PLO	PLOT	출력하기	PRI	PRINT	출력하기

8. FUNCTION키 명령

단축키	명령	사용법 설명	단축키	명령	사용법 설명
F1	HELP	도움말	F2	TEXT WINDOW	텍스트 명령창
F3	OSNAP	객체 스냅 On/Off	F4	TABLET	태블릿 모드 On/Off
F5	ISOPLANE	아이소메트릭 뷰 모드	F6	DYNAMIC UCS	좌표계 On/Off
F7	GRID On/Off	그리드 On/Off	F8	ORTHO	직교모드 On/Off
F9	SANP On/Off	스냅 On/Off	F10	POLAR ON/OFF	극좌표 On/Off
F11	OTRACK On/Off	OTRACK On/Off	F12	DYN On/Off	DYN On/Off

9. Ctrl + 단축명령

단축키	사용법 설명	단축키	사용법 설명	단축키	사용법 설명
Ctrl + A	직선 작도	Ctrl + B	스냅 기능 On/Off	Ctrl + C	선택요소를 클립보드로 복사
Ctrl + D	좌표계 기능 On/Off	Ctrl + E	등각 투영 뷰 변환	Ctrl + F	OSNAP 기능 On/Off
Ctrl + G	그리드 기능 On/Off	Ctrl + H	Pickstyle 변숫값 설정	Ctrl + J	마지막 명령의 실행
Ctrl + K	하이퍼링크 삽입	Ctrl + L	직교 기능 On/Off	Ctrl + N	새로 시작하기
Ctrl + O	도면 불러오기	Ctrl + P	출력하기	Ctrl + Q	블록이나 파일 삽입하기
Ctrl + S	저장하기	Ctrl + T	태블릿 On/Off	Ctrl + V	클립보드 내용 복사
Ctrl + X	클립보드로 오려두기	Ctrl + Y	바로 이전으로 이동	Ctrl + Z	취소 명령

● AutoCAD 클래식 작업환경 변환

윈도우 버전부터 사용한 방식인 AutoCAD 클래식 작업환경은 2016버전부터는 사용할 수 없게 되었지만 작업자가 사용자화시켜 작업공간에 추가시킬 수 있다.

① AutoCAD 왼쪽 상단에 위치한 신속 접근 도구막대의 드롭다운 버튼 ⇨ 메뉴 막대 표시를 클릭한다.

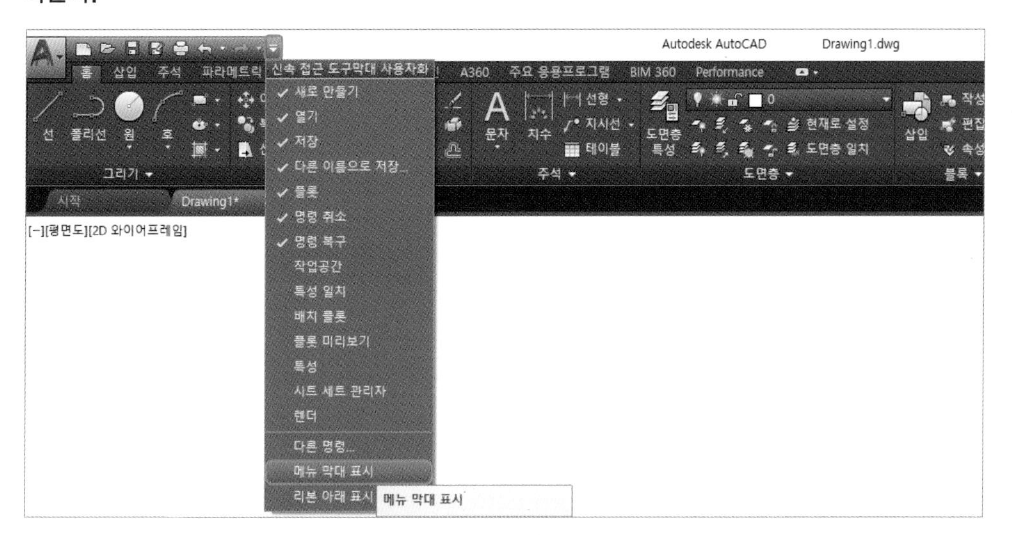

② 표시된 메뉴에서 도구 ⇨ 팔레트 ⇨ 리본을 클릭하여 리본을 숨겨준다.

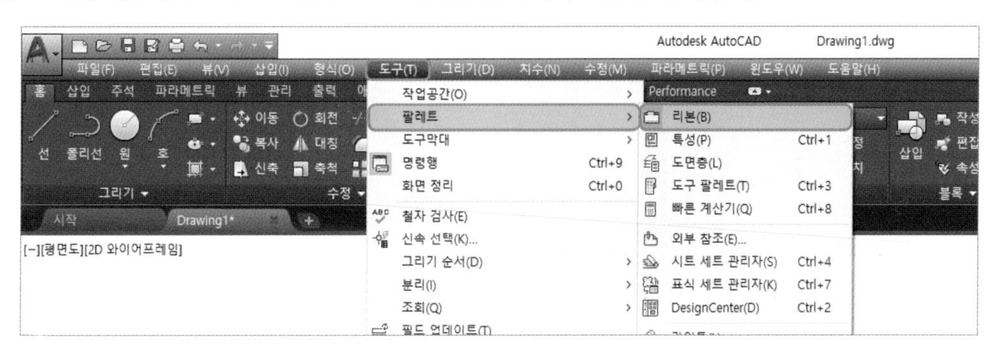

③ 도구 ⇨ 도구막대 ⇨ AutoCAD를 클릭하여 작업에 필요한 도구막대를 체크한다.

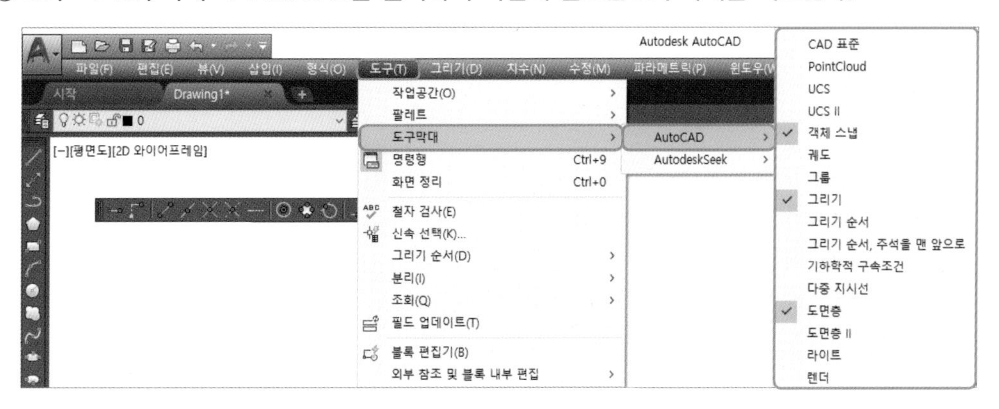

④ 도구 ⇨ 작업공간 ⇨ 다른 이름으로 현재 항목 저장을 클릭하여 설정된 내용을 작업공간에 저장한다.

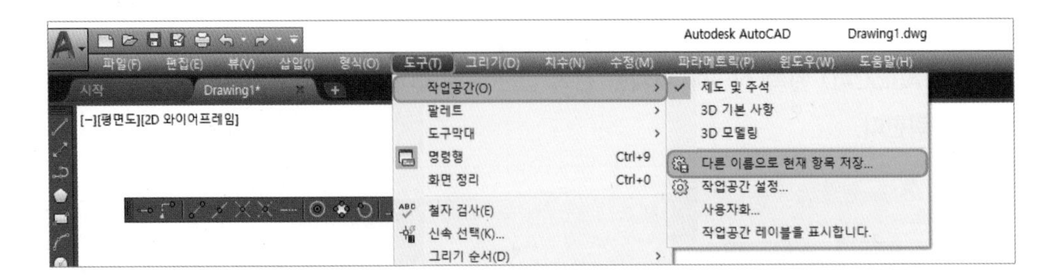

⑤ 표시된 작업공간 저장 대화창 이름란에 'AutoCAD클래식' 을 입력하고 저장한다.

⑥ 사용자 구성 도구막대에 있는 [아이콘]를 클릭한다.

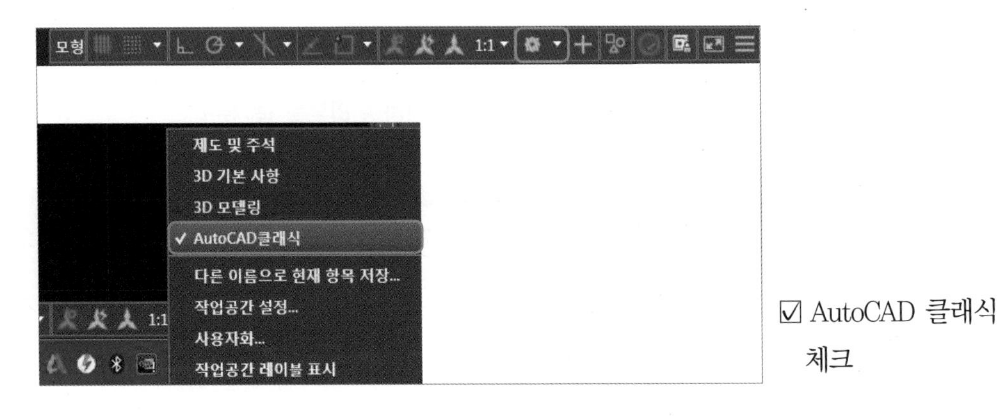

☑ AutoCAD 클래식 체크

참고

- **프로그램에서 대표적으로 사용되는 기본적인 확장자**

.hwp : 한글과 컴퓨터의 문서 파일	.doc : MS 워드 문서 파일
.ppt : 파워포인트 문서 파일	.xls : 엑셀 문서 파일
.pdf : 어도비 아크로벳 문서 파일	.psd : 어도비 포토샵 그림 파일

- **사용 용도에 따른 여러 가지 확장자**
  - 압축 파일 .alz / .zip / .rar / .iso / .7z 등
  - 음성 파일 .wav / .mp3 / .mp4 / .wma 등
  - 동영상 파일 .avi / .mkv / .mp4 / .flv 등
  - 그림 파일 .jpg / .gif / .bmp / .png 등

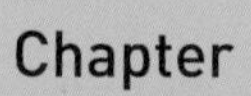

Chapter

기계 제도의 기본

1 설계와 제도의 차이

1 설계

모든 산업 기계, 기구, 구조물 등의 각 부분은 여러 개의 구성 요소로 되어 있어 용도에 알맞은 작용을 하도록 구조 · 모양 · 크기 · 강도 등을 합리적으로 결정하고 재료와 가공법 등을 알맞게 선택해야 한다. 또한 양질의 제품을 제작하려면 제품이 요구하는 용도나 기능에 적합하도록 면밀한 계획을 세우게 되는데, 이러한 내용들을 종합하는 기술을 **설계**라 한다.

2 제도

설계자의 요구 사항을 제작자에게 전달하기 위하여 일정한 규칙에 따라 선, 문자, 기호, 주서 등을 사용하여 생산 제품의 구조, 디자인(형상), 크기, 재료, 가공법 등을 KS 제도 규격에 맞추어 정확하고 간단명료하게 도면으로 작성하는 것을 **제도**라고 한다.

3 CAD

최근에는 IT 산업의 발달로 컴퓨터의 신속한 계산 능력이나 많은 기억 능력을 이용하여 산업 전반에 걸쳐 사용되고 있다. 이에 따라 설계 및 제도 분야에도 컴퓨터를 이용한 설계, 즉 CAD(computer aided design)가 도입, 활용되면서 각종 응용 프로그램이 개발되어 기계, 건축, 토목, 디자인, 전기 · 전자, 광고 등 여러 분야에 광범위하게 사용되고 있다.

4 제도의 목적

제도의 목적은 설계자의 의도를 도면으로 사용자에게 확실하고 쉽게 전달하는 데 있다. 그러므로 도면에 제품의 디자인(형상)이나 치수, 재료, 가공 방법, 표면 정도 등을 정확하게 표시하여 설계자의 생각이 제작 · 시공자에게 확실하게 전달되어야 한다.

2 제도 규격

1 표준 규격

모든 산업 기계, 기구, 구조물 등의 도면은 형상, 크기, 공정도, 가공법 등을 언제, 누가 작도 하더라도 모양과 형태가 똑 같이 그려야 한다. 그러므로 제도자는 KS 규격에 정해진 규격에 따라서 그려야 한다. 현대 사회는 산업 규모가 커지고, 제품은 대량 생산되고 있으며 각 나라 간의 산업 교류 활동을 통해서 기존의 각 공장 단위의 사내 규격은 단체 단위로 통일되고, 단체 규격은 다시 국가 단위로 통일되고, 국가 규격은 다시 국제 단위로 단일화 되었다. 이와 같이 규격은 크게 국가 규격과 국제 규격으로 구분할 수 있다.

(1) 국제 규격

국제표준화기구(ISO), 국제전기표준회의(IEC), 국제인터넷표준화기구(IETF)의 여러 나라가 협의, 심의, 규정하여 국제적으로 사용하는 규격을 국제 규격이라 한다.

국제표준화기구는 국제 협력을 추진할 목적으로 1947년에 만국통일협회(ISA)의 사업을 인수한 기구로, 이 기구에 140여 개국이 가입하였으며, 우리나라는 1963년에 가입하였다.

(2) 국가 규격

국가 규격은 한 국가의 관련 전문가들이 협의하고 심의, 규정해 놓은 국가 규격이다.

(3) 단체 규격

단체 규격은 기업 또는 학회 등의 단체 전문가들이 협의하여 심의, 규정한 단체 규격이다.

(4) 사내 규격

기업이나 공장에서 심의, 규정하여 기업 또는 공장 내에서 사용하는 규격이다.

2 KS 제도 통칙

우리나라는 1961년에 한국 공업 표준화법이 공포된 후에 1966년에 제도 통칙(KS A 0005)으로 제정, 1967년에는 기계 제도(KS B 0001)가 제정되어 제도 규격으로 확정되었다.

또한 제도 규격은 산업표준화법에 의하여 한국산업규격인 KS로 규정되었으며, 1992년 공업표준화법을 산업표준화법으로 개정하여 국가 표준 범위를 신소재, 신기술, 정보처리 등 전산 분야로 확대하여 한국산업규격이 제정되었으며, 2008년 산업표준화법 개정에 따라 한국산업규격을 한국산업표준(KS)으로 명칭이 바뀌었다. 현재 한국산업규격 중에서 제도 통칙(KS A 0005)은 제도의 공통적인 기본 사항으로 도면의 크기, 투상법, 선, 작도 일반, 단면도, 글자, 치수 등에 대한 것을 규정하고 있다.

(1) KS 부분별 분류 기호

분류 기호	KS A	KS B	KS C	KS D	KS E	KS F	KS G	KS H	KS I	KS J
분류	기본	기계	전기 · 전자	금속	광산	토건	일용품	식품	환경	생물
분류 기호	KS K	KS L	KS M	KS P	KS Q	KS R	KS S	KS V	KS W	KS X
분류	섬유	요업	화학	의료	품질 경영	수송 기계	서비스	조선	항공 우주	정보 산업

(2) 국제 및 주요 국가별 표준 규격과 기호

국가 및 기구	규격 기호	개정년도	마크
국제표준화기구	ISO(international organization for standardization)	1947	ISO
한국	KS(Korean industrial standards)	1961	K
영국	BS(British standards)	1901	BS
독일	DIN(Deutsche industrie normen)	1917	DIN
미국	ANSI(American national standards institute)	1918	ANSI
스위스	SNV(Schweitzerish normen dees vereinigung)	1918	SNV
프랑스	NF(norme Francaise)	1918	NF
일본	JIS(Japanese industrial standards)	1952	JIS

참고

- KS 규격의 재정 및 개정 기관 : 통상자원부 국가기술표준원
- KS 규격 표준 열람 기관 : 국가표준종합정보센터

3 도면의 크기 및 형식

1 도면의 크기(KS B ISO 5457)

도면의 크기가 일정하지 않으면 도면의 정리, 관리, 보관 등이 불편하기 때문에 도면은 반드시 일정한 규격으로 만들어야 한다. 원도에는 필요로 하는 명료함 및 자세함을 지킬 수 있는 최소 크기의 용지를 사용하는 것이 좋다.

A열(KS M ISO 216)의 권장 크기는 제도 영역뿐만 아니라 재단한 것과 재단하지 않은 것을 포함한 모든 용지에 대해 다음 표에 따른다.

재단한 용지와 재단하지 않은 용지의 크기 및 제도 영역 크기 (KS B ISO 5457) (단위 : mm)

크기	그림	재단한 용지 (T)		제도 공간		재단하지 않은 용지 (U)	
		a_1 [a]	b_1 [a]	a_2 ±0.5	b_2 ±0.5	a_3 ±2	b_3 ±2
A0	(a)	841	1189	821	1159	880	1230
A1	(a)	594	841	574	811	625	880
A2	(a)	420	594	400	564	450	625
A3	(a)	297	420	277	390	330	450
A4	(a)와 (b)	210	297	180	277	240	330

주 A0 크기보다 클 경우에는 KS M ISO 216 참조
[a] 공차는 KS M ISO 216 참조

도면용으로 사용하는 제도용지는 A열 사이즈(A0~A4)를 사용하고 신문, 교과서, 미술 용지 등은 B열 사이즈(B0~B4)를 사용한다.

A열 용지의 크기는 짧은 변(a)과 긴 변(b)의 길이의 비가 1 : $\sqrt{2}$이며, A0~A4 용지는 긴 쪽을 좌우 방향으로, A4 용지는 짧은 쪽을 좌우 방향으로 놓고 사용한다.

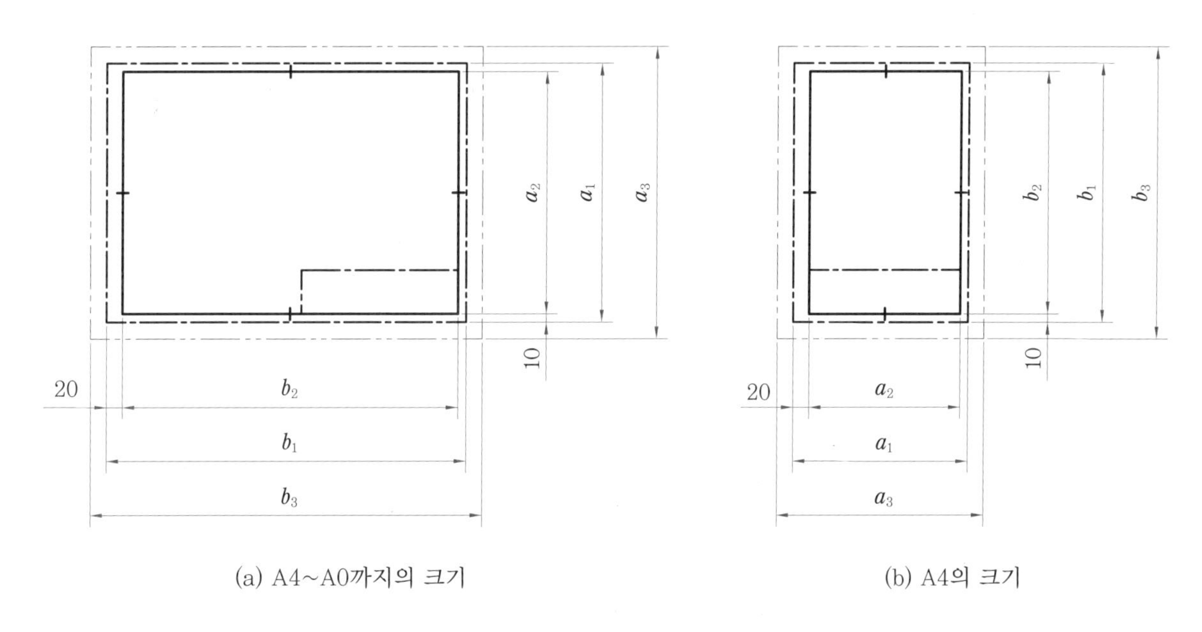

(a) A4~A0까지의 크기 (b) A4의 크기

도면의 크기에 따른 윤곽 치수

도면 크기의 확장은 피해야 한다. 만약 그렇지 않다면 A열(예 A3) 용지의 짧은 변의 치수와 이것보다 더 큰 A열(예 A1) 용지의 긴 변의 치수 조합에 의해 확장한다. 예를 들면 호칭 A3.1과 같이 표시되는 새로운 크기로 만들어진다. 이러한 크기의 확장은 다음 그림 (b)와 같다.

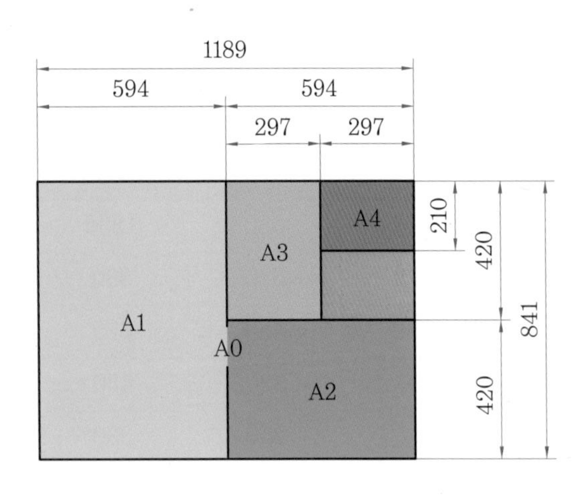

(a) A열 용지의 크기

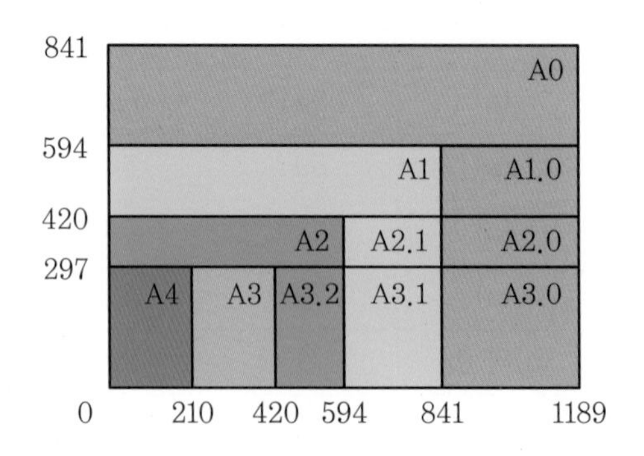

(b) 도면의 연장 크기(KS B ISO 5457)

재단한 A열 제도용지의 크기와 도면의 연장 크기

2 도면의 양식(KS B ISO 5457)

도면을 그리기 위해 무엇을, 왜, 언제, 누가, 어떻게 그렸는지 등을 표시하고, 도면 관리에 필요한 것들을 표시하기 위하여 도면 양식을 마련해야 한다. 도면에 그려야 할 양식으로는 중심 마크, 윤곽선, 표제란, 구역 표시, 재단 마크 등이 있다.

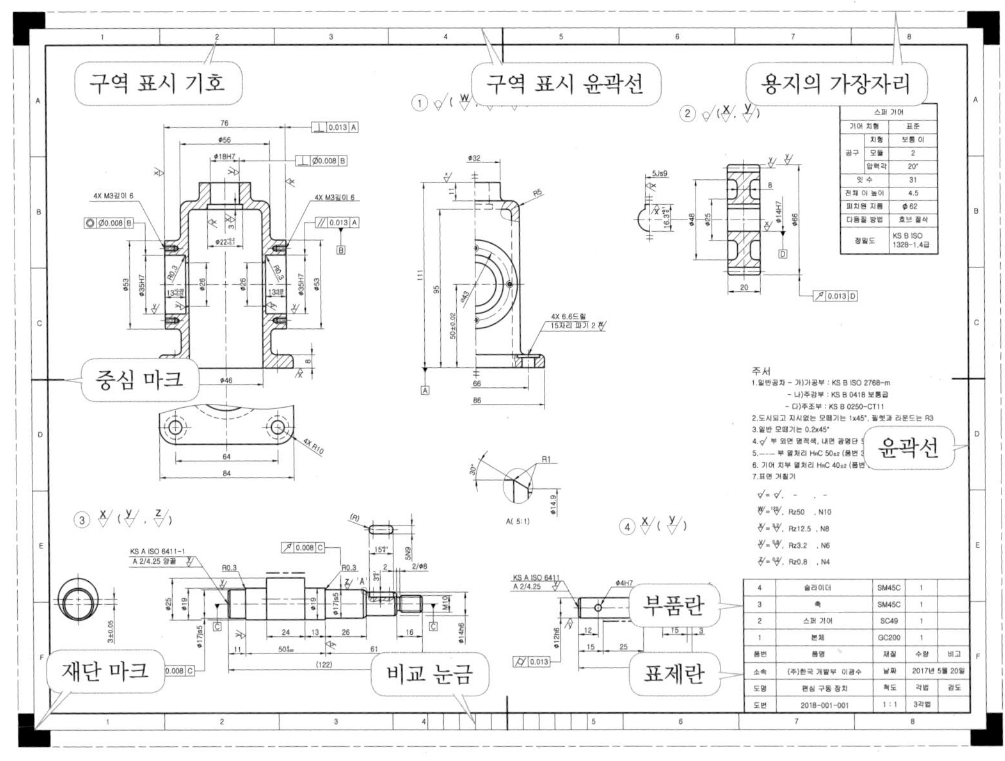

도면의 양식

(1) 중심 마크

도면을 다시 만들거나 마이크로필름을 만들 때 도면의 위치를 잘 잡기 위하여 4개의 중심 마크를 표시한다. 이 마크는 1mm의 대칭 공차를 가지고 재단된 용지의 두 대칭축의 끝에 표시하며 형식은 자유롭게 선택할 수 있다. 중심 마크는 구역 표시의 경계에서 시작해서 도면의 윤곽선을 지나 10mm까지 0.7mm의 굵기의 실선으로 그린다. A0보다 더 큰 크기에서는 마이크로필름으로 만들 영역의 가운데에 중심 마크를 추가로 표시한다.

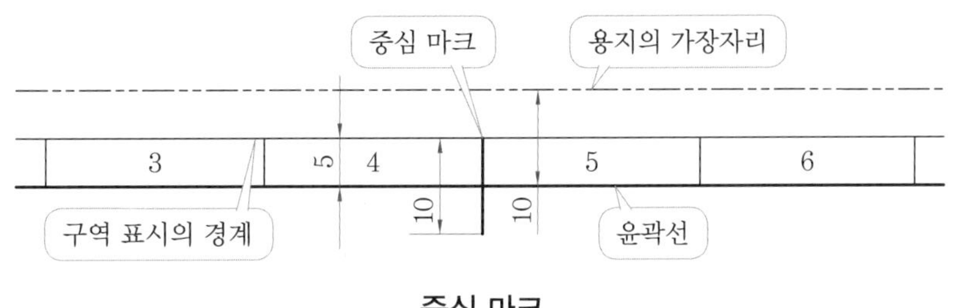

중심 마크

(2) 윤곽선

재단된 용지의 제도 영역을 4개의 변으로 둘러싸는 윤곽은 여러 가지 크기가 있다. 왼쪽의 윤곽은 20mm의 폭을 가지며, 이것은 철할 때 여백으로 사용하기도 한다. 다른 윤곽은 10mm의 폭을 가진다. 제도 영역을 나타내는 윤곽은 0.7mm 굵기의 실선으로 그린다.

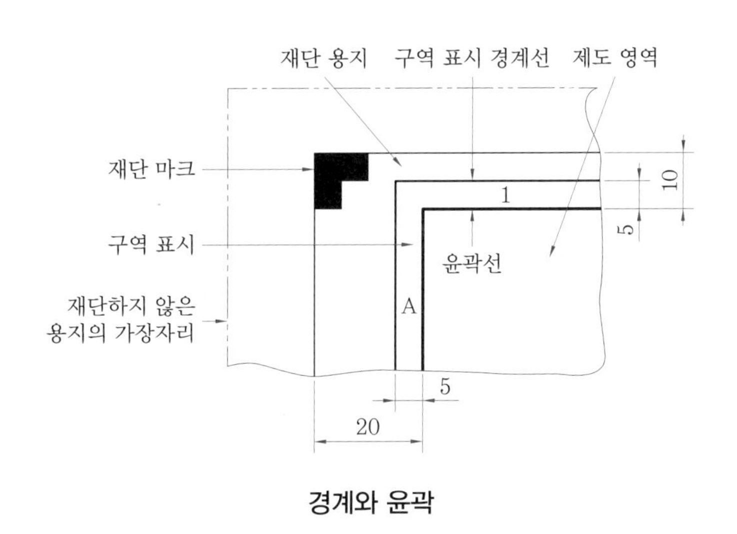

경계와 윤곽

(3) 표제란

표제란의 크기와 양식은 KS A ISO 7200에 규정되어 있다. A0부터 A4까지의 용지에서 표제란의 위치는 제도 영역의 오른쪽 아래 구석에 마련한다. 수평으로 놓여진 용지들은 이런 양식을 허용하며, A4 크기에서 용지는 수평 또는 수직으로 놓은 것이 허용된다. 도면을 읽는 방향은 표제란을 읽는 방향과 같다.

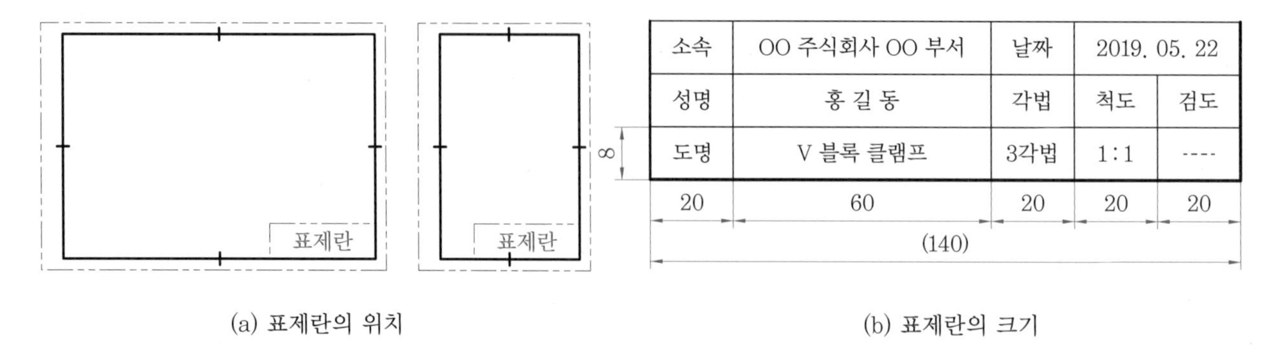

표제란
표제란
소속
OO 주식회사 OO 부서
날짜
2019. 05. 22
성명
홍 길 동
각법
척도
검도
도명
V 블록 클램프
3각법
1:1

8
20
60
20
20
20
(140)

(a) 표제란의 위치 (b) 표제란의 크기

표제란

(4) 구역 표시

도면에서 상세, 추가, 수정 등의 위치를 알기 쉽도록 용지를 여러 구역으로 나눈다. 각 구역은 용지의 위쪽에서 아래쪽으로 대문자(I와 O는 사용 금지)로 표시하고, 왼쪽에서 오른쪽으로 숫자로 표시한다. A4 크기의 용지에서는 단지 위쪽과 오른쪽에만 표시하며, 문자와 숫자 크기는 3.5mm이다. 도면 한 구역의 길이는 재단된 용지 대칭축(중심 마크)에서 시작해서 50mm이다. 이 구역의 개수는 다음 표와 같이 용지의 크기에 따라 다르다. 구역의 분할로 인한 차이는 구석 부분의 구역에 추가되며, 문자와 숫자는 구역 표시 경계 안에 표시한다. 그리고 KS B ISO 3098-0에 따라서 수직으로 쓴다. 이 구역 표시의 선은 0.35mm 굵기의 실선으로 그린다.

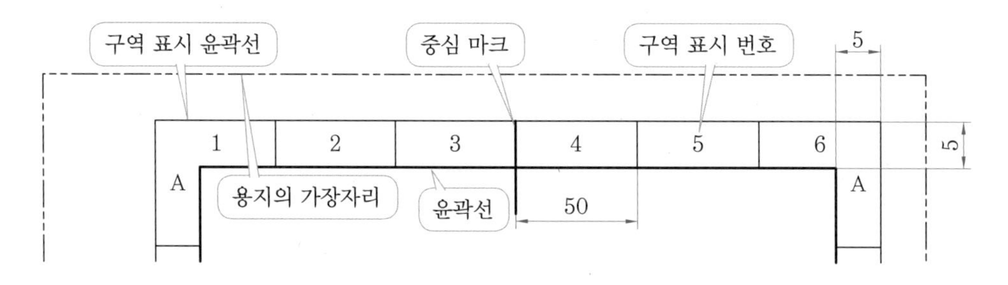

도면의 구역 표시

도면의 크기에 따른 구역의 개수

구 분	A0	A1	A2	A3	A4
긴 변	24	16	12	8	6
짧은 변	16	12	8	6	4

(5) 재단 마크

수동이나 자동으로 용지를 잘라내는 데 편리하도록 재단된 용지의 4변의 경계에 재단 마크를 표시한다. 이 마크는 10 mm×5 mm의 두 직사각형이 합쳐진 형태로 표시한다.

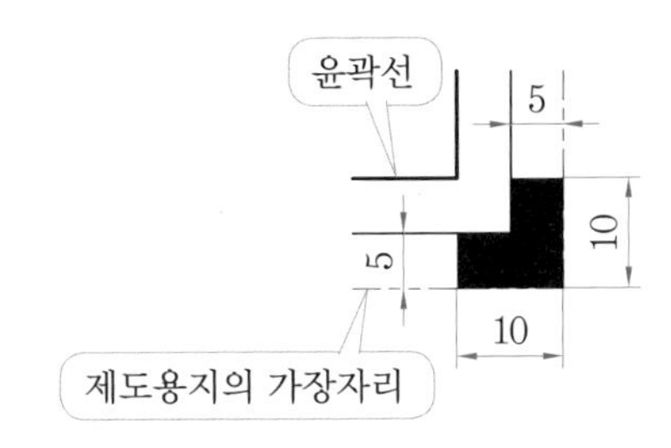

3 자격 검정 시 요구사항

(1) 도면의 한계점

KS 규격과 달리 도면의 크기는 A2 용지로 하고 도면의 출력은 A3 용지로 한다.

도면의 한계 및 중심 마크 (단위 : mm)

구 분	도면 한계		중심 마크	
기호 / 도면 크기	a	b	c	d
A2(부품도)	420	594	10	5

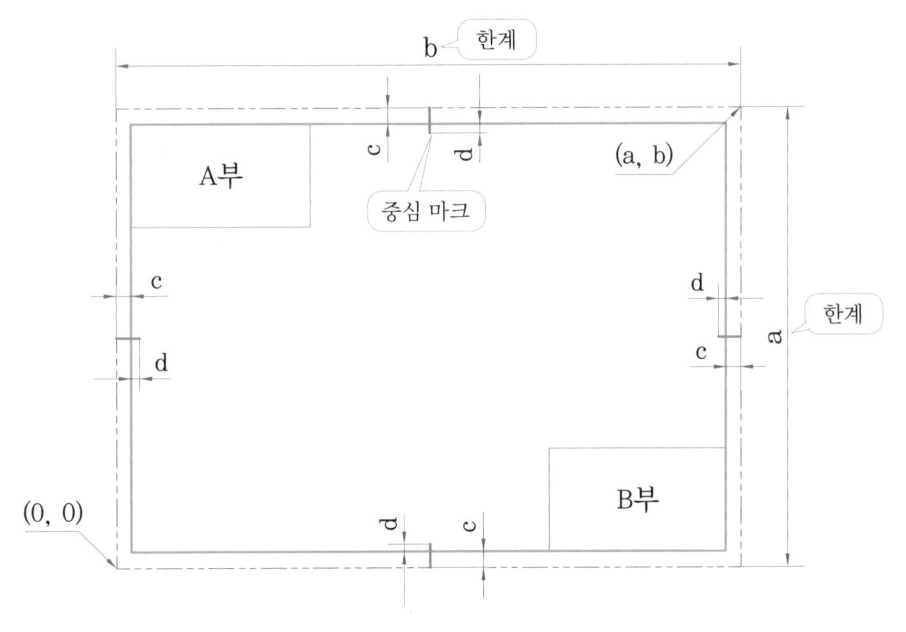

도면의 한계와 중심 마크

(2) 도면의 작성 양식

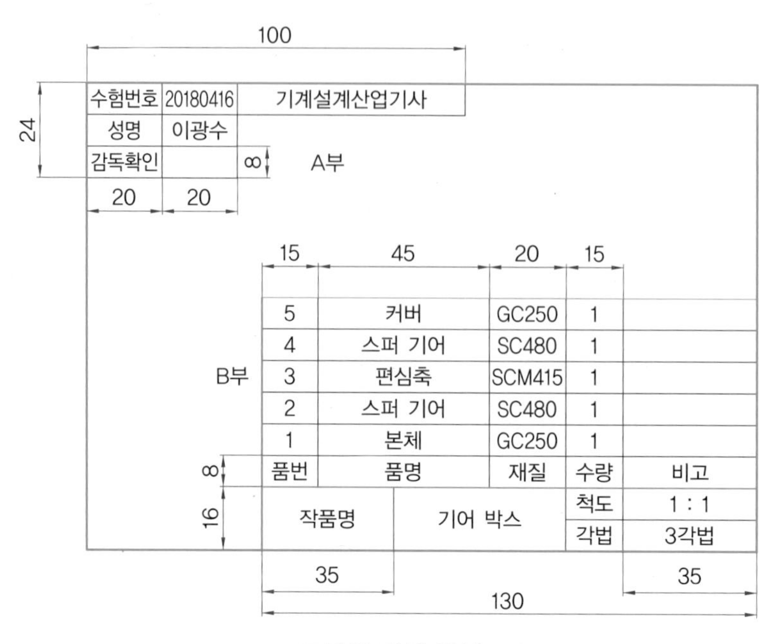

100
24
수험번호
20180416
기계설계산업기사
성명
이광수
감독확인
8
A부
20
20
15
45
20
15
5
커버
GC250
1
4
스퍼 기어
SC480
1
B부
3
편심축
SCM415
1
2
스퍼 기어
SC480
1
1
본체
GC250
1
8
품번
품명
재질
수량
비고
16
작품명
기어 박스
척도
1 : 1
각법
3각법
35
35
130

도면의 작성 양식

참고

- 지급 재료 : 트레이싱지(A3) 2장
  트레이싱지로 출력되지 않으면 오작으로 처리한다.

4 제도의 선과 문자

1 선의 종류와 용도

선은 같은 굵기의 선이라도 모양이 다르거나 같은 모양의 선이라도 굵기가 다르면 용도가 달라지기 때문에 모양과 굵기에 따른 선의 용도를 파악하는 것이 중요하다.

(1) 모양에 따른 선의 종류

① **실선** ———— : 연속적으로 그어진 선

② **파선** – – – – – – : 일정한 길이로 반복되게 그어진 선

③ **1점 쇄선** -—-—-- : 길고 짧은 길이로 반복되게 그어진 선

④ **2점 쇄선** --–--–--- : 긴 길이, 짧은 길이 두 개로 반복되게 그어진 선

(2) 굵기에 따른 선의 종류

KS A ISO 128-24에서 선 굵기의 기준은 0.13 mm, 0.18 mm, 0.25 mm, 0.35 mm, 0.5 mm, 0.7 mm, 1.0 mm, 1.4 mm 및 2.0 mm로 하며, 가는 선, 굵은 선 및 아주 굵은 선의 굵기 비율은 1 : 2 : 4로 한다.

① **가는 선** : 굵기가 0.18~0.5 mm인 선
② **굵은 선** : 굵기가 0.35~1 mm인 선
③ **아주 굵은 선** : 굵기가 0.7~2 mm인 선

(3) 용도에 따른 선의 종류

선의 종류에 의한 용도 KS B 0001

용도에 의한 명칭	선의 종류		선의 용도
외형선	굵은 실선	———	대상물의 보이는 부분의 모양을 표시하는 데 쓰인다.
치수선	가는 실선	———	치수를 기입하기 위하여 쓰인다.
치수 보조선			치수를 기입하기 위하여 도형으로부터 끌어내는 데 쓰인다.
지시선			기술 · 기호 등을 표시하기 위하여 끌어내는 데 쓰인다.
회전 단면선			도형 내에 그 부분의 끊은 곳을 90° 회전하여 표시하는 데 쓰인다.
중심선			도형의 중심선을 간략하게 표시하는 데 쓰인다.
수준면선			수면, 유면 등의 위치를 표시하는 데 쓰인다.
숨은선	가는 파선 또는 굵은 파선	-----------	대상물의 보이지 않는 부분의 모양을 표시하는 데 쓰인다.
중심선	가는 1점 쇄선	—-—-—	① 도형의 중심을 표시하는 데 쓰인다. ② 중심이 이동한 중심 궤적을 표시하는 데 쓰인다.
기준선			특히 위치 결정의 근거가 된다는 것을 명시할 때 쓰인다.
피치선			되풀이하는 도형의 피치를 취하는 기준을 표시하는 데 쓰인다.
특수 지정선	굵은 1점 쇄선	—-—-—	특수한 가공을 하는 부분 등 특별한 요구사항을 적용할 수 있는 범위를 표시하는 데 사용한다.
가상선	가는 2점 쇄선	—--—--—	① 인접 부분을 참고로 표시하는 데 사용한다. ② 공구, 지그 등의 위치를 참고로 나타내는 데 사용한다. ③ 가동 부분을 이동 중의 특정한 위치 또는 이동한계의 위치로 표시하는 데 사용한다. ④ 가공 전 또는 가공 후의 모양을 표시하는 데 사용한다. ⑤ 되풀이하는 것을 나타내는 데 사용한다. ⑥ 도시된 단면의 앞쪽에 있는 부분을 표시하는 데 사용한다.

무게 중심선	가는 2점 쇄선		단면의 무게 중심을 연결한 선을 표시하는 데 사용한다.
파단선	가는 자유 실선, 지그재그 가는 실선		대상물의 일부를 파단한 경계 또는 일부를 떼어낸 경계를 표시하는 데 사용한다.
절단선	가는 1점 쇄선으로 끝부분 및 방향이 변하는 부분은 굵게 한 것		단면도를 그리는 경우, 그 절단 위치를 대응하는 그림에 표시하는 데 사용한다.
해칭	가는 실선으로 규칙적으로 줄을 늘어놓은 것		도형의 한정된 특정 부분을 다른 부분과 구별하는 데 사용한다. 예를 들면 단면도의 절단된 부분을 나타낸다.
특수한 용도의 선	가는 실선		① 외형선 및 숨은선의 연장을 표시하는 데 사용한다. ② 평면이란 것을 나타내는 데 사용한다. ③ 위치를 명시하는 데 사용한다.
	아주 굵은 실선		얇은 부분의 단선 도시를 명시하는 데 사용한다.

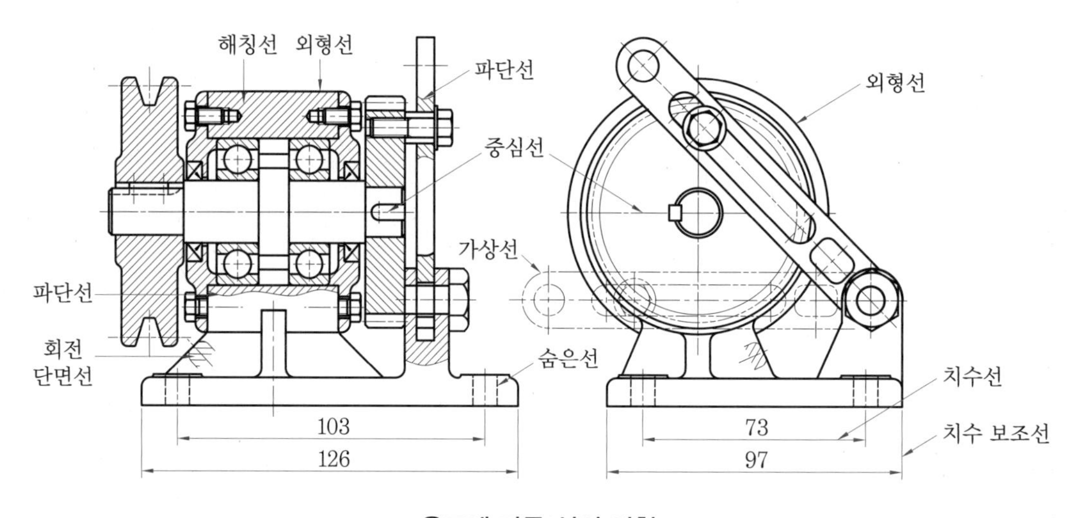

용도에 따른 선의 명칭

(4) 선의 우선순위

도면에서 2 종류 이상의 선이 같은 장소에 겹치게 될 경우에는 다음에 나타낸 순위에 따라 우선되는 종류의 선으로 그린다.

① 외형선	② 숨은선	③ 절단선
④ 중심선	⑤ 무게 중심선	⑥ 치수 보조선

2 문자의 종류와 용도

도면에 사용되는 문자로는 한글, 한자, 숫자, 로마자 등이 있으며, 문자의 크기는 문자의 높이로 나타낸다. 글자는 명백히 쓰고 글자체는 고딕체로 하여 수직 또는 15° 경사로 씀을 원칙으로 한다.

(1) 한글 서체

① 한글 서체에는 명조체, 그래픽체, 고딕체 등이 있다.

② 한글 문자 크기의 호칭 종류는 2.5 mm, 3.5 mm, 5 mm, 7 mm, 10 mm, 14 mm, 20 mm의 7종으로 규정하고 있다. 다만, 특히 필요할 경우에는 다른 치수를 사용해도 좋다.

(2) 숫자, 로마자 서체

① 숫자는 아라비아 숫자를 주로 사용하는데, 아라비아 숫자 문자 크기의 호칭 종류는 2.5 mm, 3.5 mm, 5 mm, 7 mm, 10 mm, 14 mm, 20 mm의 7종으로 규정하고 있다. 다만, 특히 필요할 경우에는 이에 따르지 않아도 좋다.

② 로마자 서체에는 고딕(Gothic)체, 로마(Roma)체, 이탤릭(Italic)체, 라운드리(Roundly)체 등이 있다.

③ 서체는 원칙적으로 J형 사체 또는 B형 사체 중 어느 것을 사용해도 좋으나 혼용은 불가능하다.

3 자격 검정 시 선 굵기와 문자, 숫자 크기 구분을 위한 색상 지정

문자, 숫자, 기호의 높이	선 굵기	지정 색상(Color)	용 도
7.0mm	0.70mm	청(파란)색 (Blue)	윤곽선, 표제란과 부품란의 윤곽선 등
5.0mm	0.50mm	초록(Green), 갈색(Brown)	외형선, 부품번호, 개별주서, 중심 마크 등
3.5mm	0.35mm	황(노란)색 (Yellow)	숨은선, 치수와 기호, 일반 주서 등
2.5mm	0.25mm	흰색(White), 빨강(Red)	해치선, 치수선, 치수보조선, 중심선, 가상선 등

4 도면의 척도 (KS A ISO 5455)

척도는 대상물의 실제 길이에 대한 도면에서의 표시하는 대상물의 길이의 비이다.

(1) 척도의 종류

① **현척** : 도형을 1:1인 실물과 같은 크기로 그리는 도면으로, 가장 보편적으로 사용된다.

② **축척** : 도형을 1:1보다 작은 비율로 그리는 도면으로, 치수는 실물의 실제 치수로 기입한다.

③ **배척** : 도형을 1:1보다 큰 비율로 그리는 도면으로, 치수는 실물의 실제 치수로 기입한다.

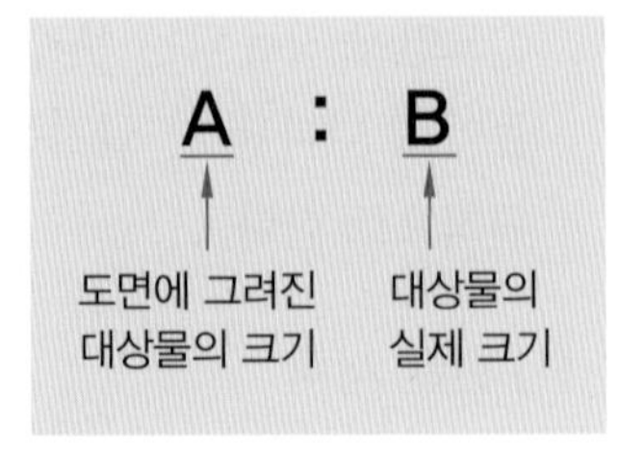

현척, 축척, 배척의 표시(KS A ISO 5455)

척도의 종류	척도 값		
현척	1:1		
축척	1:2	1:5	1:10
	1:20	1:50	1:100
	1:200	1:500	1:1000
	1:2000	1:5000	1:10000
배척	50:1	20:1	10:1
	5:1	2:1	

참고

척도의 표시 방법

- 현척의 경우 1 : 1
- 축척의 경우 1 : X
- 배척의 경우 X : 1

(2) 척도 표시

도면에 사용하는 척도는 다음 그림과 같이 표제란에 기입한다

소속	OO 주식회사 OO 부서	날짜	2019. 05. 22	
성명	홍 길 동	각법	척도	검도
도명	V 블록 클램프	3각법	1:1	□□□

(3) 부품의 척도가 서로 다를 경우

한 장의 도면에 서로 다른 척도를 사용할 때에는 주요 척도를 표제란에 기입하고, 그 외의 척도를 부품 번호 근처나 표제란의 척도란에 괄호를 사용하여 기입한다.

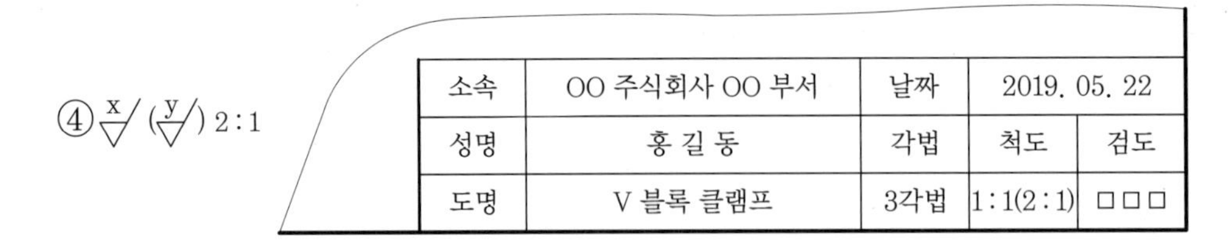

④ x/▽ (y/▽) 2:1

소속	OO 주식회사 OO 부서	날짜	2019. 05. 22	
성명	홍 길 동	각법	척도	검도
도명	V 블록 클램프	3각법	1:1(2:1)	□□□

(4) 전체 그림을 정해진 척도로 그리지 못할 경우

전체 그림을 정해진 척도로 그리지 못한 경우에는 척도란에 '비례척이 아님' 또는 'NS(not to scale)' 로 표시한다.

Chapter 3

투상도

1 도시법과 투상법

1 도시법

공간에 있는 입체를 평면에 도시하거나 평면상의 도형을 보고 입체로 도시하는 법을 **도시법**이라 한다. 도형의 도시는 정확해야 하며, 보는 사람이 이해하기 쉽고 작업이 용이해야 한다. 또한, 물체의 특징이나 모양을 가장 잘 나타낼 수 있는 면을 정면도로 선택해야 한다.

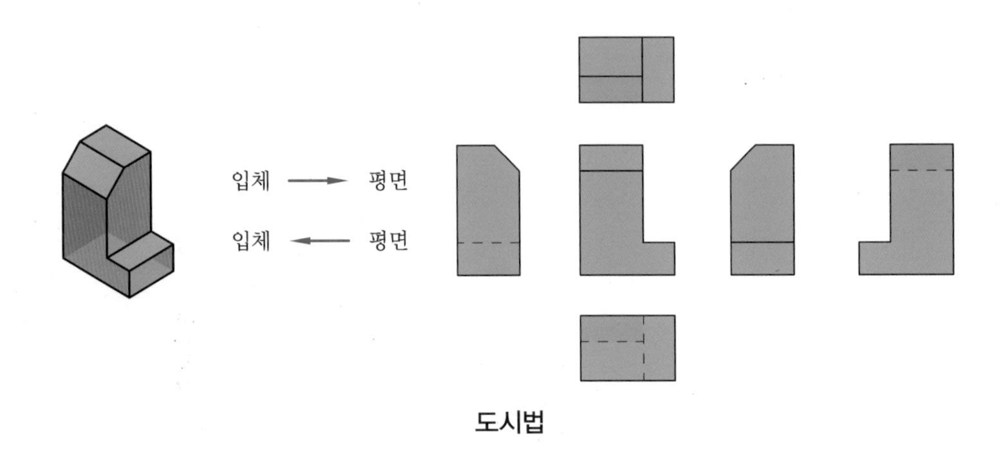

도시법

2 투상법

광선을 물체에 비추어 스크린(투상면)에 나타난 물체의 그림자로써 그 형상, 크기, 위치 등을 일정한 규칙에 따라 표시하는 화법을 **투상법**이라 한다. 광선을 나타내는 선을 투사선, 그림이 나타나는 평면(스크린)을 투상면, 그려진 그림을 **투상도**라 한다. 물체를 표현하여 제도하는 방법에는 정투상법, 등각 투상법, 사투상법이 있다.

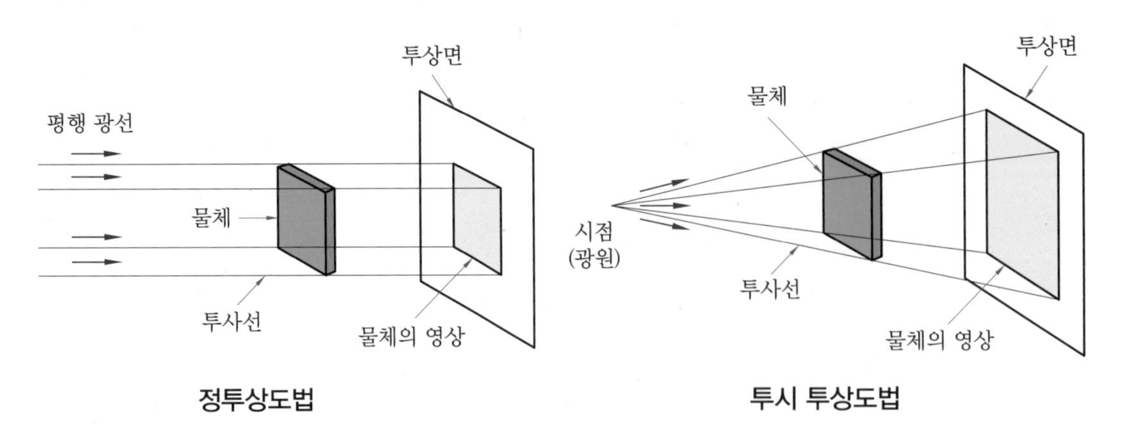

정투상도법 투시 투상도법

투상법에는 보는 시각과 그리는 방법에 따라 다양한 투상법으로 나타난다.

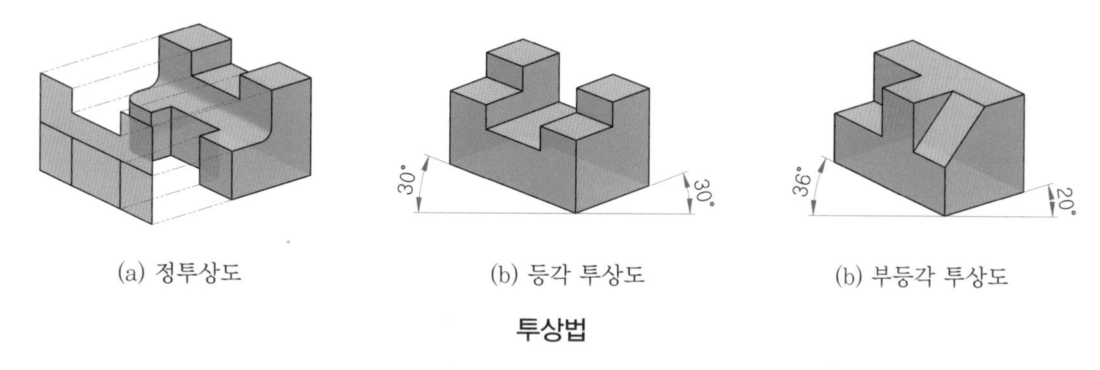

(a) 정투상도 (b) 등각 투상도 (b) 부등각 투상도

투상법

투상법의 분류

참고

- 정투상법: 제품 제작을 위한 방법으로 가장 많이 사용한다.
- 투시 투상법: 건축 도면에 주로 사용되며 사투상법이나 축측 투상법은 카탈로그 등의 설명도로 사용된다.

(1) 투상도의 종류

① **정면도** : 물체를 정면에서 바라본 모양을 도면에 표시한 그림

② **평면도** : 물체를 위에서 내려다본 모양을 도면에 표시한 그림

③ **우측면도** : 물체를 우측에서 바라본 모양을 도면에 표시한 그림

④ **좌측면도** : 물체를 좌측에서 바라본 모양을 도면에 표시한 그림

⑤ **저면도** : 물체를 아래에서 바라본 모양을 도면에 표시한 그림

⑥ **배면도** : 물체를 뒤에서 바라본 모양을 도면에 표시한 그림

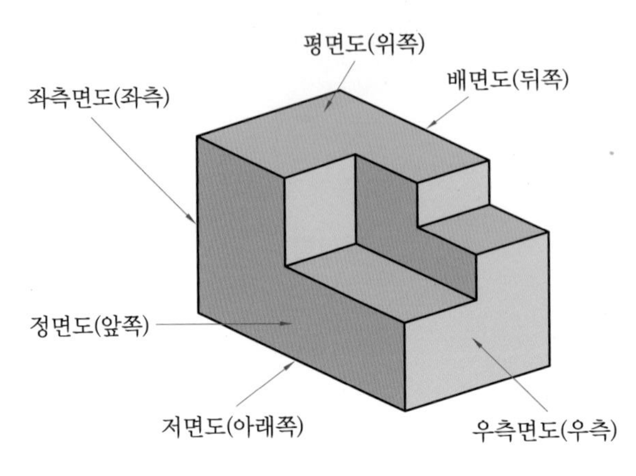

투상도의 종류

(2) 정투상도의 도시

정투상도는 물체를 각 면에 평행한 위치에서 바라보는 평행한 투상선이 투상면과 모두 직각으로 교차하는 평행 투상법이다. 물체의 모양, 기능, 특징 등을 가장 뚜렷하게 나타내며, 물체의 모양을 판단하기 쉬운 부위와 숨은선이 적은 면으로 그린 투상도를 정면도로 한다.

① 제1각법과 제3각법

정투상법은 직교하는 두 평면을 수평으로 놓은 투상면을 수평 투상면, 수직으로 놓이는 투상면을 수직 투상면이라 한다. 이 두 평면이 교차할 때 그림과 같이 상부 우측으로부터 제1상한, 제2상한, 제3상한, 제4상한이라 한다.

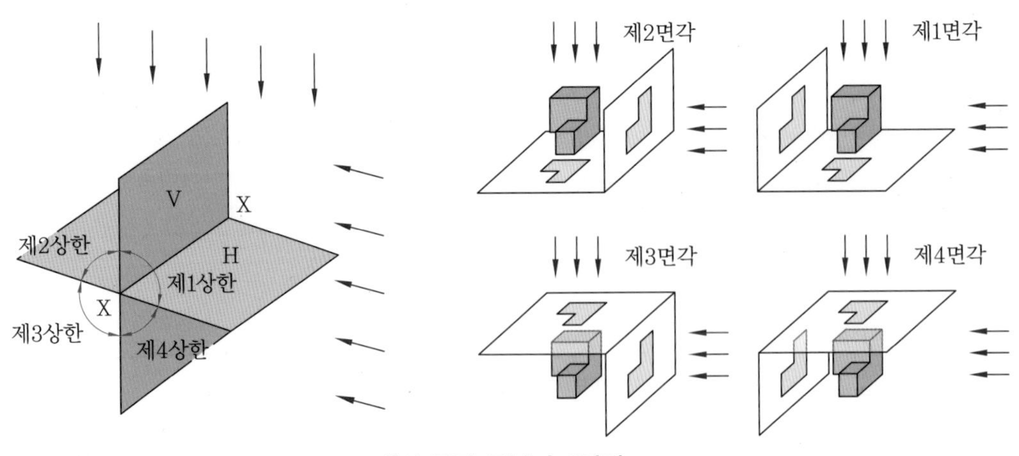

4개의 공간 구분과 4면각

● 제1각법

눈 → 물체 → 투상면(스크린)

물체를 제1상한 공간에 놓고 정투상하는 방법으로, 눈과 투상면 사이에 물체가 있다. 위쪽에서 본 평면도는 정면도 **아래**에, 아래쪽에서 본 저면도는 정면도 **위**에, 좌측에서 본 좌면도는 정면도 **오른쪽**에, 우측에서 본 우면도는 정면도 **왼쪽**에 배열한다. 뒤쪽에서 본 배면도는 좌측면도 오른쪽이나 우측면도의 왼쪽에 배열할 수 있다.

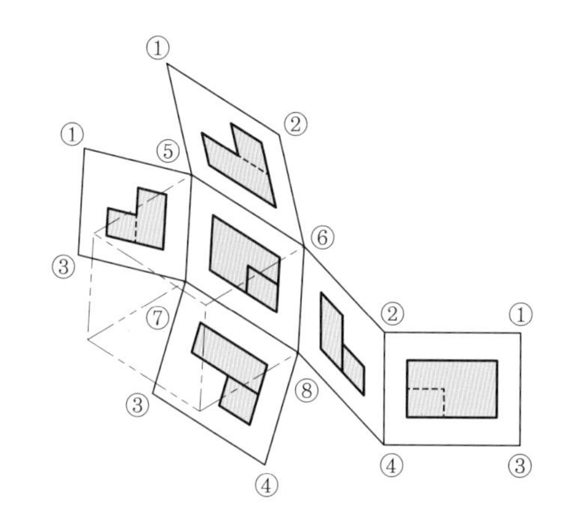

(a) 여섯 방향에서 본 그림을 전개한 그림

(b) 앞쪽, 위쪽, 오른쪽에서 본 그림

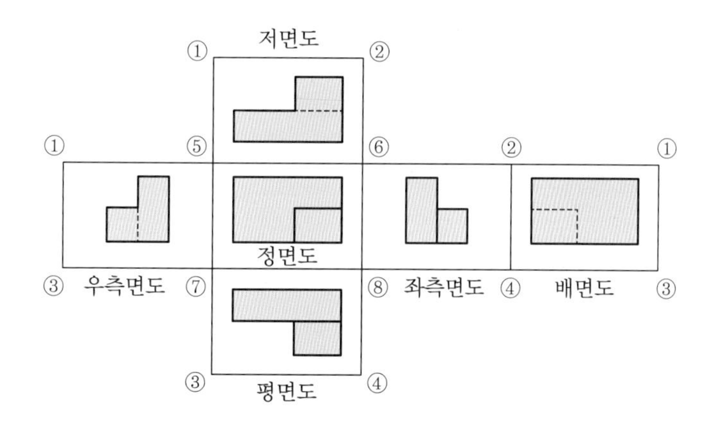

(c) 제1각법의 표준 배치

제1각법의 원리

● 제3각법

눈 ➜ 투상면(스크린) ➜ 물체

물체를 제3상한 공간에 놓고 정투상하는 방법으로, 눈과 물체 사이에 투상면이 있다. 위쪽에서 본 평면도는 정면도 **위**에, 아래쪽에서 본 저면도는 정면도 **아래**에, 좌측에서 본 좌면도는 정면도 **왼쪽**에, 우측에서 본 우면도는 정면도 **오른쪽**에 배열한다. 뒤쪽에서 본 배면도는 우측면도 오른쪽이나 좌측면도의 왼쪽에 배열할 수 있다.

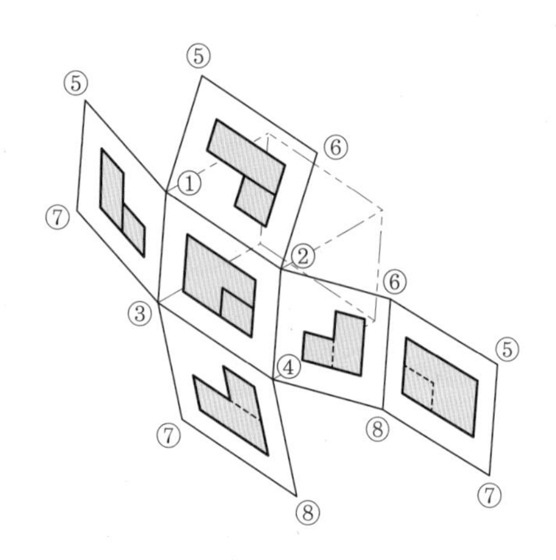

(a) 여섯 방향에서 본 그림을 전개한 그림

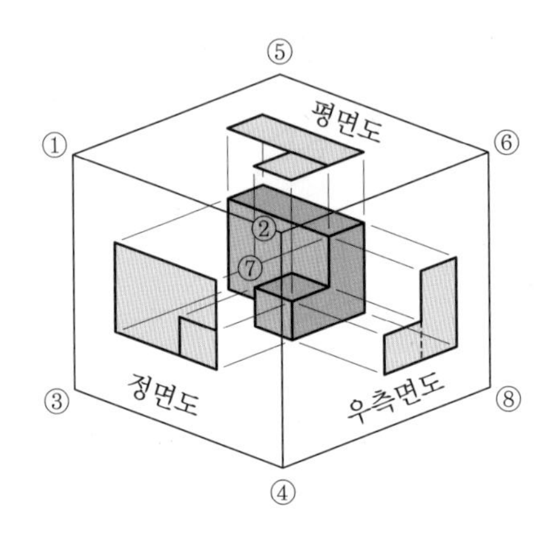

(b) 앞쪽, 위쪽, 오른쪽에서 본 그림

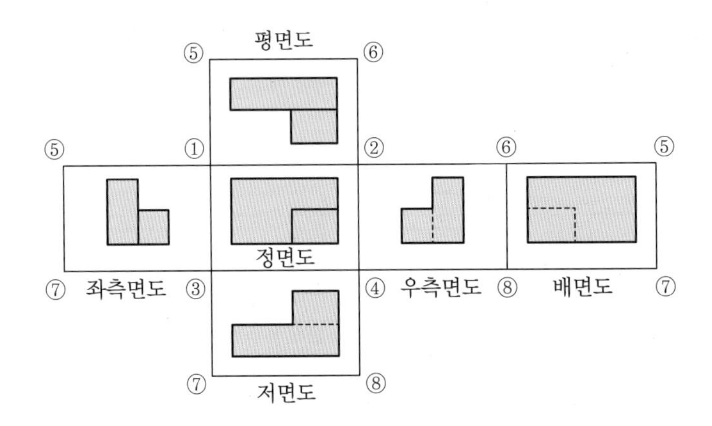

(c) 제3각법의 표준 배치

제3각법의 원리

참고

- 제3각법은 정면도를 중심으로 투상한다.
- 제3각법은 기계, 건축 등 많은 산업 분야에서 사용한다.

② 제1각법과 제3각법의 기호

도면의 투상법은 제1각법 또는 제3각법의 표시는 한국산업표준(KS A ISO 5456-2, 128-30)으로 규정한다. 표제란에 기호로 기입하거나 제1각법 또는 제3각법이라 표기한다.

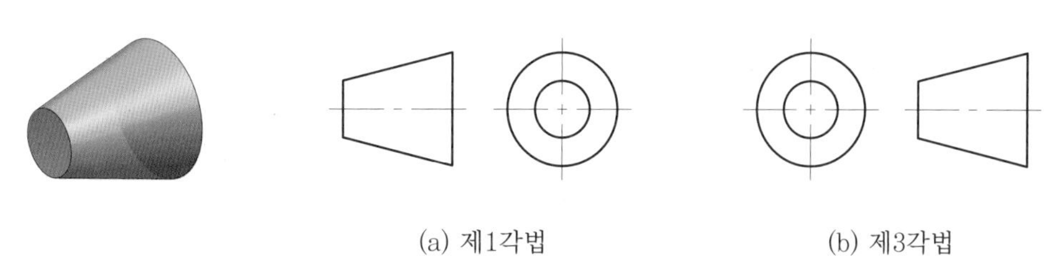

(a) 제1각법 (b) 제3각법

제1각법과 제3각법의 기호

(3) 도형의 도시 방법

① 투상도의 도시 방법

도형의 도시는 이해하기 쉽고 간단명료하여야 하며, 물체의 모양이나 기능, 특징 등을 잘 나타내어야 하고, 물체의 모양을 알기 쉽도록 숨은선이 적은 면으로 그린 투상도를 정면도로 선택하여야 한다.

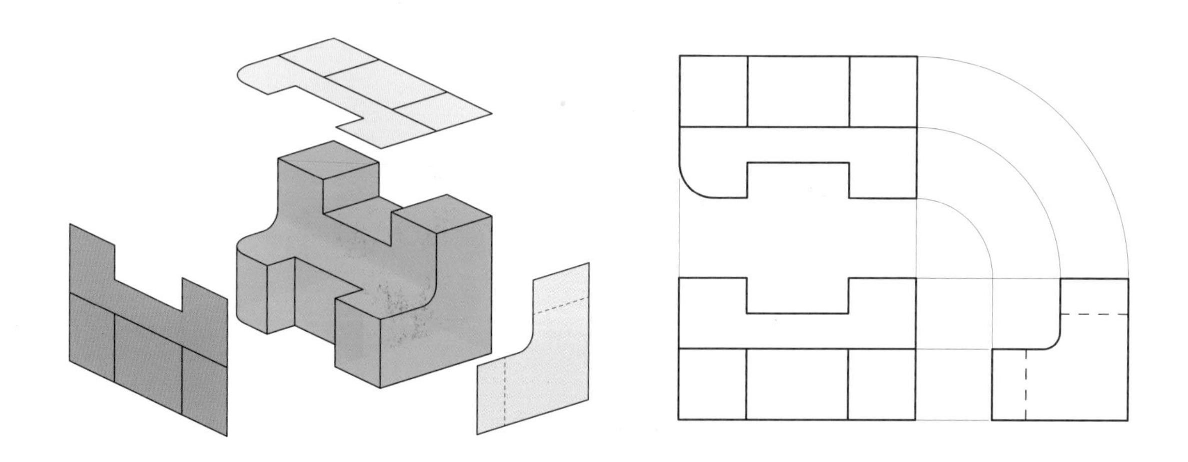

정투상도

(가) 주 투상도

대상물의 모양 및 기능을 가장 명확하게 도시하며, 도면의 목적에 따라 정보를 가장 많이 주는 투상도를 정면도로 그려 주 투상도로 도시한다.

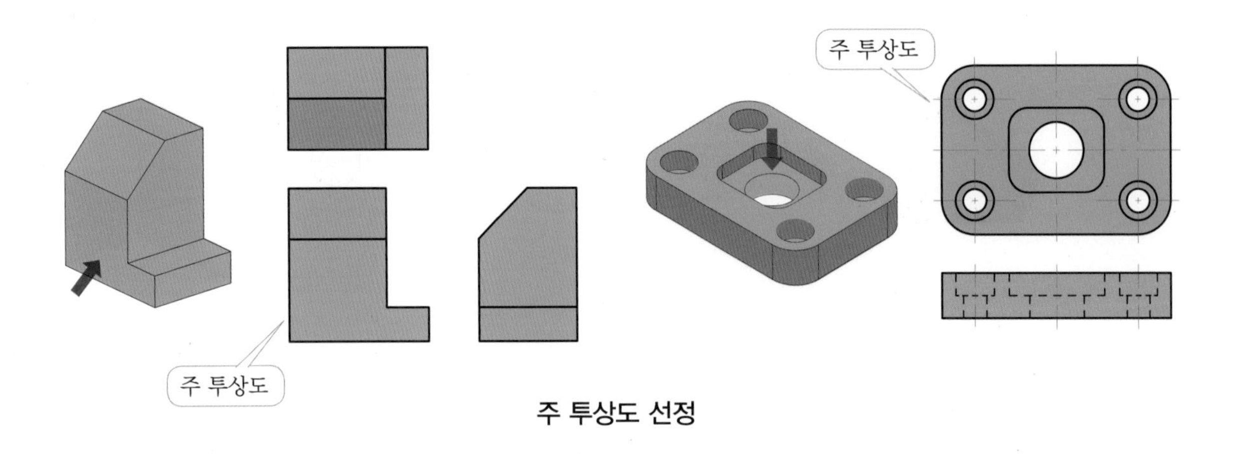

주 투상도 선정

> **참고**
> • 주 투상도는 숨은 선이 적고 대상물의 특징이 가장 잘 나타나도록 그린다.

(나) 투상도 방향을 정하는 방법

부품을 가공하기 위한 도면에서는 가공에 있어서 도면을 가장 많이 이용하는 공정에서 대상물을 놓는 상태로 투상한다.

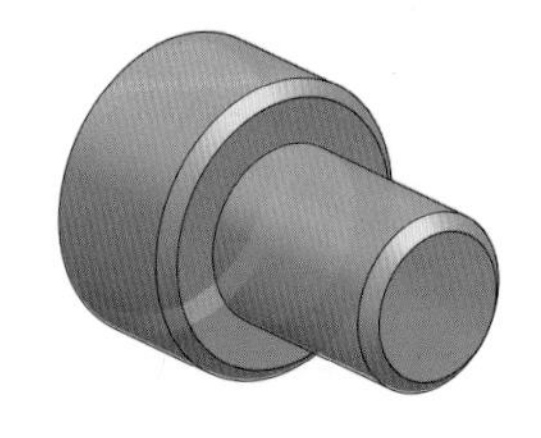
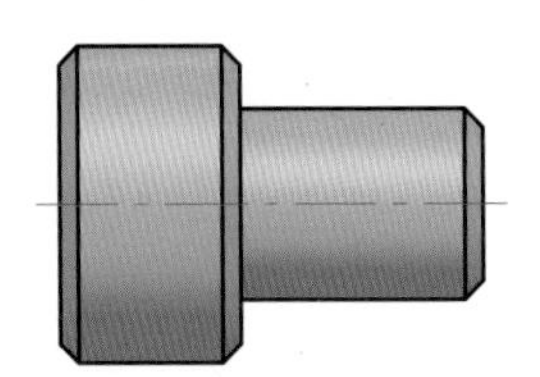

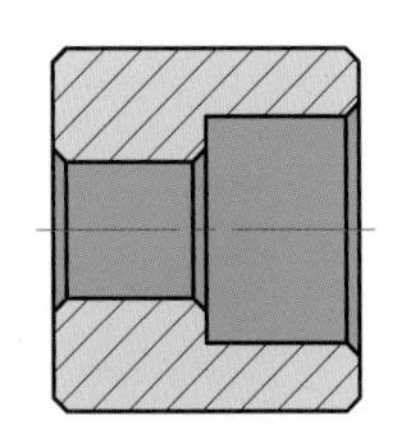

투상도 방향을 정하는 방법

② 투상도의 개수 결정

투상도는 제3각법의 표준 배치에 따라 도면을 그려서 배치하는 것이 원칙이다. 그러나 제품의 모양에 따라 도면을 작도하며 이해하기 쉽도록 최소한의 투상도로 그린다.

(가) 1면도만으로 표현이 가능한 경우

물체의 형상이 원형인 경우 투상은 치수 보조기호(ϕ)를 사용하여 주 투상도 1개로 원통임을 알 수 있다. 주 투상 1개로 나타내는 투상법을 **1면도법**이라 한다.

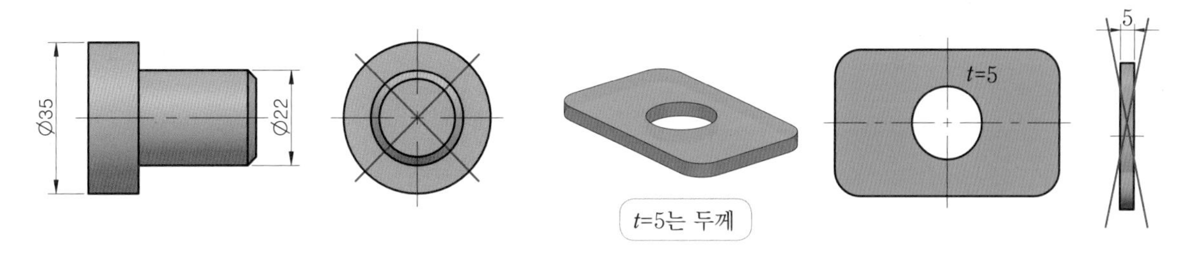

(a) 치수 보조기호 ϕ 사용 (b) 치수 보조기호 t 사용

1면도 투상

(나) 2면도만으로 표현이 가능한 경우

물체의 형상과 특성이 가장 잘 나타나는 면을 정면도로 하고, 다른 1개의 투상면을 투상으로 표현이 가능한 투상법을 **2면도법**이라고 한다.

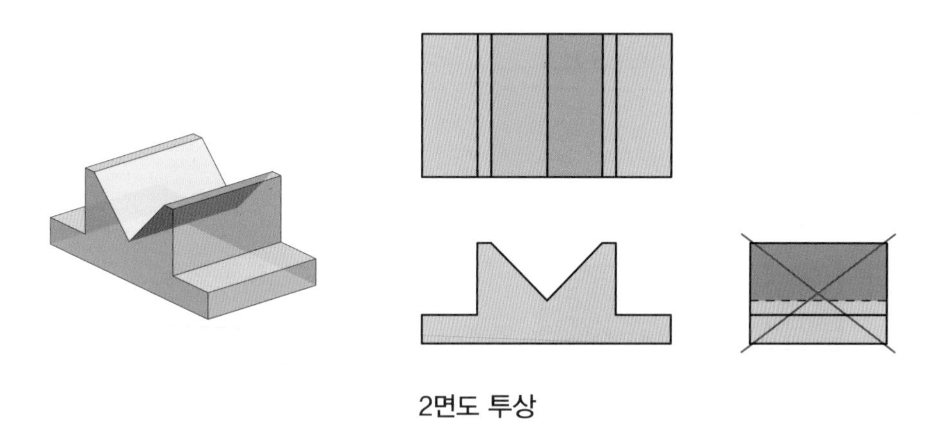

2면도 투상

두 개의 투상도만으로도 충분히 알 수 있다.

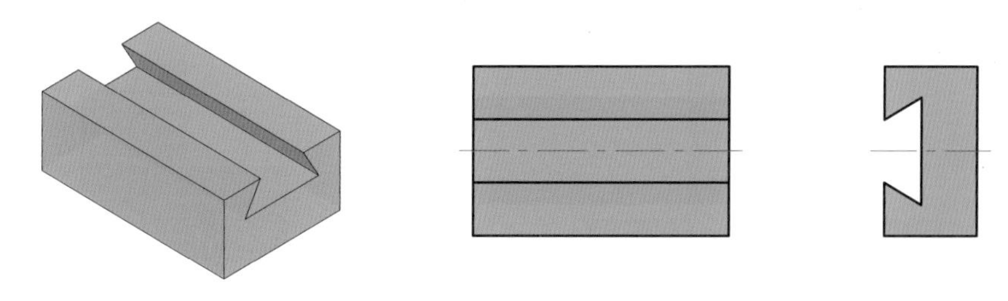

정면도와 우측면도인 2면도로 투상

㈐ 3면도로 표현한 투상도

1면도나 2면도로 투상을 표현할 수 없을 때 정면도, 평면도, 측면도의 3면도로 투상하면 대부분 표현이 가능하다.

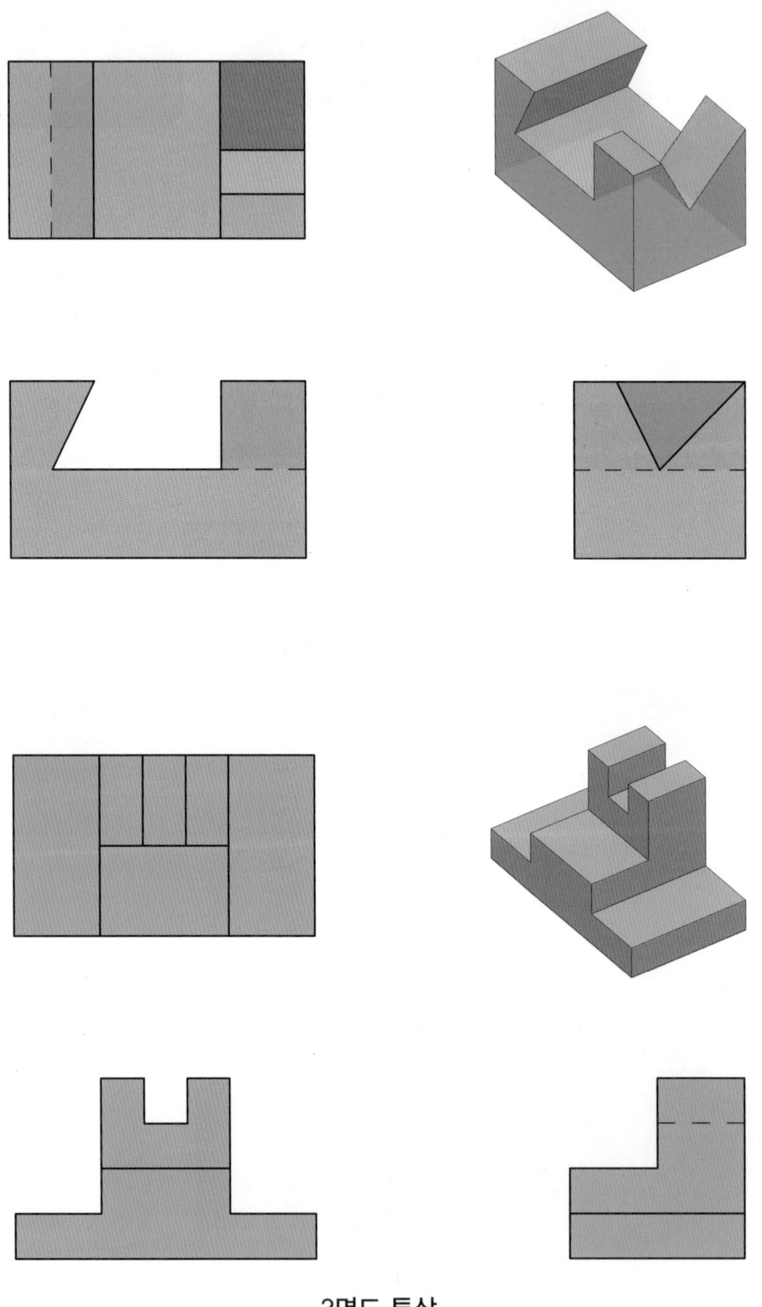

3면도 투상

㈑ 정투상 3면도에 의한 투상

㉮ 좌 · 우 대칭인 형상은 정면도, 평면도, 우측면도의 3면도로 투상하는 것이 좋다.

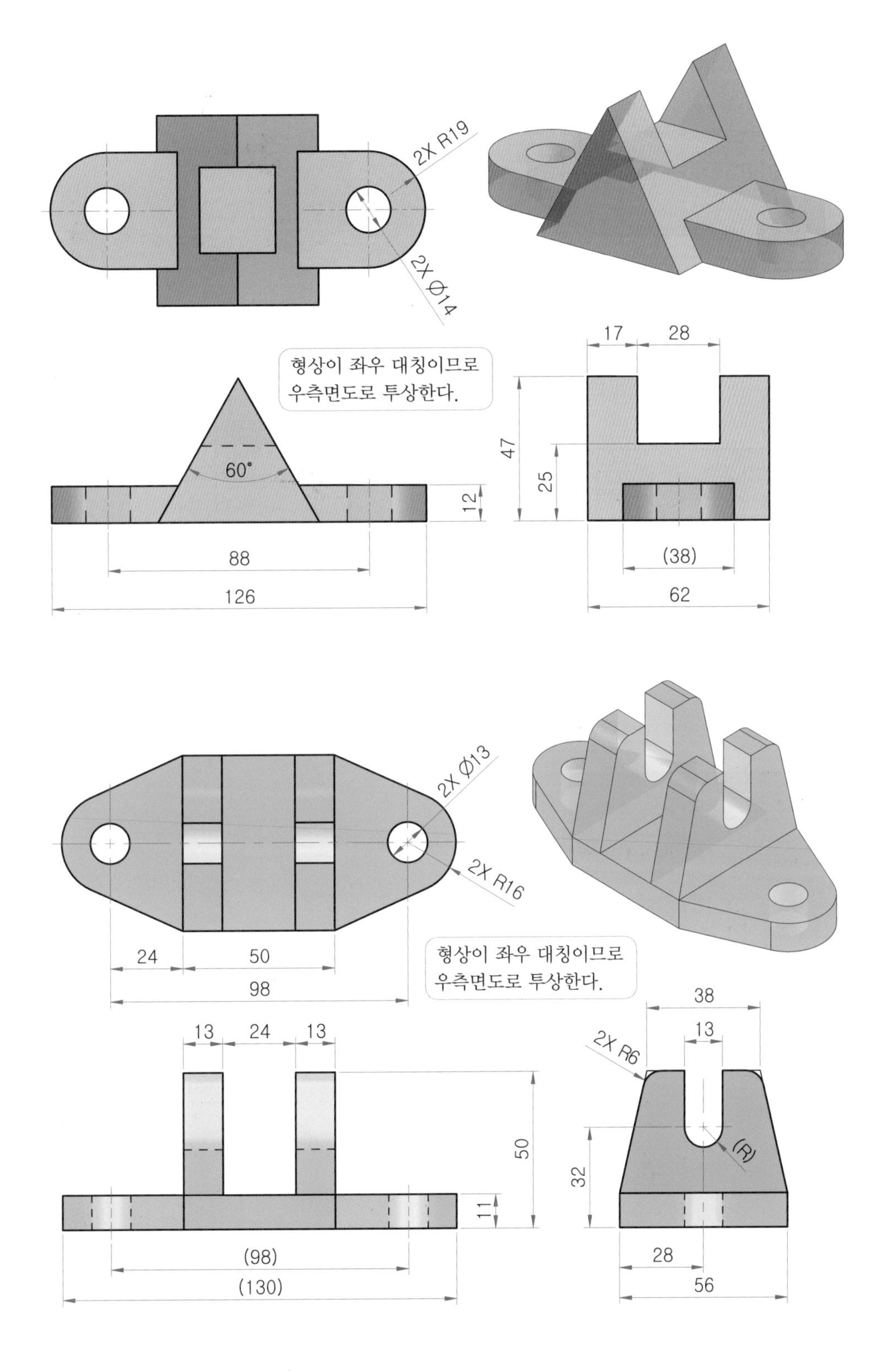

㉯ 물체 형상을 정면도와 평면도 그리고 은선이 적은 우측면을 선택하여 3면도로 투상하는 것이 좋다.

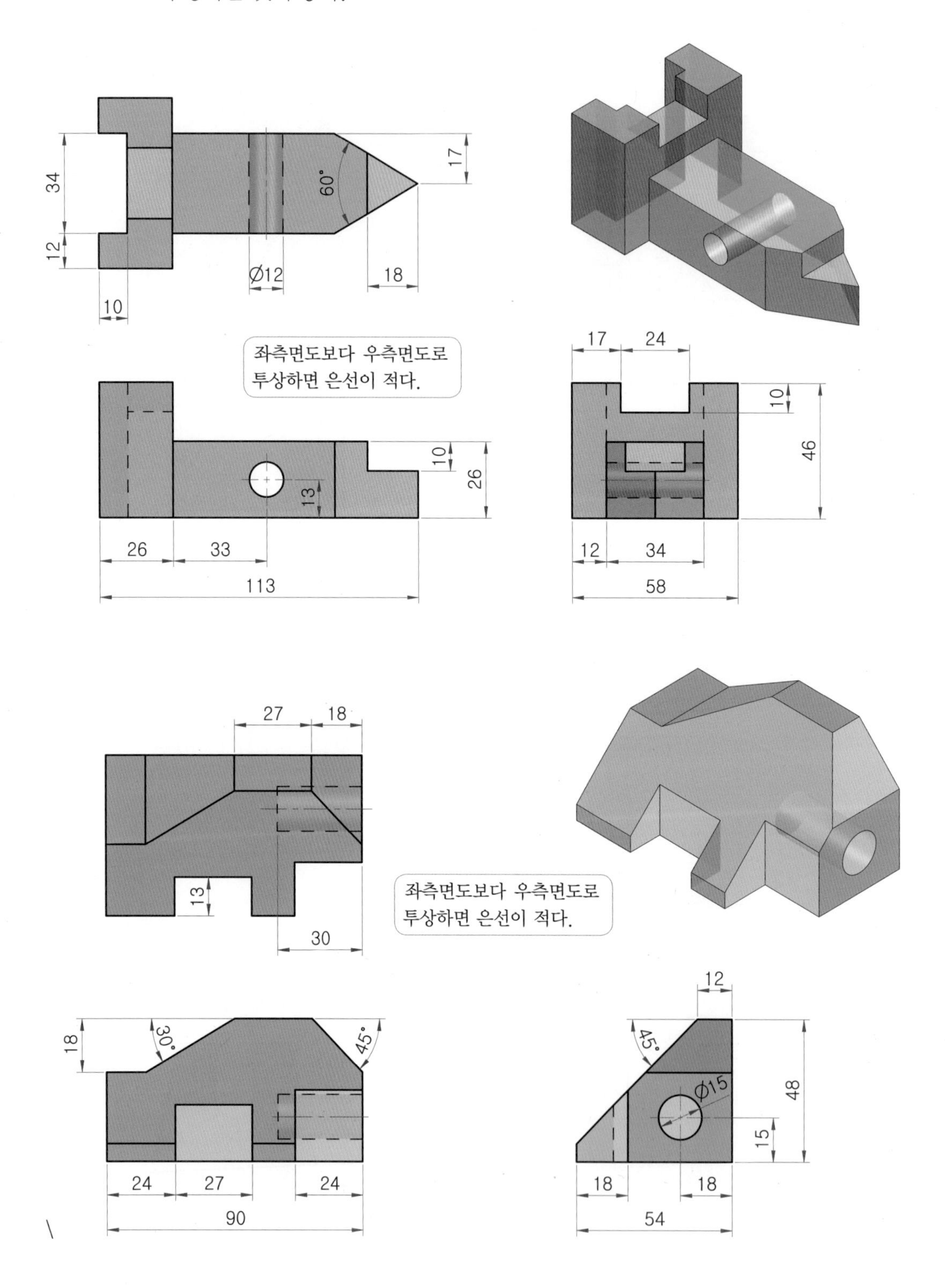

㉰ 물체 형상을 정면도와 평면도 그리고 은선이 적은 좌측면을 선택하여 3면도로 투상하는 것이 좋다.

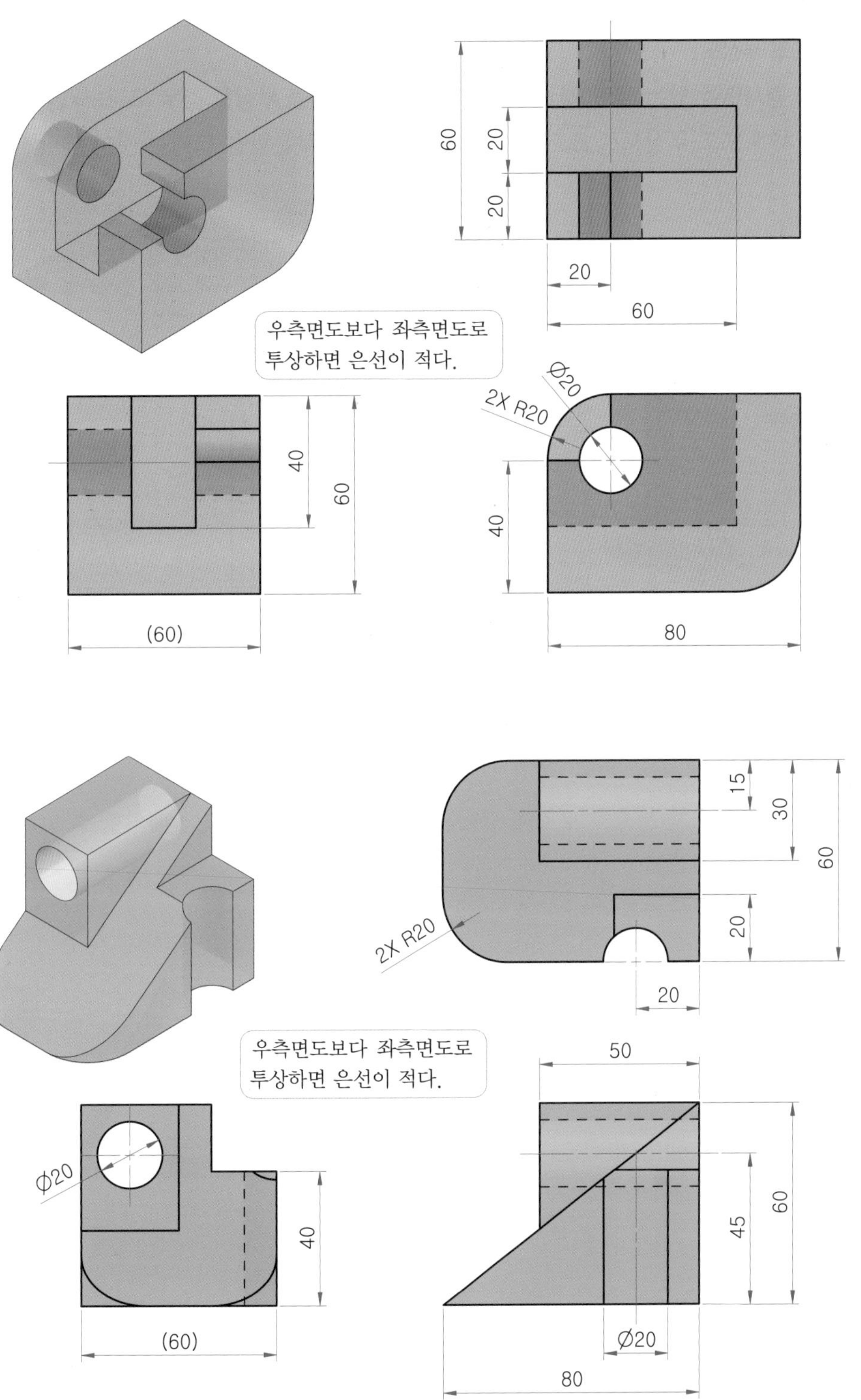

(4) 제품의 형상을 나타내는 여러 가지 투상법

정투상도로 투상할 때 올바르게 투상도를 배치할 수 없는 경우 또는 도면이 복잡하여 이해하기 어려울 때 제품의 모양과 특징에 따라 여러 가지 투상법으로 나타낼 수 있다.

① 보조 투상도

㈎ 경사면이 있는 물체에서 그 경사면의 실제 모양을 투상할 경우 그 경사면과 맞서는 위치에 보조 투상도로 표시한다. 이 경우 필요한 부분만을 그리는 것이 좋다.

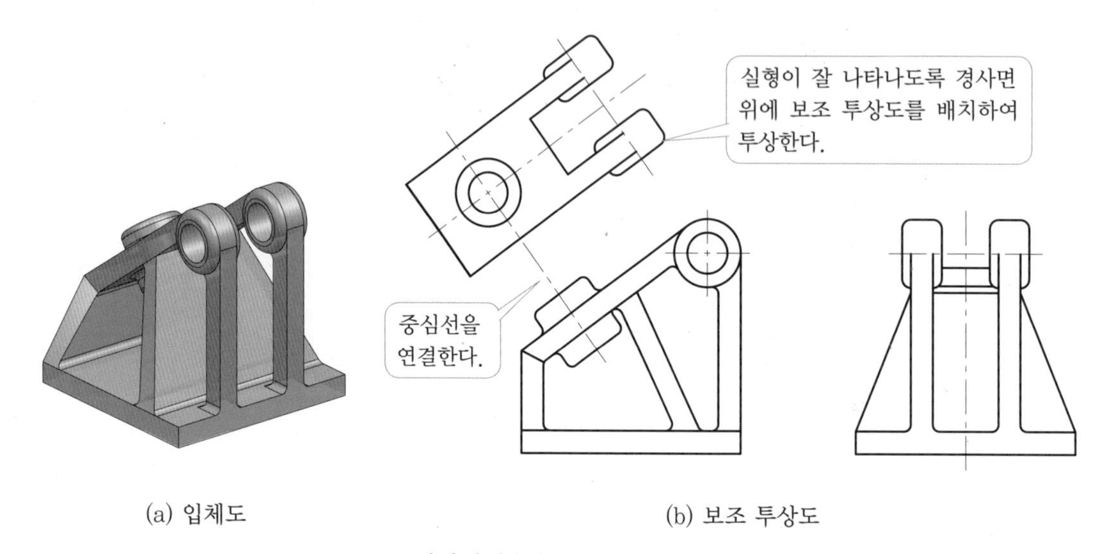
실형이 잘 나타나도록 경사면 위에 보조 투상도를 배치하여 투상한다.
중심선을 연결한다.
(a) 입체도
(b) 보조 투상도

경사면의 부분 보조 투상도

㈏ 지면의 관계 등으로 보조 투상도를 경사면과 맞서는 위치에 배치할 수 없는 경우에는 그 뜻을 화살표와 영문자의 대문자로 나타낸다.

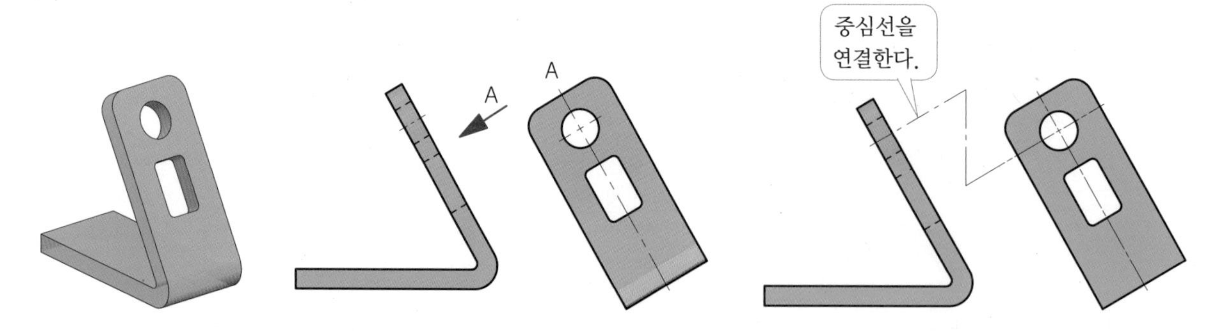
A
A
중심선을 연결한다.

보조 투상도의 이동 배열

참고
중심선을 꺾은 선으로 연결하여 관계를 나타내어도 좋다.

㈐ 정투상도로 투상할 때 도면을 이해 하기 어려울 때 제품의 모양과 특징에 따라 보조 투상도를 그린다.

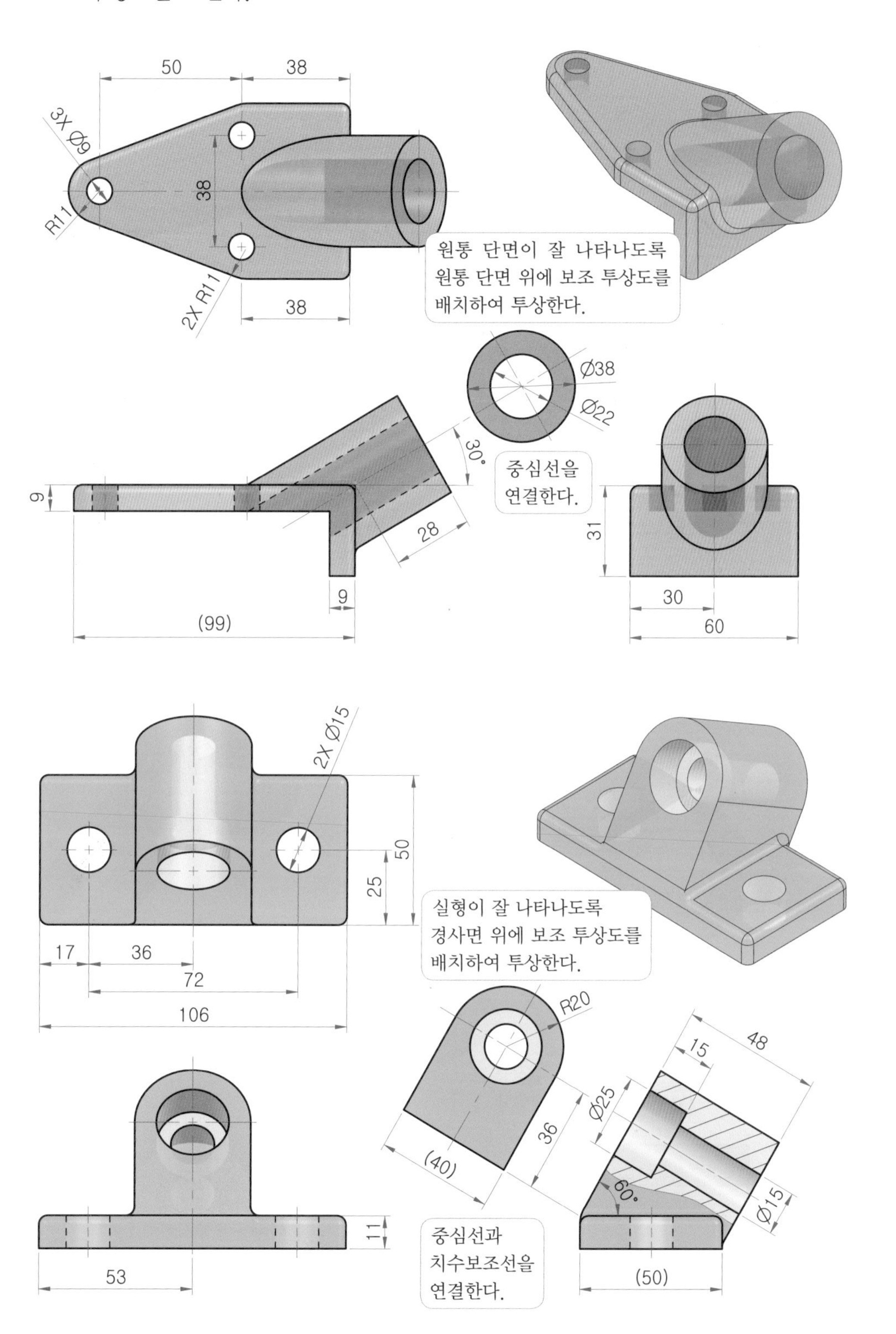

② 부분 투상도

그림의 일부를 도시하는 것으로 충분한 경우에는 그 필요한 부분만을 부분 투상도로 표시한다. 이 경우에는 생략한 부분과의 경계를 파단선으로 나타낸다.

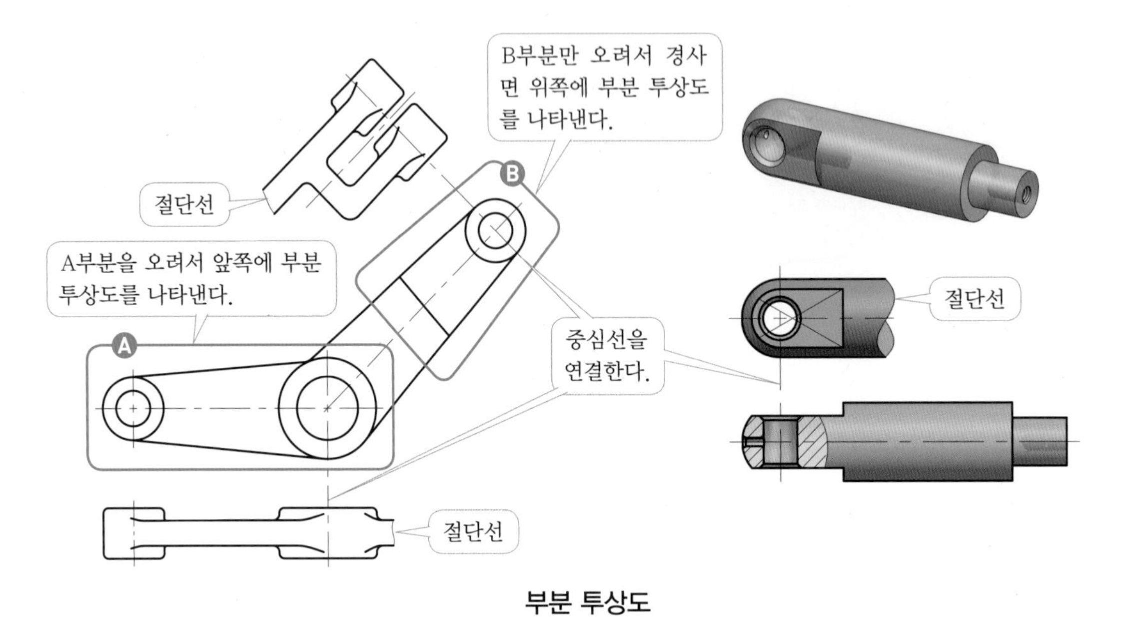
B부분만 오려서 경사면 위쪽에 부분 투상도를 나타낸다.
절단선
A부분을 오려서 앞쪽에 부분 투상도를 나타낸다.
중심선을 연결한다.
절단선
절단선

부분 투상도

형상의 일부를 도시하는 것으로 충분한 경우에는 그 필요한 부분만을 부분 투상도로 표시한다.

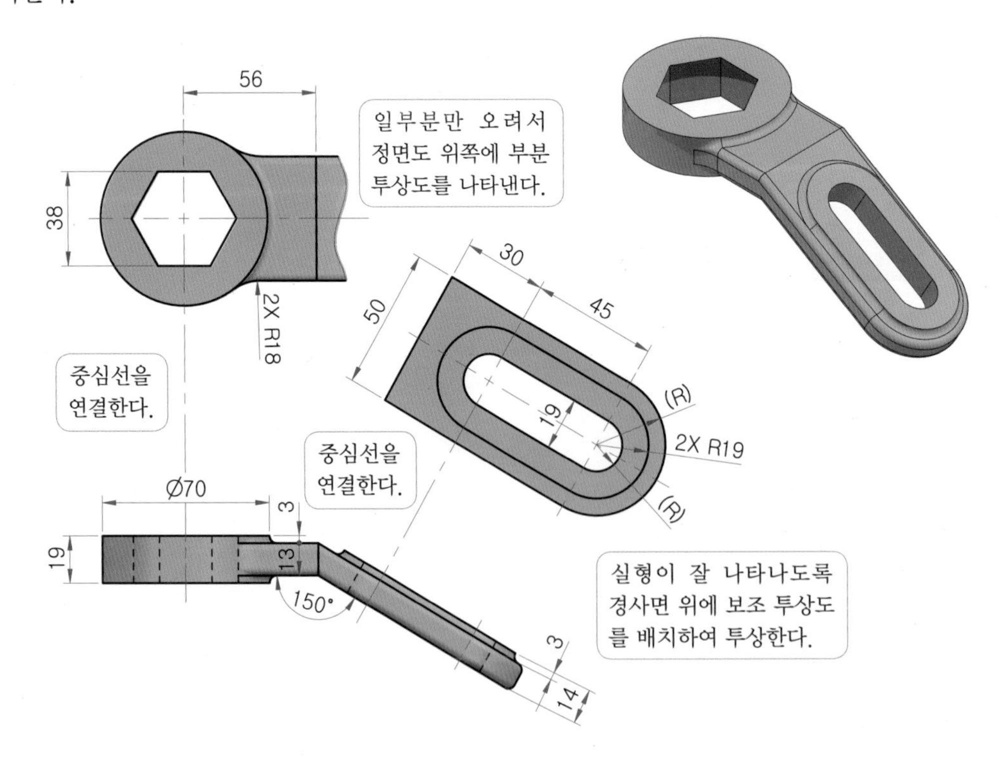
56
일부분만 오려서 정면도 위쪽에 부분 투상도를 나타낸다.
38
2X R18
30
50
45
중심선을 연결한다.
(R)
19
2X R19
중심선을 연결한다.
(R)
Ø70
3
19
13
150°
3
14
실형이 잘 나타나도록 경사면 위에 보조 투상도를 배치하여 투상한다.

정면도를 중심으로 형상의 일부를 도시하는 것으로 충분한 경우에는 그 필요한 부분만을 부분 투상도로 표시한다.

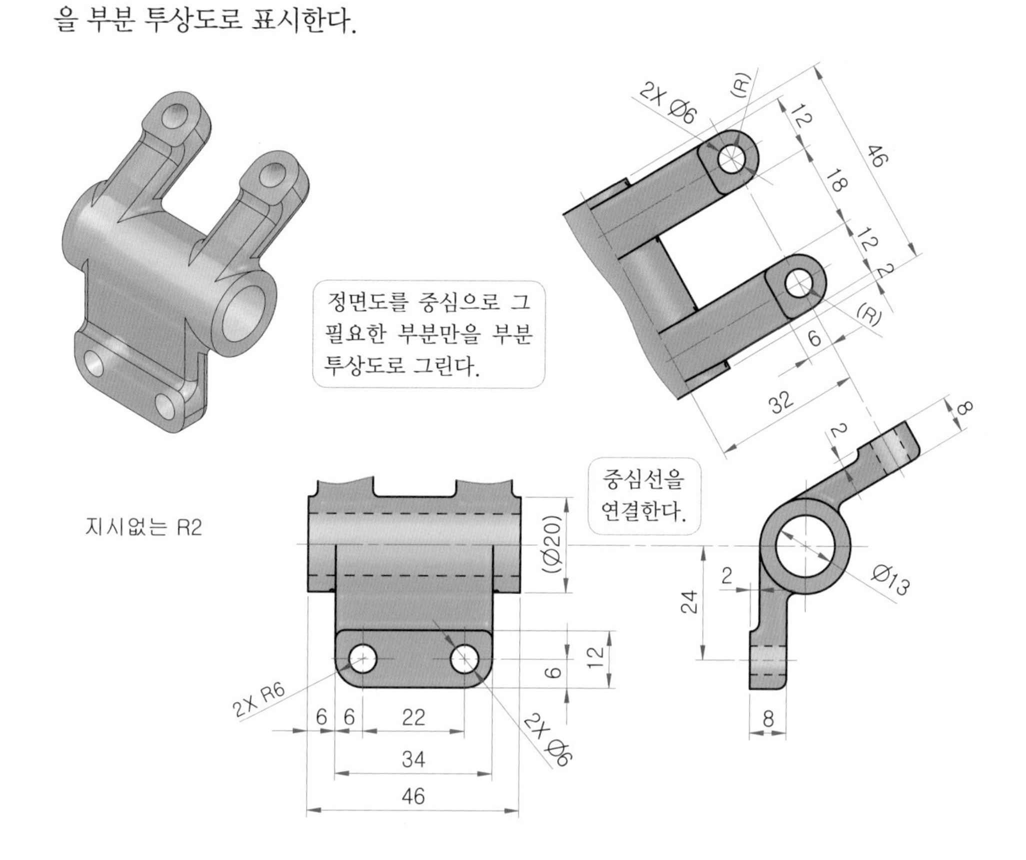

③ 회전 투상도

투상면이 어떤 각도를 가지고 있기 때문에 실제 모양을 표시하지 못할 경우에는 그 부분을 회전해서 그 실제 모양을 도시할 수 있다.

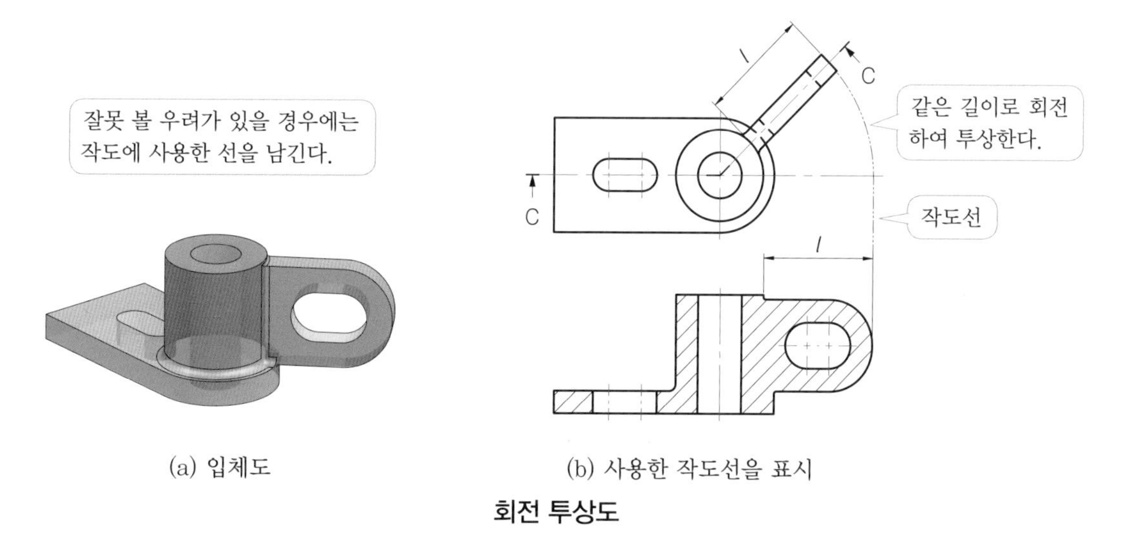

(a) 입체도 (b) 사용한 작도선을 표시

회전 투상도

④ 국부 투상도

물체의 구멍, 홈 등 한 국부만의 투상으로 충분한 경우에는 필요한 부분만 도시하고, 투상 관계를 나타내기 위하여 중심선을 연결하는 것을 원칙으로 한다.

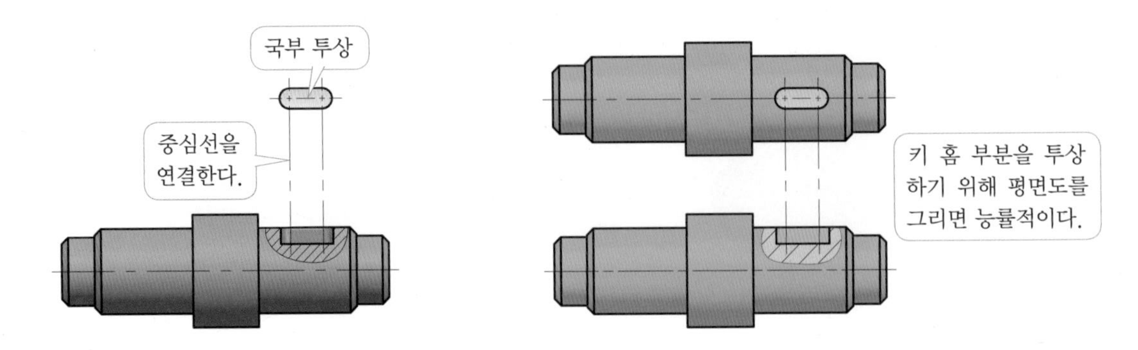
국부 투상
중심선을 연결한다.
키 홈 부분을 투상하기 위해 평면도를 그리면 능률적이다.

국부 투상도(키 홈)

예시

KS 규격을 국부 투상도에 적용 : 축 1

잘못 그린 도면 : 키 홈 부분을 투상하기 위해 평면도를 그리면 비능률적이며, 정면도를 길이 방향으로 단면해도 의미가 없고 형상만 더욱 복잡하다.

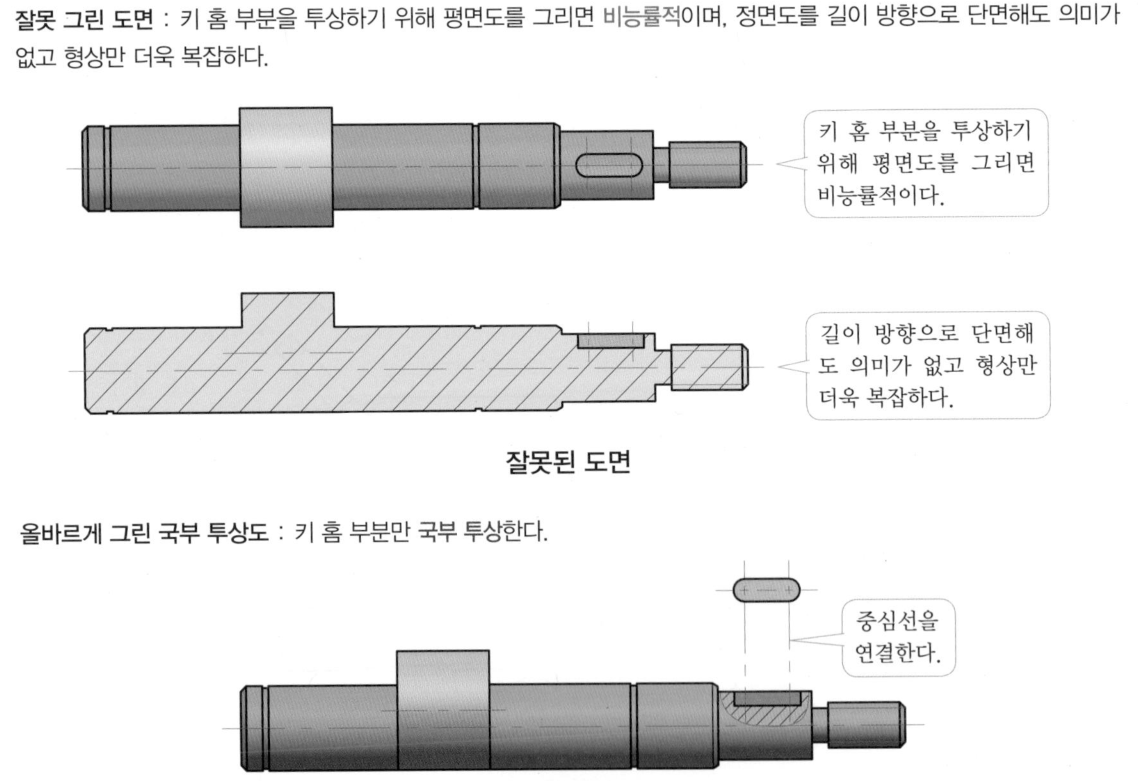
키 홈 부분을 투상하기 위해 평면도를 그리면 비능률적이다.
길이 방향으로 단면해도 의미가 없고 형상만 더욱 복잡하다.
중심선을 연결한다.

잘못된 도면

올바르게 그린 국부 투상도 : 키 홈 부분만 국부 투상한다.

⑤ 부분 확대도

특정 부분의 모양이 작은 경우 상세한 도시나 치수 기입을 할 수 없을 때에는 자세하게 나타내고 싶은 부분을 가는 실선으로 에워싸고 영문 대문자로 표시함과 동시에 해당 부분을 다른 공간에 확대하여 그리고, 표시하는 글자와 척도를 부과한다.

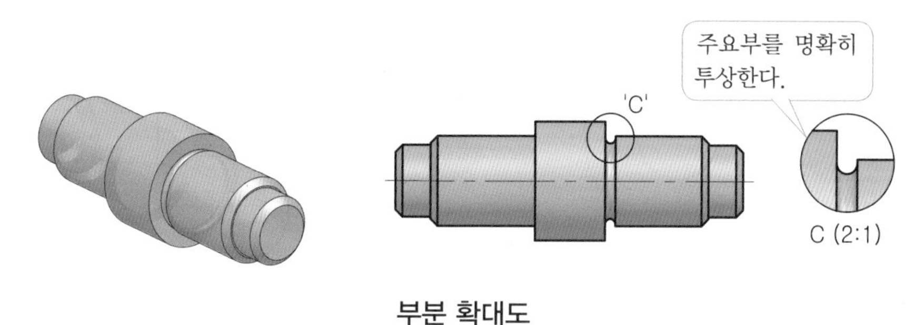

부분 확대도

참고
- 치수 기입: 실제 치수로 기입한다.
- 확대도: 확대한 그림의 척도를 나타낼 필요가 없는 경우에는 척도 대신 확대도라고 부기하여도 된다.

⑥ 대칭 도형 생략도

전체 모양을 나타내지 않아도 알아보기 쉬울 경우에는 대칭의 한쪽을 생략할 수 있다. 물체의 형상이 반드시 대칭이어야 하며, 대칭 도형을 생략할 경우 투상도의 $\frac{1}{2}$ 또는 $\frac{1}{4}$ 만을 투상하고 다른 투상도가 있는 쪽은 생략한다.

(가) 도형이 대칭 형식의 경우에는 대칭 중심선의 한쪽 도형만을 그리고 그 대칭 중심선 양 끝 부에는 짧은 2개의 나란한 가는 실선(대칭 도시 기호)을 그린다. (그림 b)

(나) 대칭 도시 기호를 생략할 경우에는 대칭 중심선의 한쪽의 도형을 대칭 중심선이 조금 넘은 부분까지 그린다. 이때에는 대칭 도시 기호를 생략할 수 있다. (그림 c)

(a) 입체도 (b) 대칭 도시 기호 표시 (c) 대칭 도시 기호 생략

대칭 도형 생략도

⑦ 특정한 부분의 투상법

제품의 일부분에 특정한 모양을 갖는 물체는 되도록 그 부분이 그림 위쪽에 표시되도록 하는 것이 좋다. 키 홈이 있는 보스 구멍, 벽에 구멍이나 홈이 있는 관이나 실린더 등

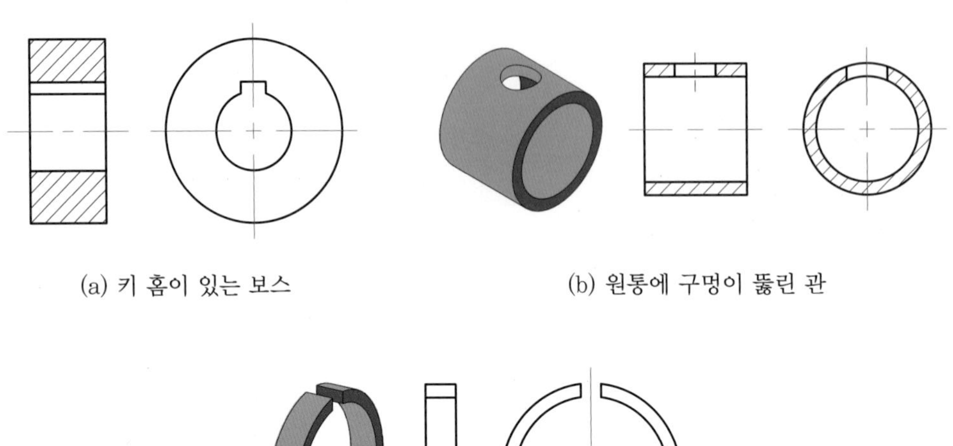

(a) 키 홈이 있는 보스 (b) 원통에 구멍이 뚫린 관

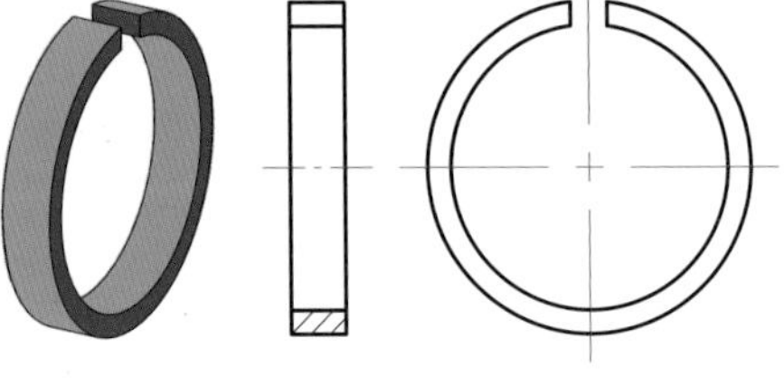

(c) 틈이 벌어진 링

특정한 부분의 투상법

⑧ 2개 면이 교차하는 부분의 표시

리브 등을 표시하는 선의 끝 부분은 그림 (a)와 같이 직선으로 멈추게 한다. 관련있는 둥글기의 반지름이 다른 경우에는 그림 (b)와 같이 끝 부분을 안쪽으로 구부려서 그린다.

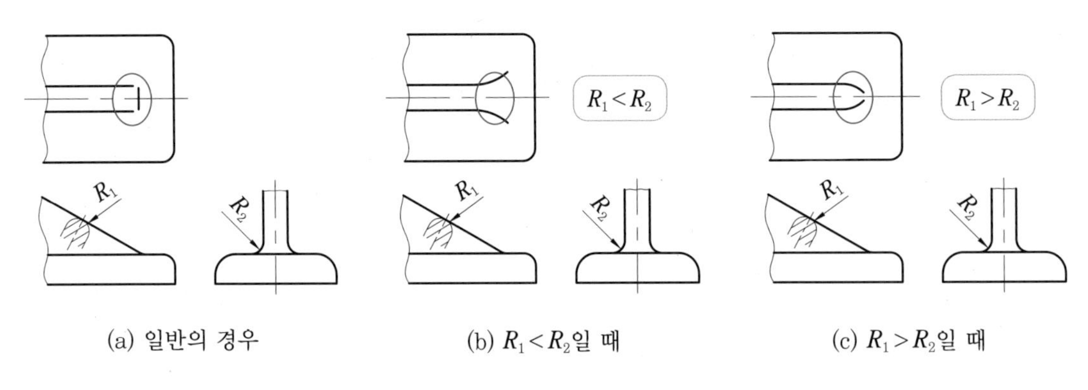

(a) 일반의 경우 (b) $R_1<R_2$일 때 (c) $R_1>R_2$일 때

리브와 만나는 둥글기 모양

⑨ 가공 무늬의 투상법

제품의 손잡이 등의 미끄럼 방지를 위해 널링 가공을 하며 이 부분의 특징을 외형선의 일부분에 그려서 표시하는 경우에는 다음 그림처럼 그린다. 널링은 소성 가공한 것이다.

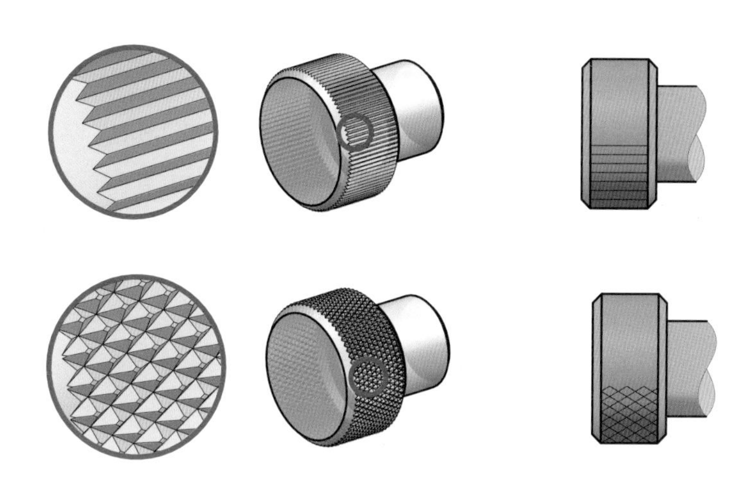

가공 무늬의 투상법

⑩ 인접 부분, 가공 전과 가공 후의 모양 도시법

인접 부분이나 가공 전과 가공 후의 모양 등을 참고로 그릴 경우에는 가상선으로 그린다.

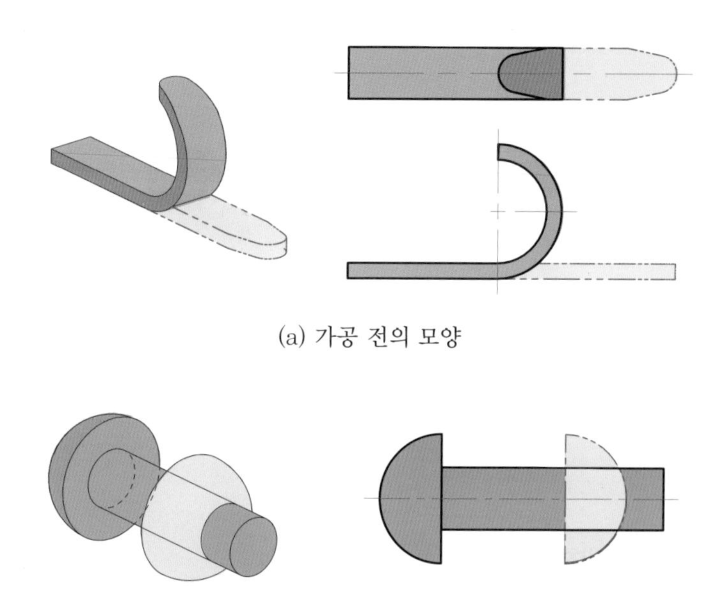

(a) 가공 전의 모양

(b) 가공 후의 모양

인접 부분, 가공 전과 가공 후의 모양 도시법

2 단면도

1 단면도의 표시 방법

(1) 단면도의 원리

① 물체의 보이지 않는 안쪽 부분이 간단하면 숨은선으로 나타낼 수 있지만 복잡하면 알아보기 어렵다. 따라서 안쪽을 알기 쉽게 나타내기 위하여 절단면을 설치하고 부품의 내부가 보이도록 투상하는 것을 **단면도**라 한다.

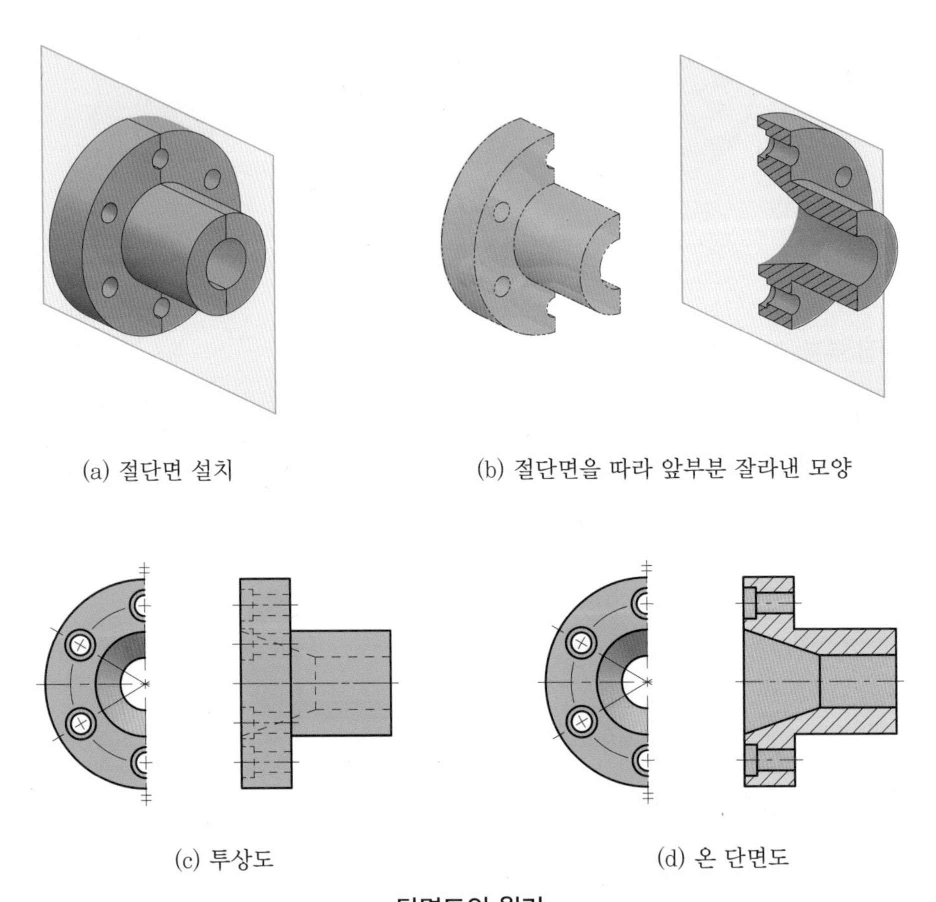

(a) 절단면 설치

(b) 절단면을 따라 앞부분 잘라낸 모양

(c) 투상도

(d) 온 단면도

단면도의 원리

② **단면도의 일반 원칙**

㈎ 단면은 원칙적으로 중심선에서 절단한 면을 단면으로 표시한다.

㈏ 절단선을 기입하지 않는 경우에는 물체의 형상이 반드시 대칭이어야 한다.

㈐ 단면은 해칭 또는 스머징을 한다.

(라) 절단선은 가는 1점 쇄선으로 그린다.

(마) 투상 방향과 같은 방향으로 화살표을 그리고, 알파벳 대문자로 표기한다. (단면 A-A)

(바) 숨은선은 되도록 단면도에 표시하지 않는다.

(2) 단면도 표시 방법

① 절단면의 표시

(가) 투상도에서 가상의 절단면은 일반적으로 물체의 중심선을 따라 절단면으로 한다.

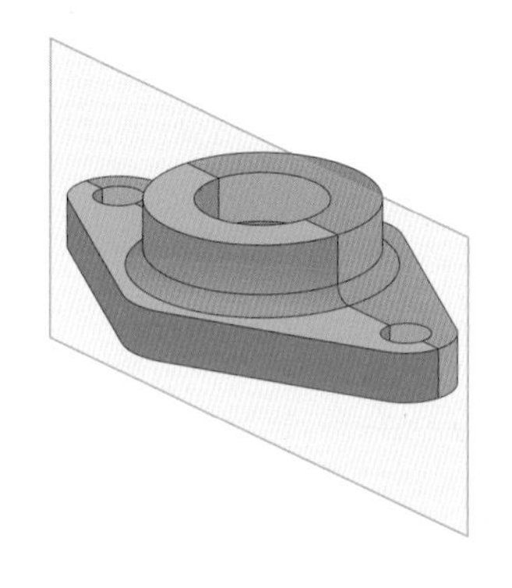

(a) 절단면의 설치

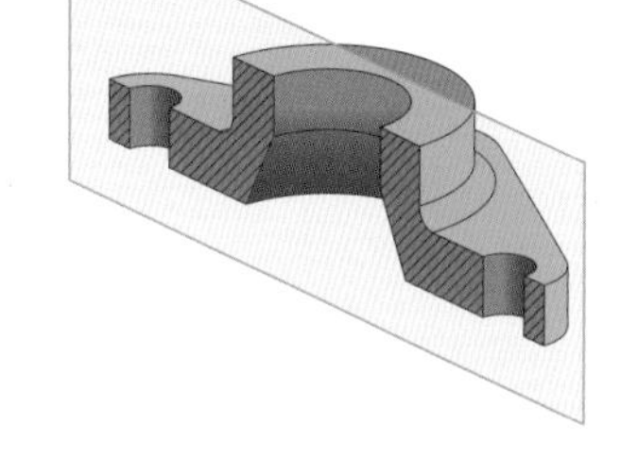

(b) 중심선의 절단 모양

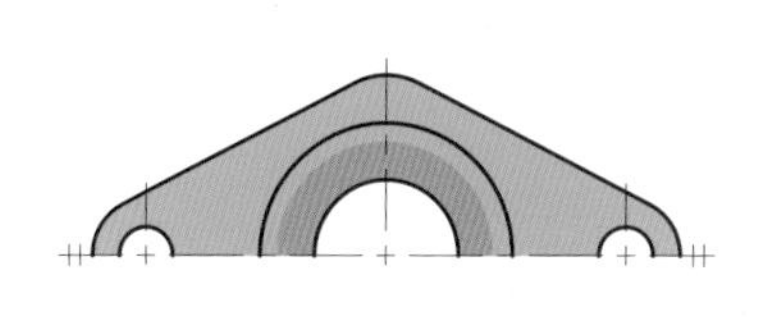

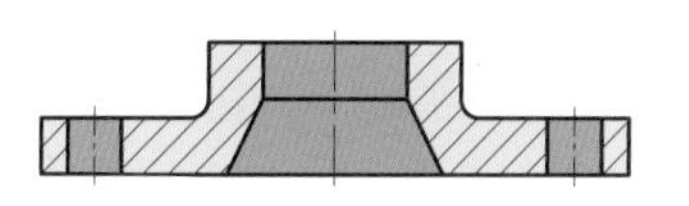

(c) 절단선 생략

절단면이 중심선인 경우

(나) 절단면이 한 개 이상인 경우 절단면의 위치 및 절단선의 한계 표시에 사용하는 선은 양 끝 부분 및 방향이 변하는 부분에 굵게 표시하며, 절단선은 가는 1점 쇄선으로 그린다.

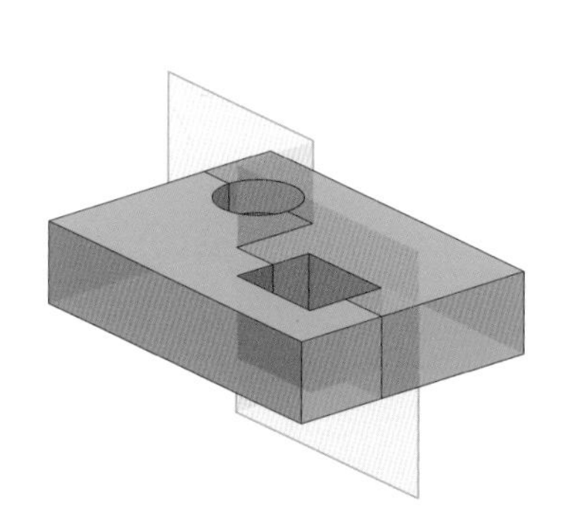

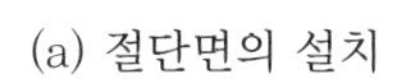

(a) 절단면의 설치

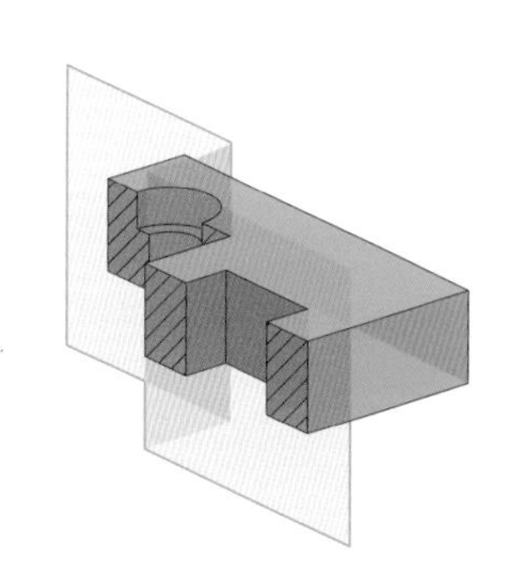

(b) 절단면이 한 개 이상일 때 절단 모양

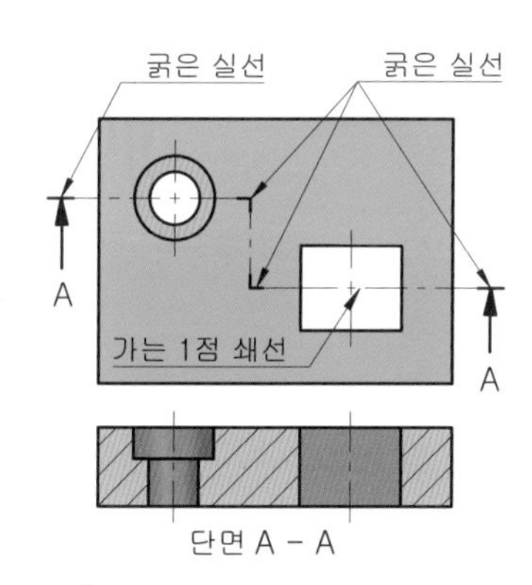

(c) 절단선 표시

절단면이 한 개 이상인 경우

② 해칭 및 스머징

해칭은 단면을 구별하기 위해 외형선 안쪽에 가는 실선으로 절단면에 2~3mm 간격으로 경사선을 그린 것이며, 스머징은 해칭 자리에 색칠을 하는 것을 말한다.

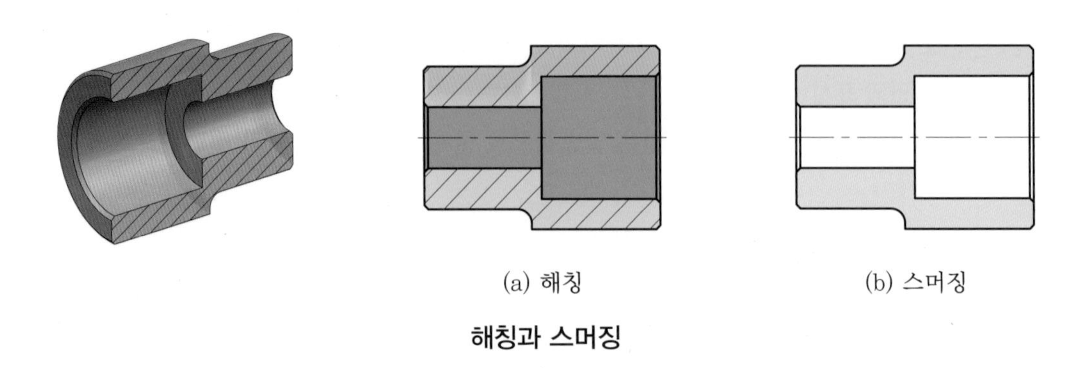

(a) 해칭 (b) 스머징

해칭과 스머징

> **참고**
> 치수, 문자, 기호는 해칭선보다 우선하므로 해칭이나 스머징을 피해 기입한다.

③ 얇은 두께 부분의 단면도

개스킷, 박판, 양철판, 형강 등의 제품처럼 얇은 단면은 1개의 아주 굵은 실선을 그린다.

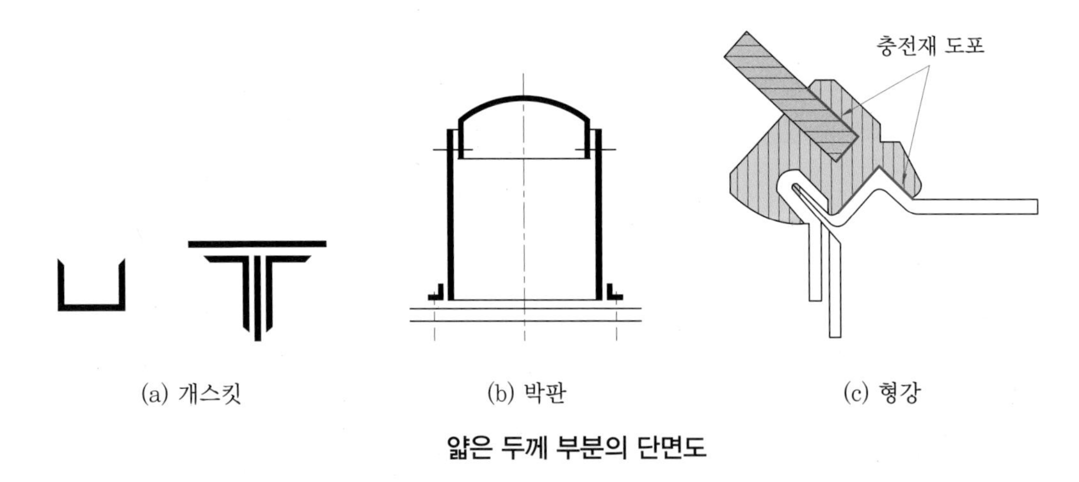

(a) 개스킷 (b) 박판 (c) 형강

얇은 두께 부분의 단면도

> **참고**
> 단면이 인접되어 있을 경우에는 그것을 표시하는 도형 사이의 간격은 0.7mm 이상으로 한다.

④ **단면도 작업 시 절단선 및 숨은선 처리**

절단면에 나타내는 내부 모양의 단면도는 숨은선은 되도록 생략하고 외형선으로 그린다.

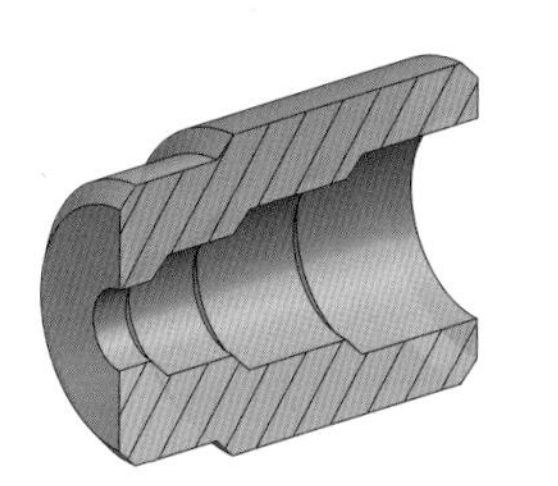

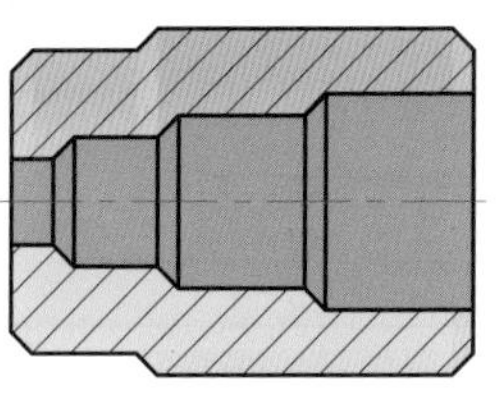

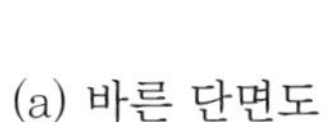

(a) 바른 단면도

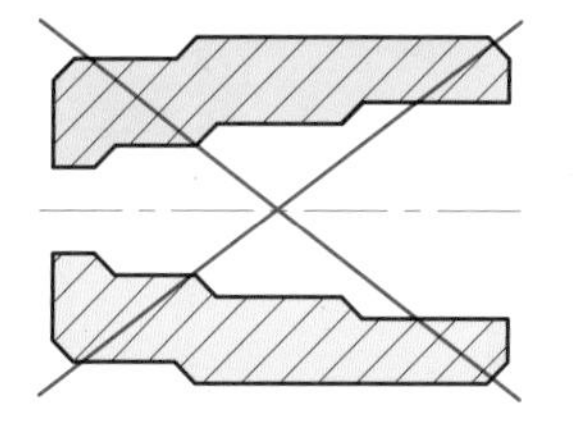

(b) 틀린 단면도

절단면의 숨은선 생략

2 단면도의 종류

단면도는 제품의 형상에 따라 여러 가지 절단면으로 나눌 수 있다. 단면도에는 온 단면도, 한쪽 단면도, 부분 단면도, 회전 도시 단면도, 조합에 의한 단면도 등이 있다.

(1) 온 단면도

① 원칙적으로 제품의 모양을 가장 좋게 표시할 수 있도록 절단면을 정하여 그린다. 그림의 경우에는 절단선은 기입하지 않는다.

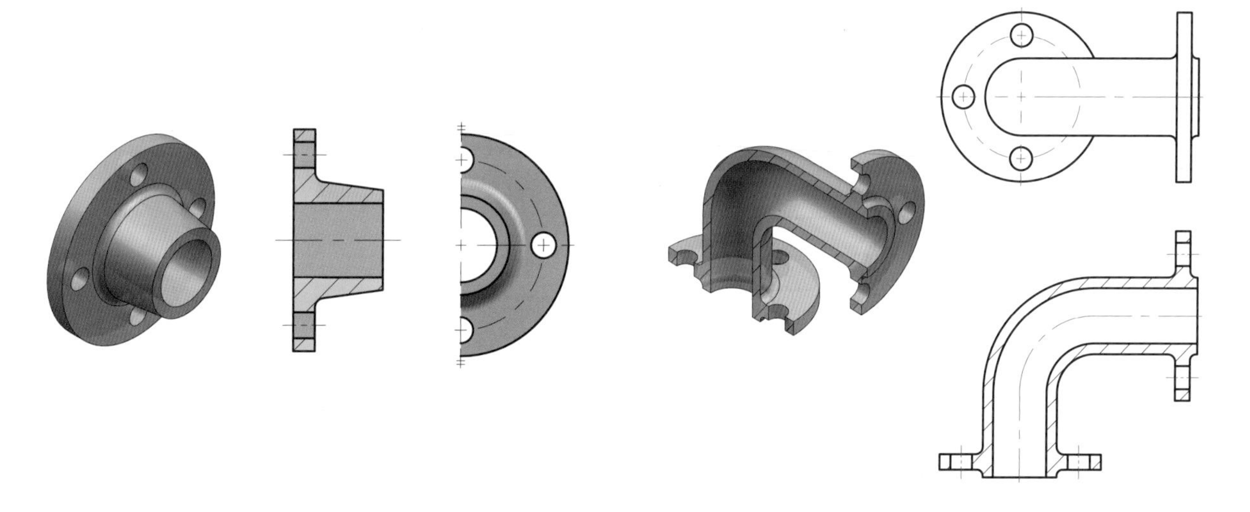

절단선과 위치를 기입하지 않는 온 단면도

참고

절단선을 기입하지 않는 경우에는 물체의 형상이 반드시 대칭이어야 한다.

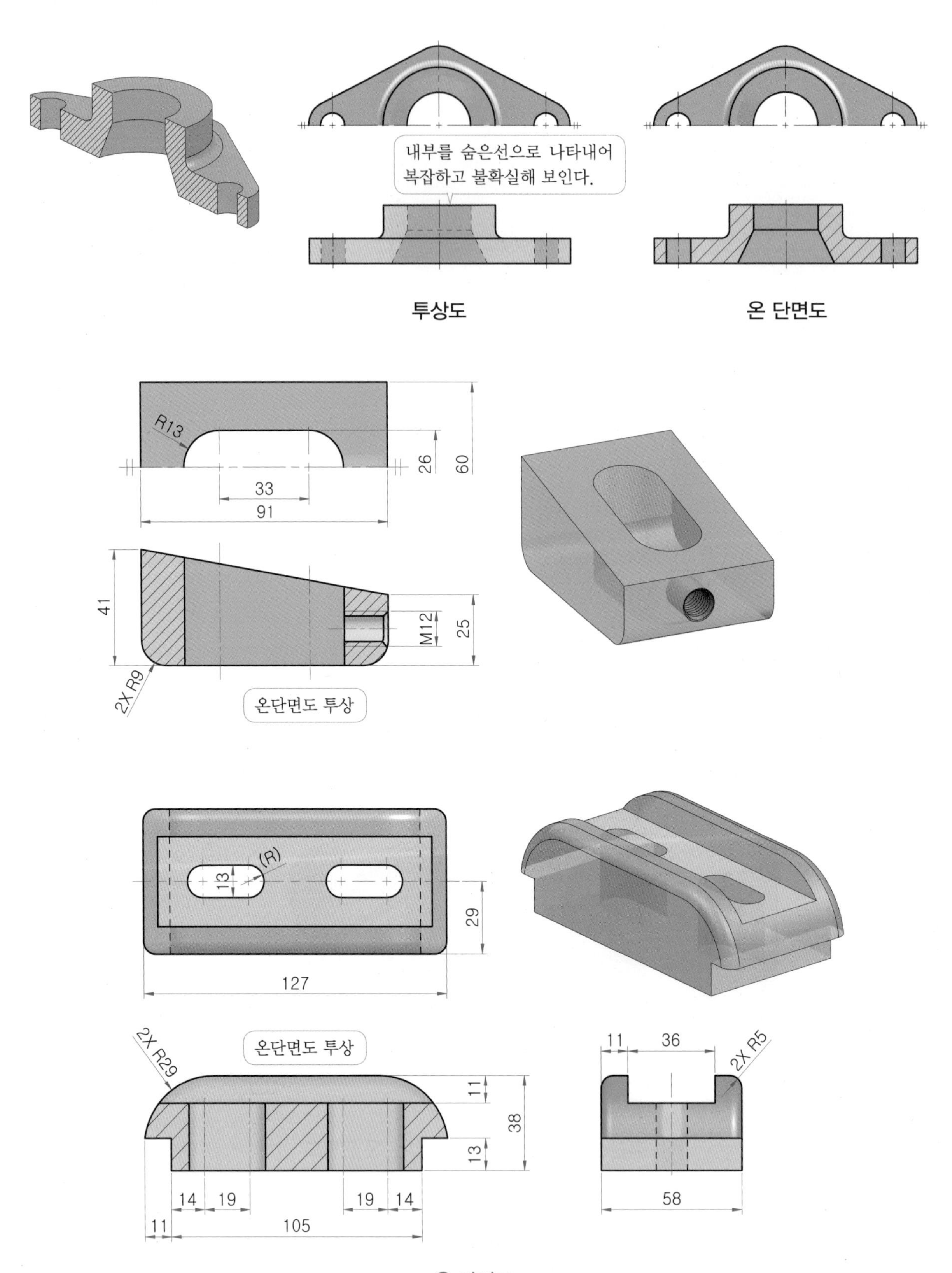

내부를 숨은선으로 나타내어 복잡하고 불확실해 보인다.
투상도
온 단면도
R13
33
91
26
60
41
M12
25
2X R9
온단면도 투상
13
(R)
29
127
2X R29
온단면도 투상
11
38
13
14
19
19
14
11
105
11
36
2X R5
58
온 단면도

② 필요한 경우에는 특정 부분의 모양을 잘 표시할 수 있도록 절단면을 정하여 그리는 것이 좋다. 이 경우는 다음 그림처럼 절단선에 의하여 절단 위치를 나타낸다.

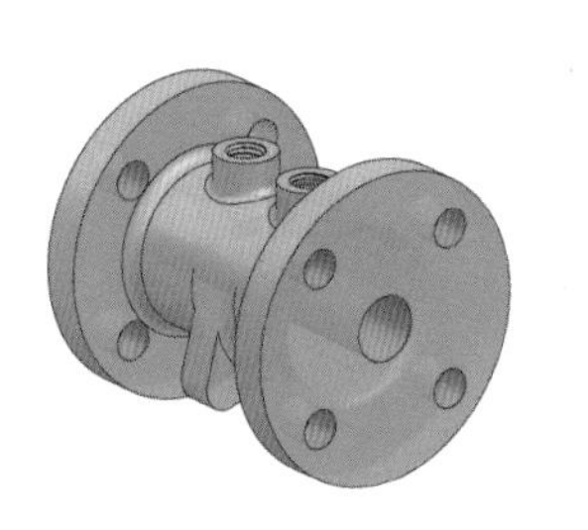

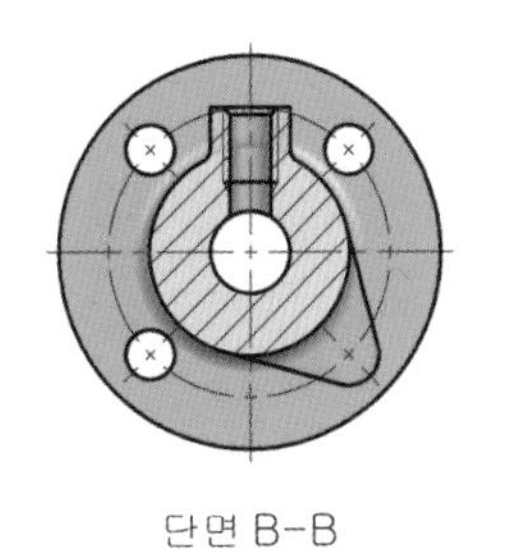

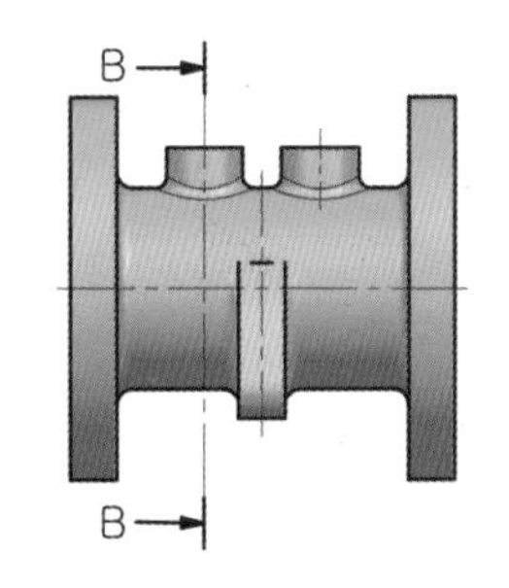

절단선과 위치를 기입한 온 단면도

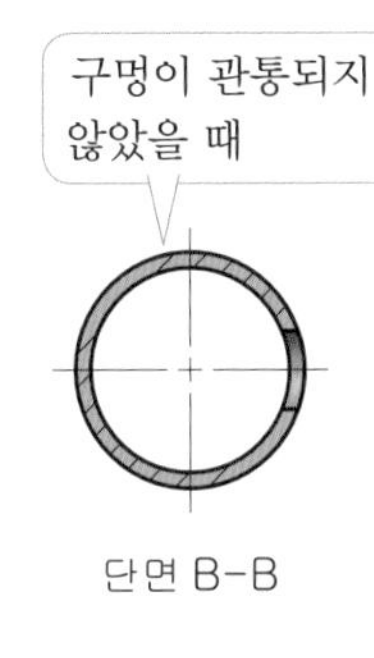

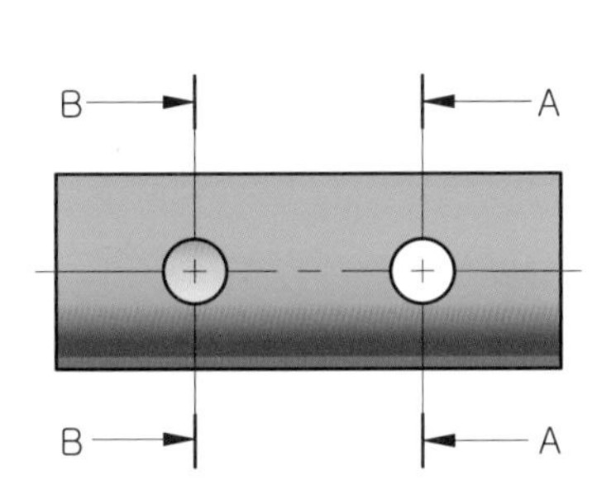

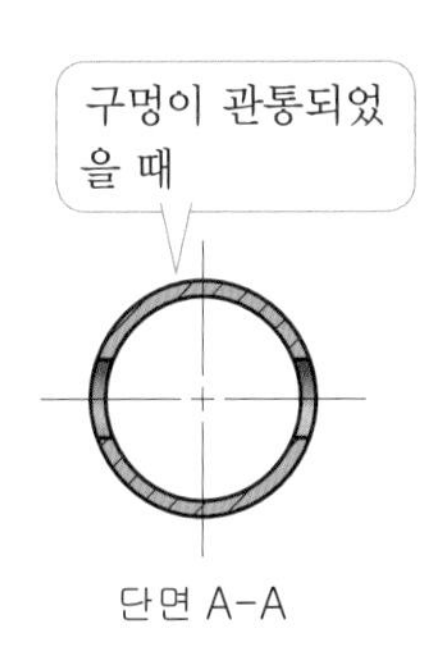

절단선이 중심이 아닌 곳에서 절단한 면으로 표시하는 단면도

참고

절단선과 절단면 위치를 기입하는 경우에는 물체의 형상이 반드시 대칭일 필요는 없다.

예시

KS 규격을 커버 온 단면도에 적용

물체의 중심선을 기준으로 절단하고 절단면을 투상하므로 명확히 투상할 수 있다.

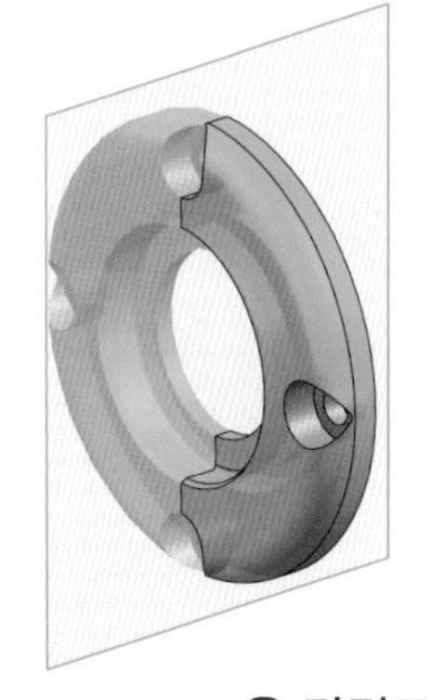

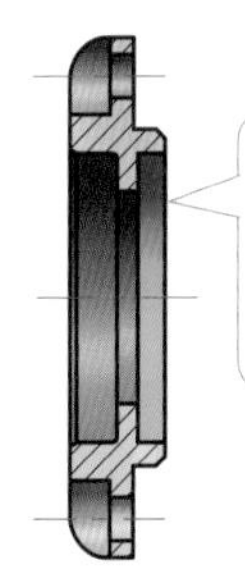

내부를 숨은선 없이 실선으로 나타내어 복잡한 형상이 확실하게 보인다.

입체도 **온 단면도**

KS 규격을 편심 구동 장치 본체 단면도에 적용

온 단면의 단면 위치와 방향은 투상에 필요한 부분 형상을 투상한다.

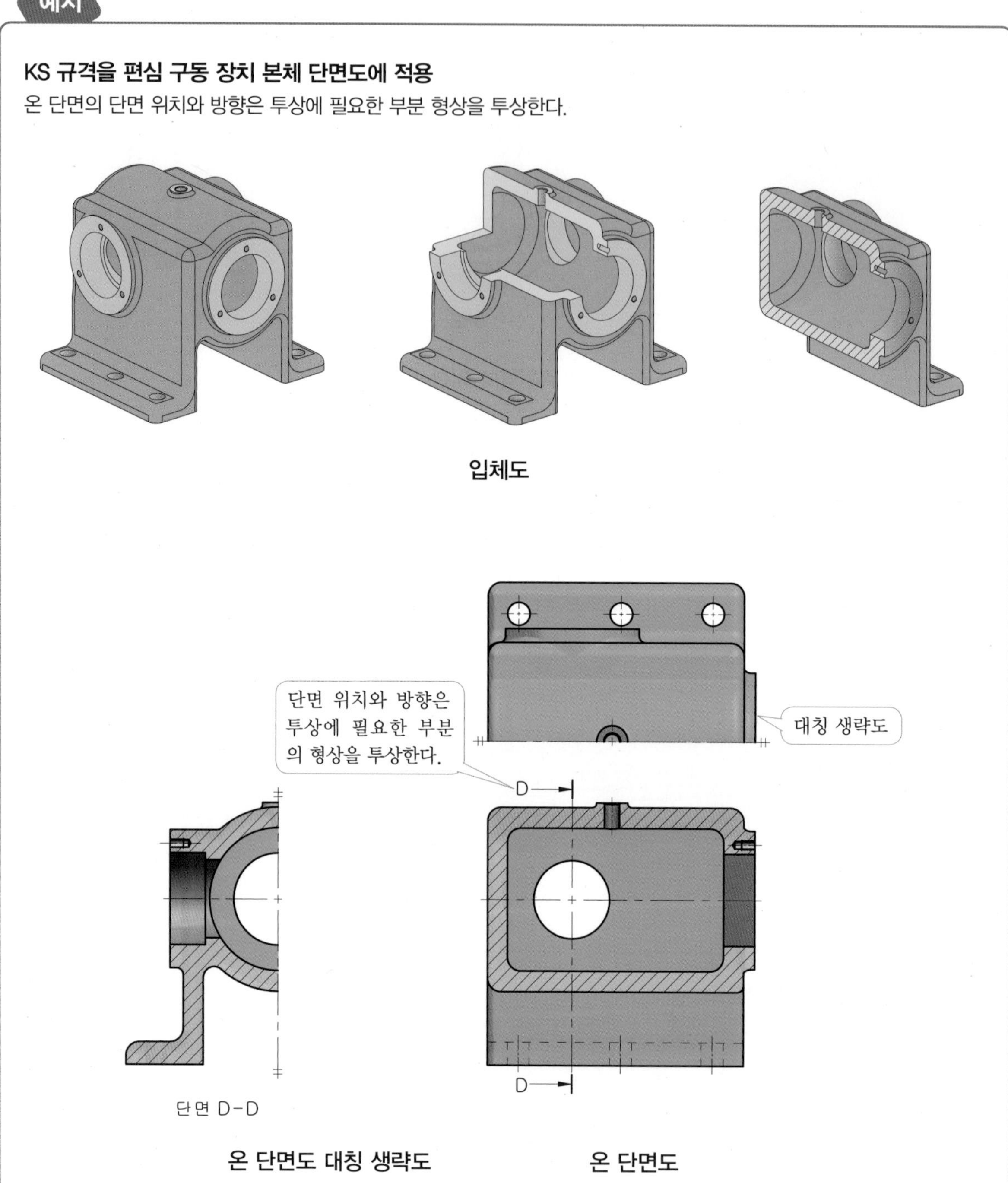

(2) 한쪽 단면도

상하좌우 각각 대칭인 물체의 중심선을 기준으로 내부 모양과 외부 모양을 동시에 표시하는 방법으로 그리는 투상도로, **반 단면도**라고도 한다. 단, 물체의 형상이 반드시 대칭이어야 한다.

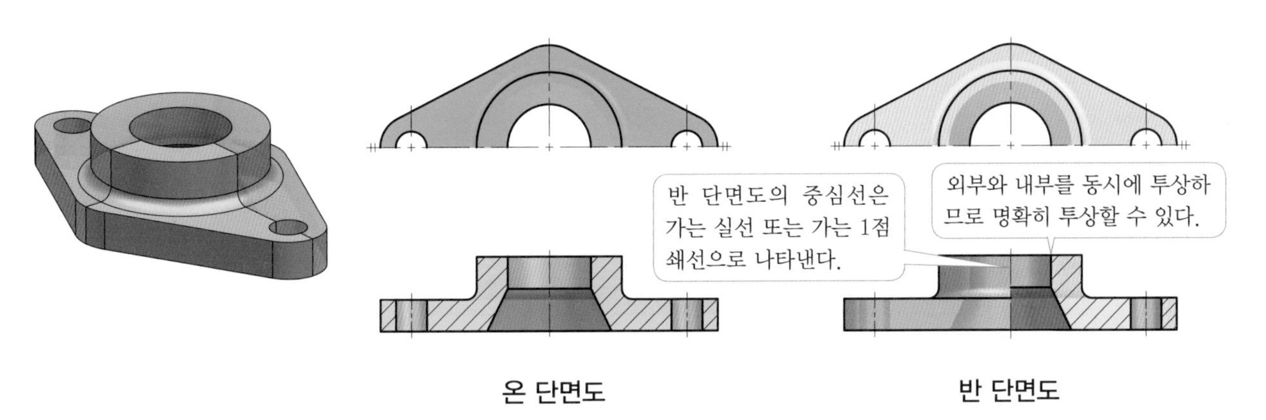

반 단면도의 중심선은 가는 실선 또는 가는 1점 쇄선으로 나타낸다.
외부와 내부를 동시에 투상하므로 명확히 투상할 수 있다.

온 단면도 반 단면도

예시

KS 규격을 샤프트 서포트 베이스 단면도에 적용

온 단면도와 반 단면도로 투상하여 내부와 외부를 명확히 투상한다.

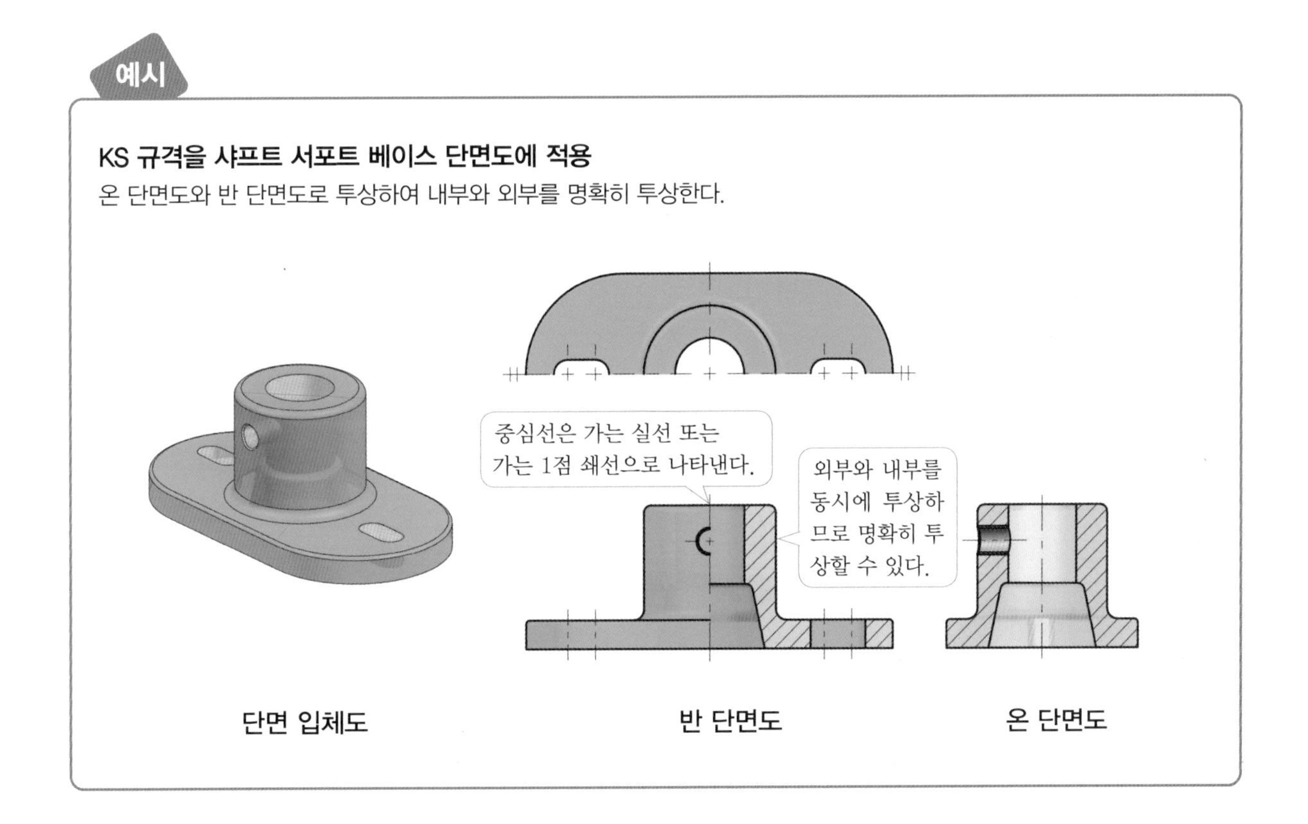

단면 입체도 반 단면도 온 단면도

(3) 부분 단면도

물체의 필요로 하는 요소의 일부만을 부분 절단하여 부분적인 내부 구조를 표시하는 투상도로, 다음 그림과 같이 파단선을 그어서 단면 부분의 경계를 표시하며, 대칭, 비대칭에 관계없이 사용한다.

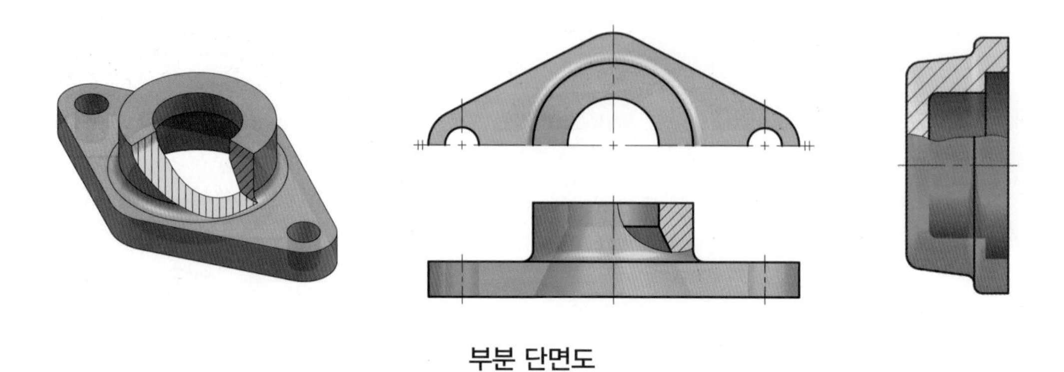

부분 단면도

> **참고**
>
> **부분 단면도**
>
> 단면 투상기법 중 가장 자유롭게 사용된다. 단면한 부위는 불규칙한 파단선(가는 실선)을 이용하여 경계를 표시하며 대칭, 비대칭에 관계없이 사용한다.

① 축의 부분 단면도로 키 홈의 필요한 부분을 절단하여 내부 구조를 명확히 투상한다.

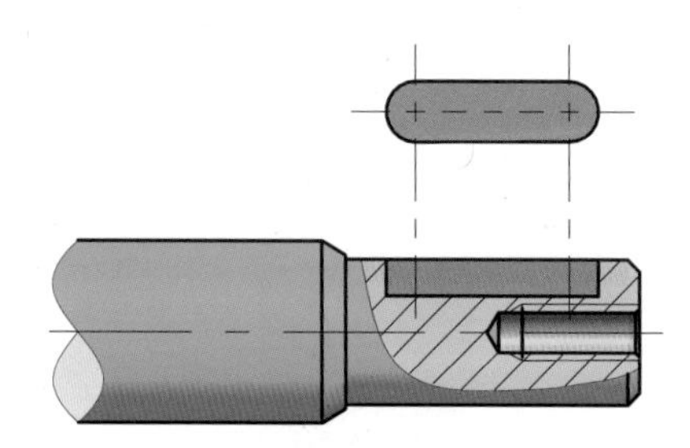

축의 부분 단면도

② 부분 단면도로 물체의 필요한 볼트 구멍 등 부분을 절단하여 부분적인 내부 구조를 명확히 투상한다.

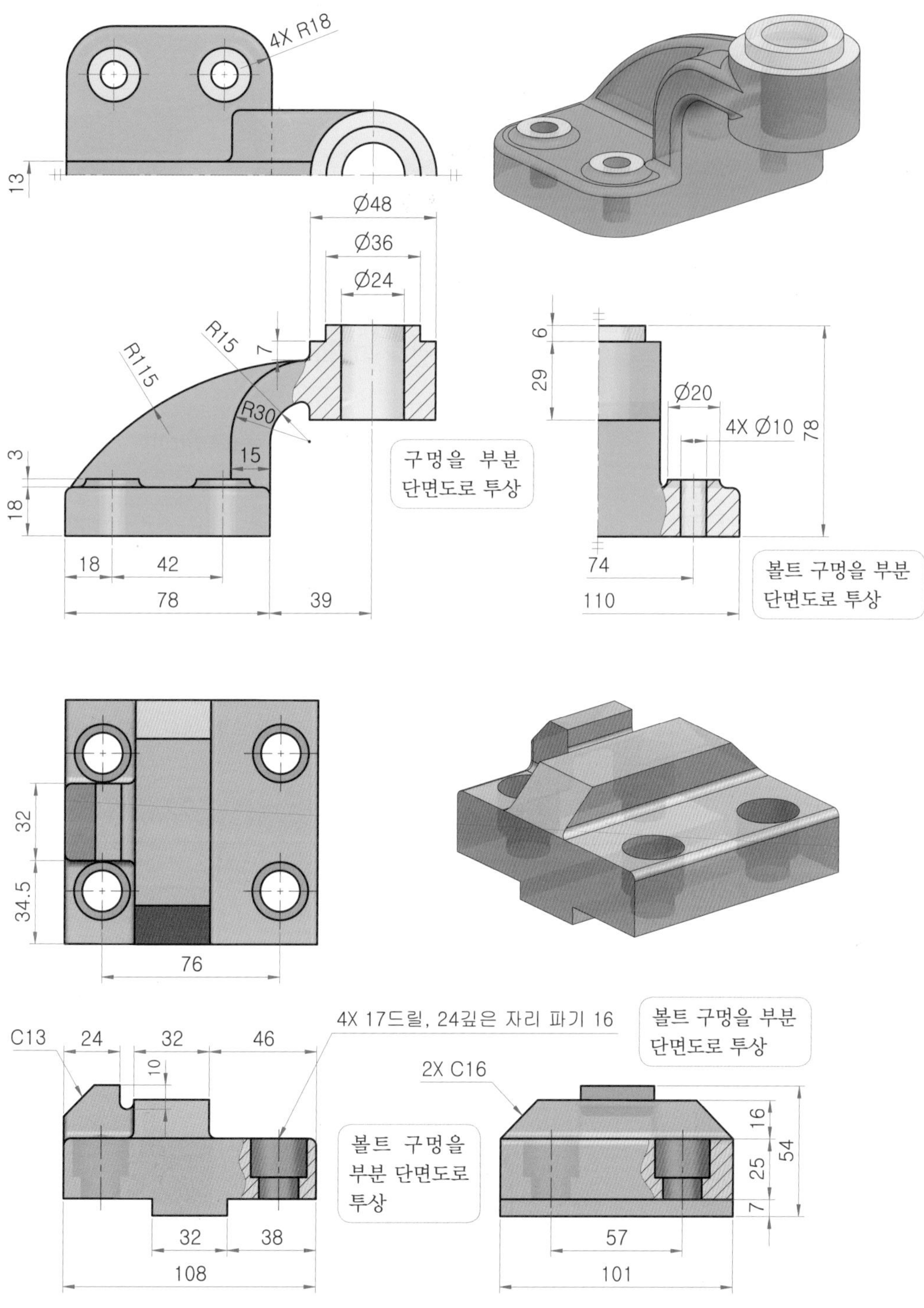

볼트 구멍의 부분 단면도

(4) 회전 도시 단면도

일반 투상법으로 도시하기 어려운 도형을 수직으로 전단한 단면을 90° 회전하여 표시한다. 주로 핸들이나 바퀴 등의 암 및 림, 리브, 훅, 축, 형강, 벨트, 풀리, 기어 등에 많이 적용되는 단면 기법이다.

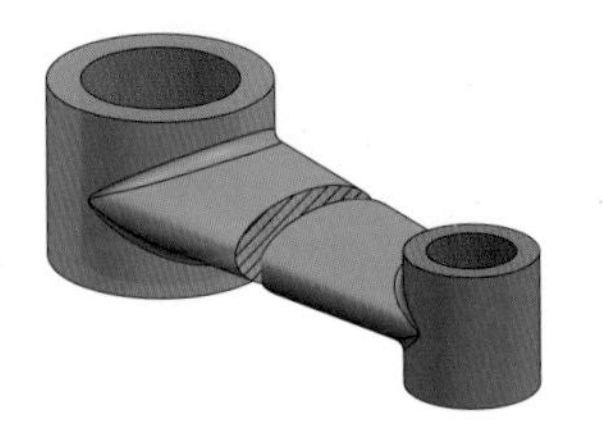

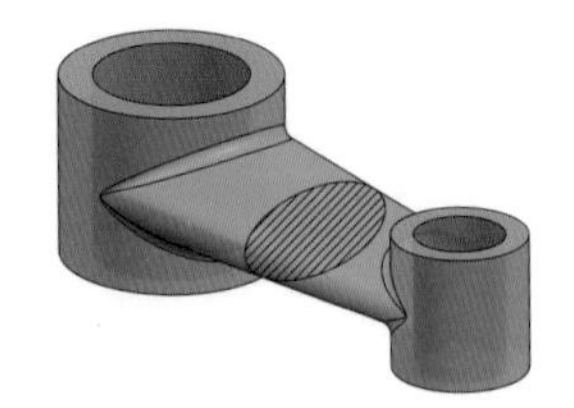

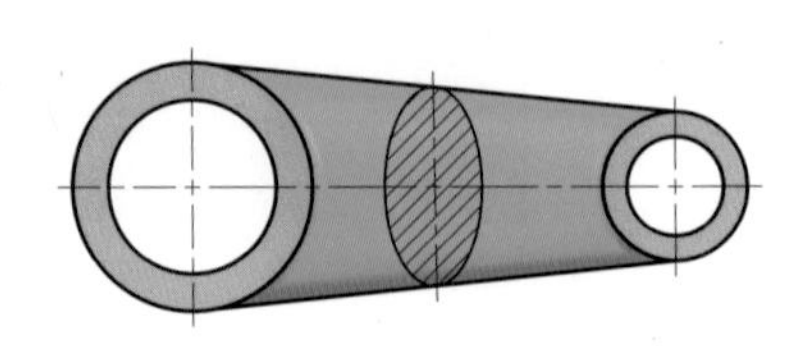

암의 회전 도시 단면도

① 절단할 곳의 전후를 끊어서 그 사이에 그린다 [그림(a)].
② 절단선의 연장선 위에 그린다 [그림(b)].
③ 도형 내의 절단한 곳에 겹쳐서 가는실선을 사용하여 그린다 [그림(c)].

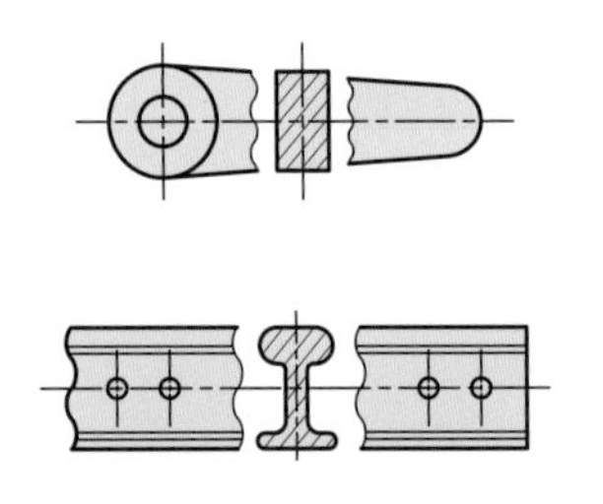

(a) 전후를 끊어서 도시

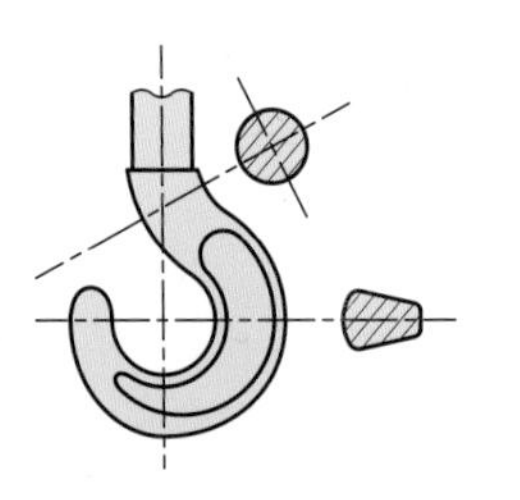

(b) 연장선 위에 도시

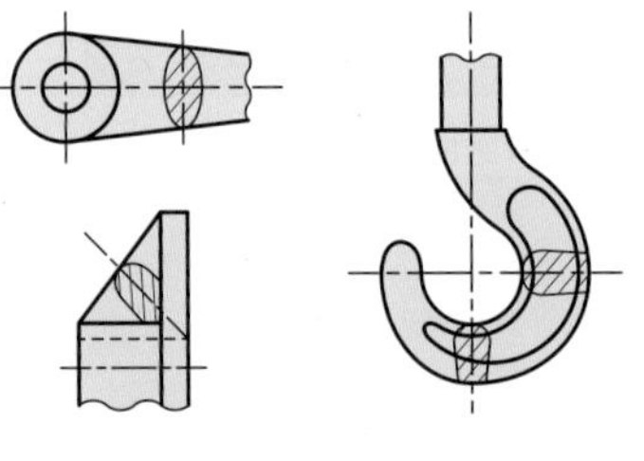

(c) 도형 내의 절단한 곳에 도시

회전 도시 단면도

예시

KS 규격을 회전 도시 단면도에 적용

회전 단면으로 리브의 두께를 투상하기 위해 물체의 절단면을
그 자리에서 90° 회전시켜 투상한다.

단면 A-A

물체의 절단면을 그 자리에서 90° 회전시켜 투상한다.

리브의 두께와 R부분을 표시한다.

회전 도시 단면

입체도

회전 도시 단면도

(5) 조합에 의한 단면도

2개 이상의 절단면에 의한 단면도를 조합하여 도시하는 단면도에는 계단 단면도, 구부러진 관의 단면도, 예각 및 직각 단면도 등이 있다.

① 계단 단면도

절단면이 투상면에 평행 또는 수직하게 계단 형태로 절단해서 표시한 것을 **계단 단면**이라 한다. 수직 절단면의 선은 표시하지 않으며, 절단한 위치는 절단선으로 표시한다.

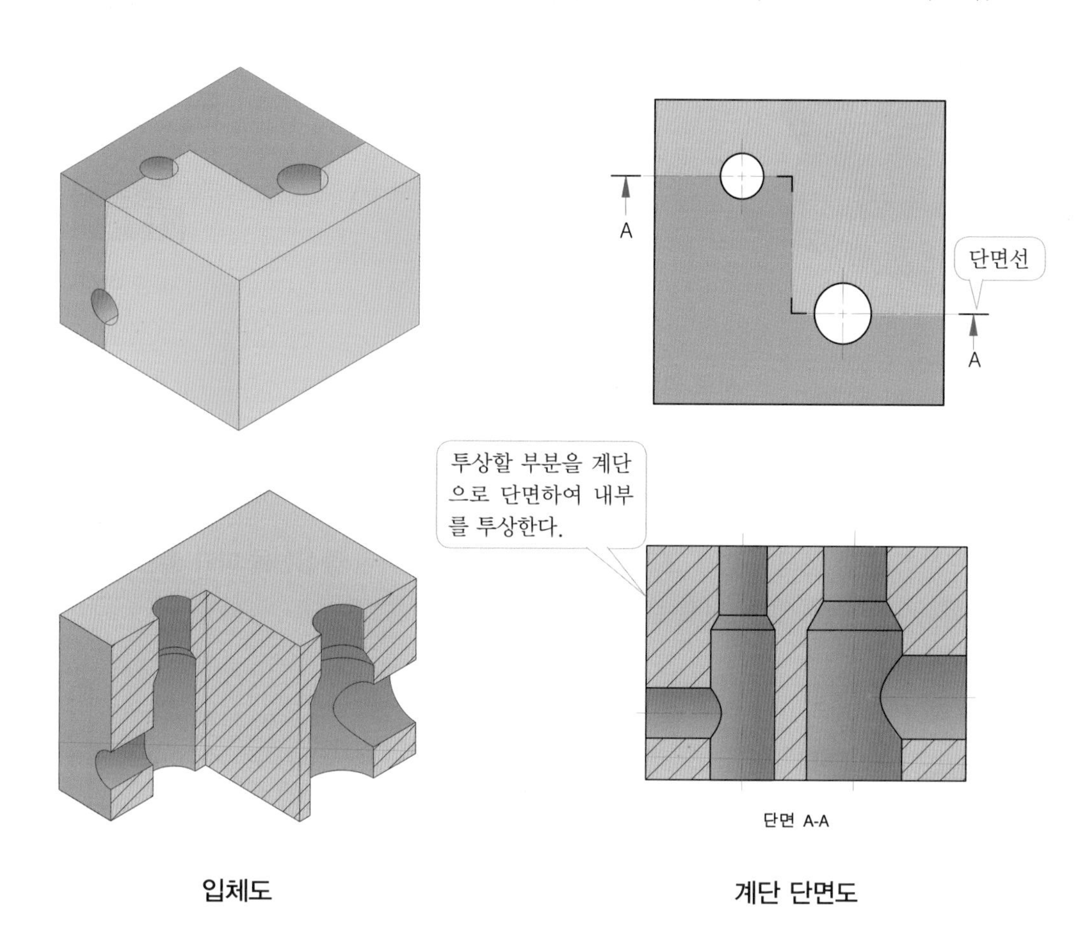

입체도 **계단 단면도**

> **참고**
>
> **단면도 화살표의 크기**
>
> 단면도 화살표는 그림과 같은 크기를 사용하며 보는 방향으로 방향이 향하도록 하고 문자는 수평 방향을 향해 알파벳 대문자로 기입힌다.

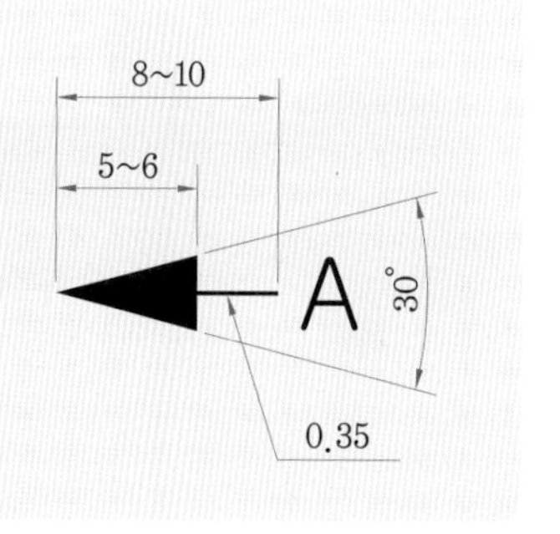

단면도는 평행한 2개 이상의 평면에서 절단한 단면도의 필요 부분만을 합성시켜 나타낼 수 있다. 이 경우, 절단선에 따라 절단의 위치를 나타내고 조합에 의한 단면도라는 것을 나타내기 위하여 2개의 절단선을 임의의 위치에서 이어지게 한다.

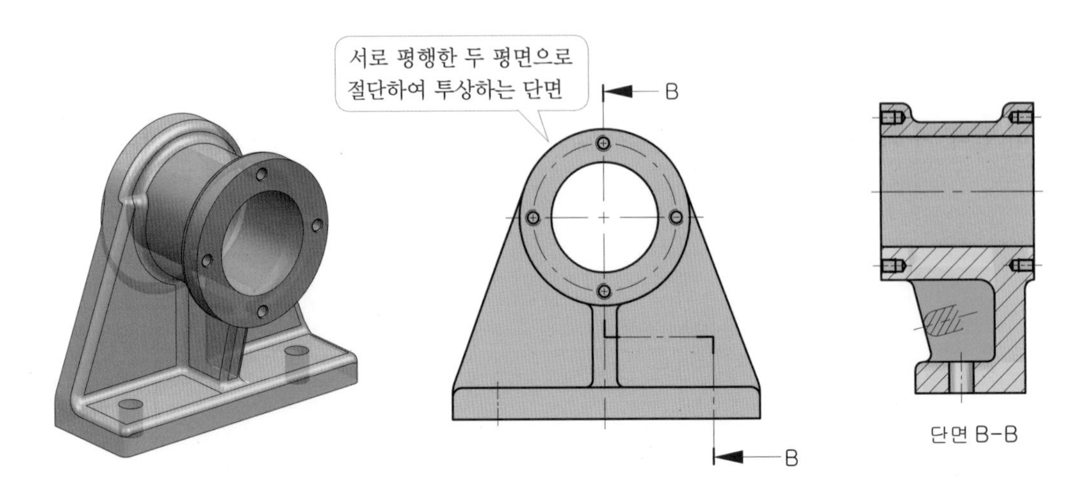
서로 평행한 두 평면으로
절단하여 투상하는 단면
B
B
단면 B-B

서로 평행한 두 평면으로 절단하여 투상

② 구부러진 관 등의 단면을 표시 하는 경우의 단면도

구부러진 관 등의 단면을 표시 하는 경우에는 구부러진 중심선을 따라 절단하여 내부를 명확히 투상할 수 있다. 전체 길이를 나타낸다.

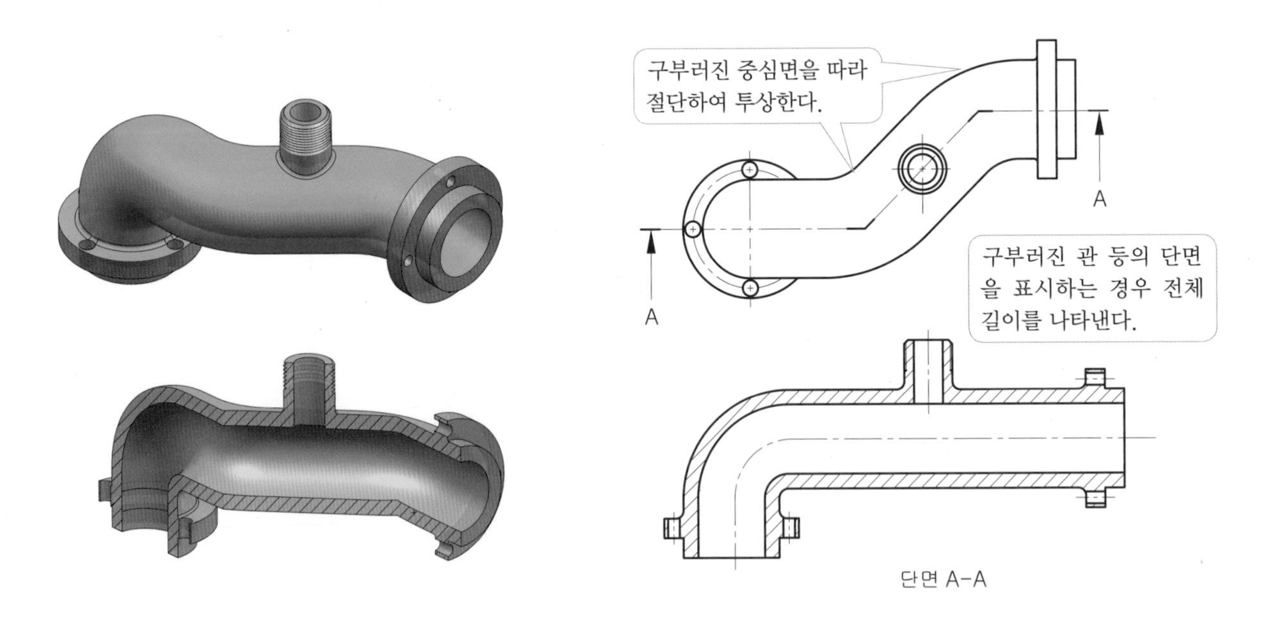
구부러진 중심면을 따라
절단하여 투상한다.
A
A
구부러진 관 등의 단면
을 표시하는 경우 전체
길이를 나타낸다.
단면 A-A

구부러짐에 따라 중심면으로 절단하여 투상

③ 조합 단면도

단면도는 필요에 따라 2개 이상의 절단면에 의한 단면도를 조합하여 표시하여도 좋다. 서로 교차하는 두 평면으로 절단하여 내부를 명확히 투상한다.

제품이 대칭 또는 이에 가까운 형상인 경우에는 대칭의 중심선을 경계로 하여 그 한쪽을 투상면에 평행하게 절단하고, 다른 쪽을 투상면과 어느 각도를 이루는 방향으로 절단할 수 있다. 이 경우 후자의 단면도는 그 각도만큼 투상면 쪽으로 회전시켜 도시한다.

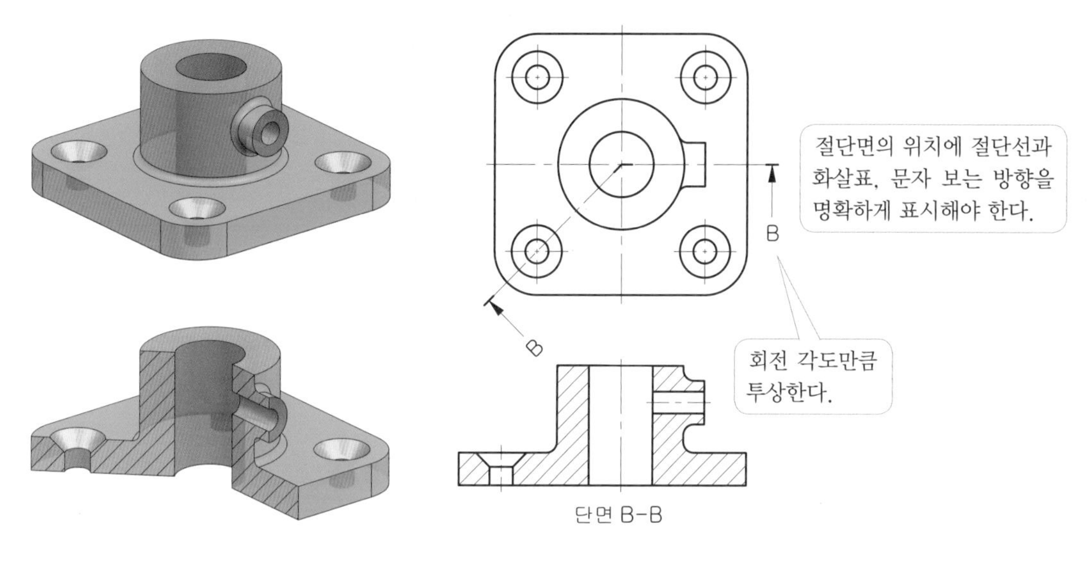

조합 단면도

④ 다수의 단면도에 의한 도시

복잡한 모양의 대상물을 표시하는 경우, 필요에 따라 다수의 단면도를 그려도 좋다. 복잡한 모양의 단면도를 표시할 때에는 여러 개의 단면도를 축 중심선의 연장선 위에 차례로 배열하여 그린다.

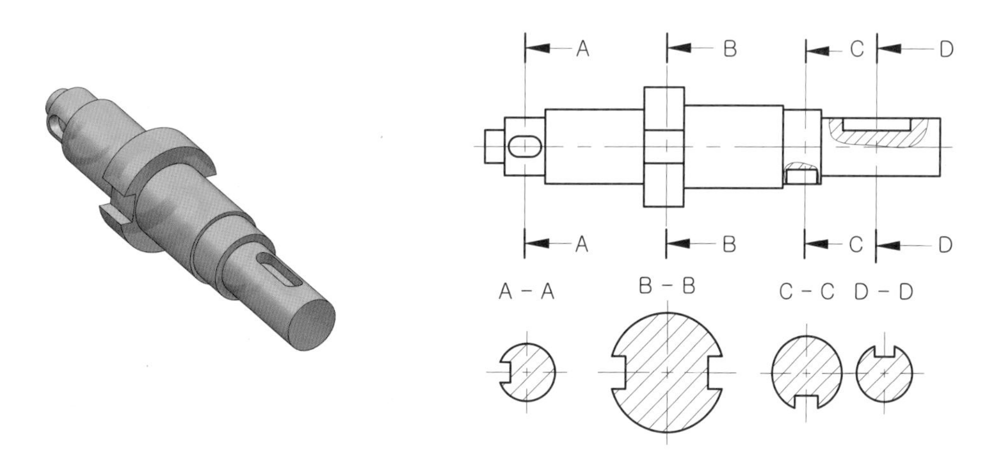

조합 단면도

(6) 길이 방향으로 절단하지 않는 부품

절단면 해도 별 의미가 없고 오히려 이해되지 않는 부품은 원칙적으로 절단 하지 않는다.

① 전체를 절단하면 안 되는 부품

축, 스핀들, 볼트, 너트, 와셔, 멈춤 나사, 작은 나사, 키, 코터, 핀(테이퍼 핀, 평행 핀, 분할 핀 등), 리벳, 볼, 밸브 등

② 특정한 일부분을 절단하면 안 되는 부품

리브류, 암류(기어, 핸들, 벨트 풀리, 헬리컬 기어, 차륜 등의 암), 이 종류(기어, 스프로킷, 임펠러의 날개 등) 등

예시

KS 규격을 회전 도시 단면도와 조합 단면도에 적용

- 회전 단면으로 리브의 두께를 투상하기 위해 물체의 절단면을 그 자리에서 90° 회전시켜 투상한다.
- 조합 단면도는 절단선에 따라 절단의 위치를 나타내고 단면도라는 것을 나타내기 위하여 2개의 절단선을 임의의 위치에서 이어지게 한다.

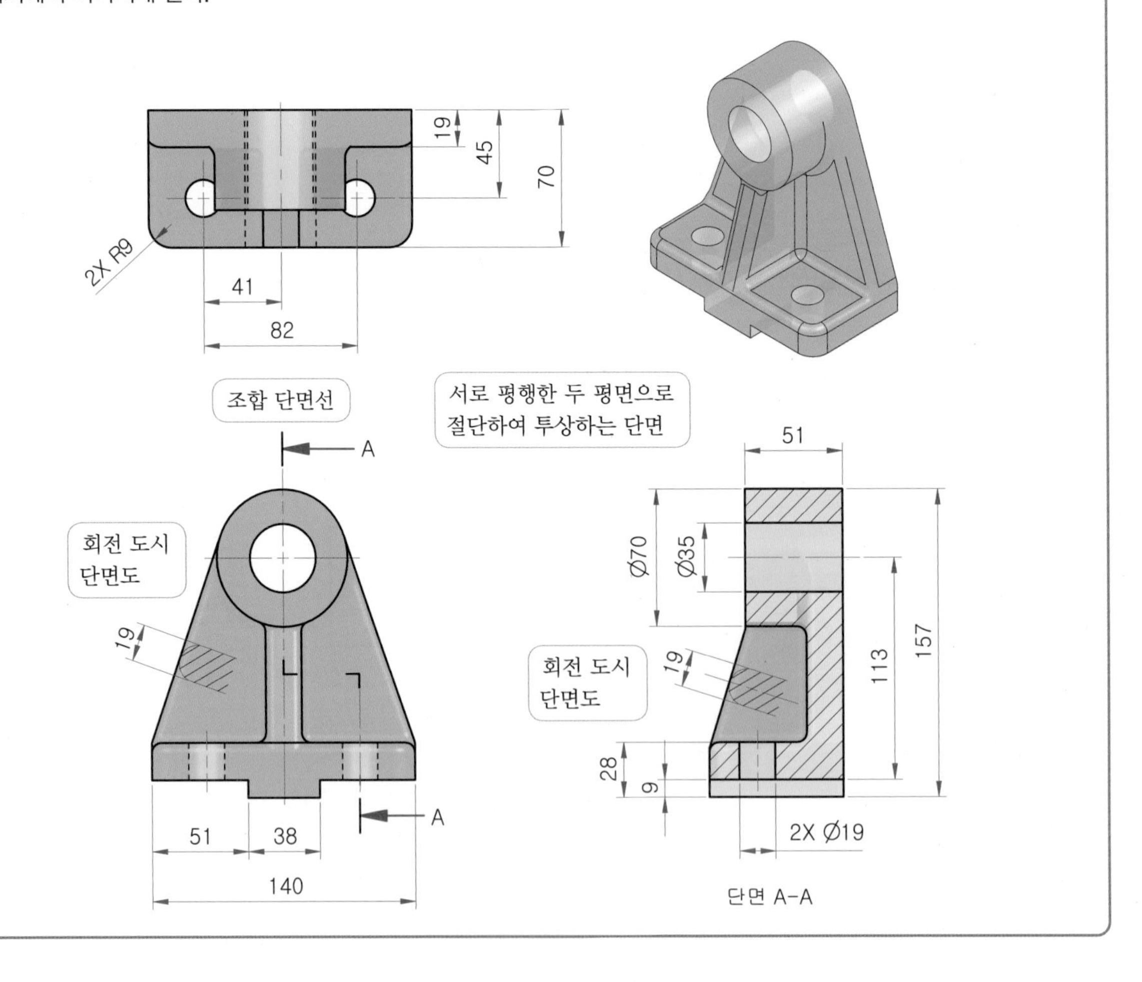

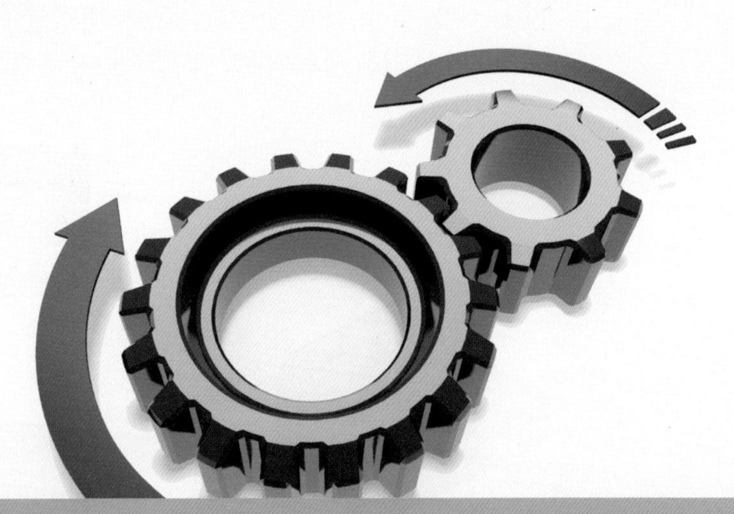

4

Chapter

치수 기입

1 치수 기입의 원리와 원칙

도면을 그리는 데 치수 기입은 중요한 부분이다. 도면에 투상이 잘 되어 있어도 치수 기입이 올바르지 못하면 불량 제품을 만들 수 있기 때문이다. 또한 치수는 형상의 치수만을 표시하는 것이 아니라 가공법, 다듬질 정도, 재료 등에도 관계되므로 정확하고 올바르게 기입되어야 한다.

1 치수 기입 원리

치수는 크기, 위치, 자세 치수로 구분하여 표시한다. 크기 치수는 길이, 두께, 높이 치수이고, 위치 치수는 가로 세로 치수로 표시하며, 자세 치수는 각도 등의 자세 치수를 말한다.

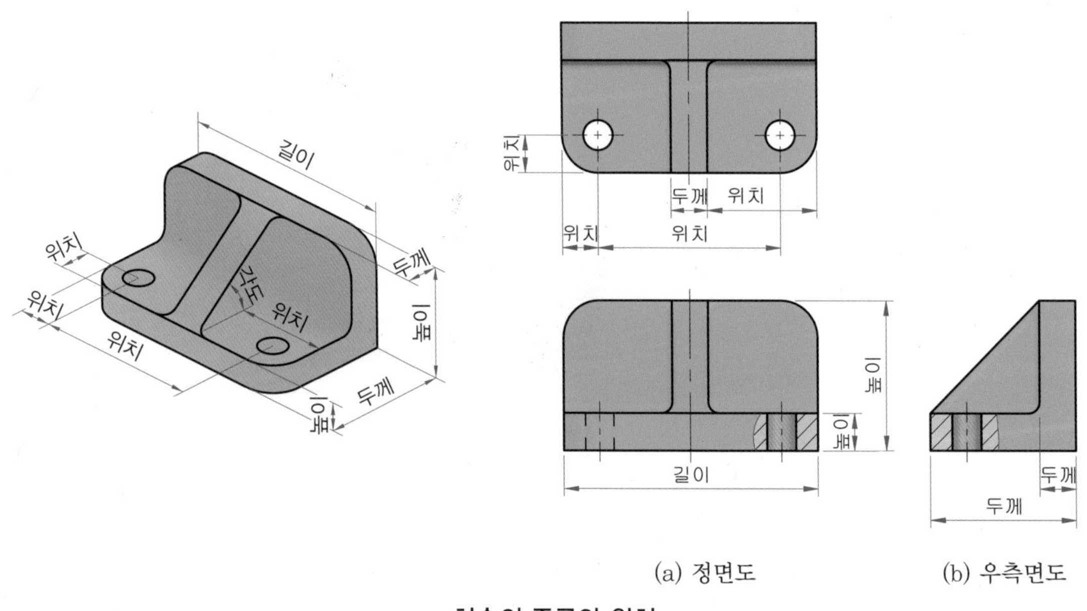

(a) 정면도 (b) 우측면도

치수의 종류와 위치

> **참고**
> 치수 기입은 KS B ISO 129-1(제도-치수 및 공차의 표시-제1부 : 일반 원칙)을 기준으로 기입한다.

① 치수는 주 투상도인 정면도를 중심으로 길이, 높이 치수의 지시 위치에 기입하며, 모양과 형상에 따라 평면도, 측면도 등에서 지시할 수 있다.

② 두께, 위치 치수는 주로 평면도나 측면도에 기입하며, 형상의 부분적인 특징에 따라 다른 투상도에 지시할 수 있다.

③ 주로 원기둥, 각기둥, 홈, 구멍 등의 위치를 지시하는 치수는 측면도나 평면도 등에 지시한다.

④ 면의 기울기, 원기둥, 각기둥, 홈, 구멍 등의 자세 치수는 가로 세로 치수나 각도로 지시한다.

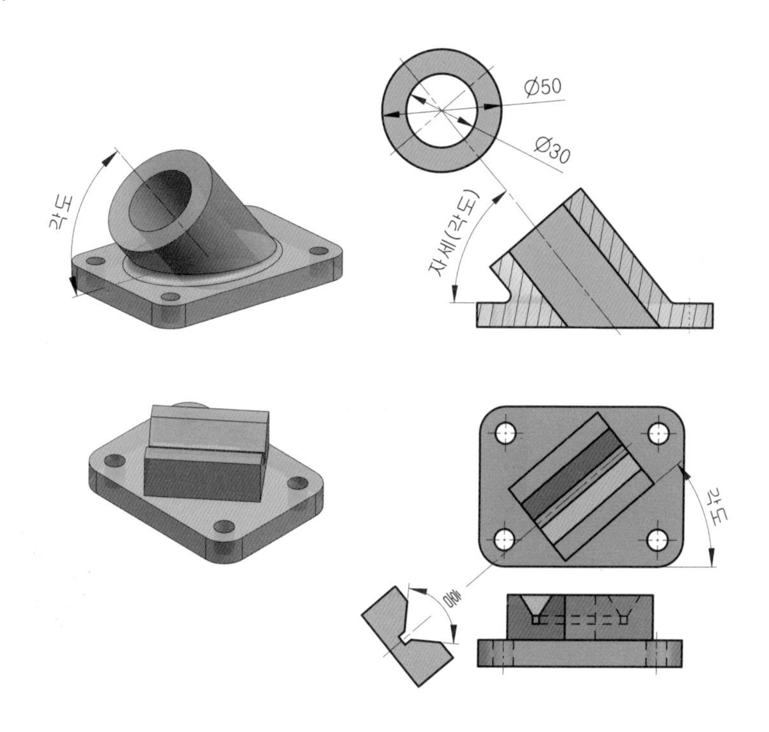

2 치수 기입 원칙

① 치수는 되도록 주 투상도(정면도)에 기입한다.

② 계산해서 구할 필요가 없도록 기입한다.

③ 기능상 조립을 고려하여 필요한 치수의 허용 한계를 기입한다.

④ 치수는 중복되지 않게 기입한다.

⑤ 필요에 따라 기준이 되는 점 또는 선이나 면을 기준으로 기입한다.

⑥ 각 투상도 간에 비교, 대조가 용이하게 기입한다.

⑦ 관련된 치수는 되도록 모아서 한 곳에 보기 쉽게 기입한다.

⑧ 반드시 전체 길이, 높이, 폭에 대한 치수는 기입하여야 한다.

⑨ 치수는 되도록 공정별로 배열하고 분리하여 기입한다.

참고

치수 기입 요소

숫자와 문자, 치수선, 치수 보조선, 지시선, 인출선, 치수 보조 기호, 주서 등

2 치수 기입의 종류

도면에 지시되는 치수는 완성된 제품 치수로 기입하며,특별히 요구가 있을 때는 재료 치수, 소재 치수를 기입하기도 한다.

1 완성 치수

완성된 제품의 치수를 의미하며, 마무리 치수라고도 한다.

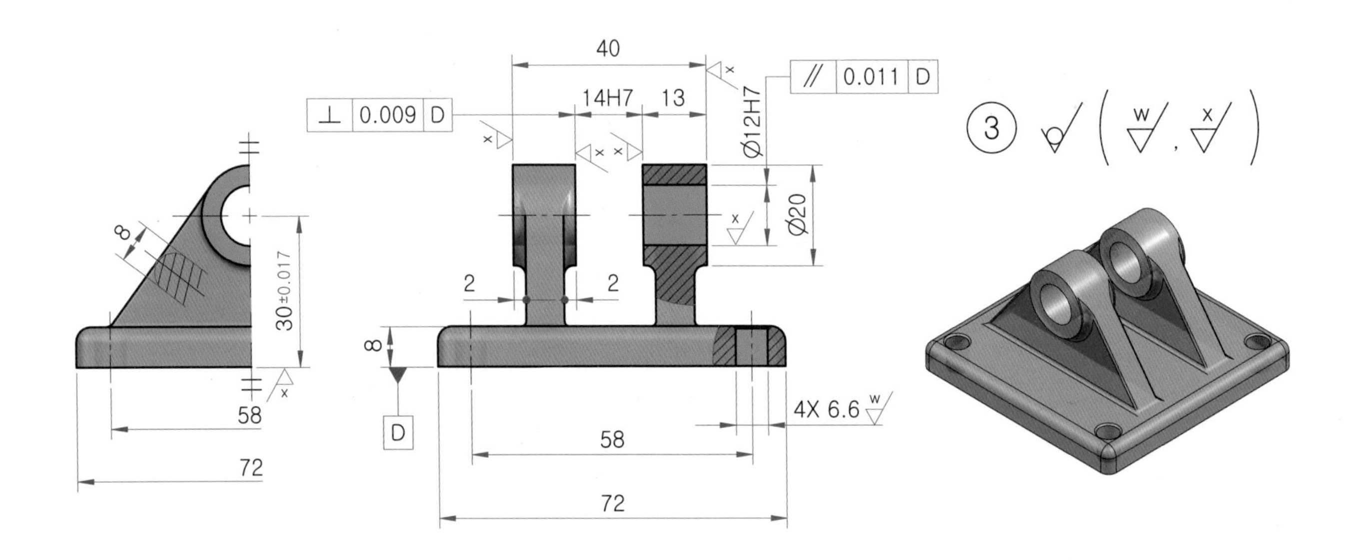

> **참고**
> - 치수는 주 투상도인 정면도에 기입하며, 아래와 우측에서 읽을 수 있도록 기입한다.
> - 치수는 되도록 정면도, 측면도, 평면도 순으로 기입한다.

2 재료 치수

재료의 구입은 부품을 제작하는데 사용되는 재료로 마무리 여유를 포함한 치수이다.

3 소재 치수

주물이나 단조품 등으로 만들어진 제거 가공이 필요한 부분과 제거 가공이 불필요한 치수로 반제품 치수라고도 하며, 가공 여유를 포함한 치수를 말한다.

3 치수 기입 방법

1 치수 기입 방법

① 치수는 치수선, 치수 보조선, 치수 보조기호 등을 사용하여 치수를 기입한다.

② 치수선은 치수(길이, 각도)를 측정하는 방향에 평행하게 작도한다.

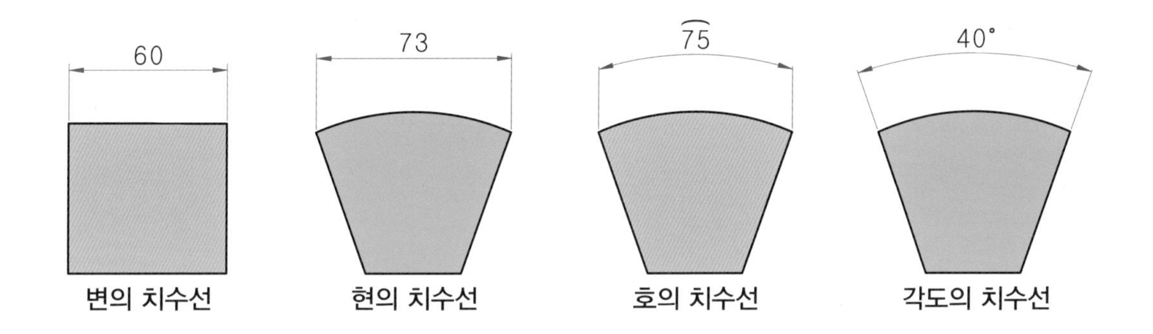

③ 치수 보조선은 형상의 점 또는 선의 중심을 통과하는 치수선에 직각으로 작도하고, 치수선보다 약 2mm 정도 길게 작도한다.

④ 외형선과 치수 보조선을 구별하기 위해 치수선과 도형 사이를 1mm 정도 띄운다 (외형선 굵기는 치수 보조선 굵기의 8배).

⑤ 치수 보조선은 선을 명확히 하기 위하여 치수선에서 약 60° 각도를 가진 서로 평행한 치수 보조선을 그을 수 있다.

⑥ 치수선은 치수 보조선을 사용하여 기입하는 것을 원칙으로 하며, 치수 보조선과 다른 선이 겹치게 될 경우에는 선의 우선 순위에 따라 표기한다.

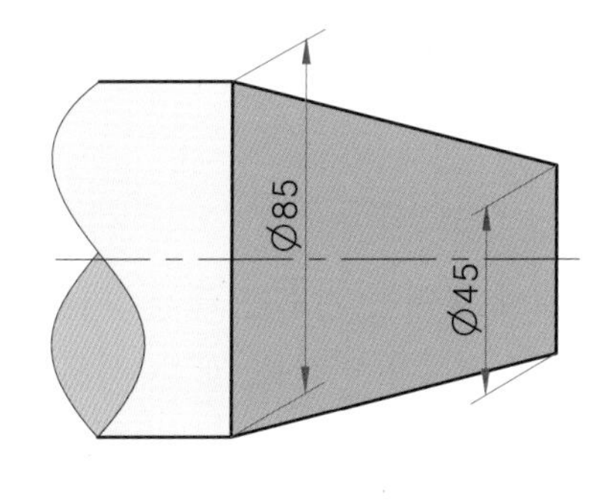

각도를 가진 치수 보조선

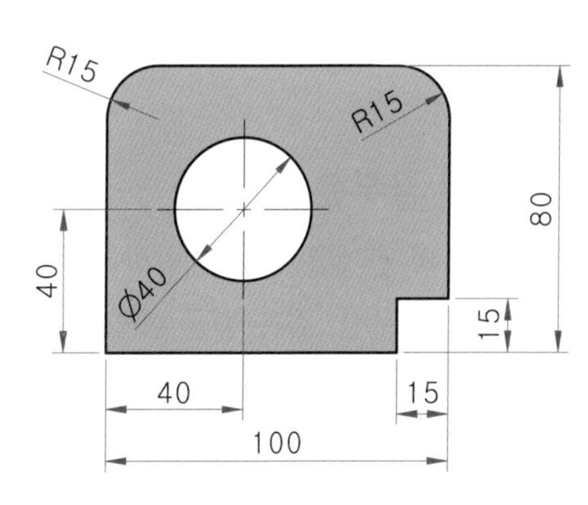

치수 보조선의 기입

2 치수선 및 치수 보조선, 지시선 긋는 법

① 치수선, 치수 보조선, 지시선 등을 나타내는 선은 가는 실선이며, 선의 굵기는 0.18~0.3을 사용하고 선의 색상은 흰색 또는 빨간색을 사용한다.

② 최초의 치수선은 투상도의 외형선으로부터 10~12mm 떨어지게 하며 두 번째부터는 8~10mm 간격으로 긋는다.

③ 치수선이 수직 방향일 때 문자는 좌측으로 기입하며, 치수선이 수평 방향일 때 문자는 위쪽으로 기입한다.

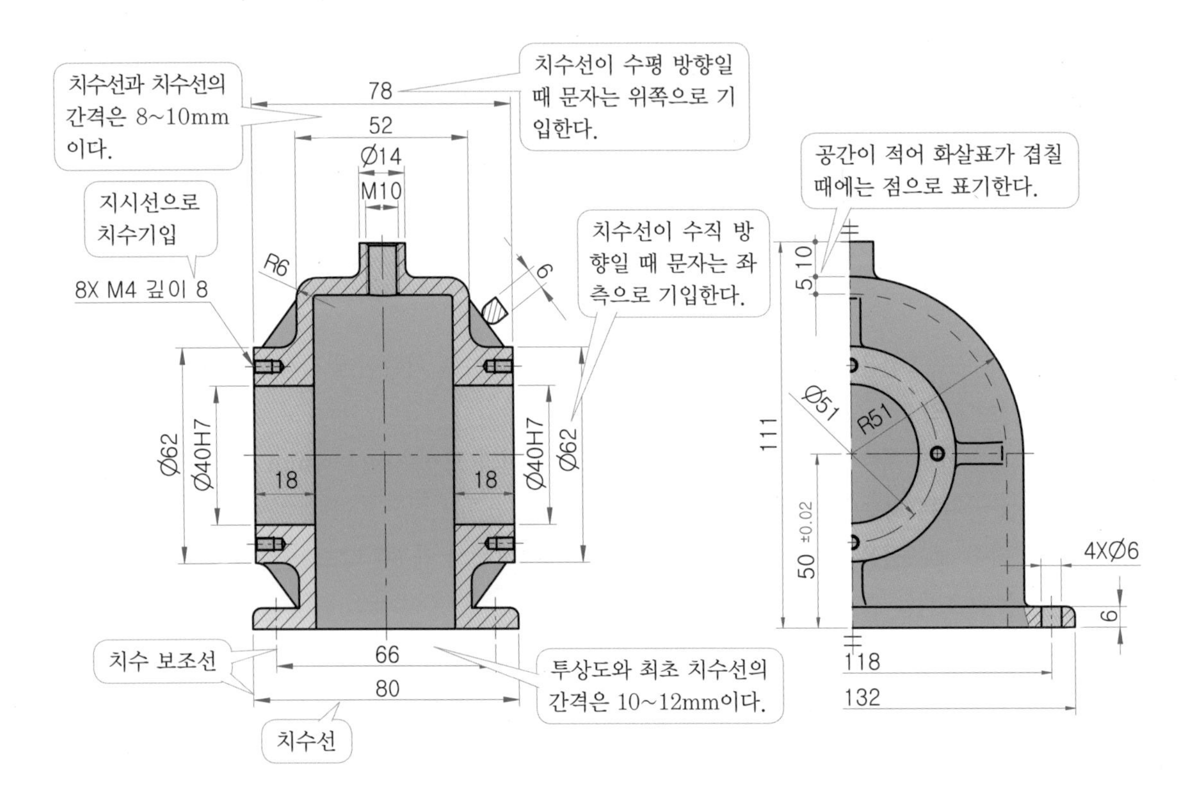

치수선 및 치수 보조선, 지시선

3 치수선 끝부분 기호

① 치수의 한계를 명확하게 하기 위해 치수선의 양 끝에 붙이는 기호는 다음 그림과 같이 화살표, 사선, 검은 둥근 점으로 표시하며, 문자 "a"는 서체용 면적을, "h"는 서체의 높이를 나타낸다.

② 화살표는 끝이 열린 것, 끝이 닫힌 것, 속을 칠한 것이 있으며, 치수의 한계가 명확하도록 빈틈없이 칠한 것을 많이 사용한다.

③ 사선과 검은 둥근 점은 좁은 간격의 치수 지시에 사용한다.

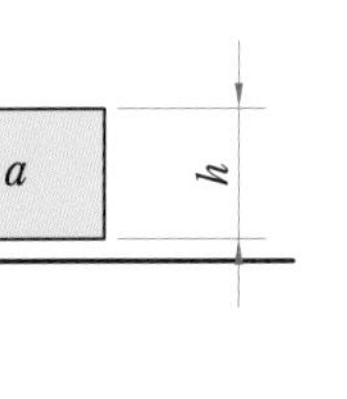

(a) 화살표, 폐쇄형, 채움

(b) 화살표, 폐쇄형

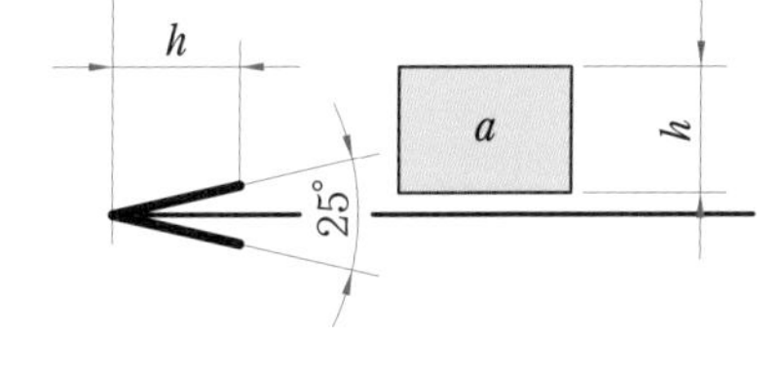

(c) 화살표, 개방형

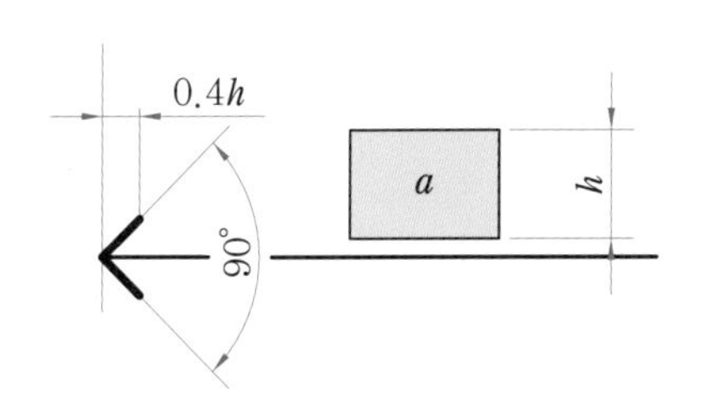

(d) 화살표, 90° 개방형

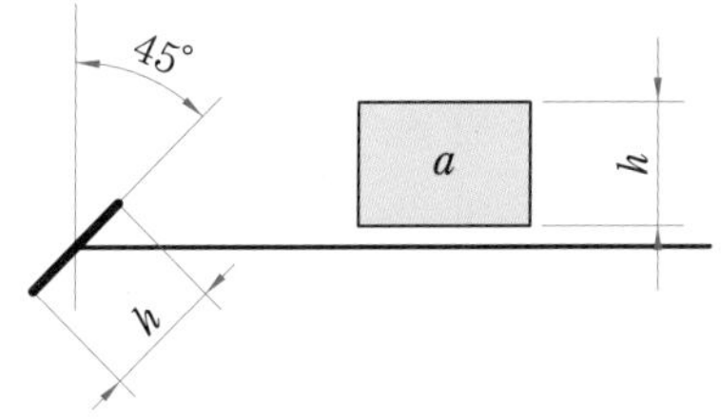

(e) 짧은 사선

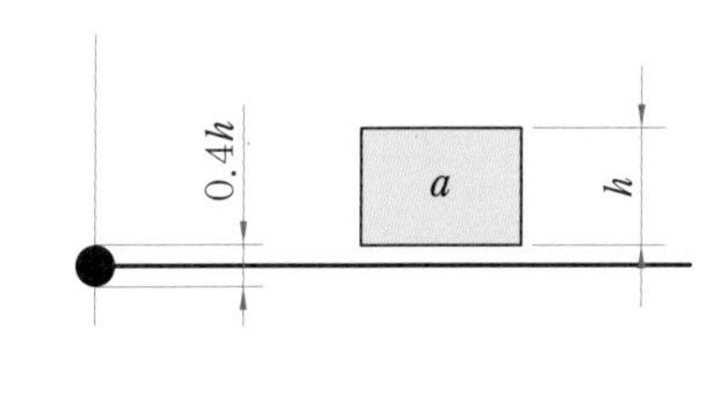

(f) 점

※ 국제표준에서는 30°로 규정되어 있지만, 한국산업표준 실정에서 맞지 않아 25°로 수정함.

치수선의 끝부분 기호

4 각도에 따른 치수 기입

① 다음 그림과 같이 왼쪽 위에서 오른쪽으로 향하여 30° 이하의 각도를 이루는 방향에는 치수 지시를 피하며, 도면에 표기되는 치수는 도면을 보는 사람이 정확하게 읽을 수 있도록 표기한다.

② 치수 숫자를 기입하는 방향은 그림 (a)와 같이 치수선의 방향에 따라 기입하는 방법과 (b)와 같이 치수선의 방향에 관계없이 기입하는 방법이 있다.

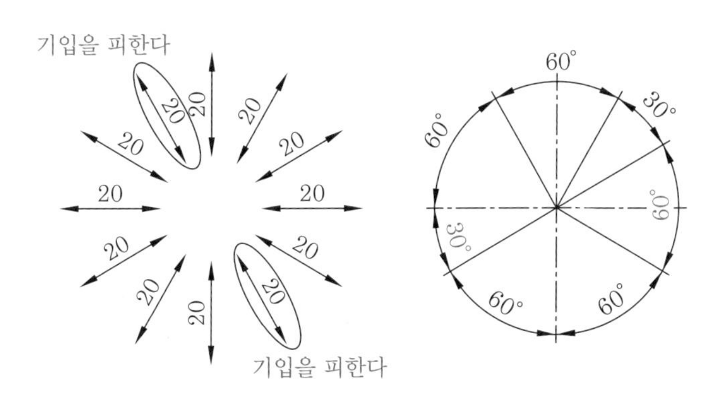

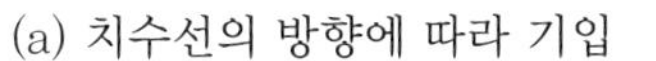

(a) 치수선의 방향에 따라 기입

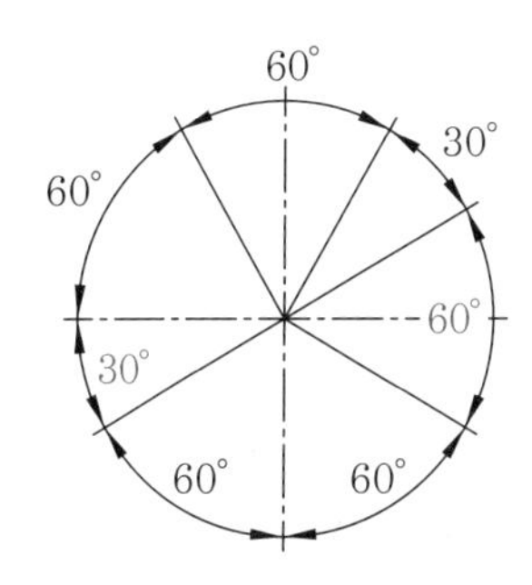

(b) 치수선의 방향에 관계없이 기입

치수를 기입하는 방향

5 그림 기호와 문자 기호의 적용(KS B ISO 129-1의 부속서)

치수 보조 기호

구분	기호	사용법	예시
지름	ϕ	지름 치수의 치수 문자 앞에 붙인다.	ϕ60
반지름	R	반지름 치수의 치수 문자 앞에 붙인다.	R60
구의 지름	Sϕ	구의 지름 치수의 치수 문자 앞에 붙인다.	Sϕ60
구의 반지름	SR	구의 반지름 치수의 치수 문자 앞에 붙인다.	SR60
정사각형의 변	□	정사각형 한 변 치수의 치수 문자 앞에 붙인다.	□60
판의 두께	t	판 두께 치수의 치수 문자 앞에 붙인다.	t=60
45°의 모떼기	C	45°의 모떼기 치수의 치수 문자 앞에 붙인다.	C4
원호의 길이	⌒	원호 길이 치수의 치수 문자 앞에 붙인다.	⌒80
이론적으로 정확한 치수	□	치수 문자를 사각형으로 둘러싼다.	[80]
참고 치수	( )	치수 문자를 괄호 기호로 둘러싼다.	(30)
척도와 다름	-	척도와 다름(비례척이 아님)	50

4 지름과 반지름 치수 기입

1 지름의 치수 기입

① 물체의 단면이 원형이고 그 형체가 절반만 그려져 있거나 단면이 절반만 그려져 있을 때는 지름의 치수 앞에 지름 기호 'ϕ'를 붙인다. 지름을 하나의 화살표로 나타낼 때에는 치수선은 중심선을 지나갈 수 있다.

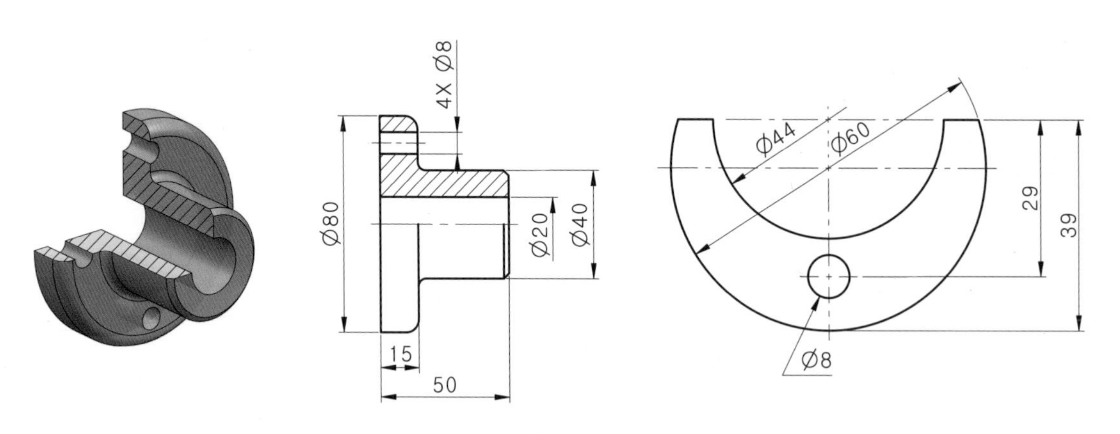

지름의 치수 기입

② 지름이 다른 원통이 연속되어 있고, 치수 기입 공간이 부족한 경우에는 밖으로 한쪽에만 치수선을 연장하여 화살표를 그리고, 치수 앞에 ϕ를 붙인다.

③ 지름의 크기가 다른 원통이 연속된 원통의 경우, 길이가 짧아서 치수를 기입할 공간이 좁을 때에는 지시선으로 치수를 기입한다. 치수 앞에 ϕ를 붙인다.

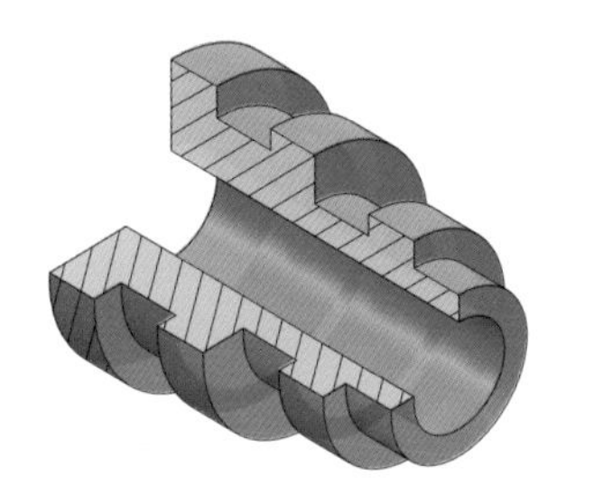

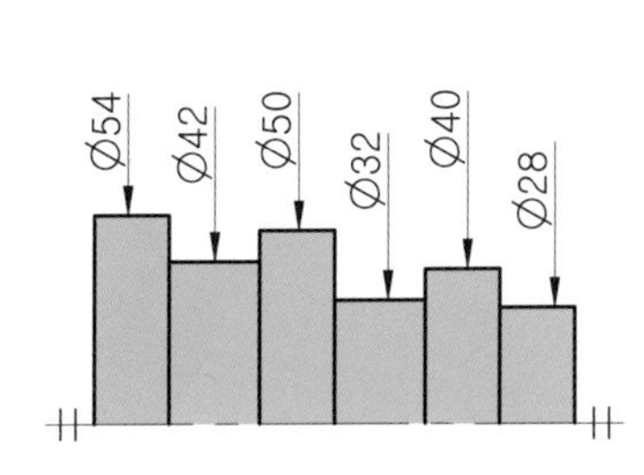

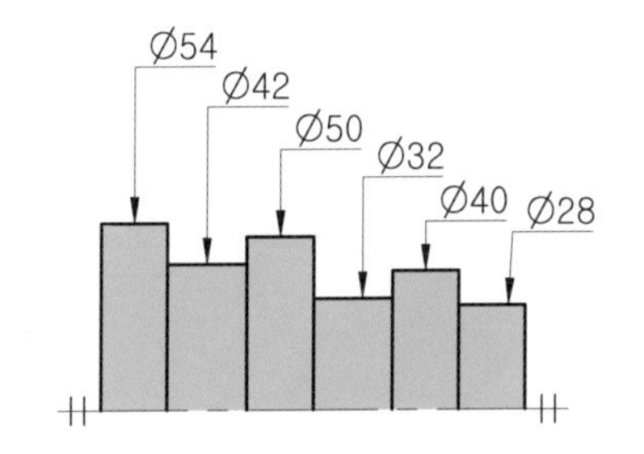

짧은 연속 원통의 치수 기입

2 반지름의 치수 기입

① 물체의 모양이 원형인 경우 그 반지름 치수를 기입할 때는 중심 방향으로 치수선을 긋고 화살표를 원호 쪽에만 붙이고 치수 앞에 반지름 기호 'R'을 붙인다.

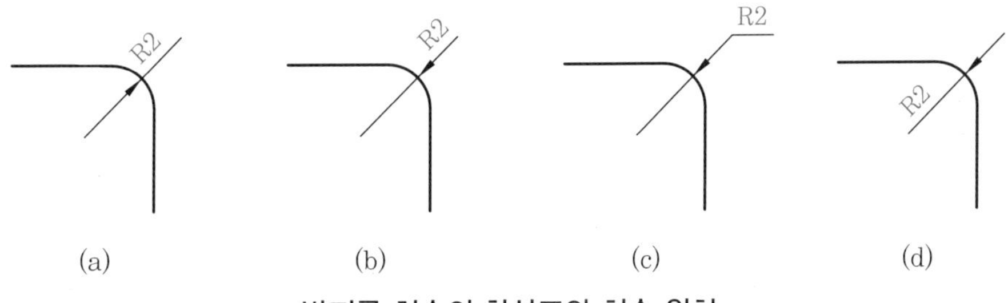

(a) (b) (c) (d)

반지름 치수의 화살표와 치수 위치

② 원호의 중심을 명확히 표시할 필요가 있을 때 원호의 중심에 다음 그림과 같이 가는 실선의 십자(+)나 1mm 이하의 검은 둥근 점(•)으로 표시할 수 있다. 반지름을 표시하는 치수선을 원호의 중심까지 긋는 경우에는 R을 생략할 수 있다.

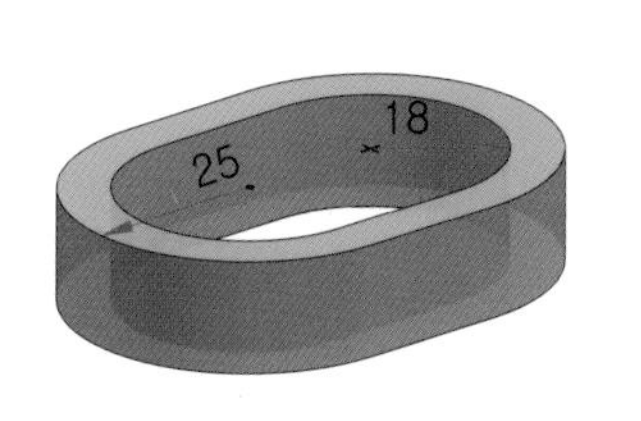

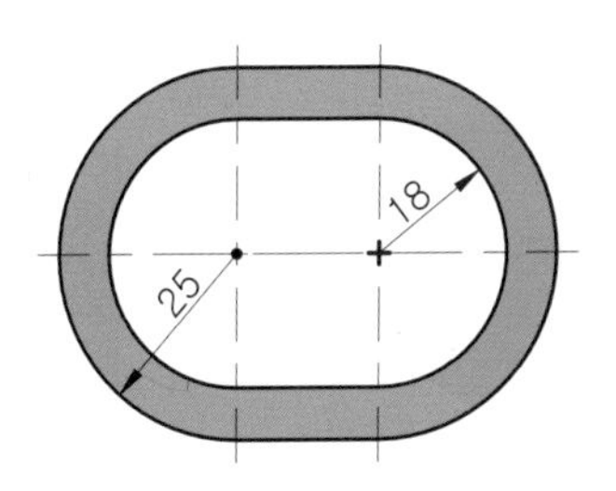

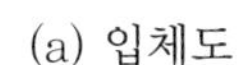

(a) 입체도 (b) 원호의 중심 표시

원호의 중심을 표시한 반지름의 치수 기입

③ 원호의 반지름이 커서 중심 위치까지 치수선을 그을 수 없거나 여백이 없는 때에는 반지름의 치수선을 꺾어 표시한다. 이때 화살표가 붙은 치수선은 원호의 중심 방향으로 향해야 하며, 점은 원호의 중심선상에 있어야 한다.

④ 중심이 같은 반지름 치수가 연속된 경우에는 다음 그림과 같이 기점 기호를 사용하여 누진 치수 기입 방법을 사용하여 표시한다.

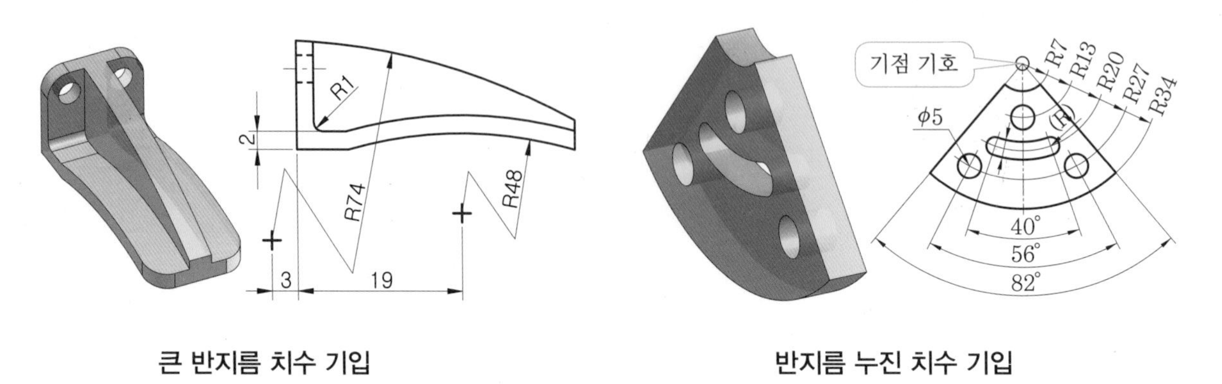

큰 반지름 치수 기입

반지름 누진 치수 기입

3 구의 지름과 반지름 치수 기입

① 구의 지름과 반지름 치수를 표기할 때는 치수 앞에 'Sϕ', 'SR'을 기입한다.

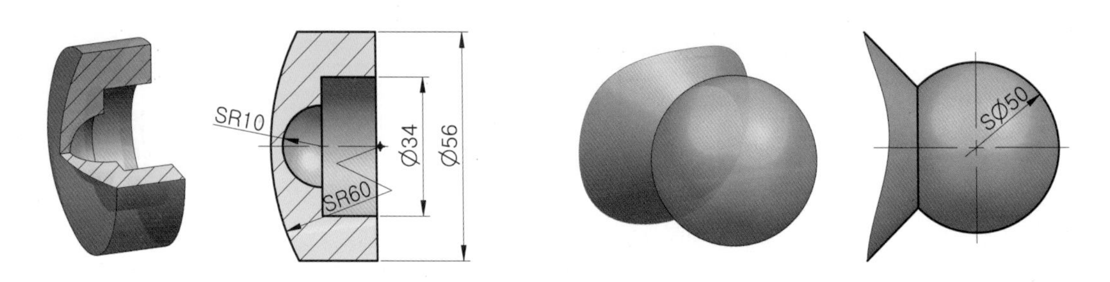

구의 지름과 반지름 치수 기입

② 구가 180° 이상일 때에는 'Sϕ'를 사용하며, 180° 이하일 때는 'SR'을 사용한다.

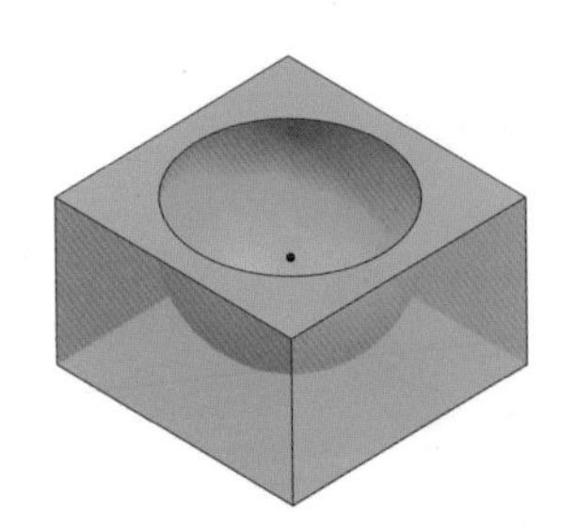

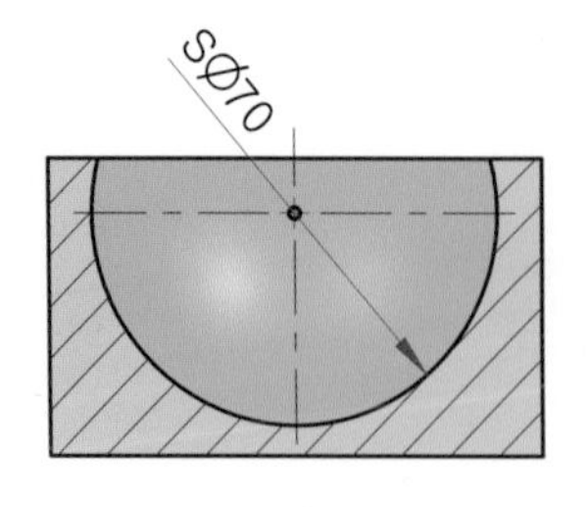

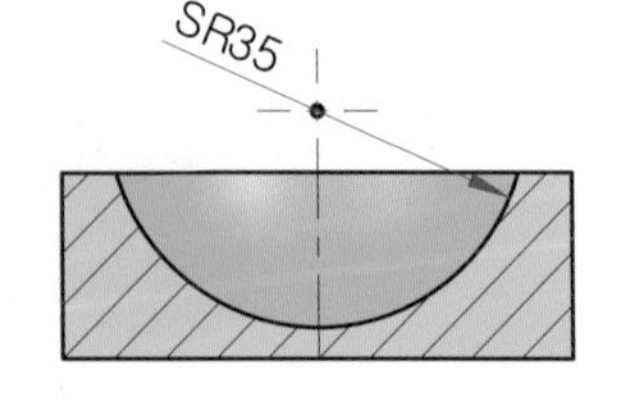

구의 지름과 반지름 표시

4 구멍 치수 기입

(1) 여러 개의 같은 간격의 구멍 치수 기입

① 한 개의 투상도에 볼트, 나사, 핀, 리벳 등 같은 크기의 구멍이 여러 개 있을 경우 구멍의 총수 다음에 '×'를 표시하고 한 칸을 띄어서 치수를 기입한다.

② 구멍의 피치 간격 치수는 다음 그림의 '9× 15(=135)'와 같이 한 칸을 띄어서 피치 치수와 괄호 안에 '=' 기호와 피치를 모두 합한 치수를 기입한다.

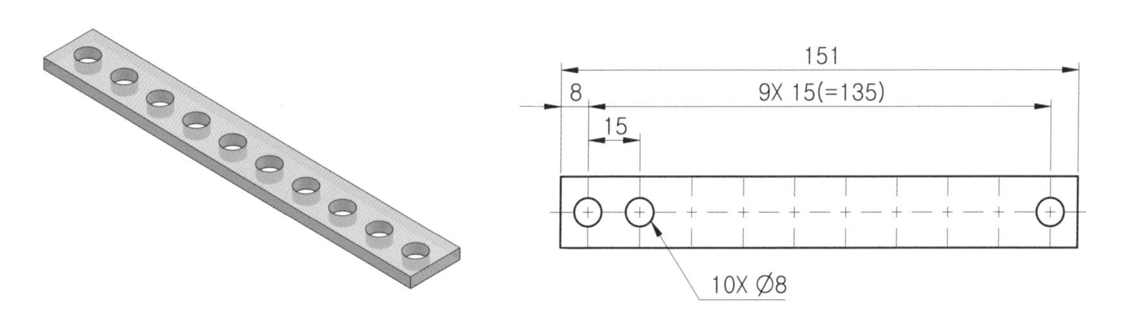

여러 개의 같은 간격의 구멍 치수 기입

(2) 구멍의 깊이 치수 기입

① 구멍이 원으로 그려져 있는 투상도에 구멍의 깊이 치수를 기입할 때에는 다음 그림과 같이 구멍의 크기 치수 다음에 '깊이'라 쓰고, 치수를 기입한다.

② 관통된 구멍일 때에는 구멍의 깊이 치수는 기입하지 않는다.

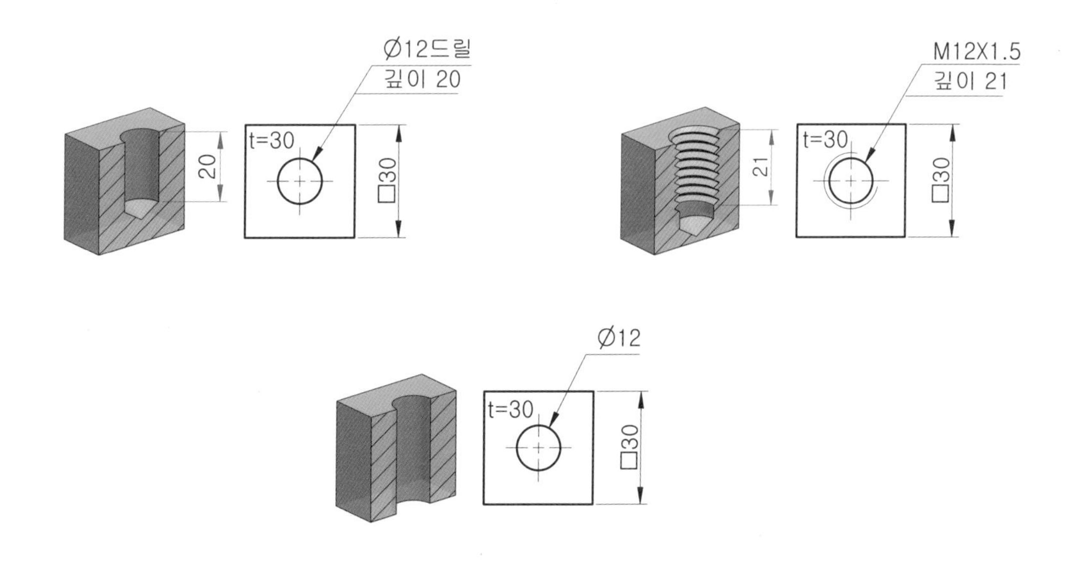

구멍의 깊이 치수 기입

참고 1

대칭인 경우와 비대칭인 경우의 치수 기입법

대칭인 경우 중심선을 기준으로 하여 △, ▽ 모양으로 치수선을 작도해 그림처럼 치수를 기입한다. 비대칭인 경우에는 선 또는 면을 기준으로 치수선을 작도하고 치수를 기입하며, 카운터 보어나 나사의 치수는 지시선으로 많이 표기한다. 지름 치수선은 중심선을 지나서 작도하고 반지름 치수선은 중심선을 지나지 않게 작도한다.

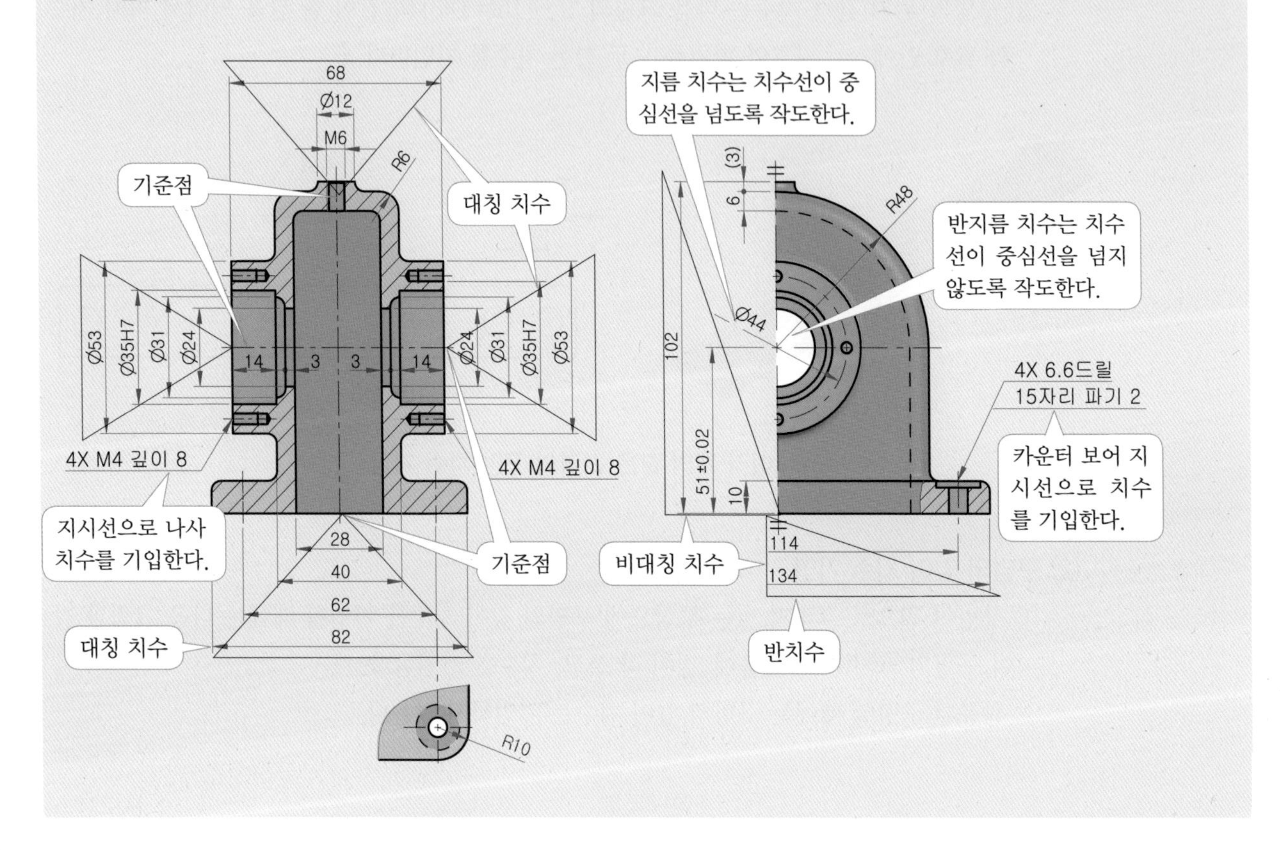

참고 2

치수선의 끝부분 기호

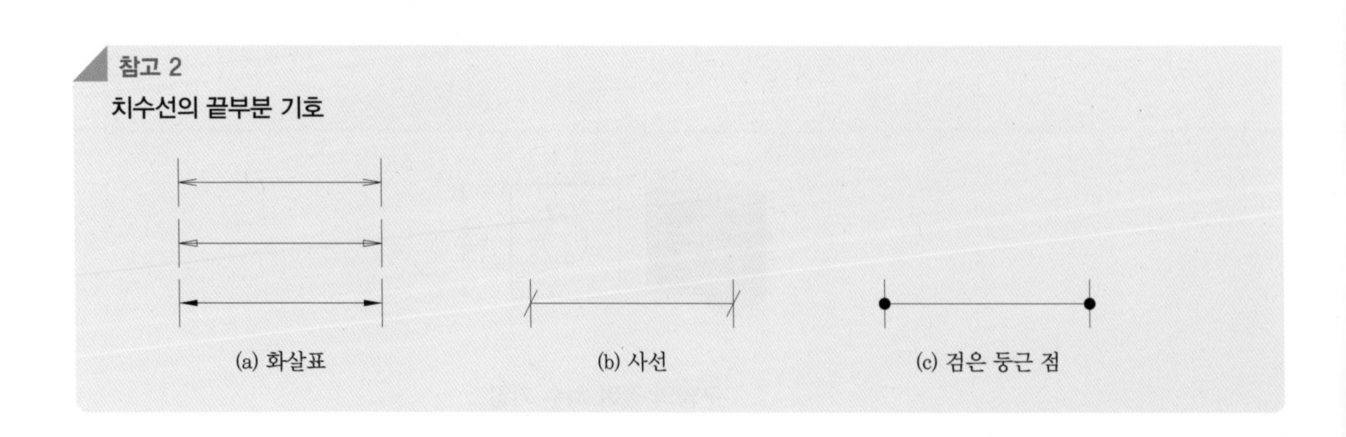

(a) 화살표 (b) 사선 (c) 검은 둥근 점

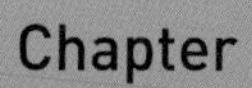

Chapter 5 표면 거칠기와 표면의 결 기호 표시

1 표면 거칠기 (KS B ISO 4287)

부품 가공 시 절삭 공구의 날이나 숫돌 입자에 의해 제품의 표면에 생긴 가공 흔적이나 가공 무늬로 형성된 요철(凹, 凸)을 표면 거칠기라 한다.

1 프로파일 용어

(1) 일반 용어

① 프로파일 필터

프로파일을 장파와 단파로 분리하는 필터를 프로파일 필터라 한다. 거칠기, 파상도, 1차 프로파일을 측정하는 기기에 사용되는 필터에는 λs, λc, λf의 3가지가 있다.

② 거칠기 프로파일

프로파일 필터 λc를 이용하여 장파 성분을 억제하여 1차 프로파일로부터 유도한 프로파일이다.

③ 파상도 프로파일

프로파일 필터 λf를 이용하여 장파 성분을 억제하고 프로파일 필터 λc를 이용하여 단파 성분을 억제한 다음 λf와 λc를 1차 프로파일에 적용하여 유도한 프로파일이다.

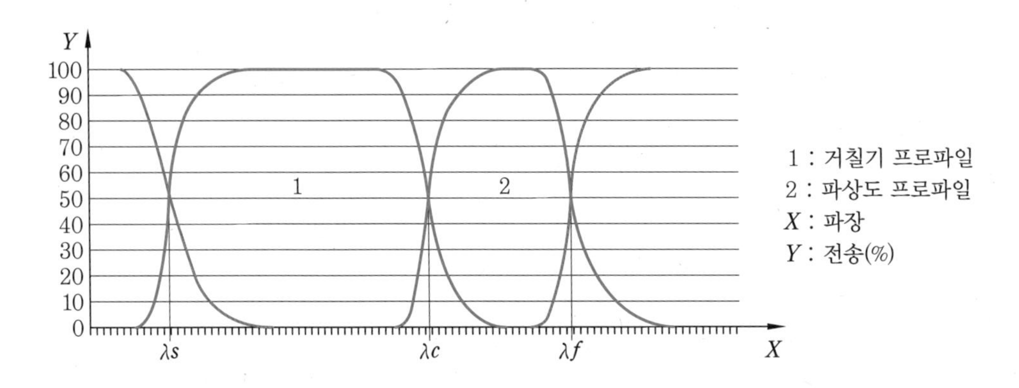

거칠기와 파상도 프로파일의 전송 특성

> **참고**
> - 표면의 결 : 주로 기계 부품의 표면에 있어서 표면 거칠기, 제거 가공의 필요 여부, 절삭 공구의 날 끝에 의해 발생하는 줄무늬 방향, 표면 파상도 등을 말한다.
> - λs : 거칠기와 표면에 나타난 훨씬 더 짧은 파장 성분 사이의 교점을 정의하는 필터
> - λc : 거칠기와 파상도 성분 사이의 교차점을 정의하는 필터
> - λf : 파상도와 표면에 나타난 훨씬 더 긴 파장 성분 사이의 교차점을 정의하는 필터
> - 1차 프로파일 : 1차 프로파일 파라미터를 평가하는 근거가 된다. (KS B ISO 3274)

(2) 기하학적 형상 파라미터의 용어

① **프로파일 산과 골**

X축과 프로파일 교차점의 2개의 인접한 점을 연결하는 평가된 프로파일의 바깥쪽 방향과 안쪽 방향으로 각각 향하는 부분이다.

② **프로파일 산 높이(Zp)와 골 깊이(Zv)**

프로파일 산 높이는 X축과 프로파일 산의 최고점 간 거리이고, 골 깊이는 X축과 프로파일 골의 최저점 간 거리이다.

③ **프로파일 요소의 높이(Zt)와 요소의 폭(Xs)**

프로파일 요소의 높이는 산 높이와 골 깊이의 합이고, 요소의 폭은 요소와 교차하는 X축 선분의 길이이다.

참고

- 평균 선 : 프로파일 필터 λ에 의해 억제된 장파 프로파일 성분에 해당하는 선
- P, R, W–파라미터 : 1차 프로파일, 거칠기 프로파일, 파상도 프로파일에서 산출한 파라미터

2 표면 프로파일 파라미터

1 진폭 파라미터(산과 골)

① **진폭 파라미터의 최대 높이(Pz, Rz, Wz)**

기준 길이 내에서 최대 프로파일 산 높이 Zp와 골 깊이 Zv의 합이다.

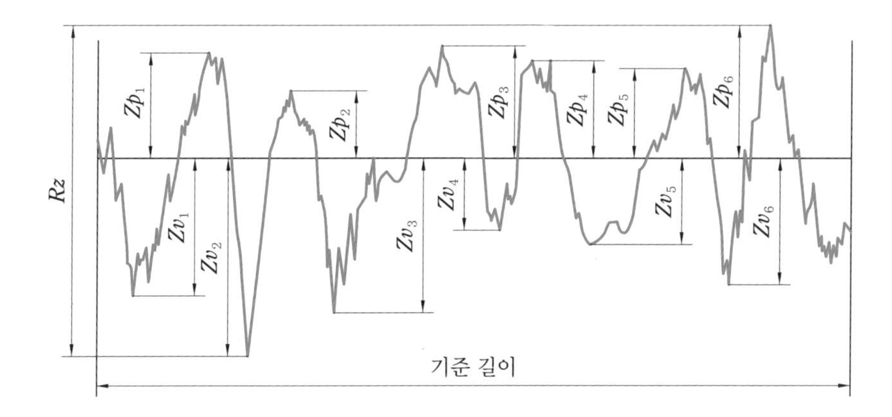

프로파일의 최대 높이(거칠기 프로파일의 예)

② 프로파일 요소의 평균 높이(Pc, Rc, Wc)

기준 길이 내에서 프로파일 요소의 높이 Zt의 평균값이다.

$$Pc,\ Rc,\ Wc = \frac{1}{m}\sum_{i=1}^{m} Zt_i$$

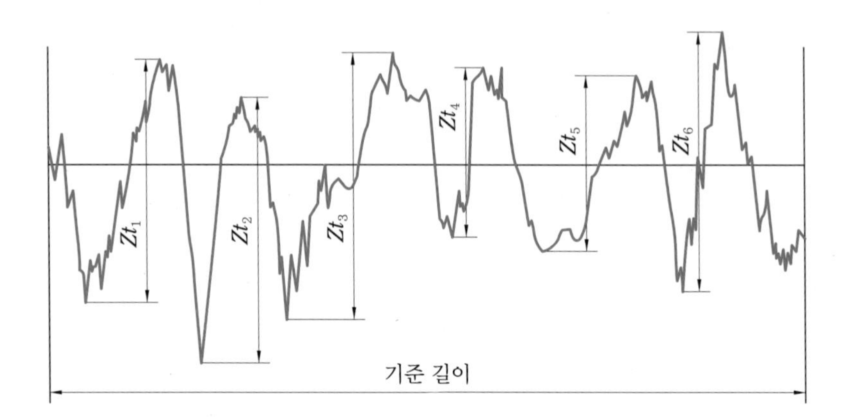

프로파일 요소의 평균 높이(거칠기 프로파일의 예)

2 진폭 파라미터(세로 좌표의 평균)

(1) 평가 프로파일의 산술평균 높이(편차)

기준 길이 내에서 절대 세로 좌푯값 $Z(X)$의 산술평균이다.

$$Pa,\ Ra,\ Wa = \frac{1}{l}\int_0^1 |Z(X)|\,dX$$

(2) 평가 프로파일의 제곱 평균 제곱근 높이(편차)

기준 길이 내에서 세로 좌푯값 $Z(X)$의 제곱 평균 제곱근값이다.

$$Pq,\ Rq,\ Wq = \sqrt{\frac{1}{l}\int_0^1 Z^2(X)\,dX}$$

(3) 평가 프로파일의 비대칭도(Psk, Rsk, Wsk)

기준 길이 내에서 세로 좌푯값 $Z(X)$의 평균 세제곱값과 Pq, Rq, Wq 각각의 세제곱의 몫이다.

$$Rsk = \frac{1}{Rq^3}\left[\frac{1}{lr}\int_0^{lr} Z^3(X)\,dX\right]$$

(4) 평가 프로파일 첨도(Rku, Rku, Wku)

기준 길이 내에서 세로 좌푯값 $Z(X)$의 평균 네제곱값과 Pq, Rq, Wq 각각의 4차의 몫이다.

$$Rku = \frac{1}{Rq^4}\left[\frac{1}{lr}\int_0^{lr} Z^4(X)dX\right]$$

참고

- Pt, Rt, Wt는 기준 길이가 아니라 평가 길에 대해 정의되므로 다음은 항상 모든 프로파일에 대해 참이다.
  $Pt \geq Pz$: $Rt \geq Rz$: $Wt \geq Wz$
- 산술 평균 거칠기(Ra) : $Ra = \frac{1}{L}\int_0^1 |f(x)|dx$
- 10점 평균 거칠기(Rz) : $Rz = \frac{1}{5}$ (5개 산의 합 – 5개 골의 합)
- 최대 높이 거칠기는 $Rmax$로 표기하였으나 현재는 Ry로 표기한다.

3 간격 파라미터

(1) 단면 곡선 요소의 평균 너비 (PSm, RSm, WSm)

기준 길이 내에서 단면 곡선 요소 너비 Xs의 평균값이다.

$$PSm,\ RSm,\ WSm = \frac{1}{m}\sum_{i=1}^{m} Xs_i$$

파라미터 PSm, RSm, WSm 은 높이와 간격의 구별을 필요로 한다. 별도로 규정되지 않은 경우에는 기본 높이 구별은 Pz, Rz, Wz 각각의 10%이어야 하며, 기본 간격 구별은 기준 길이의 1%이어야 한다. 두 조건이 모두 충족되어야 한다.

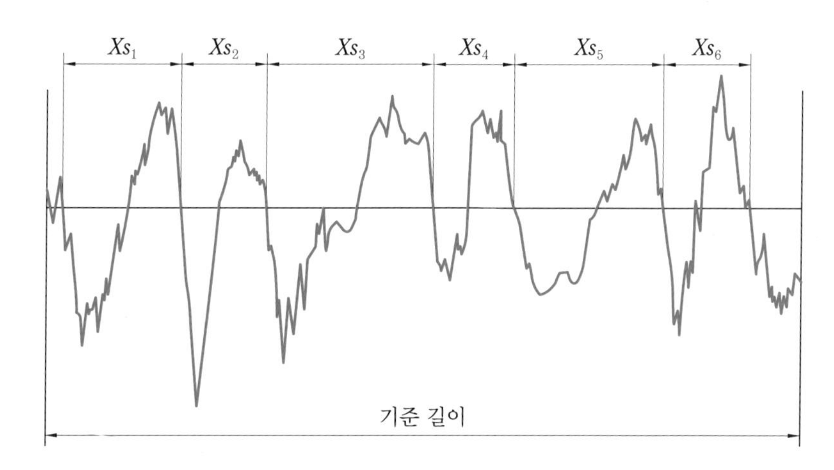

단면 곡선 요소의 너비

3 표면의 결 지시 방법

KS 규격(KS A ISO 1302)에는 도면에 다듬질 기호를 써서 표면의 결에 관한 요구 사항을 지시하는 방법이 있다.

1 표면의 결 지시용 그림 기호

① 표면의 결을 지시하는 기호는 60°로 벌어진, 길이가 다른 2개의 직선을 투상도의 외형선이나 치수선에 붙여서 지시한다 [그림 (a)].

② 제거 가공해서는 안 된다는 것을 지시할 때에는 기호에 내접하는 원을 부가한다 [그림 (b)].

③ 제거 가공이 필요하다는 것을 지시할 때에는 면의 지시 기호 중 짧은 쪽의 꺾인선 끝에 가로선을 부가한다 [그림 (c)].

④ 특별한 요구 사항을 지시할 때에는 지시 기호의 긴 쪽 선 끝에 가로선을 부가한다 [그림 (d)].

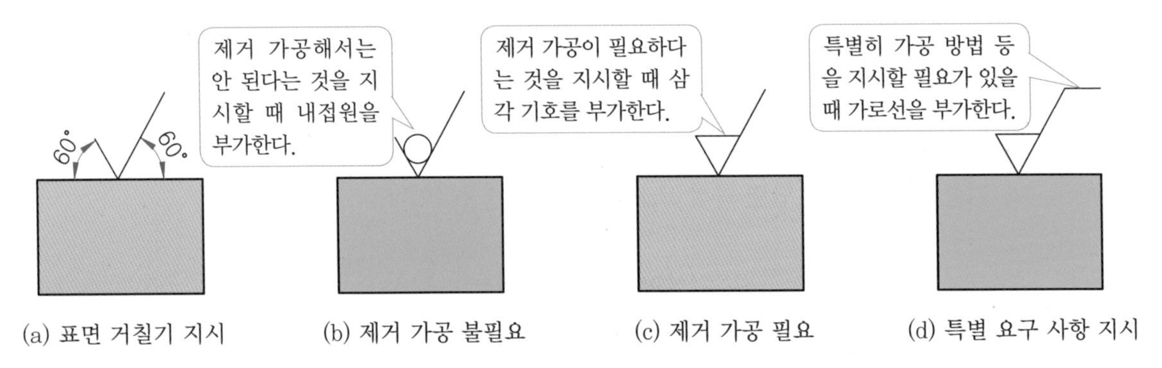

(a) 표면 거칠기 지시 (b) 제거 가공 불필요 (c) 제거 가공 필요 (d) 특별 요구 사항 지시

표면 거칠기 기호

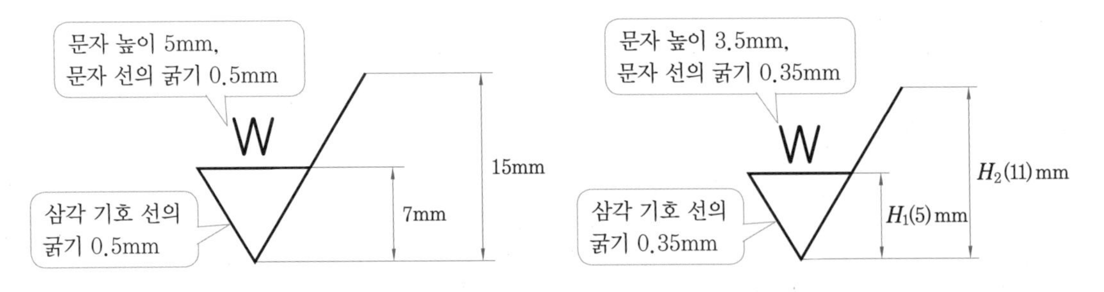

부품 식별 번호 표면 거칠기 크기 **부품도 표면 거칠기 크기**

그림 기호 및 부가적 지시의 치수 KS B ISO1302 (단위 : mm)

문자 높이	2.5	**3.5**	**5**	7	10	14	20
문자와 기호 선의 굵기	2.5	**0.35**	**0.5**	0.7	1	1.4	2
삼각 기호 높이(H_1)	3.5	**5**	**7**	10	14	20	28
다듬질 기호 다리 높이(H_2)	8	**11**	**15**	21	30	42	60

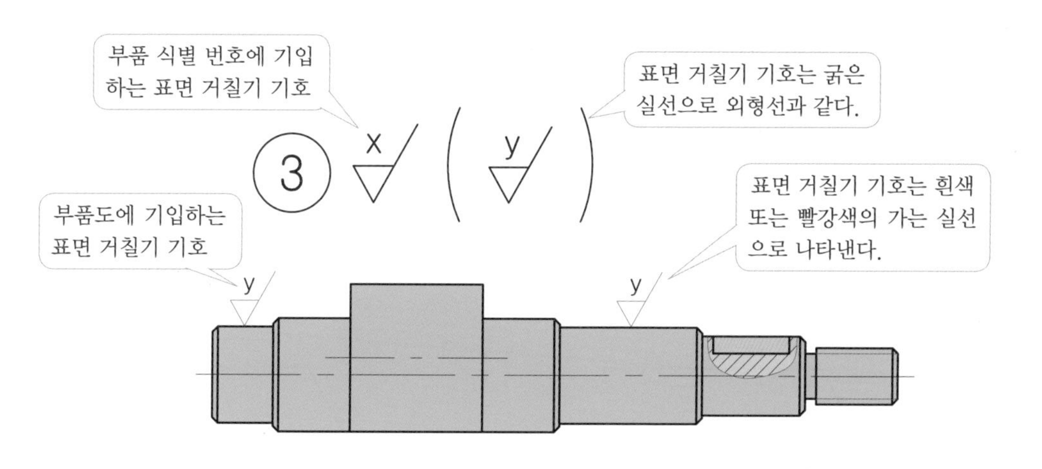

도면에서 표시되는 표면 거칠기 표시

⑤ 도면의 부품도에 표시되는 표면 거칠기 방향 및 문자 표시 방법

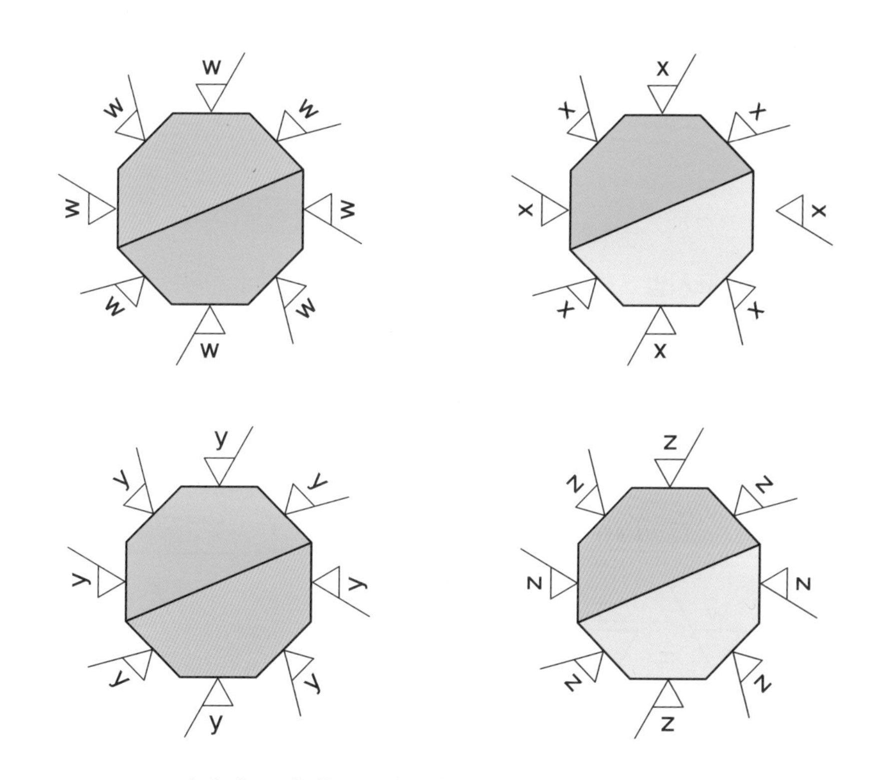

도면에서 표시되는 표면 거칠기 방향 및 문자 표시 방법

2 표면 거칠기를 지시하는 방법

(1) 면의 지시 기호에 대한 각 지시 기호의 위치

표면의 결에 관한 지시 기호는 면의 지시 기호에 대하여 표면 거칠기의 값, 컷오프값 또는 기준 길이, 가공 방법, 줄무늬 방향의 기호, 표면 파상도 등을 그림에서 나타내는 위치에 배치하여 나타낸다.

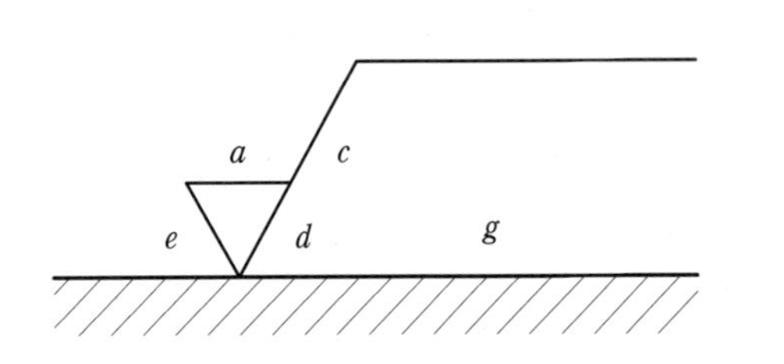

a : *Ra*의 값
b : 가공 방법
c : 컷오프값, 평가 길이
c′ : 기준 길이, 평가 길이
d : 줄무늬 방향의 기호
e : 다듬질 여유
f : *Ra* 이외의 파라미터(*tp*일 때에는 파라미터/절단 레벨)
g : 표면 파상도(KS B 0610에 따른다.)

각 지시 기호의 기입 위치

(2) 표면 거칠기 기호 표시법

현장 실무 도면을 보면 삼각 기호의 다듬질 기호를 많이 볼 수 있다. 다듬질 기호 표기법은 아래와 같이 표면 거칠기 기호를 사용하고, 그 뜻은 부품 식별 번호 옆에 나란히 표기하고 투상도에는 투상도선이나 치수선에 표기한다. 또한 주서에 반드시 표기하고 지시 값은 KS A ISO 1302에 의해 중심선 평균 거칠기(*Ra*) 중에서 선택하도록 한다.

표면 거칠기 및 다듬질 기호

(3) 특수한 요구 사항의 지시 방법

① 가공 방법

제품 표면의 결을 얻기 위해 특정 가공 방법을 지시할 필요가 있는 경우에는 면의 지시 기호가 긴 쪽의 다리에 가로선을 추가하고, 그 위쪽에 문자 또는 KS B 0107 혹은 KS B 0022에 규정하는 기호로 기입한다.

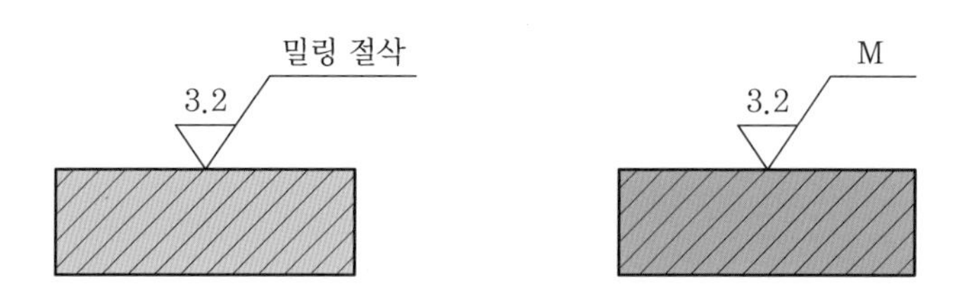

가공 방법을 지시

가공 방법의 기호 KS B 0107

가공방법	약호		가공방법	약호	
	I	II		I	II
선반 가공	L	선삭	호닝 가공	GH	호닝
드릴 가공	D	드릴링	액체 호닝 가공	SPLH	액체 호닝
보링 머신 가공	B	보링	배럴 연마 가공	SPBR	배럴 연마
밀링 가공	M	밀링	버프 다듬질	SPBF	버핑
평삭(플레이닝) 가공	P	평삭	블라스트 다듬질	SB	블라스팅
형삭(셰이핑) 가공	SH	형삭	랩 다듬질	GL	래핑
브로칭 가공	BR	브로칭	줄 다듬질	FF	줄 다듬질
리머 가공	DR	리밍	스크레이퍼 다듬질	FS	스크레이핑
연삭 가공	G	연삭	페이퍼 다듬질	FCA	페이퍼 다듬질
벨트 연삭 가공	GBL	벨트 연삭	정밀 주조	CP	정밀 주조

Ra, *Ry*, *Rz*의 다듬질 기호 및 표면 거칠기 표시 방법과 가공법

구분	*Ra*	*Ry*	*Rz*	표면 거칠기 번호	표면 거칠기 기호	다듬질 기호	가공법 및 적용 부위
초정밀 다듬질	0.013a	0.05s	0.05z		z/▽	▽▽▽▽	• 연삭, 래핑, 호닝, 버핑 등에 의한 가공으로 광택이 나며 거울 면처럼 깨끗한 초정밀 고급 가공면 • 기밀을 요하는 초정밀 부품 • 고급 다듬질로써 초정밀 부품 • 자동차 내연 기관 실린더 접촉면, 게이지류, 정밀한 스핀들, 베어링 볼, 롤러 외면 등
	0.025a	0.1s	0.1z	N1			
	0.05a	0.2s	0.2z	N2			
	0.1a	0.4s	0.4z	N3			
	0.2a	0.8s	0.8z	N4			
정밀 다듬질	0.4a	1.6s	1.6z	N5	y/▽	▽▽▽	• 선반, 밀링, 리머, 연삭, 래핑 등의 가공으로 가공 흔적이 남지 않는 매끄럽고 정밀한 고급 가공면 • 끼워맞춤으로 고속 회전 운동이나 미끄럼 운동 및 직선 왕복을 하는 면(절삭) • 베어링과 축의 끼워맞춤 부분 • 오링, 오일 실, 패킹 등의 끼워맞춤 부분 • 끼워맞춤 공차를 지정하는 부분 • 기준 면, 위치 결정용 핀 부분 • 슬라이딩하는 정밀 지그 위치의 결정면 • 열처리 및 연마되어 내마모성을 필요로 하는 미끄럼 마찰면
	0.8a	3.2s	3.2z	N6			
	1.6a	6.3s	6.3z	N7			
중간 다듬질	3.2a	12.5s	12.5z	N8	x/▽	▽▽	• 줄, 선반, 밀링, 드릴 등의 가공으로 가공 흔적이 희미하게 남을 정도의 보통 가공면 • 부품과 부품이 끼워맞춤만 하고 미끄럼 운동은 하지 않는 고정된 부품면, 보통 공차로 가공한 면 • 본체와 커버의 끼워맞춤부, 키 등
	6.3a	25s	25z	N9			
거친 다듬질	12.5a	50s	50z	N10	w/▽	▽	• 선삭, 밀링, 드릴링 등 공작 기계 가공으로 가공 흔적이 남을 정도의 거친 가공 면 • 끼워맞춤을 하지 않는 일반적인 가공면 • 볼트, 너트, 와셔 등 일반적인 조립면
	25a	100s	100z	N11			
표피부	50a	200s	200z	N12	○/▽	～	• 주조(주물), 압연, 단조 등의 표면부 • 제거 가공해서는 안 되는 면 • 철판, 철골, 구조물 등

주 (1) 다듬질 기호는 삼각 기호(▽) 및 파형기호(～)로 한다.
(2) 삼각 기호는 제거 가공을 하는 면에 사용하고 파형 기호는 제거 가공을 하지 않는 면에 사용한다.

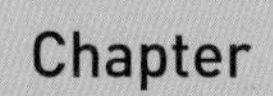

Chapter 6

치수 공차와 끼워맞춤

1 치수 공차 (KS B 0401)

기계 부품의 용도와 형상, 성능, 경제성 등을 고려하여 가공 정도와 치수 공차를 결정해 주는 것은 다른 부품과 조립되어 원활한 기능이 발휘되도록 하지만, 생산 공정과 기계의 정밀도에 따라 생산된 부품은 그 기준 치수보다 크거나 작은 결과가 나오게 된다.

1 일반 사항

치수 공차와 끼워맞춤은 기준 치수가 3150mm 이하인 형체의 치수 공차 방식 및 끼워맞춤 방식에 대하여 규정한다.

① 치수 공차와 끼워맞춤의 치수 공차 방식은 주로 원통 형체를 대상으로 하고 있지만, 원통 이외의 형체에도 적용한다.

② 치수 공차와 끼워맞춤의 끼워맞춤 방식은 원통 형체 또는 2평면 형체 등 단순한 기하 모양의 끼워맞춤에 대하여 적용한다.

③ 일반 공차는 기준 치수에서 ±치수의 오차 범위를 말하며, 모든 치수에 해당한다.

2 용어의 이해

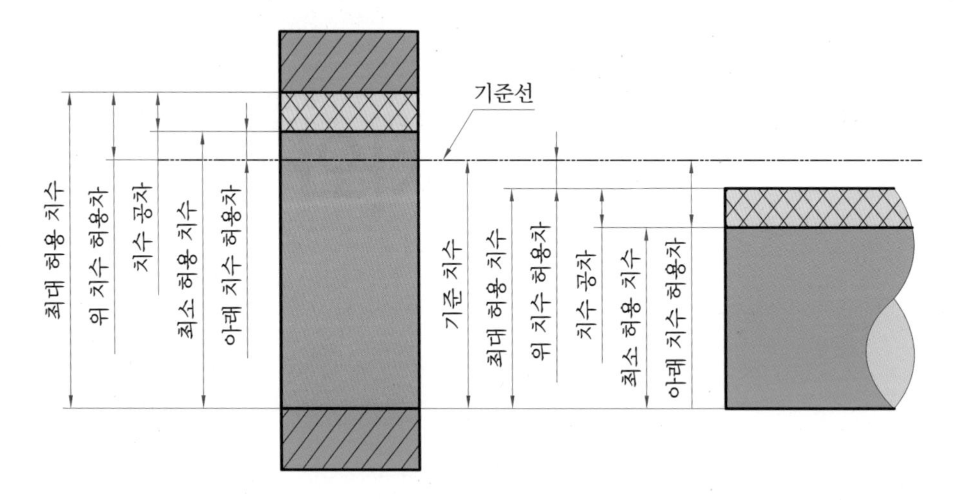

구멍과 축의 기준 치수와 치수 공차

> **참고**
> **온도 조건** : KS B 0401 규격에 규정하는 치수는 온도 20℃일 때의 것으로 한다.

① **실 치수** : 가공이 완료되어 제품을 실제로 측정한 치수이며, 단위는 mm 이다.
② **허용 한계 치수** : 허용할 수 있는 실 치수의 범위를 말한다. 즉 최대 허용 치수 − 최소 허용 치수
③ **기준 치수** : 위 치수 허용차 및 아래 치수 허용차를 적용하는 기준이 되는 치수
④ **기준선** : 허용 한계 치수 또는 끼워맞춤을 지시할 때의 기준 치수를 말하며, 치수 허용차의 기준이 되는 직선
⑤ **공차** : 최대 허용 치수와 최소 허용 치수와의 차
⑥ **형체** : 치수 공차 방식 및 끼워맞춤 방식의 대상이 되는 기계 부품의 부분
⑦ **구멍** : 주로 원통형의 내측 형체를 말하며, 원형 단면이 아닌 내측 형체도 포함한다.
⑧ **축** : 주로 원통형의 외측 형체를 말하며, 원형 단면이 아닌 외측 형체도 포함한다.
⑨ **치수** : 형체의 크기를 나타내는 양을 말하며(㉠구멍 및 축의 지름), mm를 단위로 한다.

3 기본 공차

(1) 공차 계열

기본 공차는 치수를 구분하여 공차를 적용하는 것으로, 각 구분에 대한 공차의 무리를 공차 계열이라고 한다.

(2) IT (International Tolerance) 기본 공차

① IT 기본 공차는 치수 공차와 끼워맞춤에 있어서 정해진 모든 치수 공차를 멀한다.
② ISO 공차 방식에 따라 분류하며 IT 01, IT 02, IT 1, IT 2, ……, IT 18까지 20등급으로 구분하여 규정하고 있다.
③ 기준 치수가 클수록, IT 등급의 숫자가 높을수록 공차가 커진다.
④ 축이나 구멍의 지름을 정밀하게 가공하려면 공차값을 작게 하면 되지만, 같은 공차값이라 하더라도(㉠ 0.01mm) 기준 치수가 50mm인 경우와 200mm인 경우는 정밀도가 다르다.

IT 기본 공차의 등급 적용

용 도	게이지 제작 공차	끼워맞춤 공차	끼워맞춤 이외의 공차
구멍	IT 01 ~ IT 5	IT 6 ~ IT 10	IT 11 ~ IT 18
축	IT 01 ~ IT 4	IT 05 ~ IT 9	IT 10 ~ IT 18
가공 방법	초정밀 연삭, 래핑, 호닝	연삭, 리밍, 밀링, 정밀 선삭	압연, 압출, 프레스, 단조, 주조
공차 범위	0.001mm	0.01mm	0.1mm

IT 기본 공차의 수치 KS B 0401

기준 치수의 구분(mm)		공차 등급(IT)																			
		01	0	1	2	3	**4**	**5**	**6**	**7**	8	9	10	11	12	13	14([1])	15([1])	16([1])	17([1])	18([1])
초과	이하	기본 공차의 수치(μm)													기본 공차의 수치(mm)						
–	3([1])	0.3	0.5	0.8	1.2	2	3	**4**	6	10	14	25	40	60	0.10	0.14	0.26	0.40	0.60	1.00	1.40
3	6	0.4	0.6	1	1.5	2.5	4	**5**	8	12	18	30	48	75	0.12	0.18	0.30	0.48	0.75	1.20	1.80
6	10	0.4	0.6	1	1.5	2.5	4	**6**	9	15	22	36	58	90	0.15	0.22	0.36	0.58	0.90	1.50	2.20
10	18	0.5	0.8	1.2	2	3	5	**8**	11	18	27	43	70	110	0.18	0.27	0.43	0.70	1.10	1.80	2.70
18	30	0.6	1.0	1.5	2.5	4	6	**9**	13	21	33	52	84	130	0.21	0.33	0.52	0.84	1.30	2.10	3.30
30	50	0.6	1.0	1.5	2.5	4	7	**11**	16	25	39	62	100	160	0.25	0.39	0.62	1.00	1.60	2.50	3.90
50	80	0.8	1.2	2	3	5	8	**13**	19	30	46	74	120	190	0.30	0.46	0.74	1.20	1.90	3.00	4.60
80	120	1.0	1.5	2.5	4	6	10	**15**	22	35	54	87	140	220	0.35	0.54	0.87	1.40	2.20	3.50	5.40
120	180	1.2	2.0	3.5	5	8	12	**18**	25	40	63	100	160	250	0.40	0.63	1.00	1.60	2.50	4.00	6.30
180	250	2.0	3.0	4.5	7	10	14	**20**	29	46	72	115	185	290	0.46	0.72	1.15	1.85	2.90	4.60	7.20
250	315	2.5	4.0	6	8	12	16	**23**	32	52	81	130	210	320	0.52	0.81	1.30	2.10	3.20	5.20	8.10
315	400	3.0	5.0	7	9	13	18	**25**	36	57	89	140	230	360	0.57	0.89	1.40	2.30	3.60	5.70	8.90

주 ([1]) : 공차 등급 IT14~IT18 등급은 기준 치수 1mm 이하에서는 공차를 적용하지 않는다.

참고

- IT 기본 공차의 등급 적용은 축과 구멍을 제작할 때 기능, 생산 기계의 정밀도와 제작 난이도 등을 고려하여 구멍에는 IT n, 축에는 IT n–1을 적용한다.

(3) 구멍 및 축의 기초가 되는 치수 공차역의 위치

① 구멍(보스) : A~ZC까지 영문 대문자로 표시

② 축 : a~zc까지 영문 소문자로 표시

구멍 기호	최대 허용 치수는 기준 치수와 일치한다. ← 점점 커진다 **점점 작아진다 →** A B C D E F G **H** JS K M N P R S T U V X Y Z ZA ZB ZC
축 기호	최대 허용 치수는 기준 치수와 일치한다. **← 점점 작아진다** 점점 커진다 → a b c d e f g **h** js k m n p r s t u v x y z za zb zc

주 혼동을 피하기 위해서 I, L, O, Q, W, i, l, o, q, w 문자는 사용하지 않는다.

(4) 구멍과 축의 IT 등급에 의한 끼워맞춤 (KS B 0401)

구멍의 치수는 $\phi 50$을 기준으로 한 끼워맞춤이며, 구멍의 기준은 H이고 7등급이다. 축의 치수는 $\phi 50$인 축의 기준은 h이며, 등급은 6등급의 끼워맞춤이다.

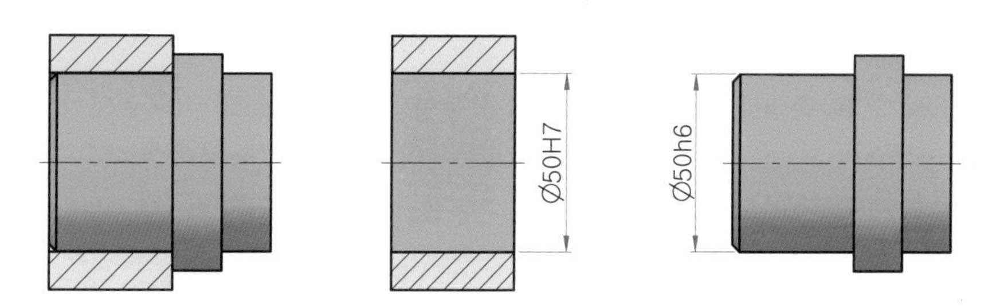

구멍과 축의 IT등급에 의한 끼워맞춤

2 끼워맞춤 공차

끼워맞춤 공차는 구멍과 축의 조립 전 치수의 차이에서 생긴 관계이다. 끼워맞춤에는 사용 목적과 기능에 따라 헐거운 끼워맞춤, 중간 끼워맞춤, 억지 끼워맞춤이 있다.

1 끼워맞춤의 틈새와 죔새

(1) 틈새

구멍의 치수가 축의 치수보다 클 때 구멍과 축과의 치수의 차를 틈새라고 한다.

① **최소 틈새**

헐거운 끼워맞춤에서 구멍의 최소 허용 치수와 축의 최대 허용 치수의 차

② **최대 틈새**

헐거운 끼워맞춤 또는 중간 끼워맞춤에서 구멍의 최대 허용 치수와 축의 최소 허용 치수의 차

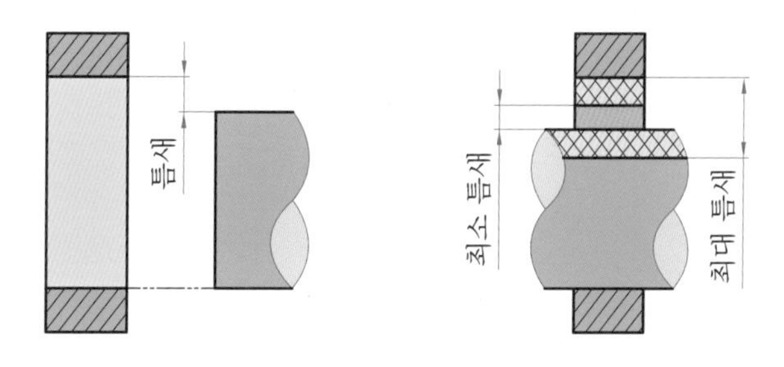

끼워맞춤의 틈새

(2) 죔새

구멍의 치수가 축의 치수보다 작을 때 조립 전의 구멍과 축과의 치수의 차를 죔새라고 한다.

① 최소 죔새

억지 끼워맞춤에서 구멍의 최대 허용 치수와 축과의 최소 허용 치수의 차

② 최대 죔새

헐거운 끼워맞춤 또는 중간 끼워맞춤에서 구멍의 최소 허용 치수와 축의 최대 허용 치수의 차

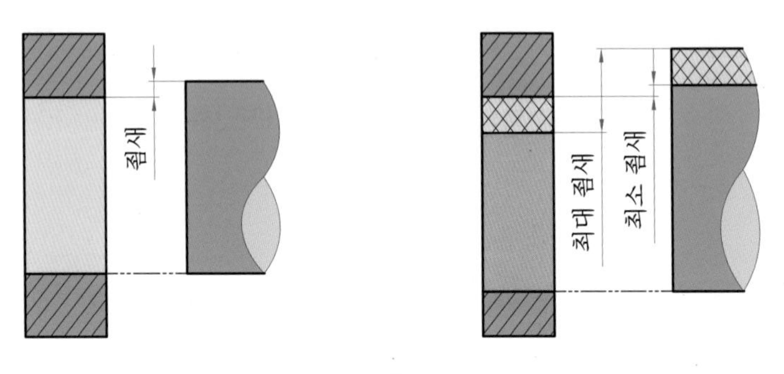

끼워맞춤의 죔새

참고

치수 공차 표기

KS B ISO 129-1, KS B ISO 286-1에 따른 한계 편차는 아래 편차 위에 위 편차를 표시하거나[그림 (a)와 그림 (c) 참조], 아래 편차 앞에 위 편차를 "/"로 분리하여 표시하여야 한다[그림 (b) 참조].

두 개의 편차 중 하나가 0일 때에는 숫자 0을 표시하여야 한다[그림 (c) 참조].

공차가 기본 치수에 관련하여 대칭일 경우에는 한계 편차는 한 번만 "±" 부호 뒤에 나타내야 한다[그림 (d) 참조].

320^{+1}_{-2} (a)

320 +1/−2 (b)

320^{0}_{-2} (c)

320 ±1 (d)

2 상용하는 끼워맞춤

상용하는 끼워맞춤은 H구멍을 기준 구멍으로 하고 이에 적당한 축을 선택하여 필요한 죔새 또는 틈새를 주는 끼워맞춤과 h축을 기준 축으로 하여 이것에 적당한 구멍을 선택하여 죔새 또는 틈새를 주는 끼워맞춤이 있다.

기준 치수는 500mm 이하의 상용 끼워맞춤에 적용한다.

(1) 구멍 기준 끼워맞춤

아래 치수 허용차가 0인 H 등급의 구멍을 기준 구멍으로 하고, 이에 적합한 축을 선정하여 필요한 죔새나 틈새를 얻는 끼워맞춤 방식이다.

상용하는 구멍 기준 끼워맞춤 KS B 0401

기준 구멍	축의 공차역 클래스																
	헐거운 끼워맞춤							중간 끼워맞춤			억지 끼워 맞춤						
H6						g5	h5	js5	k5	m5							
					f6	g6	h6	js6	k6	m6	n6[1]	p6[1]					
H7					f6	g7	h6	js6	k6	m6	n6	p6[1]	r6[1]	s6	t6	u6	x6
				e7	f7		h7	js7									
H8					f7		h7										
				e8	f8		h8										
			d9	e9													
H9			d8	e8			h8										
		c9	d9	e9			h9										
H10	b9	c9	d9														

주 (1) : 이들의 끼워맞춤은 치수의 구분에 따라 예외가 생긴다.

참고

일반적으로 축은 편심 가공을 제외하고는 구멍보다 가공이 쉽다. 구멍은 비교적 형태가 복잡한 경우도 많지만 형상이 축과 같다 해도 가공 난이도가 매우 높기 때문에 공차역을 크게 적용하는 것이 좋다.

(2) 축 기준 끼워맞춤

위 치수 허용차가 0인 h등급의 축을 기준으로 하고, 이에 적합한 구멍을 선정하여 필요한 죔새나 틈새를 얻는 끼워맞춤 방식이다.

상용하는 축 기준 끼워맞춤 KS B 0401

기준 축	구멍의 공차역 클래스																
	헐거운 끼워맞춤							중간 끼워맞춤			억지 끼워 맞춤						
h5							H6	JS6	K6	M6	N6(1)	P6					
h6					F6	G6	H6	JS6	K6	M6	N6	P6(1)					
					F7	G7	H7	JS7	K7	M7	N7	P7(1)	R7	S7	T7	Y7	X7
h7				E7	F7		H7										
							H8										
h8			D8	E8			H8										
			D9	E9			H9										
h9			D8	E8			H8										
		C9	D9	E9			H9										
	B10	C10	D10														

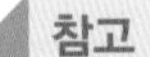
주 (1) : 이들의 끼워맞춤은 치수의 구분에 따라 예외가 생긴다.

참고

조립된 상태의 끼워맞춤 공차 기입법

끼워맞춤은 구멍과 축의 공통 기준 치수에 그림처럼 구멍의 끼워맞춤 공차와 축의 끼워맞춤 공차를 같이 표기한다.

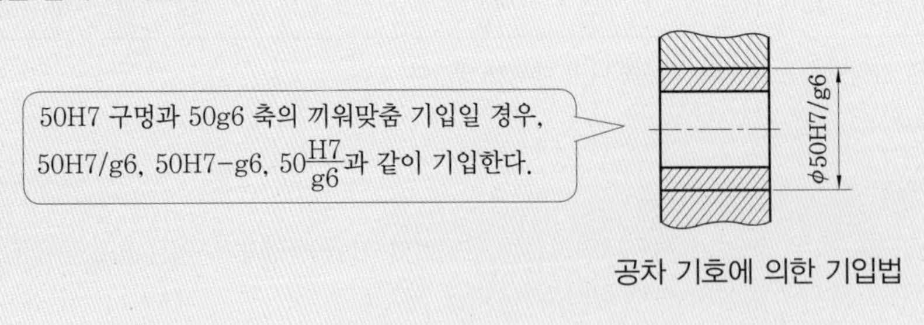

50H7 구멍과 50g6 축의 끼워맞춤 기입일 경우,
50H7/g6, 50H7−g6, 50H7/g6과 같이 기입한다.
φ50H7/g6

공차 기호에 의한 기입법

3 치수 허용차(공차 치수)

산업 현장에서는 상용적으로 사용되는 끼워맞춤 공차 기입법보다는 **공차 치수 기입법이 널리 사용된다.** 공차값의 범위가 실질적인 허용차 값으로 산업 현장에서 측정용 게이지 또는 측정기로 측정하는 범위를 기입한다.

1 구멍 기준 끼워맞춤 치수 허용차(KS B 0401)

(1) 헐거운 끼워맞춤

구멍 기준 중 ϕ60H7을 기준으로 할 때 헐거운 끼워맞춤에서 축 ϕ60g6의 치수 허용차(공차 치수)는 −0.01∼−0.029이며, 구멍 ϕ60H7의 치수 허용차는 0∼+0.03이다.

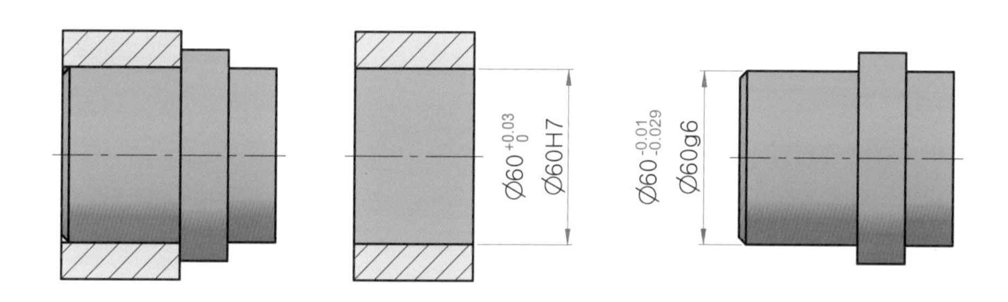

구멍 기준 헐거운 끼워맞춤 치수 허용차

(2) 중간 끼워맞춤

구멍 기준 중 ϕ60H7을 기준으로 할 때 중간 끼워맞춤에서 축 ϕ60js6의 치수 허용차(공차 치수)는 ±0.0095이며, 구멍 ϕ60H7의 치수 허용차는 0∼+0.03이다.

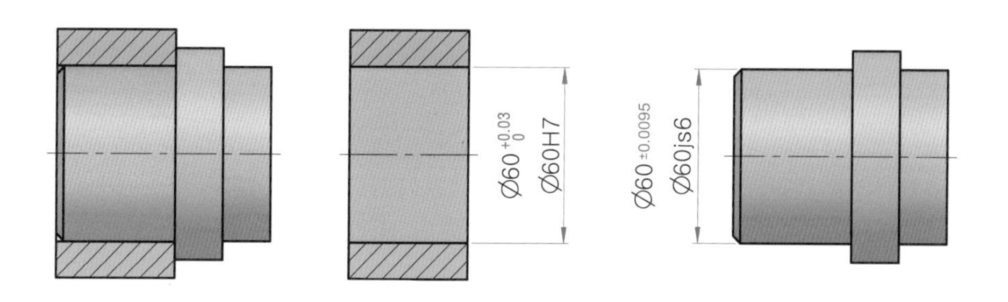

구멍 기준 중간 끼워맞춤 치수 허용차

(3) 억지 끼워맞춤

구멍 기준 중 ϕ60H7을 기준으로 할 때 억지 끼워맞춤에서 축 ϕ60p6의 치수 허용차(공차 치수)는 +0.032~+0.051이며, 구멍 ϕ60H7의 치수 허용차는 0~+0.03이다.

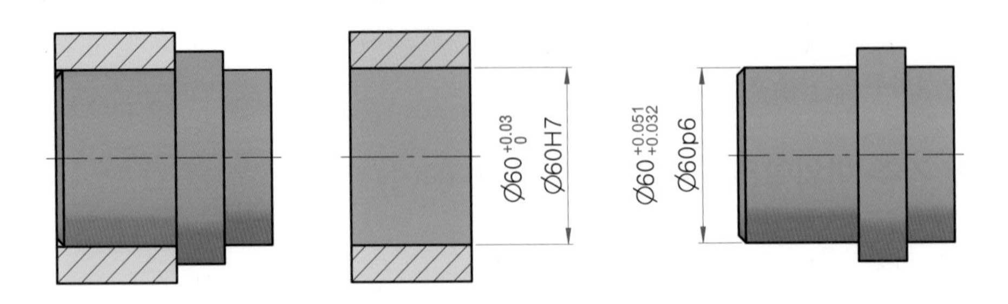

구멍 기준 억지 끼워맞춤 치수 허용차

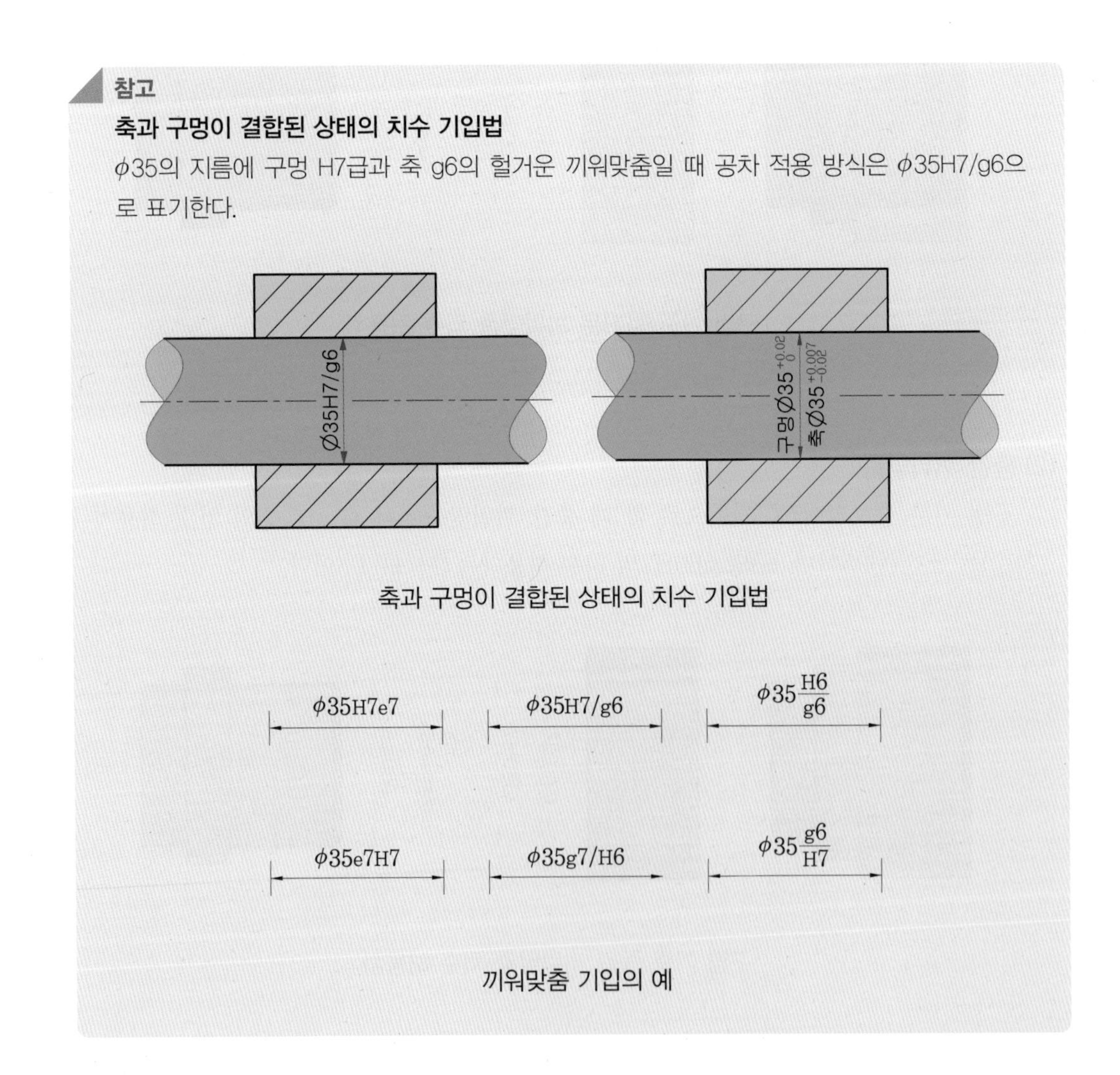

참고

축과 구멍이 결합된 상태의 치수 기입법

ϕ35의 지름에 구멍 H7급과 축 g6의 헐거운 끼워맞춤일 때 공차 적용 방식은 ϕ35H7/g6으로 표기한다.

축과 구멍이 결합된 상태의 치수 기입법

끼워맞춤 기입의 예

2 축 기준 끼워맞춤 치수 허용차

(1) 헐거운 끼워맞춤

축 기준 중 ϕ60h6을 기준으로 할 때 헐거운 끼워맞춤에 구멍 ϕ60H6의 치수 허용차(공차 치수)는 0～+0.019이며, 축 ϕ60h6의 치수 허용차는 0～−0.019이다.

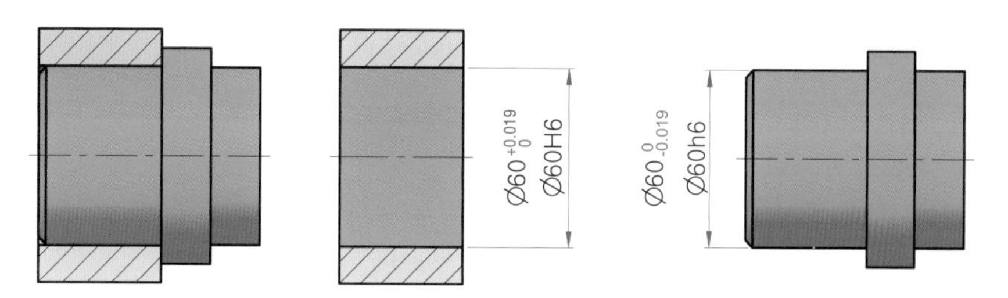

구멍 기준 끼워맞춤 치수 허용차 (헐거운 끼워맞춤)

(2) 중간 끼워맞춤

축 기준 중 ϕ60h6을 기준으로 할 때 헐거운 끼워맞춤에 구멍 ϕ60JS7의 치수 허용차(공차 치수)는 ±0.015이며, 축 ϕ60h6의 치수 허용차는 0～−0.019이다.

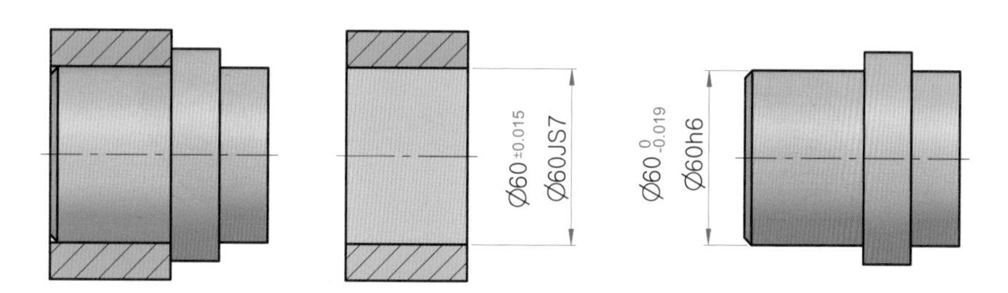

구멍 기준 끼워맞춤 치수 허용차 (중간 끼워맞춤)

(3) 억지 끼워맞춤

축 기준 중 ϕ60h6을 기준으로 할 때 헐거운 끼워맞춤에 구멍 ϕ60P7의 치수 허용차(공차 치수)는 −0.021～−0.051이며, 축 ϕ60h6의 치수 허용차는 0～−0.019이다.

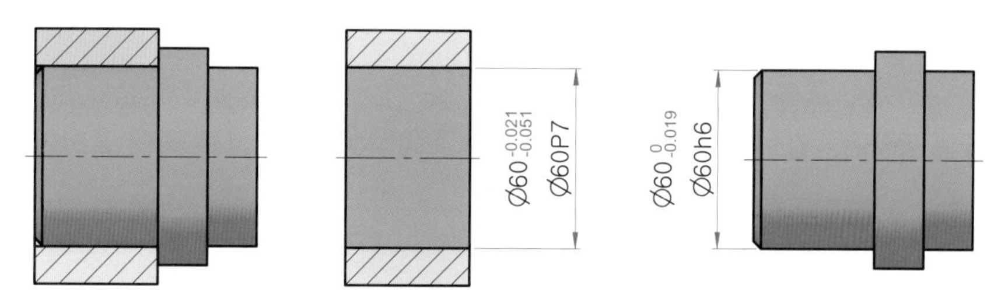

구멍 기준 끼워맞춤 치수 허용차 (억지 끼워맞춤)

4 중심 거리 허용차 (KS B 0420)

1 적용 범위

중심 거리 허용차(이하 중심 거리의 허용차는 허용차라 칭한다.)는 다음과 같은 경우에 적용한다.

① 기계 부품에 뚫린 두 개의 구멍과 구멍의 중심 거리
② 기계 부품에 있어서 두 개의 축과 축의 중심 거리
③ 기계 부품에 가공된 홈과 홈의 중심 거리
④ 기계 부품에 있어서 구멍과 축, 구멍과 홈, 면과 구멍, 면과 축 또는 축과 홈의 중심 거리

여기서, 구멍, 축 및 홈은 그 중심선에 서로 평행하고, 구멍과 축은 원형 단면이며 테이퍼가 없고, 홈은 양측면이 평행한 조건으로 한다.

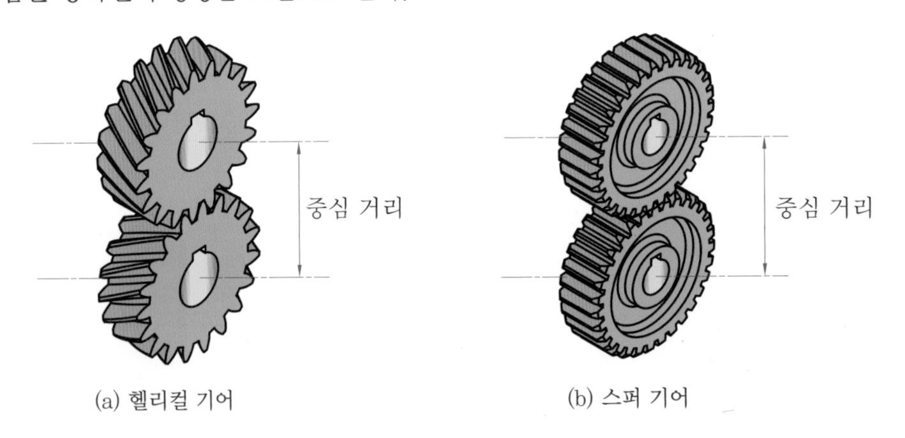

(a) 헬리컬 기어 (b) 스퍼 기어

축의 중심 거리

2 용어의 뜻

중심 거리 : 구멍, 축 또는 홈의 중심선에 직각인 단면 내에서 중심부터 중심까지의 거리를 말한다.

3 등급

허용차의 등급은 1급~4급까지 등급으로 한다. 또한, 0급을 참고로 표에 표시한다.

4 허용차

허용차의 수치는 다음 표에 따른다.

중심 거리의 허용차 KS 데이터

(단위 : μm)

중심 거리의 구분(mm)		등급				
초과	이하	0급(참고)	1급	2급	3급	4급(mm)
–	3	±2	±3	±7	±20	±0.05
3	6	±3	±4	±9	±24	±0.06
6	10	±3	±5	±11	±29	±0.08
10	18	±4	±6	±14	±35	±0.09
18	30	±5	±7	±17	±42	±0.11
30	50	±6	±8	±20	±50	±0.13
50	80	±7	±10	±23	±60	±0.15
80	120	±8	±11	±27	±70	±0.18
120	180	±9	±13	±32	±80	±0.20
180	250	±10	±15	±36	±93	±0.23
250	315	±12	±16	±41	±105	±0.26
315	400	±13	±18	±45	±115	±0.29
400	500	±14	±20	±49	±125	±0.32
500	630	–	±22	±55	±140	±0.35
630	800	–	±25	±63	±160	±0.40
800	1000	–	±28	±70	±180	±0.45
1000	1250	–	±33	±83	±210	±0.53
1250	1600	–	±29	±98	±250	±0.63
1600	2000	–	±46	±120	±300	±0.75
2000	2500	–	±55	±140	±350	±0.88
2500	3150	–	±68	±170	±430	±1.05

주 단위는 0~3급은 μm, 4급은 mm이다.

① 바닥면에서 구멍 축선까지의 중심 거리가 65일 때 50~80의 중심 거리 허용차 등급 2급을 적용하면 ±23μm이므로 중심 거리 공차는 65±0.023이다.

중심 거리의 허용차 KS 데이터

(단위 : μm)

중심 거리의 구분(mm)		등급				
초과	이하	0급(참고)	1급	2급	3급	4급(mm)
–	3	±2	±3	±7	±20	±0.05
30	50	±6	±8	±20	±50	±0.13
50	80	±7	±10	**±23**	±60	±0.15
80	120	±8	±11	±27	±70	±0.18

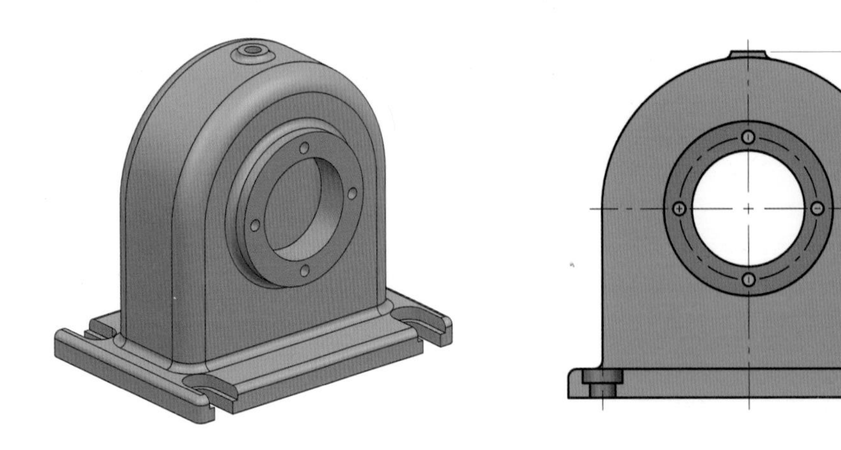

면에서 구멍의 축선까지의 중심 거리

② 구멍과 구멍의 축선까지의 중심 거리가 86.6일 때 80~120의 중심 거리 허용차 등급 2급을 적용하면 ±27㎛이므로 중심 거리 공차는 86.6±0.027이다.

중심 거리의 허용차 KS 데이터

(단위 : ㎛)

중심 거리의 구분(mm)		등급				
초과	이하	0급(참고)	1급	**2급**	3급	4급(mm)
–	3	±2	±3	±7	±20	±0.05
50	80	±7	±10	±23	±60	±0.15
80	120	±8	±11	**±27**	±70	±0.18
120	180	±9	±13	±32	±80	±0.20

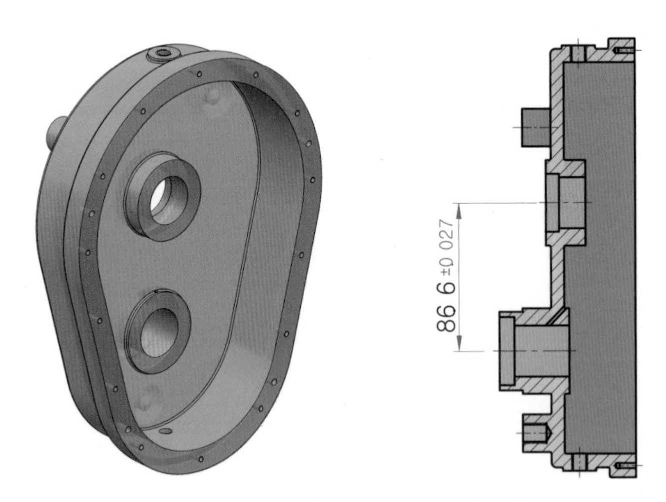

구멍과 구멍의 축선까지의 중심거리

Chapter

기하 공차

1 기하 공차 도시 방법

1 기하 공차의 정의

기하학적 편차로, 기하학적 형상이 완전한 형태로부터 변화해도 좋은 범위를 **기하 공차**라 하며 KS A ISO 1101에 규정되어 있다. 기하 공차는 치수 공차와 달리 기하학적 정밀도가 요구되는 부분에만 적용한다. 또 부품 간의 작동 및 호환성이 중요할 때 제품 제작과 검사의 일관성을 두기 위한 기준이 필요할 때 주로 사용된다.

2 적용 범위

① 도면에 도시하는 대상물의 모양, 자세, 위치 편차 및 흔들림의 허용값 등을 규제하며, 결합 부품 상호 간의 호환성을 주는 데 적용한다.

② 형체는 기하 공차를 지정한 대상물의 점, 선, 축선, 면 등을 말한다.

③ 기하 공차는 기능상의 요구, 호환성 등에 의거하여 불가결한 곳에만 지정하도록 한다.

④ 기하학적 기준이 되는 데이텀 없이 단독으로 기하 공차의 허용값이 정해지는 형체는 평면도, 진원도, 진직도, 원통도 등의 편차값을 적용할 수 있다.

⑤ 기하학적 기준이 되는 데이텀을 기준으로 허용값이 정해지는 형체는 평행도, 직각도, 경사도 등의 편차값을 적용할 수 있다.

3 공차역

기하 공차에 의해 규제되는 형체에 있어 그 형체가 기하학적으로 옳은 자세 또는 위치로부터 벗어나는 것이 허용되는 영역을 **공차역**이라 한다.

4 기하 공차를 지정할 때의 일반 사항

① 도면에 지정하는 대상물의 모양, 자세 및 위치 편차 그리고 흔들림의 허용값에 대해서는 원칙적으로 기하 공차에 의하여 도시한다.

② 형체에 지정한 치수의 허용 한계는 특별히 지시가 없는 한 기하 공차를 규제하지 않는다.

③ 기하 공차의 지시는 생산 방식, 측정 방법 또는 검사 방법을 특정한 것에 한정하지 않는다. 다만, 특정한 경우에는 별도로 지시한다.

5 공차역에 관한 일반 사항

공차붙이 형체가 포함되어 있어야 할 공차역은 다음에 따른다.

① 형체(점, 선, 축선, 면 또는 중심면)에 적용하는 기하 공차는 그 형체가 포함되어야 할 공차역을 정한다.

② 공차역이 원 또는 원통인 경우에는 공차값 앞에 ϕ를 붙이고, 공차역이 구인 경우에는 Sϕ를 붙여서 나타내며, 원통도는 공차값 앞에 ϕ를 붙이지 않는다.

③ 공차붙이 형체에는 기능상의 이유로 2개 이상의 기하 공차를 지정할 수 있으며, 기하 공차 중에는 다른 종류의 기하 공차를 동시에 규제할 수 있다.

④ 공차붙이 형체는 공차역 내에 있어서 어떠한 모양 또는 자세라도 좋다. 다만, 더욱 엄격한 공차역 지정에 의해 규제가 가해질 때에는 그 규제에 따른다.

⑤ 지정한 공차를 대상으로 하고 있는 형체의 전체 길이 또는 전체 면에 대하여 적용된다. 다만, 그 공차를 적용하는 범위가 지정되어 있는 경우에는 그것에 따른다.

⑥ 관련 형체에 대하여 지정한 기하 공차는 데이텀 형체 자체의 모양 편차를 지정하지 않는다. 따라서, 필요에 따라 데이텀 형체에 모양 공차를 지시한다.

⑦ 공차의 종류와 공차값의 지시 방법에 의하여 공차역은 다음 표에 나타낸 공차역 중 어느 한 가지로 된다.

공차역과 공차값

공차역	공차값
원 안의 영역	원의 지름
두 개의 동심원 사이의 영역	동심원 반지름의 차
두 개의 등간격 선 또는 두 개의 평행한 직선 사이에 끼인 영역	두 직선의 간격
구 안의 영역	구의 지름
원통 안의 영역	원통의 지름
두 개의 동축의 원통 사이에 끼인 영역	동축 원통의 반지름 차
두 개의 등거리 면 또는 두 개의 평평한 사이에 끼인 영역	두 면 또는 두 평면의 간격
직육면체 안의 영역	직육면체의 각 변의 길이

관련 용어 기하 공차(KS A ISO 1101)

공차역 : 하나 또는 여러 개의 기하학적으로 완전한 선이나 표면에 의해 제한되고, 선형 치수에 의해 특징지어지는 공간이다.

교차 평면 : 가공품의 추출 형체로부터 확정된 평면으로 추출 평면상의 선 또는 점을 식별한다.

자세 평면 : 가공품의 추출 형체로부터 확정된 평면으로 공차 영역의 자세를 식별한다.

방향 형체 : 가공품의 추출 형체로부터 확정된 형체로 공차 영역의 폭 방향을 식별한다.

복합 인접 형체 : 여러 개의 단일 형체로 구성된 형체로 틈이 없이 결합된 것이다.

집합 평면 : 가공품의 공칭 형체에서 확정된 평면으로 폐쇄된 복합 인접 형체이다.

이론상 정확한 치수(TED) : 제품의 기술 문서에서 표시된 치수로 공차에 영향을 받지 않으며, 그 값은 직사각형 틀 안에 나타낸다.

2 데이텀 도시 방법

1 데이텀

관련 형체의 자세, 위치, 흔들림 등의 편차를 정하기 위해 설정된 이론적으로 정확한 기하학적 기준이다. 이 기준이 점, 직선, 축 직선, 평면, 중심 평면인 경우에는 각각 데이텀 점, 데이텀 직선, 데이텀 축 직선, 데이텀 평면, 데이텀 중심 평면이라고 부른다.

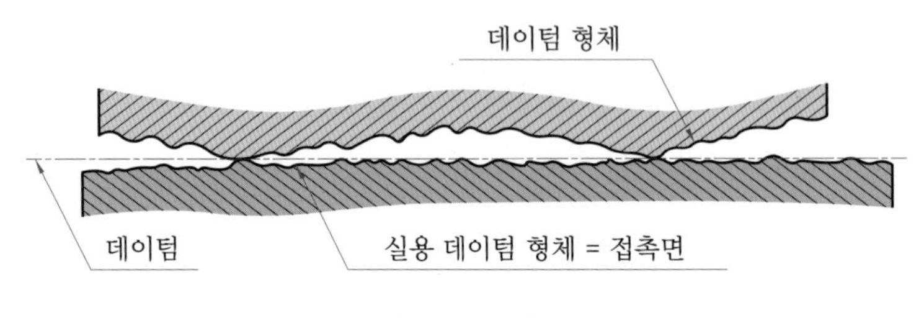

실용 데이텀 형체

2 데이텀 도시 방법

공차 붙임 형체에 관련하여 붙일 수 있는 데이텀은 문자 기호를 이용하여 나타낸다. 이때 대문자가 기입된 직사각형 틀과 데이텀 삼각 기호를 연결하여 나타낸다.

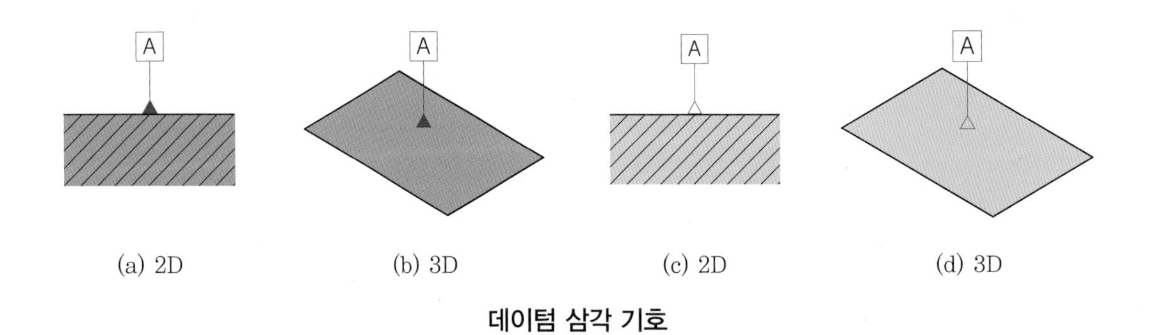

데이텀 삼각 기호

① **문자 기호를 갖는 데이텀 삼각 기호의 표시 방법**

(가) 2D : 데이텀 삼각형은 그림 (a)와 같이 형체의 외형선이나 외형선의 연장선에 지시하고, 그림 (c)와 같이 표면에서 안을 채운 점으로 지시선을 그어 그 끝을 수평 기준선에 지시한다.

(나) 3D : 그림 (b), (d)와 같이 대상 형체에 직접 지시하거나, 대상 형체에서 안을 채운 점으로 지시선을 그어 그 끝을 기준선과 수평으로 그은 선에 데이텀을 지시한다.

보이지 않는 형체일 때는 대상 형체에서 안을 채우지 않은 점으로 지시선을 그어 그 끝을 기준선과 수평으로 그은 선에 데이텀을 지시하거나, 형체의 경계와 확실히 분리되도록 지시한다.

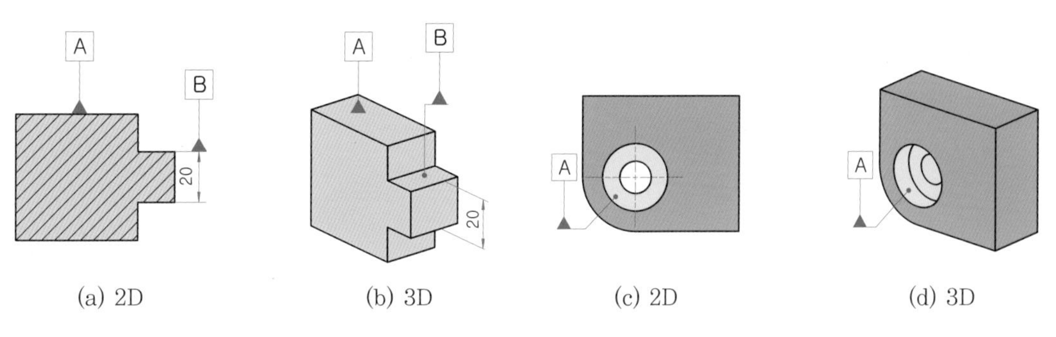

(a) 2D (b) 3D (c) 2D (d) 3D

선 또는 표면에 데이텀 삼각 기호를 지시하는 경우

㈐ 데이텀이 치수 기입된 형체에 의해 정의된 축선, 중간면 또는 중간점일 때 치수선을 연장하여 데이텀 삼각 기호를 지시할 경우에는 그림 (a)~(h)와 같이 지시한다.

㈑ 화살표를 나타내기 위한 공간이 충분하지 않을 경우 그림 (c)~(h)와 같이 하나의 화살표를 데이텀 삼각형으로 대체한다.

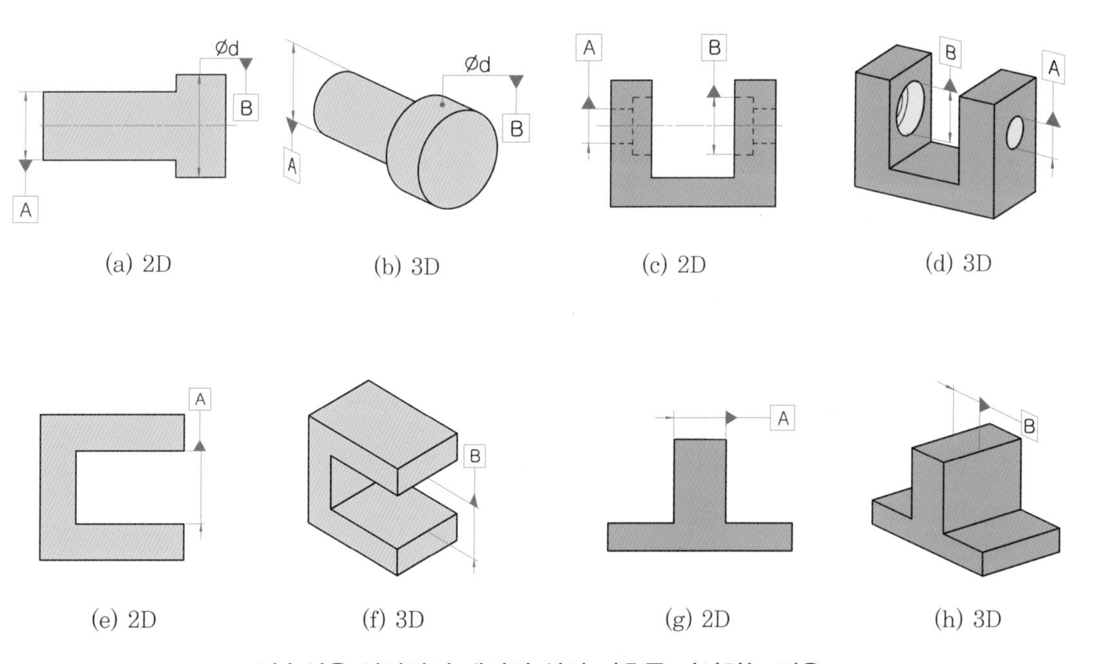

(a) 2D (b) 3D (c) 2D (d) 3D

(e) 2D (f) 3D (g) 2D (h) 3D

치수선을 연장하여 데이텀 삼각 기호를 지시하는 경우

㈑ 데이텀을 형체의 제한된 부분에 적용하는 경우에는 그 부분에 굵은 일점 쇄선을 긋고 치수를 지시한다.

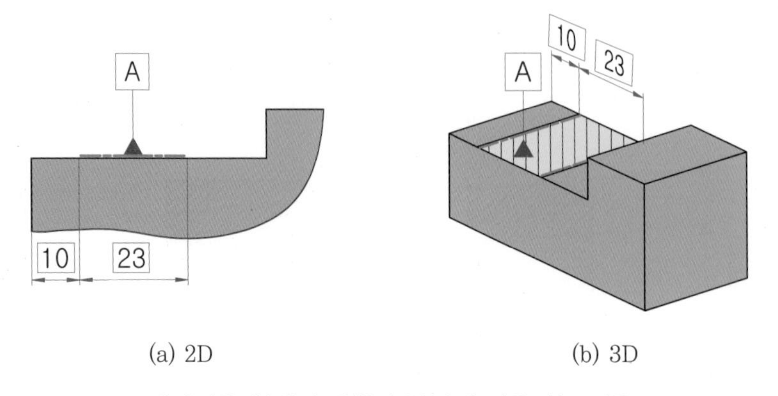

(a) 2D (b) 3D

데이텀을 형체의 제한된 부분에 적용하는 경우

② **데이텀을 지시하는 문자 기호를 공차 지시 틀에 나타내는 경우**

㈎ 단일 형체에 설정한 데이텀은 그림 (a)와 같이 1개의 대문자를 사용한다.

㈏ 2개의 형체에 설정한 데이텀은 그림 (b)와 같이 하이픈(-)으로 연결된 2개의 대문자를 사용한다.

㈐ 데이텀의 우선순위를 지정할 경우에는 그림 (c)와 같이 왼쪽에서 오른쪽으로의 순서로 기입한다.

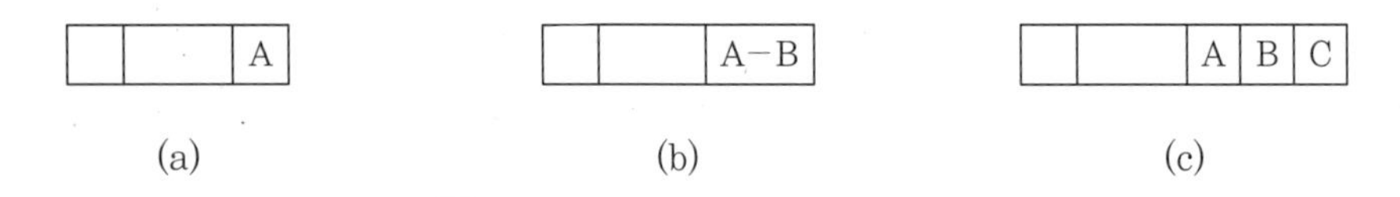

(a) (b) (c)

공차 지시 틀에 데이텀 문자 기호 지시

3 공차 지시 틀 기입 방법

① 요구사항은 2개 이상의 칸으로 나눈 직사각형 틀 안에 지시하며, 분할된 칸의 왼쪽에서 오른쪽으로의 순서로 지시한다.

(a) 첫 번째 칸 : 기하학적 특성 기호를 나타낸다.

(b) 두 번째 칸 : 공차값을 지시한다. 공차 영역이 폭 공차일 때는 공차값 앞에 ∅를 붙이지 않으며, 원형이거나 원통형이면 공차값 앞에 ∅를 붙이고, 구형이면 S∅를 붙여서 나타낸다.

(c) 세 번째 칸과 다음 칸 : 필요에 따라 데이텀, 공통 데이텀 및 데이텀 시스템 체계를 식별하는 문자를 나타낸다.

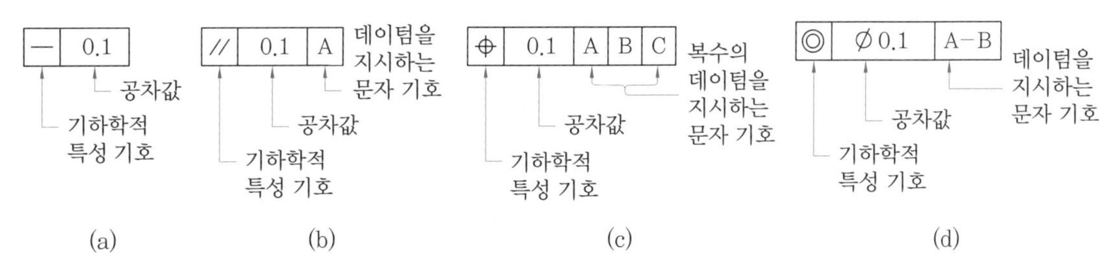

공차 지시 틀 기입 방법

② 공차를 2개 이상의 형체에 적용하는 경우에는 '×' 앞에 적용하는 형체의 수를 기입하여 공차 지시 틀의 위쪽 첫 번째 칸 위에 지시하고, 그 밖의 요구사항은 '×'로부터 한 칸을 띄우고 지시한다.

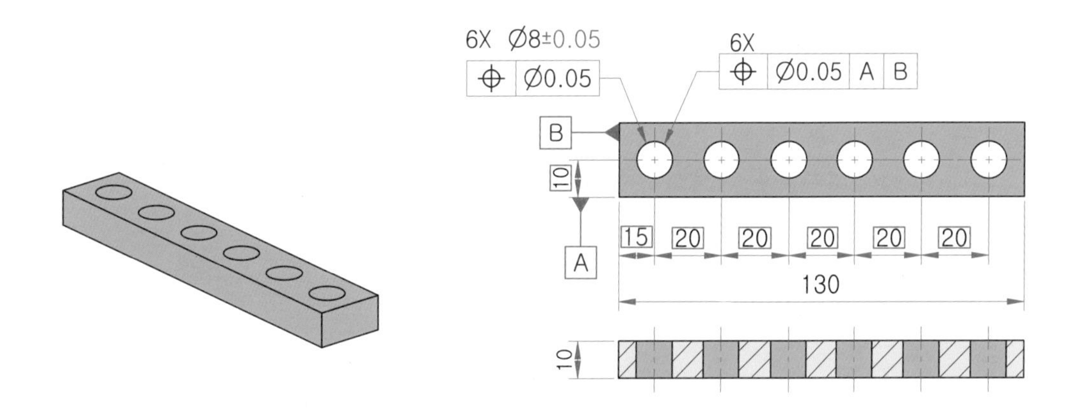

공차를 2개 이상의 형체에 적용하는 경우

③ 공차 영역 안에 있는 어떤 형체의 모양을 지시할 경우에는 공차 지시 틀 가까이에 지시한다.

▱	0.013

NC

④ 하나의 형체에 2개 이상의 기하학적 특성을 규정할 경우 공차 지시 틀 아래쪽에 공차 지시 틀을 붙여서 지시한다.

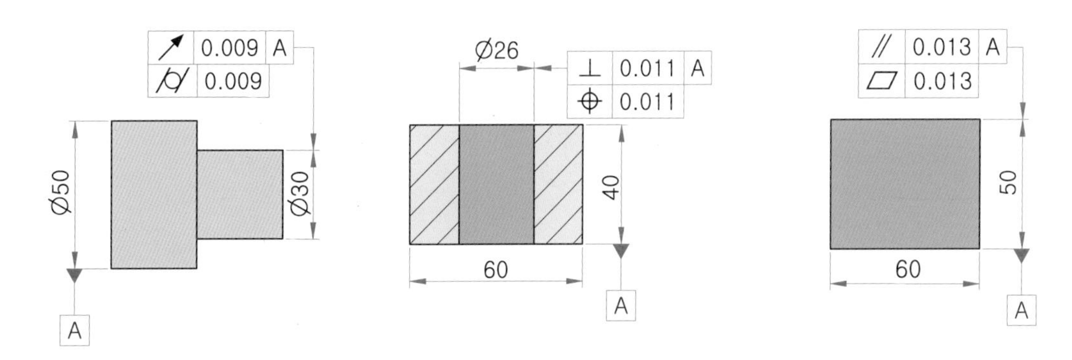

하나의 형체에 2개 이상의 기하학적 특성을 규정할 경우

4 형체에 공차 지시 틀을 도시하는 방법

① 제한되지 않는 한 기하학적 형상의 명세는 단일 완전 형체에 적용된다.

② 완전한 형체일 경우 공차 지시 틀에서 시작한 인출선 끝에 화살표를 붙인 지시선으로 공차가 지시된 형체에 연결한다.

(가) 형체의 외형선이나 외형선의 연장선에 인출선을 그어 지시한다.

(나) 인출선의 끝이 화살표이거나 인출선이 형체에 직접 또는 공차 영역 안에서 끝날 경우에는 안을 채운 점으로 나타낸다.

③ 기준선으로 공차 영역을 표시할 경우 그림 (c), (d)와 같이 수평으로 그은 인출선에 수직으로 긋고, 그 끝에 화살표를 붙인다.

④ 대상 형체에서 인출선의 끝은 안을 채운 점이고, 그 점이 가리키는 곳이 공차 영역이다.

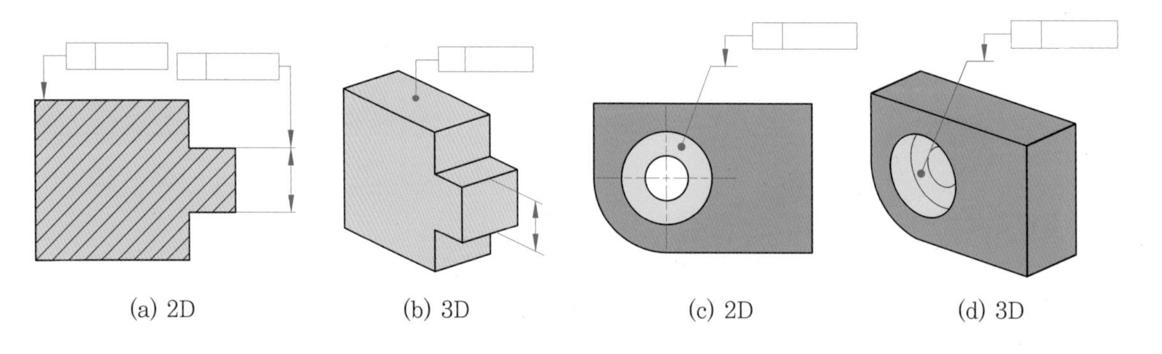

(a) 2D (b) 3D (c) 2D (d) 3D

형체에 공차 지시 틀을 도시하는 방법

⑤ 중간 선, 중간 표면 또는 중간 점 중 어느 하나에 대해 공차 지시 틀을 도시할 경우에는 끌어 낸 치수 인출선에서 치수선의 화살표와 맞닿는 어느 쪽에 공차 지시 틀을 지시한다.

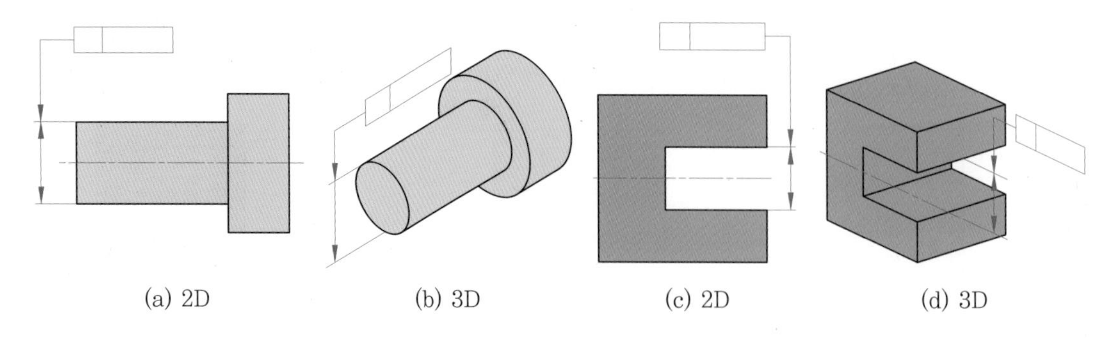

(a) 2D (b) 3D (c) 2D (d) 3D

중간 선, 중간 표면에 공차 지시 틀을 도시하는 방법

3 기하 공차의 종류와 기호(KS A ISO 1101)

기하 공차의 종류 및 기호

적용하는 형체	기하 공차의 종류		기호	공차 지시 틀	기하 공차의 특성
데이텀 없이 사용되는 단독 형체	모양 공차	진직도	⏤	[⏤ 0.013] [⏤ ϕ0.013]	공차값 앞에 ϕ를 붙여 지시하면 지름의 원통 공차역으로 제한되며, 평면(폭 공차)을 규제할 때에는 ϕ를 붙이지 않는다.
		평면도	▱	[▱ 0.013]	평면도는 평면상의 가로, 세로 방향(X, Y를 포함한 벡터값)의 진직도를 규제한다.
		진원도	○	[○ 0.013]	공차역은 반지름값이므로 공차값 앞에 ϕ를 붙이지 않는다.
		원통도	⌭	[⌭ 0.011]	원통면을 규제하므로 공차값 앞에 ϕ를 붙이지 않는다.
단독 또는 관련 형체		선의 윤곽도	⌒	[⌒ 0.009] [⌒ 0.009 A]	캠의 곡선과 같은 윤곽 곡선을 규제한다. 공차값 앞에 ϕ를 붙이지 않는다.
		면의 윤곽도	⌓	[⌓ 0.009] [⌓ 0.009 A]	캠의 곡면과 같은 윤곽 곡면을 규제한다. 공차값 앞에 ϕ를 붙이지 않는다.
데이텀을 기준으로 사용되는 관련 형체	자세 공차	평행도	//	[// 0.015 A] [// ϕ0.015 A]	공차역이 폭(평면) 공차일 때에는 공차값 앞에 ϕ를 붙이지 않고, 지름 공차일 때는 공차값 앞에 ϕ를 붙인다.
		직각도	⊥	[⊥ 0.013 A] [⊥ ϕ0.013 A]	중간면을 제어할 때에는 직각도 공차값 앞에 ϕ를 붙이지 않고, 축 직선을 규제할 때는 지름 공차역이므로 공차값 앞에 ϕ를 붙인다.
		경사도	∠	[∠ 0.011 A]	이론적으로 정확한 각을 갖는 기하학적 직선이나 평면을 규제한다. 공차값 앞에 ϕ를 붙이지 않는다.
	위치 공차	위치도	⌖	[⌖ 0.009 AB] [⌖ ϕ0.009 AB]	공차역이 폭(평면) 공차일 때에는 공차값 앞에 ϕ를 붙이지 않고, 지름 공차일 때는 공차값 앞에 ϕ를 붙인다.
		동심도 (동축도)	◎	[◎ ϕ0.011 A]	동심도 공차는 데이텀 기준에 대한 중심축 직선을 제어하게 되므로 공차값 앞에 ϕ를 붙인다.
		대칭도	⌯	[⌯ 0.011 A]	기능 또는 조립에 대칭이어야 하는 부분을 규제한다.
	흔들림 공차	원주 흔들림	↗	[↗ 0.011 A]	단면의 측정 평면이나 원통면을 규제하기 때문에 공차값 앞에 ϕ를 붙이지 않는다. 진원도, 진직도, 직각도, 동심도의 오차를 포함하는 복합 공차이다.
		온 흔들림	⌰	[⌰ 0.011 A]	

주 모양 공차는 규제하는 형체가 단독 형체이므로 공차 지시 틀에 데이텀 문자 기호를 붙이지 않는다.

4 기하 공차의 정의

1 진직도 공차(—)

진직도는 형체의 표면이나 축선의 허용 범위로부터 벗어난 크기를 말하며, 평면, 원통면 등 표면에 적용할 수 있다. 진직도 공차는 지름 공차역으로 규제할 때는 공차 치수 앞에 ϕ를 붙이고, 평면(폭 공차)을 규제할 때에는 ϕ를 붙이지 않는다.

공차역의 정의	지시방법 및 설명
공차역은 거리 t만큼 떨어진 2개의 평행한 직선 사이로 제한된다. 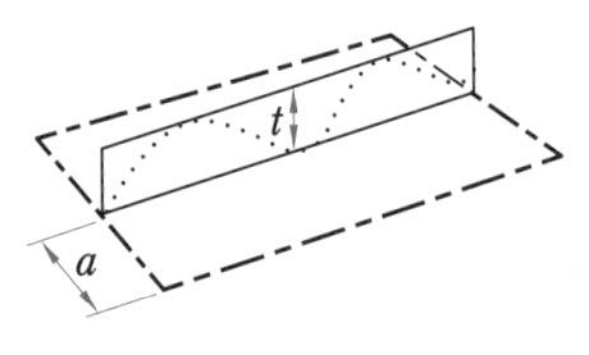 ᵃ 임의의 거리	투상 평면(2D)의 위쪽 표면에서 임의로 추출된 선 또는 교차 평면 지시자에 의해 규정된(3D) 데이텀 평면 A는 0.1mm만큼 떨어진 2개의 평행한 직선 사이에 있어야 한다. 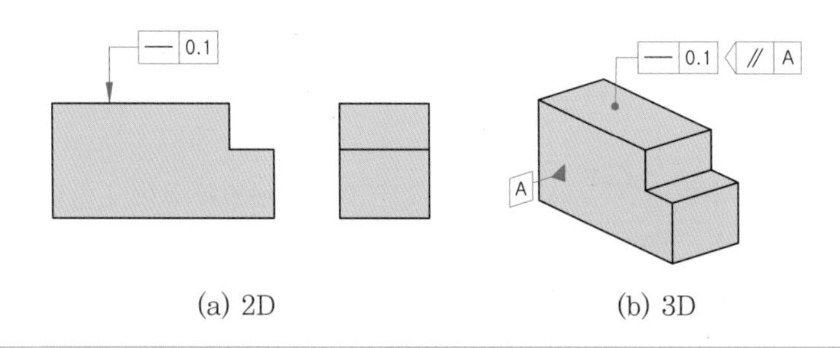 (a) 2D (b) 3D
공차역은 거리 t만큼 떨어진 2개의 평행한 평면에 의해 제한된다. 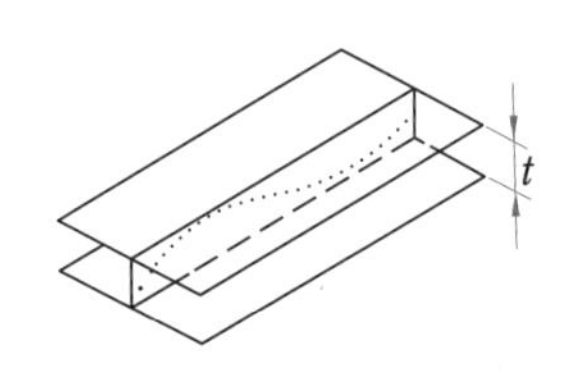 	원통 표면에서 임의로 추출된 선이 0.1mm만큼 떨어진 2개의 평행한 평면 사이에 있어야 한다. 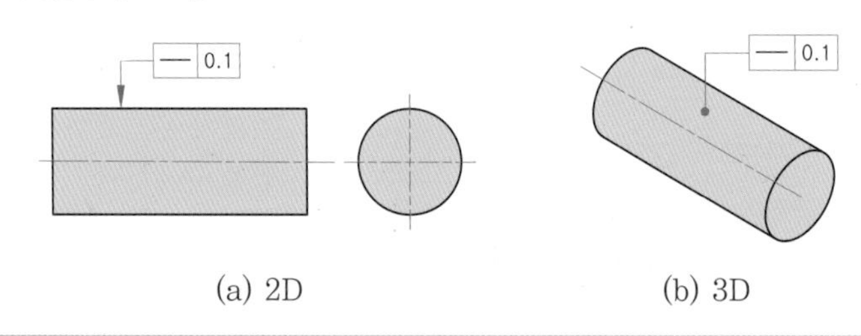 (a) 2D (b) 3D
공차값 앞에 ϕ를 붙여 지시하면 공차역은 지름 t의 원통으로 제한된다. 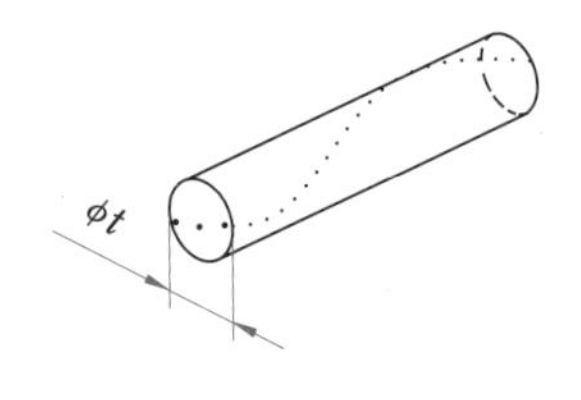 	원통에서 추출된 축선은 지름 0.08mm인 원통 영역 안에 있어야 한다. 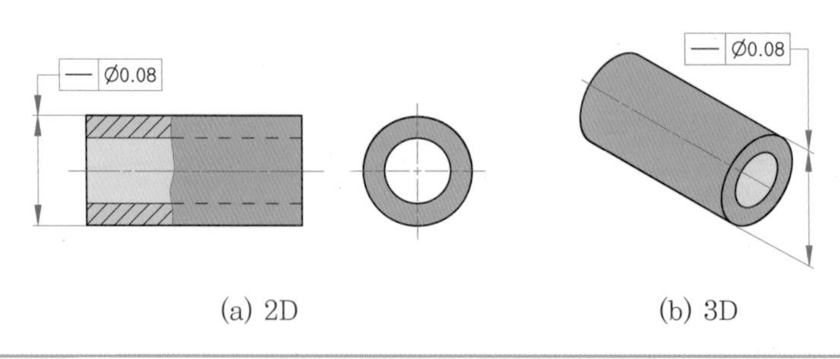 (a) 2D (b) 3D

① 기하 공차의 모양 공차인 진직도는 단위 기능 길이 90의 경우, IT 5급 80~120을 적용하면 공차값이 15μm이므로 | — | Ø0.015 | 로 표기한다.

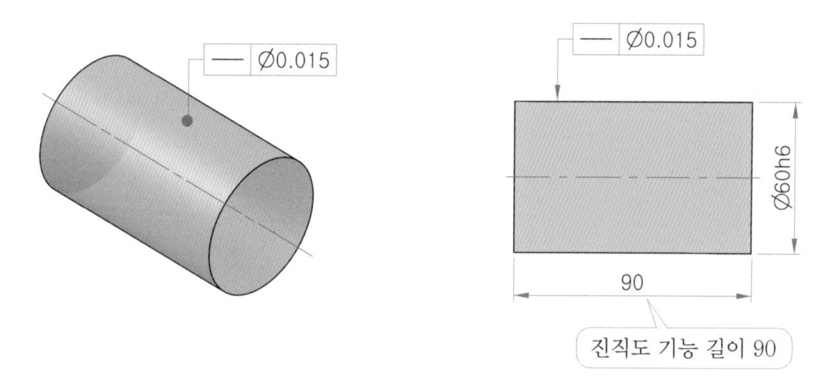

진직도

② 공차역이 15μm인 진직도는 단위 기능 길이 90의 경우, IT 5급 80~120을 적용하여 | — | Ø0.015 | 로 표기한다.

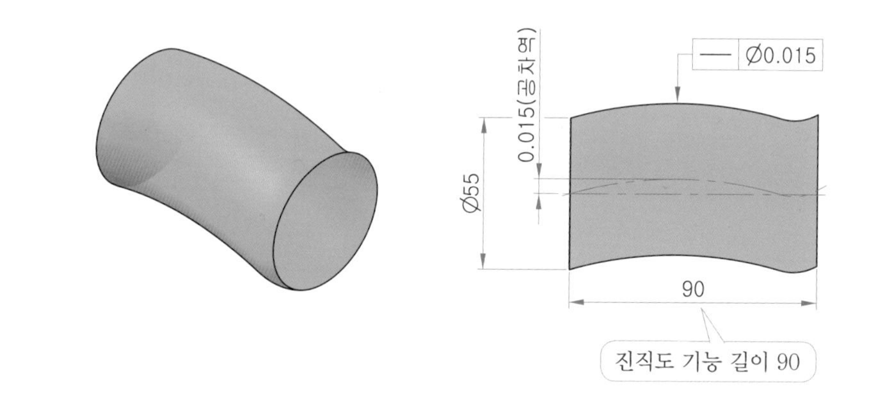

지름 공차의 진직도 공차역

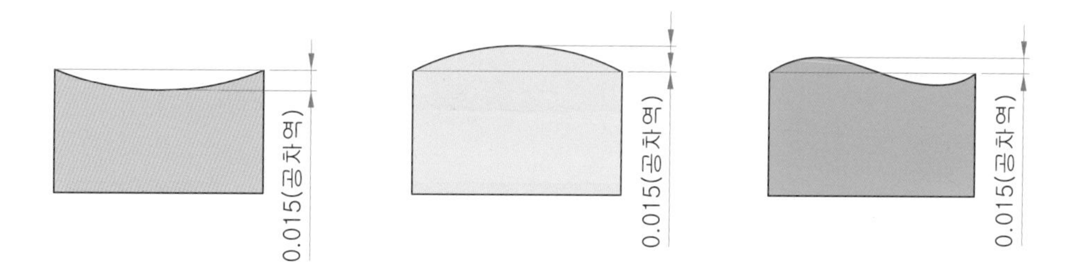

평탄한 표면의 진직도 공차역

기준 치수의 구분(mm)		공차 등급(IT)																	
		01	0	1	2	3	4	5	6	7	8	9	10	11	12	13	14	15	16	17	18
초과	이하	기본 공차의 수치(μm)													기본 공차의 수치(μm)						
50	80	0.8	1.2	2	3	5	8	13	19	30	46	74	120	190	0.30	0.46	0.74	1.20	1.90	3.00	4.60
80	120	1.0	1.5	2.5	4	6	10	15	22	35	54	87	140	220	0.35	0.54	0.87	1.40	2.20	3.50	5.40
120	180	1.2	2.0	3.5	5	8	12	18	25	40	63	100	160	250	0.40	0.63	1.00	1.60	2.50	4.00	6.30

2 평면도 공차(⏥)

평면도는 모양 공차로 2차원 공간 평면의 허용 범위로부터 벗어난 크기를 말한다. 평면도의 기능 길이는 평면의 대각선(X, Y를 포함한 벡터값)으로 한다.

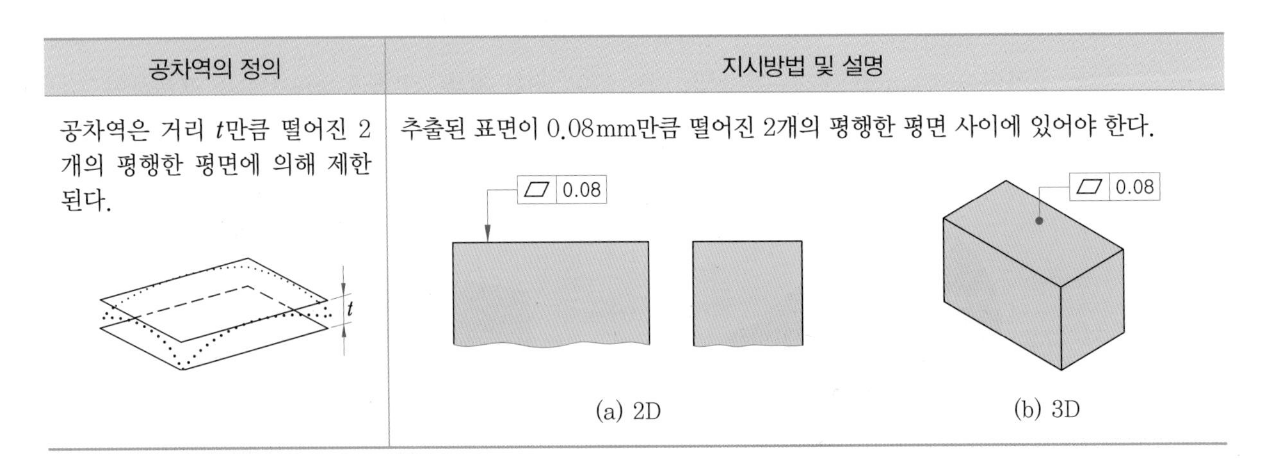

공차역의 정의	지시방법 및 설명
공차역은 거리 t만큼 떨어진 2개의 평행한 평면에 의해 제한된다.	추출된 표면이 0.08mm만큼 떨어진 2개의 평행한 평면 사이에 있어야 한다.

(a) 2D (b) 3D

① 평면도는 단위 기능 길이 80.62(=$\sqrt{70^2+40^2}$)의 경우, IT 5급 80~120을 적용하면 공차값이 15μm이므로 ⏥ 0.015 로 표기한다.

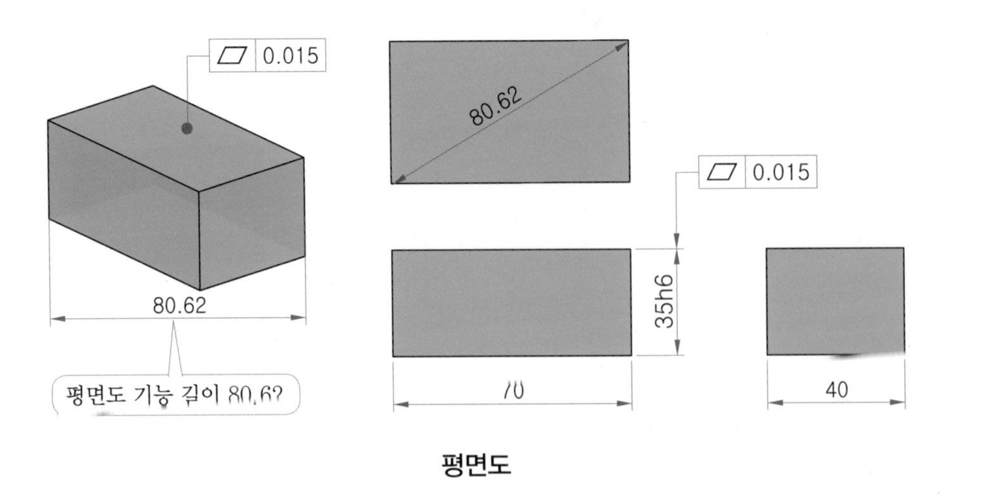

평면도

② **단위 평면도** : 단위 평면도는 진직도와 같이 단위 기준으로 평면을 규제할 수 있으며, 단위 평면도로 규제하면 한 곳에서 전체의 평면도 오차가 생기지 않게 된다. 규제되는 평면 부분은 사선을 그어 표시한다.

단위 평면도는 단위 기능 길이 35의 경우, IT 5급 30~50을 적용하면 공차값이 11μm이므로 아래 그림처럼 [▱ | 0.011] 또는 [▱ | 0.011/35]로 표기한다.

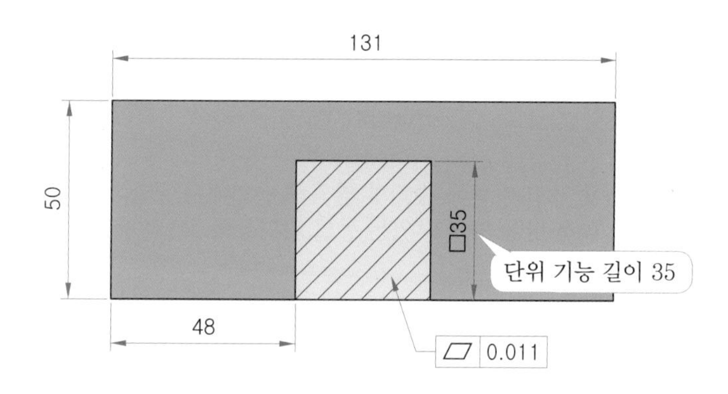

단위 평면도

기준 치수의 구분(mm)		공차 등급(IT)																			
		01	0	1	2	3	4	5	6	7	8	9	10	11	12	13	14	15	16	17	18
초과	이하	기본 공차의 수치(μm)													기본 공차의 수치(μm)						
30	50	0.6	1.0	1.5	2.5	4	7	**11**	16	25	39	62	100	160	0.25	0.39	0.62	1.00	1.60	2.50	3.90
50	80	0.8	1.2	2	3	5	8	13	19	30	46	74	120	190	0.30	0.46	0.74	1.20	1.90	3.00	4.60
80	120	1.0	1.5	2.5	4	6	10	**15**	22	35	54	87	140	220	0.35	0.54	0.87	1.40	2.20	3.50	5.40
120	180	1.2	2.0	3.5	5	8	12	18	25	40	63	100	160	250	0.40	0.63	1.00	1.60	2.50	4.00	6.30

3 진원도 공차(○)

진원도는 모양 공차로 공통 원(이론적으로 정확한 원, 측정물의 원)의 중심점으로부터 진원 상태의 허용 범위에서 벗어난 크기를 말한다.

진원도 공차는 단면이 원형인 형체에 기입하고 형체 원형을 규제하며, 공차역은 반지름값이므로 공차값 앞에 ϕ를 붙이지 않는다.

진원도의 기능 길이는 ϕ(지름)으로 한다.

공차역의 정의	지시방법 및 설명
공차역은 대상을 축 직각 단면으로 하여 반지름이 t만큼 떨어진 동심원에 의해 제한된다. 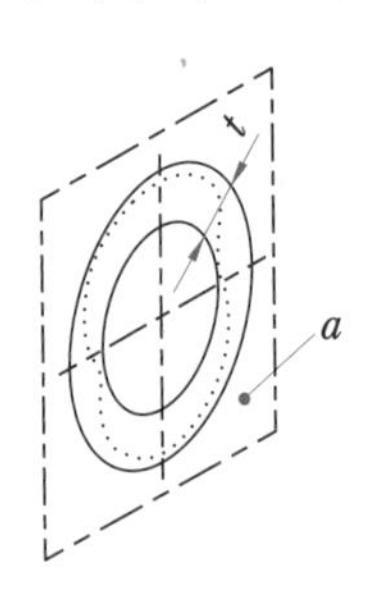 [a] 임의의 단면	원통 표면과 원뿔 표면에 대해 표면의 임의의 단면에서 추출된 바깥둘레 선은 동일 평면상에서 반지름이 0.03mm만큼 차이가 있는 2개의 동심원 사이에 있어야 한다. 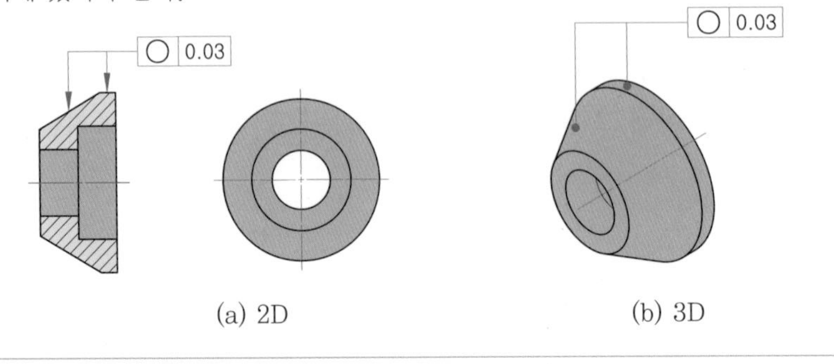 (a) 2D (b) 3D
	원뿔 표면의 축에 수직인 임의의 단면에서 추출된 바깥둘레 선은 반지름이 0.1mm만큼 차이가 있는 동일 평면상의 2개의 동심원 사이에 있어야 한다. 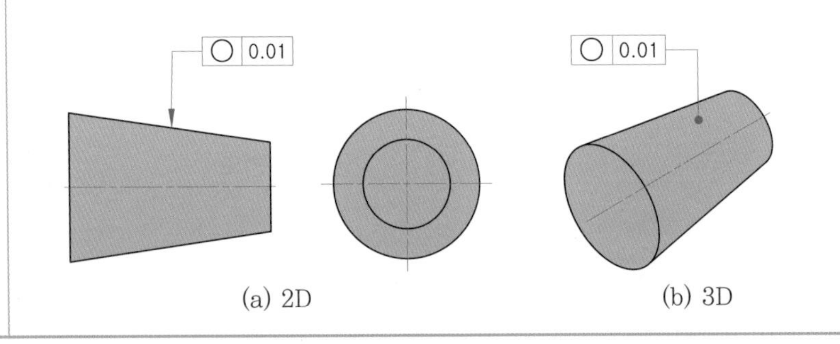 (a) 2D (b) 3D

① 기하 공차의 모양 공차인 진원도는 단위 기능 길이 ϕ52의 경우, IT 5급 50~80을 적용하면 공차값이 13μm이므로 | ○ | 0.013 | 으로 표기한다.

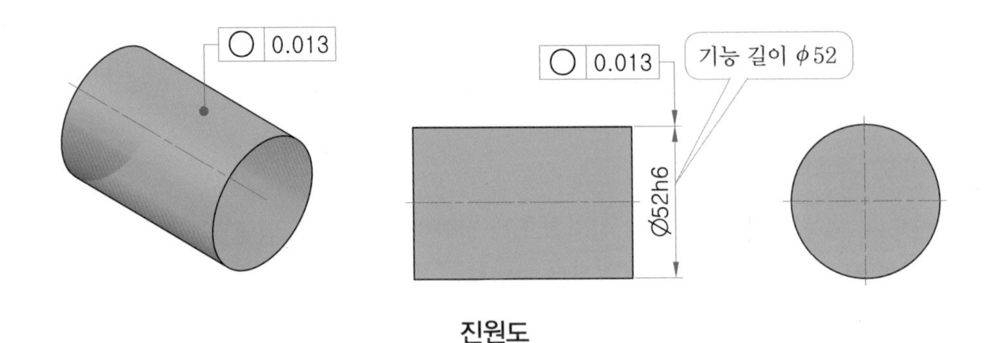

진원도

② 공차역이 13μm인 진원도는 단위 기능 길이 φ52의 경우, IT 5급 50~80을 적용하여 | ○ | 0.013 | 으로 표기한다.

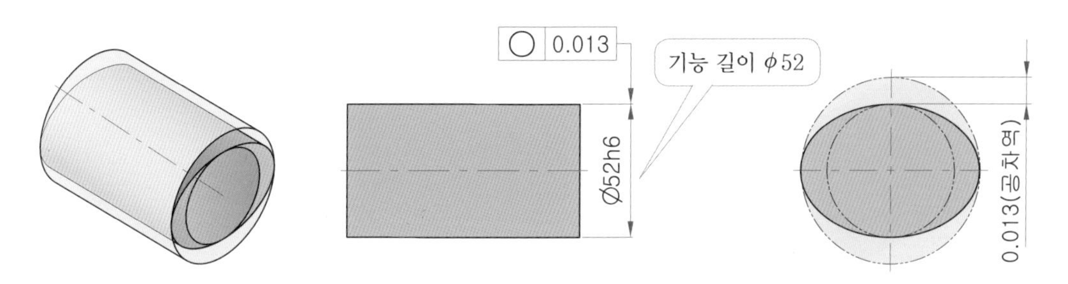

진원도 공차역

기준 치수의 구분(mm)		공차 등급(IT)																	
		01	0	1	2	3	4	5	6	7	8	9	10	11	12	13	14	15	16	17	18
초과	이하	기본 공차의 수치(μm)													기본 공차의 수치(μm)						
30	50	0.6	1.0	1.5	2.5	4	7	11	16	25	39	62	100	160	0.25	0.39	0.62	1.00	1.60	2.50	3.90
50	80	0.8	1.2	2	3	5	8	**13**	19	30	46	74	120	190	0.30	0.46	0.74	1.20	1.90	3.00	4.60
80	120	1.0	1.5	2.5	4	6	10	15	22	35	54	87	140	220	0.35	0.54	0.87	1.40	2.20	3.50	5.40

4 원통도 공차(⌭)

원통도는 진직도, 평행도, 진원도의 복합 공차로, 규제하는 원통 형체의 모든 표면의 공통 축선으로부터 두 개의 원통 표면까지 같은 거리에 있어야 하는 공차를 말한다.

원통도는 공차값 앞에 φ를 붙이지 않으며, 원통도의 기능 길이는 단 길이를 적용한다.

공차역의 정의	지시방법 및 설명
공차역은 반지름이 *t* 만큼 차이가 있는 동심 원통 사이에 의해 제한된다.	추출된 원통의 표면은 반지름이 0.1mm만큼 차이가 있는 2개의 동심원 사이에 있어야 한다. ⌭ 0.1 (a) 2D ⌭ 0.1 (b) 3D

① 기하 공차의 모양 공차인 원통도는 단위 기능 길이 120(단 길이)의 경우, IT 5급 80~120을 적용하면 공차값이 15μm이므로 [⌭ | 0.015]으로 표기한다.

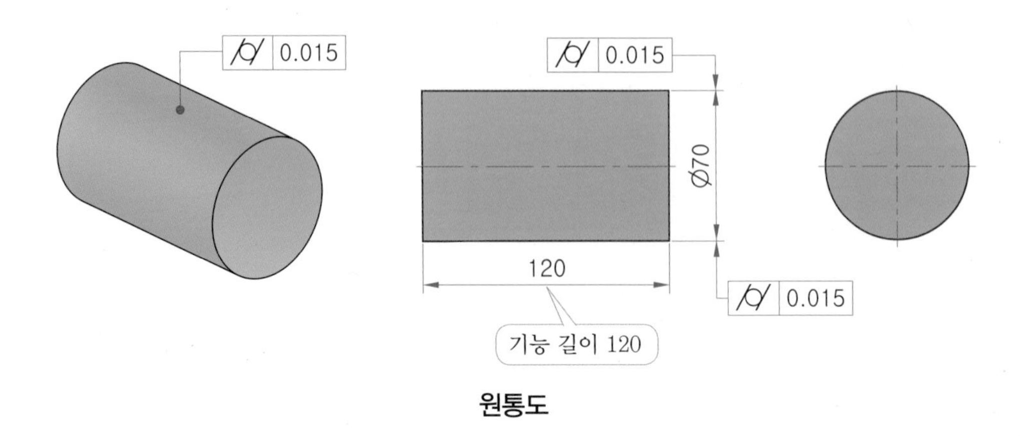

원통도

참고
단 길이 5mm 이하는 측정 정밀도가 떨어져 원통도보다는 진원도로 규제하는 것이 좋다.

② 공차역이 15μm인 원통도는 단위 기능 길이 100(단 길이)의 경우, IT 5급 80~120을 적용하여 [⌭ | 0.015]으로 표기한다.

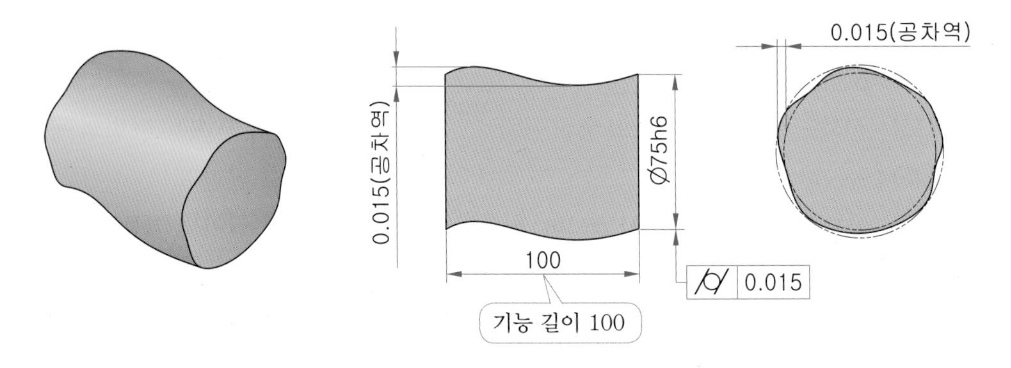

원통도 공차역

기준 치수의 구분(mm)		공차 등급(IT)																			
		01	0	1	2	3	4	5	6	7	8	9	10	11	12	13	14	15	16	17	18
초과	이하	기본 공차의 수치(μm)													기본 공차의 수치(μm)						
50	80	0.8	1.2	2	3	5	8	13	19	30	46	74	120	190	0.30	0.46	0.74	1.20	1.90	3.00	4.60
80	120	1.0	1.5	2.5	4	6	10	15	22	35	54	87	140	220	0.35	0.54	0.87	1.40	2.20	3.50	5.40
120	180	1.2	2.0	3.5	5	8	12	18	25	40	63	100	160	250	0.40	0.63	1.00	1.60	2.50	4.00	6.30

5 윤곽도 공차

다른 기하 공차로 규제하기에 난해한 원호의 조합 형상이나, 운형자로 그린 것과 같은 불규칙한 곡선의 윤곽, 반지름이 다른 캠의 윤곽 등의 표면 윤곽에 허용 공차를 규제하는 방법을 윤곽도 공차라 한다.

(1) 데이텀에 관련 없는 선의 윤곽도 공차(⌒)

공차역의 정의	지시방법 및 설명
공차역은 지름 t의 원을 뒤덮듯 2개의 선에 의해 제한되고, 그 중심은 이론상 정확한 기하학적인 형상을 가진 선에 위치한다. 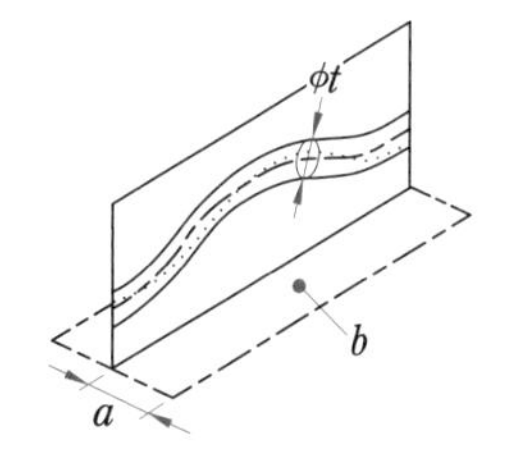 ᵃ 임의의 거리 ᵇ 평면과 수직인 평면	투상 평면에 평행한 각 단면에서 추출된 외형선은 지름 0.04mm인 원을 뒤덮듯 동일한 간격을 가진 2개의 선 사이에 있어야 한다. 각 부분에 교차 평면 지시 틀로 지시되어 있는 데이텀 평면 A에 평행한 각 단면에서 추출된 외형선이 지름 0.04mm의 원을 뒤덮듯 동일한 간격을 가진 2개의 선 사이에 있어야 한다. 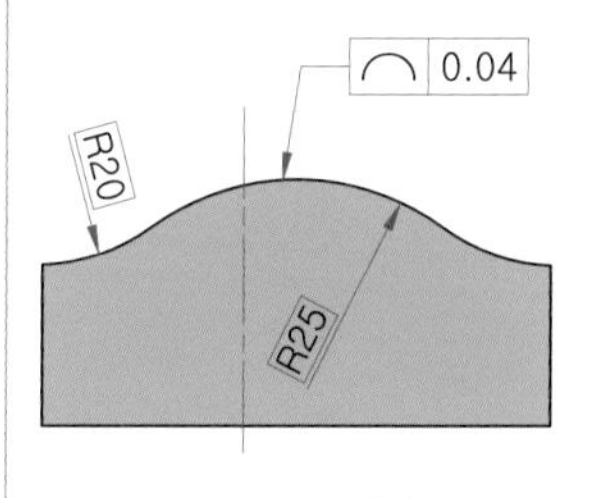 (a) 2D 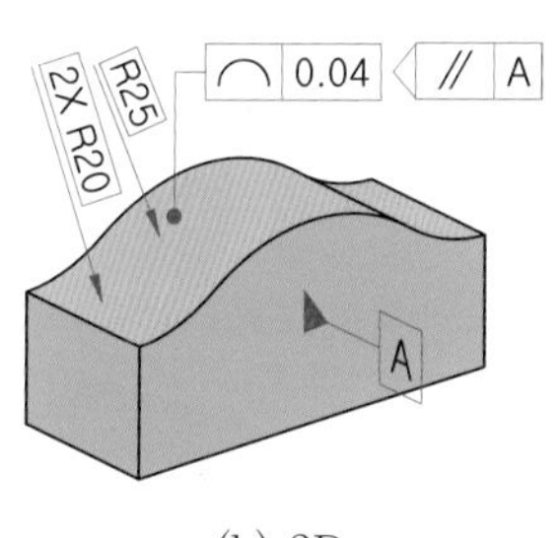 (b) 3D

참고

윤곽도 공차의 규제 요구사항 표시

① 기준 윤곽을 나타내는 투영도나 단면을 그린다.
② 윤곽에 대하여 기준 치수를 표시하거나 반지름 또는 각도로 윤곽을 나타낸다.
③ 윤곽에 대하여 규제된 공차역을 윤곽에 평행한 1줄의 가상선(편측 공차)이나 2줄의 가상선(양측 공차)에 의해 공차역을 나타낸다.
④ 특별한 규제가 없을 때는 양측 공차로 생각하며, 가상선과 기준 윤곽의 거리는 쉽게 알 수 있도록 크게 나타낸다. (ISO에서는 양측 공차 방식 적용)

① 공차역이 15μm인 선의 윤곽도는 단위 기능 길이 100의 경우, IT 5급 80~120을 적용하여 | ⌒ | 0.015 |로 표기한다.

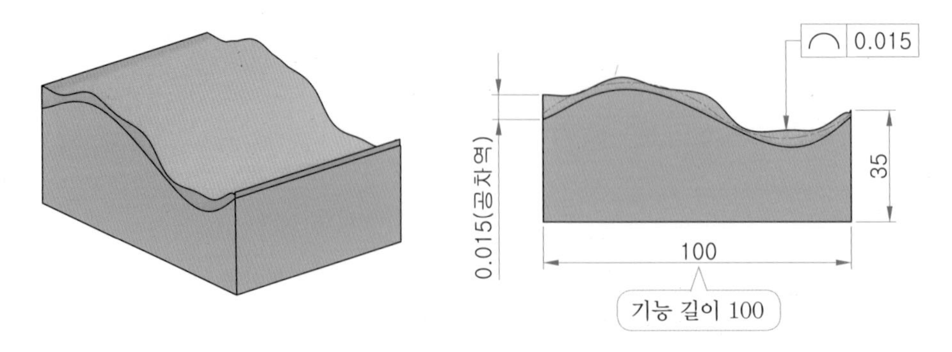

선의 윤곽도 양측 공차역

② 기하 공차의 모양 공차인 선의 윤곽도는 단위 기능 길이 100의 경우, IT 5급 80~120을 적용하면 공차값이 15μm이므로 | ⌒ | 0.015 |로 표기한다.

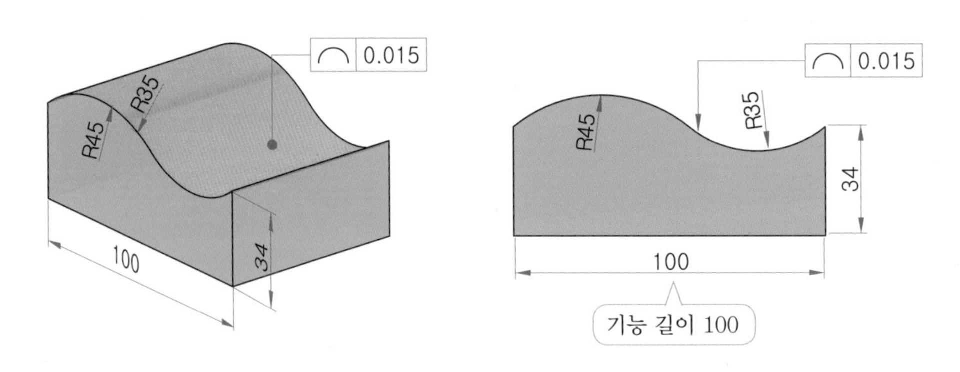

선의 윤곽도

기준 치수의 구분(mm)		공차 등급(IT)																			
		01	0	1	2	3	4	5	6	7	8	9	10	11	12	13	14	15	16	17	18
초과	이하	기본 공차의 수치(μm)													기본 공차의 수치(μm)						
50	80	0.8	1.2	2	3	5	8	13	19	30	46	74	120	190	0.30	0.46	0.74	1.20	1.90	3.00	4.60
80	120	1.0	1.5	2.5	4	6	10	15	22	35	54	87	140	220	0.35	0.54	0.87	1.40	2.20	3.50	5.40
120	180	1.2	2.0	3.5	5	8	12	18	25	40	63	100	160	250	0.40	0.63	1.00	1.60	2.50	4.00	6.30

(2) 데이텀에 관련된 선의 윤곽도 공차(⌒)

공차역의 정의	지시방법 및 설명
공차역은 지름 t인 원을 뒤덮듯 동일한 간격을 가진 2개의 선에 의해 제한되고, 그 중심은 데이텀 평면 A와 B에 관해 이론상 정확한 기하학적 형상을 가진 선에 위치한다. 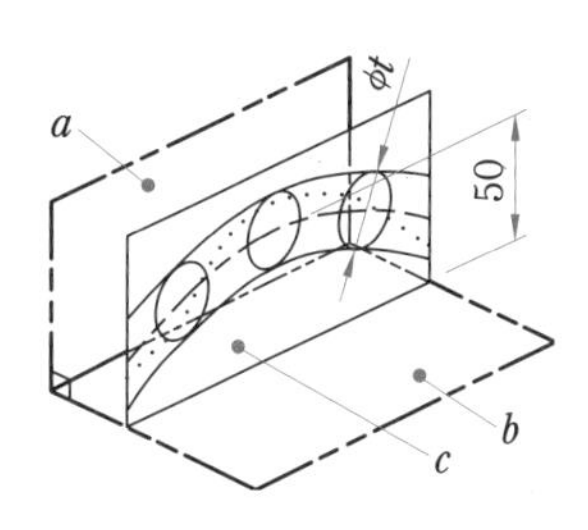 a 데이텀 A, b 데이텀 B c 데이텀 A에 평행한 평면	투상 평면에 평행인 각 단면과 데이텀 평면 A에서 추출된 외형선이 지름 0.04mm인 원을 뒤덮듯 동일한 간격을 가진 2개의 선 사이에 있어야 하며, 그 중심은 데이텀 평면 A와 B에 대해 이론상 정확한 기하학적인 형상을 가진 선에 위치한다. 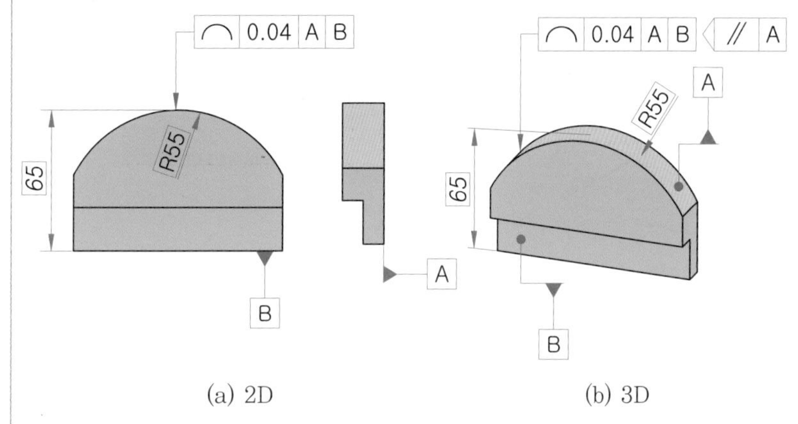 (a) 2D (b) 3D

(3) 데이텀에 관련 없는 면의 윤곽도 공차(⌓)

공차역의 정의	지시방법 및 설명
공차역은 지름 t의 구를 뒤덮듯 동일한 간격을 가진 2개의 표면에 의해 제한되며, 그 중심은 이론상 정확한 기하학적인 형상을 가진 표면에 위치한다. 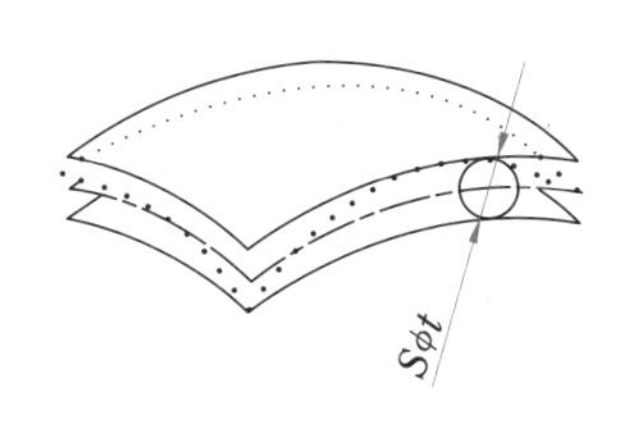 	추출된 표면은 지름 0.02mm인 구를 뒤덮듯 동일한 간격을 가진 2개의 표면 사이에 있어야 하며, 그 중심은 이론상 정확한 기하학적인 형상을 가진 표면에 위치한다. 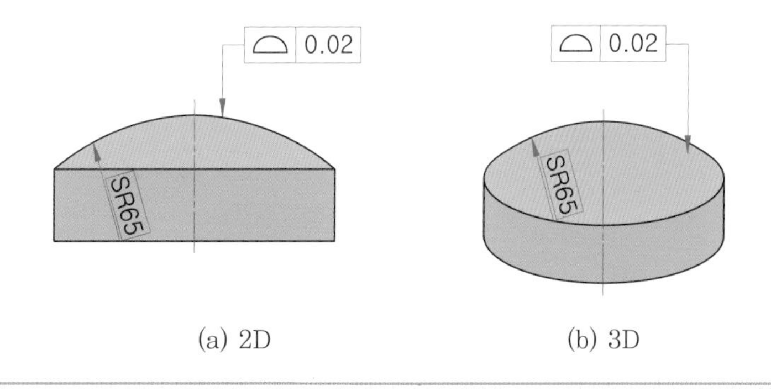 (a) 2D (b) 3D

(4) 데이텀에 관련된 면의 윤곽도 공차(⌓)

공차역의 정의	지시방법 및 설명
공차역은 지름 t의 구를 뒤덮듯 동일한 간격을 가진 2개의 표면에 의해 제한되며, 그 중심은 데이텀 A에 대해 이론상 정확한 기하학적인 형상을 가진 표면에 위치한다. 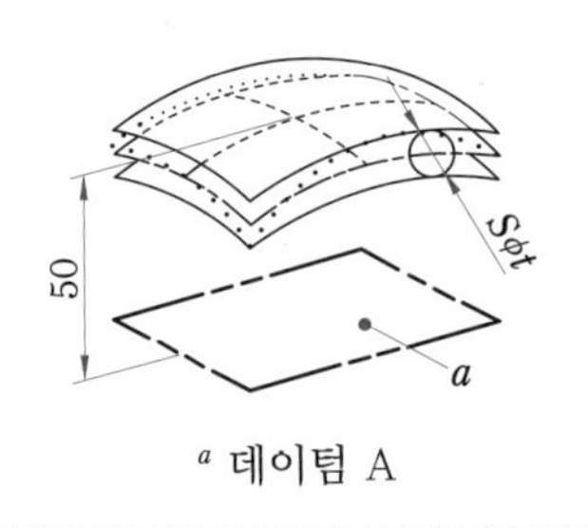 [a] 데이텀 A	추출된 표면은 지름 0.1mm인 구를 뒤덮듯 동일한 간격을 가진 2개의 표면 사이에 있어야 하며, 그 중심은 데이텀 평면 A에 관해 이론상 정확한 기하학적인 형상을 가진 표면에 위치한다. 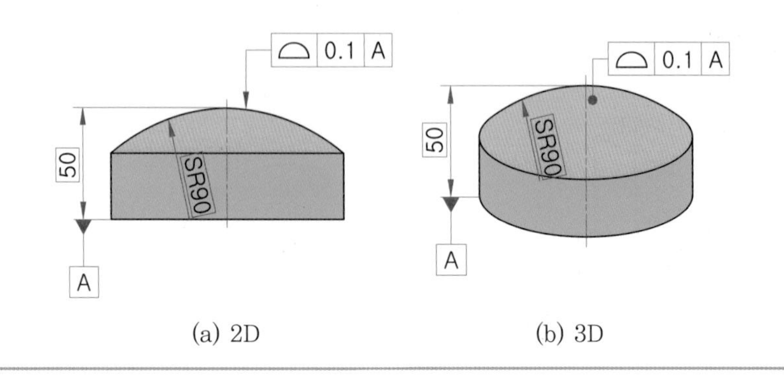 (a) 2D (b) 3D

6 평행도 공차(//)

데이텀 축 직선 또는 데이텀 평면에 대하여 규제 형체의 표면 또는 축 직선의 어긋난 크기를 평행도라 한다.

(1) 데이텀과 관련된 선의 평행도 공차

공차역의 정의	지시방법 및 설명
공차역은 거리 t만큼 떨어진 2개의 평행한 평면에 의해 제한된다. 그 평면은 지시된 방향 안에서 데이텀과 평행하다. 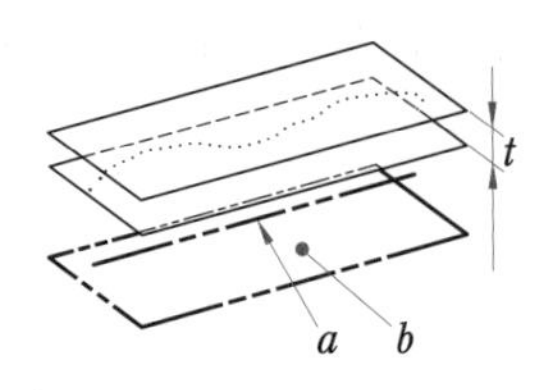 [a] 데이텀 A, [b] 데이텀 B	추출된 중심선이 데이텀 축 A와 평행하고 0.1만큼 떨어진 2개의 평행한 평면 사이에 있어야 한다. 공차역을 제한하는 평면은 데이텀 평면 B에 평행하다(공차역의 폭 방향은 데이텀 평면 B에 수직이다). 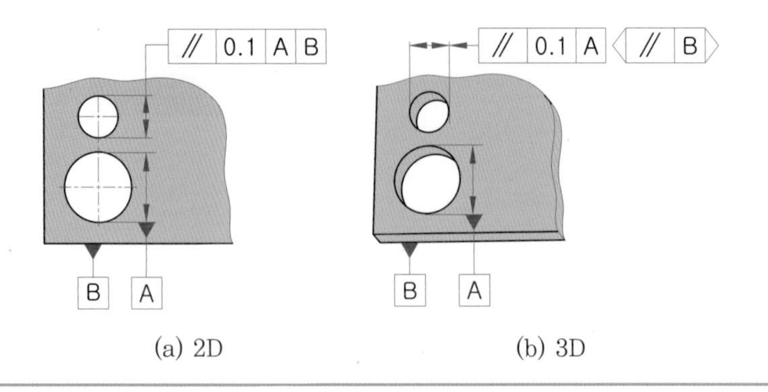 (a) 2D (b) 3D

(2) 데이텀 선과 관련된 선의 평행도 공차

공차역의 정의	지시방법 및 설명
공차 앞에 ϕ를 붙일 경우 공차역은 데이텀에 평행하며, 지름 t인 원통에 의해 제한된다. 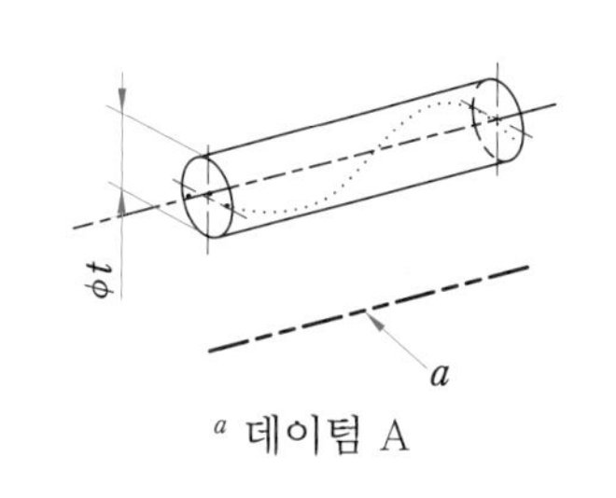 	추출된 중간선은 데이텀 축 A와 평행하고 지름 0.03mm인 원통 영역 안에 있어야 한다. 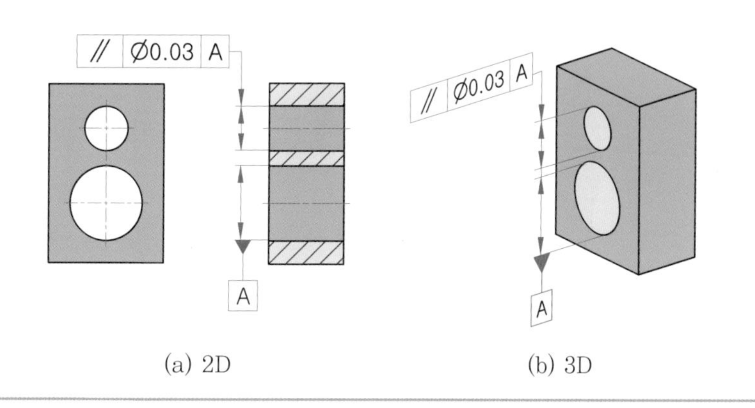 (a) 2D (b) 3D

① **두 개의 축 직선이나 중간면이 마주보고 있는 평행도** : 공차역이 폭 공차일 때는 공차값 앞에 ϕ를 붙이지 않고, 지름 공차일 때는 공차값 앞에 ϕ를 붙인다.

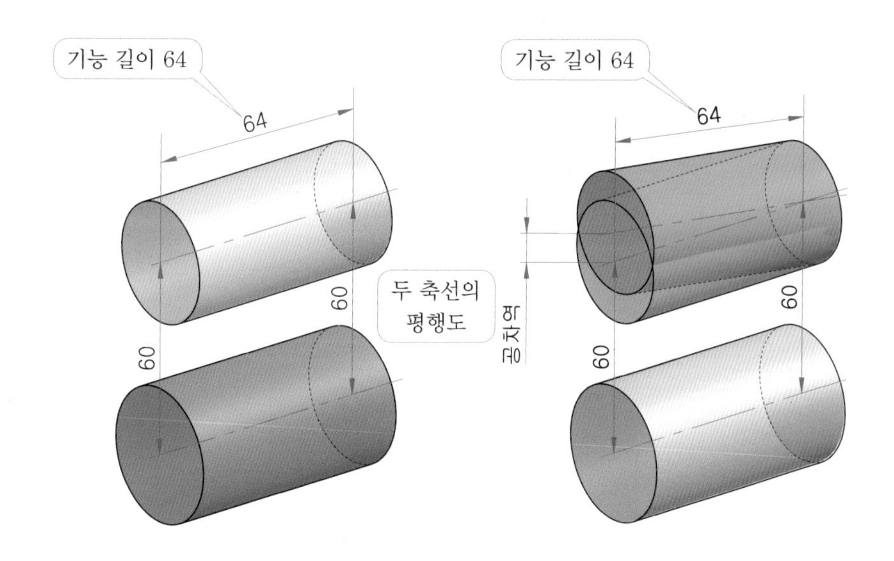

축선과 축선이 마주보고 있는 평행도

② 다음 그림은 데이텀 A를 기준으로 평행이므로 평행도를 적용하며, 기능 길이 16의 경우 IT 5급 10~18을 적용하면 공차값이 8μm이므로 평행도는 | // | Ø0.008 | A | 이다.

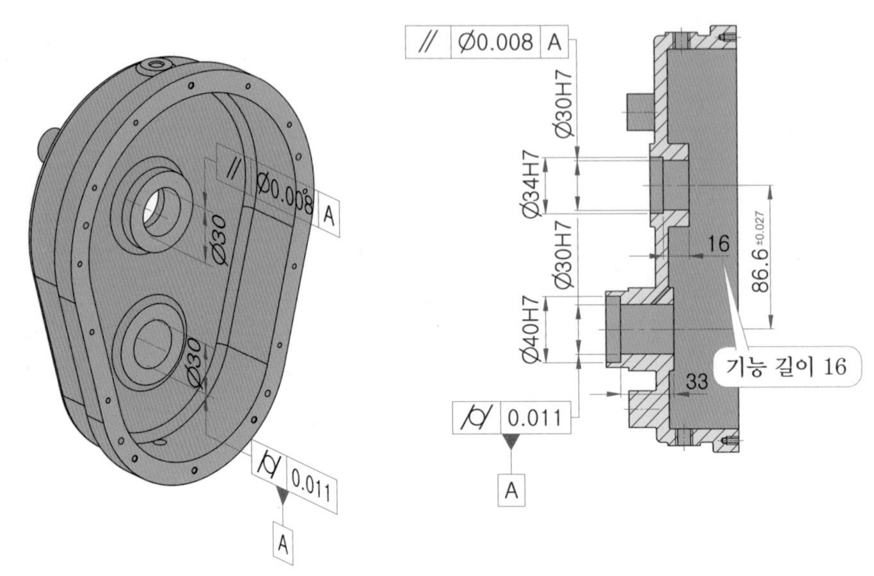

축선과 축선이 마주보고 있는 평행도

(3) 데이텀 평면과 관련된 선의 평행도 공차

공차역의 정의	지시방법 및 설명
공차역은 데이텀에 평행하고 t만큼 떨어진 2개의 평행한 평면에 의해 제한된다. t a [a] 데이텀 B	추출된 중간선은 데이텀 평면 B와 평행하고 0.03mm만큼 떨어진 2개의 평행한 평면 사이에 있어야 한다. // 0.03 B Ø20 B (a) 2D (b) 3D

① **평면과 축 직선 또는 중간면 사이의 평행도** : 공차역이 폭 공차이므로 공차값에 ϕ를 붙이지 않는다.

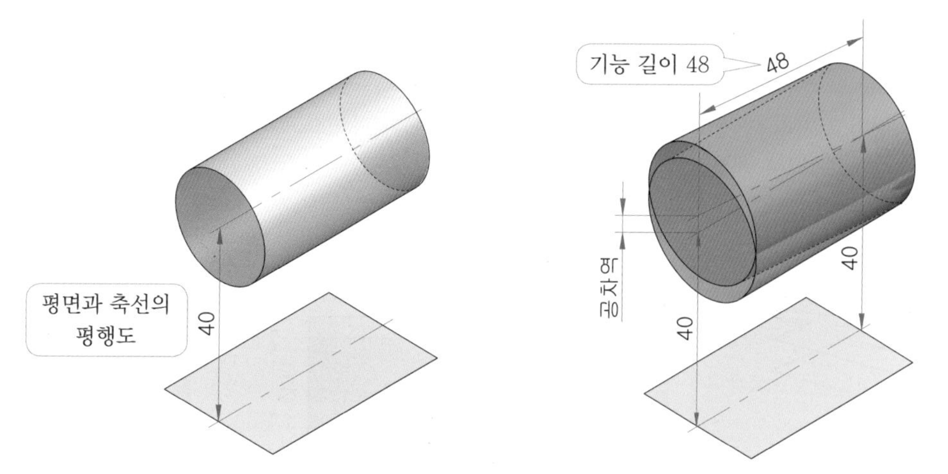

평면과 축선이 마주보고 있는 평행도

② 다음 그림은 데이텀 A를 기준으로 평면과 축선이 평행이므로 평행도를 적용하며, 기능 길이 16의 경우 IT 5급 10~18을 적용하면 공차값이 8μm이므로 평행도는 | // | 0.008 | A | 이다.

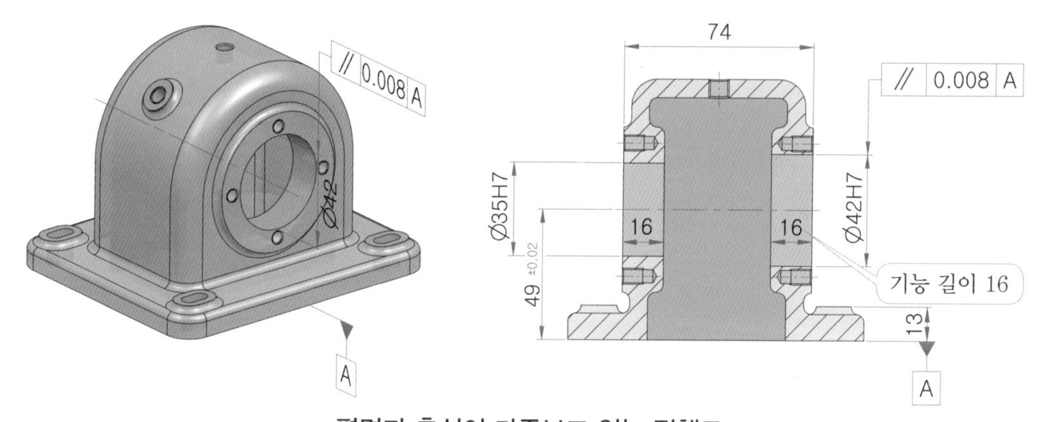

평면과 축선이 마주보고 있는 평행도

기준 치수의 구분(mm)		공차 등급(IT)																		
		01	0	1	2	3	4	5	6	7	8	9	10	11	12	13	14	15	16	17	18
초과	이하	기본 공차의 수치(μm)													기본 공차의 수치(μm)						
6	10	0.4	0.6	1	1.5	2.5	4	6	9	15	22	36	58	90	0.15	0.22	0.36	0.58	0.90	1.50	2.20
10	18	0.5	0.8	1.2	2	3	5	8	11	18	27	43	70	110	0.18	0.27	0.43	0.70	1.10	1.80	2.70
18	30	0.6	1.0	1.5	2.5	4	6	9	13	21	33	52	84	130	0.21	0.33	0.52	0.84	1.30	2.10	3.30

(4) 데이텀 선과 관련된 표면의 평행도 공차

공차역의 정의	지시방법 및 설명
공차역은 데이텀에 평행하고 거리 *t*만큼 떨어진 2개의 평행한 평면에 의해 제한된다. 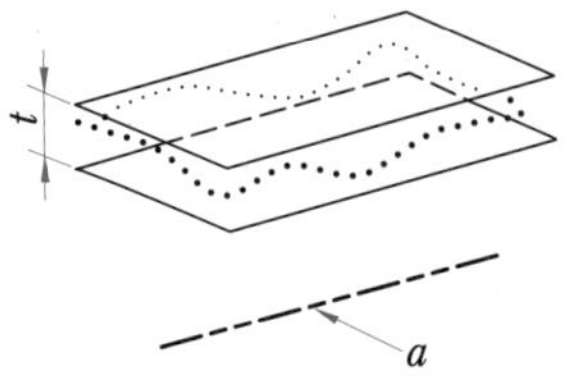 [a] 데이텀 C	추출된 표면이 데이텀 축 C와 평행하고 0.1mm만큼 떨어진 2개의 평행한 평면 사이에 있어야 한다. 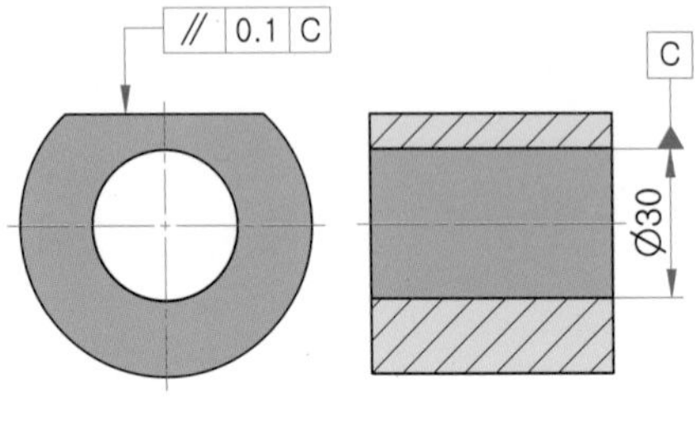 (a) 2D 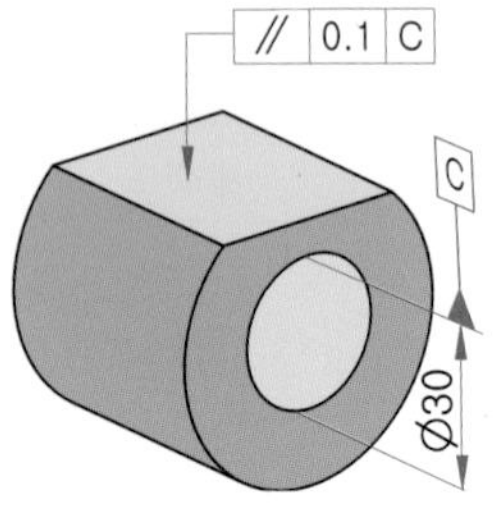 (b) 3D

(5) 데이텀 표면과 관련된 표면의 평행도 공차

공차역의 정의	지시방법 및 설명
공차역은 데이텀에 평행하고 거리 *t*만큼 떨어진 2개의 평행한 평면에 의해 제한된다. 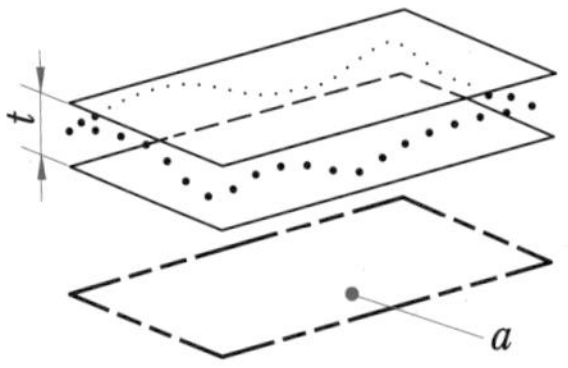 [a] 데이텀 A, [b] 데이텀 B	추출된 표면이 데이텀 평면 D와 평행하고 0.01mm만큼 떨어진 2개의 평행한 평면 사이에 있어야 한다. 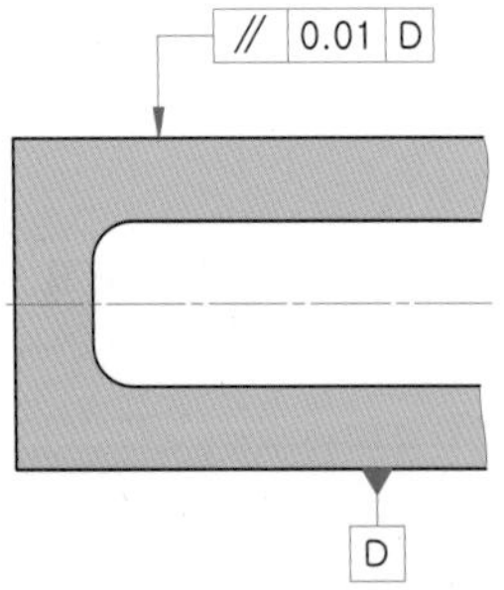 (a) 2D 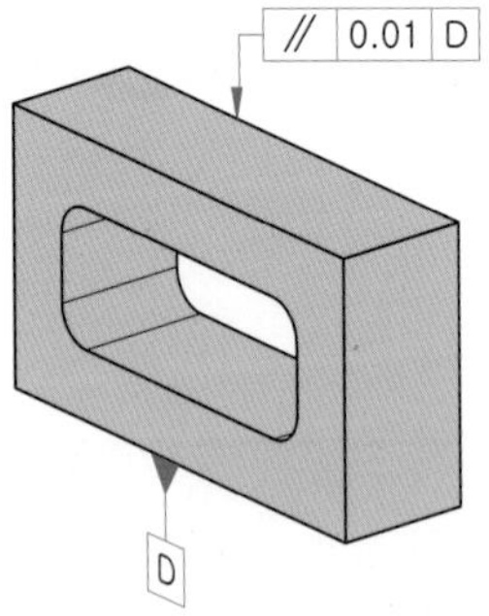 (b) 3D

① **두 평면에 대한 평행도** : 평면과 평면을 규제하므로 공차값 앞에 ϕ를 붙이지 않는다.

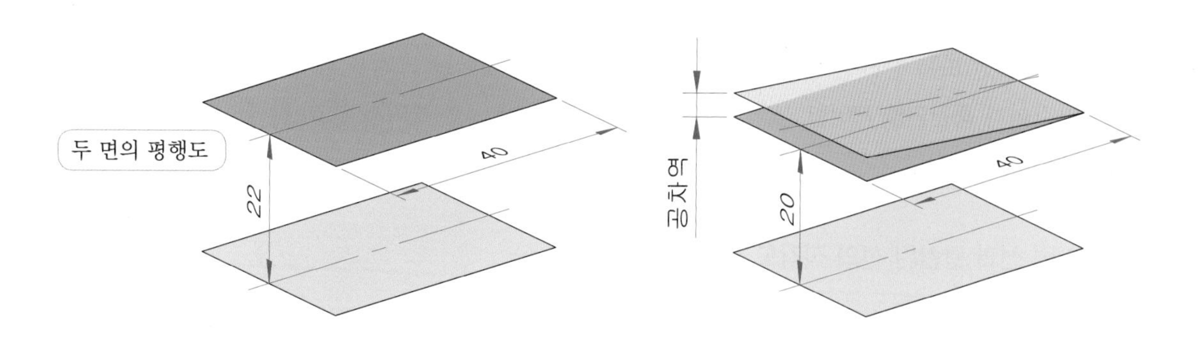

평면과 평면이 마주보고 있는 평행도

② 다음 그림은 데이텀 A를 기준으로 평면과 평면이 마주보고 있는 상태에서 평행이므로 자세 공차인 평행도를 적용하며, 기능 길이 150의 경우 IT 5급 80~120을 적용하면 공차값이 15µm이므로 평행도는 | // | 0.015 | A |이다.

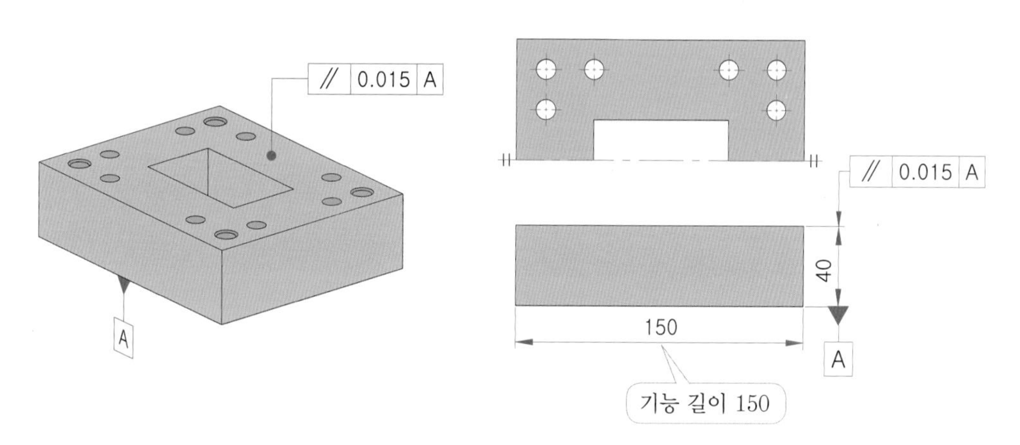

평면과 평면이 마주보고 있는 평행도

기준 치수의 구분(mm)		공차 등급(IT)																			
		01	0	1	2	3	4	5	6	7	8	9	10	11	12	13	14	15	16	17	18
초과	이하	기본 공차의 수치(µm)													기본 공차의 수치(µm)						
50	80	0.8	1.2	2	3	5	8	13	19	30	46	74	120	190	0.30	0.46	0.74	1.20	1.90	3.00	4.60
80	**120**	1.0	1.5	2.5	4	6	10	**15**	22	35	54	87	140	220	0.35	0.54	0.87	1.40	2.20	3.50	5.40
120	180	1.2	2.0	3.5	5	8	12	18	25	40	63	100	160	250	0.40	0.63	1.00	1.60	2.50	4.00	6.30

7 직각도 공차(⊥)

기준선 또는 면에 대한 직각의 정도를 말하며, 데이텀에 대하여 규제하고자 하는 형체의 평면이나 축선 또는 중간면에 대해 완전한 직각으로부터 벗어난 크기를 직각도라 한다.

공차값이나 중간면을 제어할 경우에는 직각도 공차값 앞에 ϕ를 붙이지 않고, 축 직선을 규제할 때는 지름 공차역이므로 공차값 앞에 ϕ를 붙인다.

(1) 데이텀 선과 관련된 선의 직각도 공차

공차역의 정의	지시방법 및 설명
공차역은 데이텀에 수직이고 거리 t만큼 떨어진 2개의 평행한 평면에 의해 제한된다. 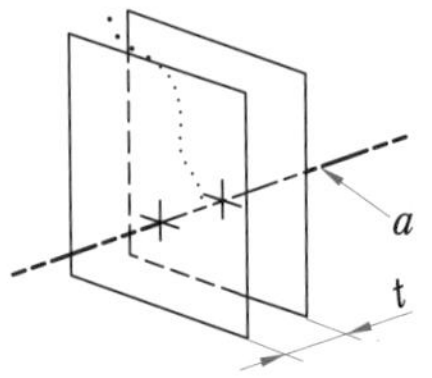 [a] 데이텀 A	추출된 중간선은 데이텀 축 A에 수직이고 0.06mm만큼 떨어진 2개의 평행한 평면 사이에 있어야 한다. 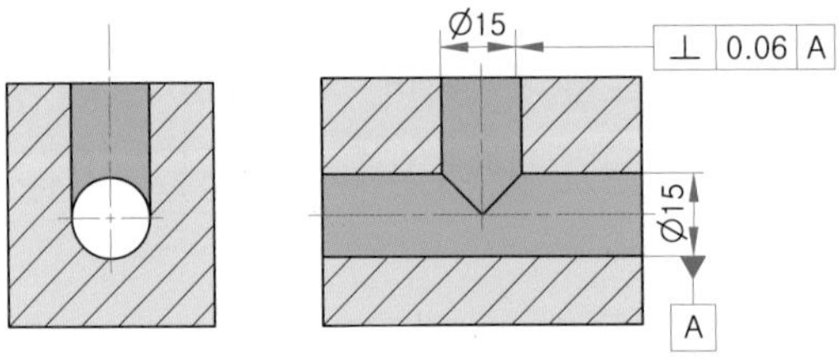 (a) 2D 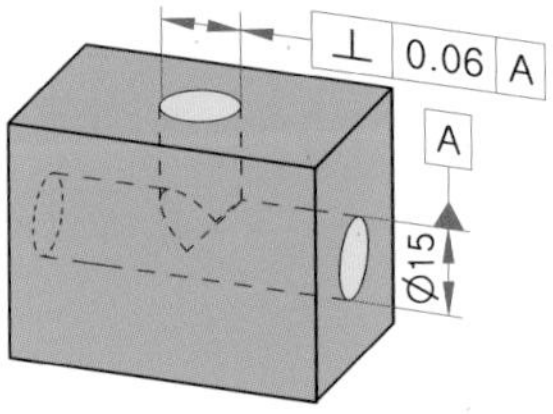 (b) 3D

(2) 데이텀 시스템과 관련된 선의 직각도 공차

공차역의 정의	지시방법 및 설명
공차역은 거리 t만큼 떨어진 2개의 평행한 평면에 의해 제한된다. 이 평면은 데이텀 A에 수직이며 데이텀 B에 평행하다. 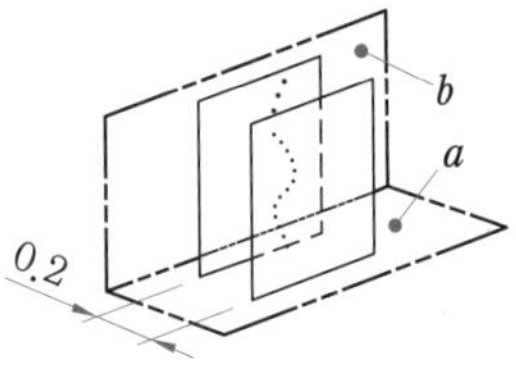 [a] 데이텀 A, [b] 데이텀 B	원통 표면에서 추출된 중심선이 데이텀 평면 A와 수직이고 데이텀 평면 B에 대해 지정된 자세로 0.1mm만큼 떨어진 2개의 평행한 평면 사이에 있어야 한다. 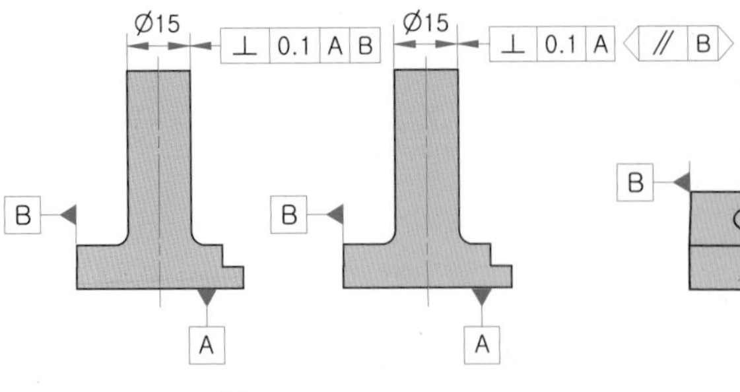 (a) 2D 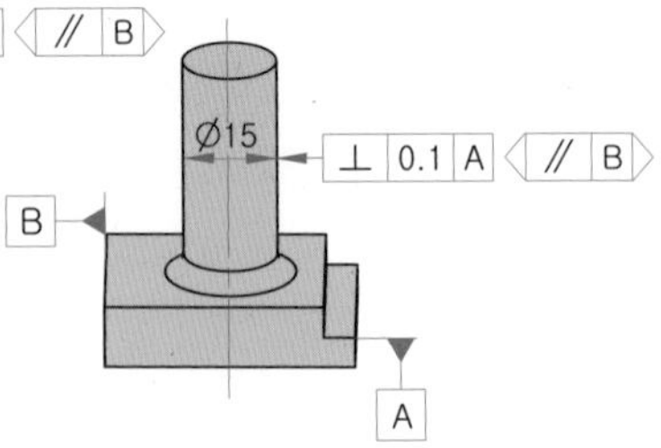 (b) 3D

(3) 데이텀 평면과 관련 있는 선의 직각도 공차

공차역의 정의	지시방법 및 설명
공차값 앞에 ϕ를 붙일 경우 공차역은 데이텀에 수직인 지름 t의 원통에 의해 제한된다. ϕt, a [a] 데이텀 A	원통에서 추출된 중심선은 데이텀 평면 A에 수직이고 지름 0.01mm의 원통 영역 안에 있어야 한다. Ø15 ⊥ Ø0.01 A, A (a) 2D (b) 3D

① 다음 그림은 데이텀 A를 기준으로 바닥면과 축 직선이 서로 직각이므로 자세 공차인 직각도 공차를 적용하며, 기능 길이 80(=100−20)인 경우 IT 5급 50~80을 적용하면 공차값이 13μm이므로 직각도는 | ⊥ | Ø0.013 | A | 이다.

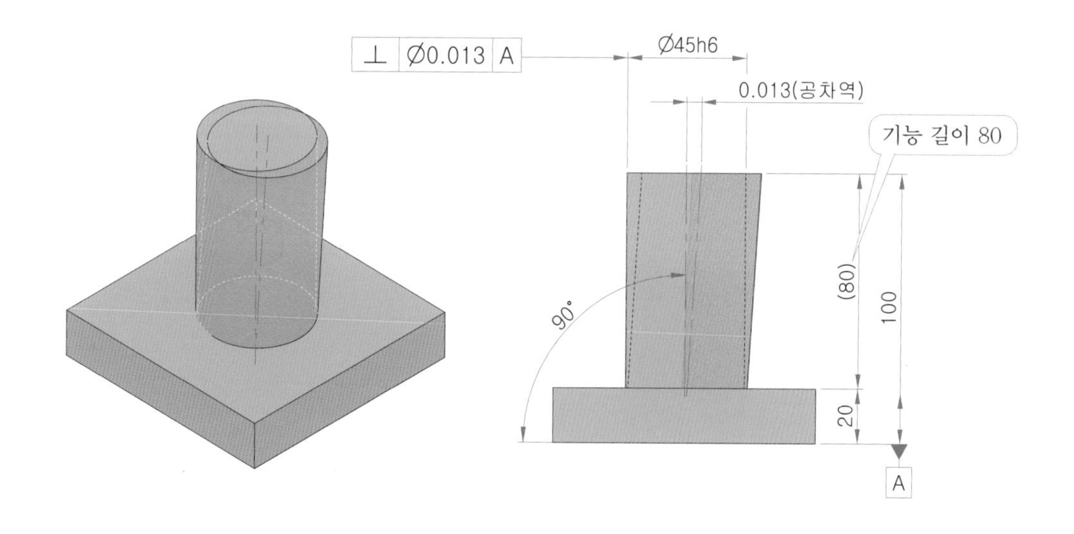

축 직선을 규제하는 직각도 공차역

② 다음 그림은 데이텀 A를 기준으로 바닥면과 축 직선이 서로 직각이므로 자세 공차인 직각도를 적용하며, 기능 길이 80(=100−20)의 경우, IT 5급 50~80을 적용하면 공차값이 13㎛이므로 직각도는 ⊥ Ø0.013 A 이다.

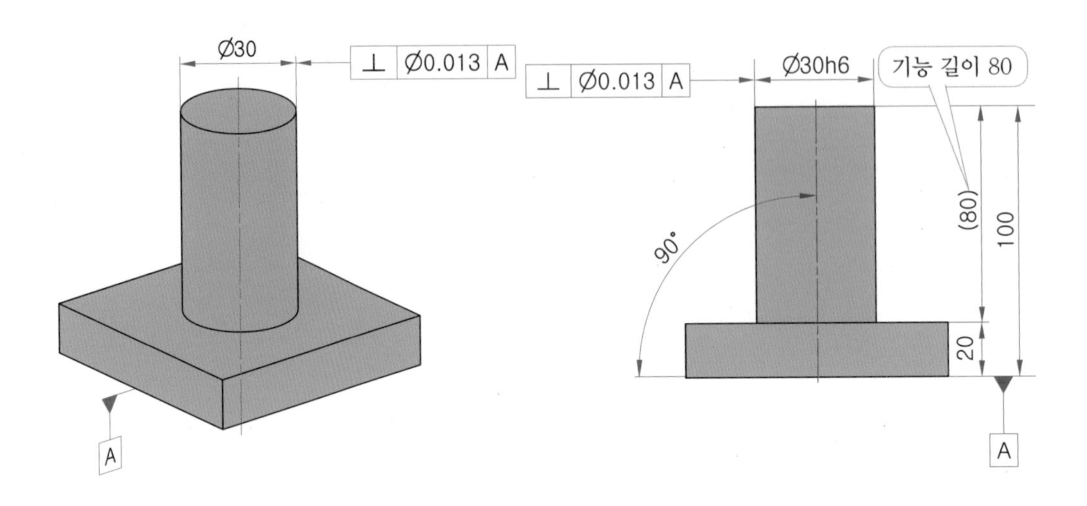

축 직선을 규제하는 직각도

(4) 데이텀 평면과 관련된 표면의 직각도 공차

공차역의 정의	지시방법 및 설명
공차역은 데이텀에 수직이고 t 만큼 떨어진 2개의 평행한 평면에 의해 제한된다. a t ª 데이텀 A	추출된 표면은 데이텀 평면 A에 수직이고 0.08mm만큼 떨어진 2개의 평행한 평면 사이에 있어야 한다. ⊥ 0.08 A / A ⊥ 0.08 A / A (a) 2D (b) 3D

다음 그림은 데이텀 A를 기준으로 바닥면과 커버 조립면이 서로 직각이므로 자세 공차인 직각도를 적용하며, 기능 길이 ϕ62의 경우 IT 5급 50~80을 적용하면 공차값이 13μm이므로 직각도는 | ⊥ | 0.013 | A |이다.

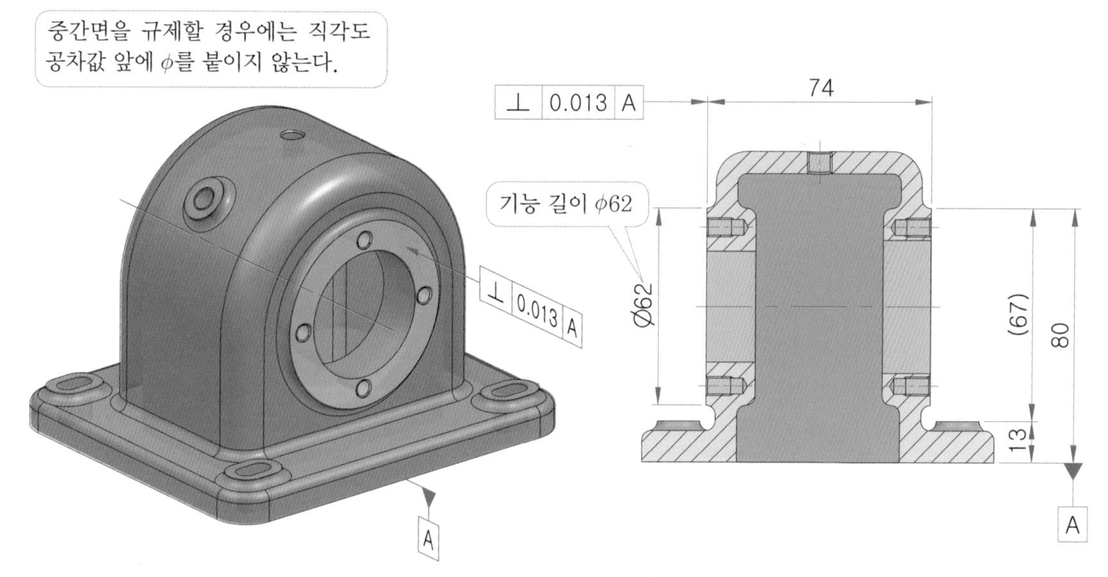

중간면을 규제하는 직각도

기준 치수의 구분(mm)		공차 등급(IT)																			
		01	0	1	2	3	4	5	6	7	8	9	10	11	12	13	14	15	16	17	18
초과	이하	기본 공차의 수치(μm)													기본 공차의 수치(μm)						
30	50	0.6	1.0	1.5	2.5	4	7	11	16	25	39	62	100	160	0.25	0.39	0.62	1.00	1.60	2.50	3.90
50	80	0.8	1.2	2	3	5	8	13	19	30	46	74	120	190	0.30	0.46	0.74	1.20	1.90	3.00	4.60
80	120	1.0	1.5	2.5	4	6	10	15	22	35	54	87	140	220	0.35	0.54	0.87	1.40	2.20	3.50	5.40

참고

측정에서 측정할 수 있는 길이는 ϕ62의 단면과 데이텀 평면이므로 기능 길이는 ϕ62이다.

(5) 데이텀 선과 관련된 표면의 직각도 공차

공차역의 정의	지시방법 및 설명
공차역은 데이텀에 수직이고 거리 t 만큼 떨어진 2개의 평행한 평면에 의해 제한된다. 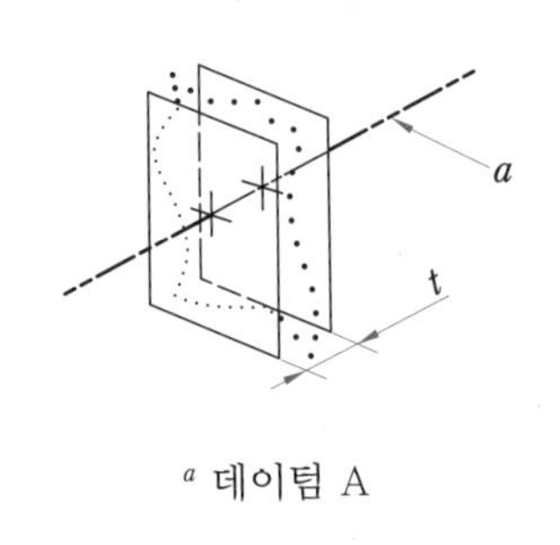 ᵃ 데이텀 A	추출된 표면은 데이텀 축 A와 수직이고 0.08만큼 떨어진 2개의 평행한 평면 사이에 있어야 한다. 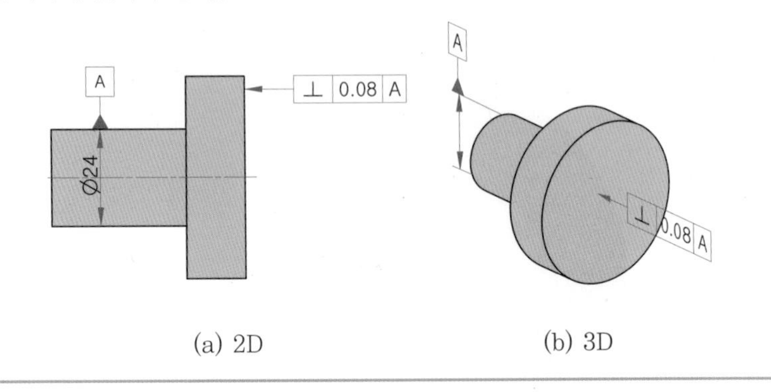 (a) 2D (b) 3D

8 경사도 공차(∠)

경사도는 90° 를 제외한 임의의 각도를 갖는 표면이나 형체의 중심이 임의의 각도로 주어진 경사 공차 내에서의 폭 공차를 규제하는 것이다. 경사도는 평면, 폭 중간면, 원통 중심선 등의 공차역을 규제하기 때문에 공차값 앞에 ϕ를 붙이지 않는다.

경사도의 기능 길이는 경사 평면의 거리로 한다.

(1) 데이텀 선과 관련된 선의 경사도 공차

공차역의 정의	지시방법 및 설명
동일한 평면에서 선과 데이텀선 : 공차역은 데이텀에 지정된 각도로 경사지고 t만큼 떨어진 2개의 평행한 평면에 의해 제한된다. 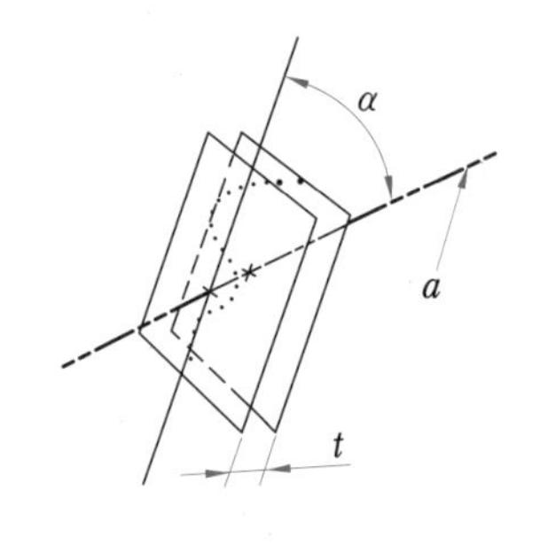 ᵃ 데이텀 A-B	추출된 중간선은 공통의 데이텀 직선 A-B에 이론상 정확한 각도 60°로 경사지고 0.08mm만큼 떨어진 2개의 평행한 평면 사이에 있어야 한다. 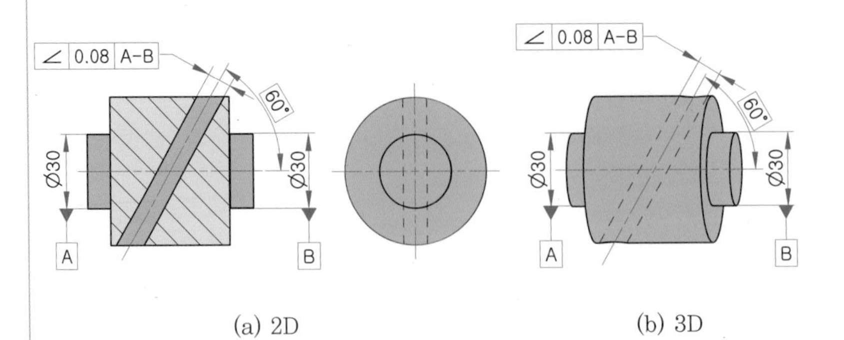 (a) 2D (b) 3D

(2) 데이텀 평면과 관련 있는 선의 경사도 공차

공차역의 정의	지시방법 및 설명
공차역은 데이텀에 지정된 각도로 경사지고 t만큼 떨어진 2개의 평행한 평면에 의해 제한된다. 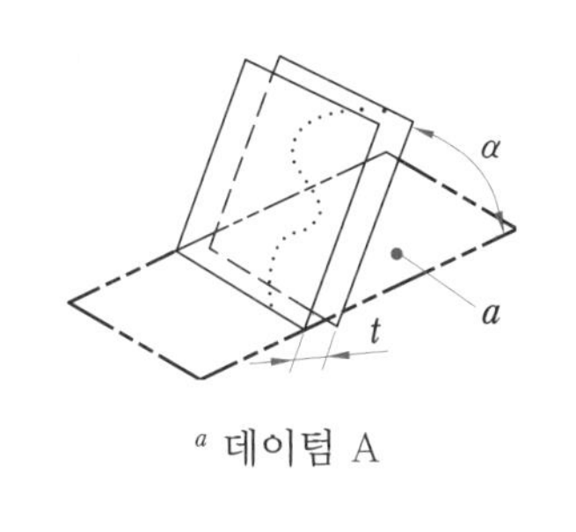 [a] 데이텀 A	추출된 중심선이 데이텀 평면 A에 이론상 정확한 각도 60°로 경사지고 0.08mm만큼 떨어진 2개의 평행한 평면 사이에 있어야 한다. 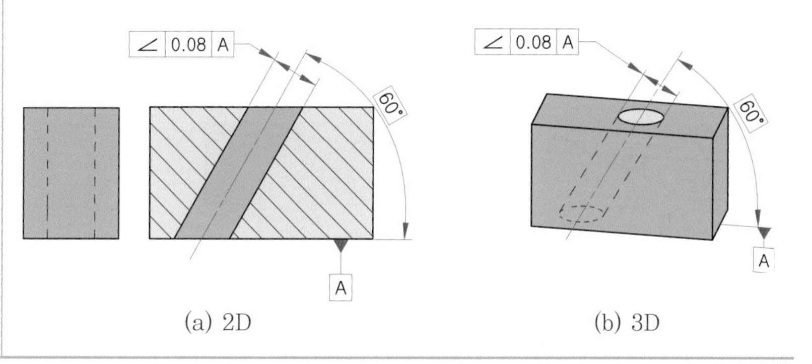 (a) 2D (b) 3D

다음 그림은 데이텀 A를 기준으로 바닥면과 경사 축선의 각이 임의의 각(50°)을 이루고 있으므로 자세 공차인 경사도를 적용하며, 기능 길이 42의 경우 IT 5급 30~50을 적용하면 공차값이 11μm이므로 경사도는 [∠ | 0.011 | A]이다.

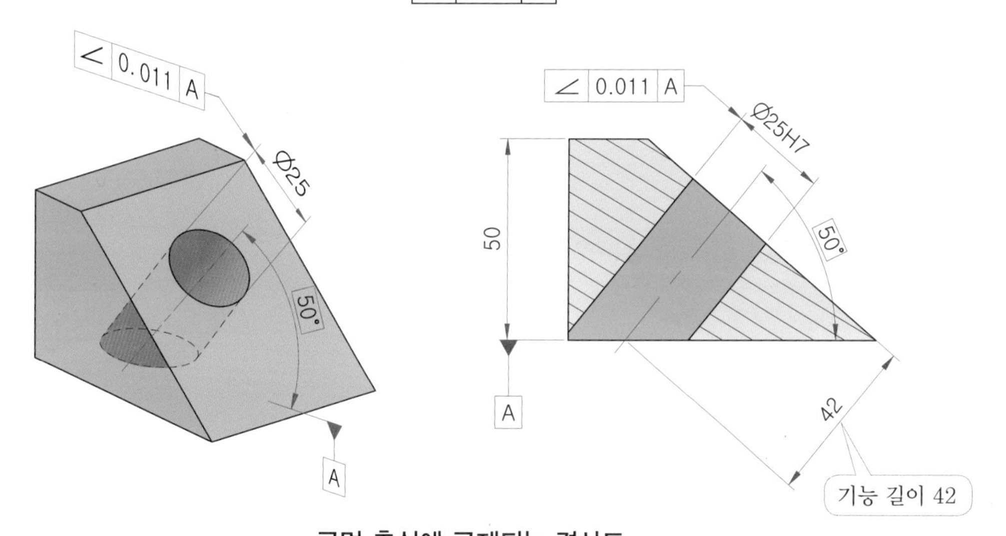

구멍 축심에 규제되는 경사도

> **참고**
> 경사진 표면은 이론적으로 정확한 각도 [50°]를 기준으로 규제된 경사면의 각도에 대한 공차가 아니고 두 평면 사이의 폭 공차역이다.

(3) 데이텀 선과 관련 있는 선의 경사도 공차

공차역의 정의	지시방법 및 설명
공차역은 데이텀에 지정된 각도로 경사지며 t만큼 떨어진 2개의 평행한 평면에 의해 제한된다. 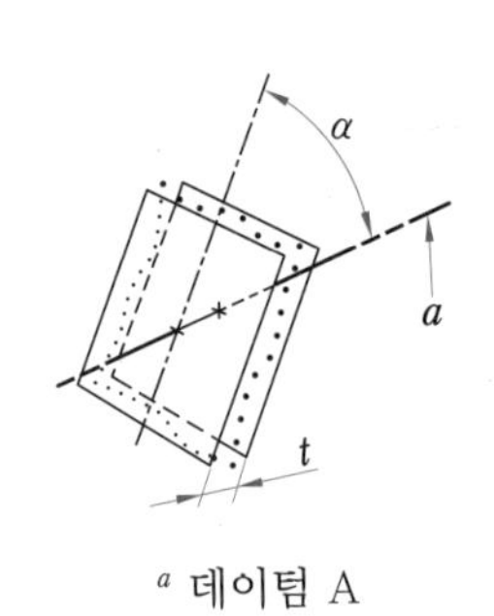 ª 데이텀 A	추출된 표면이 데이텀 축 A에 이론상 정확한 각도 75°로 경사지고 0.1mm 만큼 떨어진 2개의 평행한 평면 사이에 있어야 한다. 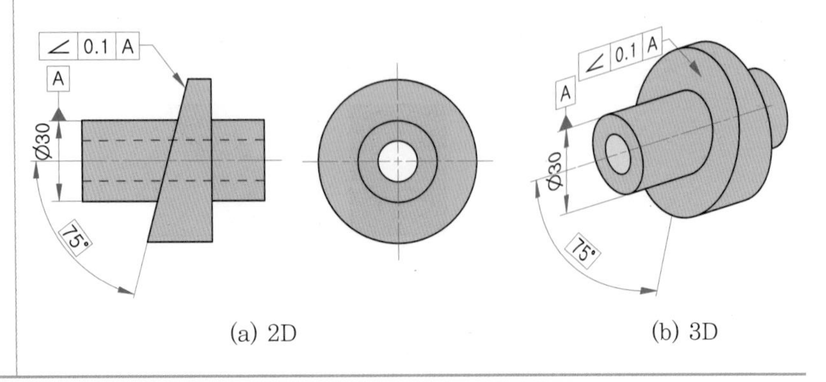 (a) 2D (b) 3D

다음 그림은 데이텀 A를 기준으로 축선과 경사면의 각이 임의의 각(70°)을 이루고 있으므로 자세 공차인 경사도를 적용하며, 기능 길이 85.1의 경우 IT 5급 80~120을 적용하면 공차값이 15μm이므로 경사도는 | ∠ | 0.015 | A | 이다.

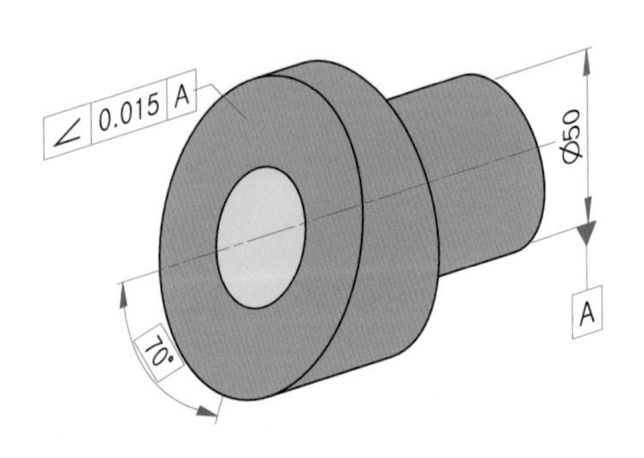

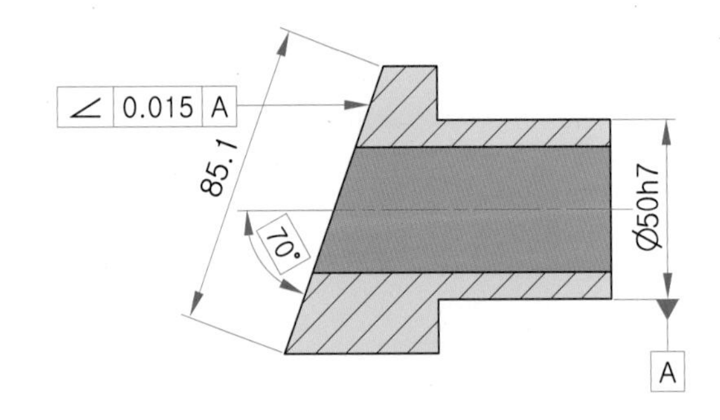

경사도

참고

치수 공차를 갖는 형체에 경사도를 규제할 때, 공차를 최대 실체 조건으로 규제하는 것이 바람직하다.

(4) 데이텀 평면에 관련된 표면의 경사도 공차

공차역의 정의	지시방법 및 설명
공차역은 데이텀에 지정된 각도로 경사지며 t만큼 떨어진 2개의 평행한 평면으로 제한된다. 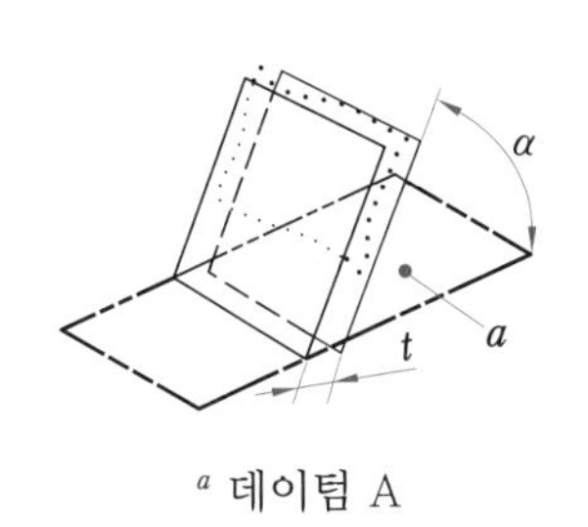 ª 데이텀 A	추출된 표면은 데이텀 평면 A에 이론상 정확한 각도 40°로 경사지고 0.08mm만큼 떨어진 2개의 평행한 평면 사이에 있어야 한다. 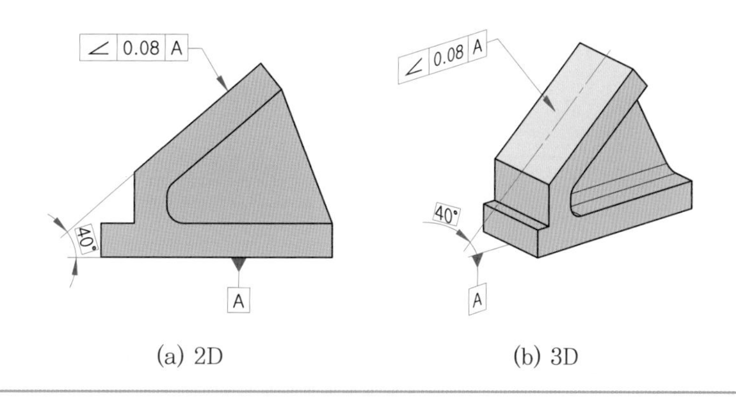 (a) 2D (b) 3D

9 위치도 공차(⌖)

크기를 갖는 형체의 축심, 축직선, 중간면이 이론적으로 정확한 위치에서 벗어난 크기를 **위치도**라 하며, 규제 형체의 중간면을 규제할 때는 위치 공차값 앞에 ϕ를 붙이지 않고 축심, 축직선을 규제할 때는 공차값 앞에 ϕ를 붙인다.

위치도의 종류

- 위치를 갖는 원형 형상의 축이나 구멍에 대한 위치도
- 위치를 갖는 홈이나 돌기 부분의 위치도
- 단일 또는 복수의 데이텀을 기준으로 규제하는 형체의 위치도
- 위치를 갖는 눈금선의 홈이나 돌기 부분의 위치도

참고

위치도는 규제 형상에 따라 진직도, 진원도, 평행도, 직각도, 동축도 등의 복합 공차이며, 규제하는 부품의 위치 형체로 기하 공차에서 널리 사용된다.

(1) 선의 위치도 공차

공차역의 정의	지시방법 및 설명
공차값 앞에 ϕ를 붙이면 공차역은 지름 t인 원통으로 제한된다. 그 축은 데이텀 평면 C, A 및 B에 이론상 정확한 치수에 의해 고정된다. 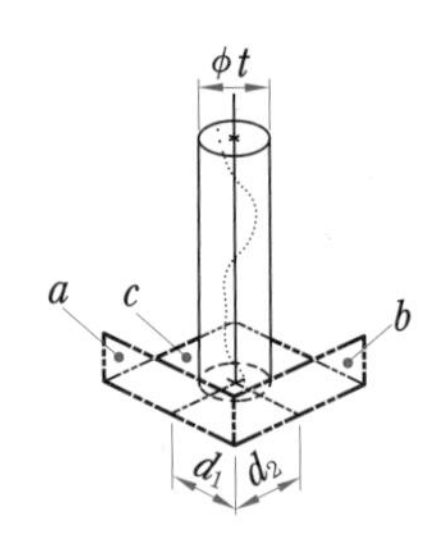 [a] 데이텀 A, [b] 데이텀 B [c] 데이텀 C	추출된 중심선은 지름 0.08mm의 원통 영역 안에 있어야 하며, 그 축은 데이텀 평면 C 및 A, B에 대해 이론상 정확한 위치와 일치해야 한다. 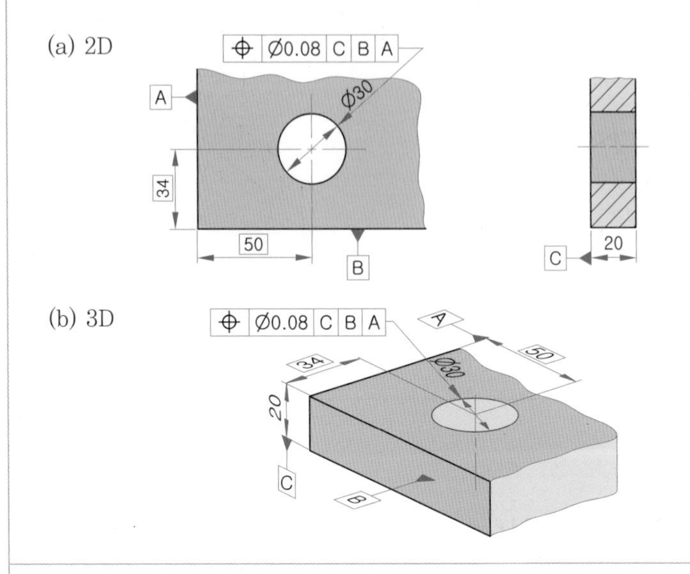
	각 구멍에서 추출된 중심선은 지름 0.1mm의 원통 영역 안에 있어야 하며, 그 축은 데이텀 평면 C, A 및 B에 대해 이론상 정확한 위치와 일치해야 한다. 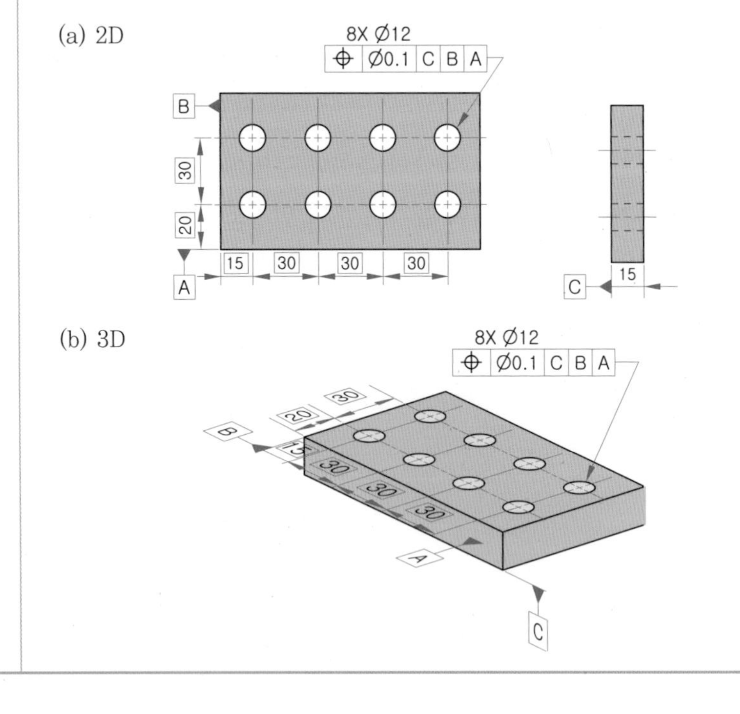

다음 그림은 데이텀 A, B를 기준으로 구멍의 축선 상호 간의 관계 위치는 서로 30mm 떨어진 진위치를 축선으로 하는 지름 9㎛ 안에 있어야 한다. 위치도 공차값은 위치 공차의 특성상 헐거운 조립 부품 간 상호 끼워맞춤으로 틈새 만큼을 공차값으로 한다.

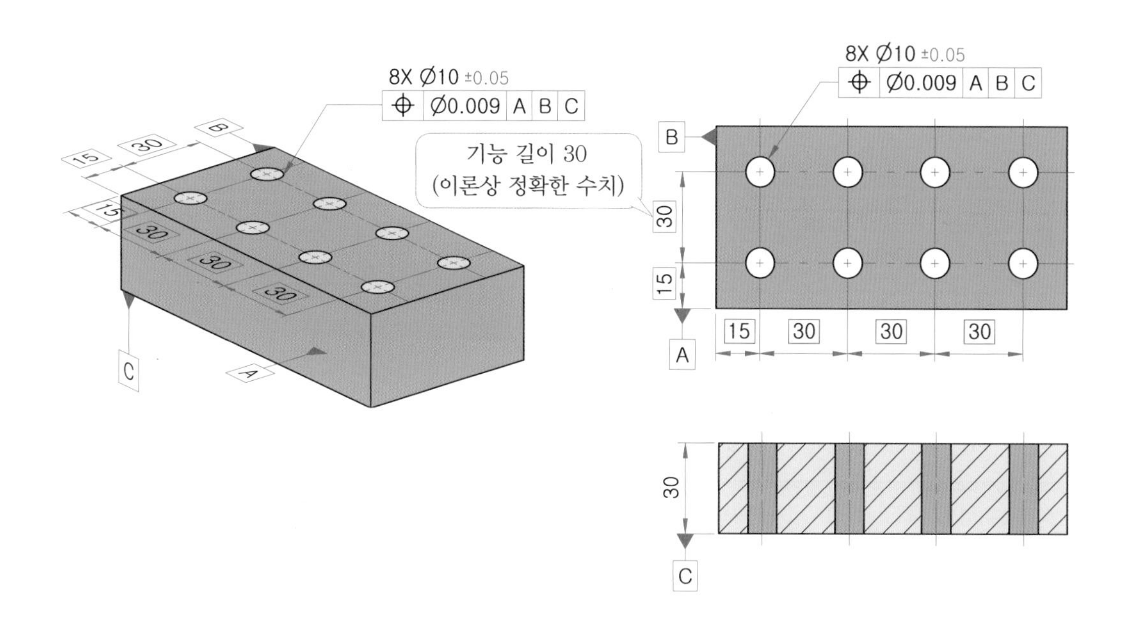

(2) 점의 위치도 공차

공차역의 정의	지시방법 및 설명
공차값 앞에 Sϕ를 붙이면 공차역은 지름 t인 구에 의해 제한된다. 구의 공차역의 중심은 데이텀 A, B 및 C에 대해 이론상 정확한 치수에 의해 고정된다. 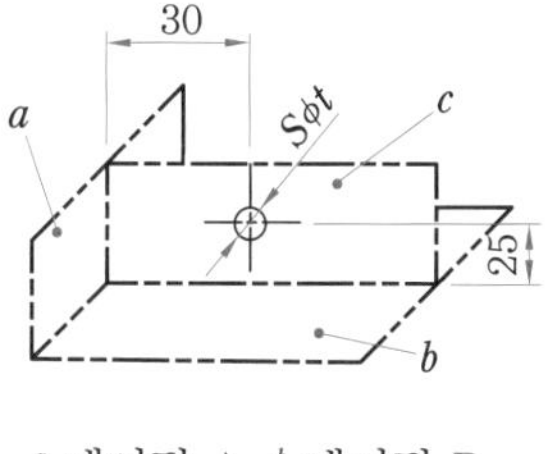 [a] 데이텀 A, [b] 데이텀 B [c] 데이텀 C	추출된 중심은 지름 0.3mm인 구의 영역 안에 있어야 하며, 그 중심은 데이텀 평면 A, B, 데이텀 중간 평면 C에 대해 구의 이론상 정확한 위치와 일치해야 한다. 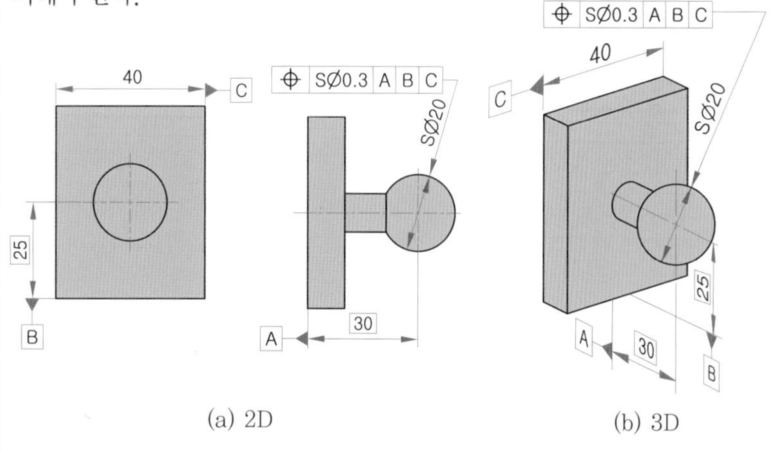 (a) 2D (b) 3D ※ 구의 추출된 중심에 대한 정의는 표준화되어 있지 않다.

(3) 평탄한 표면 또는 위치도 공차

공차역의 정의	지시방법 및 설명
공차역은 t만큼 떨어진 2개의 평행한 평면에 의해 제한되며, 데이텀 A, B에 대해 이론상 정확한 치수에 의해 고정된 이론상 정확한 위치에서 대칭으로 배치된다. 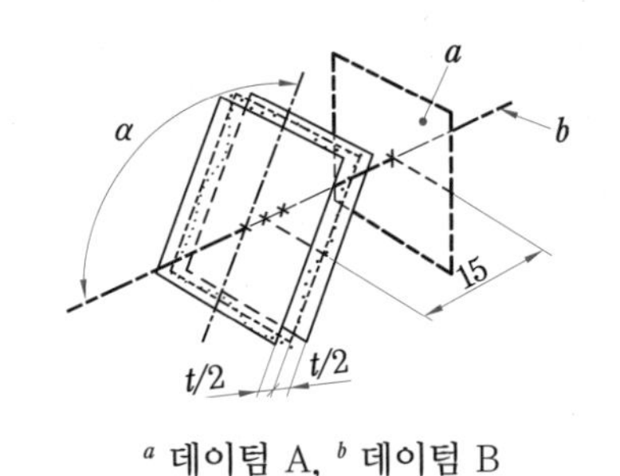 [a] 데이텀 A, [b] 데이텀 B	추출된 표면은 0.05mm만큼 떨어진 2개의 평행한 평면 사이에 있어야 하며, 데이텀 평면 A와 데이텀 축 B에 대해 이론상 정확한 위치에 대칭으로 배치한다. 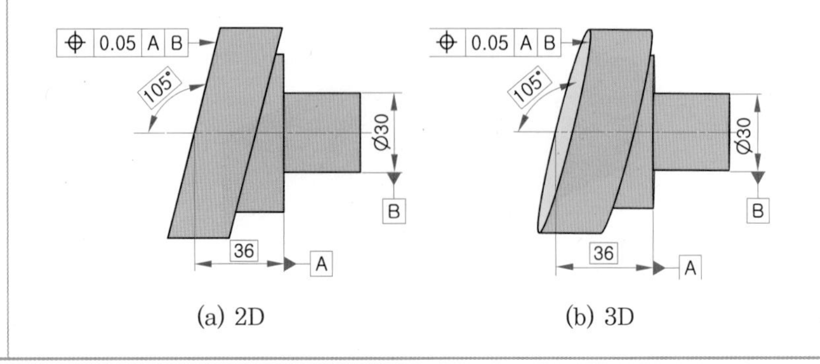 (a) 2D (b) 3D

10 동축(심)도 공차(◎)

두 개의 원통이 동일 축 직선(축심)을 가지거나 동일 직선상에 있으면 **동축**이라 한다. 공차역은 지름의 원통으로 규제되며, 동심도 공차는 데이텀 기준에 대한 중심 축선을 제어하게 되므로 공차값 앞에 ϕ를 붙인다.

(1) 점의 동심도 공차

공차역의 정의	지시방법 및 설명
공차값 앞에 ϕ를 붙이면 공차역은 지름 t인 원에 의해 제한된다. 원 공차역의 중심은 데이텀 점과 일치한다. 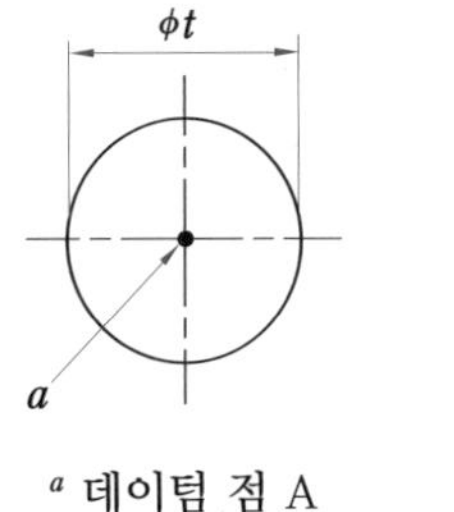 [a] 데이텀 점 A	임의의 단면에서 내부 원의 추출된 중심은 같은 단면 안에서 데이텀 점 A와 동심인 지름 0.011mm의 원 안에 있어야 한다. 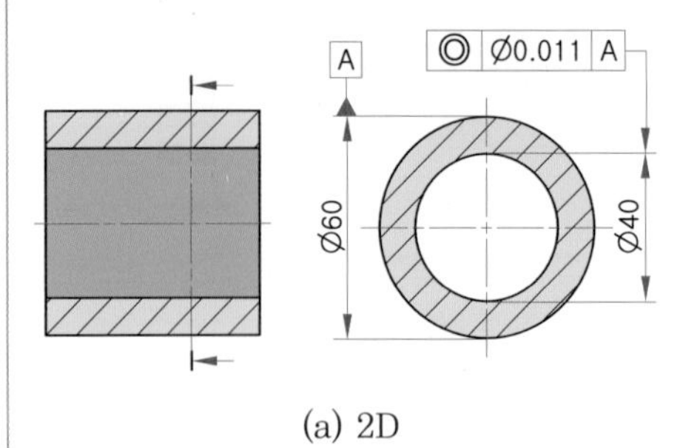 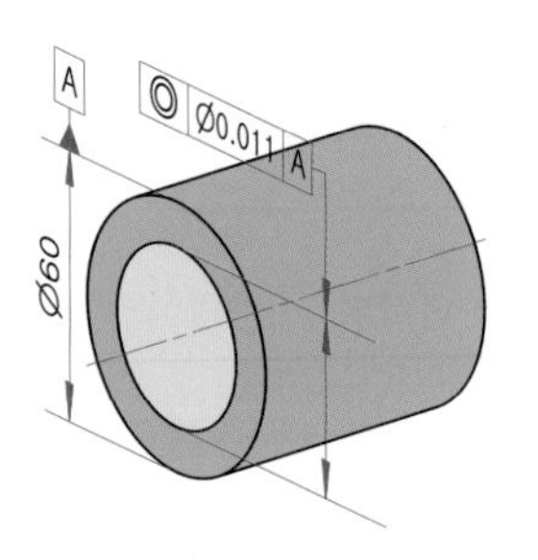 (a) 2D (b) 3D

(2) 축 선의 동축도 공차

<table>
<tr><th>공차역의 정의</th><th>지시방법 및 설명</th></tr>
<tr><td rowspan="2">공차값 앞에 ϕ를 붙이면 공차역은 지름 t의 원통에 의해 제한되며, 원통 공차역의 축은 데이텀과 일치한다.
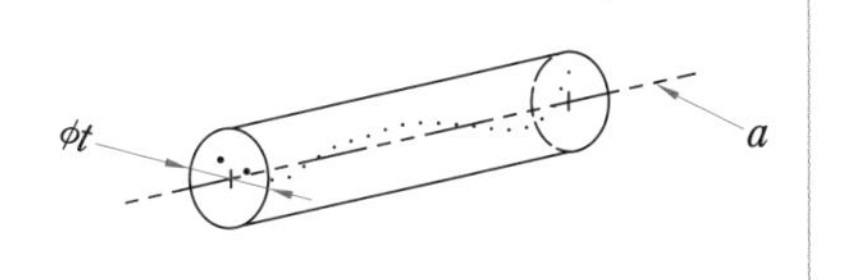

a 데이텀 A–B
※ 두 번째 데이텀 B는 주 데이텀 A에 수직이다.</td><td>공차가 지시된 원통에서 추출된 중심선은 지름 0.009mm의 원통 영역 안에 있어야 하며, 그 축은 공통의 데이텀 직선 A–B이다.
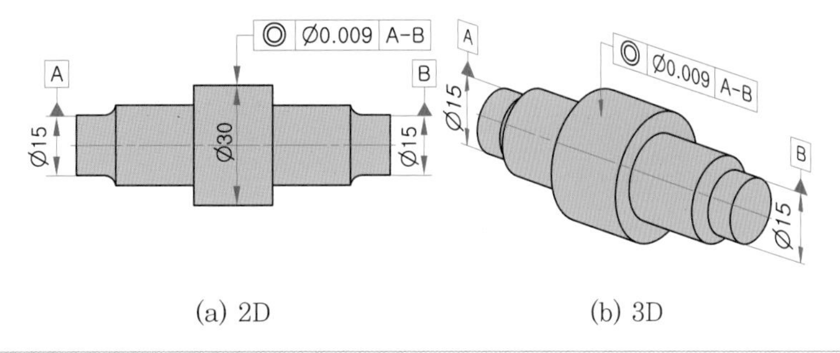

(a) 2D (b) 3D</td></tr>
<tr><td>공차가 지시된 원통에서 추출된 중심선은 지름 0.011mm의 원통 영역 안에 있어야 하며, 그 축은 데이텀 축 A이다.
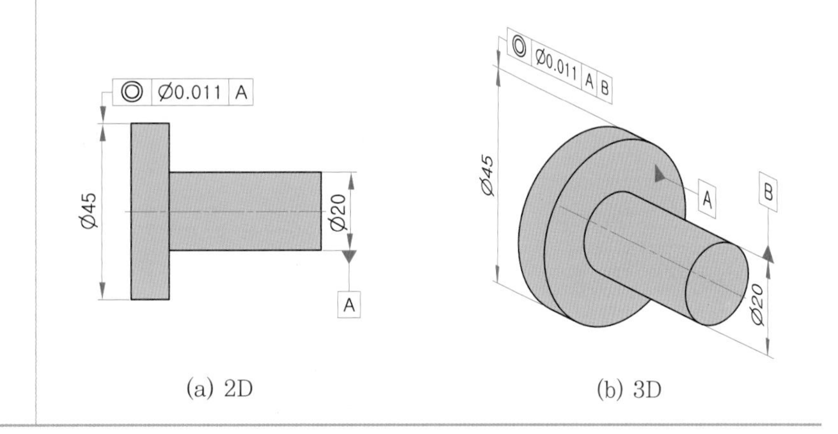

(a) 2D (b) 3D</td></tr>
</table>

참고

동심(축)도는 위치 공차의 특성상 조립 부품 간 상호 끼워맞춤으로 틈새 만큼의 공차 이내로 하며, 동심 기능 길이(단 길이)를 주로 적용한다.

① 다음 그림에서 데이텀 A를 기준으로 좌측 ϕ60h6과 우측 ϕ35h6은 동심도이므로 기하 공차의 위치 공차인 동심도를 적용하며, 기능 길이 (40)은 IT 5급 30~50을 적용하면 공차값이 11μm이므로 동심도는 | ◎ | Ø0.011 | A | 이다.

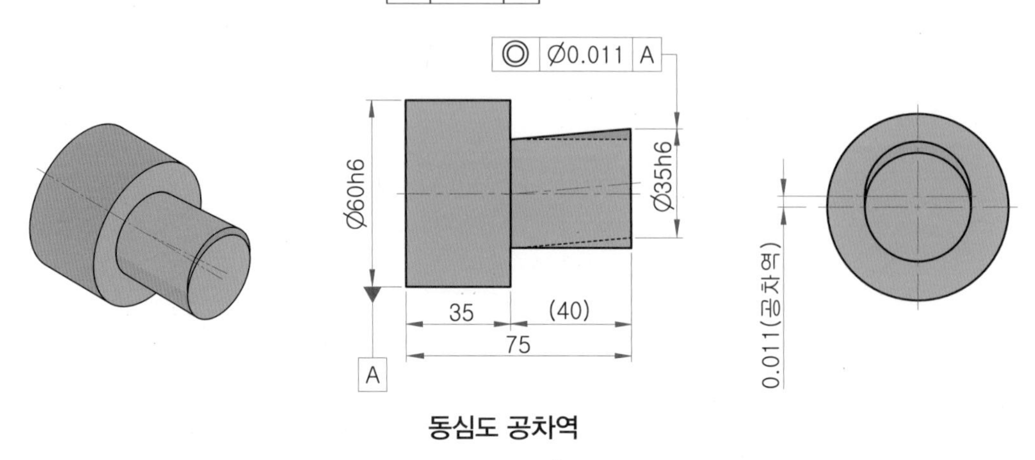

동심도 공차역

기준 치수의 구분(mm)		공차등급(IT)																			
		01	0	1	2	3	4	5	6	7	8	9	10	11	12	13	14	15	16	17	18
초과	이하	기본 공차의 수치(μm)													기본 공차의 수치(μm)						
6	10	0.4	0.6	1	1.5	2.5	4	6	9	15	22	36	58	90	0.15	0.22	0.36	0.58	0.90	1.50	2.20
10	18	0.5	0.8	1.2	2	3	5	8	11	18	27	43	70	110	0.18	0.27	0.43	0.70	1.10	1.80	2.70
18	30	0.6	1.0	1.5	2.5	4	6	9	13	21	33	52	84	130	0.21	0.33	0.52	0.84	1.30	2.10	3.30
30	50	0.6	1.0	1.5	2.5	4	7	11	16	25	39	62	100	160	0.25	0.39	0.62	1.00	1.60	2.50	3.90
50	80	0.8	1.2	2	3	5	8	13	19	30	46	74	120	190	0.30	0.46	0.74	1.20	1.90	3.00	4.60

② 다음 그림에서 데이텀 A를 기준으로 좌측 ϕ60h6과 우측 ϕ35h6은 동심도이므로 기하 공차의 위치 공차인 동심도를 적용하며, 기능 길이 (40)은 IT 5급 30~50을 적용하면 공차값이 11μm이므로 동심도는 | ◎ | Ø0.011 | A | 이다.

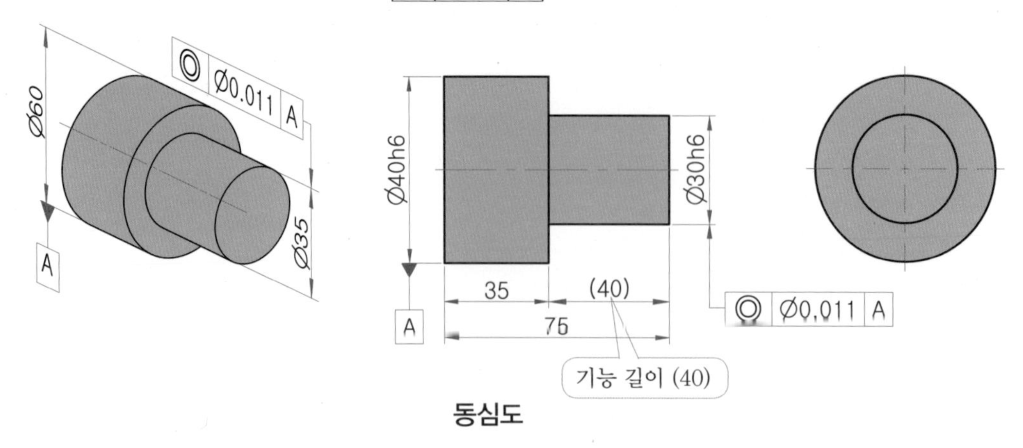

동심도

③ 다음 그림에서 데이텀 B를 기준으로 우측 ϕ42H7과 좌측 ϕ35H7은 동심도이므로 기하 공차의 위치 공차인 동심도를 적용하며, 기능 길이 16은 IT 5급 10~18을 적용하면 공차 값이 8μm이므로 동심도는 | ◎ | Ø0.008 | B | 이다.

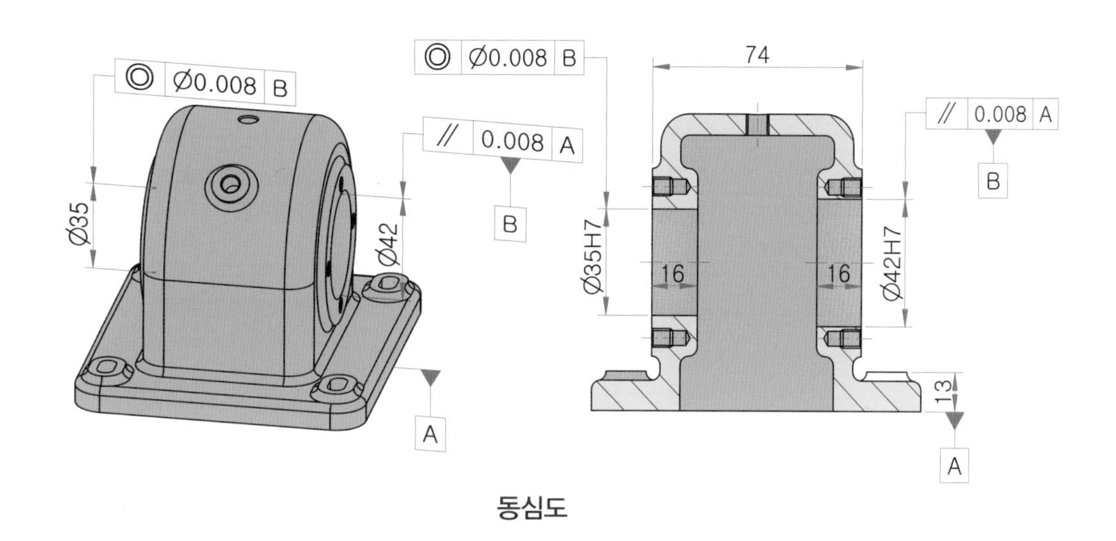

동심도

④ 다음 그림에서 데이텀 A를 기준으로 좌측 ϕ45h6과 우측 ϕ35H7은 동심도이므로 기하 공차의 위치 공차인 동심도를 적용하며, 기능 길이 45는 IT 5급 30~50을 적용하면 공차 값이 11μm이므로 동심도는 | ◎ | Ø0.011 | A | 이다.

또한 한정 범위의 데이텀 설정(데이텀을 표시 없이 어느 한 면의 한정 범위 내에서 설정)으로 ϕ35H7에서 화살표가 한정 범위의 데이텀으로 인식되므로 화살표를 표기한 후 그림 (b)와 같이 표기한다.

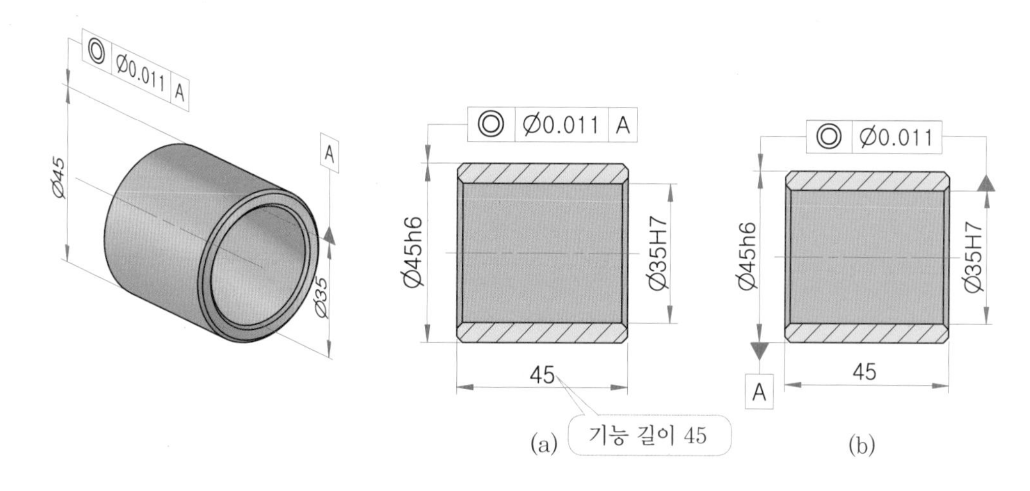

동심도

11 대칭도 공차(⌯)

데이텀 중심선을 기준으로 서로 대칭이어야 할 제어 형체의 중심 평면이 대칭 기준으로부터 벗어난 공차를 대칭도라 한다.

대칭도 공차값에는 ϕ를 붙이지 않는다.

<table>
<tr><th>공차역의 정의</th><th>지시방법 및 설명</th></tr>
<tr><td rowspan="2">공차역은 데이텀에 대해 중간 평면에 대해 대칭으로 배치되고, 거리 t 만큼 떨어진 2개의 평행한 평면에 의해 제한된다.
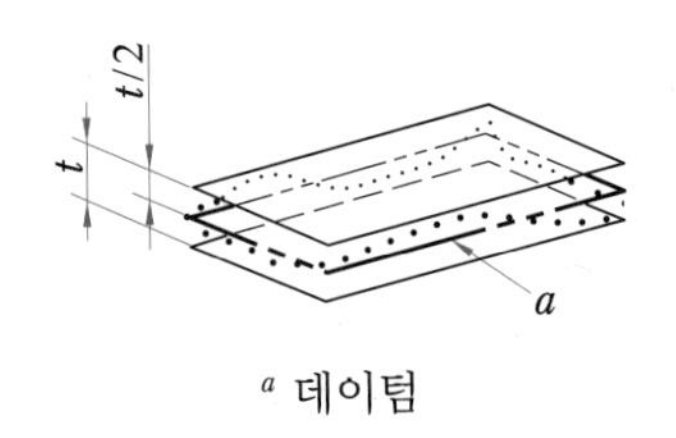

ª 데이텀</td><td>추출된 중간 표면은 데이텀 평면 A에 대해 대칭으로 배치되고 0.09mm만큼 떨어진 2개의 평행한 평면 사이에 있어야 한다.
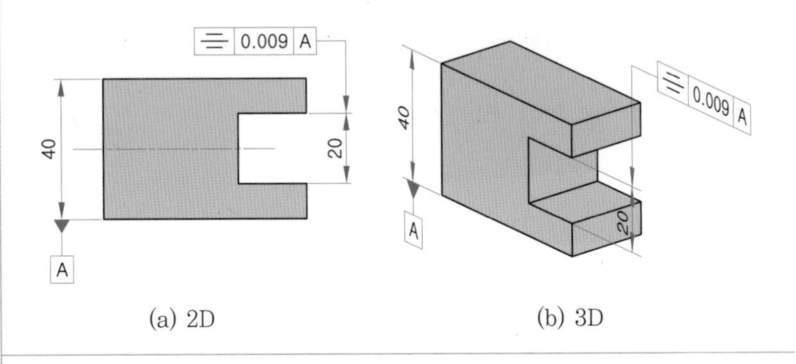

(a) 2D (b) 3D</td></tr>
<tr><td>추출된 중간 표면은 공통의 데이텀 평면 A-B에 대해 대칭으로 배치되고, 0.009mm만큼 떨어진 2개의 평행한 평면 사이에 있어야 한다.
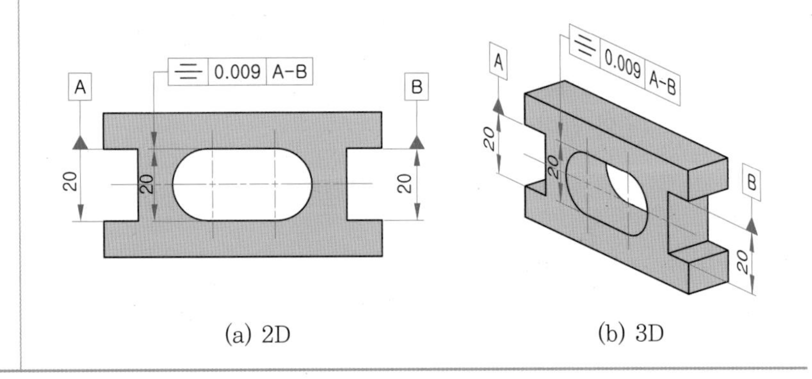

(a) 2D (b) 3D</td></tr>
</table>

참고

대칭도 공차

대칭도 공차는 공차역이 위치도 공차와 동일하므로 ANSI 규격에서는 대칭도 규격을 삭제하고 대칭도로 규제하는 형체를 위치도로 규제하고 있다. ISO와 KS 규격에는 대칭도가 규격으로 규정되어 있다.

① 다음 그림은 데이텀 A에서 중심 평면을 기준으로 두 개의 평면이 대칭이므로 기하 공차의 위치 공차인 대칭도를 적용하며, 중심 평면은 공차값이 13μm의 간격을 갖는 두 개의 평행한 평면 사이에 있어야 한다.

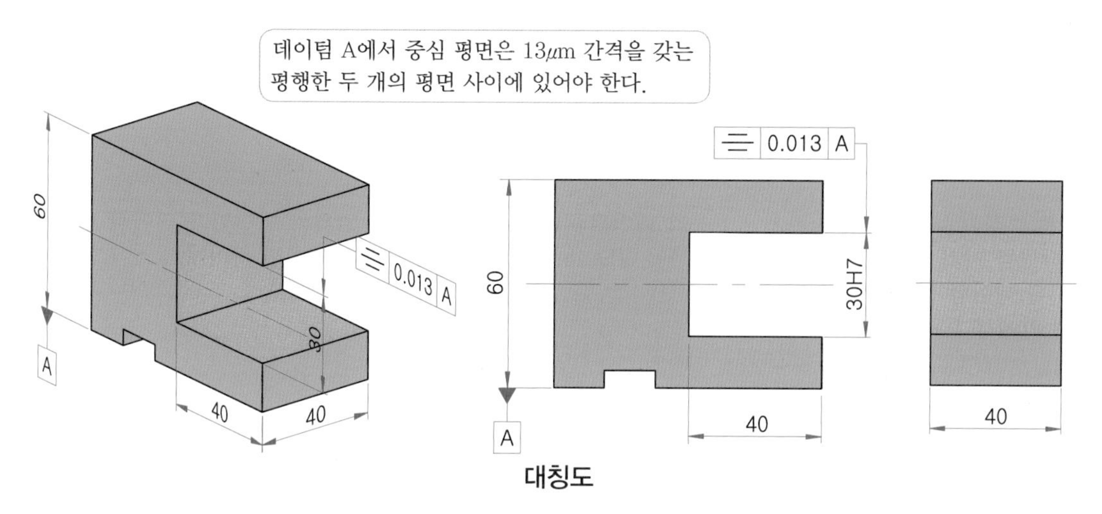

대칭도

② 데이텀 A에서 중심선을 기준으로 대칭이므로 대칭도를 적용하며, 기능 길이 35, 45는 IT 5급 30~50을 적용하면 공차값이 11μm이므로 대칭도는 | ⌯ | 0.011 | A |이다.

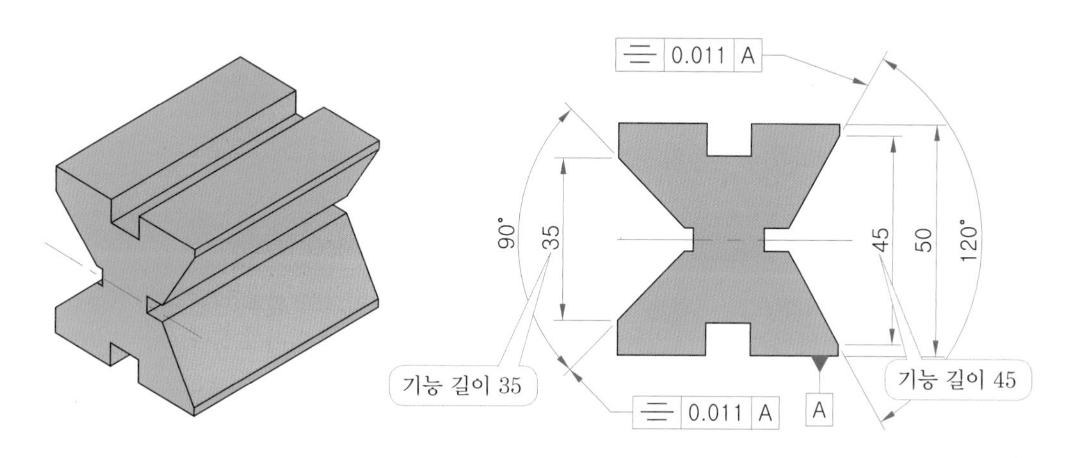

대칭도 (V 블록)

12 흔들림 공차

데이텀 축심을 기준으로 규제 형체(원통, 원주, 원호, 평면)와 완전한 형상으로부터 벗어난 크기의 공차를 흔들림이라 한다.

진원도, 진직도, 원통도, 직각도 등을 포함한 복합 공차이다.

(1) 원주 흔들림 공차(↗)

원주 흔들림은 데이텀 축선을 기준으로 단면이나 원통면에서 1회전할 때 다이얼 인디게이지 측정값의 최대 차를 공차값으로 하며, 공차값 앞에 ϕ를 붙이지 않는다.

① 반지름 방향의 원주 흔들림 공차

공차역의 정의	지시방법 및 설명
공차역은 중심이 데이텀과 일치하고 반지름 t만큼 차가 있는 2개의 동심원으로 된 데이텀 축에 수직인 임의의 단면 안에서 제한된다. 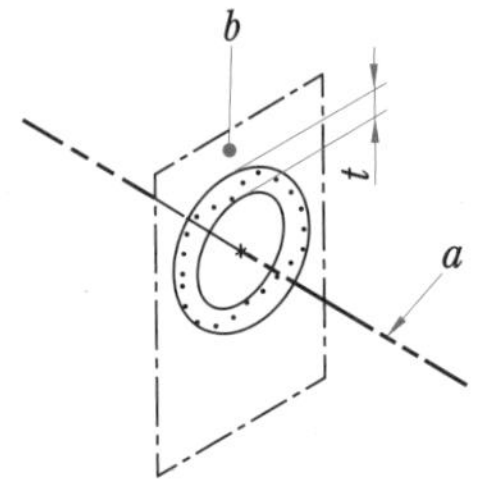 b, t, a [a] 데이텀 A, [b] 데이텀 B	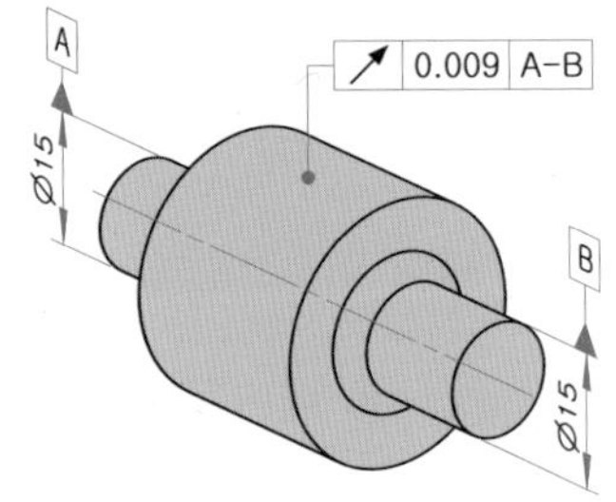 공통의 데이텀 직선 A–B에 수직인 임의의 단면인 평면에서 추출된 선은 반지름 0.009mm만큼 차가 있는 2개의 동심원 사이에 있어야 한다. 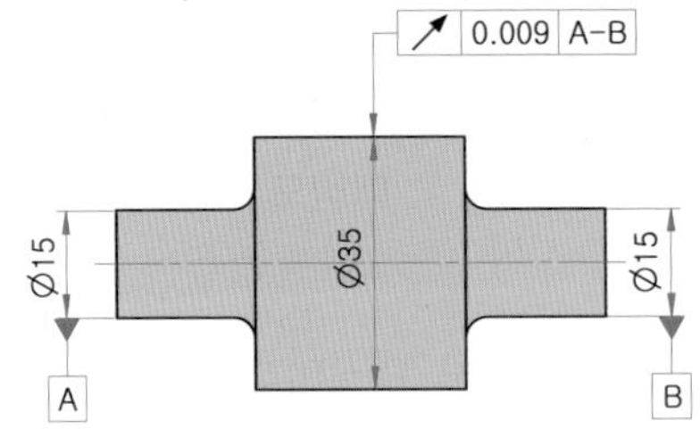 ↗ 0.009 A–B, Ø15, Ø35, Ø15, A, B (a) 2D A, ↗ 0.009 A–B, Ø15, B, Ø15 (b) 3D

② 축 직각 방향의 원주 흔들림 공차

공차역의 정의	지시방법 및 설명
공차역은 원통 단면에서 거리 t만큼 떨어진 2개의 원에 의해 임의의 원통 단면으로 제한되며, 그 축은 데이텀과 일치한다. 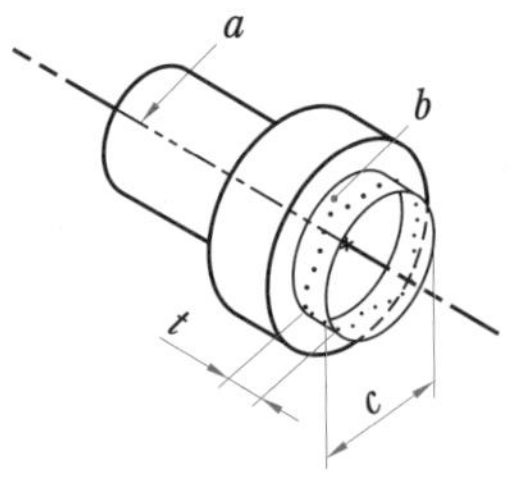 a, b, t, c [a] 데이텀 D, [b] 공차 영역 [c] 임의의 지름	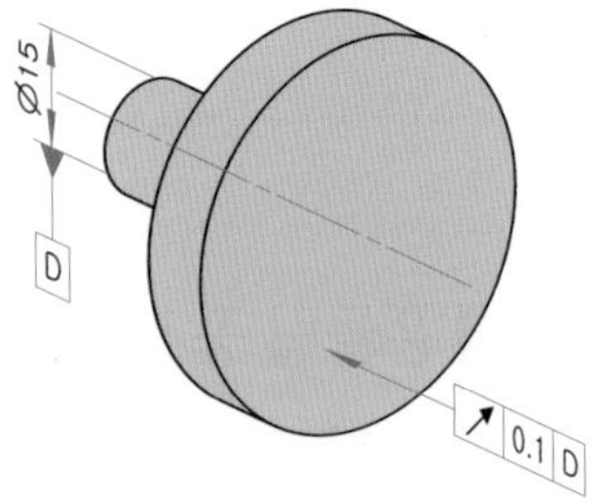 축이 데이텀 축 D와 일치하는 임의의 원통 단면에서 추출된 선은 거리가 0.1mm만큼 떨어진 2개의 원 사이에 있어야 한다. 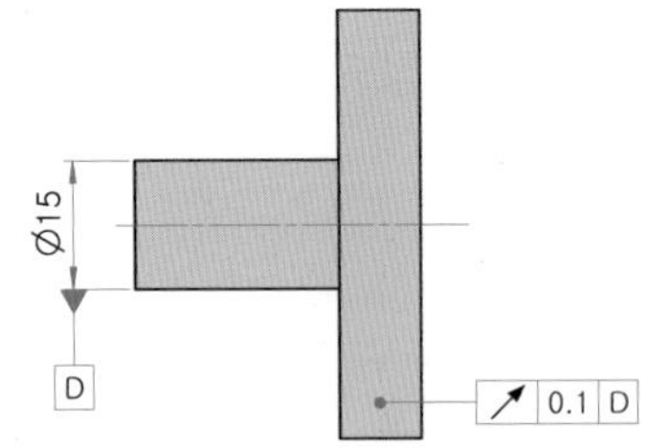 Ø15, D, ↗ 0.1 D (a) 2D Ø15, D, ↗ 0.1 D (b) 3D

◎ 다음 그림에서 데이텀 A를 기준으로 좌측 ϕ14H7의 축선과 원주면은 원주 흔들림이므로 기하 공차의 위치 공차인 원주 흔들림을 적용하며, 기능 길이 ϕ86은 IT 5급 80~120을 적용하면 공차값이 15μ m이므로 원주 흔들림은 | ↗ | 0.015 | A |이다.

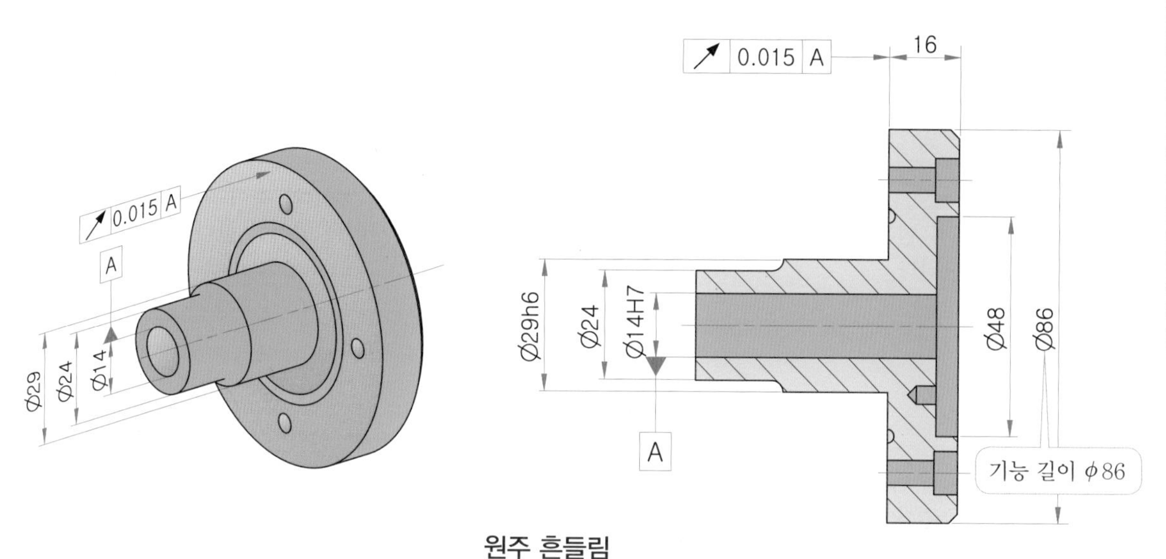

원주 흔들림

기준 치수의 구분(mm)		공차 등급(IT)																		
		01	0	1	2	3	4	5	6	7	8	9	10	11	12	13	14	15	16	17	18
초과	이하	기본 공차의 수치(μm)													기본 공차의 수치(μm)						
30	50	0.6	1.0	1.5	2.5	4	7	11	16	25	39	62	100	160	0.25	0.39	0.62	1.00	1.60	2.50	3.90
50	80	0.8	1.2	2	3	5	8	13	19	30	46	74	120	190	0.30	0.46	0.74	1.20	1.90	3.00	4.60
80	120	1.0	1.5	2.5	4	6	10	15	22	35	54	87	140	220	0.35	0.54	0.87	1.40	2.20	3.50	5.40
120	180	1.2	2.0	3.5	5	8	12	18	25	40	63	100	160	250	0.40	0.63	1.00	1.60	2.50	4.00	6.30

참고

- 원주 흔들림은 복합 공차이므로 진원도와 직각도는 축선에 직각 방향으로 규제하고 원통도와 진직도는 길이(단 길이) 방향으로 규제한다.
- 이 책에서는 지름(축선에 직각 방향)을 기준으로 공차값을 적용한 경우만 제시한다.

(2) 온 흔들림 공차(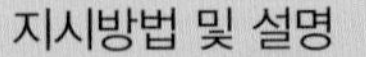)

온 흔들림은 데이텀 축선을 기준으로 다이얼 인디게이지를 이동시키면서 측정물을 회전시켰을 때의 눈금의 최대 차를 온 흔들림 공차값으로 하며, 공차 치수 앞에 ϕ를 붙이지 않는다.

① 반지름 방향의 온 흔들림 공차

공차역의 정의	지시방법 및 설명
공차역은 축이 데이텀과 일치하고 반지름 t만큼 차가 있는 2개의 동심 원통에 의해 제한된다. 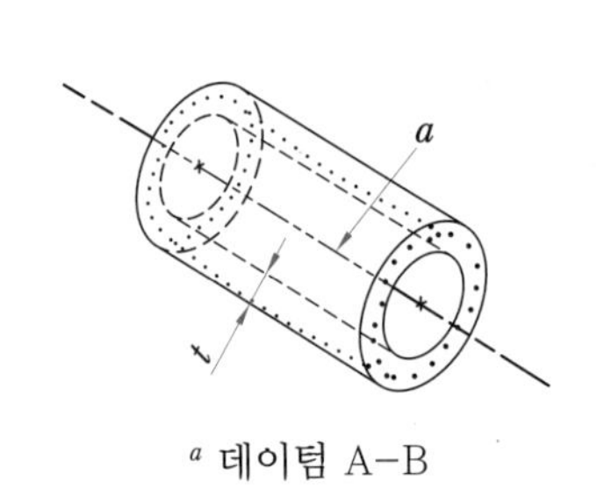 [a] 데이텀 A−B	추출된 표면은 공통의 데이텀 직선 A−B와 축이 일치하고 반지름 0.1mm만큼 차가 있는 2개의 동심 원통 사이에 있어야 한다. 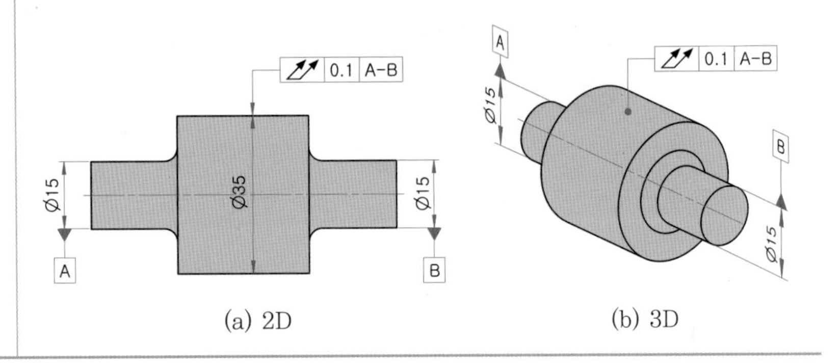 (a) 2D (b) 3D

② 축 직각 방향의 온 흔들림 공차

공차역의 정의	지시방법 및 설명
공차역은 데이텀에 수직이고 거리 t만큼 떨어진 2개의 평행한 평면에 의해 제한된다. 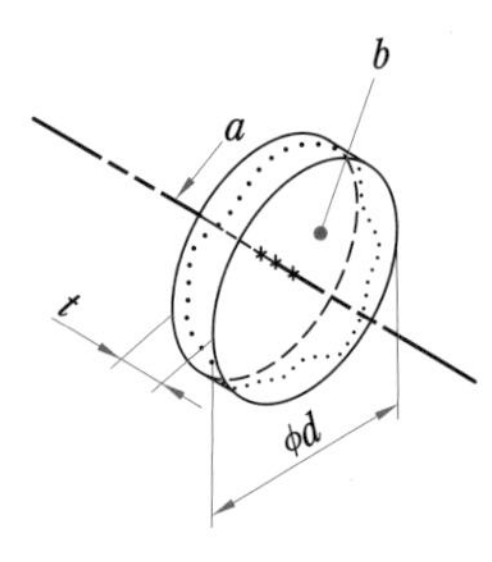 [a] 데이텀 D, [b] 추출된 표면	추출된 표면은 데이텀 축 D에 수직이고 0.1mm만큼 떨어진 2개의 평행한 평면 사이에 있어야 한다. 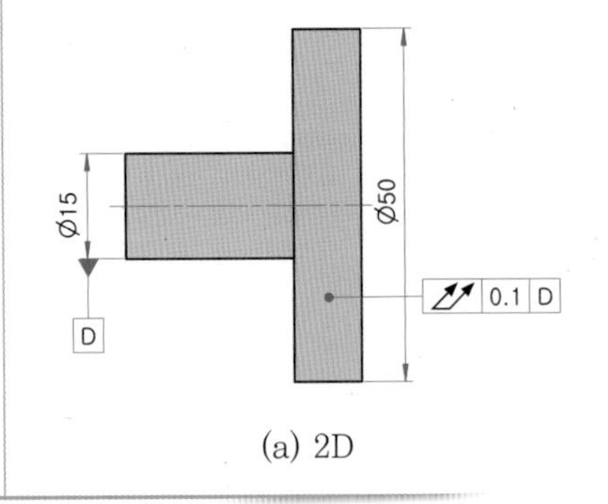 (a) 2D 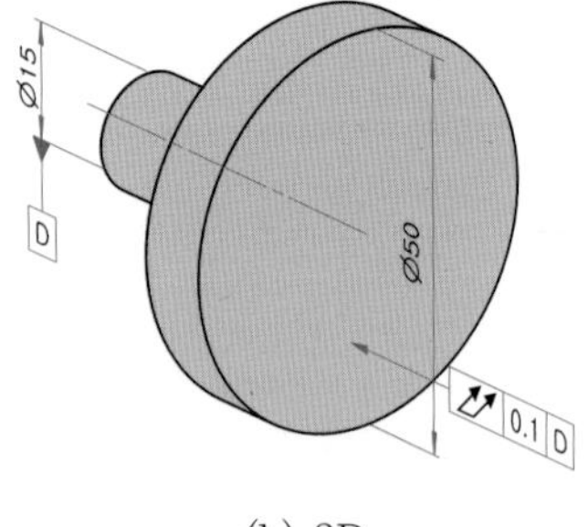 (b) 3D

◉ 다음 그림은 데이텀 A를 기준으로 좌측 ϕ14h7의 축선과 원형 방향, 직선 방향에 적용되는 온 흔들림이므로 기하 공차의 위치 공차인 온 흔들림을 적용하며, 기능 길이 ϕ 86은 IT 5급 80~120을 적용하면 공차값이 15μm이므로 온 흔들림은 [⌰ | 0.015 | A]이다.

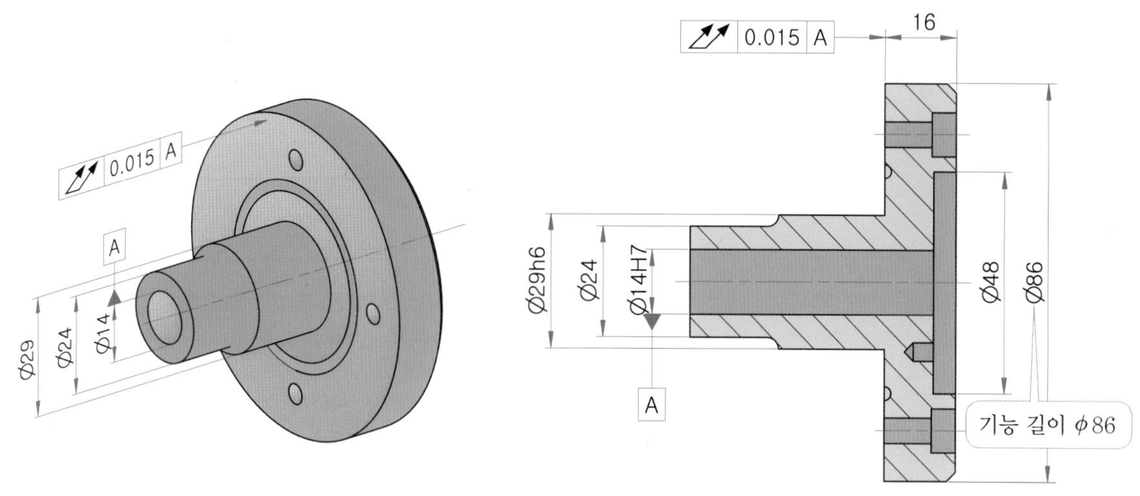

온 흔들림

참고

온 흔들림은 원통면이나 평면 전체를 일괄해서 규제하므로 기능 길이는 원통의 경우 단 길이를 적용하고, 단면은 지름(축선에 직각 방향)을 기준으로 공차값을 적용한다.

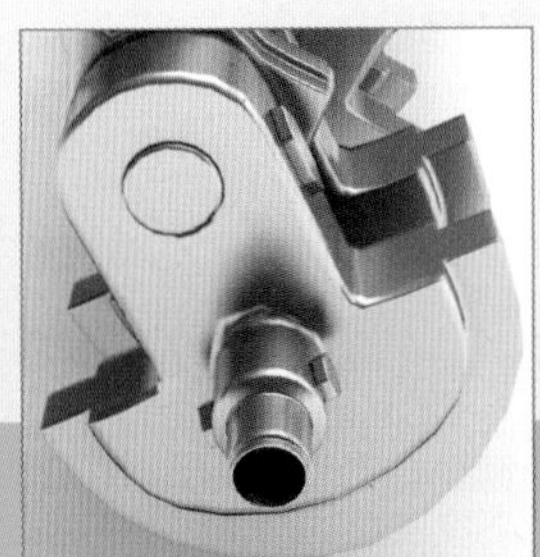

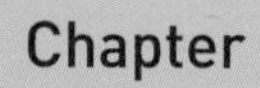

Chapter

주서 및 도면 검도법

1 주서

① 표제란과 부품란에 이어 도면에서 가장 먼저 확인해야 할 것이 주서이다.

② 주서는 도면에 그리지 못한 부분이나 도면에 반복하여 사용되는 지시 사항 등 도면에 표시하면 복잡하여 오히려 혼란을 주는 부분을 간단 명료하게 기입하는 것이다. 주서는 별도의 규격은 없으나, 문장 형식을 사용하여 너무 길게 나열하거나 혼동을 줄 수 있는 용어 등은 되도록 삼간다.

③ 주서문은 그 순서와 내용, 형식은 규정되어 있지 않고 설계자가 자유롭게 하며, 아래 그림은 하나의 예이다. 다만, 보는 사람으로 하여금 이해하기 쉽고 도면에 꼭 필요 사항만을 간단명료하게 표기하는 것이 바람직하다.

주 서

1. 일반 공차 – 가) 가공부 : KS B ISO 2768–m
   나) 주조부 : KS B 0250 CT–11
   다) 주강부 : KS B 0418 보통급
2. 도시되고 지시없는 모떼기는 1×45°, 필렛 및 라운드 R3
3. 일반 모떼기는 0.2×45°
4. ⌵ 부 외면 명청색 도장
   내면 명적색(광명단) 도장 후 가공 (품번 1, 2, 4)
5. ─·─·─ 부 열처리 $H_RC50\pm2$(품번 3, 5)
6. 표면 거칠기
   ⌵ = ⌵
   w⌵ = 12.5⌵, N10
   x⌵ = 3.2⌵, N8
   y⌵ = 0.8⌵, N6
   z⌵ = 0.2⌵, N4

주서(예)

1 일반 공차

① 선형 치수 및 각도 치수 등에 개별 공차 표시가 없는 값에 대한 공차의 경우, 가공부는 KS B ISO 2768–m, 주조부는 KS B 0250 CT–11, 주강부는 KS B 0418 보통급을 적용한다.

1. 일반 공차 – 가) 가공부 : KS B ISO 2768-m
나) 주조부 : KS B 0250 CT-11
다) 주강부 : KS B 0418 보통급

일반 공차

② 일반 공차 규격은 제도 표시를 단순화하기 위한 것으로 공차 표시가 없는 선형 및 치수에 대한 일반 공차를 4개의 공차 등급으로 나누어 규정한다. 일반 공차는 가공된 금속 제품 또는 주조된 금속 제품 등에 대하여 적용한다.

㈎ 가공부의 선형 치수에 대한 일반 공차 KS B ISO 2768-1 (단위 : mm)

공차 등급		보통 치수에 대한 허용 편차							
호칭	설명	0.5(′)에서 3 이하	3 초과 6 이하	6 초과 30 이하	30 초과 120 이하	120 초과 400 이하	400 초과 1000 이하	1000 초과 2000 이하	2000 초과 4000 이하
f	정밀	±0.05	±0.05	±0.1	±0.15	±0.2	±0.3	±0.5	–
m	중간	±0.1	±0.1	±0.2	±0.3	±0.5	±0.8	±1.2	±2
c	거침	±0.2	±0.3	±0.5	±0.8	±1.2	±2	±3	±4
v	매우 거침	–	±0.5	±1	±1.5	±2.5	±4	±6	±8

주 (′) : 0.5mm 미만의 공정 크기에 대해서는 편차가 관련 공칭 크기에 근접하게 표기한다.

㈏ 일반 공차(바깥반지름 및 모떼기 높이) KS B ISO 2768-1 (단위 : mm)

공차 등급		보통 치수에 대한 허용 편차		
호칭	설명	0.5(′)에서 6 이하	3 초과 6 이하	6 초과
f	정밀	±0.2	±0.5	±1
m	중간			
c	거침	±0.4	±1	±2
v	매우 거침			

주 (′) : 0.5mm 미만의 공정 크기에 대해서는 편차가 관련 공칭 크기에 근접하게 표기한다.

㈐ 가공부의 선형 치수에 대한 각도의 허용 편차 KS B ISO 2768-1 (단위 : mm)

공차 등급		각을 이루는 치수(단위 : mm)에 대한 허용 편차				
호칭	설명	10 이하	10 초과 50 이하	50 초과 120 이하	120 초과 400 이하	400 초과
f	정밀	±1°	±0°30′	±1°20′	±1°10′	±0°5′
m	중간					
c	거침	±1°30′	±1°	±0°30′	±0°15′	±0°10′
v	매우 거침	±3°	±2°	±1°	±0°30′	±0°20′

㈑ 주조품의 치수 공차

- 주조품의 치수 공차 및 요구하는 절삭 여유 방식으로 규정하고, 금속 및 합금 등 여러 가지 방법으로 주조한 주조품의 치수에 적용한다.
- 주물 공차는 KS B 0250-CT12, KS B ISO 8062-CT12 중 하나의 방식이다.
- 절삭 가공 전의 주조한 대로의 주조품(raw casting)의 치수와 필요한 최소 절삭 여유(machining allowance)를 포함한 치수로 적용한다.

주조품의 치수 공차

KS B 1030 (단위 : mm)

주조한대로의 주조품의 기준 치수		전체 주조 공차															
		주조 공차 등급 CT															
초과	이하	1	2	3	4	5	6	7	8	9	10	11	12	13	14	15	16
–	10	0.09	0.13	0.18	0.26	0.36	0.52	0.74	1	1.5	2	2.8	4.2	–	–	–	–
10	16	0.1	0.14	0.2	0.28	0.38	0.54	0.78	1.1	1.6	2.2	3	4.4	–	–	–	–
16	25	0.11	0.15	0.22	0.3	0.42	0.58	0.82	1.2	1.7	2.4	3.2	4.6	6	8	10	12
25	40	0.12	0.17	0.24	0.32	0.46	0.64	0.9	1.3	1.8	2.6	3.6	5	7	9	11	14
40	63	0.13	0.18	0.26	0.36	0.5	0.7	1	1.4	2	2.8	4	5.6	8	10	12	16
63	100	0.14	0.2	0.28	0.4	0.56	0.78	1.1	1.6	2.2	3.2	4.4	6	9	11	14	18
100	160	0.15	0.22	0.3	0.44	0.62	0.88	1.2	1.8	2.5	3.6	5	7	10	12	16	20
160	250	–	0.24	0.34	0.5	0.7	1	1.4	2	2.8	4	5.6	8	11	14	18	22
250	400	–	–	0.4	0.56	0.78	1.1	1.6	2.2	3.2	4.4	6.2	9	12	16	20	25
400	630	–	–	–	0.64	0.9	1.2	1.8	2.6	3.6	5	7	10	14	18	22	28
630	1000	–	–	–	–	1	1.4	2	2.8	4	6	8	11	16	20	25	32
1000	1600	–	–	–	–	–	1.6	2.2	3.2	4.6	7	9	13	18	23	29	37
1600	2500	–	–	–	–	–	–	2.6	3.8	5.4	8	10	15	21	26	33	42
2500	4000	–	–	–	–	–	–	–	4.4	6.2	9	12	17	24	30	38	49
4000	6300	–	–	–	–	–	–	–	–	7	10	14	20	28	35	44	56
6300	10000	–	–	–	–	–	–	–	–	–	11	16	23	32	40	50	64

주강품의 길이 보통 공차

KS B 1030 (단위 : mm)

치수의 구분 \ 등급	A급	B급	C급
120 이하	±1.8	±2.8	±4.5
120 초과 315 이하	±2.5	±4	±6
315 초과 630 이하	±3.5	±5.5	±9
630 초과 1250 이하	±5	±8	±12

2 도시되고 지시 없는 모떼기는 1×45°, 필렛 및 라운드 R3

도시되고 지시 없는 절삭 가공부, 주조부의 모떼기 및 둥글기 값을 주서에 표기하므로 도면을 간단하게 한다.

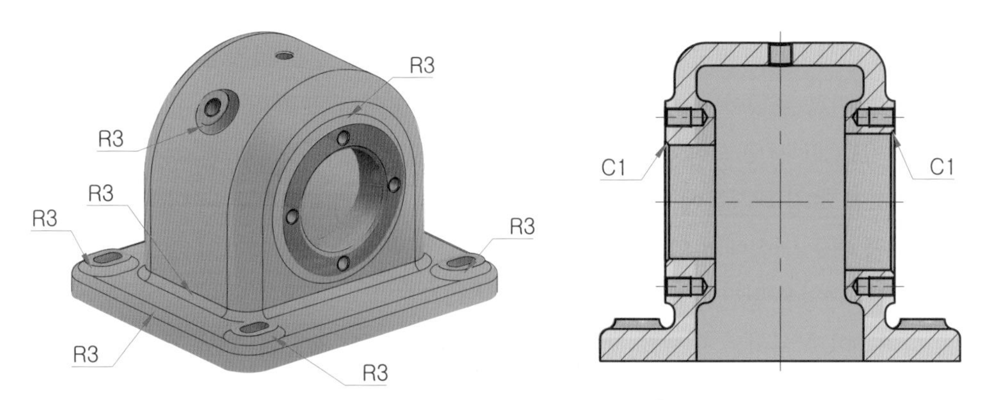

주서에 표기된 도시되고 지시 없는 모떼기는 1X45°, 필렛 및 라운드 R3

3 일반 모떼기는 0.2×45°

절삭 가공부의 도시되지 않은 모서리의 모떼기 값을 주서에 표기하므로 도면을 간단하게 한다.

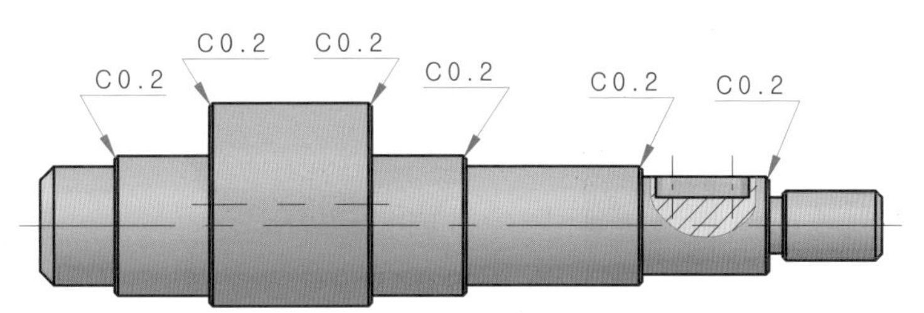

주서에 표기된 일반 모떼기

4 부 외면 명청색 도장, 내면 명적색(광명단) 도장 후 가공(품번 1, 2, 4)

주조품, 주강, 회주철인 부품도에서 기계 가공 부위와 주물면과의 구분으로 외면의 주물면은 명청색 도장, 내면은 명적색(광명단) 도장을 한다.

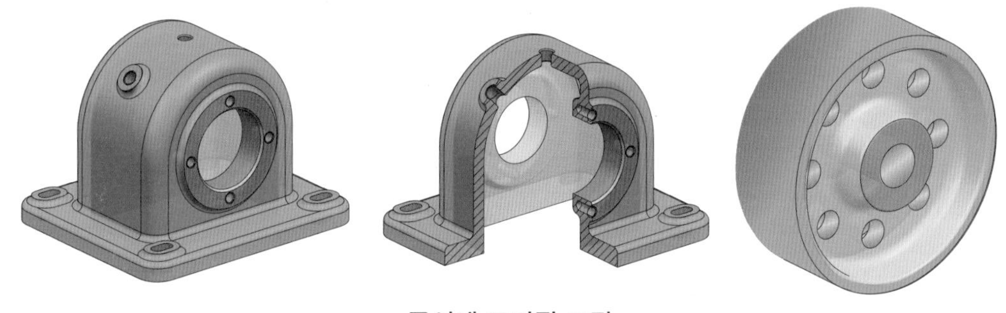

주서에 표기된 도장

5 ━·━·━ 부 열처리 $H_RC50\pm2$(품번 3, 5)

(1) 특수 가공에 관한 주서 표기법(열처리)

① 열처리부는 굵은 일점 쇄선으로 표시한 부분에 침탄 표면 열처리를 부여하라는 내용이고, 그 열처리부의 로크웰 경도값이 48~52라는 뜻이다. 주로 마찰 운동을 하는 부위는 마찰열로 인한 변형이 생기기 쉬우므로 특수한 가공이나 표면 열처리를 부여하는 경우가 있다. H_RC란 경도 시험 중 로크웰 경도 C 스케일을 뜻한다. 시험 원리는 120° 원뿔 다이아몬드를 측정 대상물에 눌러서 압입되는 깊이로 경도를 측정하는 것이다.
로크웰 경도 시험에서 압입 강구를 이용한 B 스케일은 연한 재료의 경도 시험에 이용되고, C 스케일은 단단한 재료의 경도 시험에 이용된다.

② 파커라이징 처리는 도장과 같은 표면 처리 방식으로, 철강의 화성 처리법은 1925년에 미국의 Parker Rust Proof사에서 개발되었다. 인산 25g, 삼산화망간 1.5g, 물 1L의 액을 끓여 그 안에 철강을 40분~2시간 침적시켜 표면에 암회색의 인산철 피막을 생성시킨다. 이 피막은 물에도 녹지 않고, 치밀하여 표면을 잘 뒤덮으므로 방식 효과(防蝕效果)가 크며, 또 도장(塗裝)의 바탕이 되기도 한다.

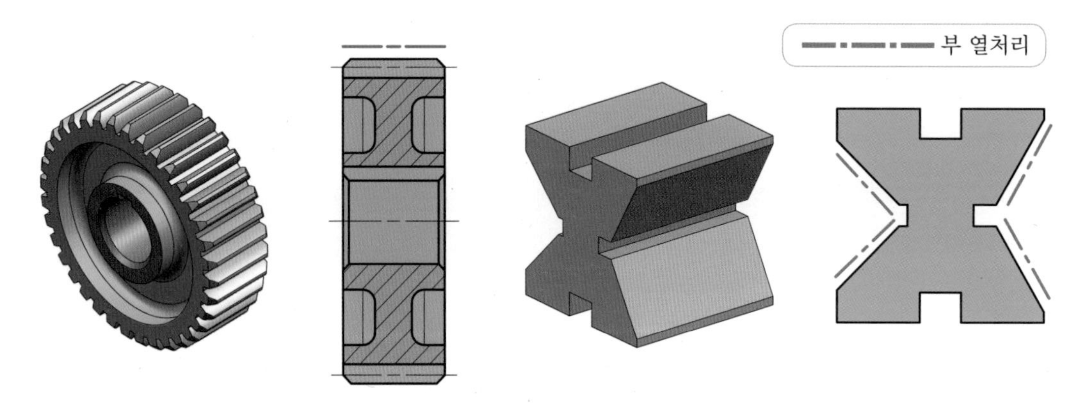

주서에 표기된 열처리

(2) 열처리 강도별 구분

경도	구 분
$H_RC40\pm2$	• 보통 과제도면상의 기어의 이 크기는 작은 편이다. • 기어의 이나 스프로킷의 이가 작은 경우 $H_RC40\pm2$ 이상의 경도로 열처리를 실시하게 되면 강도가 강하여 쉽게 깨지게 될 우려가 있으므로 이가 파손되지 않도록 하기 위하여 사용한다.
$H_RC50\pm2$	보통 전동축과 같이 운전 중에 지속적으로 하중을 받는 부분에 사용하며 일반적으로 널리 사용되는 열처리로 강도가 크게 요구되는 곳에 적용한다.
$H_RC60\pm2$	• 보통 드릴 부시처럼 공구와 부시 간에 직접적인 마찰이 발생하는 부분에 적용한다. • 내륜이 없는 니들 베어링의 축 부분 등에 사용한다.

6 표면 거칠기

도면 내에 기입한 표면 거칠기 기호와 산술(중심선) 평균 거칠기(Ra), 최대 높이(Ry), 10점 평균 거칠기(Rz) 값 등을 정의한 내용이다. 도면에 기입된 거칠기 값만을 정의해야 한다.

6. 표면 거칠기

(기호) = (기호)
w = 12.5, N10
x = 3.2, N8
y = 0.8, N6
z = 0.2, N4

표면 거칠기

표면 거칠기 기호 및 다듬질 기호(KS A ISO 1302, KS B 0617)

다듬질 기호	표면 거칠기 기호	산술 평균	최대 높이	10점 평균	비교 표준
～	(기호)	–	–	–	–
▽	w	Ra25 Ra12.5	Ry100 Ry50	Rz100 Rz50	N11 N10
▽▽	x	Ra6.3 Ra3.2	Ry25 Ry12.5	Rz25 Rz12.5	N9 N8
▽▽▽	y	Ra1.6 Ra0.8	Ry6.3 Ry3.2	Rz6.3 Rz3.2	N7 N6
▽▽▽▽	z	Ra0.4 Ra0.2 Ra0.1 Ra0.05 Ra0.025	Ry1.6 Ry0.8 Ry0.4 Ry0.2 Ry0.1	Rz1.6 Rz0.8 Rz0.4 Rz0.2 Rz0.1	N5 N4 N3 N2 N1

2 부품란

부품란은 도면의 표제란 위에 배치하거나 도면의 오른쪽 위 구석에 배치한다.

5	커버	GC250	1	
4	스퍼 기어	SC480	1	
3	편심축	SCM415	1	
2	스퍼 기어	SC480	1	
1	본체	GC250	1	
품번	품명	재질	수량	비고

1 동력 전달 장치의 부품별 재료 재질

종류	부품명	재질	종류	부품명	재질	종류	부품명	재질
몸체 본체류	브래킷	GC200	축류	축	SM30C	풀리	벨트 풀리	GC200
		GC300			SM35C			SS41
		SC49			SM45C		평벨트 풀리	GC200
		SS41			BC2	기어류	스퍼 기어	SM45C
	밸브 몸통	BC6			SM45C			SC49
	하우징	GC200			SCM435		웜 휠	BC2
		GC250		클러치	SM45C			C5191B
		GC300		로드	SM45C		웜 기어	SM45C
		SS41			SC49			BC2
		BSC3		링크	GC300		래크	SM45C
	드럼	SC49			SM45C		스프로킷	SC49
	암	GC200		링커	SM45C		래칫	SC49
	차륜	SC49		슬리브	SM35		헬리컬 기어	SCM435
	롤러	STB2			SM45C	볼트 너트류	놉	SM45C
		SM45C			SS41		멈춤쇠	SS41
	케이싱	GC200		슬라이더	SCM430		조임쇠	SS41
		SS41		피스톤	AC8C		스토핑	SS41
	흡입 토출	SS41		피딩스크루	SM3C		어드밴스크루	SM35C
덮개류	베어링 캡	GC200		스템	SS41		볼트	C2700
	덮개	BC6		콜릿	STB		스톱 볼트	SM35C
	헤드	GC200		실린더	SS41		강력 볼트	SCr440
	실린더 헤드	SS41		익스텐션바	GC300		와셔	S60CM

2 지그 및 유압 기기 부품별 재료 재질

재료 기호	KSD 규격	재료명	부품명	용 도
SCM415	3867	크롬몰리브덴강	베이스	기계 가공용
STC105	3751	탄소공구강재		
SM45C	3752	기계구조용강		
SC450	4101	탄소주강품	하우징, 몸체	주물용
STC105	3751	탄소공구강재	가이드 부시	드릴, 엔드밀 등의 안내용
SK3M	3551	탄소공구강		절삭 공구, 목공용 공구
SM45C	3752	기계구조용강	플레이트	크랭크 축, 로드
SPS6	3701	실리콘 망간강재	스프링	겹판, 코일, 비틀림 막대 스프링
SPS10	3701	크롬바나듐강재		코일, 비틀림 막대 스프링
SPS12	3701	실리콘 크롬강재		코일 스프링
PW1	3556	피아노선		스프링용, 벨브 스프링용
STC105	3751	탄소공구강재	서포트	태엽, 펜촉, 우산대, 프레스형
PBC2C	6002	인청동주물	베어링 부시	부시, 밸브 콕, 일반 기계 부품
WM3	6003	화이트 메탈		부시, 고속, 중속, 고하중, 중하중
STC105	3751	탄소공구강	V블록, 조	지그고정구용
SCM430	3867	크롬몰리브덴강	가이드 블록	기어, 축
			로케이터, 측정핀, 슬라이더, 고정대	로케이터, 측정핀, 슬라이더
ALDC7	6006	알루미늄 합금 다이캐스팅	하우징	유압기기, 연마휠, 연마재, 델타 휠
AC4C	6008	알루미늄 합금 주물		
AC5A	6008			
AC8C	6008		피스톤	피스톤

3 검정 재료 기호 예시(KS D)

본 예시 외에 해당 부품에 적절한 재료라 판단되면 다른 재료 기호를 사용해도 무방하다.

명 칭	기 호	명 칭	기 호
탄소 주강품	SC360, SC410, SC450, SC480,	회주철품	GC100, GC150, GC200, GC250
탄소 단강품	SF390A, SF440A, SF490A	청동주물	CAC402
인청동 주물	CAC502A CAC502B	알루미늄 합금주물	AC4C, AC5C
침탄용 기계 구조용 탄소강재	SM9CK, SM15CK, SM20CK	기계 구조용 탄소강재	SM25C, SM30C, SM35C, SM40C, SM45C
탄소공구강 강재	STC85, STC90 STC105, STC120	크로뮴강	SCr415, SCr420, SCr430, SCr435
합금공구강	STS3, STD4	화이트메탈	WM3, WM4
크롬몰리브덴강	SCM415, SCM430 SCM435	니켈크롬몰리브덴강	SNCM415, SNCM431
니켈크롬강	SNC415, SNC631	스프링강재	SPS6, SPS10
스프링강	SVP9M	스프링용 냉간압연강재	S55C-CSP
피아노선	PW1	일반구조용 압연강재	SS330, SS440, SS490
알루미늄 합금주물	AC4C, AC5A	용접구조용 주강품	SCW410, SCW450
인청동 봉	C5102B	인청동 선	C5102W

3 도면의 검사 항목 및 완성도면 관리

1 도면의 검사 항목

도면의 검사 항목은 제품의 구조와 특성에 따라 작성되어야 한다. 일반적인 도면의 검사 항목은 다음과 같다.

(1) 제품 및 부품의 설계

① 제품의 구조는 조립 및 작동이 가능하고 서로 간섭이 없는가?
② 제작이 용이하고 간편한가?
③ 부품의 기능에 알맞게 표면 거칠기를 지정했는가?
④ 제품의 모양이나 성능을 충분히 이해하고 작도했는가?
⑤ 열처리 방법과 기호 표시가 적절한가?
⑥ 표면 처리(도금, 도장 등)가 적절하고 다른 부품들과 조화를 이루는가?
⑦ 가공 방법의 선택이 적절한가?
⑧ 각 부품의 가공 공구 및 치공 공구 선택이 용이한가?

(2) 도면 양식과 투상법

① 도면 양식은 한국산업표준(KS B 0001)을 따랐는가?
② 정면도의 선택과 투상도의 배치가 적절한가?
③ 제품 및 부품의 형상에 따라 보조 투상도나 특수 투상도의 사용이 적절한가?
④ 불필요한 투상이나 부족한 투상 및 투상선 누락은 없는가?
⑤ 필요한 단면도에는 누락 없이 단면의 표시가 적절한가?
⑥ 선의 용도에 따른 종류와 굵기가 적절한가?

(3) 치수 기입

① 제품의 제작 및 조립에 관련된 치수의 누락은 없는가?
② 치수와 치수 공차, 치수 보조 기호의 누락은 없는가?
③ 치수는 중복되지 않게 기입했는가?
④ 계산해서 구할 필요가 없도록 기입했는가?
⑤ 치수 보조선, 치수선, 인출선을 투상도와 관련하여 적절히 나타냈는가?
⑥ 관련된 치수는 한곳에 모아서 알아보기 쉽게 기입했는가?
⑦ 각 투상도 간에 비교, 대조가 용이하도록 기입했는가?
⑧ 전체 길이, 전체 높이, 전체 너비에 대한 치수가 기입되었는가?

(4) 공차

① 조립 및 기능에 필요한 데이텀 및 기하 공차의 표시가 적절한가?
② 조립 및 기능에 필요한 형상 공차의 표시가 적절한가?
③ 부품 간의 끼워맞춤 기호와 다듬질 기호의 선택이 맞는가?
④ 키, 베어링, 오링, 오일 실, 스냅 링 등 부품들의 공차는 한국산업표준을 잘 따랐는가?

(5) 요목표, 표제란, 부품란, 일반 주서 기입 내용

① 기어나 스프링 등 기계요소 부품들의 요목표 및 요목표 내용 누락 없이 적절한가?
② 표제란과 부품란에 기입되는 내용은 누락이 없으며 적절한가?
③ 가공이나 조립 및 제작에 필요한 주서 기입 내용이나 지시 사항의 누락이 없으며 적절한가?

2 완성 도면 관리

도면 작성이 완료되면 도면에 틀린 곳이 있는지 확인하기 위해 검사 항목을 선정하고 검사를 한다. 도면 검사를 하여 이상이 있는 도면은 빨간색 사인펜 등을 사용하여 틀린 곳을 수정하고, 이상이 없으면 도면 번호를 부여하여 승인을 받은 후 등록 절차에 따라 등록을 한다.

3 도면의 검사 순서

검도 순서는 일반적으로 그림과 같이 이루어지는데, 회사의 특성과 제품의 기능에 맞게 순서를 구성하여 능률적이고 세밀한 검도가 이루어질 수 있도록 한다.

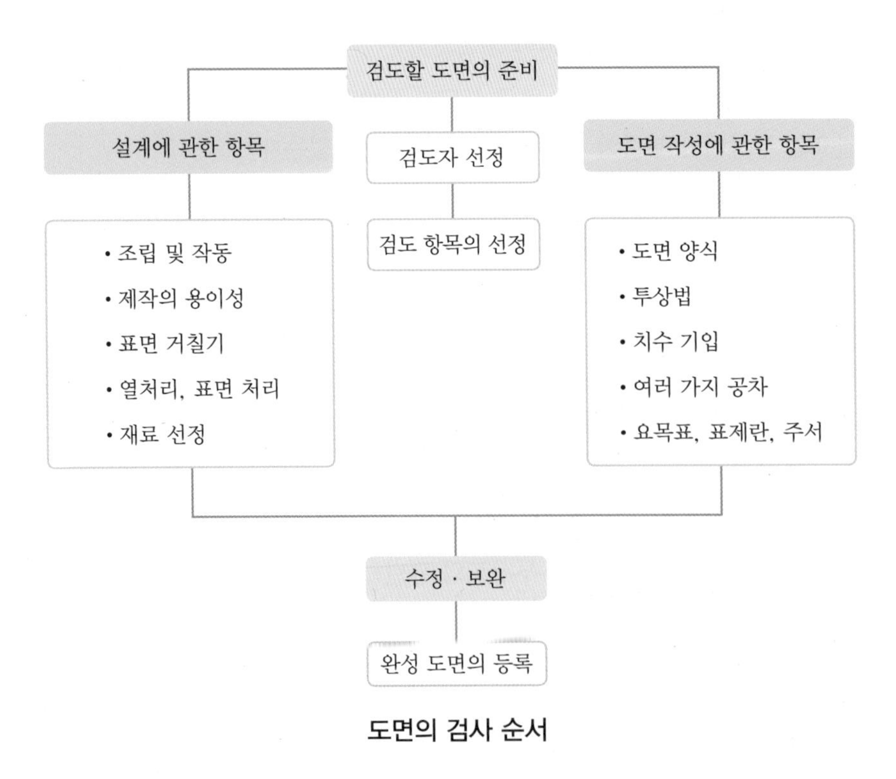

도면의 검사 순서

Chapter

KS 규격을 요소 제도에 적용하기

1 나사

나사는 기계 부품을 결합하거나 위치 조정용으로 사용하기도 하며 힘을 전달하는데 사용하는 기본적인 기계요소이다. 나사는 기계뿐만 아니라 일상 용품에도 많이 사용하기 때문에 대량 생산과 호환성이 필요하므로 한국산업표준(KS B ISO 6410-1~3)에 표준화되어 있다.

1 나사의 원리

그림과 같이 직각삼각형의 종이를 원통에 감으면 빗변이 원통 표면에 곡선을 그리는데, 이 곡선을 나선(나사 곡선)이라 하며 나선을 따라 원통 표면에 골을 파놓은것을 나사라 한다.

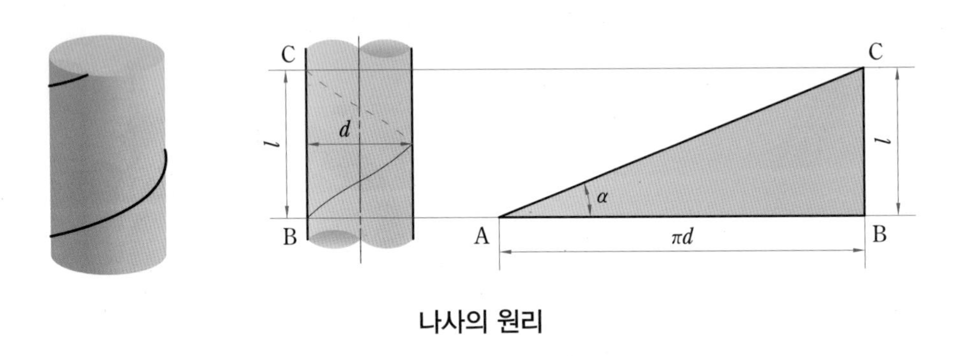

나사의 원리

2 나사의 용어 (KS B 0101)

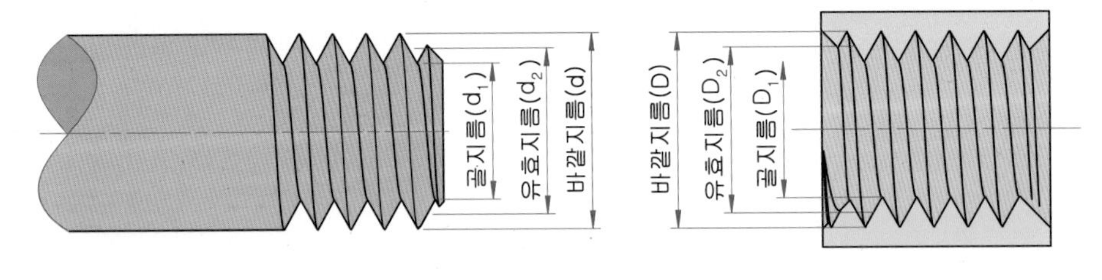

나사의 각부 명칭

① **바깥지름(d, D)** : 수나사의 산봉우리에 접하거나 암나사의 골밑에 접하는 가상 원통의 표면 지름

② **골지름(d_1, D_1)** : 수나사의 골밑에 접하거나 암나사의 산봉우리에 접하는 가상 원통의 지름

③ **유효 지름(d_2, D_2)** : 피치 원통의 지름. 수나사와 암나사가 접촉하고 있는 부분의 평균 지름, 즉 나사산의 폭과 골의 폭이 같아지는 가상 원통의 지름

④ **피치** : 나사산 플랭크 위의 한 점과 이웃하는 대응 플랭크 위의 축 방향 길이

⑤ **리드** : 나사를 한 바퀴 돌렸을 때 축 방향으로 이동한 거리를 말하며, 한 줄 나사의 경우는 리드와 피치가 같지만 여러 줄 나사인 경우 1리드는 피치×줄 수가 된다. $l=n\times p$

⑥ **플랭크** : 직각 원통의 생성선에 평행하지 않은 기초 삼각형의 한 변에 의해 형성된 나선형 나사산 표면

⑦ **플랭크각** : 나사 축에 수직인 선과 플랭크에 의해 형성된 각

⑧ **나사산각** : 나사 축 평면 내에서 이웃하는 두 오목부에 의해 형상된 각

3 나사의 종류

① **삼각나사** : 나사산의 모양이 정삼각형에 가까운 나사로 체결용으로 가장 많이 쓰이는 미터나사가 있으며, 유니파이 나사는 미국, 영국, 캐나다 세 나라의 협정에 의해 만들어진 것으로 ABC 나사라고도 한다.

삼각나사의 종류

나사의 종류	미터나사	유니파이 나사 (ABC 나사)	관용 나사 (파이프 나사)
단위	mm	inch	inch
호칭 기호	M	UNC, UNF	R, Rc, Rp
나사산의 크기 표시	피치	산수/인치	산수/인치
나사산의 각도	60°	60°	55°

② **사각나사** : 나사산의 모양이 정사각형에 가까운 나사이며, 삼각나사에 비하여 풀어지긴 쉬우나 저항이 작아 잭(jack), 프레스(press) 등과 같이 힘을 전달하거나 부품을 이동하는 기구 등에 사용한다.

③ **사다리꼴나사** : 사각나사보다 가공이 쉬워 공작 기계의 이송 나사로 많이 사용한다. 제형 나사라고도 하며, 미터 사다리꼴나사의 기호는 Tr로 KS B 0229에 규정되어 있다. 나사산의 각도는 미터 계열(TM)은 30°, 휘트워드 계열(TW)은 29°이다.

④ **톱니 나사** : 축 방향의 힘이 한쪽 방향으로만 작용할 때 사용하는 비대칭 단면형 나사이다.

⑤ **둥근나사** : 나사산과 골이 다같이 둥글다. 먼지, 모래가 들어가기 쉬운 전구나 호스 연결부 등에 쓰이며 너클 나사라고도 한다.

⑥ **볼나사** : 수나사와 암나사의 홈에 강구(steel ball)가 들어 있어서 일반 나사 보다 마찰계수가 매우 작고 운동 전달이 가볍기 때문에 NC 공작 기계에 쓰인다.

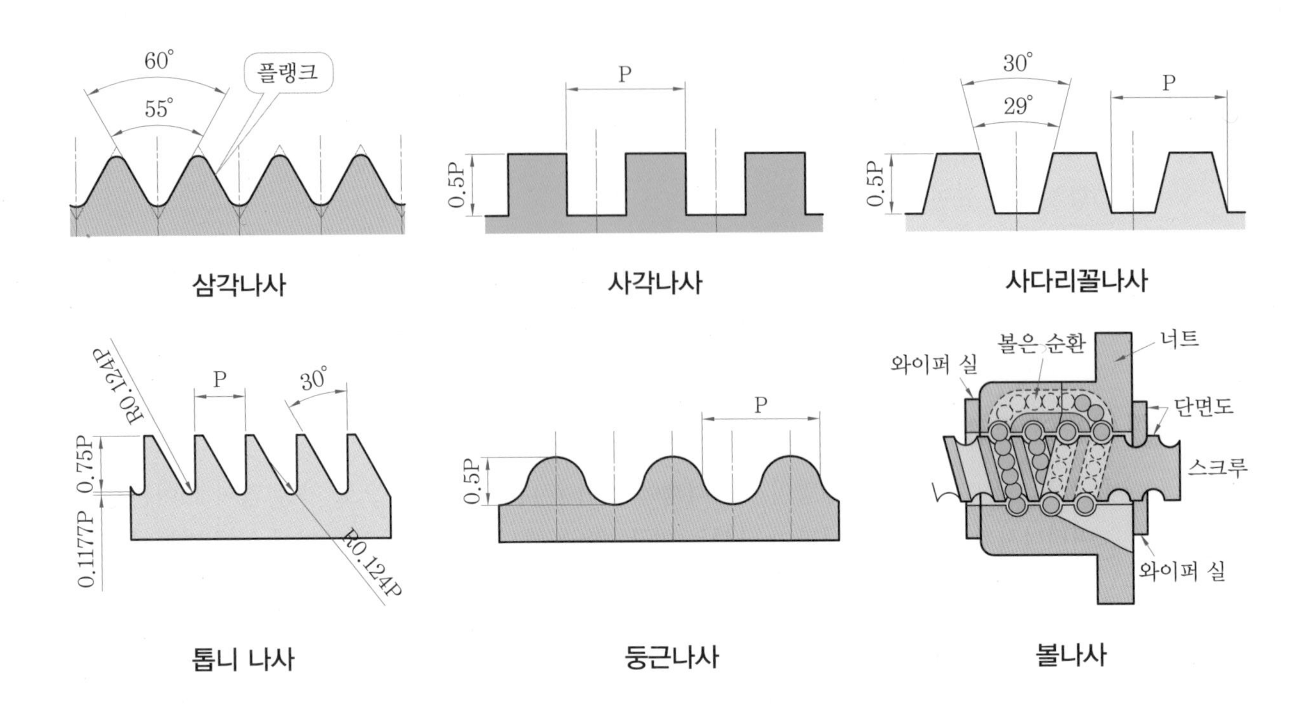

4 나사의 표시 방법

나사는 나사의 감긴 방향, 나사산의 줄 수, 나사의 호칭, 나사의 등급 등으로 표시한다.

나사의 종류를 표시하는 기호 및 나사의 호칭 표시 방법(KS B 0200)

구 분		나사의 종류		기호	호칭 표시법	KS 표준
일반용	ISO 표준에 있는 것	미터 보통 나사		M	M8	KS B 0201
		미터 가는 나사			M8×1	KS B 0204
		미니어처 나사		S	S0.5	KS B 0228(폐지)
		유니파이 보통 나사		UNC	3/8-16UNC	KS B 0203
		유니파이 가는 나사		UNF	No.8-36UNF	KS B 0206
		미터 사다리꼴나사		Tr	Tr10×2	KS B 0229
		관용 테이퍼 나사	테이퍼 수나사	R	R3/4	KS B 0222
			테이퍼 암나사	Rc	Rc3/4	
			평행 암나사	Rp	Rp3/4	
		관용 평행 나사		G	G1/2	KS B 0221
	ISO 표준에 없는 것	30° 사다리꼴나사		TM	TM18	–
		29° 사다리꼴나사		TW	TW20	KS B 0226
		관용 테이퍼 나사	테이퍼 나사	PT	PT7	KS B 0222
			평행 암나사	PS	PS7	
		관용 평행 나사		PF	PF7	KS B 0221

나사의 등급은 다음 표와 같이 숫자와 문자의 조합 또는 문자로 나타낸다. 이 경우 나사의 등급이 필요 없을 때에는 생략할 수 있다.

나사의 등급 표시

나사의 종류	암나사와 수나사의 구별		나사의 등급	관련 규격
미터나사	암나사	유효 지름과 안지름의 등급이 같은 경우	6H	KS B 0235 KS B 0211 KS B 0214
	수나사	유효 지름과 바깥지름의 등급이 같은 경우	6g	
		유효 지름과 바깥지름의 등급이 다른 경우	5g, 6g	
	암나사와 수나사를 조합한 것		6H/6g, 5H/5g, 6g	
미니어처 나사	암나사		3G6	KS B 0228 (폐지)
	수나사		5h3	
	암나사와 수나사를 조합한 것		3G6/5h3	
미터 사다리꼴나사	암나사		7H	KS B 0237 KS B 0219
	수나사		7e	
	암나사와 수나사를 조합한 것		7H/7e	
관용 평행 나사	수나사		A	KS B 0221

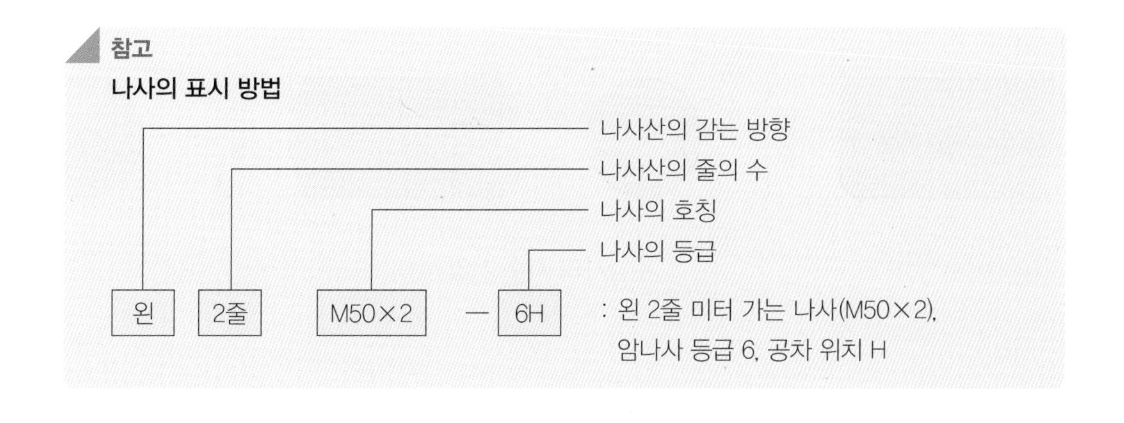

5 KS 규격을 실무에 적용하여 나사 그리기

(1) 나사 그리기

① 수나사의 바깥지름과 암나사의 골지름, 완전 나사부와 불완전 나사부의 경계선은 굵은 실선으로 그린다.

② 수나사의 골지름과 암나사의 바깥지름, 불완전 나사부의 골은 가는 실선으로 그린다.

③ 가려서 보이지 않는 나사는 가는 파선으로 그린다.

④ 나사 단면 시 해칭은 수나사의 바깥지름, 암나사의 골지름까지 한다.

⑤ 나사 끝에서 본 골지름은 안지름 선의 오른쪽 위 $\frac{1}{4}$을 생략하며 중심선을 기준으로 위쪽은 약간 넘치게, 오른쪽은 약간 못 미치게 그린다.

⑥ 탭나사의 드릴 구멍 깊이는 나사 끝에서 3mm 이상으로 하거나 나사 길이에 1.25배 정도로 그린다.

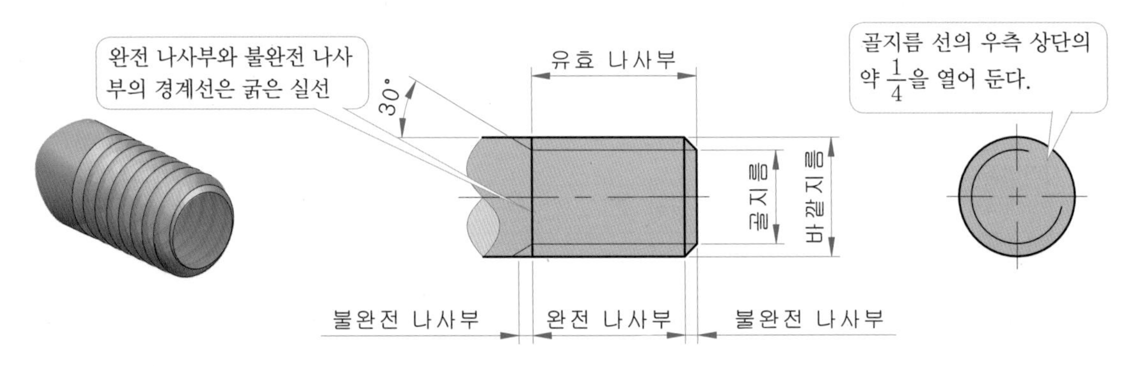

수나사 그리기

(2) 나사의 치수 기입

① **수나사의 치수 기입** : 나사의 호칭 치수와 완전 나사부의 길이만 기입한다.

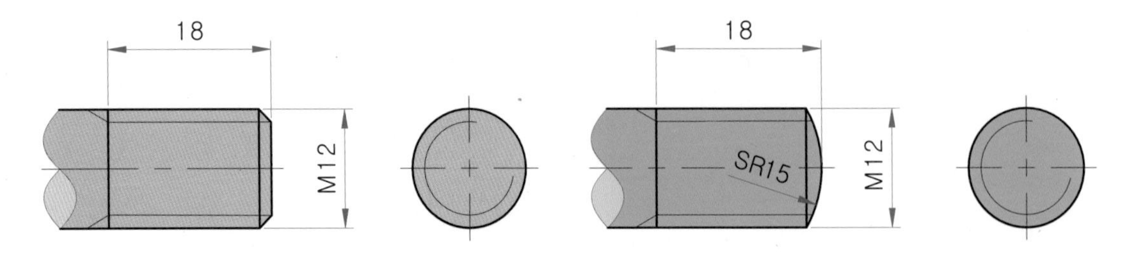

수나사의 치수 기입

② **관통나사의 치수 기입** : 나사의 호칭 치수만 기입한다. 지시선을 사용하여 치수를 기입할 수도 있다.

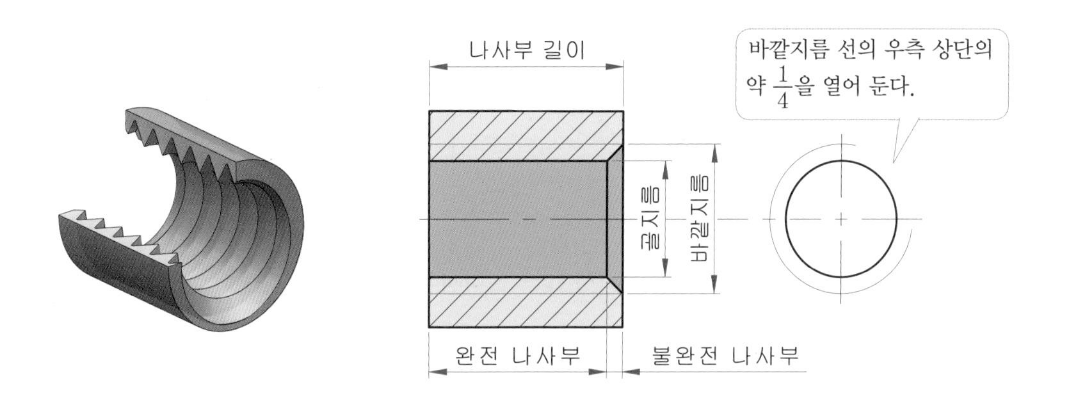

관통된 암나사 그리기

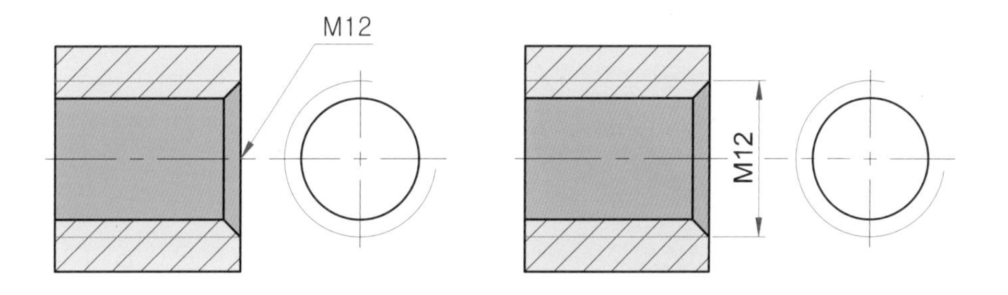

관통된 암나사의 치수 기입

③ **탭 나사의 치수 기입** : 나사 호칭 치수와 깊이(완전 나사부)만 기입하고, 드릴 깊이는 기입하지 않는다.

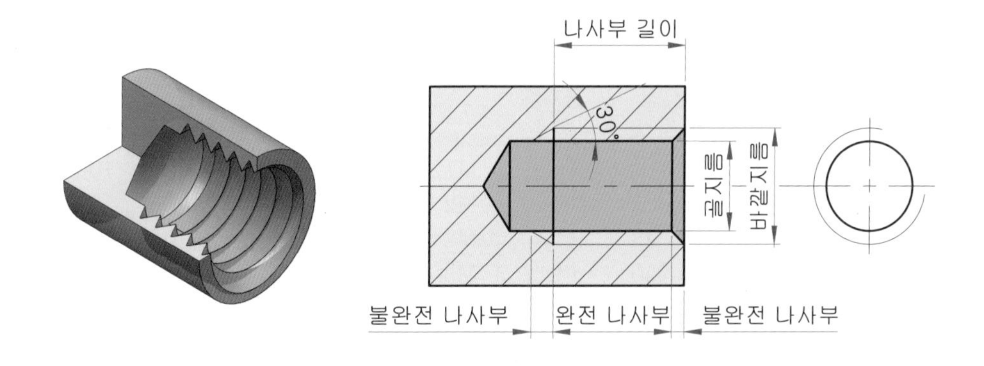

관통되지 않은 암나사 그리기

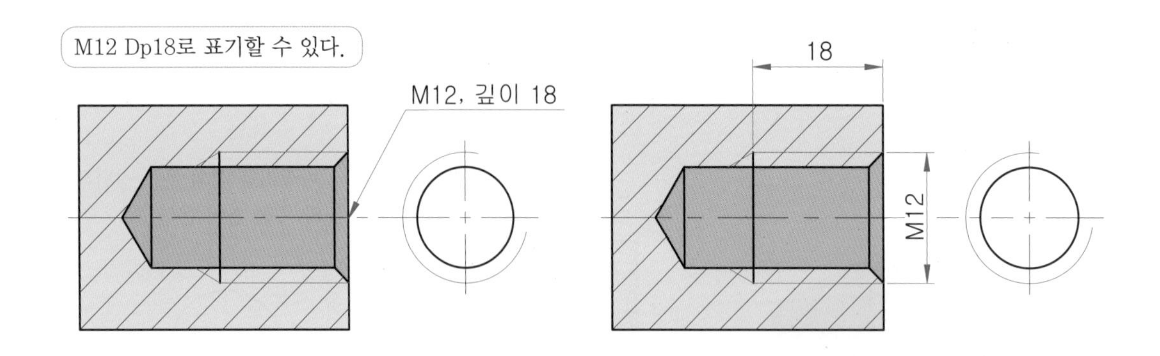

관통되지 않은 암나사의 치수 기입

(3) 나사의 호칭 치수

① 미터 보통 나사 (KS B 0201)

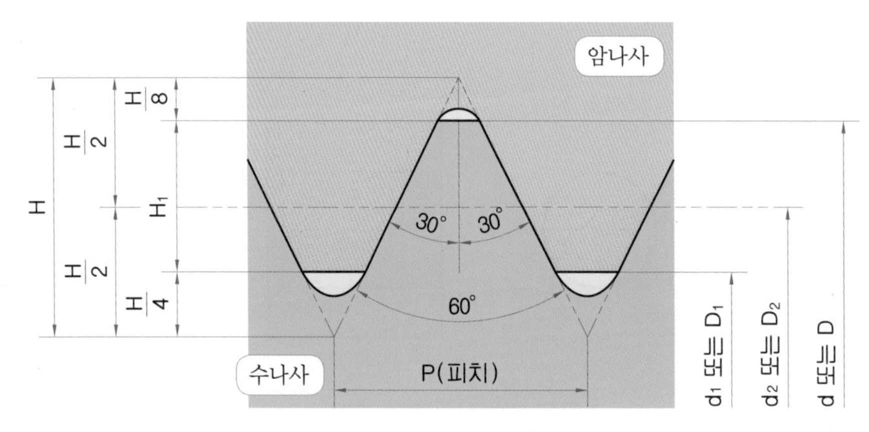

미터 보통 나사산의 규격

미터 보통 나사의 기본 치수 (단위 : mm)

나사의 호칭 (d)	피치 (P)	접촉 높이 (H_1)	암나사 골지름 (D) / 수나사 바깥 지름(d)	암나사 유효 지름(D_2) / 수나사 유효 지름(d_2)	암나사 안지름 (D_1) / 수나사 골지름 (d_1)	나사의 호칭 (d)	피치 (P)	접촉 높이 (H_1)	암나사 골지름 (D) / 수나사 바깥 지름(d)	암나사 유효 지름(D_2) / 수나사 유효 지름(d_2)	암나사 안지름 (D_1) / 수나사 골지름 (d_1)
M2	0.4	0.217	2.0	1.740	1.567	M12	1.75	0.947	12.0	10.863	10.106
M3	0.5	0.271	3.0	2.675	2.459	M20	2.5	1.353	20.0	18.376	17.294
M4	0.7	0.379	4.0	3.545	3.242	M24	3	1.624	24.0	22.051	20.752
M6	1	0.541	6.0	5.350	4.917	M30	3.5	1.894	30.0	27.727	26.211
M8	1.25	0.677	8.0	8.188	7.647	M42	4.5	2.436	42.0	39.077	37.129
M10	1.5	0.812	10.0	9.026	8.376	M64	6	3.248	64.0	60.103	57.505

② 미터 가는 나사 (KS B 0204)

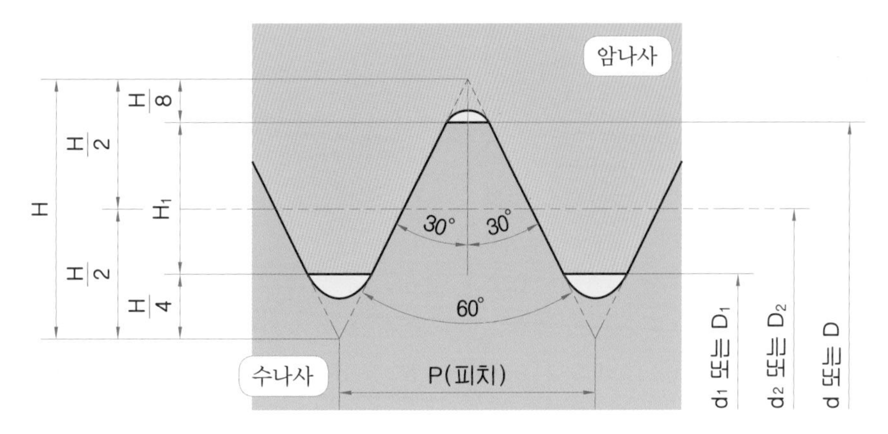

미터 가는 나사산의 규격

미터 가는 나사의 기본 치수 (단위 : mm)

나사의 호칭 (d)	피치 (P)	접촉 높이 (H_1)	암나사 골지름 (D) / 수나사 바깥지름(d)	암나사 유효지름(D_2) / 수나사 유효지름(d_2)	암나사 안지름 (D_1) / 수나사 골지름 (d_1)	나사의 호칭 (d)	피치 (P)	접촉 높이 (H_1)	암나사 골지름 (D) / 수나사 바깥지름(d)	암나사 유효지름(D_2) / 수나사 유효지름(d_2)	암나사 안지름 (D_1) / 수나사 골지름 (d_1)
M 1	0.2	0.108	1.0	0.870	0.783	M 8×1	1	0.541	8.0	7.350	6.917
M 2×0.25	0.25	0.135	2.0	1.838	1.729	M 10×1.25	1.25	0.677	10.0	9.188	8.647
M 3×0.35	0.35	0.189	3.0	2.273	2.621	M 12×1.5	1.5	0.812	12.0	11.026	10.376
M 4×0.5	0.5	0.271	4.0	3.675	3.459	M 16×1	1	0.541	16.0	15.350	14.917
M 5×0.5	0.5	0.271	5.0	4.675	4.459	M 20×2	2	1.083	20.0	18.701	17.835
M 6×0.75	0.75	0.406	6.0	5.513	5.188	M 24×1	1	0.541	24.0	23.350	22.917

6 수나사 부품 나사 틈새 (KS B 0245)

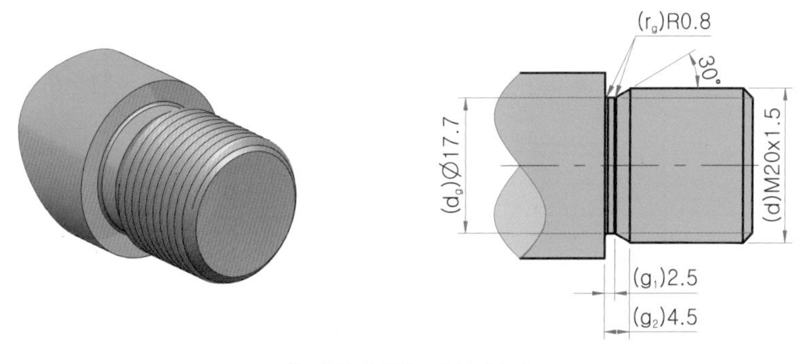

수나사 부품 나사 틈새

수나사 부품 나사 틈새의 KS 데이터 (단위 : mm)

나사의 피치 (P)	d_g		g_1	g_2	r_g	나사의 피치 (p)	d_g		g_1	g_2	r_g
	기준 치수	허용차	최소	최대	약		기준 치수	허용차	최소	최대	약
0.25	d−0.4	h12	0.4	0.75	0.12	1.5	**d−2.3**	h12	**2.5**	**4.5**	**0.8**
0.3	d−0.5		0.5	0.9	1.06	1.75	d−2.6		3	5.25	1
0.35	d−0.6		0.6	1.05	0.16	2	d−3		3.4	6	1
0.4	d−0.7		0.6	1.2	0.2	2.5	d−3.6		4.4	7.5	1.2
0.45	d−0.7		0.7	1.35	0.2	3	d−4.4	h13	5.2	9	1.6
0.5	d−0.8		0.8	1.5	0.2	3.5	d−5		6.2	10.5	1.6
0.6	d−1		0.9	1.8	0.4	4	d−5.7		7	12	2
0.7	d−1.1		1.1	2.1	0.4	4.5	d−6.4		8	13.5	2.5
0.75	d−1.2		1.2	2.25	0.4	5	d−7		9	15	2.5
0.8	d−1.3		1.3	2.4	0.4	5.5	d−7.7		11	16.5	3.2
1	d−1.6		1.6	3	0.6	6	d−8.3		11	18	3.2
1.25	d−2		2	3.75	0.6	−	−		−	−	−

2 볼트와 너트

1 볼트의 조립 깊이 및 탭 깊이

① 볼트의 조립 깊이 및 탭 깊이의 경우, 수나사와 암나사의 조립부는 수나사 외경을 굵은 실선으로 표기하고 조립되지 않는 암나사 부분은 암나사 내경을 굵은 실선으로 표기하며, 드릴 깊이는 암나사부로부터 최소 3mm 이상으로 한다.

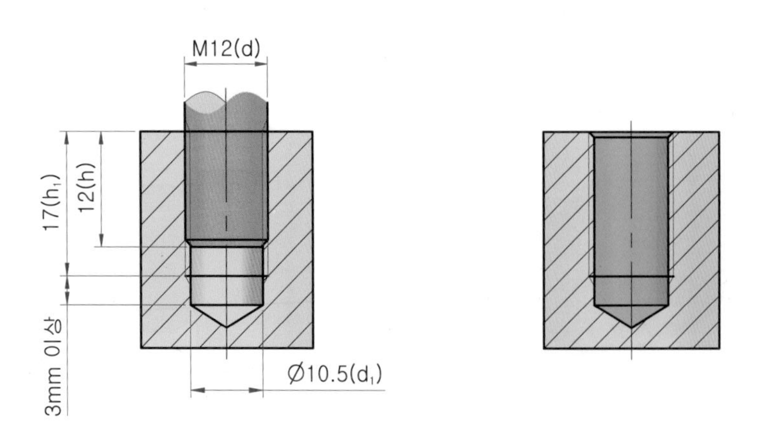

불완전 나사부가 있는 수나사의 조립

② 릴리프 홈이 있는 볼트의 조립 깊이 및 탭 깊이는 그림과 같다. 릴리프 홈은 기계 조립에서 접점이나 접촉면을 유효하게 접촉할 수 있도록 가공하는 홈이다.

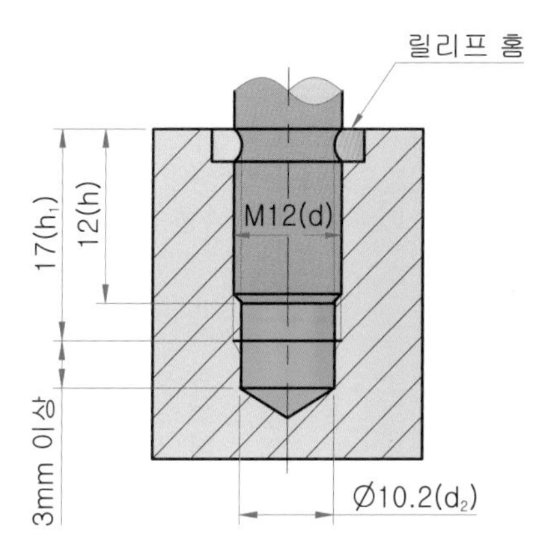

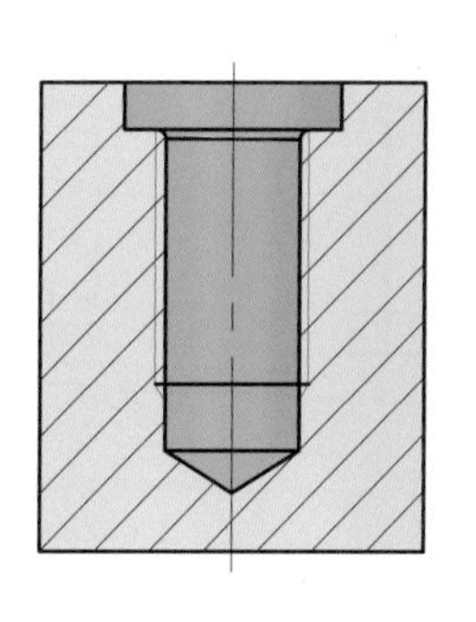

릴리프 홈이 있는 볼트의 조립

볼트의 조립 깊이 및 탭 깊이 실무 데이터 (단위 : mm)

나사의 호칭 (d)	탭 내기 구멍의 지름 (d_1)	강, 주강, 청동, 청동 주물		주철		알루미늄과 기타의 경합금류	
		나사부 조립 깊이 (h)	탭 깊이 (h_1)	나사부 조립 깊이 (h)	탭 깊이 (h_1)	나사부 조립 깊이 (h)	탭 깊이 (h_1)
M3	2.4	3	6	4.5	7.5	5.5	8.5
M4	3.25	4	7	6	9	7	10
M5	4.1	5	8.5	8	11.5	9	12.5
M6	5	6	10	9	13	11	15
M8	6.8	8	12	12	16	14	18
M10	8.5	10	14	15	19	18	22
M12	10.2	12	17	17	22	22	27
M16	14	16	21	22	27	28	33
M18	15.5	18	24	25	31	33	39
M20	17.5	20	26	27	33	36	42
M24	21	24	32	32	40	44	52
M30	28.5	30	39	40	49	54	63
M36	32	36	51	47	58	65	76

2 볼트, 너트의 도시법

① 볼트와 너트는 KS 표준에서 치수가 규정된 표준 부품으로 대부분의 경우 시판되는 제품을 사용하며, 부품도는 그리지 않고 부품란에 호칭을 표기한다.

② 육각 볼트와 육각 너트의 제작용 약도를 도시하는 방법은 KS 표준 규격 치수에 따라 도시하는 방법과 표준 규격 치수에 따르지 않고 수나사의 외경를 호칭 치수로 결정하여 도시하는 방법이 있다.

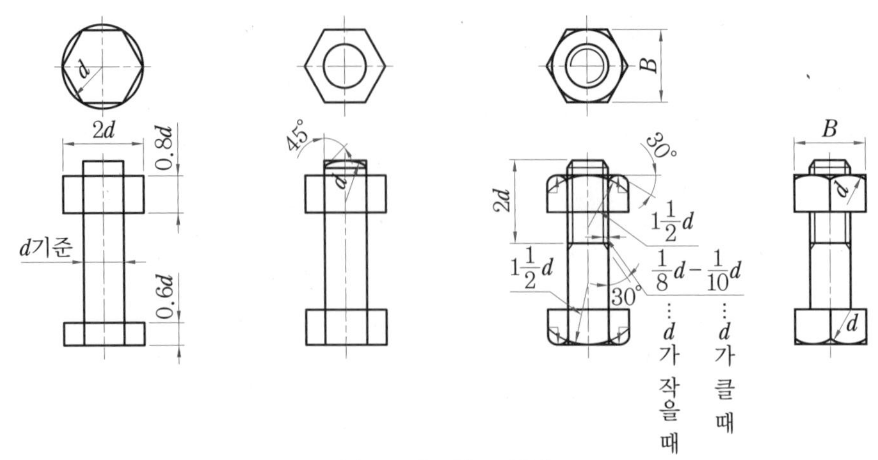

볼트, 너트의 도시법

3 볼트, 너트 자리파기

① 육각 볼트, 너트, 육각 구멍 붙이 볼트, 접시 머리 볼트가 공작물에 가지런히 묻힐 수 있도록 자리파기를 하는 가공이다.

② 볼트 자리파기는 KS 규격에 지정되어 있지 않다.

③ 볼트 구멍 지름(d_h)의 허용차는 1급은 H12, 2급은 H13, 3급은 H14로 한다.

볼트 자리파기 실무 데이터 (단위 : mm)

나사의 호칭 (d)	볼트 구멍 지름 (d_h)	카운터 보어				카운터 싱크	
		볼트, 너트 머리 자리파기		깊은 자리파기			
		보어 지름 (ϕD″)	깊이 (H″)	깊은 자리파기 (ϕD′)	깊이(머리묻힘) (H′)	깊이 (h″)	각도 (A)
M3	3.4	9	0.2	6	3.3	1.75	
M4	4.5	11	0.3	8	4.4	2.3	
M5	5.5	13	0.3	9.5	5.4	2.8	90°
M6	6.6	15	0.5	11	6.5	3.4	
M8	9	20	0.5	14	8.6	4.4	
M10	11	24	0.8	17.5	10.8	5.5	
M12	14	28	0.8	20	13	6.5	
M16	18	35	0.8	26	17.5	7.5	90°
M18	20	39	1.2	29	19.5	8	
M20	22	43	1.2	32	21.5	8.5	
M24	26	50	1.6	39	25.5	14	
M30	33	62	1.6	48	32	16.6	60°
M33	36	66	2	54	35	–	

(1) 카운터 보어(counter bore)

① **볼트, 너트 머리 자리파기** : 주로 육각 볼트(KS B 1002)와 너트(KS B 1012)의 머리가 조금 묻힐 수 있도록 자리파기를 하는 가공법으로, 보어 깊이는 규격이 따로 규정되어 있지 않고 통상적으로 [표-볼트 자리파기 실무 데이터]와 같다. 일반적으로 현장에서는 흑피가 없어질 정도로 가공한다. 도면에는 다음 그림과 같이 9드릴, 20자리파기로 기입하며, 다듬질 정도는 W/▽를 함께 적용한다.

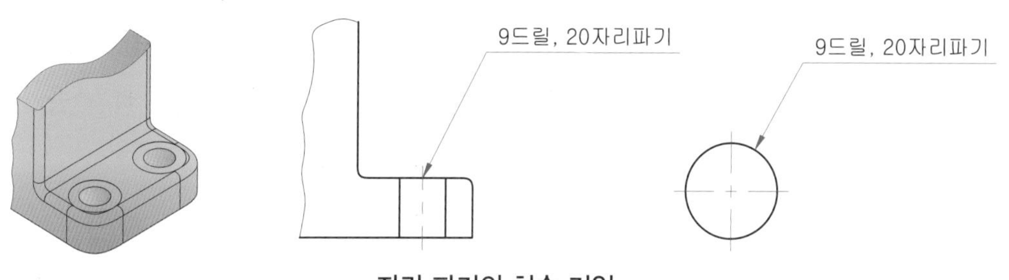

자리 파기의 치수 기입

② **깊은 자리파기** : 주로 육각 구멍 붙이 볼트(KS B 1003), 작은 나사 머리, 렌치 볼트 등이 완전히 묻힐 수 있도록 체결 시 적용하는 가공 방법이다. 도면에는 다음 그림과 같이 **9드릴, 14깊은 자리파기 7.4**로 기입하며, 다듬질 정도는 W/▽를 함께 적용한다.

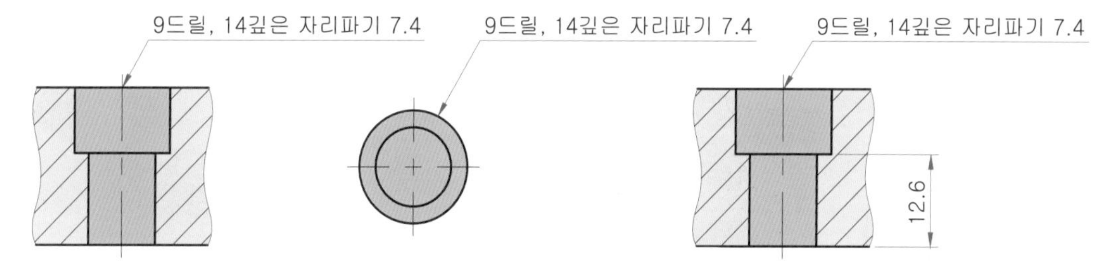

깊은 자리파기 구멍의 치수 기입

(2) 카운터 싱킹(counter sinking)

접시 머리 나사의 머리부가 완전히 묻힐 수 있도록 자리파기를 하는 가공 방법이다. 도면에는 다음 그림과 같이 14드릴, 90° 카운터 싱크 6.5로 기입하며, 다듬질 정도는 W/▽를 적용한다.

카운터 싱크

3 키

키는 풀리, 기어, 커플링 등의 회전체를 축과 고정시켜서 축과 회전체를 일체로 하여 회전력을 전달하는 결합용 기계요소이다. 묻힘 키 및 키 홈은 KS B 1311에 규정되어 있다.

1 키의 종류

키는 다양한 종류가 있으며, 축과 회전체의 보스를 어떻게 가공하느냐에 따라 묻힘 키, 안장 키, 평 키로 구분한다. 또한 키는 모양과 설치 방법에 따라 반달키, 접선 키, 스플라인과 세레이션 등으로 나눈다.

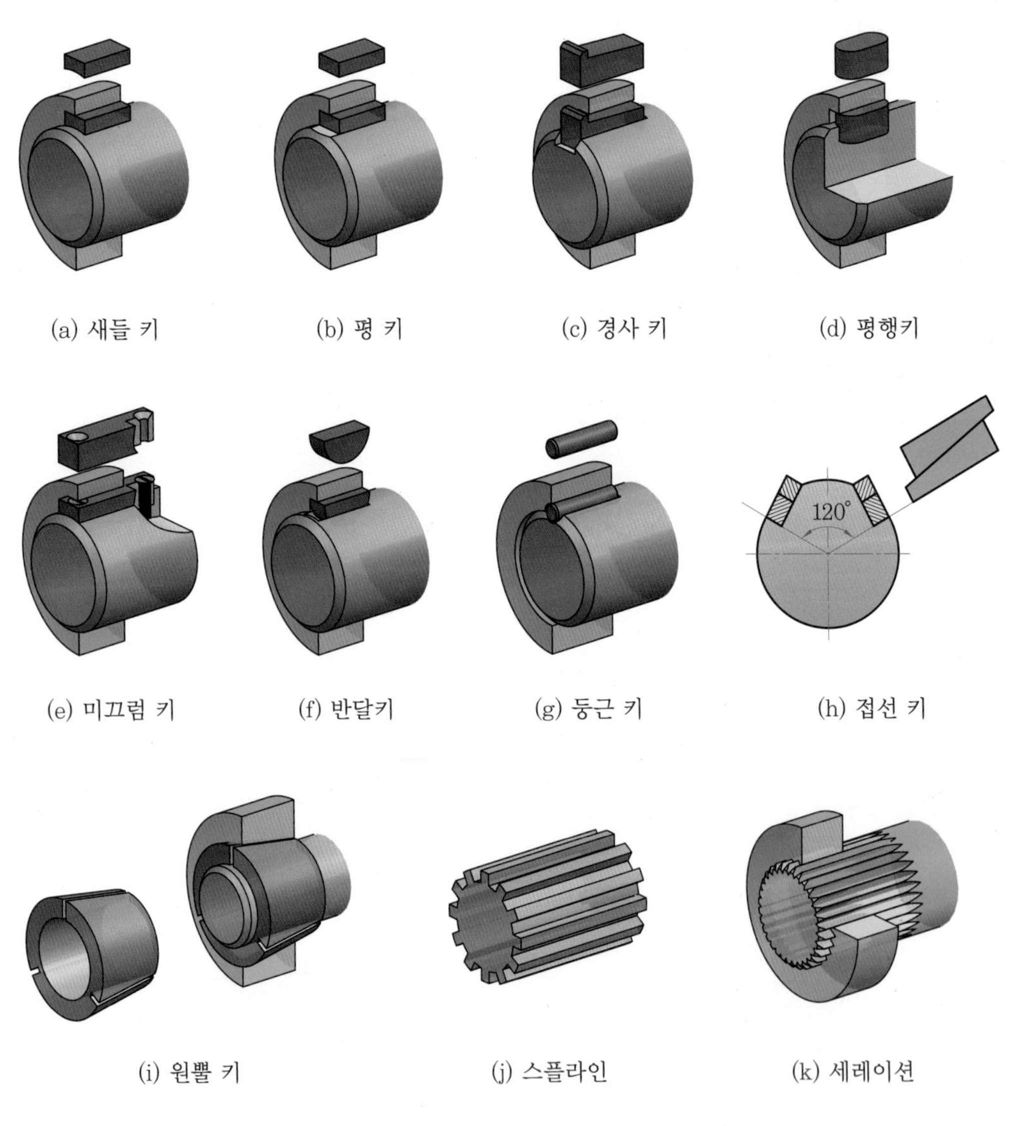

(a) 새들 키 (b) 평 키 (c) 경사 키 (d) 평행키

(e) 미끄럼 키 (f) 반달키 (g) 둥근 키 (h) 접선 키

(i) 원뿔 키 (j) 스플라인 (k) 세레이션

키의 종류

2 KS 규격을 실무에 적용하여 키 홈 그리기(KS B 1311)

키는 기계요소이므로 따로 부품도를 그리지 않고 축과 보스에 키가 조립되는 키 홈을 그린다.

축의 지름이 기준 치수이며 한국산업표준(KS B 1311)에 따라 축에 파여 있는 키 홈의 깊이와 너비, 보스 측 구멍에 파여 있는 키 홈의 깊이와 너비에 해당하는 치수와 허용차를 찾아 도면에 기입한다.

(1) 키 및 키홈(평행키)

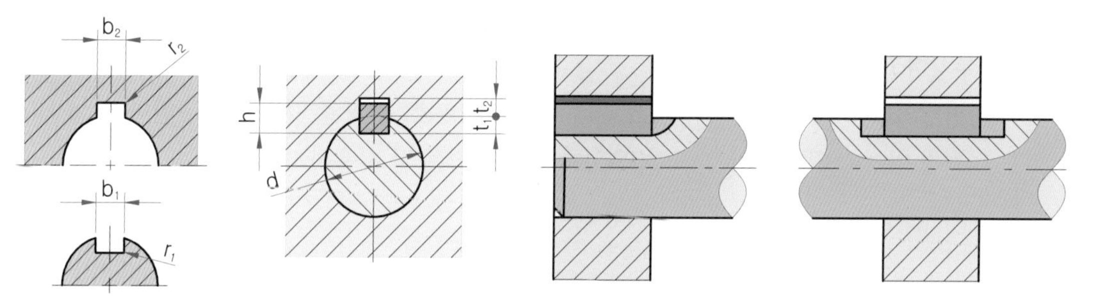

평행키용 키 홈의 단면도

키의 호칭에 따른 키 홈의 치수 (단위 : mm)

키의 호칭 치수 $b \times h$	b_1 및 b_2의 기준 치수	활동형		보통형		조립형	r_1 및 r_2	t_1의 기준 치수	t_2의 기준 치수	t_1 및 t_2의 허용차	참고
		b_1 허용차 (H9)	b_2 허용차 (D10)	b_1 허용차 (N9)	b_2 허용차 (JS9)	b_1 및 b_2 허용차 (P9)					적용하는 축 지름 d
2×2	2	+0.025 0	+0.060 +0.020	−0.004 −0.029	±0.012	−0.006 −0.031	0.08~0.16	1.2	1.0	+0.1 0	6~8
3×3	3							1.8	1.4		8~10
4×4	4	+0.030 0	+0.078 +0.030	0 −0.030	±0.015	−0.012 −0.042		2.5	1.8		10~12
5×5	5						0.16~0.25	3.0	2.3		12~17
6×6	6							3.5	2.8		17~22
(7×7)	7	+0.036 0	+0.098 +0.040	0 −0.036	±0.018	−0.015 −0.051		4.0	3.3	+0.2 0	20~25
8×7	8							4.0	3.3		22~30
10×8	10						0.25~0.40	5.0	3.3		30~38
12×8	12	+0.043 0	+0.120 +0.050	0 −0.043	±0.021	−0.018 −0.061		5.0	3.3		38~44
14×9	14							5.5	3.8		44~50
(15×10)	15							5.0	5.3		50~55
16×10	16							6.0	4.3		50~58
18×11	18							7.0	4.4		58~65

주 ( )를 붙인 호칭 치수의 것은 대응 국제 규격에는 규정되어 있지 않으므로 새로운 설계에는 사용하지 않는다.

(2) 묻힘 키(sunk key) 홈 그리기

① 키는 축의 치수를 기준으로 데이터를 적용하여 그린다.

② 축의 치수가 두 칸에 겹칠 경우 작은 쪽을 적용하여 그리며, 축 지름이 30mm일 경우 30~38mm를 적용하지 않고 22~30mm를 적용한다.

③ 키의 치수는 너비 b_1, b_2의 허용 공차 치수 대신 IT 공차로 기입한다.

④ 축의 키 홈은 정면도를 부분 단면도로 투상하여 해칭하며, 평면도는 국부 투상도로 투상하고 중심선이나 치수 보조선을 연결한다.

⑤ 보스의 키 홈은 단면도 또는 부분 단면도로 투상하여 해칭하며, 측면도는 국부 투상도로 투상하고 중심선을 연결한다.

⑥ 평행키의 길이 l은 6, 8, 10, 12, 14, 16, 18, 20, 22 등 표준 규격을 적용한다.

⑦ 호칭 치수가 없거나 국제 규격(ISO)에 없는 규격은 잘 사용하지 않는다.

⑧ 키 홈의 표면 거칠기는 x/▽를 사용한다.

평행키와 경사 키의 축 지름이 ϕ28일 때 키 홈 그리기

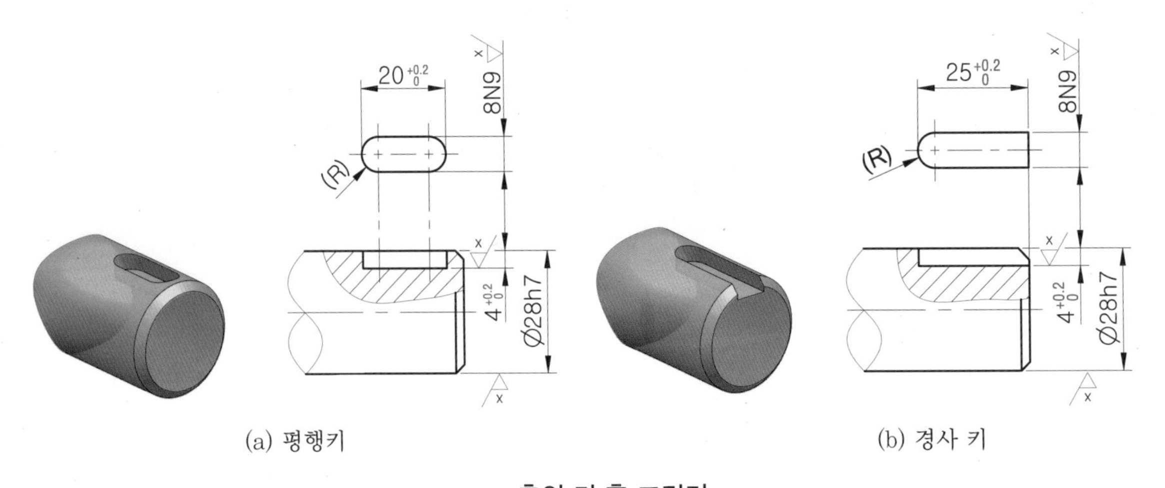

(a) 평행키 (b) 경사 키

축의 키 홈 그리기

평행키와 경사 키의 축 지름이 ϕ28일 때 구멍의 키 홈 그리기

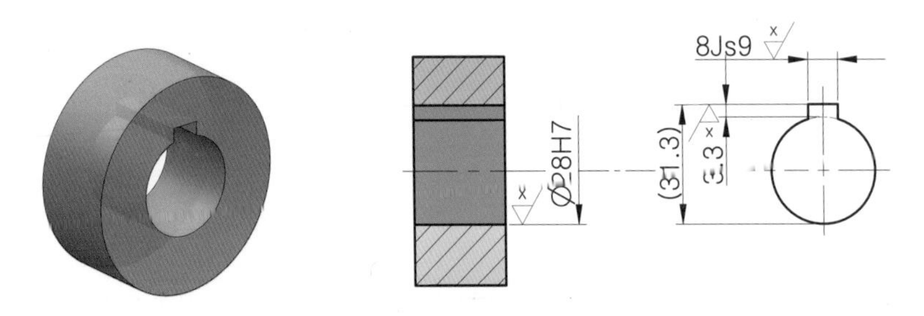

보스의 키 홈 그리기

(3) 반달키

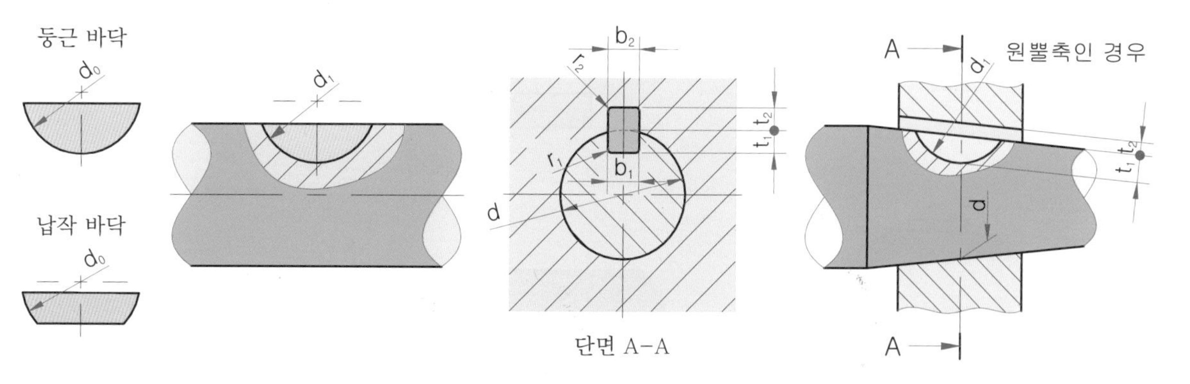

반달키용 키 홈의 단면도

키의 호칭에 따른 키 홈의 치수 (단위 : mm)

<table>
<tr><th rowspan="3">키의 호칭 치수 $b \times d_0$</th><th colspan="11">반달키 홈의 치수</th><th>참고</th></tr>
<tr><th rowspan="2">b_1 및 b_2의 기준 치수</th><th colspan="2">보통형</th><th>조립형</th><th colspan="2">t_1</th><th colspan="2">t_2</th><th>r_1 및 r_2</th><th colspan="2">d_1</th><th rowspan="2">적용하는 축 지름 d</th></tr>
<tr><th>b_1 허용차 (N9)</th><th>b_2 허용차 (JS9)</th><th>b_1 및 b_2 허용차 (P9)</th><th>기준 치수</th><th>허용차</th><th>기준 치수</th><th>허용차</th><th>기준 치수</th><th>기준 치수</th><th>허용차</th></tr>
<tr><td>5×16</td><td rowspan="3">5</td><td rowspan="5">0
−0.030</td><td rowspan="5">±0.015</td><td rowspan="5">−0.012
−0.042</td><td>4.5</td><td rowspan="2">+0.2
0</td><td rowspan="3">2.3</td><td rowspan="4">+0.1
0</td><td rowspan="3">0.08~
0.16</td><td>16</td><td>+0.2
0</td><td>14~22</td></tr>
<tr><td>5×19</td><td>5.5</td><td>19</td><td rowspan="4">+0.3
0</td><td>15~24</td></tr>
<tr><td>5×22</td><td>7.0</td><td rowspan="3">+0.3
0</td><td>22</td><td>17~26</td></tr>
<tr><td>6×22</td><td rowspan="2">6</td><td>6.5</td><td rowspan="2">2.8</td><td rowspan="2">0.16~
0.25</td><td>22</td><td>19~28</td></tr>
<tr><td>6×25</td><td>7.5</td><td>+0.2
0</td><td>25</td><td>20~30</td></tr>
</table>

(4) 반달키 홈 그리기

① 반달키는 축의 치수를 기준으로 데이터를 적용하여 그린다.

② 테이퍼 축은 키 홈 위치의 축 지름을 기준으로 데이터를 적용하여 그린다.

③ 키의 전단 면적은 키가 홈에 완전히 끼워졌을 때 전단을 받는 부분의 면적이다.

④ 반달키의 치수는 너비 b1, b2의 허용 공차 치수 대신 IT 공차를 사용한다.

⑤ 축의 키 홈은 정면도를 부분 단면도로 투상하여 해칭하고, 반달키의 연장된 원호는 가상선으로 그린다. 평면도는 국부 투상도로 투상하고 중심선을 연결한다.

⑥ 보스의 키 홈은 단면도 또는 부분 단면도로 투상하여 해칭하며, 측면도는 국부 투상도로 투상하고 중심선을 연결한다.

⑦ 호칭 치수가 없거나 국제 규격(ISO)에 없는 규격은 잘 사용하지 않는다.

⑧ 키 홈의 표면 거칠기는 $\overset{x}{\sqrt{}}$를 사용한다.

● 반달키의 축과 구멍 지름이 ϕ28일 때 축과 구멍의 키 홈 그리기

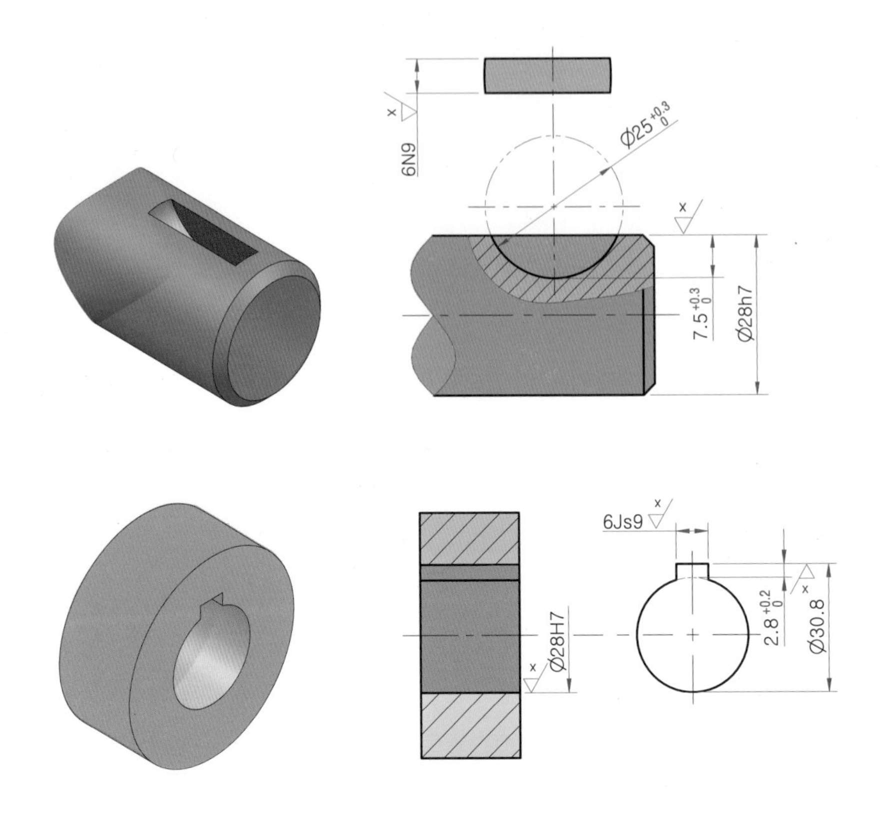

● 반달키의 테이퍼 축과 구멍의 반달키의 축과 구멍의 키 홈 그리기

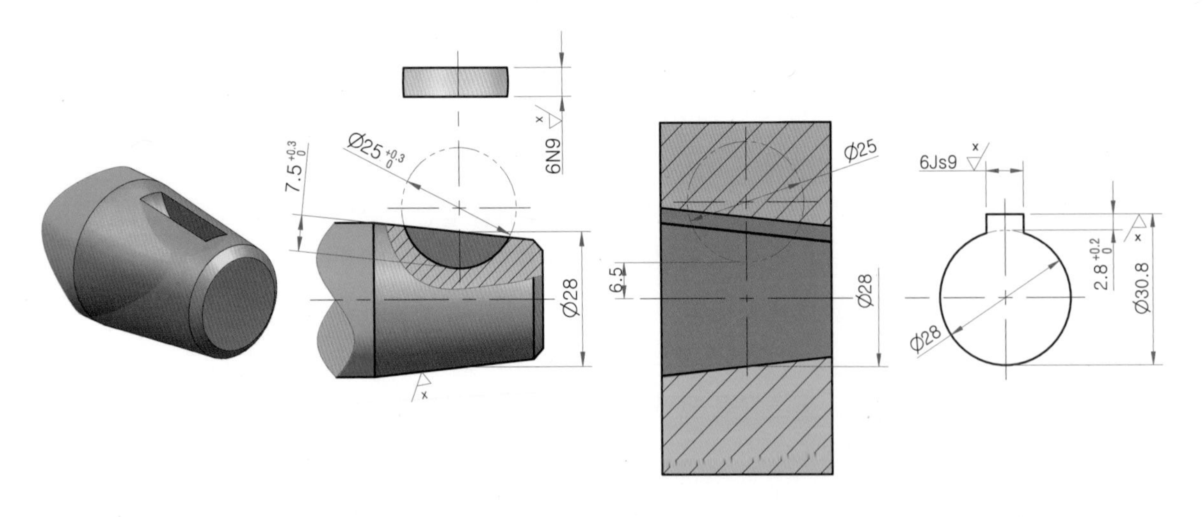

반달키의 테이퍼 축과 구멍의 키 홈 그리기

예시

KS 규격을 V 벨트 풀리의 키 홈에 적용

V 벨트 풀리의 축 지름이 ϕ14이므로 KS 규격에서 ϕ12～ϕ17을 적용하면 b_2는 5Js9이며, t_2는 2.3으로 공차는 0～+0.1이다. 키 홈의 표면 거칠기는 x/▽를 사용한다.

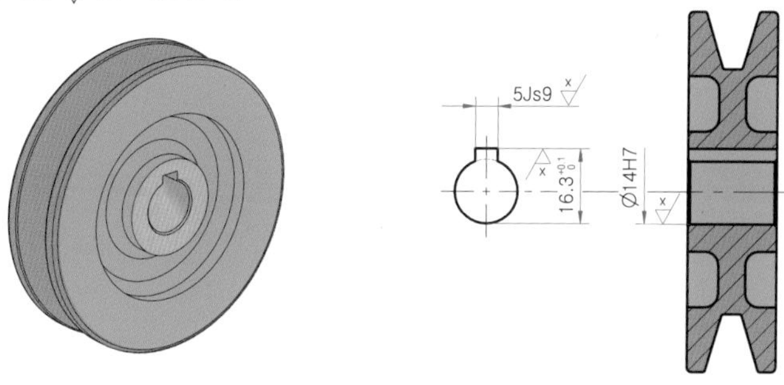

V 벨트 풀리의 키 홈

KS 규격을 기어의 키 홈에 적용

기어의 축 지름이 ϕ20이므로 KS 규격에서 ϕ17～ϕ22를 적용하면 b_2 6Js9이며, t_2는 2.8로 공차는 0～+0.2이며, 키 홈의 표면 거칠기는 x/▽를 사용한다.

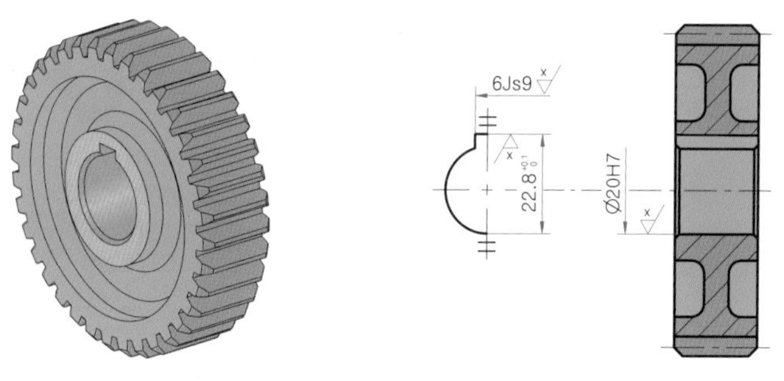

기어의 키 홈

KS 규격을 축의 키 홈에 적용

- 평행키는 축 지름이 ϕ11이므로 KS 규격에서 ϕ10～ϕ12를 적용하면 b_2 4N9이며, t_1은 2.5로 공차는 0～+0.1이다.
- 반달키는 축 지름이 ϕ10이므로 KS 규격에서 ϕ7～ϕ12를 적용하면 b_2 2.5N9이며, t_1은 2.5로 공차는 0～+0.2, d_1은 ϕ10으로 공차는 0～+0.2이다.
- 키 홈의 표면 거칠기는 x/▽를 사용한다.

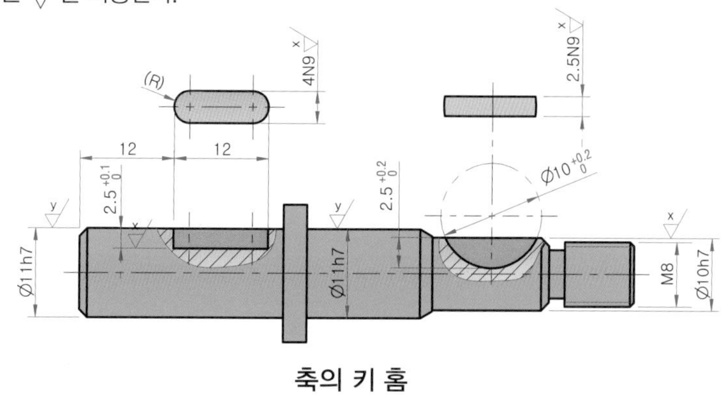

축의 키 홈

4 핀

접촉면의 미끄러짐 방지나 나사의 풀림 방지용으로 많이 사용한다. 규격품이므로 부품도는 그리지 않는다.

1 핀의 종류 및 도시법

① **평행 핀** : 가장 널리 사용하는 것으로, 핀의 호칭은 지름×길이로 표시하며 길이는 양 끝의 라운드 부분을 제외한 길이이다. 끝 면의 모양에 따라 A형 (45°모떼기)과 B형(끝이 둥근 평형)이 있으며, 용도는 위치 결정용으로 사용된다.

② **테이퍼 핀** : 핀의 바깥지름이 1/50 의 기울기를 갖는 핀으로, 지름이 작은 쪽을 호칭 지름으로 한다.

③ **분할 핀** : 핀을 박은 후 끝을 벌려 주어 풀림을 방지하기 위해 사용한다. 핀이 끼워지는 구멍의 지름을 호칭 지름으로 하고 짧은 쪽 길이를 호칭 길이로 한다.

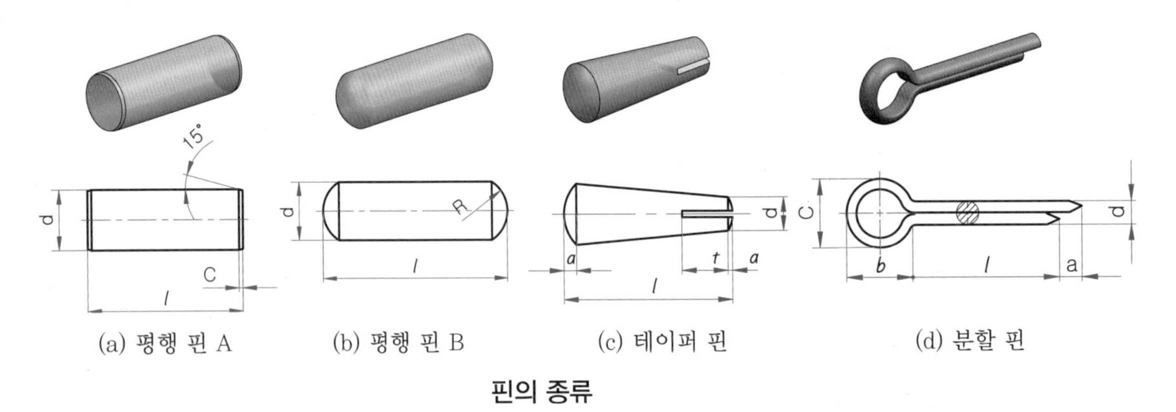

(a) 평행 핀 A (b) 평행 핀 B (c) 테이퍼 핀 (d) 분할 핀

핀의 종류

> **참고**
> 핀은 설치 방법이 간단하기 때문에 키 대용으로 사용한다.

2 핀의 규격

평행 핀의 치수는 그림 [핀의 종류] (a) 평행 핀 A와 같이 나타내고 평행 핀의 규격은 다음 표와 같다.

평행 핀의 규격 (단위 : mm)

호칭 지름	1	2	3	4	5	6	8	10	20
모떼기	0.2	0.35	0.5	0.63	0.8	1.2	1.6	2	3.5
호칭 길이	4~10	6~20	8~30	8~40	10~50	12~60	14~80	18~95	35~200

5 축(shaft)

회전 운동을 하는 막대 모양의 부품으로, 동력을 전달하거나 작용 하중을 지지하는 기능을 가진 기계요소이다. 2개 이상의 베어링으로 하중을 지지하며 풀리, 기어, 커플링, 바퀴 등을 끼워서 사용한다.

1 축의 종류

(1) 작용하는 힘에 의한 분류

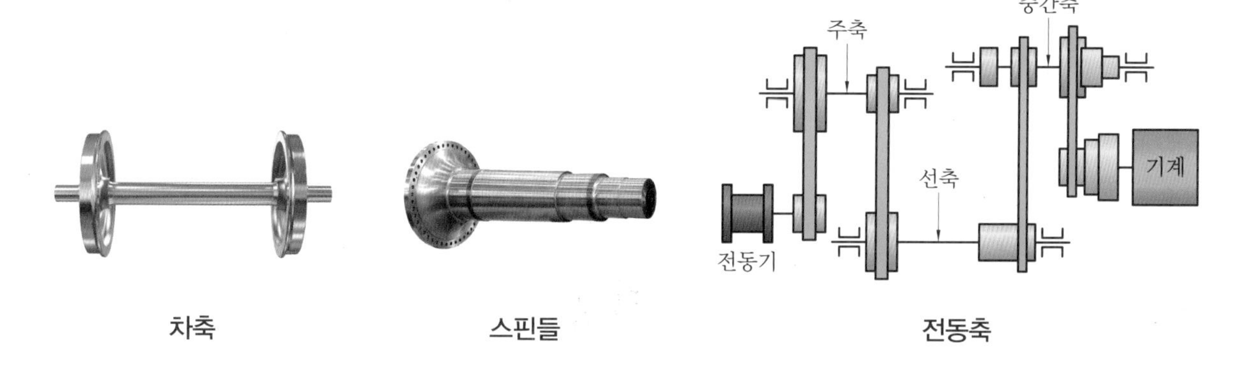

차축　　스핀들　　전동축

(2) 모양에 의한 분류

직선축　　크랭크축　　유연축

2 축 그리기

① 축은 중심선을 수평 방향으로 길게 놓고 그리며 가공 방향을 고려하여 그린다.

② 축의 끝부분은 모따기를 하고 치수를 기입한다.

③ 축에 여유 홈이 있을 때 홈의 너비와 지름을 표시하는 치수를 기입한다.

④ 축은 길이 방향으로 절단하지 않으며 키 홈과 같이 나타낼 필요가 있을 때에는 부분 단면으로 나타낸다.

⑤ KS A ISO 6411에 따라 센터 구멍을 표시하고 지시한다.

⑥ 단면 모양이 같은 긴 축이나 테이퍼 축은 중간 부분을 파단하여 짧게 그리고, 치수는 원래 치수를 기입한다.

⑦ 축에 널링을 표시할 때에는 축선에 대하여 30°로 엇갈리게 그린다.

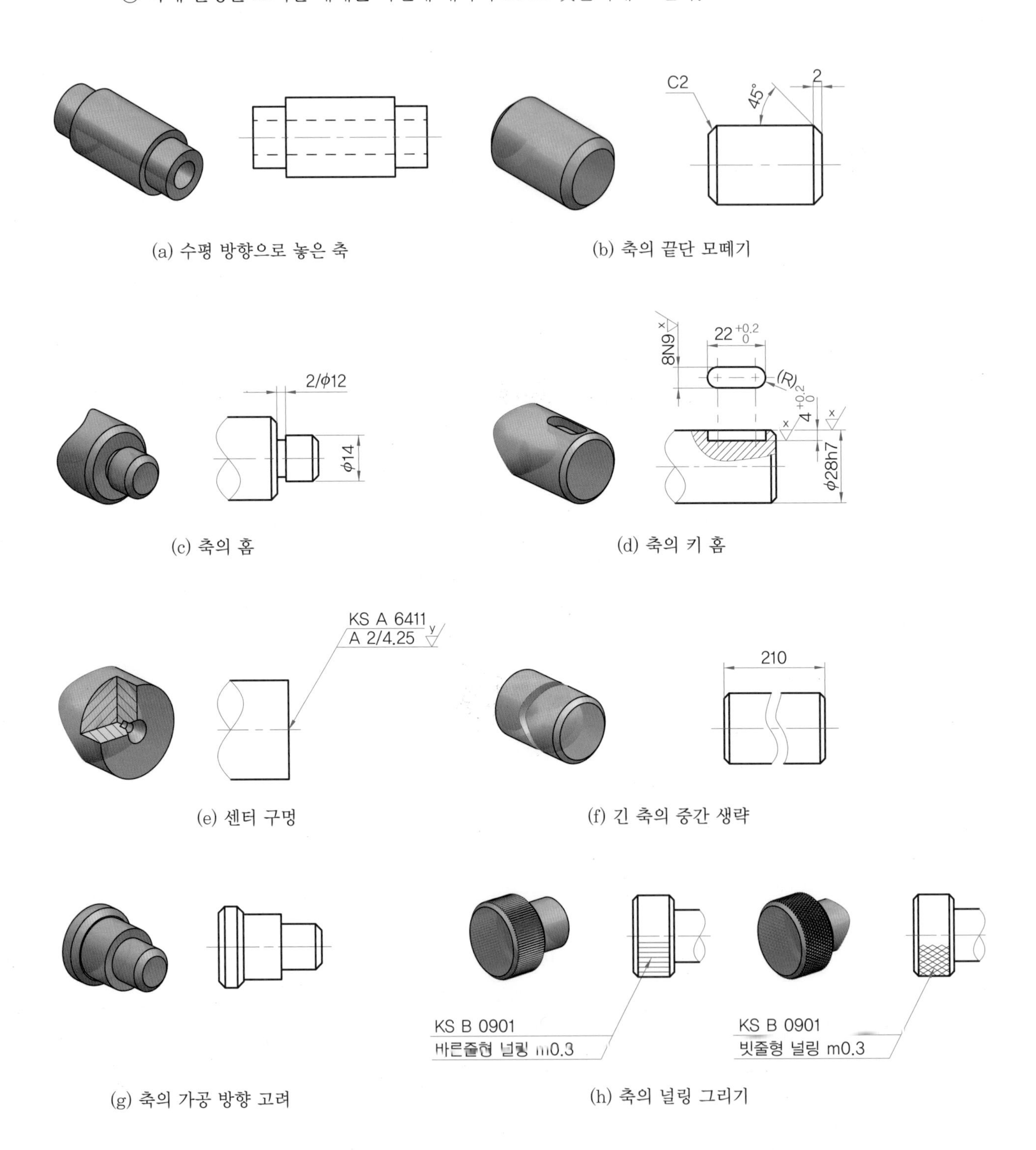

(a) 수평 방향으로 놓은 축

(b) 축의 끝단 모떼기

(c) 축의 홈

(d) 축의 키 홈

(e) 센터 구멍

(f) 긴 축의 중간 생략

(g) 축의 가공 방향 고려

(h) 축의 널링 그리기

6 센터 구멍 (KS B 0410)

센터는 주로 선반에서 주축과 심압대 축 사이에 삽입되어 공작물을 지지하는 것으로 선단각을 보통 60°로 하지만 중량물을 지지할 때는 75° 또는 90°인 것을 사용한다.

1 센터 구멍의 표시 방법(KS A ISO 6411)

센터 구멍의 필요 여부	기호	도시 방법	기호 크기
필요	<	ISO 6411-B 2.5/8	60°, 5
필요하나 기본적으로 요구하지 않음	없음	ISO 6411-B 2.5/8	
불필요	K	ISO 6411-B 2.5/8	

2 센터 구멍 그리기

센터 구멍의 치수는 KS B 0410을 적용하며, 도시 방법으로는 KS A ISO 6411-1을 적용한다. 센터 구멍의 표면 거칠기는 $\overset{y}{\bigtriangledown}$를 사용하며, t = t′+0.3d 이상이다.

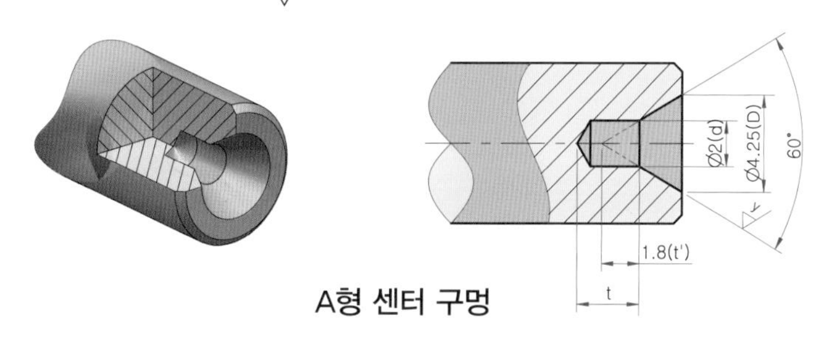

A형 센터 구멍

센터 구멍의 KS 데이터 (단위 : mm)

호칭 지름 (d)	A형		B형		R형
	D	t′	D	t′	D
1.6	3.35	1.4	5	1.4	3.35
2.0	4.25	1.8	6.3	1.8	4.25

(1) 센터 구멍 그리기(센터 구멍이 필요할 때)

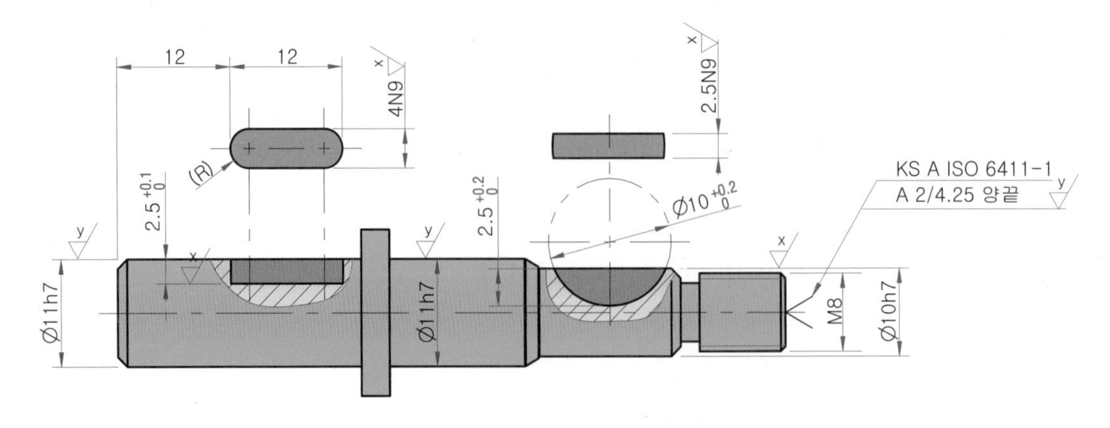

(2) 센터 구멍 그리기(센터 구멍이 필요하거나 기본적으로 요구하지 않을 때)

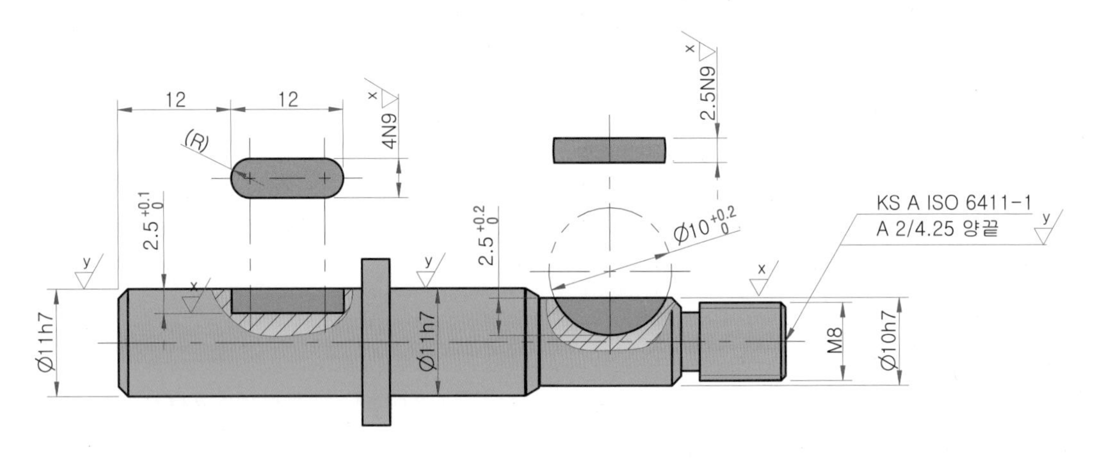

(3) 센터 구멍 그리기(센터 구멍이 불필요할 때)

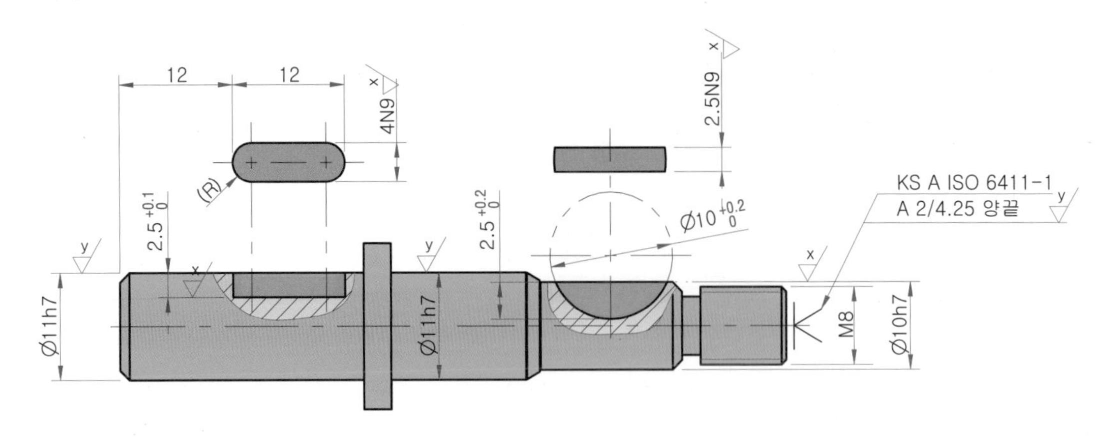

7 스냅링 (KS B 1336~1338)

스냅링의 종류는 C형 멈춤링, C형 동심형 멈춤링, E형 멈춤링의 세 종류가 있으며, 축과 구멍의 베어링 등 부품의 유동 및 탈선을 방지한다.

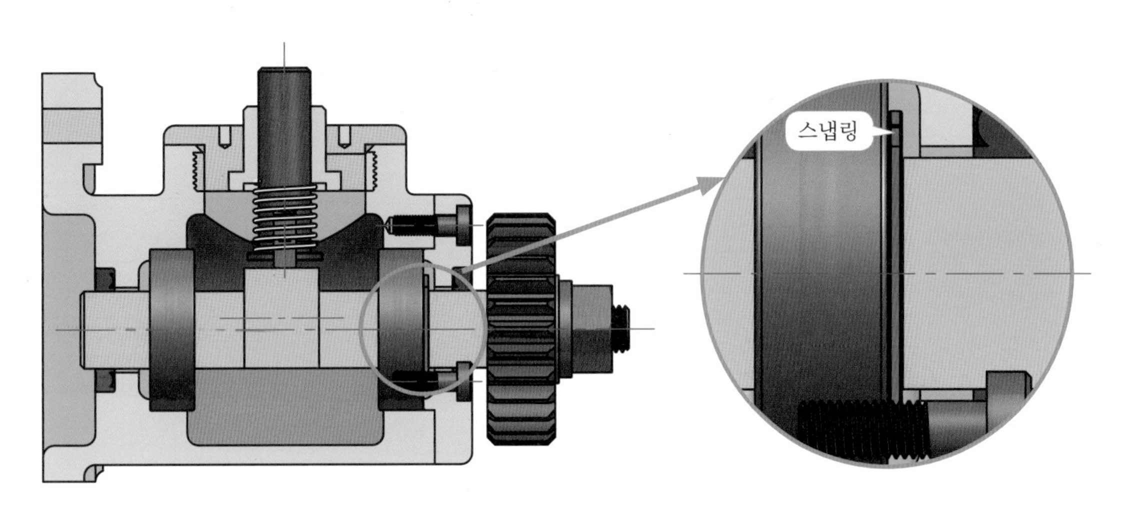

축용 스냅링의 설계 적용

1 C형 멈춤링(KS B 1336)

축이나 구멍에 베어링 등의 요동을 방지하기 위해 사용되며, 축의 치수는 베어링 규격에 따라 결정되고 스냅링의 표면 거칠기는 $\overset{x}{\bigtriangledown}$를 사용한다.

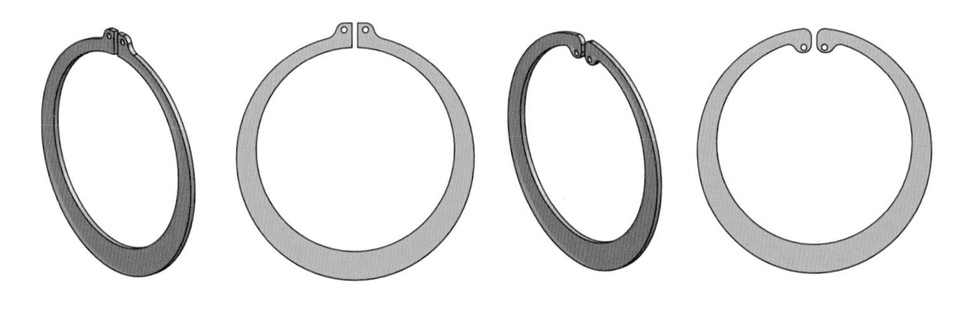

C형 멈춤링

(1) C형 멈춤링 축용 치수

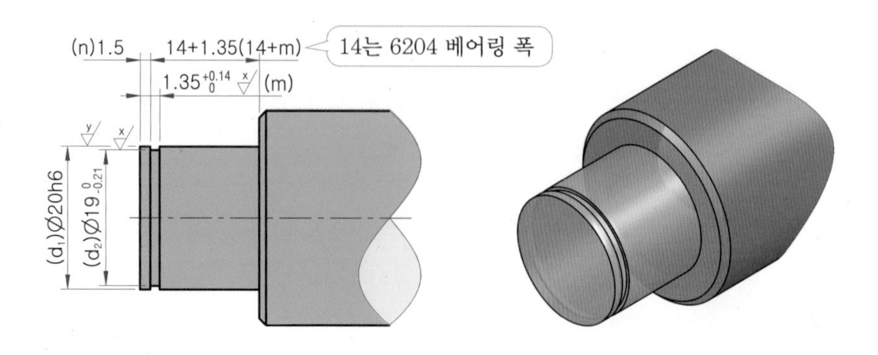

C형 멈춤링 축용 치수

C형 멈춤링 축용 KS 데이터

(단위 : mm)

<table>
<tr><th rowspan="2">축 치수
(d1)</th><th colspan="2">d2</th><th colspan="2">m</th><th>n</th><th colspan="2">멈춤링 두께</th></tr>
<tr><th>기준 치수</th><th>허용차</th><th>기준 치수</th><th>허용차</th><th>최소</th><th>기준 치수</th><th>허용차</th></tr>
<tr><td>10</td><td>9.6</td><td>0
−0.09</td><td rowspan="8">1.15</td><td rowspan="24">+0.14
0</td><td rowspan="22">1.5</td><td rowspan="8">1</td><td rowspan="8">±0.05</td></tr>
<tr><td>11</td><td>10.5</td><td rowspan="9">0
−0.11</td></tr>
<tr><td>12</td><td>11.5</td></tr>
<tr><td>13</td><td>12.4</td></tr>
<tr><td>14</td><td>13.4</td></tr>
<tr><td>15</td><td>14.3</td></tr>
<tr><td>16</td><td>15.2</td></tr>
<tr><td>17</td><td>16.2</td></tr>
<tr><td>18</td><td>17</td><td rowspan="8">1.35</td><td rowspan="8">1.2</td><td rowspan="14">±0.06</td></tr>
<tr><td>19</td><td>18</td></tr>
<tr><td>20</td><td>19</td><td rowspan="9">0
−0.21</td></tr>
<tr><td>21</td><td>20</td></tr>
<tr><td>22</td><td>21</td></tr>
<tr><td>24</td><td>22.9</td></tr>
<tr><td>25</td><td>23.9</td></tr>
<tr><td>26</td><td>24.9</td></tr>
<tr><td>28</td><td>26.9</td><td rowspan="6">1.75</td><td rowspan="6">1.6</td></tr>
<tr><td>29</td><td>27.6</td></tr>
<tr><td>30</td><td>28.6</td></tr>
<tr><td>32</td><td>30.3</td><td rowspan="5">0
−0.25</td></tr>
<tr><td>34</td><td>32.3</td></tr>
<tr><td>35</td><td>33</td></tr>
<tr><td>36</td><td>34</td><td rowspan="2">1.95</td><td rowspan="2">?</td><td rowspan="2">1.8</td><td rowspan="2">±0.07</td></tr>
<tr><td>38</td><td>36</td></tr>
</table>

(2) C형 멈춤링 구멍용 치수

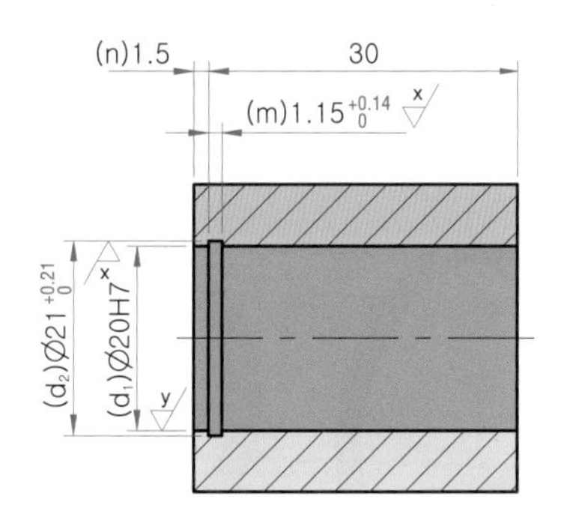

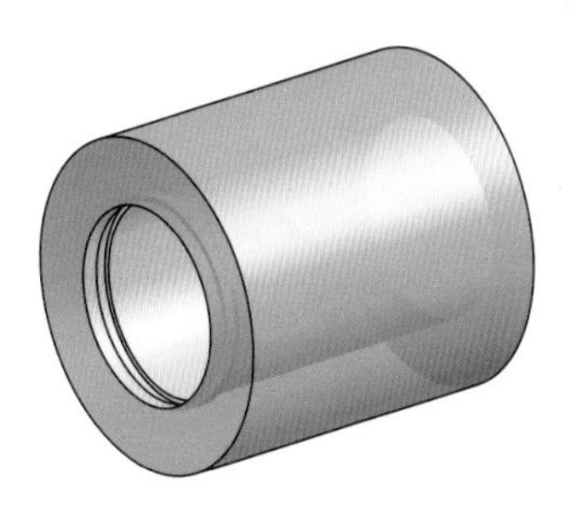

C형 멈춤링 구멍용 치수

C형 멈춤링 구멍용 KS 데이터

(단위 : mm)

<table>
<tr><th rowspan="2">축 치수
(d_1)</th><th colspan="2">d_2</th><th colspan="2">m</th><th>n</th><th colspan="2">멈춤링 두께</th></tr>
<tr><th>기준 치수</th><th>허용차</th><th>기준 치수</th><th>허용차</th><th>최소</th><th>기준 치수</th><th>허용차</th></tr>
<tr><td>10</td><td>10.4</td><td>+0.11
0</td><td rowspan="14">1.15</td><td rowspan="24">+0.14
0</td><td rowspan="20">1.5</td><td rowspan="8">1</td><td rowspan="8">±0.05</td></tr>
<tr><td>11</td><td>11.4</td><td rowspan="9">+0.11
0</td></tr>
<tr><td>12</td><td>12.5</td></tr>
<tr><td>13</td><td>13.6</td></tr>
<tr><td>14</td><td>14.6</td></tr>
<tr><td>15</td><td>15.7</td></tr>
<tr><td>16</td><td>16.8</td></tr>
<tr><td>17</td><td>17.8</td></tr>
<tr><td>18</td><td>19</td><td rowspan="8">1.2</td><td rowspan="14">±0.06</td></tr>
<tr><td>19</td><td>20</td></tr>
<tr><td>20</td><td>21</td><td rowspan="9">+0.21
0</td></tr>
<tr><td>21</td><td>22</td></tr>
<tr><td>22</td><td>23</td></tr>
<tr><td>24</td><td>25.2</td></tr>
<tr><td>25</td><td>26.2</td><td rowspan="6">1.35</td></tr>
<tr><td>26</td><td>27.2</td></tr>
<tr><td>28</td><td>29.4</td><td rowspan="6">1.6</td></tr>
<tr><td>30</td><td>31.4</td></tr>
<tr><td>32</td><td>33.7</td></tr>
<tr><td>34</td><td>35.7</td><td rowspan="5">+0.25
0</td></tr>
<tr><td>35</td><td>37</td><td rowspan="4">1.75</td><td rowspan="4">2</td></tr>
<tr><td>36</td><td>38</td></tr>
<tr><td>37</td><td>39</td><td rowspan="2">1.8</td><td rowspan="2">±0.07</td></tr>
<tr><td>38</td><td>40</td></tr>
</table>

2 C형 동심형 멈춤링(KS B 1338)

축이나 구멍에 베어링 등의 요동을 방지하기 위해 사용되며, 스냅링이 동심이며 스냅링의 표면 거칠기는 $\overset{x}{\bigtriangledown}$를 사용한다.

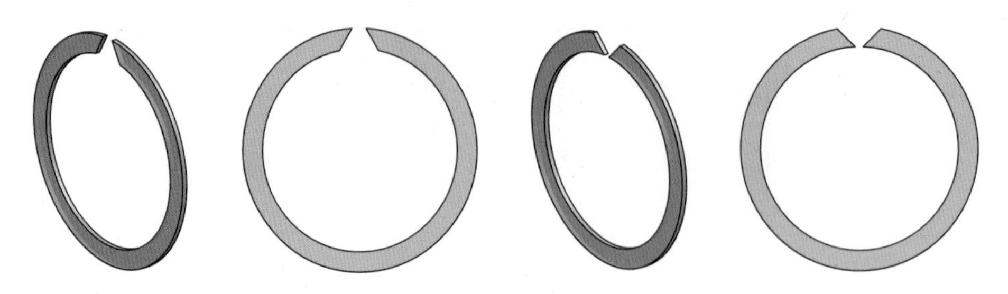

C형 동심형 멈춤링

(1) C형 동심형 멈춤링 축용 치수

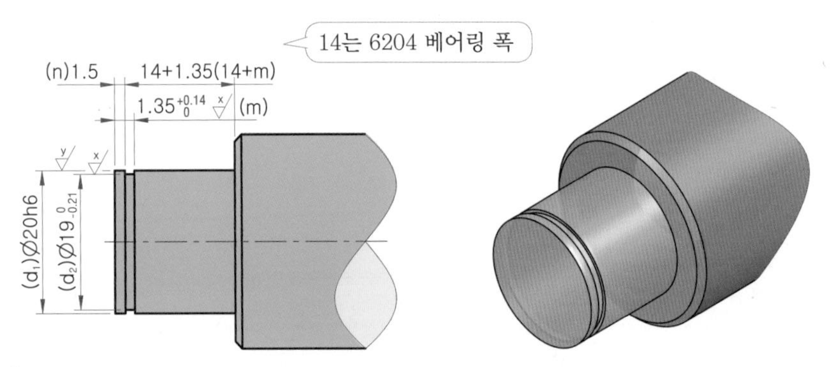

C형 동심형 멈춤링 축용 치수

C형 동심형 멈춤링 축용 KS 데이터 (단위 : mm)

<table>
<tr><th rowspan="2">축 치수 (d_1)</th><th colspan="2">d_2</th><th colspan="2">m</th><th>n</th><th colspan="2">멈춤링 두께</th></tr>
<tr><th>기준 치수</th><th>허용차</th><th>기준 치수</th><th>허용차</th><th>최소</th><th>기준 치수</th><th>허용차</th></tr>
<tr><td>20</td><td>19</td><td rowspan="5">0
−0.21</td><td rowspan="3">1.35</td><td rowspan="10">+0.14
0</td><td rowspan="7">1.5</td><td rowspan="3">1.2</td><td rowspan="7">±0.07</td></tr>
<tr><td>22</td><td>21</td></tr>
<tr><td>25</td><td>23.9</td></tr>
<tr><td>28</td><td>26.6</td><td rowspan="4">1.75</td><td rowspan="4">1.6</td></tr>
<tr><td>30</td><td>28.6</td></tr>
<tr><td>32</td><td>30.3</td><td rowspan="5">0
−0.25</td></tr>
<tr><td>35</td><td>33</td></tr>
<tr><td>40</td><td>38</td><td rowspan="2">1.9</td><td rowspan="3">2</td><td rowspan="2">1.75</td><td rowspan="3">±0.08</td></tr>
<tr><td>45</td><td>42.5</td></tr>
<tr><td>50</td><td>47</td><td>2.2</td><td>2</td></tr>
</table>

(2) C형 동심형 멈춤링 구멍용 치수

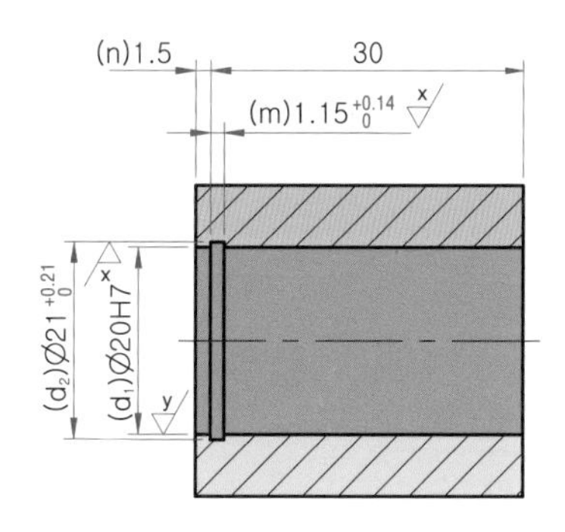

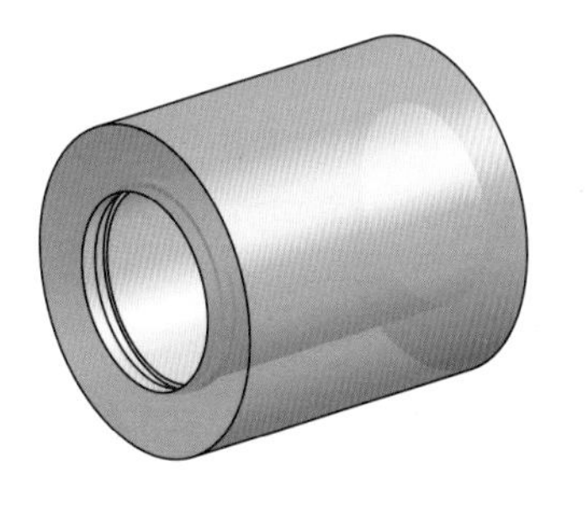

C형 동심형 멈춤링 구멍용 치수

C형 동심형 멈춤링 구멍용 KS 데이터 (단위 : mm)

<table>
<tr><th rowspan="2">구멍 치수 (d1)</th><th colspan="2">d2</th><th colspan="2">m</th><th>n</th><th colspan="2">멈춤링 두께</th></tr>
<tr><th>기준 치수</th><th>허용차</th><th>기준 치수</th><th>허용차</th><th>최소</th><th>기준 치수</th><th>허용차</th></tr>
<tr><td>20</td><td>21</td><td rowspan="5">+0.21
0</td><td rowspan="2">1.15</td><td rowspan="9">+0.14
0</td><td rowspan="5">1.5</td><td rowspan="2">1</td><td rowspan="6">±0.07</td></tr>
<tr><td>22</td><td>23</td></tr>
<tr><td>25</td><td>26.2</td><td rowspan="3">1.35</td><td rowspan="3">1.2</td></tr>
<tr><td>28</td><td>29.4</td></tr>
<tr><td>30</td><td>31.4</td></tr>
<tr><td>35</td><td>37</td><td rowspan="4">+0.25
0</td><td>1.75</td><td rowspan="4">2</td><td>1.6</td></tr>
<tr><td>40</td><td>42.5</td><td rowspan="2">1.9</td><td rowspan="2">1.75</td><td rowspan="3">±0.08</td></tr>
<tr><td>45</td><td>47.5</td></tr>
<tr><td>50</td><td>53</td><td>2.2</td><td>2</td></tr>
</table>

참고

스프링 조립 방법

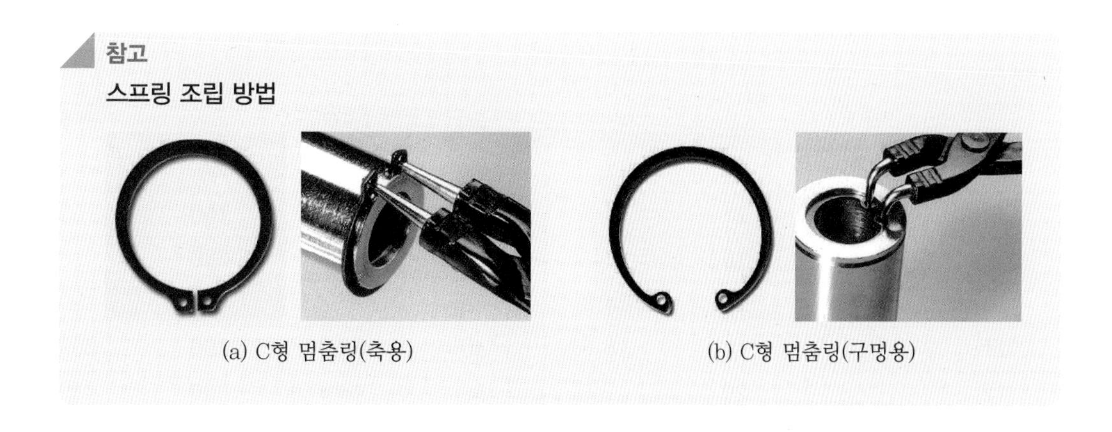

(a) C형 멈춤링(축용)

(b) C형 멈춤링(구멍용)

8 오일 실 조립 관계 치수 (KS B 2804)

오일 실 조립 관계 치수는 축과 하우징에 관련된 치수이다. 오일 실은 회전 운동을 하는 동력 전달 장치의 커버에 사용되며 오일이 누수되지 않도록 기밀을 유지하며 이물질의 침입을 차단하기 위해 많이 사용된다.

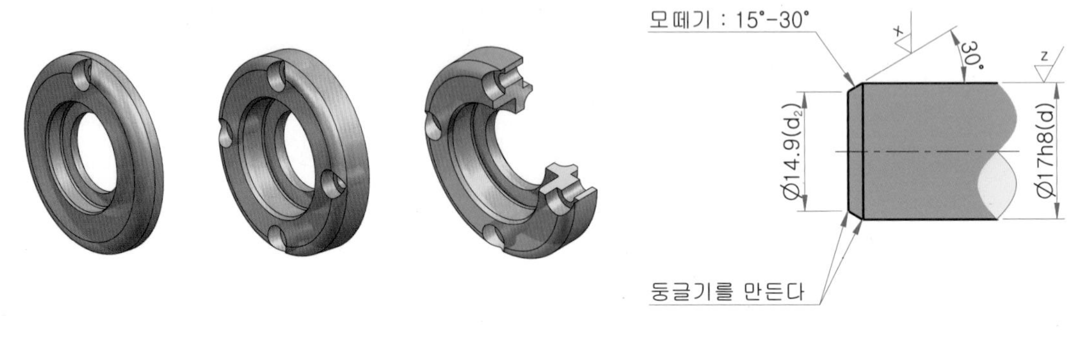

오일 실 조립을 위한 커버

오일 실 조립을 위한 축의 치수

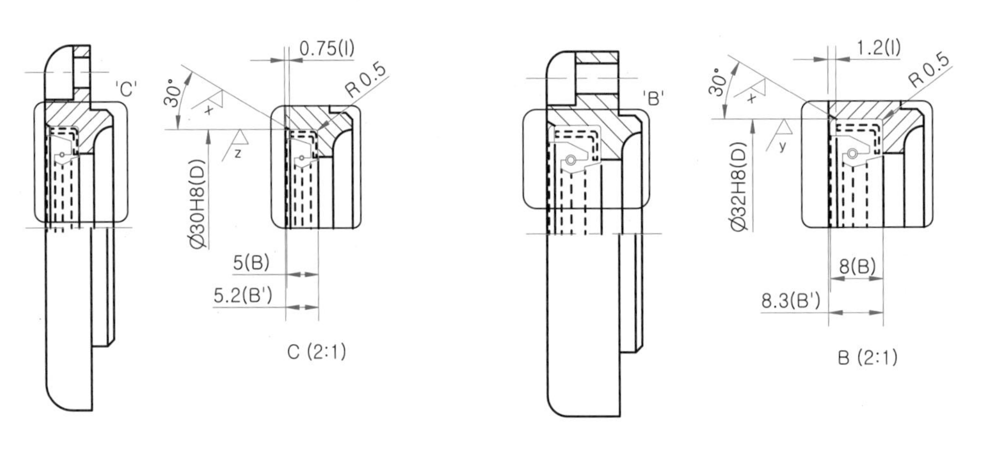

좁은 너비(B) 5mm

넓은 너비(B) 8mm

오일 실 부착 관계 (축의 모떼기와 둥글기) (단위 : mm)

호칭(d) (축지름) (h8)	d_2 (최대)	호칭(d) (축지름) (h8)	d_2 (최대)	호칭(d) (축지름) (h8)	d_2 (최대)	호칭(d) (축지름) (h8)	d_2 (최대)
7	5.7	14	12.1	22	19.6	60	56.1
8	6.6	15	13.1	25	22.5	160	153
9	7.5	16	14	28	25.3	220	213
10	8.4	17	14.9	30	27.3	300	289
11	9.3	18	15.8	40	36.8	400	389
12	10.2	20	17.7	50	46.4	500	489

S, SM, SA, D, DM, DA 계열 치수

(단위 : mm)

호칭 안지름 (d) (축지름) (h8)	외경 (D) (H8)	너비 (B)	구멍폭 (B′)	모떼기 (*l*) (최소/최대) 0.1B~0.15B 0.7/1.05	둥글기 (r) (최소) r≥0.5	호칭 안지름 (d) (축지름) (h8)	외경 (D) (H8)	너비 (B)	구멍폭 (B′)	모떼기 (*l*) (최소/최대) 0.1B~0.15B 0.7/1.05	둥글기 (r) (최소) r≥0.5
7	18	7	7.3	0.7/1.05	0.5	25	38	8	8.3	0.8/1.2	0.5
	20						40				
8	18	7	7.3	0.7/1.05	0.5	*26	38	8	8.3	0.8/1.2	0.5
	22						42				
9	20	7	7.3	0.7/1.05	0.5	28	40	8	8.3	0.8/1.2	0.5
	22						45				
10	20	7	7.3	0.7/1.05	0.5	30	42	8	8.3	0.8/1.2	0.5
	25						45				
11	22	7	7.3	0.7/1.05	0.5	40	62	11	11.4	1.1/1.65	0.5
	25										
12	22	7	7.3	0.7/1.05	0.5	50	72	12	12.4	1.2/1.8	0.5
	25										
*13	25	7	7.3	0.7/1.05	0.5	60	82	12	12.4	1.2/1.8	0.5
	28										
14	25	7	7.3	0.7/1.05	0.5	80	105	13	13.4	1.3/1.95	0.5
	28										
15	25	7	7.3	0.7/1.05	0.5	100	125	13	13.4	1.3/1.95	0.5
	30										
16	28	7	7.3	0.7/1.05	0.5	140	170	14	14.4	1.4/2.1	0.5
	30										
17	30	8	8.3	0.8/1.2	0.5	160	190	14	14.4	1.4/2.1	0.5
	32										
18	30	8	8.3	0.8/1.2	0.5	220	250	15	15.5	1.5/2.25	0.5
	35										
20	32	8	8.3	0.8/1.2	0.5	300	340	20	20.6	2.0/3.0	0.5
	35										
22	35	8	8.3	0.8/1.2	0.5	400	440	20	20.6	2.0/3.0	0.5
	38										
24	38	8	8.3	0.8/1.2	0.5	500	530	25	25.6	2.5/3.75	0.5
	40										

주 *를 붙인 것은 KS B 0406에 없는 것을 표시한다.

G, GM, GA 계열 치수

(단위 : mm)

호칭 안지름 (d) (축지름) (h8)	외경 (D) (H8)	너비 (B)	구멍폭 (B′)	모떼기 (*l*) (최소/최대) 0.1B~0.15B 0.7/1.05	둥글기 (r) (최소) r≥0.5	호칭 안지름 (d) (축지름) (h8)	외경 (D) (H8)	너비 (B)	구멍폭 (B′)	모떼기 (*l*) (최소/최대) 0.1B~0.15B 0.7/1.05	둥글기 (r) (최소) r≥0.5
7	18	4	4.2	0.4/0.6	0.5	22	35	5	5.2	0.5/0.75	0.5
	20	7	7.3	0.7/1.05			38	8	8.3	0.8/1.2	
8	18	4	4.2	0.4/0.6	0.5	24	38	5	5.2	0.5/0.75	0.5
	22	7	7.3	0.7/1.05			40	8	8.3	0.8/1.2	
9	20	4	4.2	0.4/0.6	0.5	25	38	5	5.2	0.5/0.75	0.5
	22	7	7.3	0.7/1.05			40	8	8.3	0.8/1.2	
10	20	4	4.2	0.4/0.6	0.5	*26	38	5	5.2	0.5/0.75	0.5
	25	7	7.3	0.7/1.05			42	8	8.3	0.8/1.2	
11	22	4	4.2	0.4/0.6	0.5	28	40	5	5.2	0.5/0.75	0.5
	25	7	7.3	0.7/1.05			45	8	8.3	0.8/1.2	
12	22	4	4.2	0.4/0.6	0.5	30	42	5	5.2	0.5/0.75	0.5
	25	7	7.3	0.7/1.05			45	8	8.3	0.8/1.2	
*13	25	4	4.2	0.4/0.6	0.5	35	48	5	5.2	0.5/0.75	0.5
	28	7	7.3	0.7/1.05			55	11	11.4	1.1/1.65	
14	25	4	4.2	0.4/0.6	0.5	40	52	5	5.2	0.5/0.75	0.5
	28	7	7.3	0.7/1.05			62	11	11.4	1.1/1.65	
15	25	4	4.2	0.4/0.6	0.5	50	65	6	6.2	0.6/0.9	0.5
	30	7	7.3	0.7/1.05			72	12	12.4	1.2/1.8	
16	28	4	4.2	0.4/0.6	0.5	70	85	6	6.2	0.6/0.9	0.5
	30	7	7.3	0.7/1.05			95	13	13.4	1.3/1.95	
17	30	5	5.2	0.5/0.75	0.5	90	105	6	6.2	0.6/0.9	0.5
	32	8	8.3	0.8/1.2			115	13	13.4	1.3/1.95	
18	30	5	5.2	0.5/0.75	0.5	100	115	6	6.2	0.6/0.9	0.5
	35	8	8.3	0.8/1.2			125	13	13.4	1.3/1.95	
20	32	5	5.2	0.5/0.75	0.5	160	175	7	7.3	0.7/1.05	0.5
	35	8	8.3	0.8/1.2			190	14	14.4	1.4/2.4	

주 *를 붙인 것은 KS B 0406에 없는 것을 표시한다.

9 O링의 조립 관계 치수 (KS B 2799)

O링은 단면이 원형인 고무로 만들어진 실(seal)용 링으로 외압이나 내압에 의해 축이나 하우징에서 오일이 누수되는 것을 차단하는 목적으로 사용한다.

① 고정용(평면)에서는 기준을 내압이 걸리는 경우에는 O링의 바깥둘레의 홈 외벽에 밀착하도록 설계하며, 반대로 외압이 걸리는 경우에는 O링의 안쪽 둘레의 홈 내벽에 밀착하도록 설계한다.

② d와 D는 기준 치수를 나타내며, 허용 공차는 특별히 정해져 있지 않고 조립부의 표면 거칠기는 $\overset{y}{\nabla}$/를 적용한다.

③ 안지름의 허용차는 KS B 2805에서의 1~3종의 허용차로서, 4종C의 경우에는 상기 허용차의 3배, 4종D의 경우에는 상기 허용차의 2배이다.

④ P계열과 G계열은 형식은 같으며 규격은 P계열의 경우 P3~P400이 있고 운동용과 고정용에 사용하며, G계열은 G25~G300으로 고정용으로만 사용한다.

⑤ 백업 링은 압력이 작용하면 O링이 변형하여 틈새가 생긴다. 이것을 방지하기 위해 백업 링을 사용하며, 백업 링을 사용하지 않는 경우와 1개 또는 2개를 사용하는 경우가 있다.

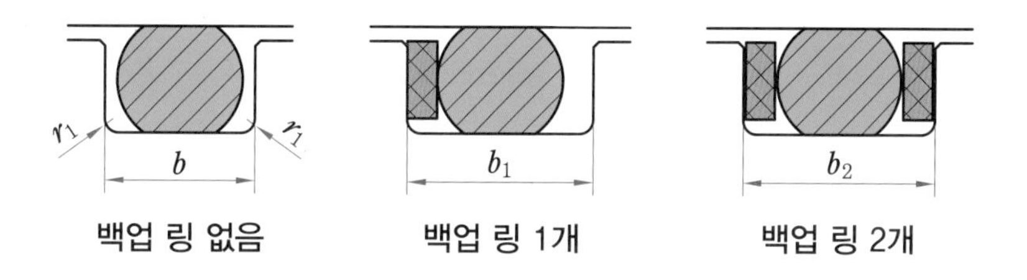

⑥ 압력이 작용한 상태에서 틈새가 표의 값 이하인 경우는 백업 링을 사용하지 않아도 되지만 초과한 경우에는 백업 링을 병용한다.

O링의 경도 (스프링 경도 Hs)	틈새 (2g)				
	사용 압력(MPa){kgf/cm²}				
	4.0{41} 이하	4.0{41} 초과 6.3{64} 이하	6.3{64} 초과 10.0{102} 이하	10.0{102} 초과 15.0{153} 이하	15.0{153} 초과 25.0{255} 이하
70	0.35	0.30	0.15	0.07	0.03
90	0.65	0.60	0.50	0.30	0.17

1 운동 및 고정용(원통면) O링의 호칭 치수 및 부착부 모떼기 치수

O링 부착부 모떼기 치수

(단위 : mm)

O링 호칭 번호	O링 굵기	Z(최소)	O링 호칭 번호	O링 굵기	Z(최소)
P3 ~ P10	1.9±0.08	**1.2**	P150A ~ P400	8.4±0.15	**4.3**
P10A ~ P22	2.4±0.09	**1.4**	G25 ~ G145	3.1±0.10	**1.7**
P22A ~ P50	3.5±0.10	**1.8**	G150 ~ G300	5.7±0.13	**3.0**
P48A ~ P150	5.7±0.13	**3.0**	–	–	–

2 O링 부착 홈부의 모양 및 치수

O링의 호칭 번호 P30, P50이 조립된 피스톤의 홈과 O링의 치수이며 백업링은 없는 상태이다.

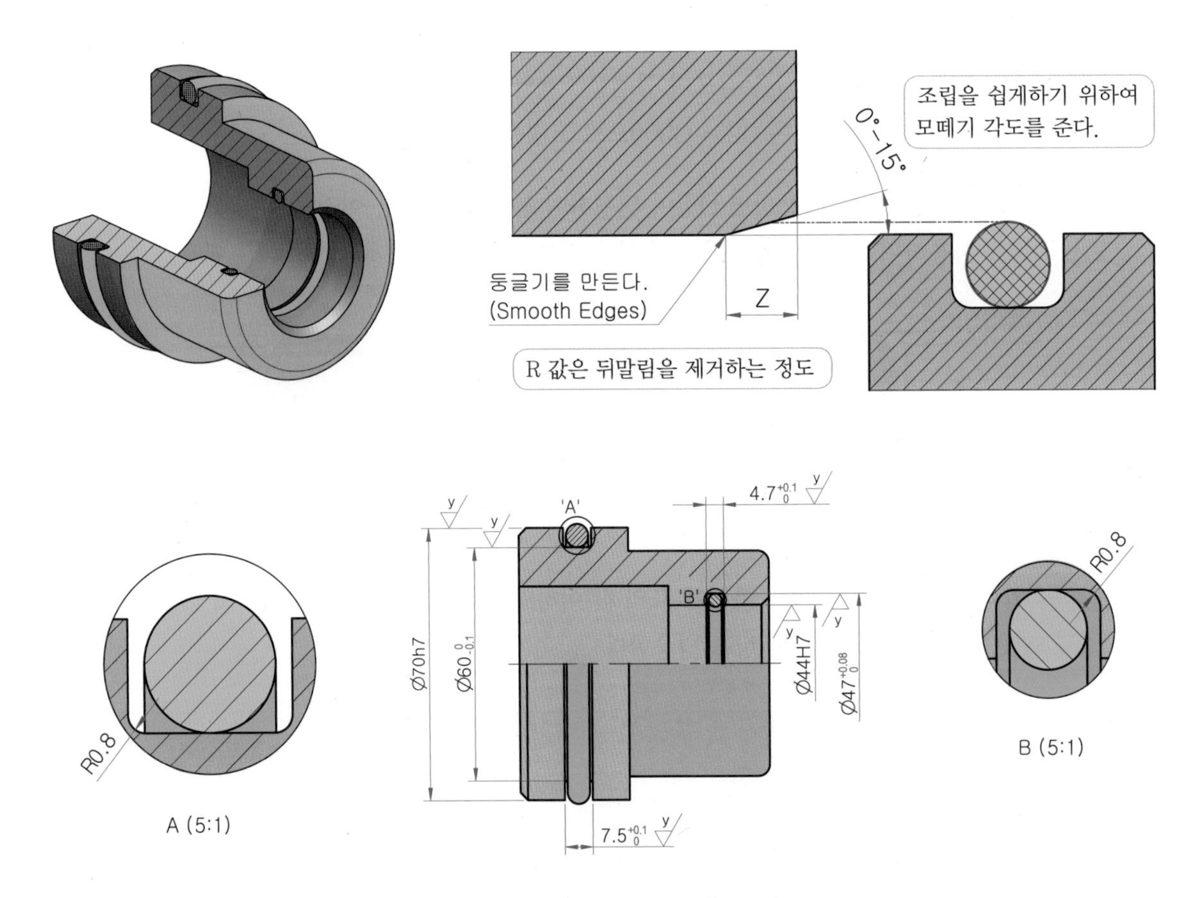

운동용(원통면) O링 홈 치수(P계열)

3 운동 및 고정용(원통면) O링의 홈 치수(P계열)

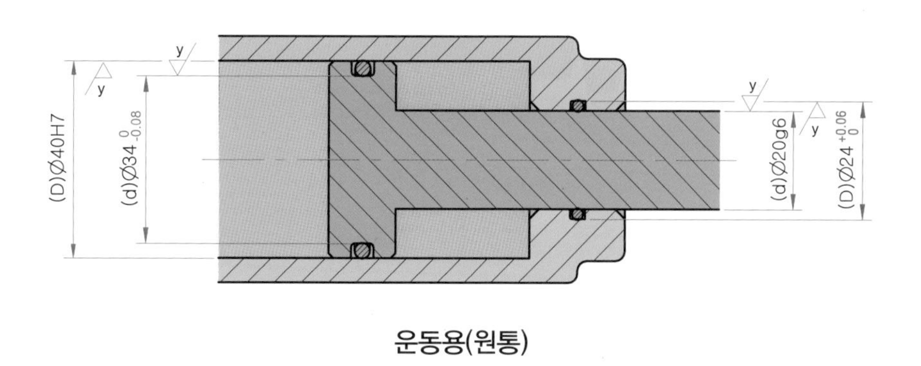

운동용(원통)

E는 편심량으로 치수 K의 최댓값과 최솟값의 차를 뜻하며 동심도의 2배로 되어 있다.

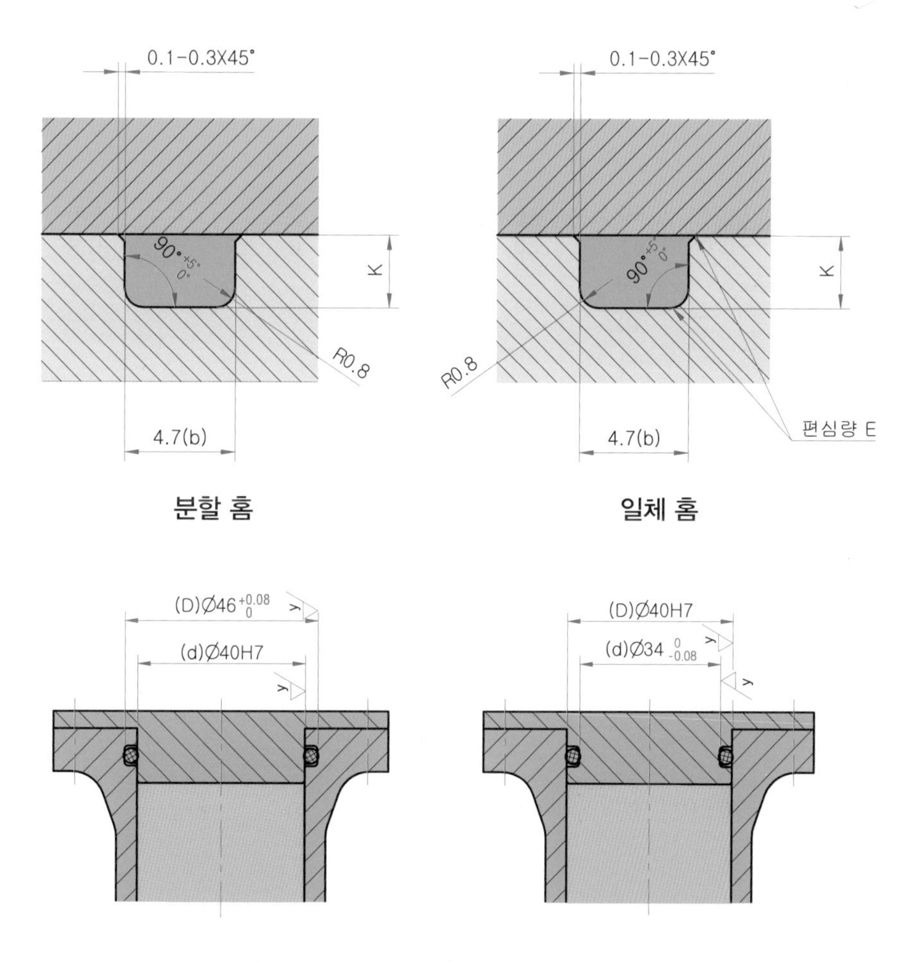

분할 홈

일체 홈

고정용(원통면)

운동 및 고정용(원통면) O링의 홈 치수(P계열) KS 데이터

(단위 : mm)

O링 호칭 번호	P계열 홈부 치수(운동 및 고정용－원통면)								
	d		D		$b^{+0.25}$			R (최대)	E (최소)
					백업링				
					없음	1개	2개		
P10A	10	0	14	+0.06	3.2	4.4	6.0	0.4	0.05
P11	11	−0.06	15	0					
P11.2	11.2		15.2						
P12	12		16						
P12.5	12.5		16.5						
P14	14		18						
P15	15		19						
P16	16		20						
P18	18		22						
P20	20		24						
P21	21		25						
P22	22		26						
P34	34	0	40	+0.08	4.7	6	7.8	0.8	0.08
P35	35	−0.08	41	0		6	7.8	0.8	0.08
P35.5	5.5		1.5						
P36	36		42						
P38	38		44						
P39	39		45						
P40	40		46						
P41	41		47						
P42	42		42						
P44	44								
P45	45								
P46	46								
P48	48								
P49	49								
P50	50								
P48A	48	0	58	+0.10	7.5	9	11.5	0.8	0.1
P50A	50	−0.10	60	0	7.5	9	11.5	0.8	0.1
P52	52		62						
P53	53		63						
P55	55		65						
P56	56		66						
P58	58		68						

4 고정용(원통면) O링의 홈 치수(G계열)

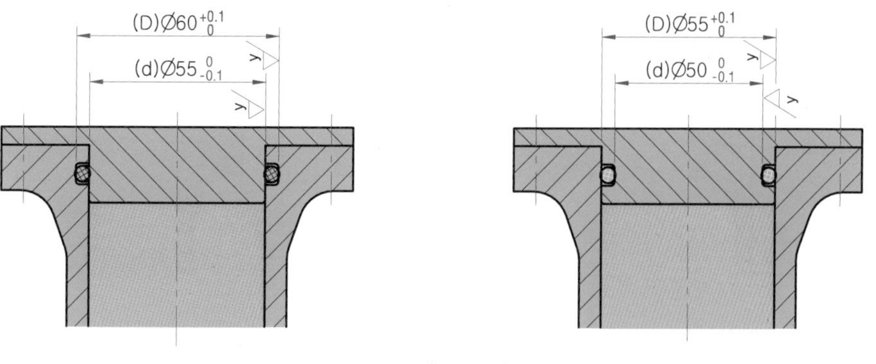

고정용(원통면)

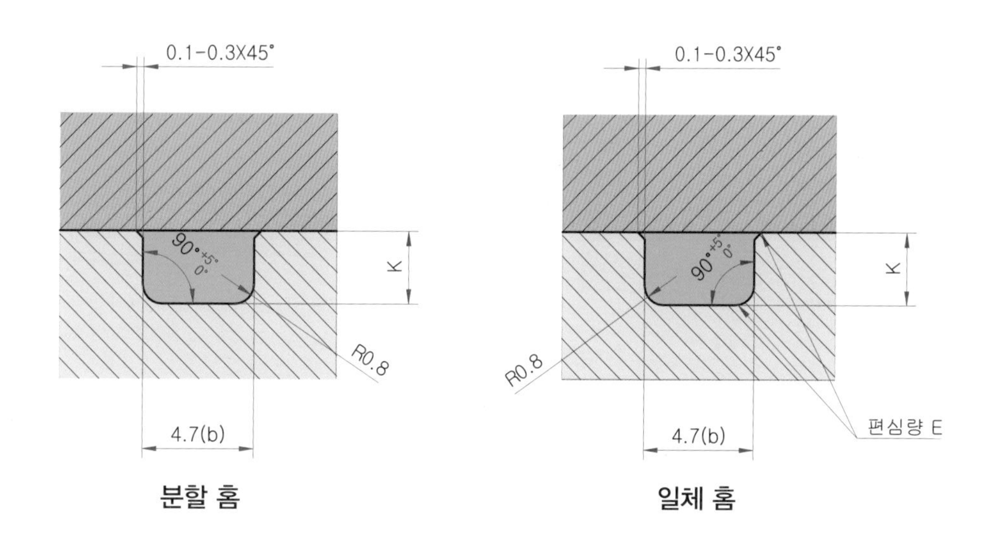

분할 홈 일체 홈

고정용(원통면) O링 홈 치수(G계열) KS 데이터 (단위 : mm)

O링 호칭번호	G계열 홈부 치수 (운동 및 고정용–원통면)								
	d		D		$b^{+0.25}$ 백업링 없음	$b^{+0.25}$ 백업링 1개	$b^{+0.25}$ 백업링 2개	R(최대)	E(최소)
G25	25	0 −0.10	30	+0.10 0	4.1	5.6	7.3	0.7	0.08
G30	30		35						
G35	35		40						
G40	40		45						
G45	45		50						
G50	50		55						
G55	55		60						
G60	60		65						

5 고정용(평면) O링의 홈 치수(P계열)

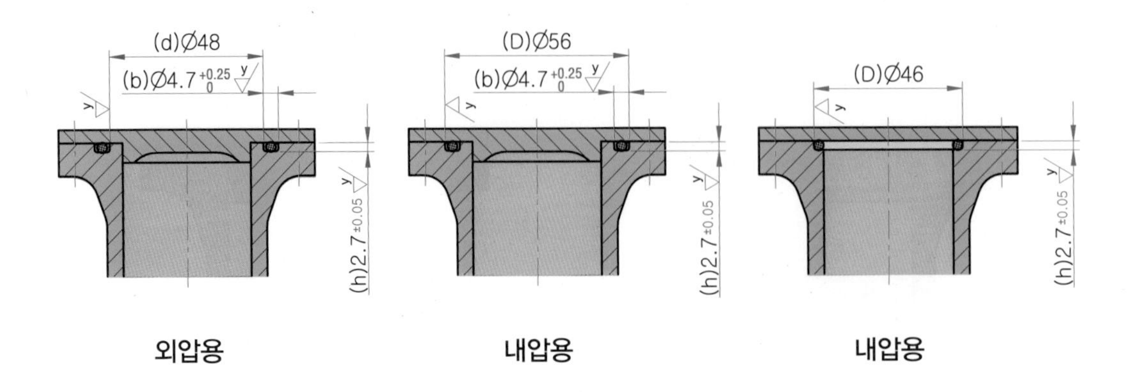

고정용(평면) O링 홈 치수(P계열) KS 데이터 (단위 : mm)

O링 호칭 번호	P계열 홈부 치수 (고정용–평면)				
	d (외압용)	D (내압용)	$b^{+0.25}$	h±0.05	R (최대)
P42	42	48			
P44	44	50			
P45	45	51			
P46	**46**	**52**			
P48	**48**	**54**			
P49	49	55			
P50	50	56			
P48A	48	58	7.5	4.6	0.8
P50A	50	60			
P52	52	62			
P53	53	63			
P55	55	65			
P56	**56**	**66**			
P58	58	68			
P60	60	70			
P62	62	72			
P63	63	73			
P65	65	75			
P67	67	77			
P70	70	80			

6 고정용(평면) O링의 홈 치수(G계열)

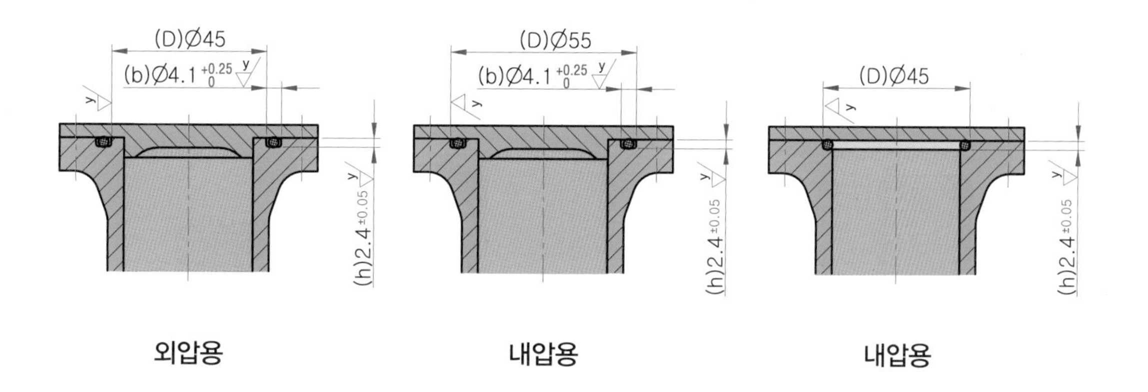

외압용 내압용 내압용

고정용(평면) O링 홈 치수(G계열) KS 데이터

(단위 : mm)

O링 호칭 번호	G계열 홈부 치수(고정용－평면)				
	d (외압용)	D (내압용)	$b^{+0.25}$	h±0.05	r_1 (최대)
G25	25	30	4.1	2.4	0.7
G30	30	35			
G35	35	40			
G40	40	45			
G45	**45**	**50**			
G50	50	55			
G55	**55**	**60**			
G60	60	65			
G65	65	70			
G70	70	75			
G75	75	80			
G80	80	85			
G85	85	90			
G90	90	95			
G95	95	100			
G100	100	105			
G105	105	110			
G110	110	115			
G115	115	120			
G120	120	125			
G125	125	130			
G130	130	135			
G135	135	140			
G140	140	145			

10 널링 (KS B 0901)

축의 손잡이, 공구 손잡이 등이 미끄러지지 않도록 다이아몬드 모양으로 성형 가공하는 것을 널링이라고 한다. 널링부의 치수는 널링 가공이 완성된 상태에서 외경을 치수로 기입한다.

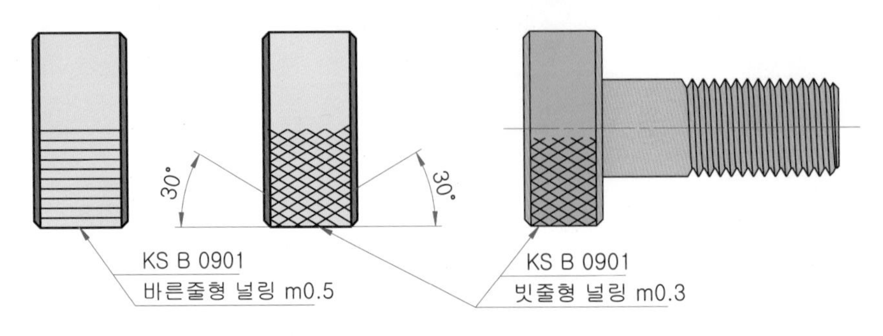

널링

널링 KS 데이터 (단위 : mm)

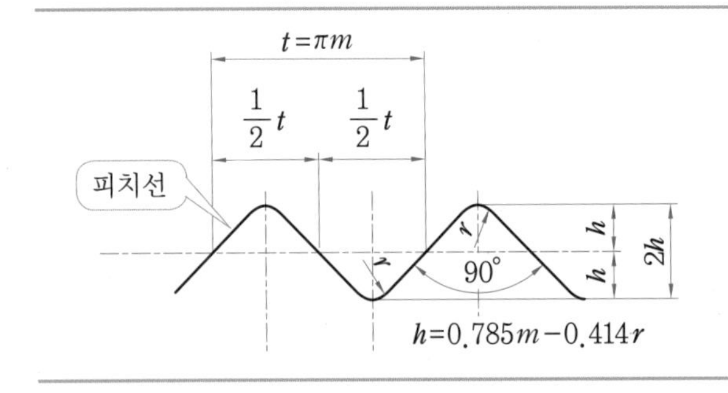

모듈(m)	0.2	0.3	0.5
피치(t)	0.628	0.942	1.571
r	0.06	0.09	0.16
h	0.15	0.22	0.37

11 모서리의 제도 지시 방법

(1) 절삭 가공 부품 모떼기 및 둥글기 값 (KS B 0403)

도시되고 지시 없는 절삭 가공 부품 모떼기 및 둥글기 값은 표를 참고하여 적용한다.

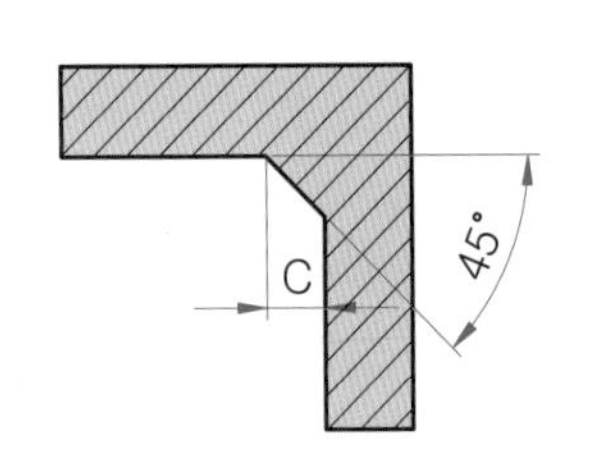

(a) 구석의 모떼기

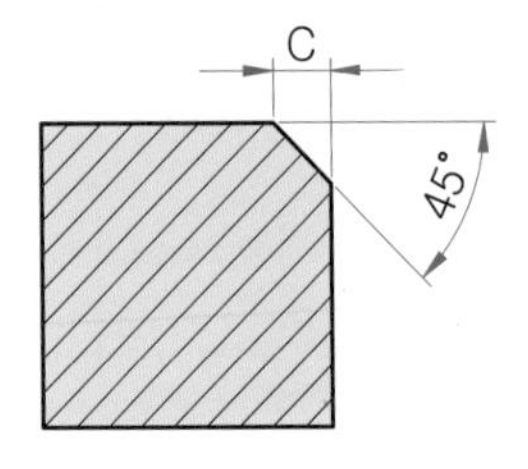

(b) 모서리의 모떼기

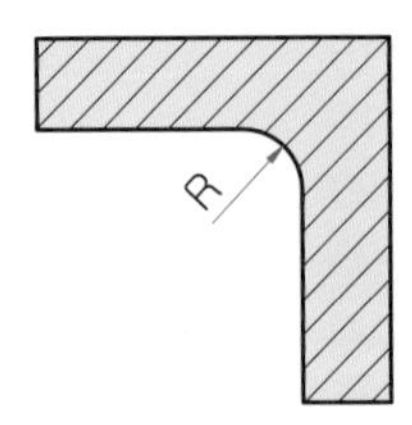

(c) 구석의 둥글기

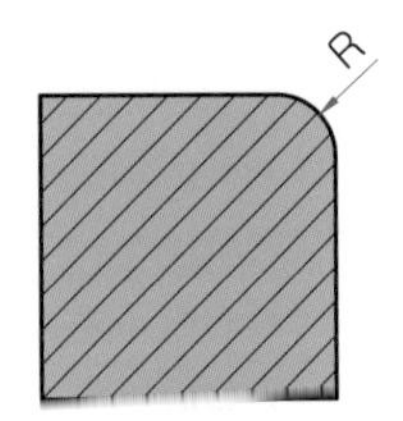

(d) 모서리의 둥글기

모떼기 및 둥글기의 값

절삭 가공 부품 모떼기(C) 및 둥글기 값(R) (단위 : mm)

C(R)	0.1	0.2	0.3	0.4	0.5	0.6	0.8	1.0	1.2	1.6	2.0	2.5
C(R)	3	4	5	6	8	10	12	16	20	25	32	40

(2) 미정의된 모서리의 제도 지시법 (KS A ISO 13715)

제도에서 상세히 도시가 되지 않는 미정의 모서리 모양을 규정하는 규칙이다.

① **버(거스러미)** : 외부 모서리의 이상적인 기하학적 모양 밖에서 거친 거스러미가 남아 있는 것

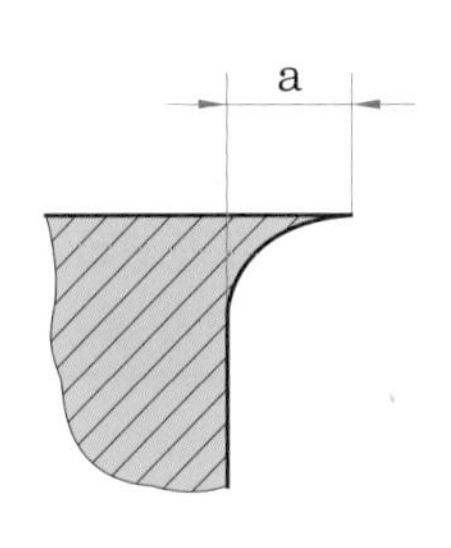

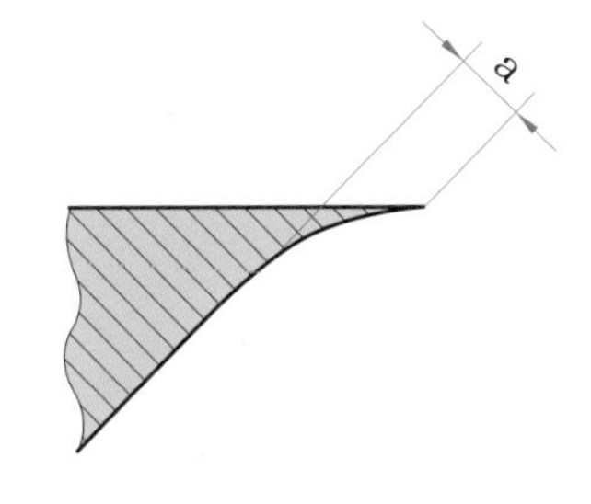

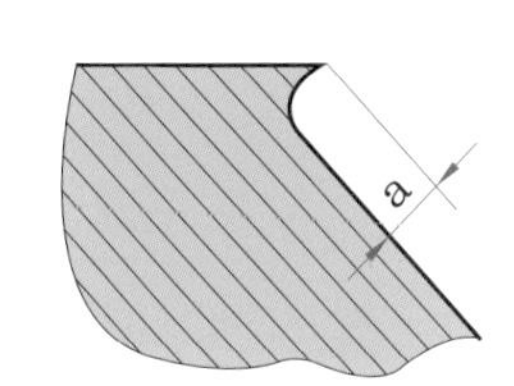

버(거스러미)

② **언더 컷** : 내 · 외부 모서리의 이상적인 기하학적 모양 안에서의 오차

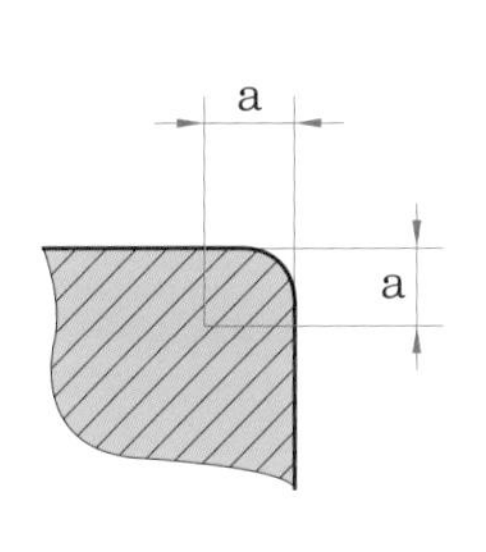

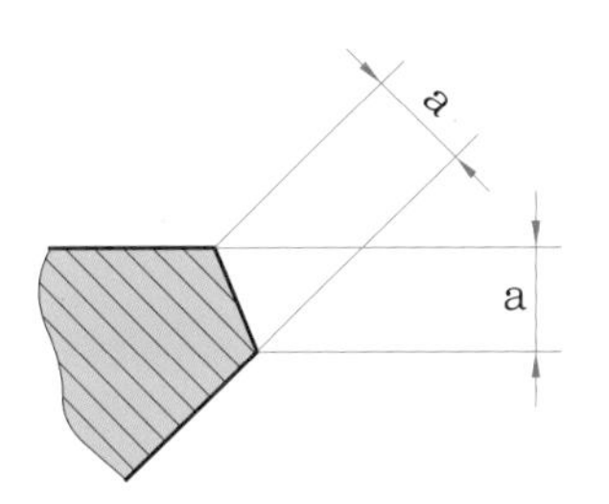

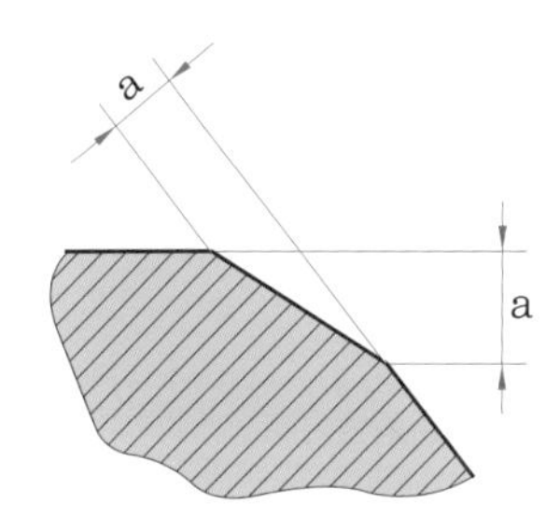

외부 모서리의 언더 컷

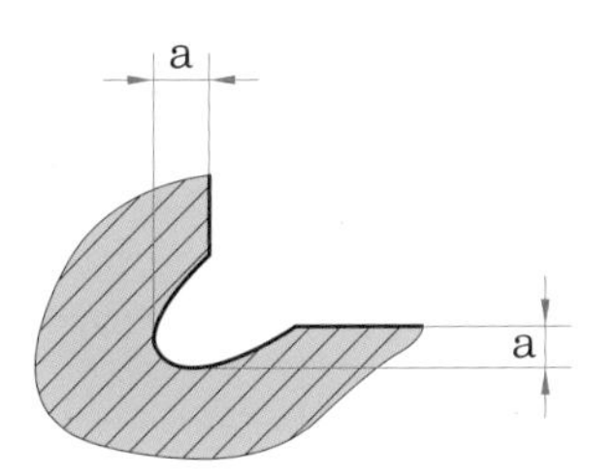

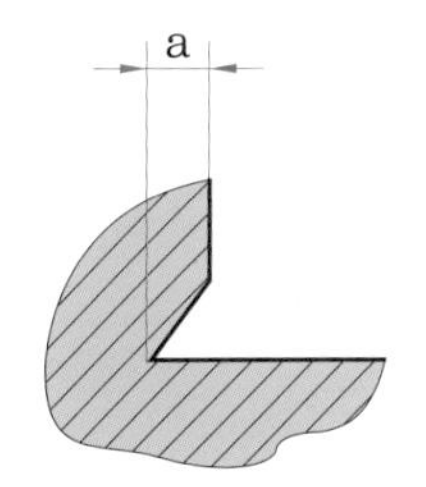

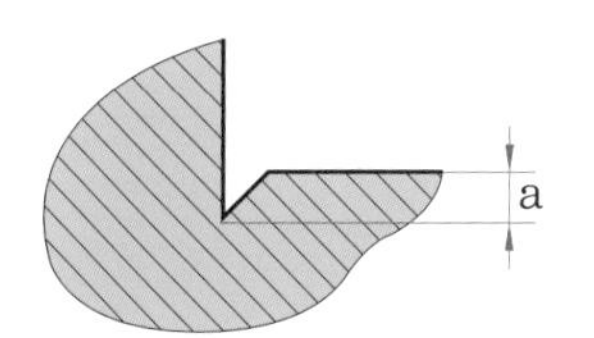

내부 모서리의 언더 컷

③ **패싱** : 내 · 외부 모서리의 이상적인 기하학적 모양 안에서의 오차

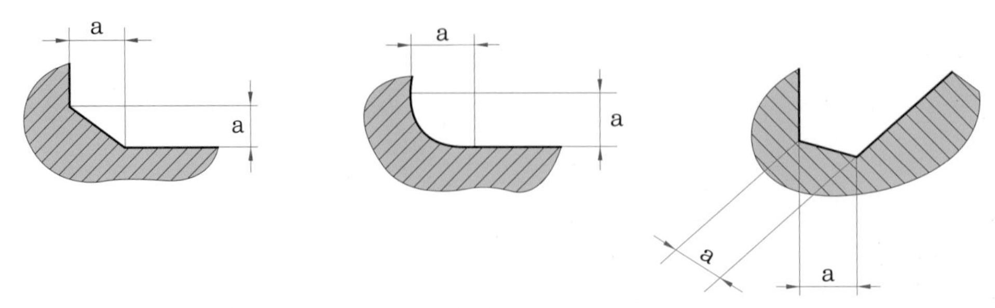

패싱

모서리의 크기 값

a	+0.25 +1 +0.5 +0.3 +0.1 +0.05 +0.02 −0.02 −0.05 −0.1 −0.3 −0.5 −1 −2.5 ⟶ **예리한 모서리** ⟵	
적용	• 버 또는 패싱이 허용된 모서리 • 언더 컷은 허용되지 않는다.	• 언더 컷이 허용된 모서리 • 버 또는 패싱은 허용되지 않는다.

주 a : 버, 언더 컷, 패싱의 크기

④ **릴리프 홈** DIN 509

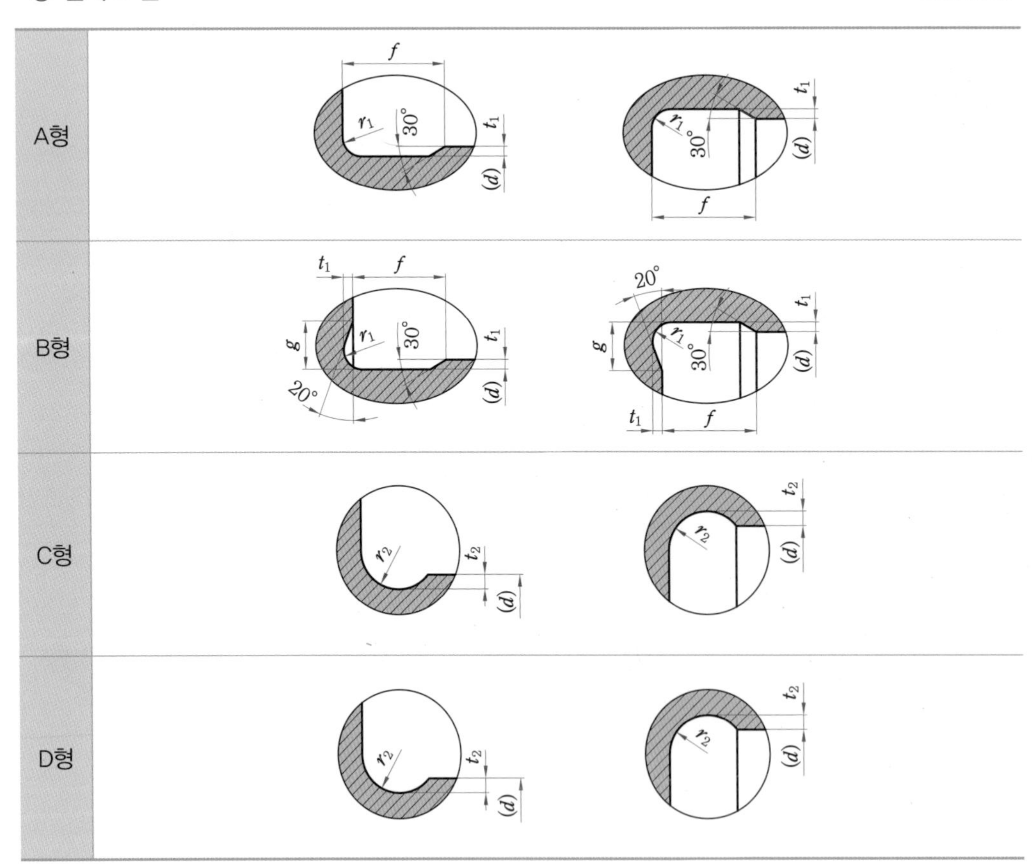

12 베어링

회전축과 축을 지지하는 요소 사이의 마찰을 최소화시켜 소음과 발열을 줄이고 원활한 상대 운동을 유지하게 하는 축용 기계요소를 베어링(bearing)이라 한다.

1 베어링의 하중이 작용하는 방향에 따른 분류

(1) 레이디얼 베어링

회전축에 직각 방향으로 작용하는 하중을 지지하는 베어링이다.

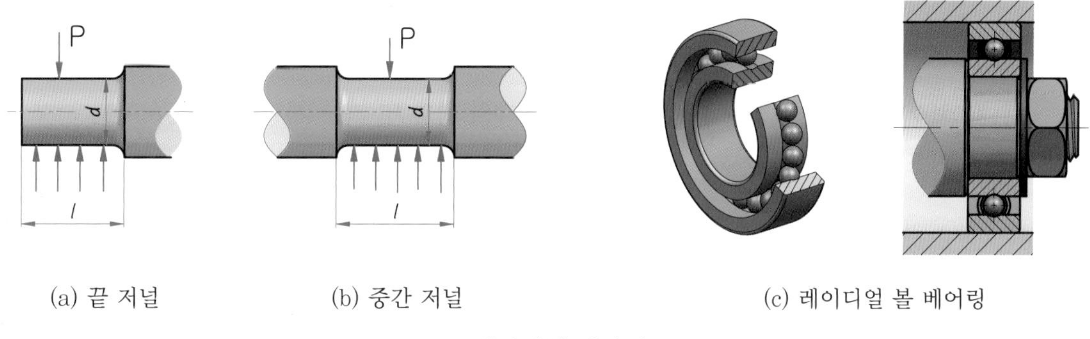

(a) 끝 저널 (b) 중간 저널 (c) 레이디얼 볼 베어링

레이디얼 베어링

(2) 스러스트 베어링

회전축에 평행한 방향으로 작용하는 하중을 지지하는 베어링이다.

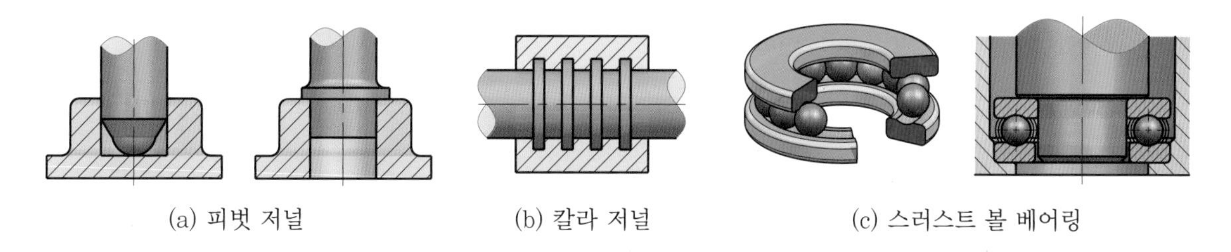

(a) 피벗 저널 (b) 칼라 저널 (c) 스러스트 볼 베어링

스러스트 베어링

2 구름 베어링

베어링의 바깥쪽 바퀴와 안쪽 바퀴 사이에 볼(ball) 또는 롤러(roller) 등의 회전체를 넣어 접촉면에서 미끄럼 작용 대신 구름 운동이 일어나도록 하는 베어링이다.

구름 베어링의 호칭법

기본 기호			보조 기호				
베어링 계열 기호	안지름 번호	접촉각 기호	내부 변경 기호	실 · 실드 기호	궤도륜 형상 기호	내부 틈새 기호	등급 기호

① **베어링의 계열 기호**

(가) **형식 기호** : 형식 기호는 한 자리의 숫자 또는 알파벳으로 표시한다.

형식 기호

종 류	단열 깊은 홈 볼 베어링	단열 앵귤러 볼 베어링	단열 원통 롤러 베어링	스러스트 볼 베어링	스러스트 롤러 베어링
형식 기호	6	7	N	5	2

(나) **치수 계열 기호** : 치수 계열 기호는 너비 계열 기호 및 지름 계열 기호의 두 자리 숫자로 표시한다.

치수 계열 기호

치수 계열	02	03	04	10	11	12	13	14	18	19	22	23
호칭 길이	2	3	4	0	11	12	13	14	8	9	22	23

② **베어링의 안지름 번호**

베어링의 안지름 번호는 안지름 치수를 나타내는 것으로, 베어링 안지름 9mm 이하에서는 안지름 번호가 안지름과 같고, 20mm 이상에서는 지름을 5로 나눈 값이 안지름 번호이다. 10~17mm까지의 안지름 번호는 00 : 안지름 10mm, 01 : 안지름 12mm, 02 : 안지름 15mm, 03 : 안지름 17mm이다.

베어링의 안지름 번호 (단위 : mm)

안지름 번호	1	2	3	4	5	6	7	8	9	00
안지름	1	2	3	4	5	6	7	8	9	10
안지름 번호	01	02	03	04	05	06	07	08	09	10
안지름	12	15	17	20	25	30	35	40	45	50

③ **베어링의 접촉각 기호**

베어링의 호칭 기호 중에서 접촉각 기호는 다음 표와 같다.

베어링의 접촉각 기호

베어링의 형식	호칭 접촉각	접촉각 기호
단열 앵귤러 볼 베어링	10° 초과 22° 이하	C
	22° 초과 32° 이하	A(생략 가능)
	32° 초과 45° 이하	B
테이퍼 롤러 베어링	17° 초과 24° 이하	C
	24° 초과 32° 이하	D

④ 베어링의 보조 기호

베어링의 보조 기호는 내부 치수 기호, 실 · 실드 기호, 궤도륜 형상 기호, 베어링의 조합, 내부 틈새 기호, 정밀도 등급 등을 나타낸다.

베어링의 보조 기호

구분	내용	보조 기호	구분	내용	보조 기호
내부 치수 기호	주요 치수 및 서브 유닛의 치수가 ISO 355와 일치하는 것	J3(2)	베어링의 조합	뒷면 조합	DB
				정면 조합	DF
				병렬 조합	DT
실 · 실드 기호	양쪽 실 붙이	UU(2)	내부 틈새 기호(3)	C2 틈새	C2
	한쪽 실 붙이	U(2)		CN 틈새	CN(1)
	양쪽 실드 붙이	ZZ(2)		C3 틈새	C3
	한쪽 실드 붙이	Z(2)		C4 틈새	C4
궤도륜 형상 기호	내륜 원통 구멍	없음		C5 틈새	C5
	플랜지 붙이	F(2)	정밀도(4) 등급	0급	없음
	내륜 테이퍼 구멍 (기준 테이퍼 1/12)	K		6X급	P6X
	내륜 테이퍼 구멍 (기준 테이퍼 1/30)	K30		6급	P6
				5급	P5
	링 홈 붙이	N		4급	P4
	멈춤 링 붙이	NR		2급	P2

주 (1) 생략 할 수 있다.
(2) 다른 기호를 사용할 수 있다.
(3) KS B 2102 참조
(4) KS B 2014 참조

⑤ 베어링의 호칭 기입

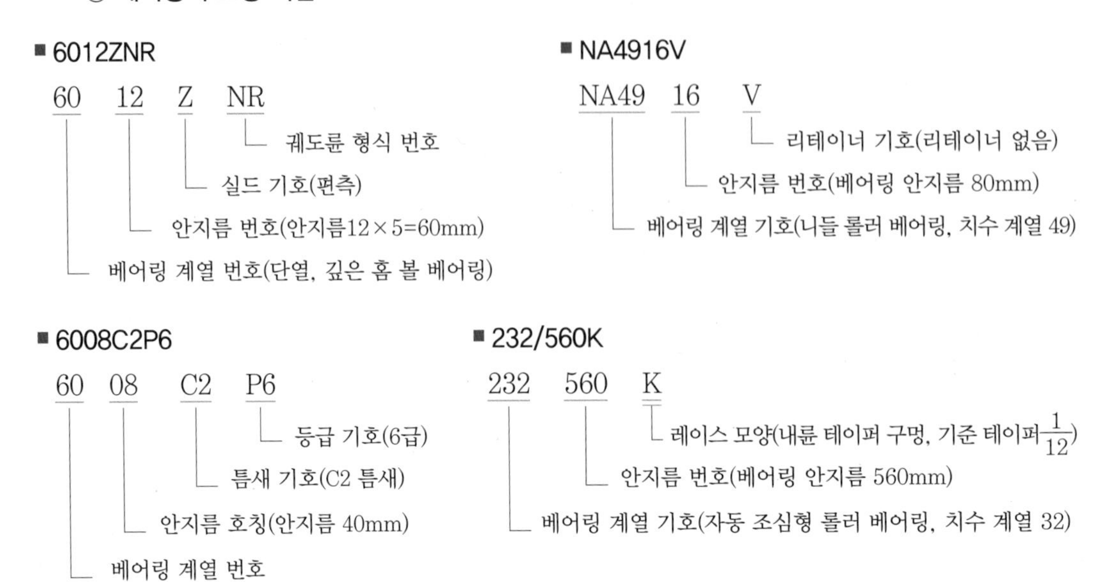

⑥ 6204(깊은 홈 볼 베어링) 적용

6204(깊은 홈 볼 베어링) 적용 단체 표준 SPS (단위 : mm)

축			하우징	
내륜 회전 하중	내륜 정지 하중		외륜 정지	외륜 정지
	내륜이 축 위를 움직일 때	내륜이 축 위를 움직이지 않을 때		
축 ϕ20k5	축 ϕ20g6	축 ϕ20h6	구멍 ϕ47H7	구멍 ϕ47N7

⑦ **깊은 홈 볼 베어링(KS B 2023)** : 축과 직각 방향의 하중이 작용할 때 사용하며 볼, 외륜, 내륜, 리테이너의 네 부분으로 되어 있다.

간략도 : 볼은 둥글게 전면을 칠한다. 레이스를 지름보다 약간 긴 직선으로 나타낸다.

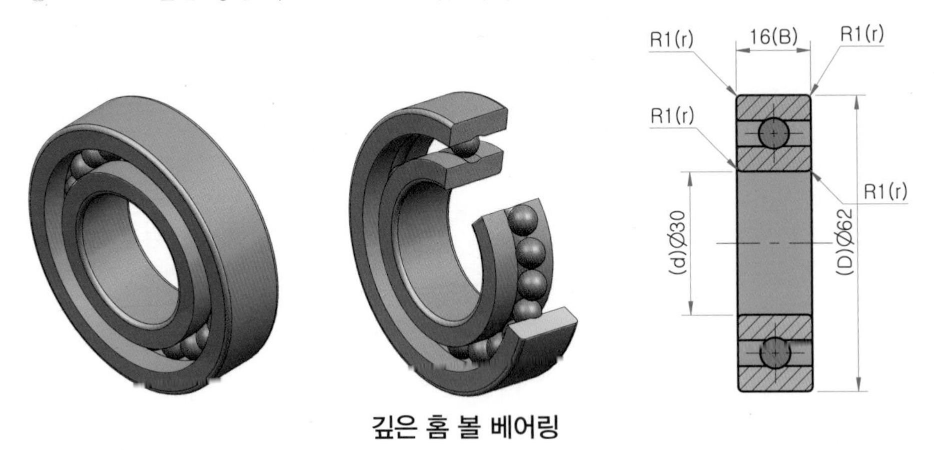

깊은 홈 볼 베어링

60계열 KS 규격

KS B 2023 (단위 : mm)

호칭 번호(60계열)	치수				호칭 번호(62계열)	치수				호칭 번호(63계열)	치수			
	d	D	B	r		d	D	B	r		d	D	B	r
6000	10	26	8	0.3	6200	10	30	9	0.6	6300	10	35	11	0.6
6001	12	28	8		6201	12	32	10		6301	12	37	12	1
6002	15	32	9		6202	15	35	11		6302	15	42	13	
6003	17	35	10		6203	17	40	12		6303	17	47	14	
6004	20	42	12	0.6	6204	20	47	14	1	6304	20	52	15	1.1
6005	25	47	12		6205	25	52	15		6305	25	62	17	
6006	30	55	13	1	6206	**30**	**62**	**16**		6306	30	72	19	
6007	35	62	14		6207	35	72	17	1.1	6307	35	80	21	1.5
6008	40	68	15		6208	40	80	18		6308	40	90	23	

호칭 번호(64계열)	치수				호칭 번호(68계열)	치수				호칭 번호(69계열)	치수			
	d	D	B	r		d	D	B	r		d	D	B	r
6403	17	62	17	1.1	6800	10	19	5	0.3	6900	10	22	6	0.3
6404	20	72	19		6801	12	21			6901	12	24		
6405	25	80	21	1.5	6802	15	24			6902	15	28	7	
6406	30	90	23		6803	17	26			6903	17	30		
6407	35	100	25		6804	20	32	7		6904	20	37	9	
6408	40	110	27	2	6805	25	37			6905	25	42		
6409	45	120	29		6806	30	42			6906	30	47		
6410	50	130	31	2.1	6807	35	47			6907	35	55	10	0.6
6411	55	140	33		6808	40	52			6908	40	62	12	

⑧ 스러스트 베어링

단체 표준 SPS (단위 : mm)

축			하우징		
중심축 하중	합성 하중		중심축 하중	합성 하중	
	내륜 정지 하중	내륜 회전 하중		내륜 정지 하중	내륜 회전 하중
js6	js6	k6(200 이하)	H8	H7	K7

⑨ 평면 자리형 스러스트 볼 베어링

축 방향으로 하중이 작용할 때 사용되며 볼, 리테이너, 레이스의 세 부분으로 되어 있다.

- **간략도** : 구면 자리는 원호로 나타낸다. 회전 레이스는 축과 만나는 직선, 고정 레이스는 축으로 끊어진 직선으로 나타내되 축 직선을 조금 굵게 그린다.

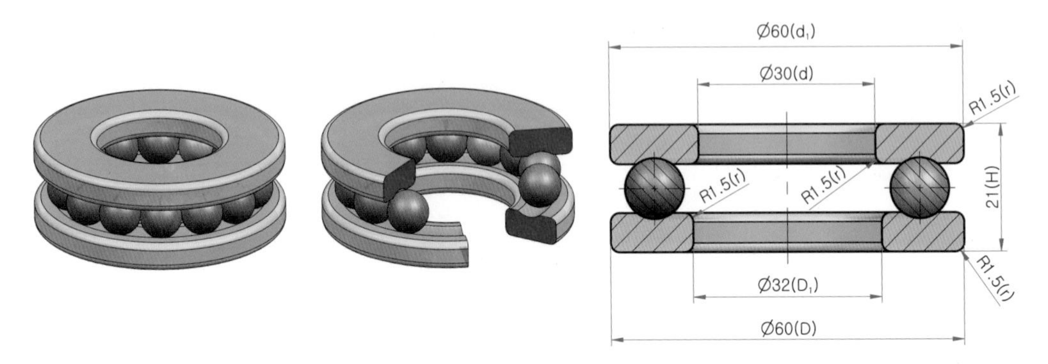

평면 자리형 스러스트 볼 베어링

511, 512, 513 계열 KS 규격 KS B 2022 (단위 : mm)

호칭번호 511계열	치수					호칭번호 512계열	치수					호칭번호 513계열	치수				
	d	D_1	$D(d_1)$	H	r		d	D_1	$D(d_1)$	H	r		d	D_1	$D(d_1)$	H	r
511 00	10	11	24	9	0.3	512 00	10	12	26	11	0.6	513 05	25	27	52	18	1
511 01	12	13	26			512 01	12	14	28			**513 06**	**30**	**32**	**60**	**21**	
511 02	15	16	28			512 02	15	17	32	12		513 07	35	37	68	24	
511 03	17	18	30			512 03	17	19	35			513 08	40	42	78	26	
511 04	20	21	35	10		512 04	20	22	40	14		513 09	45	47	85	28	
511 05	25	26	42	11	0.6	512 05	25	27	47	15		513 10	50	52	95	31	1.1

⑩ 베어링 구석 홈 부의 둥글기(R)

축 및 하우징의 구석 둥글기 반지름 R은 구름 베어링의 레이스 모서리 R값의 최소치를 넘지 않는 치수로 설계한다. 따라서, 구석 둥글기 반지름의 최소치이다.

레이디얼 베어링의 경우 축 및 하우징의 어깨 높이 h는 레이스 측면에 충분히 접촉하도록 설계한다. 따라서, 레이디얼 베어링은 어깨 높이의 최소치이다.

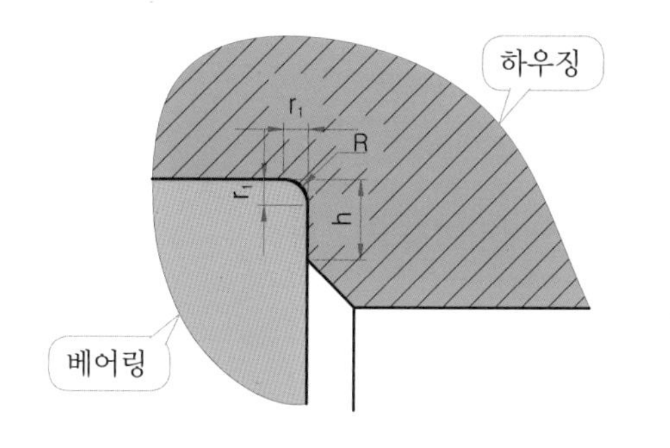

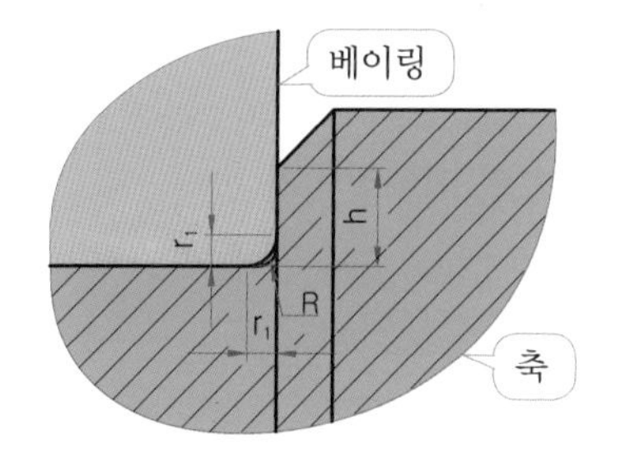

베어링 구석 홈 부의 둥글기

(단위 : mm)

r 또는 r_1(min)	축 또는 하우징		
	R(max)	레이디얼 베어링의 경우의 어깨 높이(h)	
		일반	특수
0.2	0.1	0.4	
0.3	0.15	0.6	
0.4	0.2	0.8	
0.5	0.3	1.25	1
0.8	0.3	1.75	1.5
1.0	0.6	2.5	2
2.0	1	3.5	3.25
3.0	2	5	4.5
4.0	2.5	7	6.5

참고

베어링의 끼워맞춤

베어링의 끼워맞춤을 선택하기 위해서는 기계 장치에 조립된 베어링이 어떻게 작동하며, 어떤 하중을 받는지 정확히 알아야 한다.

본 단원의 경우 외륜 정지 하중 조건에서 내륜 회전 하중을 받고 있다. 이 경우 하우징 구멍은 H7를 적용하거나 경하중의 경우에는 H8를 적용하면 무리가 없다. 또한 축의 경우에는 축의 지름과 하중에 따라 베어링 조립 부분의 공차를 적용할 수 있다. 내륜이 회전하면서 경하중을 받는 경우 h5, js6, k6, m6 정도를 적용한다.

3 미끄럼 베어링

축을 지지하며, 회전체를 사용하지 않고 회전축의 마찰 저항을 줄이는 데 사용되는 기계 요소를 미끄럼 베어링이라 한다.

미끄럼 베어링은 하우징에 끼워지기 때문에 부시 베어링이라고도 한다.

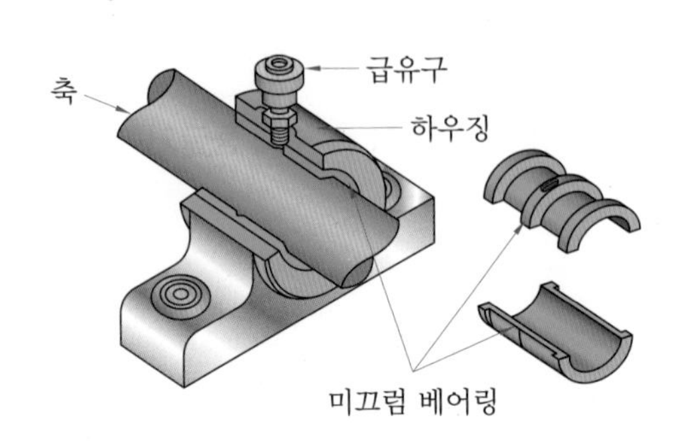

미끄럼 베어링

(1) KS 규격을 실무에 적용하여 미끄럼 베어링 그리기 (KS B ISO 4379)

미끄럼 베어링에 윤활유를 공급하는 방법은 축이 고정되고 풀리가 회전할 때에는 윤활 구멍, 홈 및 포켓을 축에 만들어 급유하고, 풀리가 고정되고 축이 회전할 때에는 베어링 윤활 구멍, 홈 및 포켓을 미끄럼 베어링에 만들어 급유한다.

① 미끄럼 베어링 부시 그리기

인청동 주물 또는 화이트 메탈로 모두 제거(기계) 가공이 필요한 부위로 되어 있다. y▽ 는 정밀한 다듬질 정밀 가공까지 요구되는 표면 거칠기 기호이다. 미끄럼 베어링 부시에서 요구되는 표면 평균 거칠기 기호는 y▽ = 1.6▽ 이다.

(가) **C형 미끄럼 베어링 부시(너비 20일 때)** : 데이텀 없이 화살표로 표시하고 내경 ϕ18H7을 기준으로 외경 ϕ24h6은 동심도이므로 기하 공차의 위치 공차인 동심도를 적용하며, 기능 길이 20은 IT 8급 18~30을 적용하면 공차값이 33μm이므로 최대 실체 공차 방식 동심도는 | ◎ | ϕ0.033Ⓜ | 이다.

(나) **F형 미끄럼 베어링 부시(너비 20일 때)** : 데이텀 A를 기준으로 내경 ϕ18H7과 외경 ϕ24h6이 동심도이므로 기하 공차의 위치 공차인 동심도를 적용하며, 기능 길이 20은 IT 8급 18~30을 적용하면 공차값이 33μm이므로 최대 실체 공차 방식 동심도는 | ◎ | ϕ0.033Ⓜ | A | 이다.

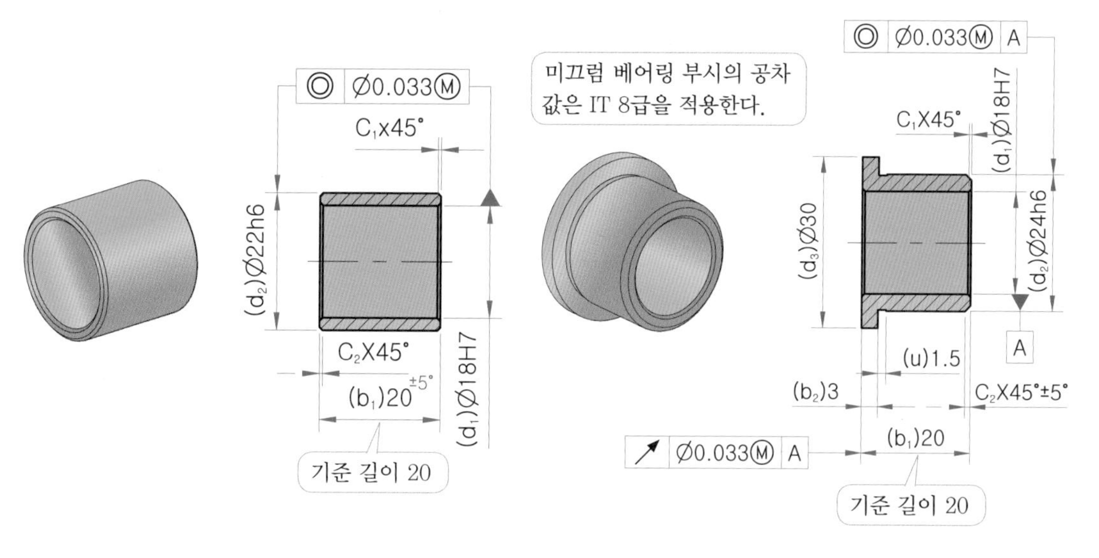

C형 미끄럼 베어링 부시

F형 미끄럼 베어링 부시

C형 미끄럼 베어링 부시

(단위 : mm)

d_1	d_2			b_1			모떼기	
							45°, C_1, C_2 최대	15°, C_2 최대
6	8	10	12	6	10	–	0.3	1
8	10	12	14	6	10	–	0.3	1
10	12	14	16	6	10	–	0.3	1
12	14	16	18	10	15	20	0.5	2
14	16	18	20	10	15	20	0.5	2
15	17	19	21	10	15	20	0.5	2
16	18	20	22	12	15	20	0.5	2
18	20	22	24	12	20	30	0.5	2
20	23	24	26	15	20	30	0.5	2

베어링 부시 적용 공차

d_1	d_2		d_3	b_1	하우징 구멍	축지름 d
E6	≤120	s6	d11	h13	H7	e7 또는 g7
	>120	r6				

F형 미끄럼 베어링 부시

(단위 : mm)

d_1	시리즈			시리즈 2			b_1			모떼기		u
	d_2	d_3	b_2	d_2	d_3	b_2				45°, C_1, C_2 최대	15°, C_2 최대	
6	8	10	1	12	14	3	–	10	–	0.3	1	1
8	10	12	1	14	18	3	–	10	–	0.3	1	1
10	12	14	1	16	20	3	–	10	–	0.3	1	1
12	14	16	1	18	22	3	10	15	20	0.5	2	1
14	16	18	1	20	25	3	10	15	20	0.5	2	1
15	17	19	1	21	27	3	10	15	20	0.5	2	1
16	18	20	1	22	28	3	12	15	20	0.5	2	1.5
18	20	22	1	24	30	3	12	20	30	0.5	2	1.5
20	23	26	1.5	26	32	3	15	20	30	0.5	2	1.5

② 미끄럼 베어링 윤활 구멍 치수

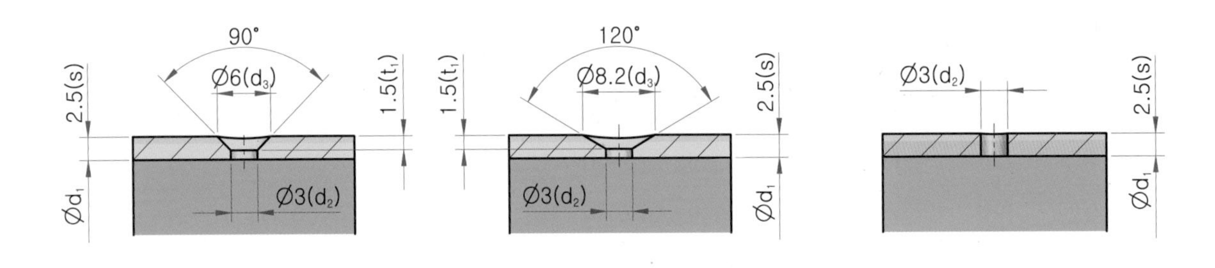

윤활 구멍의 치수

KS B ISO 12128 (단위 : mm)

$d_2 \approx$	–	2.5	3	4	5	6	8	10	12
$t_1 \approx$	–	1	1.5	2	2.5	3	4	5	6
$d_3 \approx$	A형	4.5	6	8	10	12	16	20	24
	B형	6	8.2	10.8	13.6	16.2	21.8	27.2	32.6
s	초과	–	2	2.5	3	4	5	7.5	10
	이하	2	2.5	3	4	5	7.5	10	–
d_1	공칭	$d_1 \le 30$		$30 < d_1 \le 100$			$d_1 > 100$		

③ 미끄럼 베어링 홈 및 포켓 치수

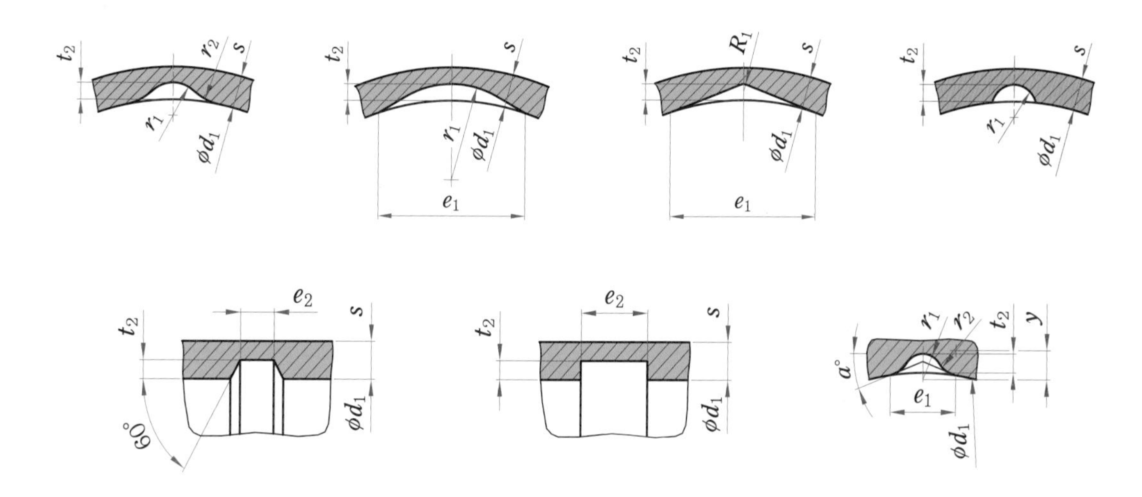

윤활 홈의 치수

윤활 홈의 치수

KS B ISO 12128 (단위 : mm)

t_2 $^{+0.2}_{0}$	e_1 ≈		e_2 ≈		r_1 ≈				r_2 ≈		y ≈	a° ≈	s		d_1	
C~J형	D, E형	J형	G형	H형	C형	D형	F형	J형	C형	J형	J형	J형	초과	이하	C~H형	J형
0.4	3	3	1.2	3	1.5	1.5	1	1	1.5	1	1.5	28	–	1	$d_1 \le 30$	16
0.6	4	4	1.6	3	1.5	1.5	1	1.5	2	1.5	2.1	25	1	1.5		20
0.8	5	5	1.8	3	1.5	2.5	1	1.5	3	1.5	2.2	25	1.5	2		30
1	8	6	2	4	2	4	1.5	2	4.5	2	2.8	22	2	2.5		40
1.2	10.5	6	2.5	5	2.5	6	2	2	6	2	2.6	22	2.5	3	$d_1 \le 100$	40
1.6	14	7	3.5	6	3	8	3	2.5	9	2.5	3	20	3	4		50
2	19	8	4.5	8	4	12	4	2.5	12	2.5	2.6	20	4	5		60
2.5	28	8	7.5	10	5	20	5	3	15	3	2.8	20	5	7.5	$d_1 \le 100$	70
3.2	38	–	11	12	7	28	7	–	21	–	–	–	7.5	10		–
4	49	–	14	15	9	35	9	–	27	–	–	–	10	–		–

13 지그용 부시 및 그 부속 부품 (KS B 1030)

1 고정 라이너 그리기

고정 라이너의 d, d_1 및 d_2의 허용차는 KS B 0401의 규정에 따라 정하며, l_1, l_2 및 R의 허용차는 KS B ISO 2768-1에 규정하는 보통급으로 적용한다.

① 지그용 부시(고정 라이너)는 크롬몰리브덴강(SCM415)으로 지그용 부시(고정 라이너)의 내경과 외경은 y/를 적용하며, 그 이외는 x/를 적용한다. 지그용 부시(고정 라이너)에서 요구되는 표면 평균 거칠기 기호는 x/=6.3/, y/=1.6/이다.

② 지그용 부시(고정 라이너)는 데이텀 A를 기준으로 구멍 지름(d_1) ϕ22F7과 외경 ϕ30p6이 동심도이므로 기하 공차의 위치 공차인 동심도를 적용하며, 공차 기능 길이 구멍 지름(d_1)이 ϕ22F7이므로 18.0 초과 50.0 이하를 적용하면 공차값은 0.020mm이고, 동심도는 | ◎ | ϕ0.012 | A | 이다(7 동심도 [표-지그용 부시 동심도 허용차] 참고).

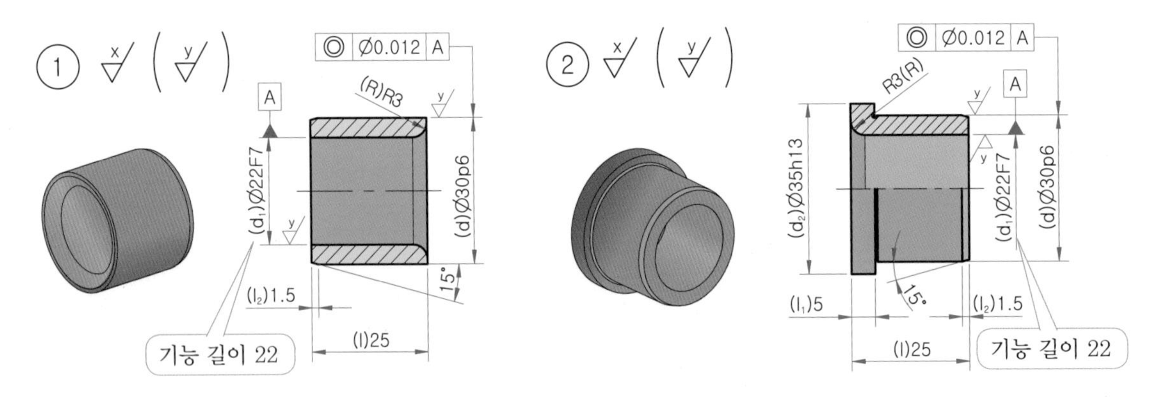

(a) 칼라 없는 고정 라이너

(b) 칼라 있는 고정 라이너

고정 라이너

지그용 고정 라이너 KS 데이터 KS B 1030 (단위 : mm)

d_1		d		d_2		l	l_1	l_2	R
기준 치수	허용차	기준 치수	허용차	기준 치수	허용차				
8	F7	12	p6	16	h13	10, 12, 16	3	1.5	2
10		15		19		12, 16, 20, 25			
12		18		22			4		
15		22		26		16, 20, 28, 36			
18		26		30					
22		30		35		20, 25, 36, 45	5		3
26		35		40					
30		42		47		25, 36, 45, 56			

2 고정 부시 그리기

고정 부시의 d, d_1 및 d_2의 허용차 KS B 0401의 규정에 따라 정하며, l_1, l_2 및 R의 허용차는 KS B ISO 2768-1에 규정하는 보통급으로 적용한다.

① 지그용 부시(고정 부시)는 크롬몰리브덴강(SCM415)으로 지그용 부시(고정 부시)의 내경과 외경은 y∇를 적용하며, 그 외에는 x∇를 적용한다. 지그용 부시(고정 부시)에서 요구되는 표면 평균 거칠기 기호는 x∇ = 6.3∇, y∇ = 1.6∇ 이다.

② 지그용 부시(고정 부시)는 데이텀 A를 기준으로 구멍 지름(d_1) φ18F7과 외경 φ26p6이 동심도이므로 기하 공차의 위치 공차인 동심도를 적용하며, 공차 기능 길이 구멍 지름(d_1)이 φ18F7이므로 18.0 이하를 적용하면 공차값이 0.012mm이므로 동심도는 | ◎ | φ0.012 | A | 이다.

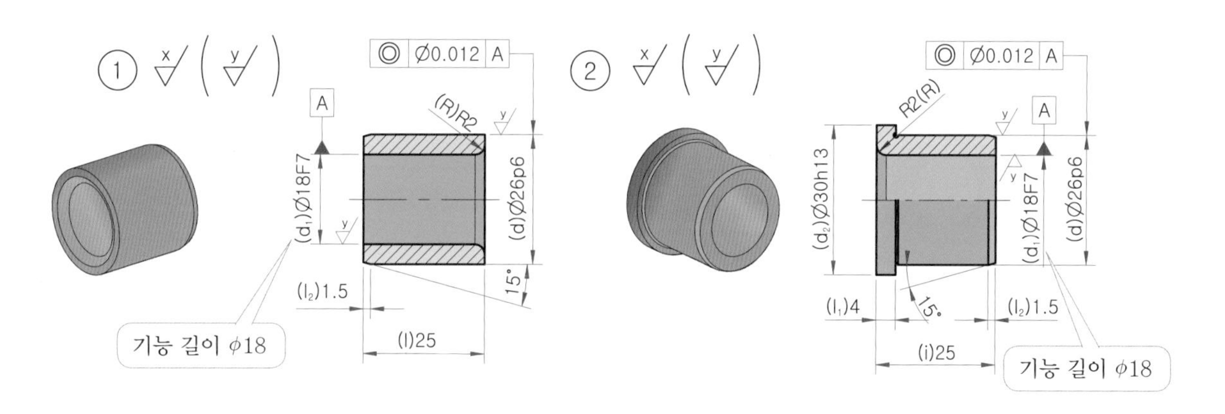

(a) 칼라 없는 고정 부시 (b) 칼라 있는 고정 부시

고정 부시

지그용 고정 부시 KS 데이터

KS B 1030 (단위 : mm)

<table>
<tr><th colspan="2">d1</th><th colspan="2">d</th><th colspan="2">d2</th><th rowspan="2">l</th><th rowspan="2">l1</th><th rowspan="2">l2</th><th rowspan="2">R</th></tr>
<tr><th>초과</th><th>이하</th><th>기준 치수</th><th>허용차</th><th>기준 치수</th><th>허용차</th></tr>
<tr><td>2</td><td>3</td><td>7</td><td rowspan="8">p6</td><td>11</td><td rowspan="8">h13</td><td rowspan="2">8, 10, 12, 16</td><td rowspan="2">2.5</td><td rowspan="8">1.5</td><td>0.8</td></tr>
<tr><td>3</td><td>4</td><td>8</td><td>12</td><td rowspan="2">1.0</td></tr>
<tr><td>4</td><td>6</td><td>10</td><td>14</td><td rowspan="2">10, 12, 16, 20</td><td rowspan="3">3</td></tr>
<tr><td>6</td><td>8</td><td>12</td><td>16</td><td rowspan="5">2.0</td></tr>
<tr><td>8</td><td>10</td><td>15</td><td>19</td><td rowspan="2">12, 16, 20, 25</td></tr>
<tr><td>10</td><td>12</td><td>18</td><td>22</td><td rowspan="3">4</td></tr>
<tr><td>12</td><td>15</td><td>22</td><td>26</td><td>16, 20, 28, 36</td></tr>
<tr><td>15</td><td>18</td><td>26</td><td>30</td><td>20, 25, 36, 45</td></tr>
</table>

3 삽입 부시 그리기(KS B 1030)

삽입 부시는 드릴용 구멍 지름 d_1의 허용차는 G6으로 하고, 리머용 구멍 지름 d_1의 허용차는 F7로 한다. 열처리는 전체 열처리 H_RC 60(HV 697) 이상으로 한다.

① 삽입 부시는 크롬몰리브덴강(SCM415)으로 삽입 부시 내경 안내면과 외경은 $\stackrel{y}{\nabla}$를 적용하며, 그 외에는 $\stackrel{x}{\nabla}$를 적용한다. 지그용 삽입 부시에서 요구되는 표면 평균 거칠기 기호는 $\stackrel{x}{\nabla}=\stackrel{6.3}{\nabla}$, $\stackrel{y}{\nabla}=\stackrel{1.6}{\nabla}$이다.

② 삽입 부시 데이텀 A를 기준으로 구멍 지름(d_1) ϕ8F7과 외경 ϕ18p6은 동심도이므로 기하 공차의 위치 공차인 동심도를 적용하며, 공차 기능 길이 구멍 지름(d_1)은 18.0 이하를 적용하면 공차값이 0.012mm이므로 동심도는 | ◎ | ϕ0.012 | A |이다.

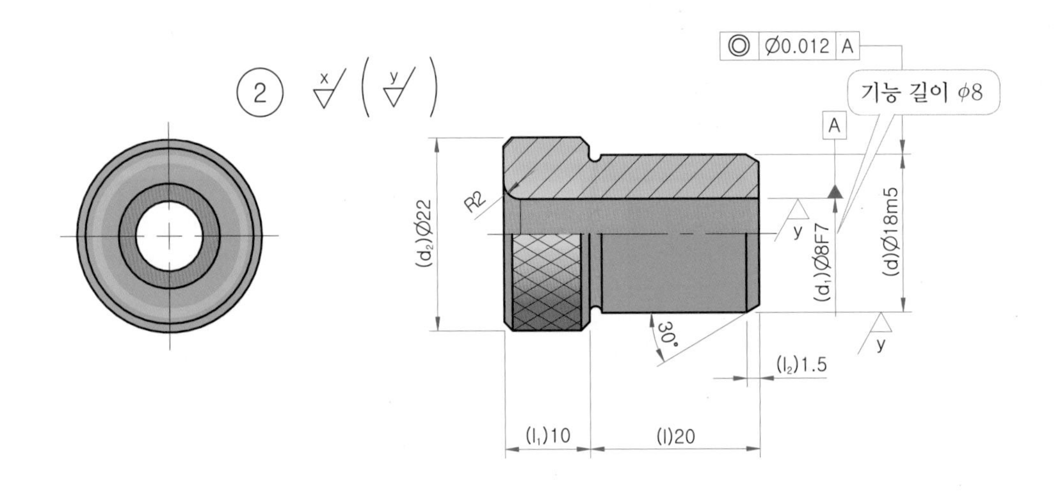

삽입 부시

지그용 고정 부시 KS 데이터

KS B 1030 (단위 : mm)

d_1		d		d_2		l	l_1	l_2	R
초과	이하	기준 치수	허용차	기준 치수	허용차				
−	4	12	m5	16	h13	10, 12, 16	8	1.5	2
4	6	15		19		12, 16, 20, 25			
6	8	18		22			10		
8	10	22		26		16, 20, 28, 36			
10	12	26		30					
12	15	30		35		20, 25, 30, 45	12		3
15	18	35		40					

4 고정 노치형 부시 그리기(KS B 1030)

고정 노치형 부시는 드릴용 구멍 지름 d_1의 허용차는 KS B 0401에 규정하는 G6으로 하고, 리머용 구멍 지름 d_1의 허용차는 KS B 0401에 규정하는 F7로 한다. 열처리는 전체 열처리 H_RC 60(HV 697) 이상으로 한다.

① 고정 노치형 부시는 크롬몰리브덴강(SCM415)으로 고정 노치형 부시 내경 안내면과 외경은 y/를 적용하며, 그 외에는 x/를 적용한다. 지그용 삽입 부시에서 요구되는 표면 평균 거칠기 기호는 x/ = 6.3/, y/ = 1.6/ 이다.

② 고정 노치형 부시 데이텀 A를 기준으로 구멍 지름(d_1) ϕ8F7과 외경 ϕ18p6은 동심도이므로 기하 공차의 위치 공차인 동심도를 적용하며, 공차 기능 길이 구멍 지름(d_1)은 18.0 이하를 적용하면 공차값이 0.012mm이므로 동심도는 | ◎ | ϕ0.012 | A | 이다.

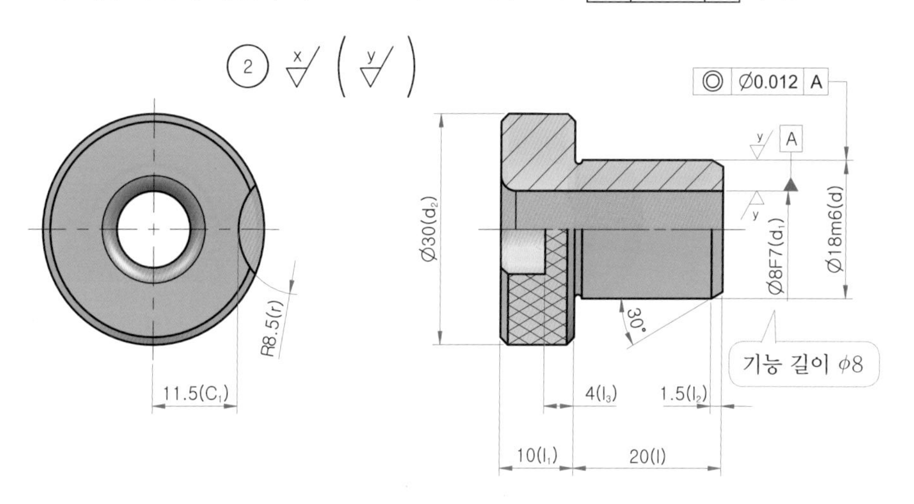

고정 노치형 부시

참고

고정 부시

드릴 및 리머의 가이드 역할을 하며 자주 교환할 필요가 없을 때 사용한다.

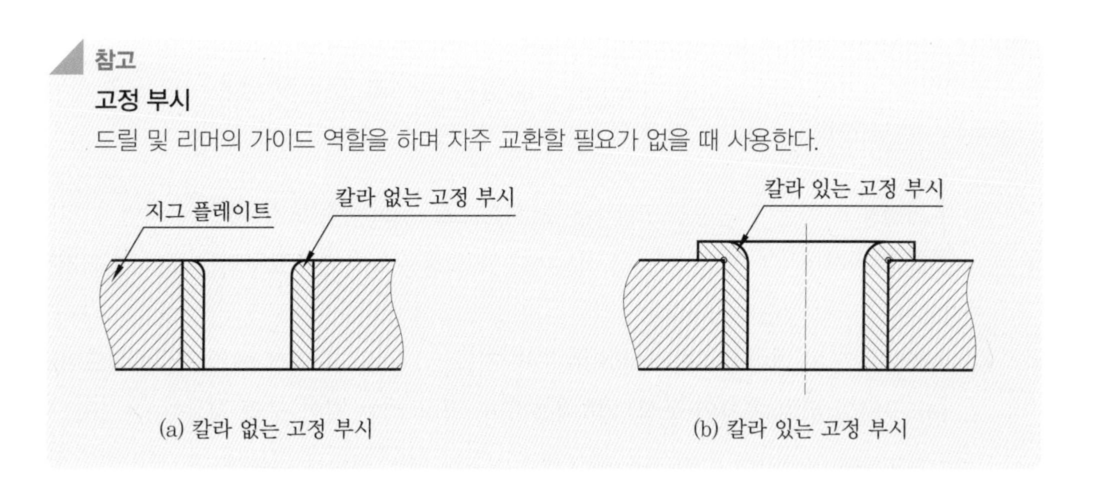

(a) 칼라 없는 고정 부시 (b) 칼라 있는 고정 부시

5 좌회전용 노치 그리기(KS B 1030)

좌회전용 노치는 드릴용 구멍 지름 d_1의 허용차는 G6으로 하고, 리머용 구멍 지름 d_1의 허용차는 F7로 한다. 열처리는 전체 열처리 H_RC 60(HV 697) 이상으로 한다.

① 좌회전용 노치는 크롬몰리브덴강(SCM415)으로 좌회전용 노치 내경 안내면과 외경은 $\overset{y}{\bigtriangledown}$를 적용하며, 그 외에는 $\overset{x}{\bigtriangledown}$를 적용한다. 좌회전용 노치에서 요구되는 표면 평균 거칠기 기호는 $\overset{x}{\bigtriangledown}=\overset{6.3}{\bigtriangledown}$, $\overset{y}{\bigtriangledown}=\overset{1.6}{\bigtriangledown}$이다.

② 좌회전용 노치 데이텀 A를 기준으로 구멍 지름(d_1) ϕ8F7과 외경 ϕ18p6은 동심도이므로 기하 공차의 위치 공차인 동심도를 적용하며, 공차 기능 길이 구멍 지름(d_1)은 18.0 이하를 적용하면 공차값이 0.012mm이므로 동심도는 | ◎ | ϕ0.012 | A |이다.

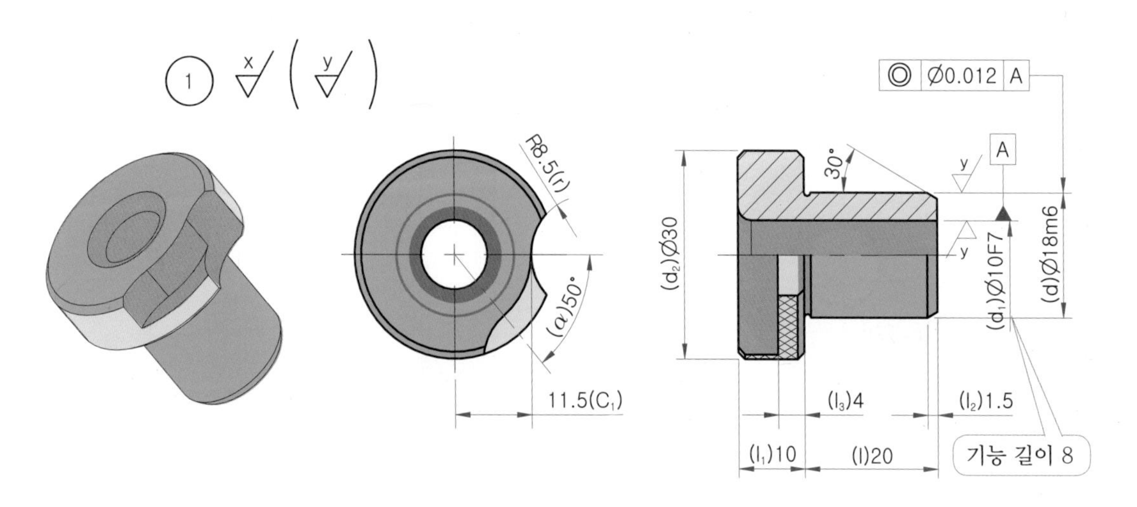

좌회전용 노치

6 우회전용 노치 그리기(KS B 1030)

우회전용 노치는 드릴용 구멍 지름 d_1의 허용차는 G6으로 하고, 리머용 구멍 지름 d_1의 허용차는 F7로 한다. 열처리는 전체 열처리 H_RC 60(HV 697) 이상으로 한다.

① 우회전용 노치는 크롬몰리브덴강(SCM415)으로 우회전용 노치 내경 안내면과 외경은 $\overset{y}{\bigtriangledown}$를 적용하며, 그 외에는 $\overset{x}{\bigtriangledown}$를 적용한다. 우회전용 노치에서 요구되는 표면 평균 거칠기 기호는 $\overset{x}{\bigtriangledown}=\overset{6.3}{\bigtriangledown}$, $\overset{y}{\bigtriangledown}=\overset{1.6}{\bigtriangledown}$이다.

② 우회전용 노치 데이텀 A를 기준으로 구멍 지름(d_1) ϕ8F7과 외경 ϕ18p6은 동심도이므로 기하 공차의 위치 공차인 동심도를 적용하며, 공차 기능 길이 구멍 지름(d_1)은 18.0 이하를 적용하면 공차값이 0.012mm이므로 동심도는 | ◎ | ϕ0.012 | A |이다.

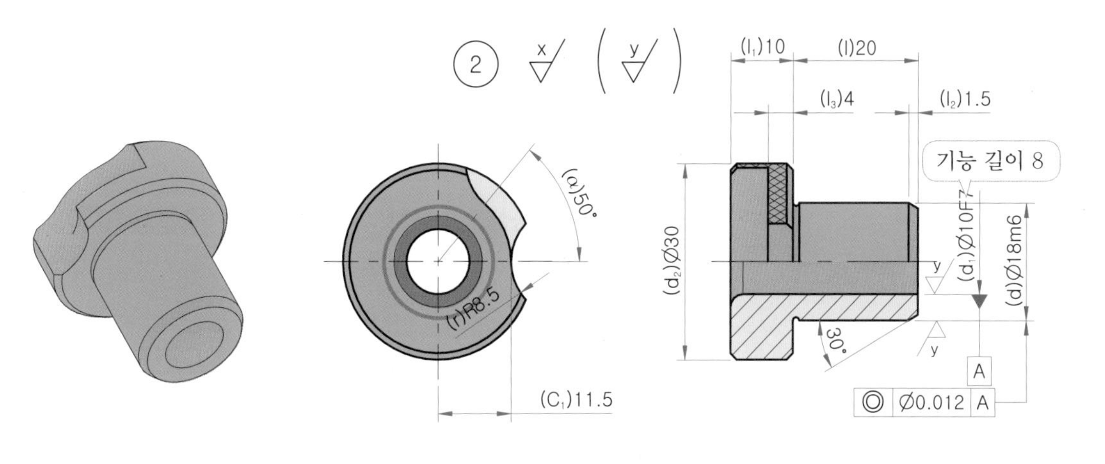

우회전용 노치

지그용 회전용 노치 KS 데이터

KS B 1030 (단위 : mm)

d1		d		d2		l	l1	l2	R	l3		C1	r	α
초과	이하	기준 치수	허용차	기준 치수	허용차					기준 치수	허용차			(°)
–	4	8	m6	15	h13	10, 12, 16	8	1.5	1	3	−0.1 −0.2	4.5	7	65
4	6	10		18		12, 16, 20, 25						6		
6	8	12		22			10		2	4		7.5	8.5	60
8	10	15		26		16, 20, 28, 36						9.5		50
10	12	18		30								11.5		
12	15	22		34		20, 25, 36, 45	12			5.5		13	10.5	35
15	18	26		39								15.5		
18	22	30		46		25, 36, 45, 56			3			19		30
22	26	35		52								22		
26	30	42		59		30, 35, 45, 56						25.5		
30	35	48		66			16		4	7		28.5	12.5	
35	42	55		74								32.5		25
42	48	62		82		35, 45, 56, 67						36.5		
48	55	70		90								40.5		
55	63	78		100		40, 56, 67, 78						45.5		
63	70	85		110								50.5		20
70	78	95		120		45, 50, 67, 89						55.5		
78	85	105		130								60.5		

7 동심도

지그용 고정 라이너, 고정 부시, 삽입 부시, 고정 노치형 부시, 좌·우회전용 노치 등의 동심도 공차는 아래 표와 같다.

지그용 부시 동심도 허용차 KS B 1030 (단위 : mm)

구멍 지름 (d_1)	동심도 허용차		
	고정 라이너	고정 부시	삽입 부시
18.0 이하	0.012	0.012	0.012
18.0 초과 50.0 이하	0.020	0.020	0.020
50.0 초과 100.0 이하	0.025	0.025	0.025

8 멈춤쇠

멈춤쇠의 허용차는 KS B ISO 2768-1에 규정하는 보통급을 적용하며, 멈춤쇠 강도는 H_RC 40(HV 392) 이상으로 한다.

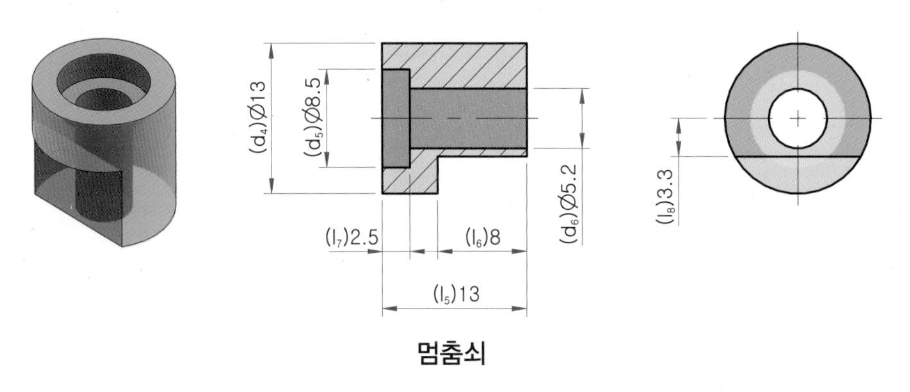

멈춤쇠

멈춤쇠 KS 데이터 KS B 1030 (단위 : mm)

삽입 부시의 구멍 지름 d_1	l_5		l_6			l_7	d_4	d_5	d_6	l_8	6각 구멍붙이 볼트의 호칭
	칼라 없는 고정 라이너 사용 시	칼라 있는 고정 라이너 사용 시	칼라 없는 고정 라이너 사용 시	칼라 있는 고정 라이너 사용 시	허용차						
6 이하	8	11	3.5	6.5	+0.25 +0.15	2.5	12	8.5	5.2	3.3	M5
6 초과 12 이하	**9**	**13**	**4**	**8**		**2.5**	**13**	**8.5**	**5.2**	**3.3**	
12 초과 22 이하	12	17	5.5	10.5		3.5	16	10.5	6.3	4	M6
22 초과 30 이하	12	18	6	12		3.5	19	13.5	8.3	4.7	M8
30 초과 42 이하	15	21	7	13		5	20	13.5	8.3	5	
42 초과 85 이하	15	21	7	13		5	24	16.5	10.3	7.5	M10

9 멈춤 나사

멈춤 나사의 허용차는 KS B 0412에 규정하는 보통급으로 하고, 나사는 KS B 0201(미터 보통 나사)의 규정에 따른다. 정밀도는 중간 다듬질이며, g6의 IT 공차를 적용한다.

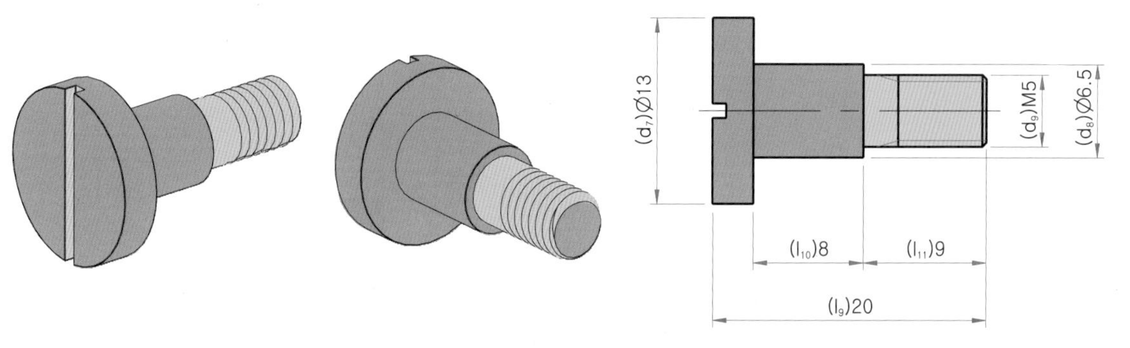

멈춤 나사

멈춤 나사 KS 데이터 KS B 1030 (단위 : mm)

<table>
<tr><th rowspan="2">삽입 부시의 구멍 지름 d_1</th><th colspan="2">l_9</th><th colspan="3">l_{10}</th><th rowspan="2">l_{11}</th><th rowspan="2">d_7</th><th rowspan="2">d_8</th><th rowspan="2">d_9</th></tr>
<tr><th>칼라 없는 고정 라이너 사용 시</th><th>칼라 있는 고정 라이너 사용 시</th><th>칼라 없는 고정 라이너 사용 시</th><th>칼라 있는 고정 라이너 사용 시</th><th>허용차</th></tr>
<tr><td>6 이하</td><td>15.5</td><td>18.5</td><td>3.5</td><td>6.5</td><td rowspan="6">+0.25
+0.15</td><td>9</td><td>12</td><td>6</td><td rowspan="2">M5</td></tr>
<tr><td>6 초과 12 이하</td><td>16</td><td>20</td><td>4</td><td>8</td><td>9</td><td>13</td><td>6.5</td></tr>
<tr><td>12 초과 22 이하</td><td>21.5</td><td>26.5</td><td>5.5</td><td>10.5</td><td>12</td><td>16</td><td>8</td><td>M6</td></tr>
<tr><td>22 초과 30 이하</td><td>25</td><td>31</td><td>6</td><td>12</td><td>14</td><td>19</td><td>9</td><td rowspan="2">M8</td></tr>
<tr><td>30 초과 42 이하</td><td>26</td><td>32</td><td>7</td><td>13</td><td>14</td><td>20</td><td>10</td></tr>
<tr><td>42 초과 85 이하</td><td>31.5</td><td>37.5</td><td>7</td><td>13</td><td>18</td><td>24</td><td>15</td><td>M10</td></tr>
</table>

지그용 부시 및 그 부속품 재료

<table>
<tr><th colspan="2">종 류</th><th>재 료</th></tr>
<tr><td colspan="2" rowspan="4">부 시</td><td>KS D 3711의 SCM415</td></tr>
<tr><td>KS D 3751의 STC105(구 STC3)</td></tr>
<tr><td>KS D 3753의 STS3, STS21</td></tr>
<tr><td>KS D 3725의 STB2</td></tr>
<tr><td rowspan="2">부속품</td><td>멈춤쇠</td><td>KS D 3752의 SM45C</td></tr>
<tr><td>멈춤 나사</td><td>KS D 3711의 SCM435</td></tr>
</table>

10 지그용 부시 및 그 부속 부품 조립도

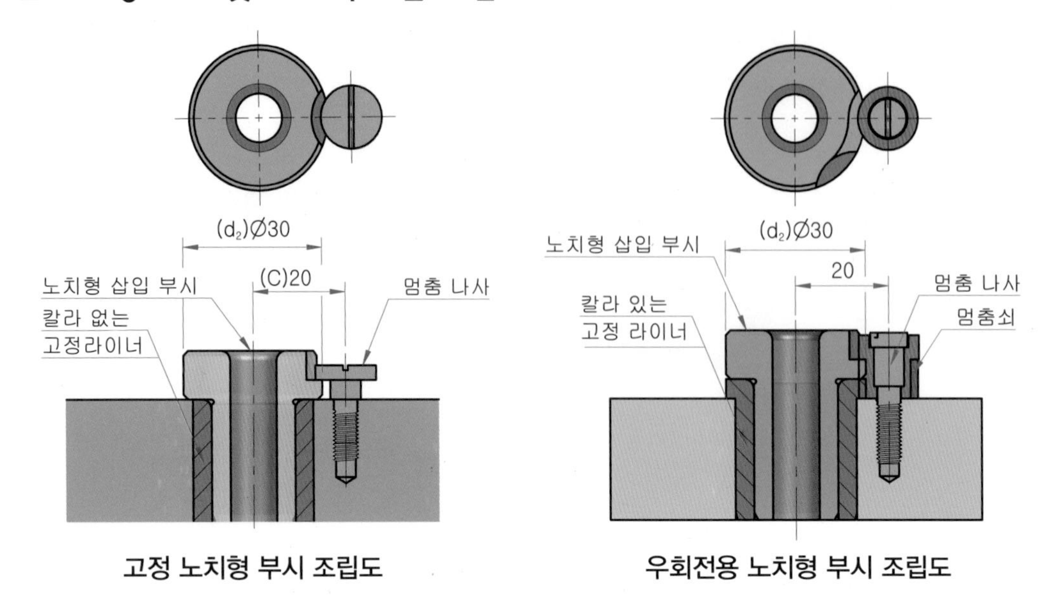

고정 노치형 부시 조립도　　　　우회전용 노치형 부시 조립도

부시와 멈춤쇠 또는 멈춤 나사의 중심 거리 및 부착 나사의 가공 치수

KS B 1030 (단위 : mm)

삽입 부시의 구멍 지름 d_1	d_2	d_{10}	c 기준 치수	c 허용차	d_{11}	l_{12}
4 이하	15	M5	11.5	±0.2	5.2	11
4 초과 6 이하	18		13			
6 초과 8 이하	22		16			
8 초과 10 이하	26		18			
10 초과 12 이하	30		20			
12 초과 15 이하	34	M6	23.5		6.2	14
15 초과 18 이하	39		26			
18 초과 22 이하	46		29.5			
22 초과 26 이하	52	M8	32.5		8.5	16
26 초과 30 이하	59		36			
30 초과 35 이하	66		41			
35 초과 42 이하	74		45			
42 초과 48 이하	82	M10	49		10.2	20
48 초과 55 이하	90		53			
55 초과 63 이하	100		58			
63 초과 70 이하	110		63			
70 초과 78 이하	120		68			
78 초과 85 이하	130		73			

14 기어

기어는 원통에 이를 만들어 미끄러짐이 없이 큰 동력을 일정한 속도비로 전달할 수 있게 한다. 서로 맞물려 있는 한 쌍의 기어에서 잇수가 많은 것을 **기어(gear)**라 하고, 잇수가 적은 것을 **피니언(pinion)**이라 한다. 기어는 KS B 0102에 규정되어 있다.

1 기어의 종류

(1) 두 축의 상대적인 위치에 따른 분류

① 두 축이 평행한 경우

(가) **스퍼 기어** : 이끝이 직선이며 축에 나란한 원통형 기어를 스퍼 기어라고 한다.

(나) **헬리컬 기어** : 이끝이 나선형인 원통형 기어를 헬리컬 기어라 한다.

(다) **랙** : 스퍼 기어의 피치 원통 반지름이 무한대인 기어를 랙이라 한다.

(라) **헬리컬 랙** : 헬리컬 기어의 피치 원통 반지름이 무한대인 기어를 헬리컬 랙이라 한다.

(마) **내접 기어** : 원통의 안쪽에 이가 만들어져 있는 기어를 내접 기어라 한다.

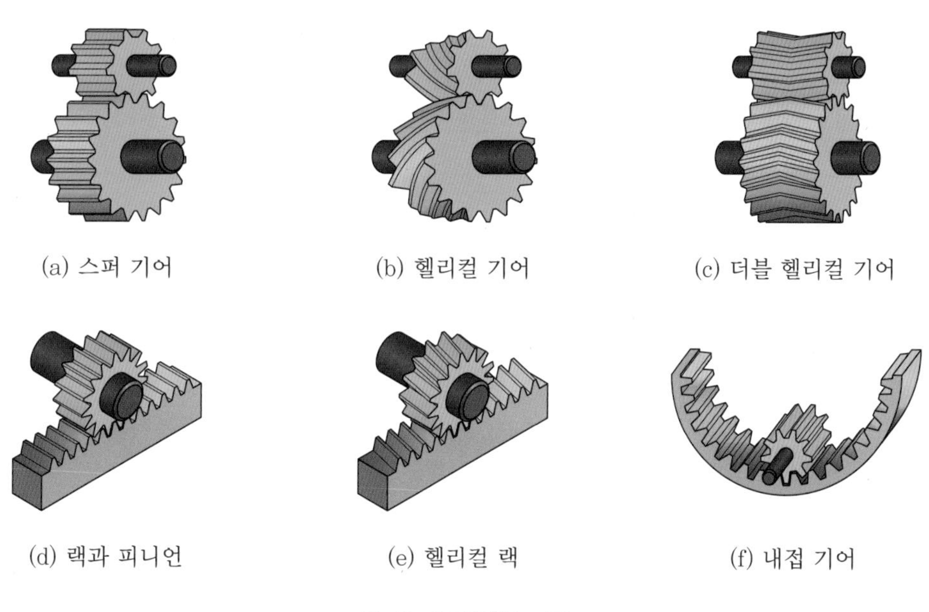

(a) 스퍼 기어 (b) 헬리컬 기어 (c) 더블 헬리컬 기어

(d) 랙과 피니언 (e) 헬리컬 랙 (f) 내접 기어

두 축이 평행한 경우

② 두 축의 중심선이 만나는 경우

(가) **베벨 기어** : 직선 베벨 기어, 스파이럴 베벨 기어, 헬리컬 베벨 기어가 있다.

(나) **크라운 기어** : 피치면이 평행인 베벨 기어를 크라운 기어라 한다.

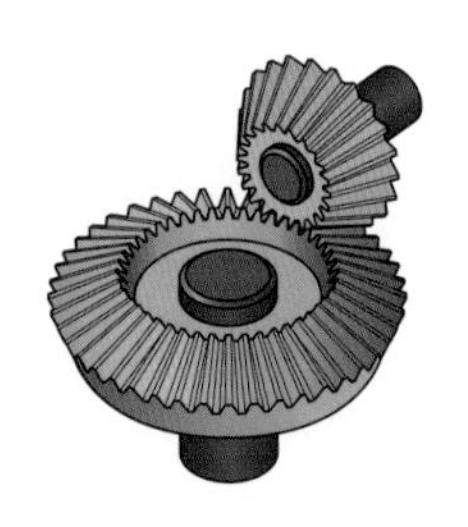
(a) 직선 베벨 기어

(b) 스파이럴 베벨 기어

(c) 헬리컬 베벨 기어

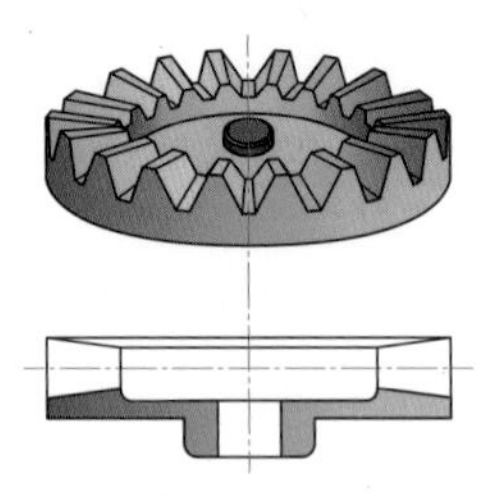
(d) 크라운 기어

두 축의 중심선이 만나는 경우

③ **두 축이 평행하지도 않고 만나지도 않는 기어** : 나사 기어, 하이포이드 기어, 웜 기어

(2) 치형 곡선에 따른 분류

① **치형 곡선** : 치형을 형성하는 잇면의 곡선

② **치형 곡선의 구비 조건** : 공작이 쉽고 마찰이 적으며 충분한 강도를 가져야 한다.

③ **법선** : 접선과 수직한 선이다.

(3) 형상에 따라 분류하면 원형 기어와 직선 기어가 있다.

2 이의 각부 명칭

① **피치원** : 피치면과 축에 수직인 평면에 의해 이루어진 원 $D=mZ$ [mm]

② **기초원** : 인벌류트 기어 이의 모양 곡선을 만드는 원 $D_g=D\cos\alpha$

③ **이끝원** : 이의 끝을 연결하는 원 $D_0=D+2m=mZ+2m=m(Z+2)$

④ **이뿌리원** : 기어에서 모든 이뿌리를 연결한 원

여기서, D : 피치원 지름(mm), m : 모듈, Z : 잇수, D_g : 기초원 지름(mm), α : 압력각

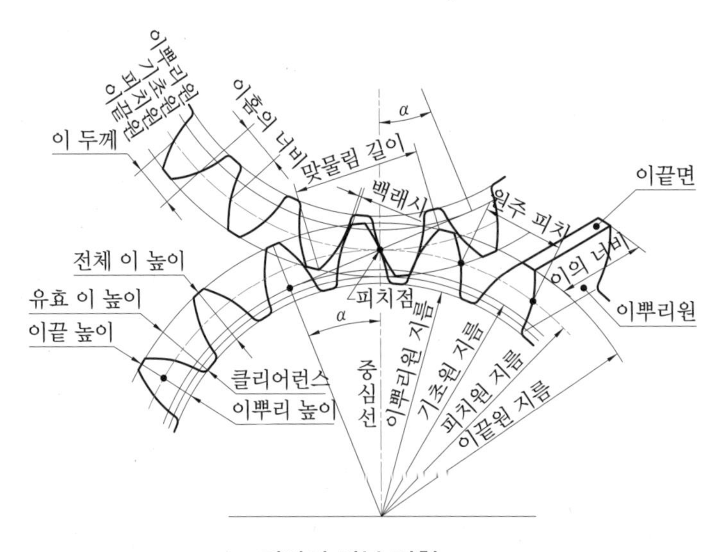

기어의 각부 명칭

3 이의 크기

① **모듈** : 기어의 피치원 지름을 기어의 잇수로 나눈 값 $m=\dfrac{D}{Z}$

② **원주 피치** : 피치원의 원주(πD)를 기어의 잇수로 나눈 값 $p=\dfrac{\pi D}{Z}$

③ **지름 피치** : 기어의 잇수를 피치원의 지름으로 나눈 값 $P=\dfrac{Z}{D(\text{인치})}=\dfrac{25.4Z}{D(\text{mm})}$

4 기어의 중심 거리 및 속도비

① 중심 거리 $C=\dfrac{D_1+D_2}{2}=\dfrac{m(Z_1+Z_2)}{2}=\dfrac{D_{g1}+D_{g2}}{2\cos\alpha}$ [mm]

② 기어의 속도비 $i=\dfrac{n_2}{n_1}=\dfrac{D_1}{D_2}=\dfrac{z_1}{z_2}$

여기서, D_1, D_2 : 각 기어의 피치원의 지름, z_1, z_2 : 잇수, n_1, n_2 : 회전수, i : 속도비

5 KS 규격을 실무에 적용하여 기어 그리기(KS B 0002)

(1) 스퍼 기어(spur gear) 그리기

① 기어의 부품도에는 도면(그림) 및 요목표를 병용한다. 요목표에는 원칙적으로 이 절삭(가공), 조립 및 검사 등의 사항을 기입하고 도면에는 기어 제작 시 필요한 치수를 기입한다.

② 기어를 그릴 때 이끝원은 굵은 실선, 피치원은 가는 1점 쇄선, 이뿌리원은 가는 실선, 특수 지시선(열처리 지시선)은 굵은 1점 쇄선으로 그린다. 단, 정면도를 단면도로 나타낼 때는 이뿌리원을 굵은 실선으로 그린다. 또한, 이뿌리원은 생략해도 좋다.

③ 맞물린 한 쌍의 기어는 물림부의 이끝원을 쌍방 모두 굵은 실선으로 그린다. 정면도를 단면으로 표시할 경우에는 물림부 한쪽의 끝원은 숨은선으로 그린다.

④ 기어는 축과 직각 방향에서 본 그림을 정면도로 그리는 것을 원칙으로 한다.

⑤ 치형의 상세 및 치수 측정법을 명시할 필요가 있을 때에는 도면에 표시한다.

⑥ 맞물린 한 쌍의 기어의 정면도는 이뿌리선을 생략하고 측면도에서 피치원만 그린다.

(2) 치수 및 요목표 기입

① 기어의 제작도에는 기어의 완성 치수만 기입하고 이 절삭, 조립 검사 등 필요한 사항은 요목표에 기입하는 것을 원칙으로 한다.

② 이 모양란에는 표준 기어, 전위 기어 등을 구별하여 기입한다.

③ 기준 피치원 지름을 기입할 경우 치수 숫자 앞에 P.C.D를 기입한다.

④ 이 두께란에는 이 두께 측정 방법에 의한 표준 치수와 허용 치수의 차를 기입한다.

(3) 요구되는 표면 평균 거칠기

기어는 주강 또는 특수강 제품으로, 기어 이는 정밀 다듬질 (y▽)을 적용하며, 축과 키 조립부, 기어 림(측면)은 중간 다듬질 (x▽)을 적용한다.

(4) P.C.D 56 mm일 때의 형상 공차 기입

① 데이텀 A를 구멍 중심 축선에 잡는다.

② 데이텀 A를 기준으로 기어 피치원은 복합 공차인 원주 흔들림을 적용한다.

③ P.C.D가 56 mm이므로 IT 5급일 때 50 mm 초과 80 mm 이하의 IT 기본 공차는 13 μm이며 원주 흔들림은 | ↗ | 0.013 | A | 이다.

④ 데이텀 A를 기준으로 기어 림도 복합 공차인 온 흔들림을 적용하므로 IT 기본 공차는 13 μm이고 온 흔들림은 | ⌰ | 0.013 | A | 이다.

IT 기본 공차의 수치(KS B 0401)

기준 치수의 구분(mm)		3	4	5	6	7
초과	이하	기본 공차의 수치(μm)				
3	6	2.5	4	5	8	12
6	10	2.5	4	6	9	15
10	18	3	5	8	11	18
18	30	4	6	9	13	21
30	50	4	7	11	16	25
50	80	5	8	13	19	30

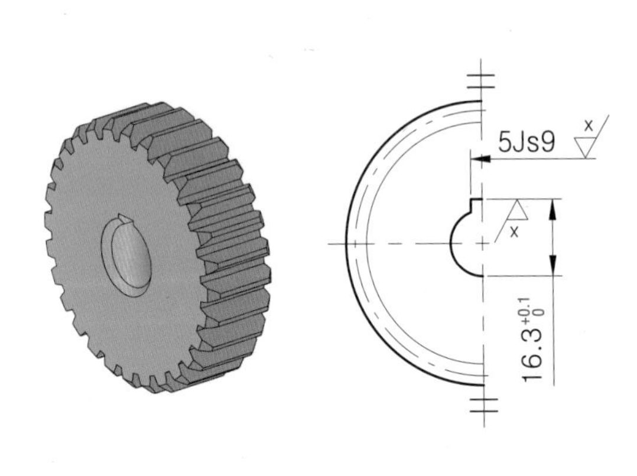

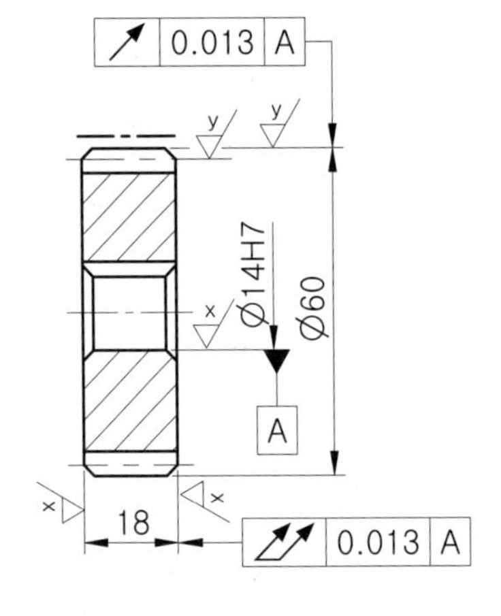

스퍼 기어 요목표		
기어 치형		표준
공구	치형	보통 이
	모듈	2
	압력각	20°
잇수		28
피치원 지름		P.C.D ϕ56
전체 이 높이		4.5
다듬질 방법		호브 절삭
정밀도		KS B 1405 5급

스퍼 기어 그리기

참고

- P. C. D(Pitch Circular Diameter)는 도면에 표기하고 요목표에 다시 지시되므로 도면에서는 원칙적으로 중복하여 도시하지 않는다.

15 V 벨트 풀리 (KS B 1400)

1 V 벨트 풀리의 홈 부분의 모양과 치수

V 벨트 풀리의 홈 모양은 KS B 1400에, 기준 치수는 KS M 6535에 규정되어 있다.

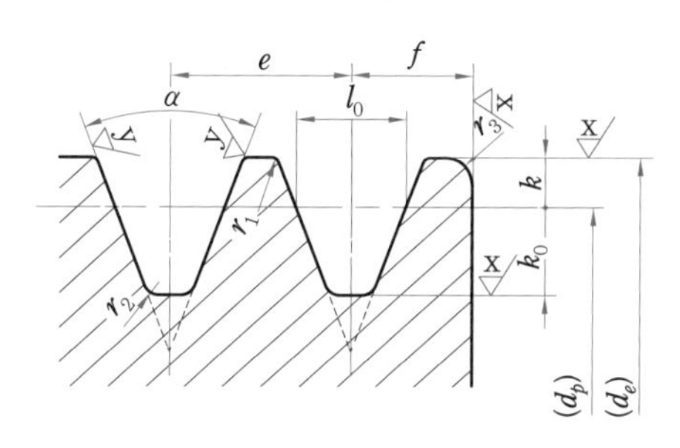

V 벨트 풀리의 홈 부분의 모양과 치수

V 벨트 풀리의 홈 부분의 모양 및 치수 (KS B 1400) (단위 : mm)

V 벨트 종류	호칭 지름 (d_p)	α	l_0	k	k_0	e	f	r_1	r_2	r_3	(참고) V 벨트의 두께
M	50 이상 71 이하 71 초과 90 이하 90 초과	34° 36° 38°	8.0	2.7	6.3	–	9.5	0.2~0.5	0.5~1.0	1~2	5.5
A	71 이상 100 이하 100 초과 125 이하 125 초과	34° 36° 38°	9.2	4.5	8.0	15.0	10.0	0.2~0.5	0.5~1.0	1~2	9
B	125 이상 165 이하 165 초과 200 이하 200 초과	34° 36° 38°	12.5	5.5	9.5	19.0	12.5	0.2~0.5	0.5~1.0	1~2	11
C	200 이상 250 이하 250 초과 315 이하 315 초과	34° 36° 38°	16.9	7.0	12.0	25.5	17.0	0.2~0.5	1.0~1.6	2~3	14
D	355 이상 450 이하 450 초과	36° 38°	24.6	9.5	15.5	37.0	24.0	0.2~0.5	1.6~2.0	3~4	19
E	500 이상 630 이하 630 초과	36° 38°	28.7	12.7	19.3	44.5	29.0	0.2~0.5	1.6~2.0	4~5	25.5

V 벨트 풀리의 바깥지름 허용차 및 흔들림 허용값 (KS B 1400) (단위 : mm)

호칭 지름	바깥지름(d_e)	바깥둘레 흔들림 허용값	림 축면 흔들림 허용값
75 이상 118 이하	±0.6	0.3	0.3
125 이상 300 이하	±0.8	0.4	0.4
315 이상 630 이하	±1.2	0.6	0.6

2 KS 규격을 실무에 적용하여 벨트 풀리 그리기

(1) V 벨트 풀리의 제도 및 치수 기입법(KS B 1400)

① V 벨트 풀리는 정면도를 생략하고 우측면도를 주투상도로 하며, 1면도법으로 그린다.

② 대칭인 V 벨트 풀리는 그 일부분만을 투상한다.

③ 암(arm)은 길이 방향으로 절단하여 투상하지 않는다.

④ 림의 단면은 회전 도시 단면으로 도시한다.

⑤ V 벨트 풀리의 홈 부분의 치수는 KS 규격에 따라 벨트의 종류 및 호칭 지름을 기준으로 그린다.

(2) V 벨트 풀리 그리기

① V 벨트 풀리 홈 측면의 접촉부는 y/▽를 적용하며, 축과 키 조립부, 바깥지름의 둘레, 림 측면, V 벨트 풀리 홈 둘레는 x/▽를 적용한다.

② 바깥지름 $\phi 88(d_e)$의 허용차는 호칭 지름이 75 이상 118 이하이므로 ±0.6이다.

③ 데이텀 B를 기준으로 바깥지름 $\phi 88(d_e)$의 원주면은 원주 흔들림을 적용하며, 호칭 지름 75 이상 118 이하는 공차값이 0.3mm이므로 원주 흔들림은 | ↗ | 0.3 | B | 이다.

④ 데이텀 B를 기준으로 림(V 벨트 풀리 측면)은 원주 흔들림을 적용하며, 호칭 지름 75 이상 118 이하는 공차값이 0.3mm이므로 원주 흔들림은 | ↗ | 0.3 | B | 이다.

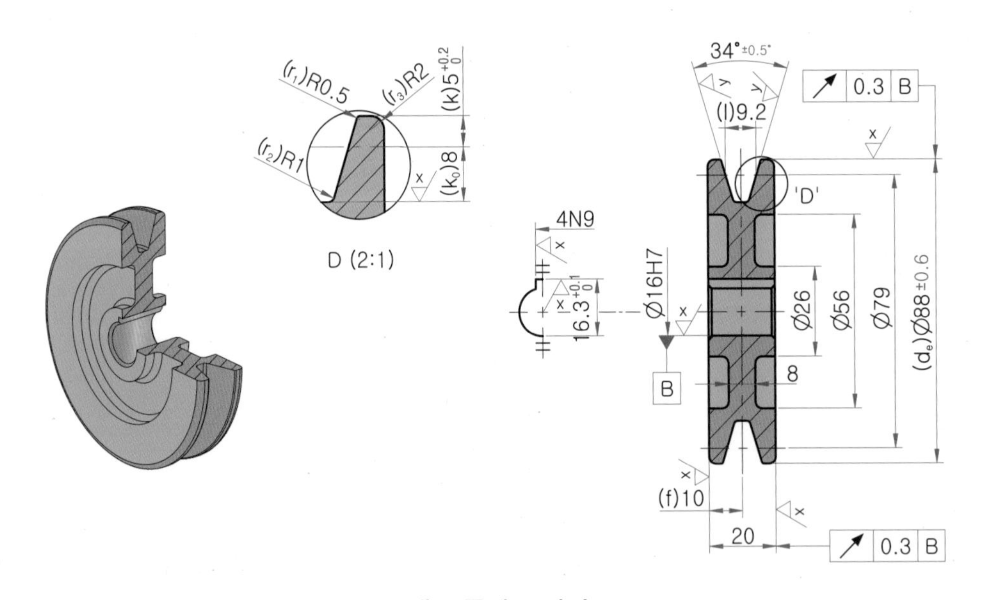

V 벨트 풀리 그리기

16 롤러 체인, 스프로킷 (KS B 1408)

1 체인

체인에는 쇠고리만을 연결하여 만든 링크 체인, 롤러 링크와 핀 링크를 엇갈리게 연결한 롤러 체인, 그리고 오목한 모양의 양쪽 다리를 가지고 있는 특수한 강판을 프레스로 찍어 내어 필요한 길이로 연결한 사일런트 체인 등이 있다.

2 스프로킷 휠

스프로킷 휠의 기준 치형은 S치형과 U치형의 2종류가 있으며 호칭 번호는 그 스프로킷에 걸리는 전동용 롤러 체인(KS B 1407)의 호칭 번호로 한다.

(1) 스프로킷 휠의 호칭 방법(KS B 1408)

명칭	호칭 번호	잇수 및 치형
스프로킷 휠	g40	N30S
↑	↑	↑
스프로킷 휠	1줄 호칭 번호 40	잇수 30, S치형

(2) 스프로킷 휠 그리기(KS B 1408)

① 스프로킷 휠의 부품도에는 도면과 요목표를 같이 나타낸다.
② 바깥지름은 굵은 실선으로, 피치원은 가는 1점 쇄선으로 그린다.
이뿌리원은 가는 실선 또는 가는 파선으로 그리며 생략할 수 있다.
③ 축과 직각인 방향에서 본 그림을 단면으로 그릴 때에는 이뿌리선을 굵은 실선으로 그린다.

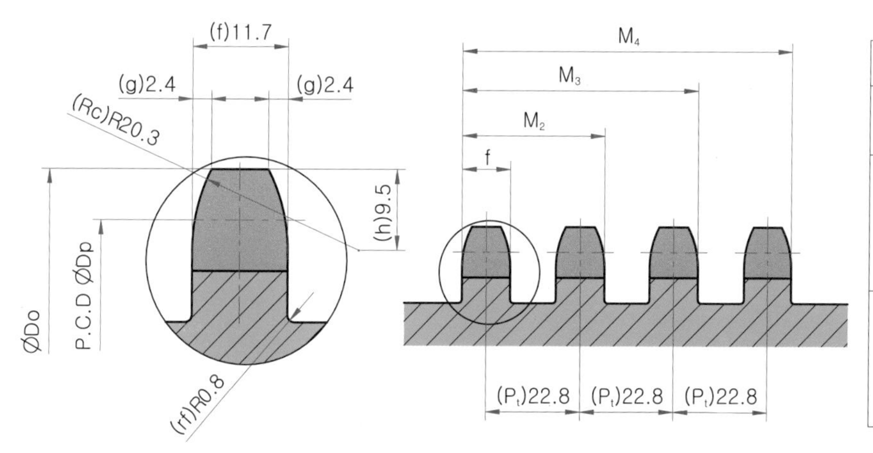

체인, 스프로킷 휠 요목표		
종류	구분 \ 품번	①
롤러 체인	호칭	60
	원주 피치	19.05
	롤러 바깥지름	11.91
스프로킷 휠	치형	S치형
	잇수	21
	피치원 지름	127.82

스프로킷 그리기

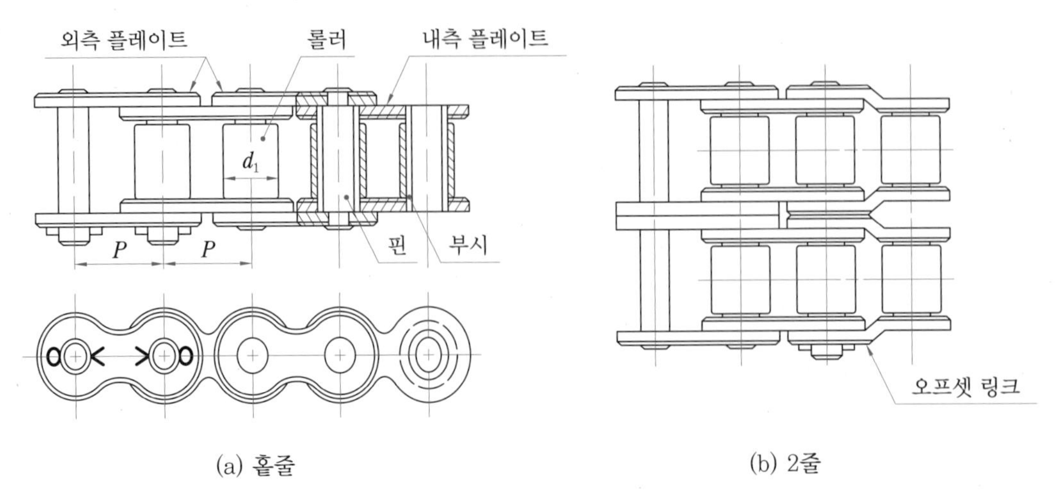

(a) 홑줄 (b) 2줄

스프로킷의 가로 치형의 모양

스프로킷의 기준 치수와 롤러 체인(KS B 1408) (단위 : mm)

호칭 번호	가로치형							가로 피치 (P_t)	적용 롤러 체인(참고)		
	모떼기 너비 g(약)	모떼기 깊이 h(약)	모떼기 반지름 R_c(약)	둥글기 r_f (최대)	이 너비 t(최대)				피치(P)	롤러 바깥지름 d_1 (최대)	안쪽 링크 안쪽 너비 b_1(최소)
					홑줄	2줄, 3줄	4줄 이상				
25	0.8	3.2	6.8	0.3	2.8	2.7	2.4	6.4	6.35	3.30	3.10
35	1.2	4.8	10.1	0.4	4.3	4.1	3.8	10.1	9.525	5.08	4.68
41	1.6	6.4	13.5	0.5	5.8	–	–	–	12.70	7.77	6.25
40	1.6	6.4	13.5	0.5	7.2	7.0	6.5	14.4	12.70	7.95	7.85
50	2.0	7.9	16.9	0.6	8.7	8.4	7.9	18.1	15.875	10.16	9.40
60	2.4	9.5	20.3	0.8	11.7	11.3	10.6	22.8	19.05	11.91	12.57
80	3.2	12.7	27.0	1.0	14.6	14.1	13.3	29.3	25.40	15.88	15.75
100	4.0	15.9	33.8	1.3	17.6	17.0	16.1	35.8	31.75	19.05	18.90
120	4.8	19.0	40.5	1.5	23.5	22.7	21.5	45.4	38.10	22.23	25.22
140	5.6	22.2	47.3	1.8	23.5	22.7	21.5	48.9	44.45	25.40	25.22
160	6.4	25.4	54.0	2.0	29.4	28.4	27.0	58.5	50.80	28.58	31.55
200	7.9	31.8	67.5	2.5	35.3	34.1	32.5	71.6	63.50	39.68	37.85
240	9.5	38.1	81.0	3.0	44.1	42.7	40.7	87.8	76.20	47.63	47.35

10

Chapter

동력 전달 장치 도면 그리기

1 동력 전달 장치

설계 변경

- 앵귤러 볼 베어링 7003A를 깊은 홈 볼 베어링 6904로 변경하시오.
- 기어의 잇수를 31에서 35로 변경하시오.
- 'A'부의 중심 거리 치수를 65로 변경하시오.

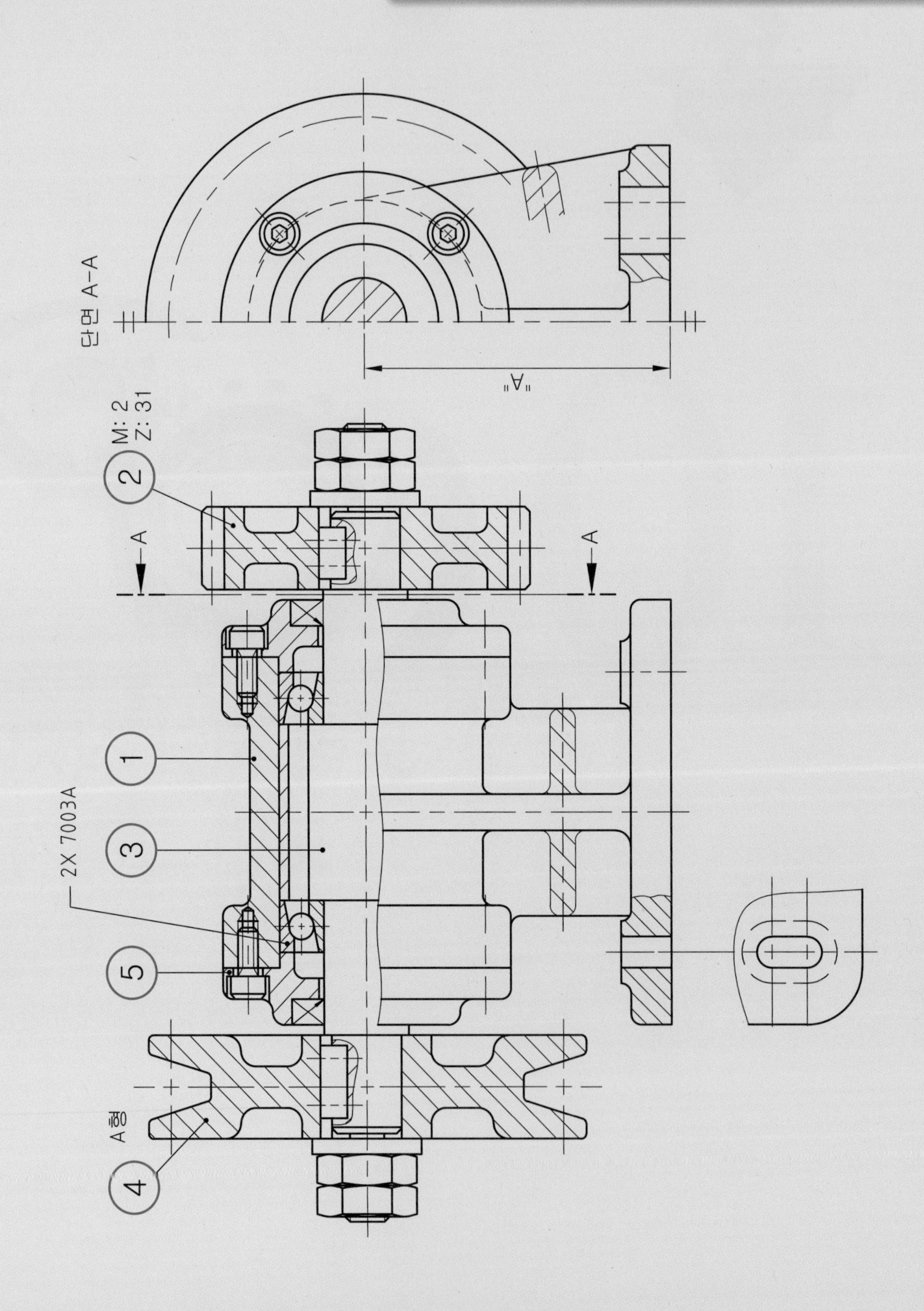

동력 전달 장치는 모터에서 발생한 동력을 기계에 전달하기 위한 장치를 말한다. 동력의 공급 및 전달, 속도 제어, 회전 제어 등의 역할을 한다.

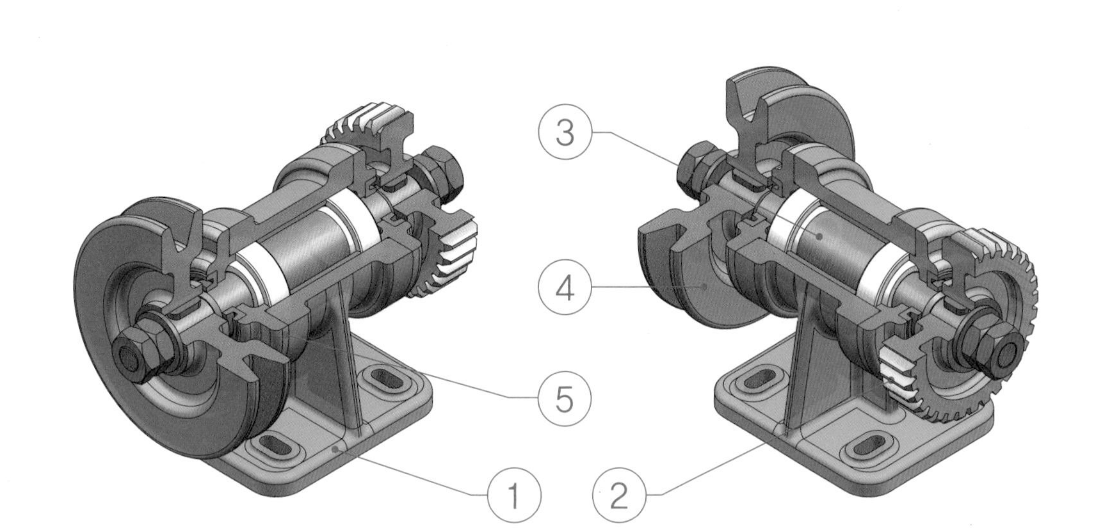

동력 전달 장치 조립도

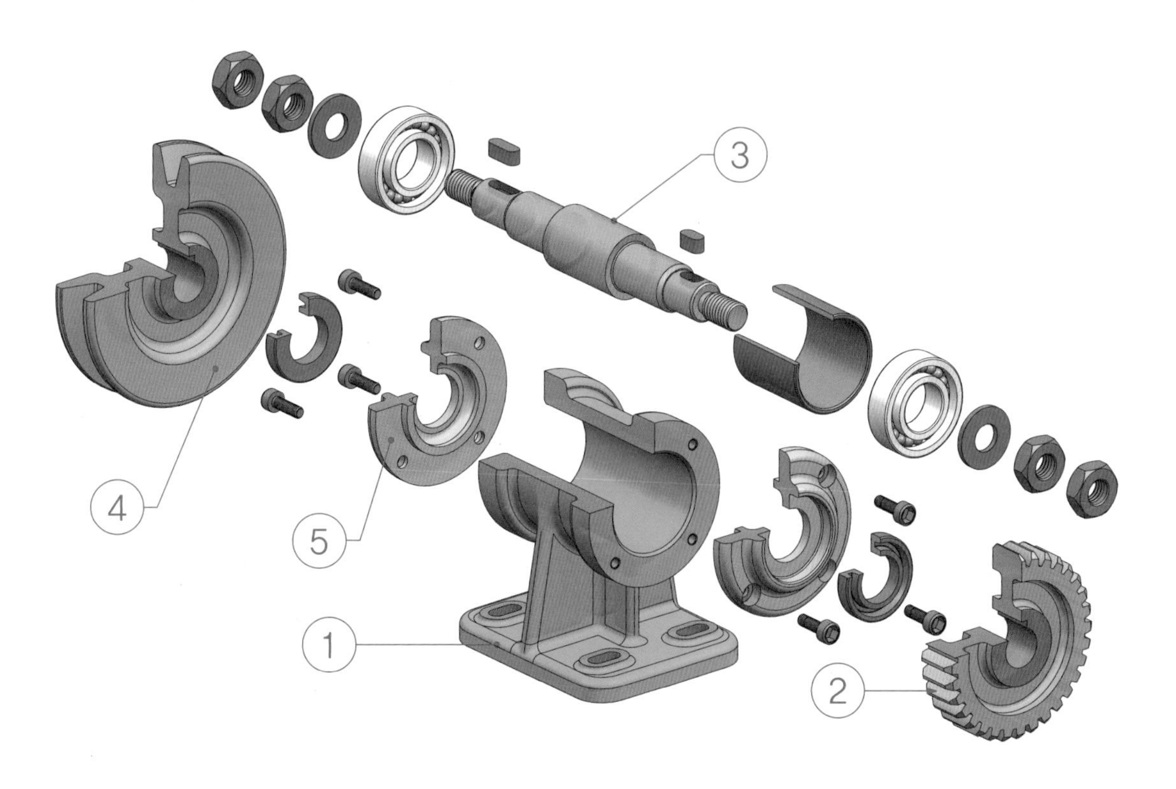

동력 전달 장치 분해도

1 동력 전달 방법

전동기에서 발생한 동력은 V 벨트를 통해 축에 고정된 벨트 풀리로 전달된다. 벨트 풀리에 전달된 동력은 2개의 베어링으로 지지된 축을 통해 스퍼 기어로 전달되며, 이렇게 전달된 동력은 스퍼 기어에 연결된 다른 기계 장치로 전달되어 일을 한다.

2 설계 조건

① A형 V 벨트 풀리와 기어의 모듈이 2이고 잇수가 31인 스퍼 기어를 사용한다.

② 축을 지지하는 베어링은 앵귤러 볼 베어링으로 7003A의 규격을 사용한다.

③ 베어링 커버에 사용된 밀봉 장치는 오일 실을, 커버 조립 볼트는 M4 육각 구멍 붙이 볼트를, 축에 조립된 V 벨트 풀리와 기어의 고정은 M10 로크너트를 사용한다.

2 동력 전달 장치 그리기

① 본체 그리기

동력 전달 장치에서 본체는 축, 베어링, 베어링 커버, 본체 고정구 등과 같은 동력 전달 장치의 요소들이 조립되어 동력을 전달할 수 있도록 지지해 주는 기능을 하며 구조적으로 다른 곳에 설치할 수 있도록 구성되어 있다.

(1) 본체의 재료 선택

본체의 재료는 주조성이 좋고 압축 강도가 큰 회주철품(GC250)을 많이 사용한다.

상품성을 높이기 위해 외면은 명청색 도장 처리를 하고 내면은 광명단 도장을 하여 산화되는 것을 방지한다.

본체의 기계 재료

기계 재료의 종류 및 기호	인장 강도(N/mm^2)	명 칭
GC250	250 이상	회주철품
SC450	450 이상	탄소 주강품

(2) 본체 투상하기

본체의 외형과 내부의 단면을 보면 어떻게 투상해야 할지 알 수 있다. 도면은 투상을 먼저 하고 치수를 결정해야 하는데, 이때 본체의 치수보다 베어링 치수를 먼저 결정한다.

본체의 다듬질 정도는 제거 가공이 불필요한 부위의 표면 거칠기(◯✓)와 일반 가공에서 정밀 가공까지 요구되는 부위의 표면 거칠기 (w✓, x✓, y✓)를 적용한다.

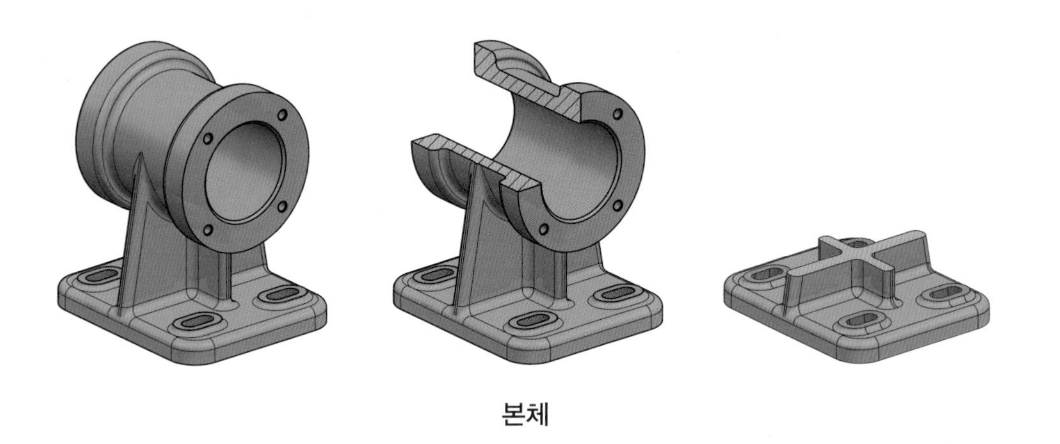

본체

① 데이텀 설정

데이텀은 원칙적으로 문자 기호에 의해 지시하며, 영어의 대문자를 정사각형으로 둘러싸고, 데이텀 삼각 기호에 지시선을 연결하여 나타낸다. 이때 데이텀 삼각 기호는 빈틈없이 칠해도 좋고 칠하지 않아도 좋다.

본체의 바닥면은 다른 곳에 설치할 수 있도록 되어 있는데, 이 면을 데이텀으로 설정한다. 이것이 치수 기입의 기준이 된다.

다듬질 정도는 중간 다듬질($\overset{x}{\bigtriangledown}$) 이상을 적용해야 측정 오차를 줄일 수 있다.

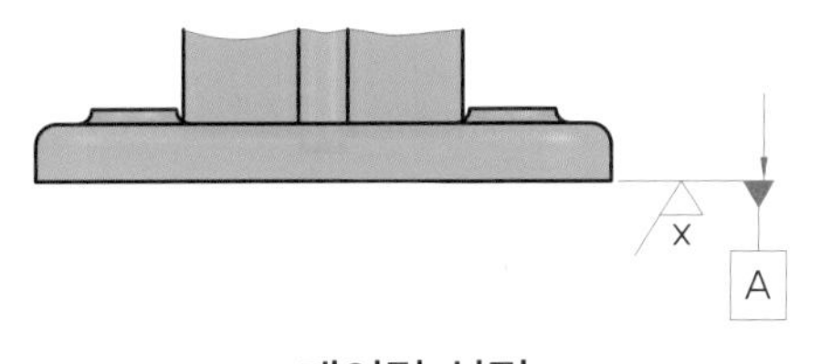

데이텀 설정

② 베어링 치수 결정

그림과 같이 축과 본체의 양쪽에 조립될 베어링 치수를 먼저 결정한다. 베어링의 안지름으로 축의 치수를 결정하고, 베어링의 바깥지름으로 본체의 안지름을 결정한다.

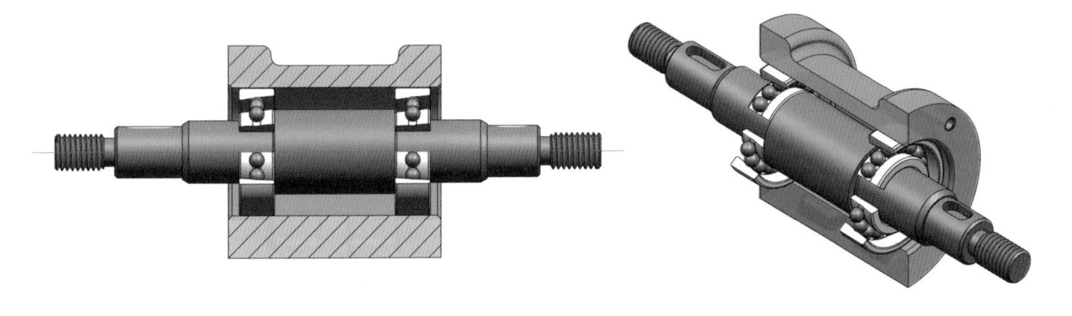

본체와 축의 베어링 조립 부위

③ 끼워 맞춤 공차, 기하 공차 및 다듬질 기호 기입

(가) 주어진 도면에서 본체에 조립된 앵귤러 볼 베어링의 사양을 7003A에서 깊은 홈 볼 베어링 6904로 변경하면 깊은 홈 볼 베어링 6904는 안지름이 20 mm, 바깥지름이 37 mm, 너비가 9 mm이다. 본체의 베어링 조립부의 치수가 37 mm이므로 공차는 H8이다.

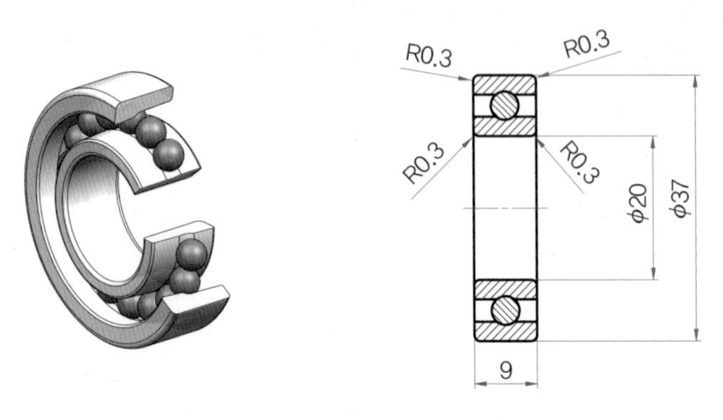

앵귤러 볼 베어링(70계열)

앵귤러 볼 베어링의 70계열 치수 (KS B 2024) (단위 : mm)

베어링 70계열 호칭 번호[1]			치수				
			d	D	B	r_{min}[2]	$r_{1\,min}$[2]
7002A	7002B	7002C	15	32	9	0.3	0.15
7003A	7003B	7003C	17	35	10	0.3	0.15
7004A	7004B	7004C	20	42	12	0.6	0.3

주 (1) : 접촉각의 기호 A는 생략할 수 있다.
(2) : 내륜 및 외륜의 최소 허용 모떼기 치수이다.

앵귤러 볼 베어링의 69계열 치수 (KS B 2024) (단위 : mm)

베어링 69계열 호칭 번호[1]	치수			
	d	D	B	r
6903	17	30	7	0.3
6904	20	37	9	0.3
6905	25	42	9	0.3

(나) 베어링이 조립되는 부분은 정밀 다듬질($\overset{y}{\bigtriangledown}$)을, 커버가 조립되는 부분은 중간 다듬질($\overset{x}{\bigtriangledown}$)을 적용하며, 그 외의 가공부는 거친 다듬질($\overset{w}{\bigtriangledown}$)을 적용한다.

㈐ 기하 공차는 데이텀 A를 기준으로 평행도를 적용하며, 평행도에 적용되는 기능 길이는 60mm이므로 IT 5급일 때 50mm 초과 80mm 이하의 IT 공차는 13μm이고, 평행도는 [// | 0.013 | A]이다.

㈑ 원통도는 데이텀 없이 사용하는 모양 공차로 IT 공차가 평행도와 같이 13μm이므로 [⌭ | 0.013]이다.

IT 공차

기준 치수 (mm)		IT 공차 등급					
		3	4	5	6	7	8
초과	이하	기본 공차의 수치(μm)					
3	6	2.5	4	5	8	12	18
6	10	2.5	4	6	9	15	22
10	18	3	5	8	11	18	27
18	30	4	6	9	13	21	33
30	50	4	7	11	16	25	39
50	80	5	8	13	19	30	46
80	120	6	10	15	22	35	54

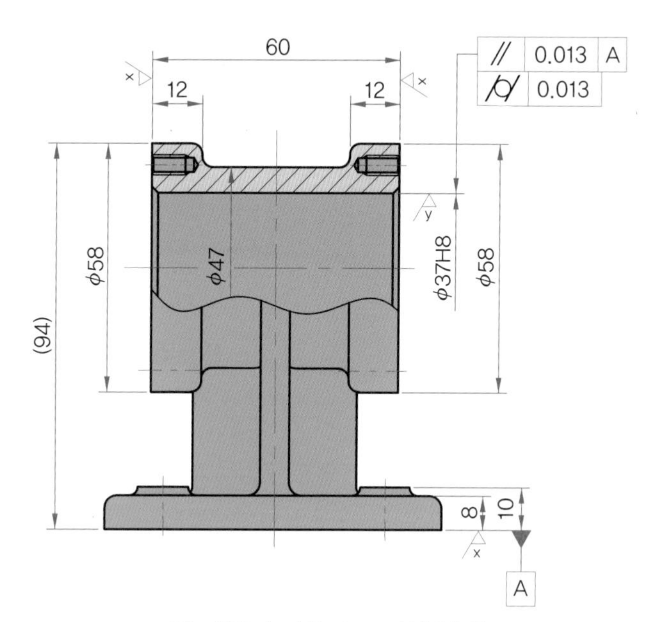

표면 거칠기 기호가 표기된 본체

참고

- 직각도에 적용되는 기능 길이는 측정하는 면에 한정되므로 데이텀 면에서부터 전체 높이가 아니라 기능 길이 58mm이다.
- 커버 조립부는 개스킷이 조립되고 본체 60mm가 일반 공차이므로 정밀한 직각도까지는 필요하지 않다.

④ **본체의 탭 나사와 볼트 구멍의 부분 단면도 그리기**

㈎ 본체에 커버를 조립하고 고정하기 위해 M4 나사로 체결한다.

㈏ 탭 나사의 표기법은 치수선과 치수 보조선을 사용하여 표기하며, 산업 현장에서는 도면에 간단히 지시선으로 표기한다.

㈐ 측면도의 탭 나사 중심선의 지름 치수는 반치수로 기입하며, 치수선은 중심을 넘어가도록 그린다.

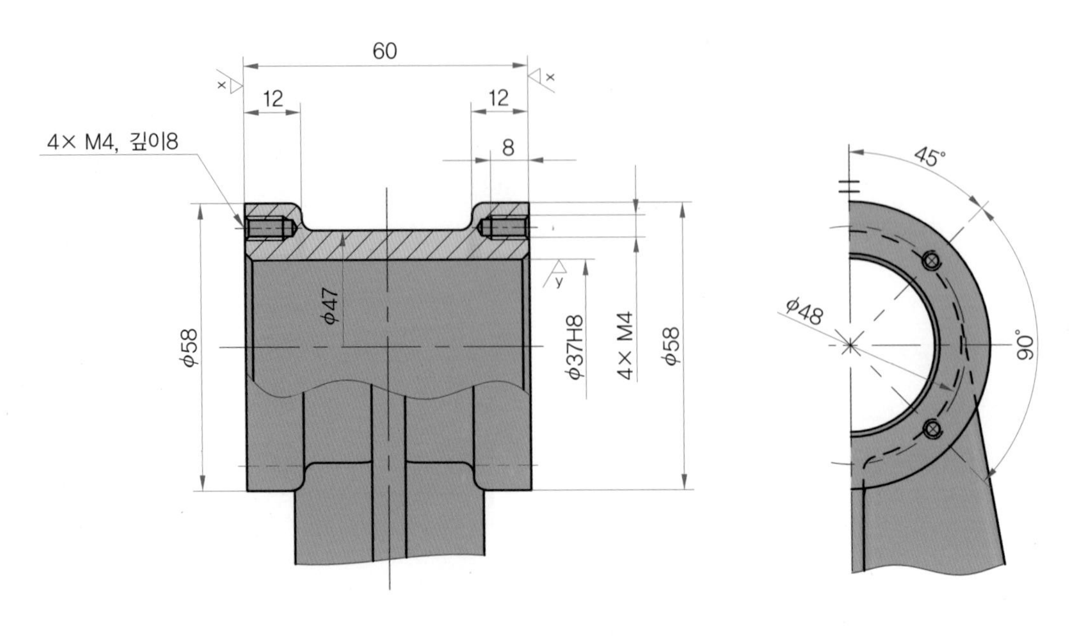

본체의 탭 나사 그리기

(라) 본체의 일부인 볼트 구멍을 부분 절단하여 내부 구조를 그린다. 이 경우는 파단선(가는 실선)으로 그 경계를 나타낸다.
(마) 파단선으로 경계를 나타낼 때는 대칭, 비대칭에 관계없이 나타낸다.
(바) 볼트 구멍의 다듬질 정도는 거친 다듬질(w/▽)을 적용한다.
(사) 치수는 4×6으로 기입한다. 이때 4는 4개의 구멍을 말하며 6은 치수이다.
(아) 저면도는 볼트 구멍 부분만 부분 투상한다.

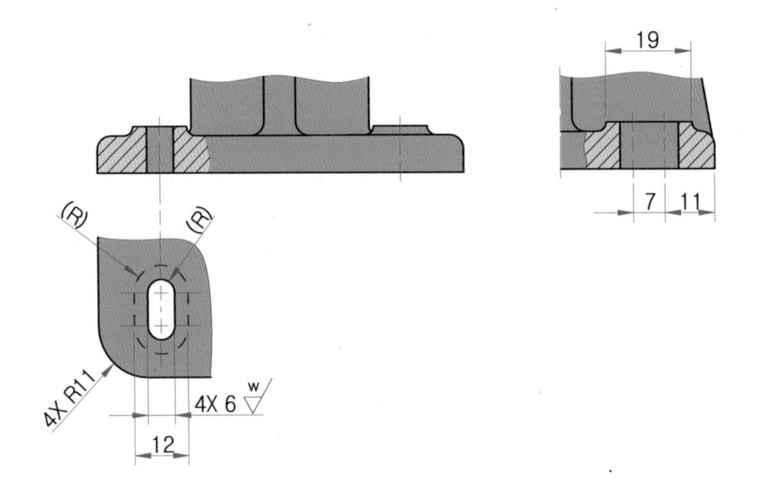

볼트 구멍의 부분 단면도

⑤ **리브의 회전 도시 단면도 그리기**

핸들이나 바퀴의 암, 림, 리브, 훅, 축, 구조물의 부재 등의 절단면은 90° 회전하여 그린다.

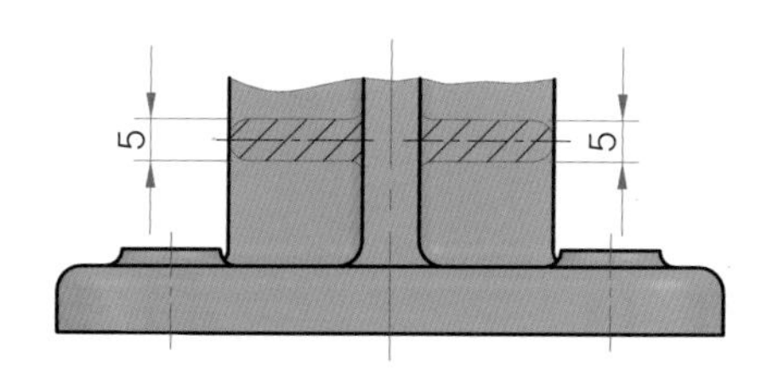

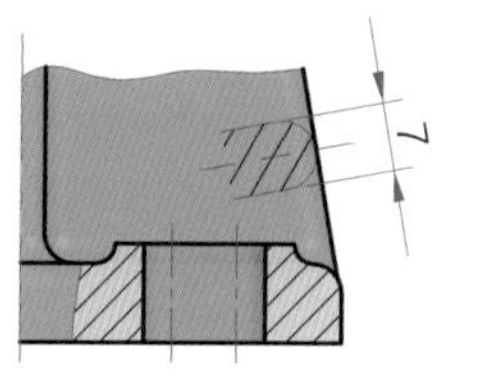

리브의 회전 도시 단면도

⑥ **중심 거리 허용차 기입**

바닥면(데이텀)에서 본체의 베어링이 조립되는 축의 중심선(구멍)까지의 중심 거리를 61mm에서 65mm로 설계 변경하면 중심 거리가 65mm이므로 IT 2급일 때 50mm 초과 80mm 이하의 중심 거리 허용차는 23㎛이고, 중심 거리는 65±0.023mm이다.

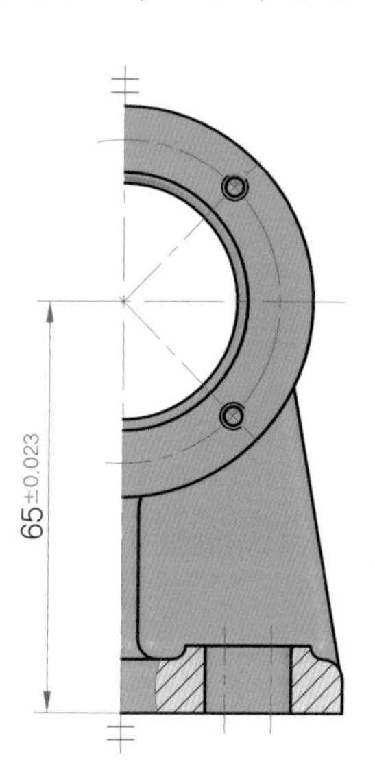

중심 거리의 허용차 기입

(3) 완성된 도면 검도

① 부품의 상호 조립 및 작동에 필요한 베어링 등 끼워 맞춤 공차를 검도한다.

② 부품의 가공과 방법, 기능에 알맞은 표면 거칠기를 적용했는지 검도한다.

③ 선의 용도에 따른 종류와 굵기, 색상에 관하여 검도한다(layer 지정).

④ 누락된 치수나 중복된 치수, 계산해야 하는 치수에 관하여 검도한다.

⑤ 기계 가공에 따른 기준면(데이텀)의 치수 기입에 관하여 검도한다.

⑥ 치수 보조선, 치수선, 지시선이 적절하게 사용되었는지 검도한다.

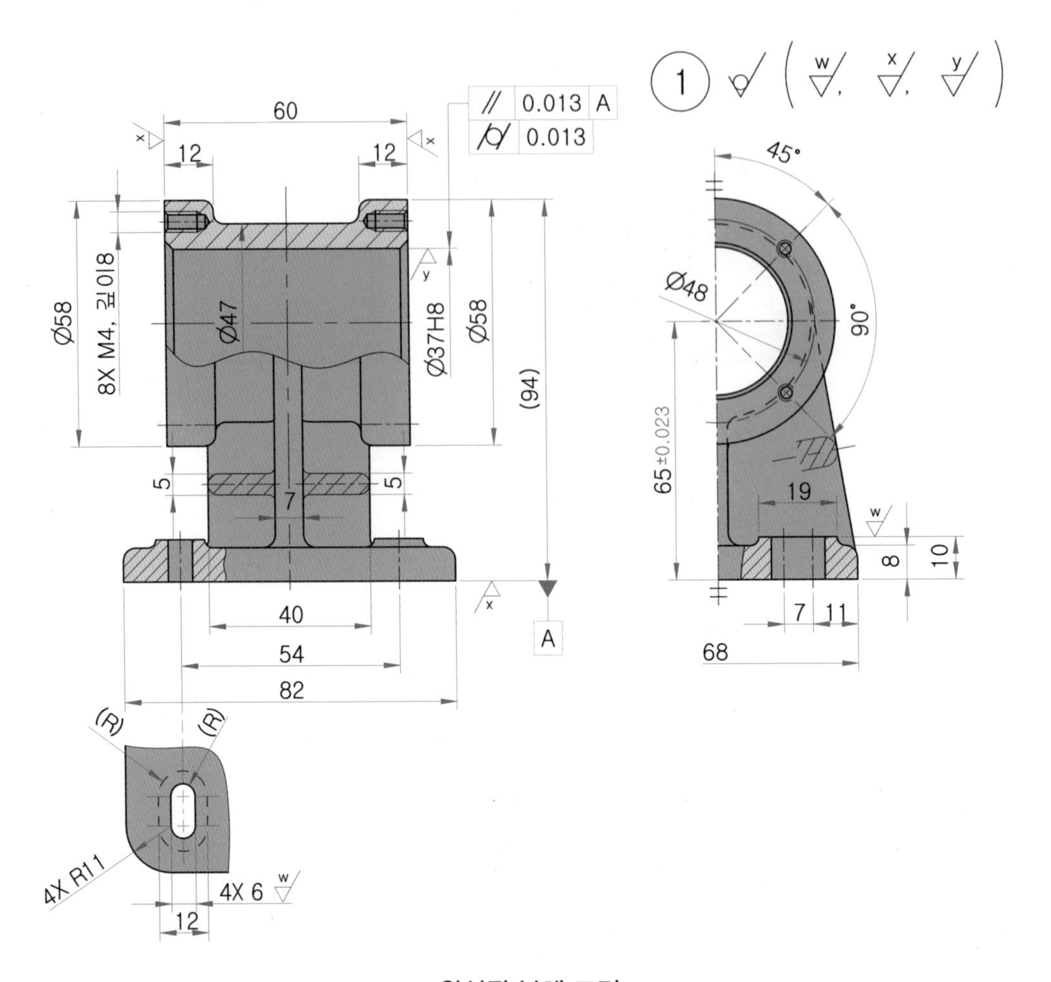

완성된 본체 도면

2 스퍼 기어 그리기

기어는 축간 거리가 짧고 확실한 회전을 전달시킬 때 또는 하나의 축에서 다른 축에 일정한 속도비로 동력을 전달할 때 사용하며, 미끄러짐 없이 확실한 동력을 전달할 수 있다. 감속비는 최고 1:6까지 가능하며, 효율은 가공 상태에 따라 95~98% 정도이다.

(1) 스퍼 기어의 재료 선택

기어 이의 열처리를 고려하여 주조하거나 봉재를 절단하여 선반 가공한 후 호빙 머신 등으로 치형을 가공하여 열처리할 수 있는 주강 또는 특수강 제품을 선택한다. 여기서는 SC49를 사용하였다.

기어의 기계 재료(KS D 3867, 3752)

기계 재료의 종류 및 기호	인장 강도(N/mm²)	명 칭
SCM415	415 이상	크로뮴-몰리브데넘강
SM45C	686 이상	기계 구조용 탄소강
SC49	–	주강

(2) 스퍼 기어 그리기

스퍼 기어는 축과 수직인 방향에서 본 그림을 정면도로 그리며, 측면도는 키 홈 부분만을 국부 투상으로 그린다. 잇수는 31에서 35로 설계 변경한다.

① 피치원 지름 = m(모듈) × Z(잇수) = 2 × 35 = 70mm

② 바깥지름 = $(Z+2)m$ = (35+2) × 2 = 74mm

③ 전체 이 높이 = 2.25 × m = 2.25 × 2 = 4.5mm

④ 기어 이는 정밀 다듬질(y▽)을, 그 외의 가공부는 중간 다듬질(x▽)을 적용한다.

⑤ 이는 부분 열처리 $H_RC40 \pm 2$를 적용하며 굵은 일점 쇄선으로 표기한다.

⑥ 데이텀은 구멍 14mm인 중심선을 데이텀 축선으로 지정하여 데이텀 문자 E를 기입한다.

⑦ 데이텀 E를 기준으로 기어 피치원은 복합 공차인 원주 흔들림을 적용한다. 기능 길이는 P.C.D 70mm이므로 IT 5급일 때 50mm 초과 80mm 이하의 IT 공차가 13μm이므로 원주 흔들림은 | ↗ | 0.013 | E |이다.

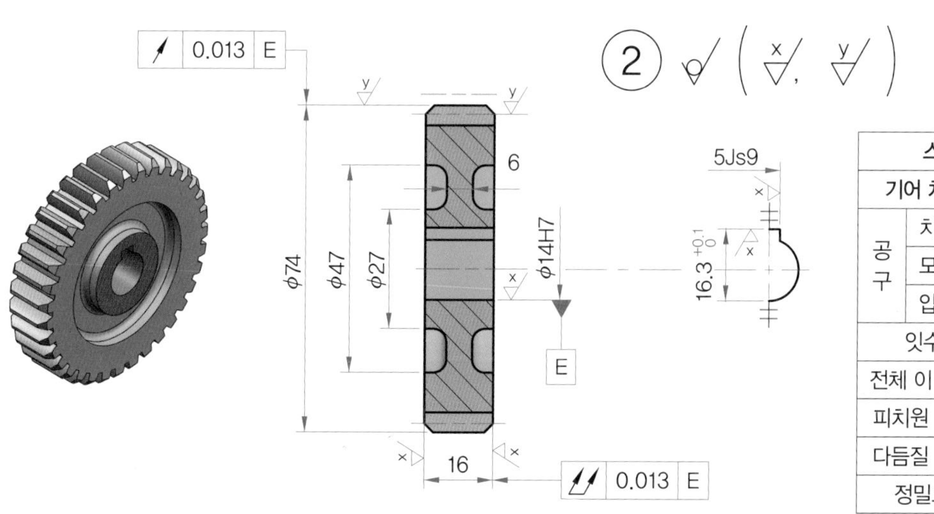

스퍼 기어 요목표	
기어 치형	표준
공구 치형	보통 이
공구 모듈	2
공구 압력각	20°
잇수	35
전체 이 높이	4.5
피치원 지름	φ70
다듬질 방법	호브 절삭
정밀도	KS B ISO 1328-1, 4급

스퍼 기어 그리기

③ 축 그리기

축은 동력을 전달하는 기계요소이다. 축이 정확하게 설계되고 가공 및 조립되어야 기계의 소음과 진동이 적고 수명이 길어진다.

(1) 축의 재료 선택

축의 재료는 강도와 열처리 방법 및 내식성, 가공성 등을 종합적으로 검토하여 결정한다.

열처리가 필요한 축은 선반 가공 후 열처리를 하고 연삭 등 마무리 가공을 하여 완성한다. 여기서는 SCM415를 사용하였다.

축의 기계 재료(KS D 3867, KS D 3752)

기계 재료의 종류 및 기호	인장 강도(N/mm^2)	명 칭
SCM415	450 이상	크로뮴-몰리브데넘강
SM45C	686 이상	기계 구조용 탄소강

(2) 베어링의 KS 규격 적용 및 공차와 기하 공차의 치수 기입

① 앵귤러 볼 베어링 7003A에서 깊은 홈 볼 베어링 6904로 설계 변경하면 안지름이 20mm이므로 축 지름은 ϕ20k5의 중간 끼워 맞춤 공차이며, 베어링 너비가 9mm이므로 단 길이는 25로 그린다.

② 베어링이 r=0.3이므로 축 단의 구석은 R0.3 이하로 라운드 가공하고, 베어링 조립부는 정밀 다듬질(y/▽)을 적용한다.

③ 축의 중심선을 데이텀 축선으로 지정하여 데이텀 문자 B와 C로 지정한다.

④ 기하 공차는 데이텀 B-C를 기준으로 원주 흔들림을 적용한다. 원주 흔들림에 적용되는 기능 길이는 20mm이므로 IT 5급일 때 18mm 초과 30mm 이하의 IT 공차는 9μm이고, 원주 흔들림은 | ↗ | 0.009 | B-C | 이다.

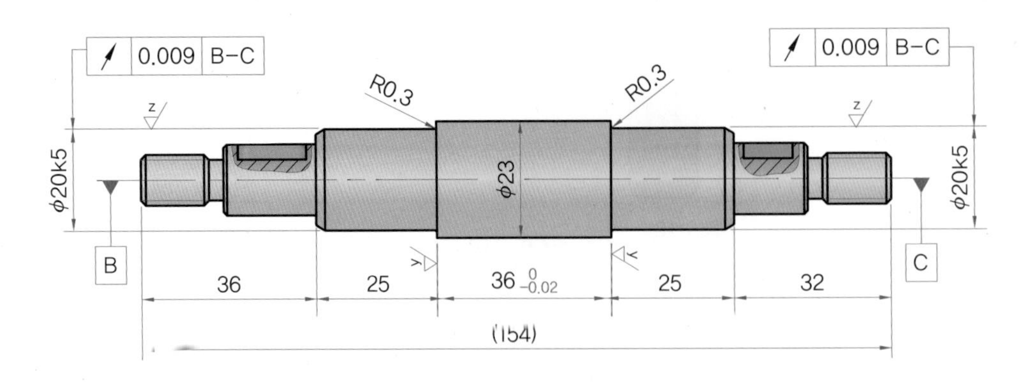

베어링의 KS 규격 적용 및 공차와 기하 공차의 치수 기입

(3) 오일 실 관계 치수 기입

오일 실의 조립부는 초정밀 다듬질(z 표면 거칠기 기호)을 적용한다. 오일 실은 회전 운동을 하는 동력 전달 장치의 커버에 사용되며 오일이 누수되지 않도록 기밀을 유지한다. 이물질의 침입을 차단하기 위해 많이 사용된다.

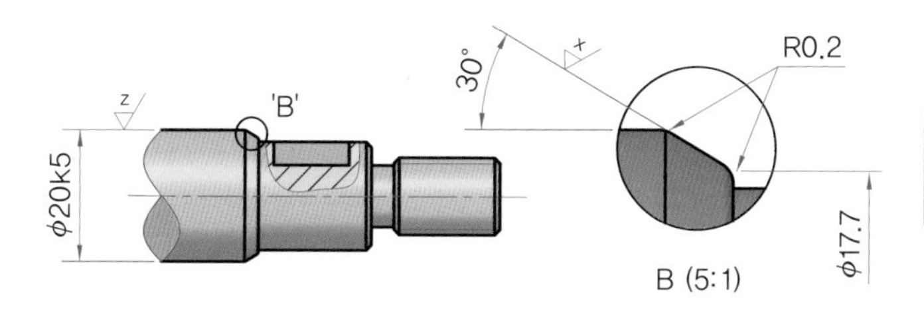

축의 모떼기와 둥글기의 R0.2는 둥글기를 만드는 정도이다. KS B 2804 참조

오일 실 관계 치수 기입

(4) 센터 구멍 치수 기입

센터는 주로 선반에서 주축과 심압대 축 사이에 삽입되어 공작물을 지지하는 것으로, 보통 선단각을 60°로 하지만 중량물을 지지할 때는 75° 또는 90° 인 것을 사용한다.

참고

센터 구멍의 치수는 KS B 0410을 적용하며 도시 방법은 KS A ISO 6411-1을 적용한다. 센터 구멍의 표면 거칠기는 y 표면 거칠기 기호를 적용하며 t=t'+0.3d 이상이다.

(5) 완성된 축 도면

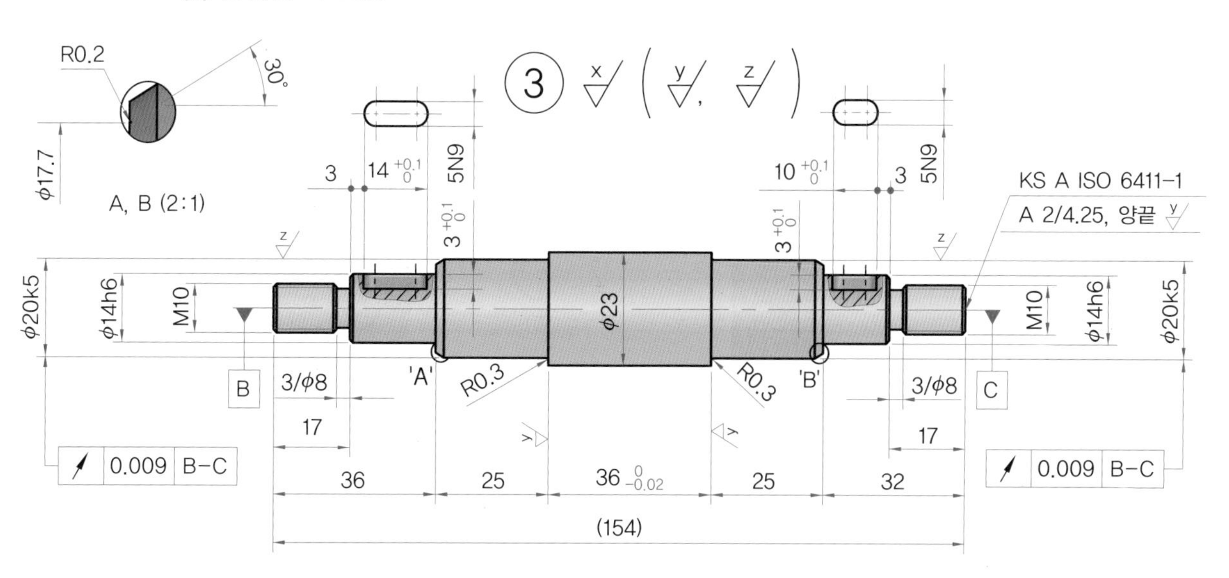

완성된 축 도면

④ V 벨트 풀리 그리기

V 벨트는 벨트 풀리와의 마찰이 크고 미끄럼이 생기기 어려워 축간 거리가 짧고 속도비가 큰 경우의 동력 전달에 좋다.

중심 거리는 2~5m에서 사용이 적당하나 수십 cm 이내인 짧은 거리에도 효과적이며, 엇걸기를 할 수 없어 두 축의 회전 방향을 바꿀 수 없다.

(1) V 벨트 풀리의 재료 선택

일반적으로 주철을 사용하는데, 여기서는 회주철품 3종인 GC250을 사용하였다.

V 벨트 풀리의 기계 재료

기계 재료의 종류 및 기호	인장 강도(N/mm²)	명 칭
GC250	250 이상	회주철품
SC450	450 이상	탄소 주강품

(2) V 벨트 풀리 그리기(KS B 1400)

① V 벨트 홈부의 치수와 공차 기입

(가) V 벨트가 M형이고 호칭 지름이 79mm인 V 벨트 풀리의 홈부의 치수와 공차를 기입한다.

(나) V 홈의 각도는 34°±0.5°로, 홈 부위는 확대도로 표기한다.

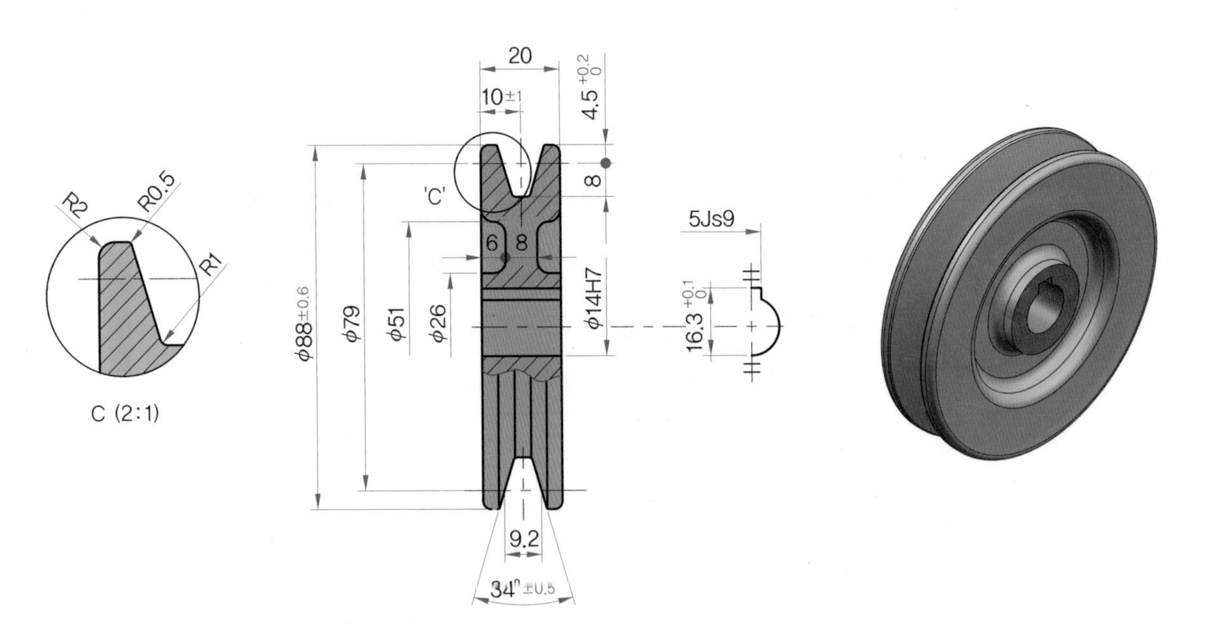

V 벨트 홈부의 치수와 공차 기입

② 데이텀 설정

V 벨트 풀리의 기하 공차를 기입할 때 기준선은 구멍 ϕ14H7의 중심선을 데이텀 축선으로 지정하여 데이텀 문자 D로 지정한다.

③ 기하 공차 기입

V 벨트의 호칭 지름이 79mm이므로 75mm 이상 118mm 이하의 바깥둘레 흔들림 허용값은 0.3mm이고 림 측면 흔들림 허용값도 0.3mm이다. 따라서 데이텀 D를 기준으로 원주 흔들림은 | ↗ | 0.3 | D |이다.

참고
기능 길이 88mm로 IT 5급을 적용하면 80mm 이상 120mm 이하의 IT 공차는 15μm이므로 원주 흔들림은 | ↗ | 0.015 | D |이다.

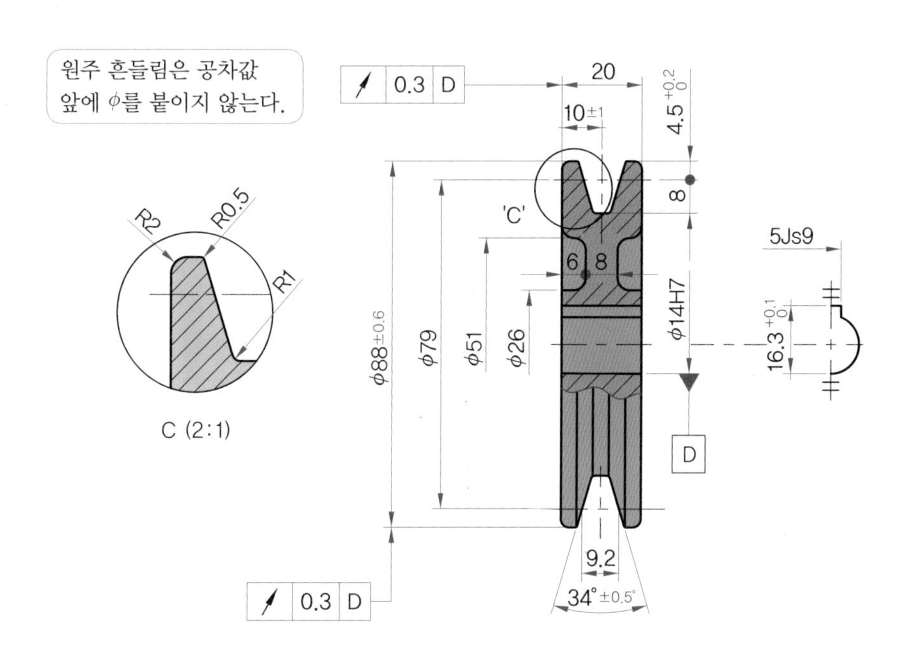

V 벨트 풀리의 기하 공차 기입

④ 다듬질 기호 기입

V 벨트 풀리는 주강 또는 주물 제품으로 다듬질 정도는 ∽(x, y) 까지 요구된다. V 벨트 풀리의 홈 측면인 V 벨트 접촉부는 정밀 다듬질(y)을 적용하며 풀리의 바깥지름의 둘레, 림 측면, 홈 둘레는 중간 다듬질(x)을 적용한다.

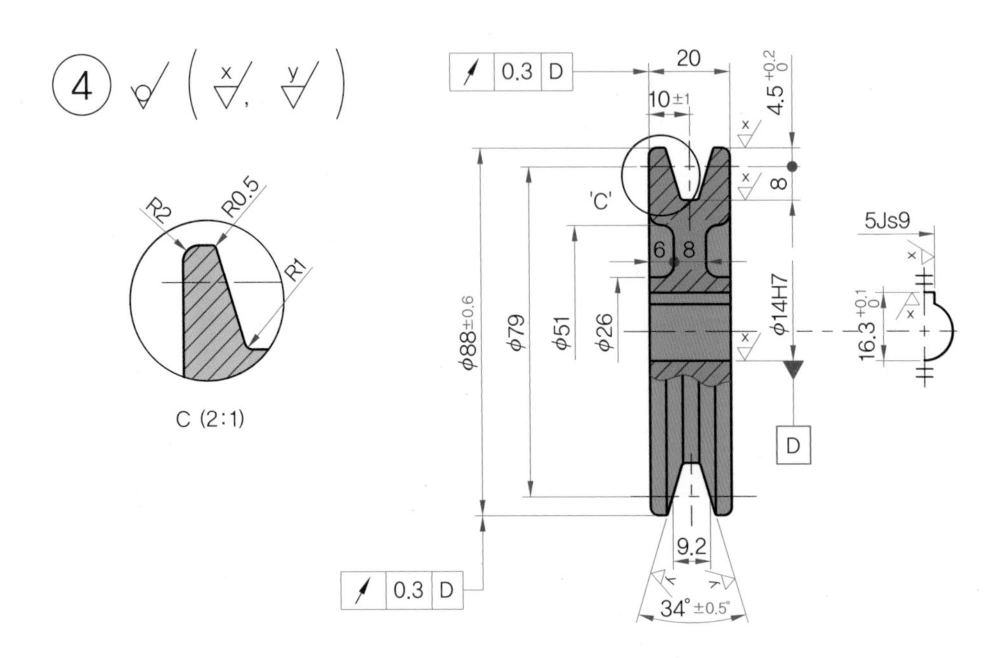

V 벨트 풀리의 다듬질 기호 기입

⑤ 키 홈 그리기

(가) 축의 지름이 14mm이므로 12mm 초과 17mm 이하일 때 키 호칭 치수는 5×5mm, 키 홈 b_1, b_2는 5mm, 공차는 축이 N9, 구멍이 Js9이다. 또한 키 홈의 깊이는 축(t_1)이 3mm이고 구멍(t_2)이 2.3mm이다.

(나) 키 홈은 헐거운 끼워 맞춤으로 고정하므로 중간 다듬질(x)을 적용한다.

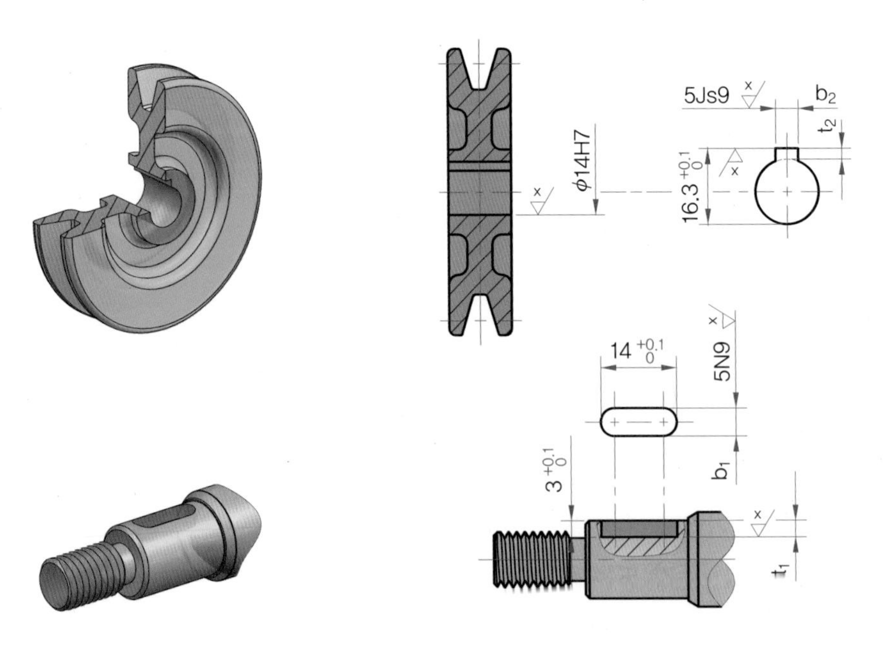

키 홈 그리기

⑤ 커버 그리기

오일이 본체 밖으로 새어나오지 않도록 하기 위해 밀봉 장치를 갖춘 것을 커버라 한다. 커버는 본체의 양쪽에 조립하며 오일의 누수를 막기 위해 개스킷을 사용하기도 한다.

(1) 커버의 재료 선택

커버는 주물 제품으로 복잡한 형상을 쉽게 가공하기 위해 널리 사용한다. 여기서는 회주철품 GC200을 사용하였다.

커버의 기계 재료

기계 재료의 종류 및 기호	인장 강도(N/mm²)	명 칭
GC200	200 이상	회주철품

(2) 커버의 다듬질 기호 및 기하 공차 기입

① 베어링의 바깥지름이 37mm이므로 커버의 베어링 접촉부 단 지름은 ϕ37e7로 그린다.

② **다듬질 기호 기입** : 커버와 베어링의 접촉부, 오일 실 조립부는 정밀 다듬질(y▽)을, 본체와 조립부는 중간 다듬질(x▽)을, 그 외의 가공부는 거친 다듬질(w▽)을 적용한다.

③ **기하 공차 기입** : 커버의 기하 공차는 보통 오일 실 조립부에 원통도를 지시하는 정도이다. 원통도에 적용되는 기능 길이는 5.2mm이므로 IT 5급일 때 3mm 초과 6mm 이하의 IT 공차가 5μm이므로 원통도는 |⌭|0.005|이다.

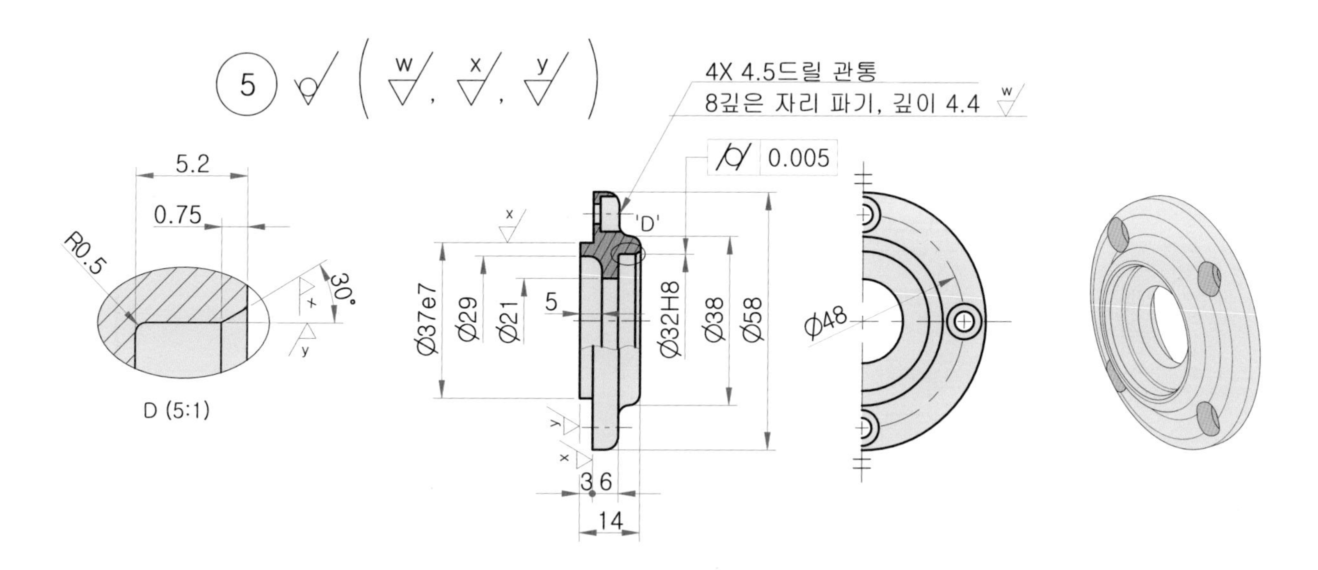

커버 그리기

1 동력 전달 장치 부품도

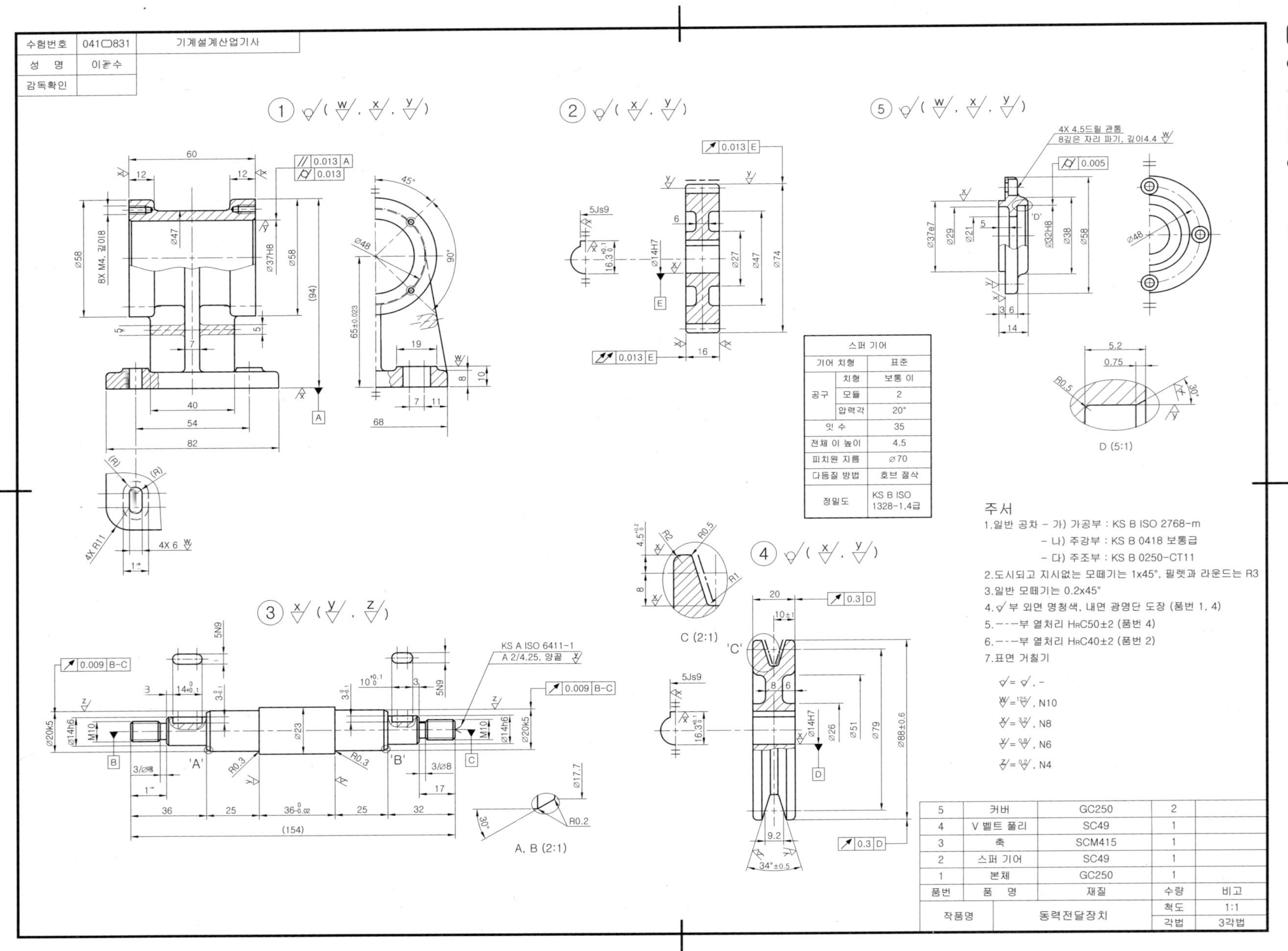
수험번호 041□831
기계설계산업기사
성 명 이준수
감독확인
스퍼 기어
기어 치형 표준
공구 치형 보통 이
모듈 2
압력각 20°
잇 수 35
전체 이 높이 4.5
피치원 지름 ⌀70
다듬질 방법 호브 절삭
정밀도 KS B ISO 1328-1,4급
D (5:1)
C (2:1)
A, B (2:1)
KS A ISO 6411-1
A 2/4.25, 양끝
4X 4.5드릴 관통
8깊은 자리 파기, 깊이4.4
주서
1.일반 공차 - 가) 가공부 : KS B ISO 2768-m
- 나) 주강부 : KS B 0418 보통급
- 다) 주조부 : KS B 0250-CT11
2.도시되고 지시없는 모떼기는 1x45°, 필렛과 라운드는 R3
3.일반 모떼기는 0.2x45°
4. 부 외면 명청색, 내면 광명단 도장 (품번 1, 4)
5.---부 열처리 HRC50±2 (품번 4)
6.---부 열처리 HRC40±2 (품번 2)
7.표면 거칠기
N10
N8
N6
N4
5 커버 GC250 2
4 V 벨트 풀리 SC49 1
3 축 SCM415 1
2 스퍼 기어 SC49 1
1 본체 GC250 1
품번 품 명 재질 수량 비고
작품명 동력전달장치 척도 1:1
각법 3각법

2 동력 전달 장치 등각투상도

5	커버	GC250	2	
4	V 벨트 풀리	SC49	1	
3	축	SCM415	1	
2	스퍼 기어	SC49	1	
1	본체	GC250	1	
품번	품명	재질	수량	비고
작품명	동력 전달 장치		각법	등각투상
			척도	NS

수험번호	04100833	기계설계산업기사
성 명	이광수	
감독확인		

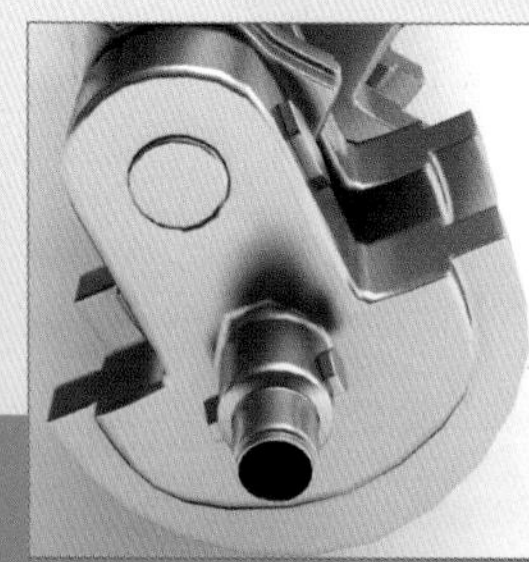

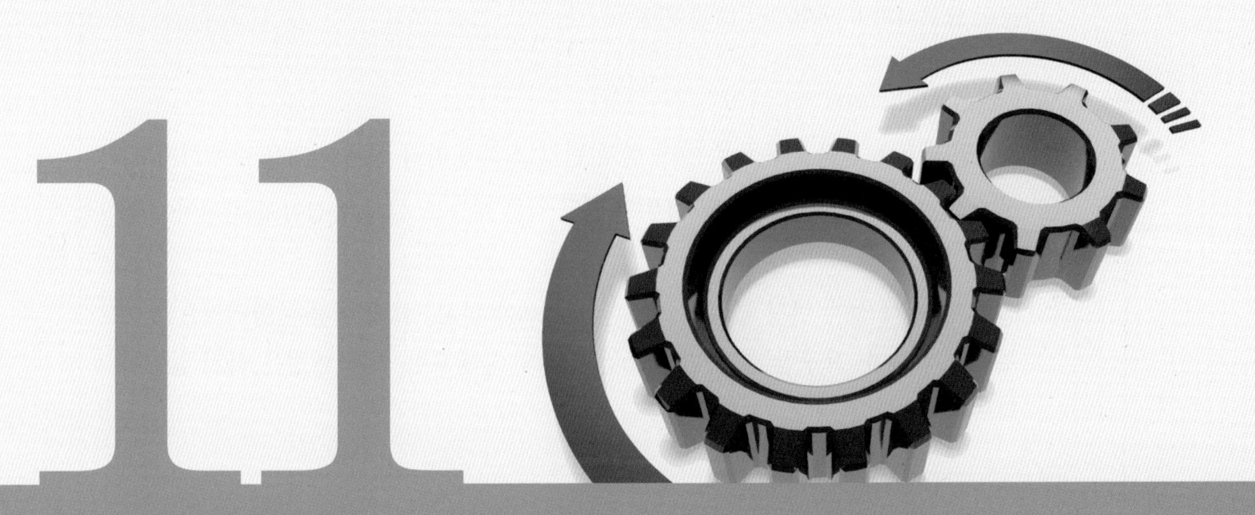

Chapter 11

실습 과제 도면 해석

국가기술자격 실기시험문제

자격종목	기계설계산업기사		과제명	도면참조	
비번호		시험일시		시험장명	

시험시간 : 5시간 30분

1 요구사항

다음의 요구사항을 시험시간 내에 완성하시오.

1. 설계 변경 작업

(1) 지급된 과제 도면을 기준으로 아래 설계 변경 조건에 따라 설계 변경을 수행하시오.

(2) 설계 변경 대상 부품이 변경될 경우 관련된 다른 부품도 설계 변경이 수반되어야 합니다.

(3) 설계 변경 시 설계 변경 부위는 최소한으로 해야 하고, 설계 변경은 합리적으로 이루어져야 하며, 요구한 설계 변경 조건 이외의 불필요한 설계 변경은 하지 않아야 합니다.

설계 변경 조건

❶ 'A'부 치수를 64로 변경하시오. 단, ①번 부품만 변경합니다.
❷ 'B'부 치수를 40으로 변경하시오. 단, ②번과 ④번 부품만 변경합니다.
❸ 'C'부 치수를 ϕ8로 변경하시오.
❹ 가공하는 제품도는 변경되지 않습니다.
❺ 과제 도면에 직접 명시된 치수는 변경되지 않습니다.
※ 설계 변경 작업을 대부분 하지 않았거나 제시한 문제 도면을 그대로 투상한 경우 채점 대상에서 제외됩니다.

2. 부품도(2D) 제도

(1) 지급된 과제 도면을 기준으로 설계 변경 작업 후 부품 (①, ②, ③, ④) 번의 부품도를 CAD 프로그램을 이용하여 제도하시오.

– 단, 모델링도는 대상 부품이 틀릴 수 있습니다.

(2) 부품들의 형상이 잘 나타나도록 투상도와 단면도 등을 빠짐없이 제도하고 설계 목적에 맞는 기능 및 작동을 할 수 있도록 치수, 치수 공차, 끼워맞춤 공차, 기하 공차, 표면 거칠기, 표면처리, 열처리, 주서 등 부품도 제작에 필요한 모든 사항을 기입합니다.

(3) 출력은 지급된 용지(A3 트레이싱지)에 본인이 직접 흑백으로 출력하여 제출합니다.

(4) 제도는 제3각법으로 A2 크기 도면의 윤곽선 영역 내에 1：1로 제도하며, 지정된 양식에 맞추어 좌측상단 A부에 수험번호와 성명을 먼저 작성하고, 오른쪽 하단 B부에 표제란과 부품란을 작성한 후 부품도를 제도합니다.

3. 렌더링 등각 투상도(3D) 제도

(1) 지급된 과제 도면을 기준으로 설계 변경 작업 후 (①, ②, ③, ④) 번 부품을 파라메트릭 솔리드 모델링을 하고, 흑백으로 출력 시 형상이 잘 나타나도록 음영, 렌더링 처리를 하여 A2 용지에 제도하시오.

– 단, 출력 시 형상이 잘 나타나도록 색상 및 그 외 사항을 적절히 지정하시기 바라며, 부품은 단면하여 나타내지 않습니다.

(2) 도면의 크기는 A2로 하고 윤곽선 영역 내에 적절히 배치하도록 하며, 좌측상단 A부에 수험번호와 성명을 먼저 작성하고, 오른쪽 하단 B부에는 표제란과 부품란을 작성한 후 모델링도 작업을 합니다.

(3) 척도는 NS로 A3에 출력하며, 부품마다 실물의 특징이 가장 잘 나타나는 등각축을 2개 선택하여 등각 이미지를 2개씩 나타내시기 바랍니다.

(4) 출력은 렌더링 등각투상도로 나타낸 도면을 지급된 트레이싱 용지에 본인이 직접 흑백으로 출력하여 제출합니다.

<table>
<tr><td>지급 재료</td><td rowspan="2">※ 트레이싱지(A3)로 출력되지 않으면 오작</td></tr>
<tr><td>트레이싱지(A3) 2장</td></tr>
</table>

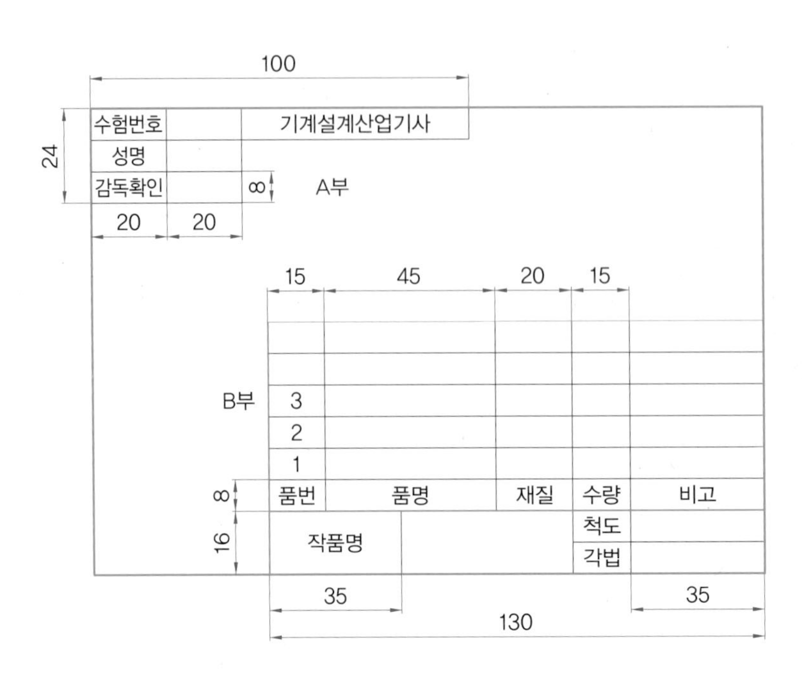

도면 작성 양식(2D 및 3D)

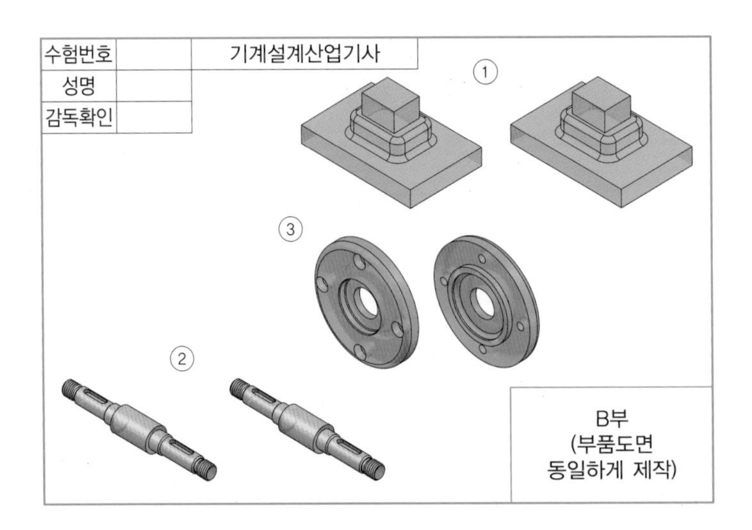

3D 모델링도 예시

2 수험자 유의사항

(1) 미리 작성된 LISP과 같은 Part program 또는 Block은 일체 사용할 수 없습니다.

(2) 시작 전 감독위원이 지정한 위치에 본인 비번호로 폴더를 생성한 후 비번호를 파일명으로 작업내용을 저장하고, 시험 종료 후 저장한 작업내용은 삭제바랍니다.

(3) 정전 또는 기계고장을 대비하여 수시로 저장하시기 바랍니다.
- 이러한 문제 발생 시 "작업정지시간 + 5분" 의 추가시간을 부여합니다.

(4) 제도는 지급한 KS 데이터를 참고하여 제도하고, 규정되지 않은 내용은 과제 도면을 기준으로 하여 통상적인 KS 규격 및 ISO 규격과 관례에 따르시기 바랍니다.

(5) 도면의 한계와 선 굵기, 문자 및 크기를 구분하기 위한 색상은 다음과 같습니다.

㉮ 도면의 한계설정(Limits)

a와 b의 도면의 한계선(도면의 가장자리 선)은 출력되지 않도록 합니다.

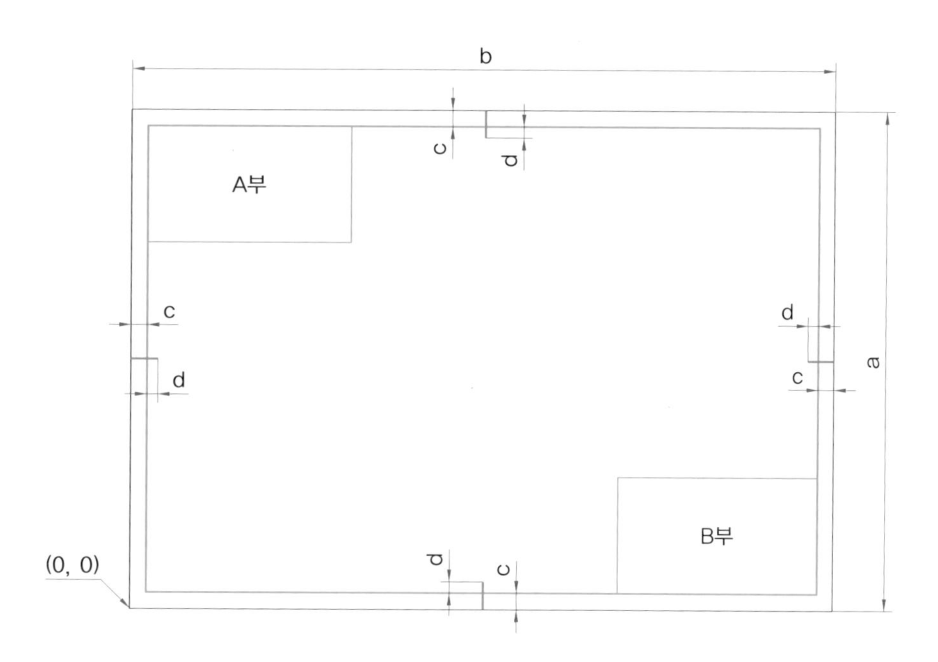

구분	도면의 한계		중심 마크	
기호 / 도면 크기	a	b	c	d
A2(부품도)	420	594	10	5

도면의 크기 및 한계 설정, 윤곽선 및 중심 마크

㉯ 선 굵기와 문자, 숫자, 크기 구분을 위한 색상 지정

문자, 숫자, 기호의 높이	선 굵기	지정 색상(Color)	용도
7.0mm	0.70mm	청(파란)색 (Blue)	윤곽선, 표제란과 부품란의 윤곽선 등
5.0mm	0.50mm	초록(Green), 갈색(Brown)	외형선, 부품번호, 개별주서, 중심 마크 등
3.5mm	0.35mm	황(노란)색 (Yellow)	숨은선, 치수와 기호, 일반 주서 등
2.5mm	0.25mm	흰색(White), 빨강(Red)	해치선, 치수선, 치수보조선, 중심선, 가상선 등

※ 위 표는 Autocad 프로그램상에서 출력을 용이하게 하기 위한 설정이므로 다른 프로그램을 사용할 경우 위 항목에 맞도록 문자, 숫자, 기호의 크기, 선 굵기를 지정하시기 바랍니다.

※ 출력과정에서 문자, 숫자, 기호의 크기 및 선 굵기 등이 옳지 않을 경우 감점이나 혹은 채점대상 제외가 될 수 있으니 이점 참고하시기 바랍니다.

※ 숫자, 로마자는 ISO 표준을 사용하고, 한글은 굴림 또는 굴림체를 사용하시기 바랍니다.

(6) 과제 도면에 표시되지 않은 표준 부품은 지급한 KS 데이터를 참고하여 해당 규격으로 제도하고, 도면의 측정 치수와 규격이 일치하지 않을 때에는 해당 규격으로 제도합니다.

(7) 좌측상단 A부에 감독위원 확인을 받아야 하며, 안전수칙을 준수해야 합니다.

(8) 작업이 끝나면 감독위원이 제공한 USB에 바탕화면의 비번호 폴더 전체를 저장하고, 출력 시 시험위원이 USB를 삽입한 후 수험자 본인이 감독위원 입회하에 직접 출력하며, 출력 소요시간은 시험시간에서 제외합니다.

(9) 표제란 위에 있는 부품란에는 각 도면에서 제도하는 해당 부품만 기재합니다.

※ 다음 사항에 대해서는 채점 대상에서 제외하니 특히 유의하시기 바랍니다.

■ **기권**

수험자 본인이 수험 도중 기권 의사를 표시한 경우

■ **실격**

㉮ 시험 시작 전 program 설정 조정하거나 미리 작성된 Part program(노번, 난숙 키

셋업 등) 또는 LISP과 같은 Block(도면 양식, 표제란, 부품란, 요목표, 주서 및 표면 거칠기 등)을 사용한 경우

㉯ 채점 시 도면 내용이 다른 수험자와 일부 또는 전부가 동일한 경우

㉰ 파일로 제공한 KS 데이터에 의하지 않고 지참한 노트나 서적을 열람한 경우

㉱ 수험자의 장비조작 미숙으로 파손 및 고장을 일으킨 경우

■ 미완성

㉮ 시험시간 내에 부품도(1장), 렌더링 등각투상도(1장)를 하나라도 제출하지 않은 경우

㉯ 수험자의 직접 출력시간이 10분을 초과할 경우(다만, 출력시간은 시험시간에서 제외하며, 출력된 도면의 크기 또는 색상 등이 채점하기 어렵다고 판단될 경우에는 감독위원의 판단에 의해 1회에 한하여 재출력이 허용됩니다.)

- 단, 재출력 시 출력 설정만 변경해야 하며 도면 내용을 수정하거나 할 수는 없습니다.

㉰ 요구한 부품도, 렌더링 등각 투상도 중에서 1개라도 투상도가 제도되지 않은 경우 (지시한 부품번호에 대하여 모두 작성해야 하며 하나라도 누락되면 미완성 처리)

■ 오작

㉮ 요구한 도면 크기에 제도되지 않아 제시한 출력용지와 크기가 맞지 않는 작품

㉯ 설계 변경 작업을 대부분 수행하지 않았다고 판단된 도면

㉰ 각법이나 척도가 요구사항과 전혀 맞지 않은 도면

㉱ 전반적으로 KS 제도규격에 의해 제도되지 않았다고 판단된 도면

㉲ 지급된 용지(트레이싱지)에 출력되지 않은 도면

㉳ 끼워맞춤 공차 기호를 부품도에 기입하지 않았거나 아무 위치에 지시하여 제도한 도면

㉴ 끼워 맞춤 공차의 구멍 기호(대문자)와 축 기호(소문자)를 구분하지 않고 지시한 도면

㉵ 기하 공차 기호를 부품도에 기입하지 않았거나 아무 위치에 지시하여 제도한 도면

㉶ 표면 거칠기 기호를 부품도에 기입하지 않았거나 아무 위치에 지시하여 제도한 도면

㉷ 조립상태(조립도 혹은 분해조립도)로 제도하여 기본 지식이 없다고 판단되는 도면

※ 지급된 시험 문제지는 비번호 기재 후 반드시 제출합니다.

※ 출력은 수험자 판단에 따라 CAD 프로그램상에서 출력하거나 PDF 파일 또는 출력 가능한 호환성 있는 파일로 변환하여 출력하여도 무방합니다.

- 이 경우 폰트 깨짐 등의 현상이 발생될 수 있으니 이점 유의하여 CAD 사용 환경을 적절히 설정하여 주시기 바랍니다.

과제1 V 블록 클램프

설계 변경

- 'A'부 치수를 98로 변경하시오.
- 'B'부 치수를 70으로 변경하시오.
- 'C'부 치수를 ϕ10으로 변경하시오.

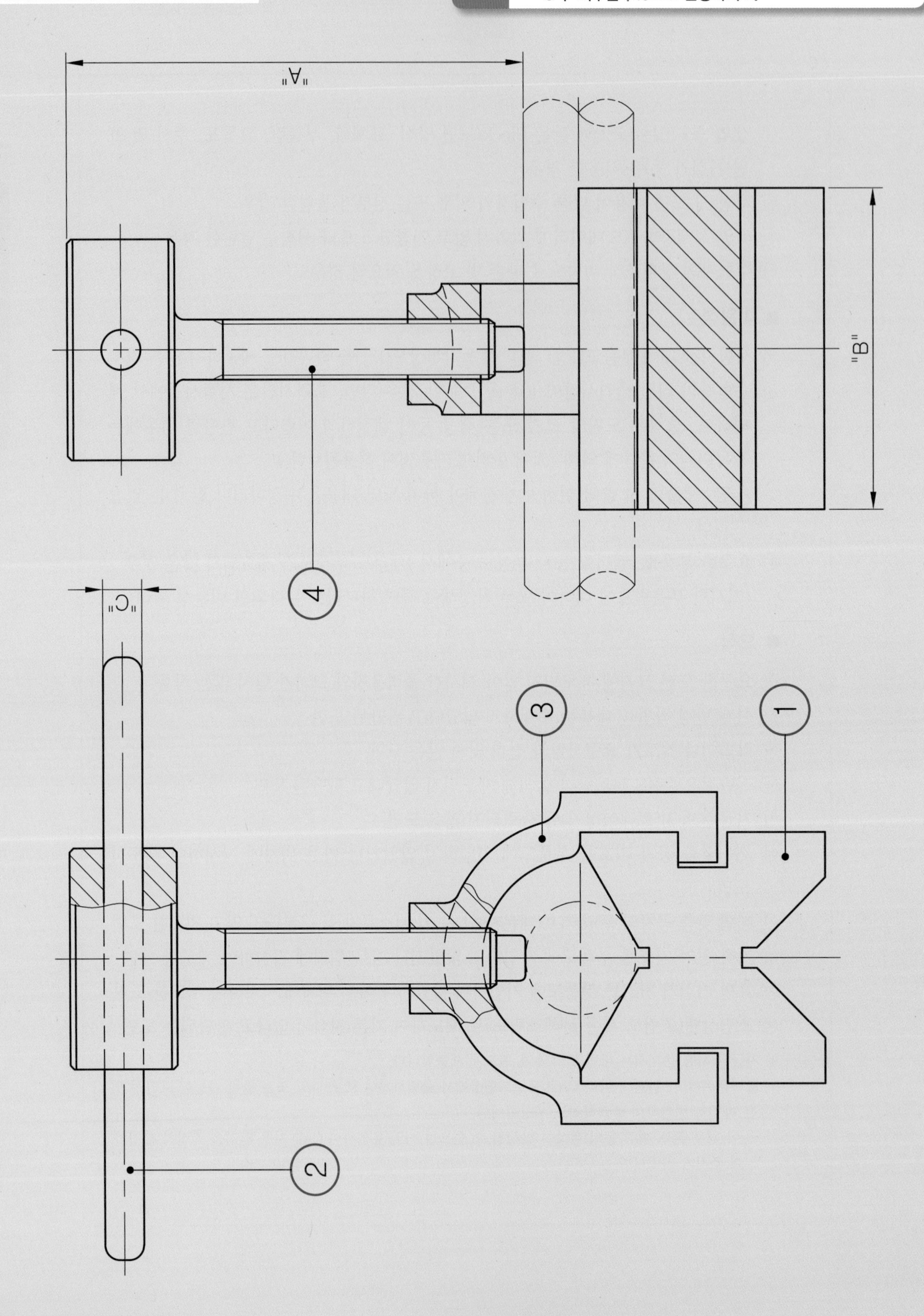

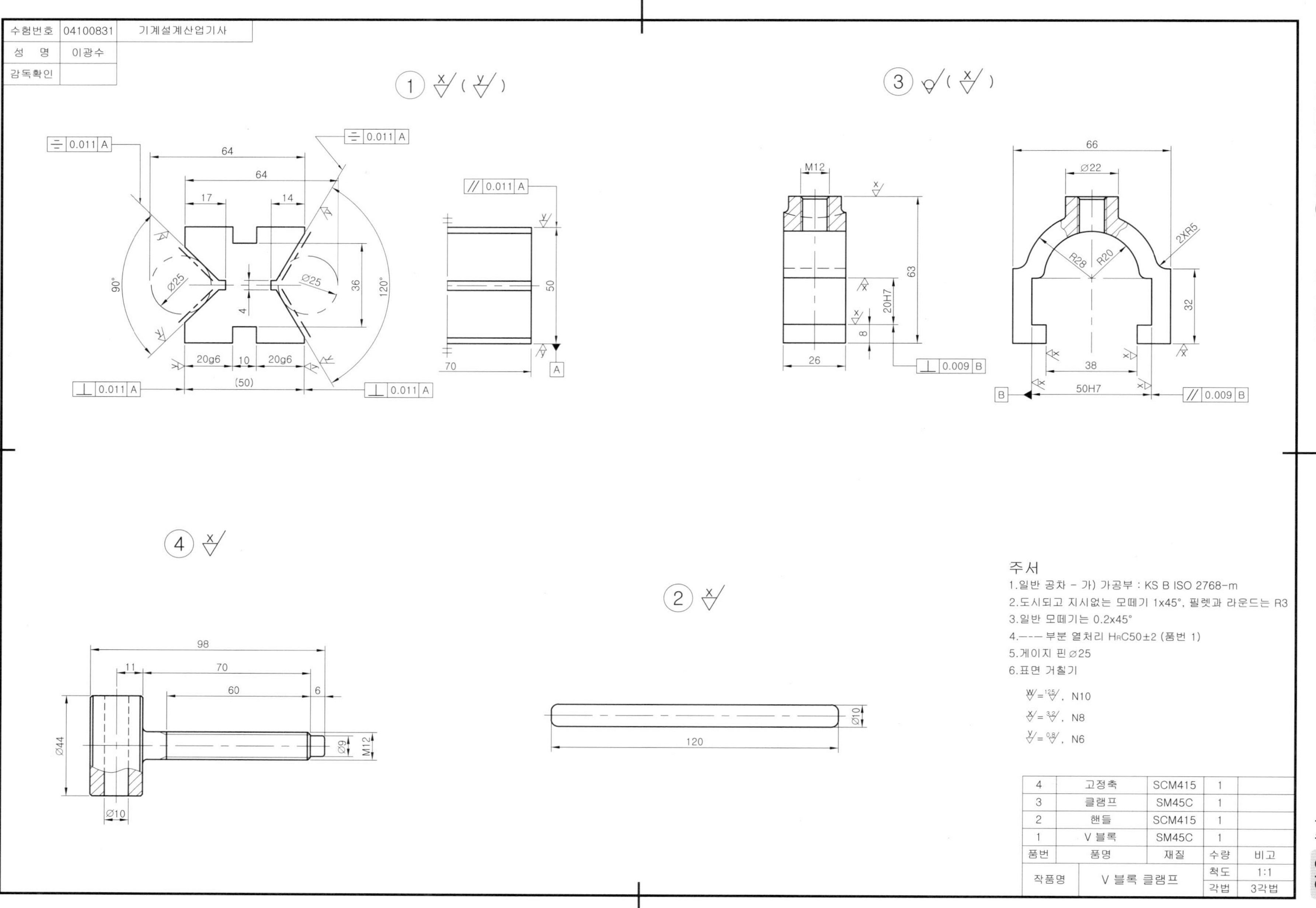
수험번호 04100831
기계설계산업기사
성 명 이광수
감독확인
주서
1.일반 공차 - 가) 가공부 : KS B ISO 2768-m
2.도시되고 지시없는 모떼기 1x45°, 필렛과 라운드는 R3
3.일반 모떼기는 0.2x45°
4.--- 부분 열처리 HRC50±2 (품번 1)
5.게이지 핀 ⌀25
6.표면 거칠기
N10
N8
N6
4 고정축 SCM415 1
3 클램프 SM45C 1
2 핸들 SCM415 1
1 V 블록 SM45C 1
품번 품명 재질 수량 비고
작품명 V 블록 클램프
척도 1:1
각법 3각법

3D 모범 답안 제출용 – V 블록 클램프

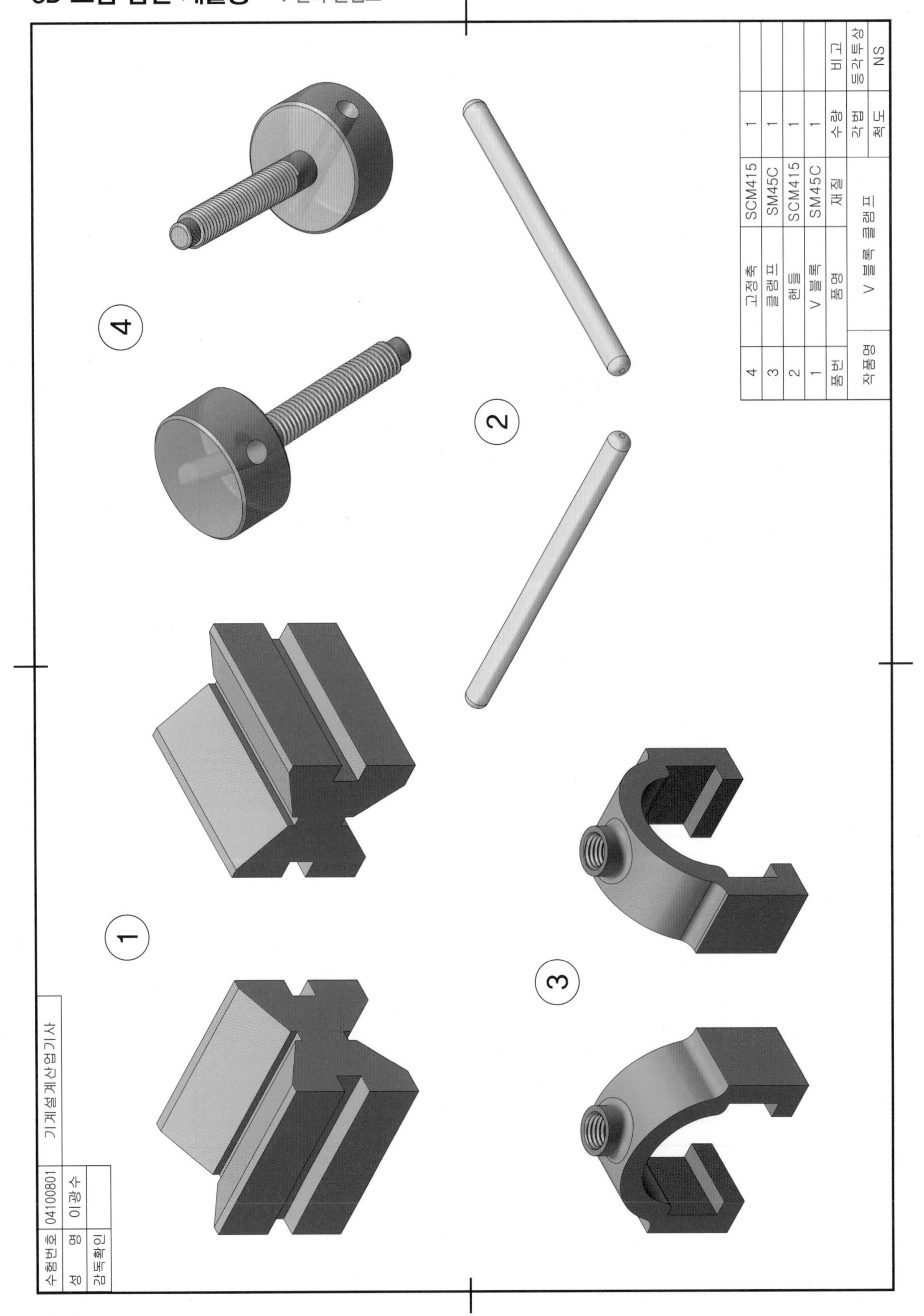

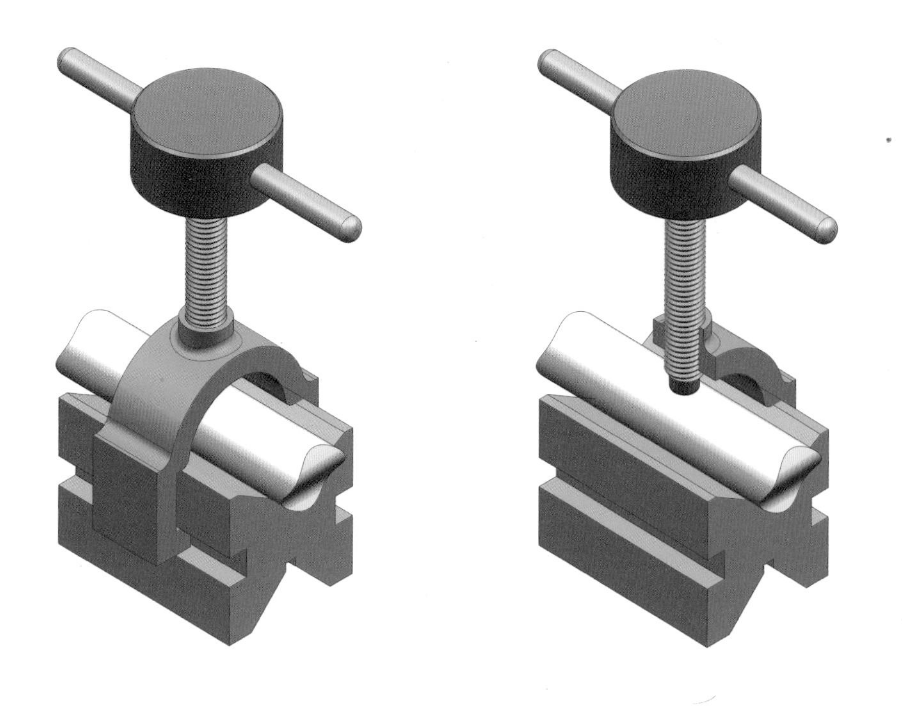

3D 조립 등각투상도 – V 블록 클램프

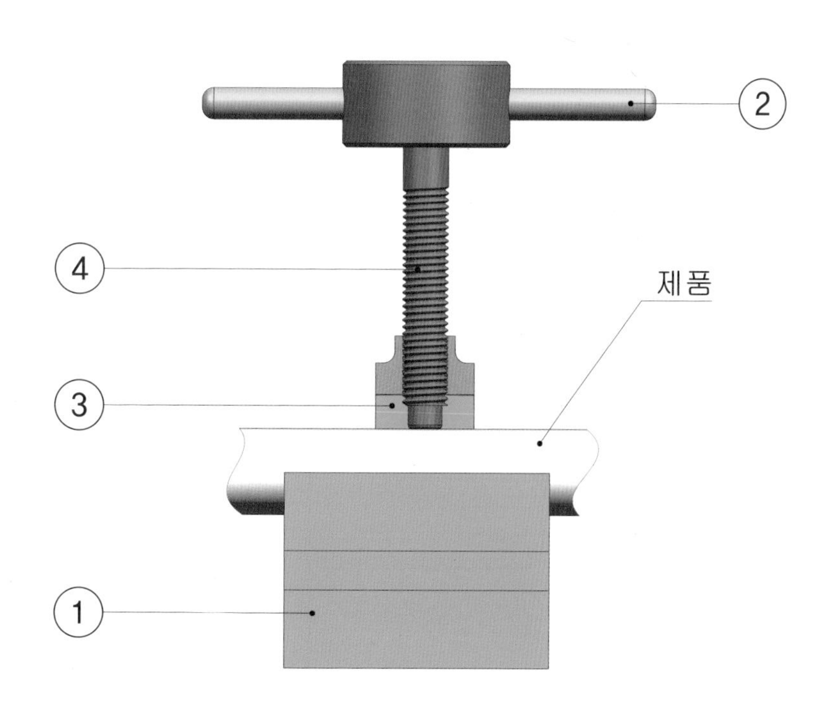

2D 조립 단면도 – V 블록 클램프

과제2 샤프트 서포트

설계 변경

- 'A'부 치수를 54로 변경하시오.
- 'B'부 치수를 ϕ22로 변경하시오.
- 'C'부 치수를 10으로 변경하시오.

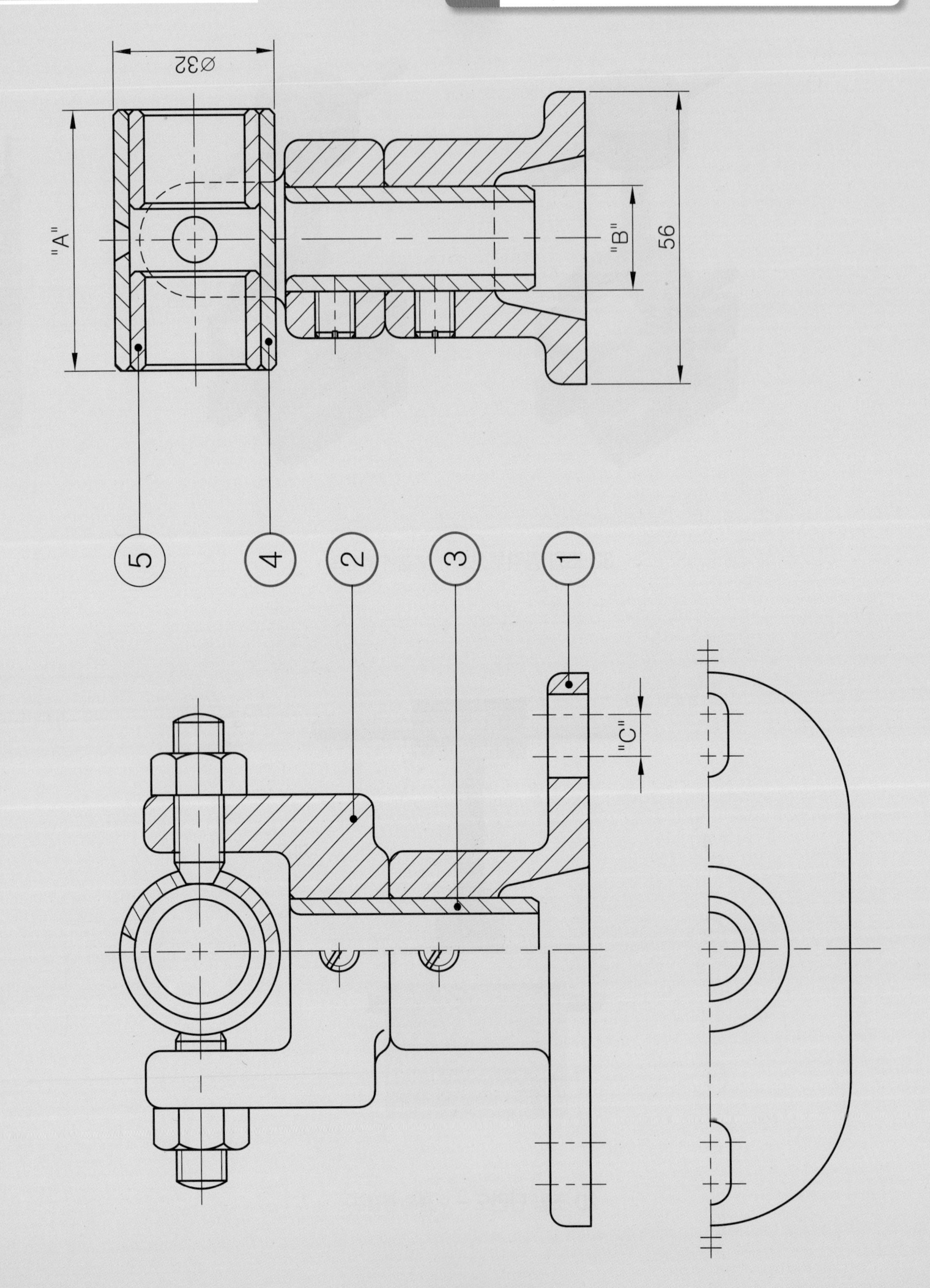

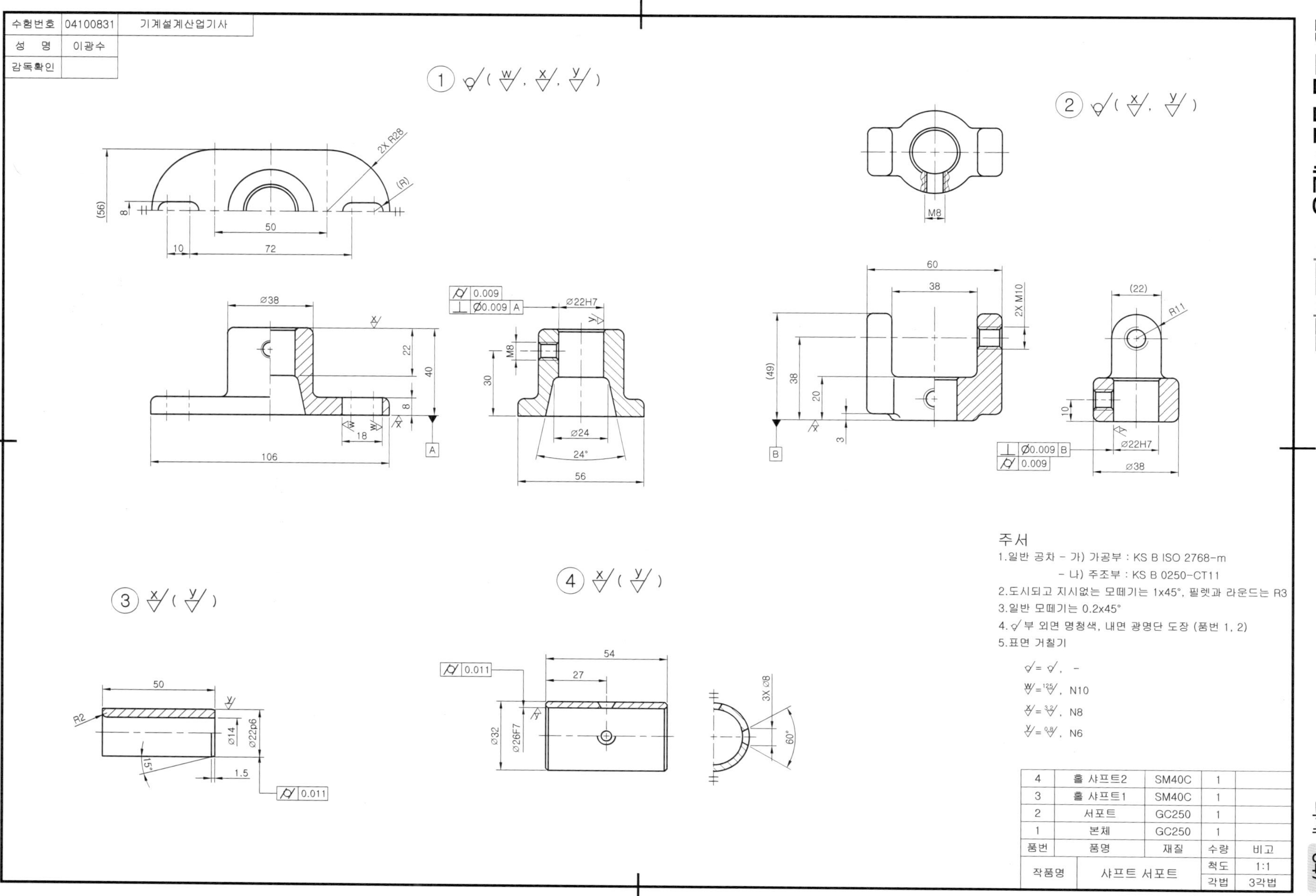
수험번호 04100831 기계설계산업기사
성 명 이광수
감독확인
주서
1.일반 공차 - 가) 가공부 : KS B ISO 2768-m
- 나) 주조부 : KS B 0250-CT11
2.도시되고 지시없는 모떼기는 1x45°, 필렛과 라운드는 R3
3.일반 모떼기는 0.2x45°
4.부 외면 명청색, 내면 광명단 도장 (품번 1, 2)
5.표면 거칠기
N10
N8
N6
4 홈 샤프트2 SM40C 1
3 홈 샤프트1 SM40C 1
2 서포트 GC250 1
1 본체 GC250 1
품번 품명 재질 수량 비고
작품명 샤프트 서포트 척도 1:1 각법 3각법

3D 모범 답안 제출용 – 샤프트 서포트

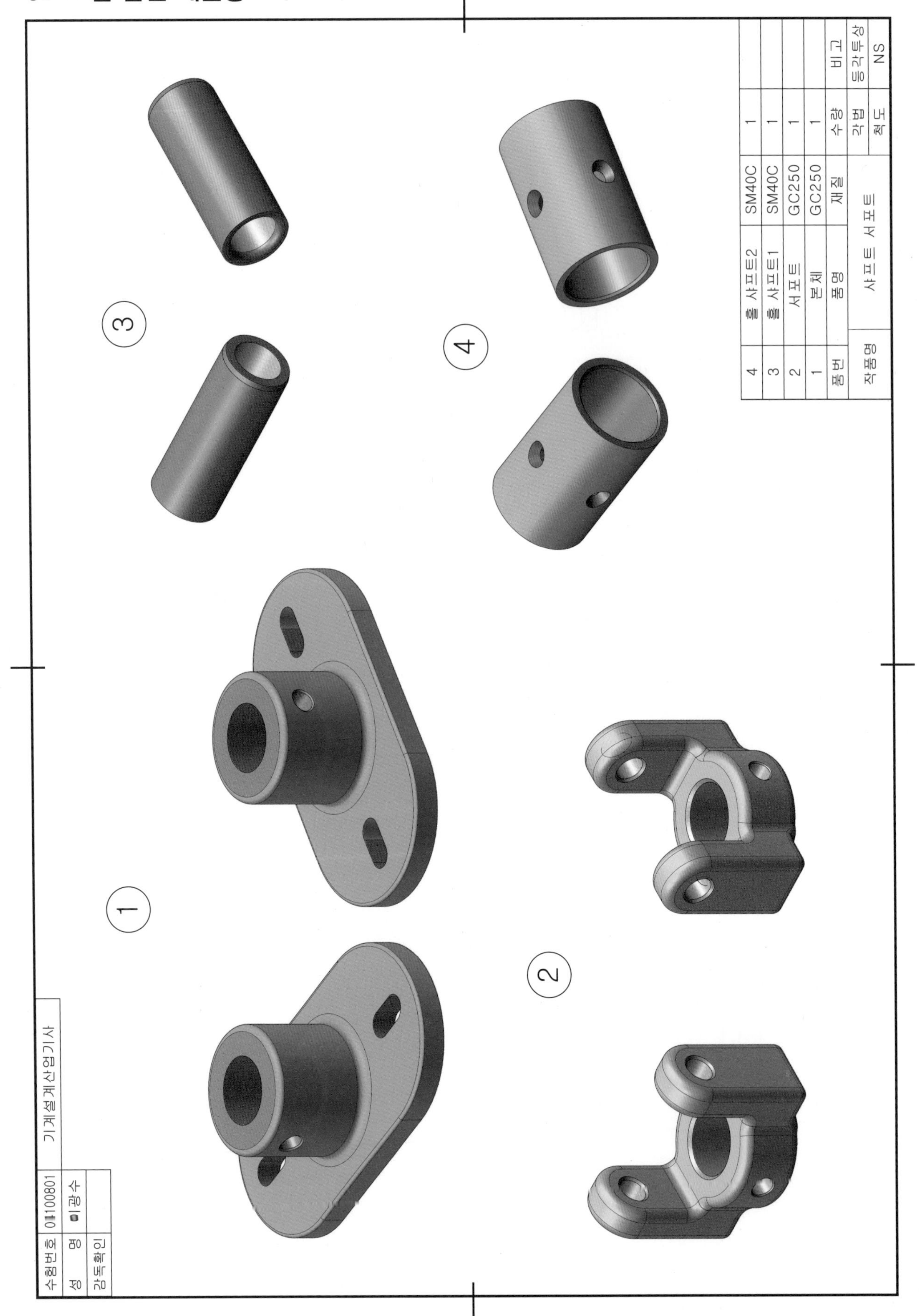

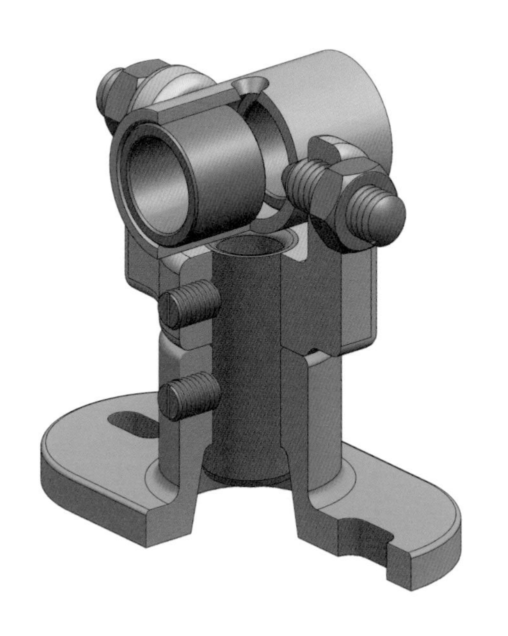

3D 조립 등각투상도 – 샤프트 서포트

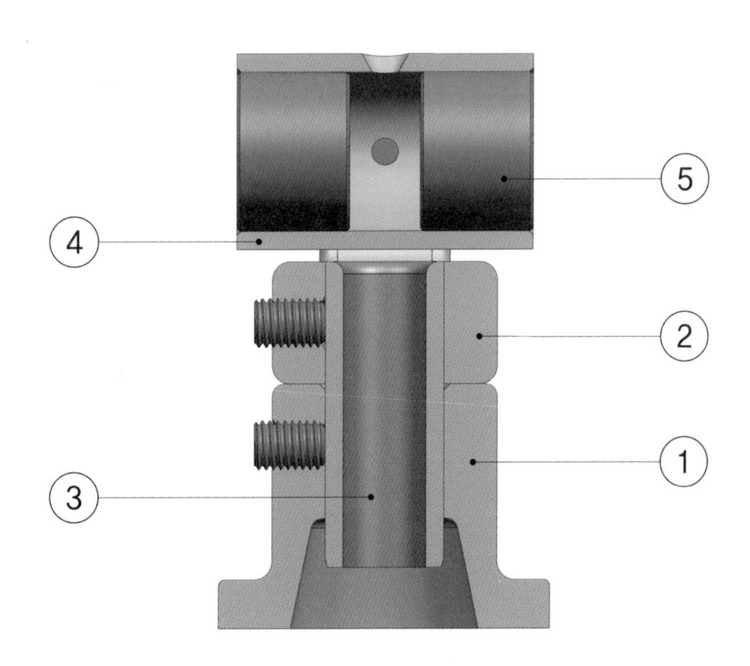

2D 조립 단면도 – 샤프트 서포트

과제3 실린더 펌프

설계 변경

- M형 V벨트 풀리를 A형으로 변경하시오.
- 'A'부 중심거리 치수를 90으로 변경하시오.
- 'B'부 축의 나사 치수를 M10으로 변경하시오.

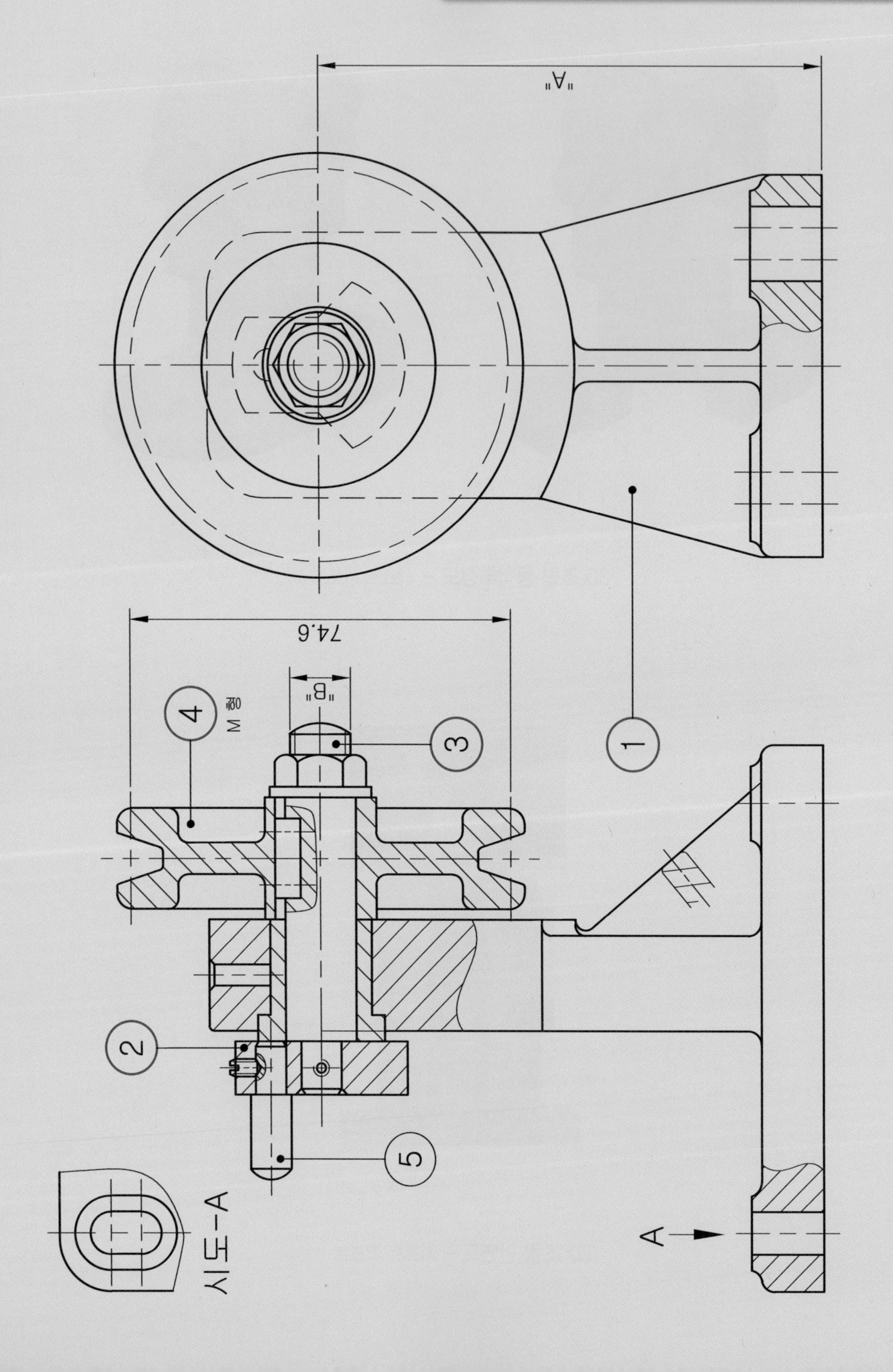

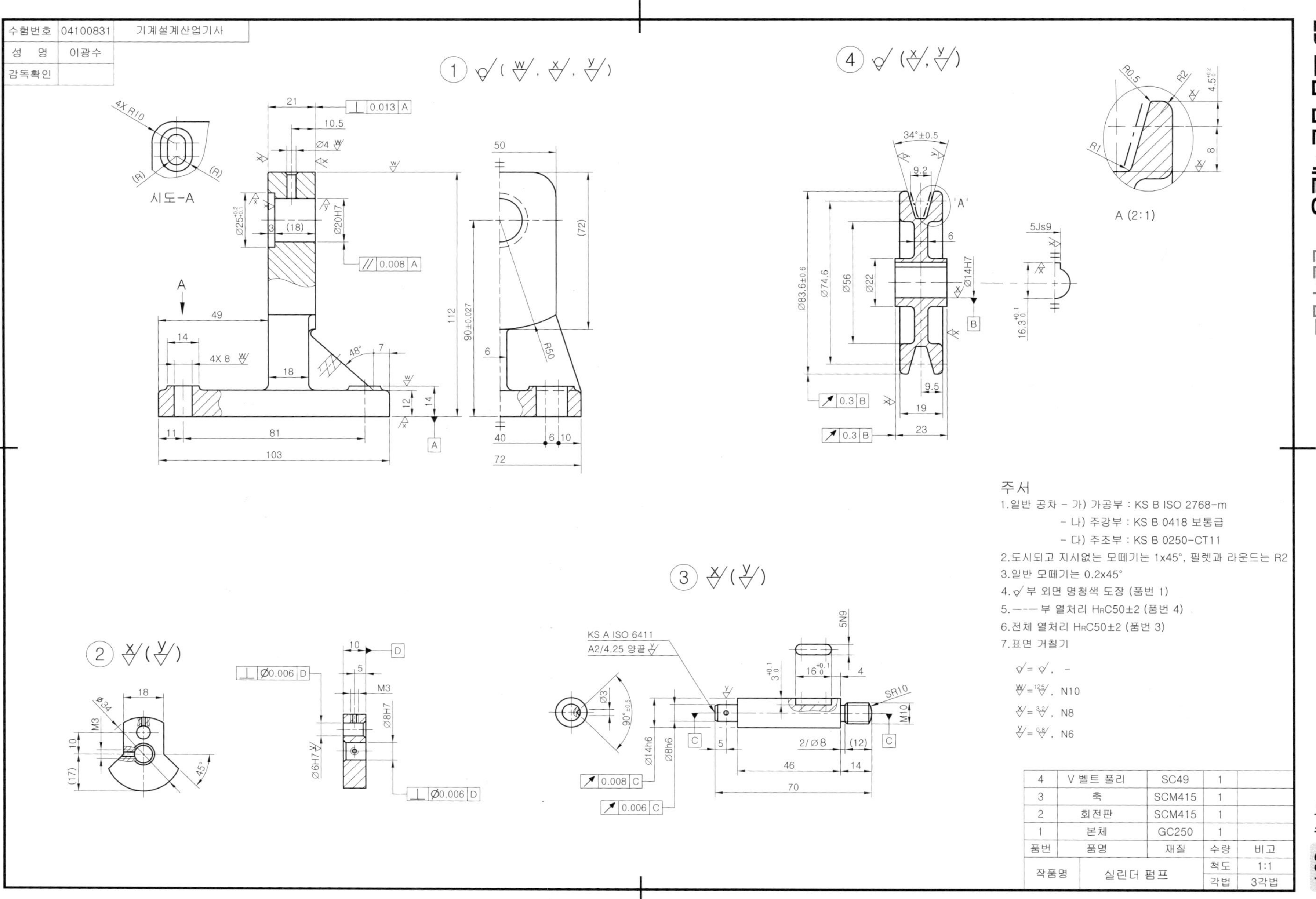
수험번호 04100831
기계설계산업기사
성 명 이광수
감독확인
시도-A
A (2:1)
주서
1.일반 공차 - 가) 가공부 : KS B ISO 2768-m
- 나) 주강부 : KS B 0418 보통급
- 다) 주조부 : KS B 0250-CT11
2.도시되고 지시없는 모떼기는 1x45°, 필렛과 라운드는 R2
3.일반 모떼기는 0.2x45°
4.부 외면 명청색 도장 (품번 1)
5.부 열처리 HRC50±2 (품번 4)
6.전체 열처리 HRC50±2 (품번 3)
7.표면 거칠기
N10
N8
N6
KS A ISO 6411
A2/4.25 양끝
4 V 벨트 풀리 SC49 1
3 축 SCM415 1
2 회전판 SCM415 1
1 본체 GC250 1
품번 품명 재질 수량 비고
작품명 실린더 펌프 척도 1:1 각법 3각법

3D 모범 답안 제출용 – 실린더 펌프

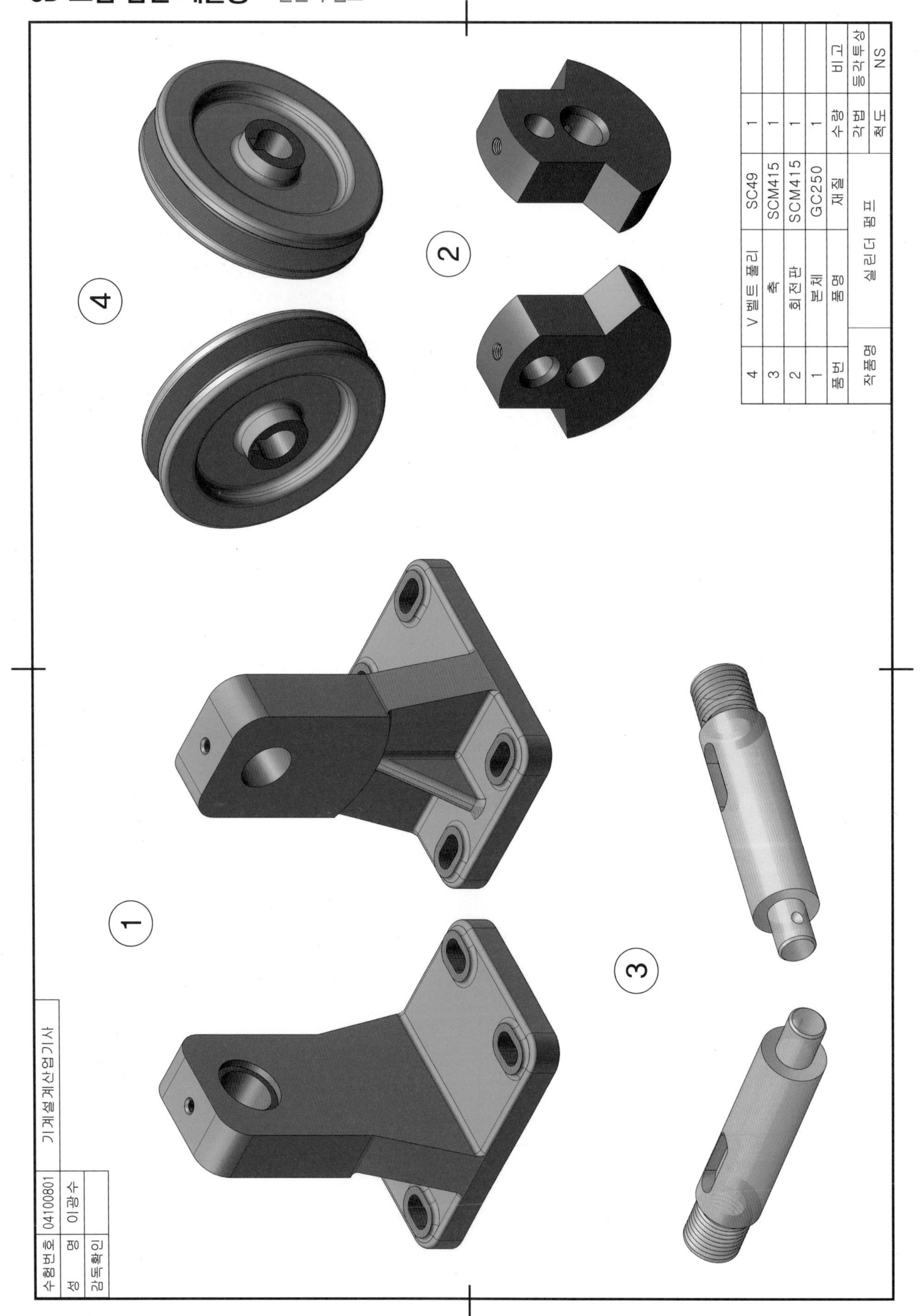

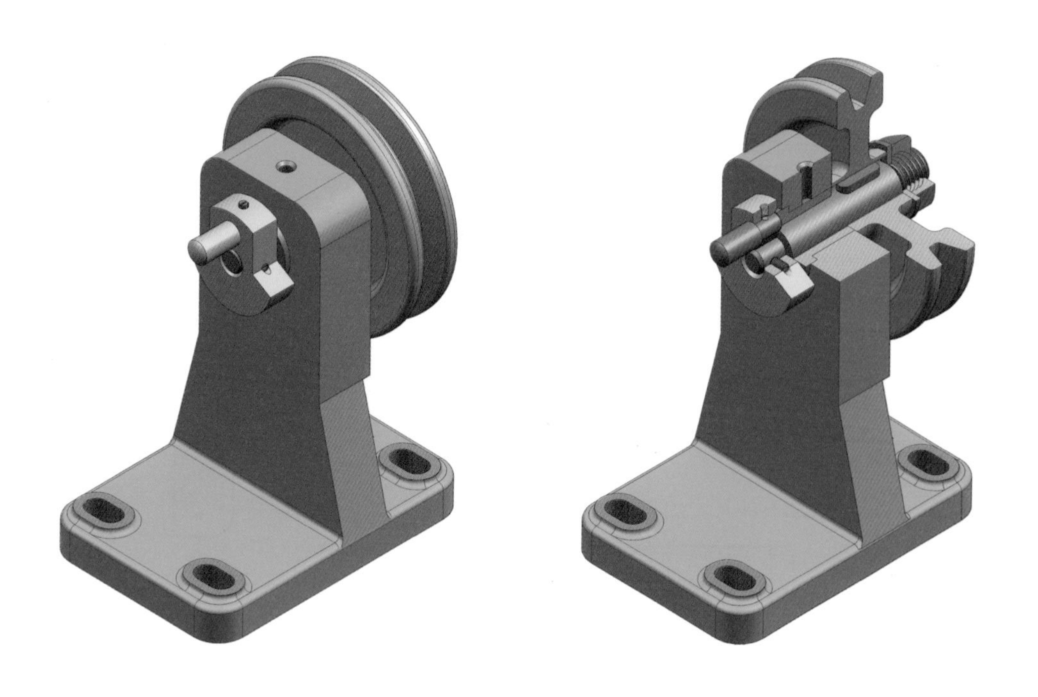

3D 조립 등각투상도 – 실린더 펌프

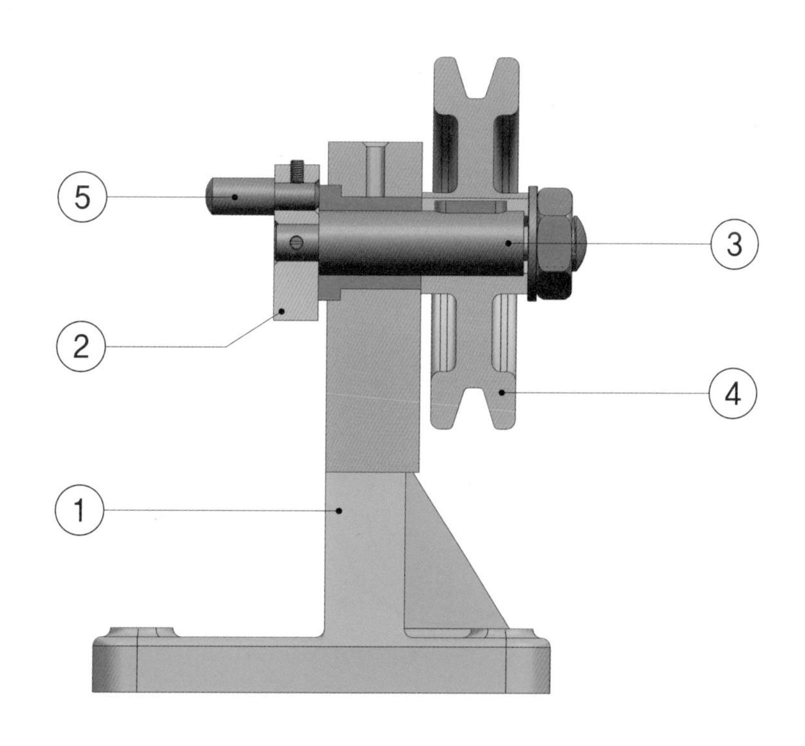

2D 조립 단면도 – 실린더 펌프

과제4 벨트 타이트너

설계 변경

- 'A'부 치수를 ϕ18로 변경하시오.
- 'B'부 치수를 28로 변경하시오.
- 'C'부 구멍 치수를 ϕ8로 변경하시오.

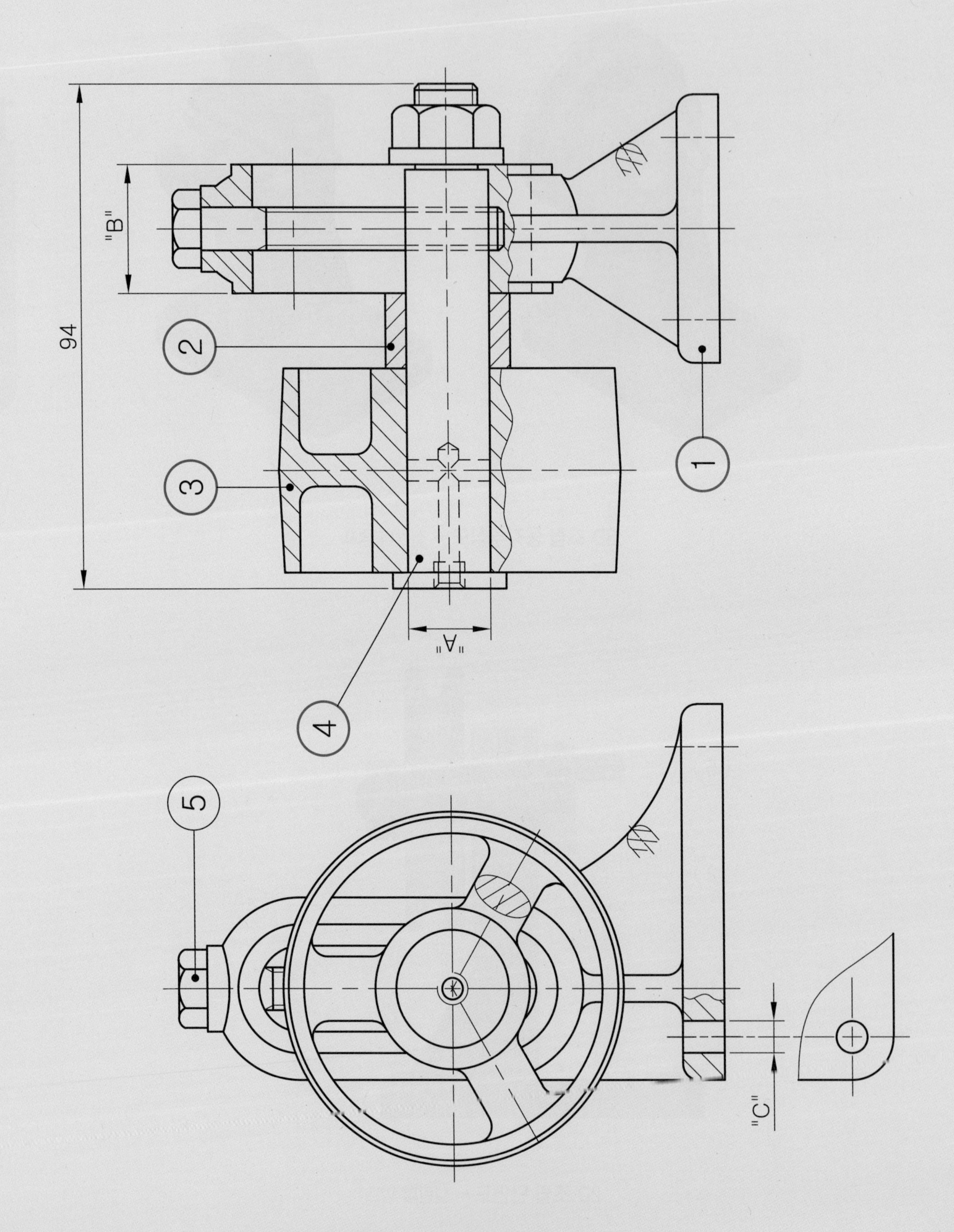

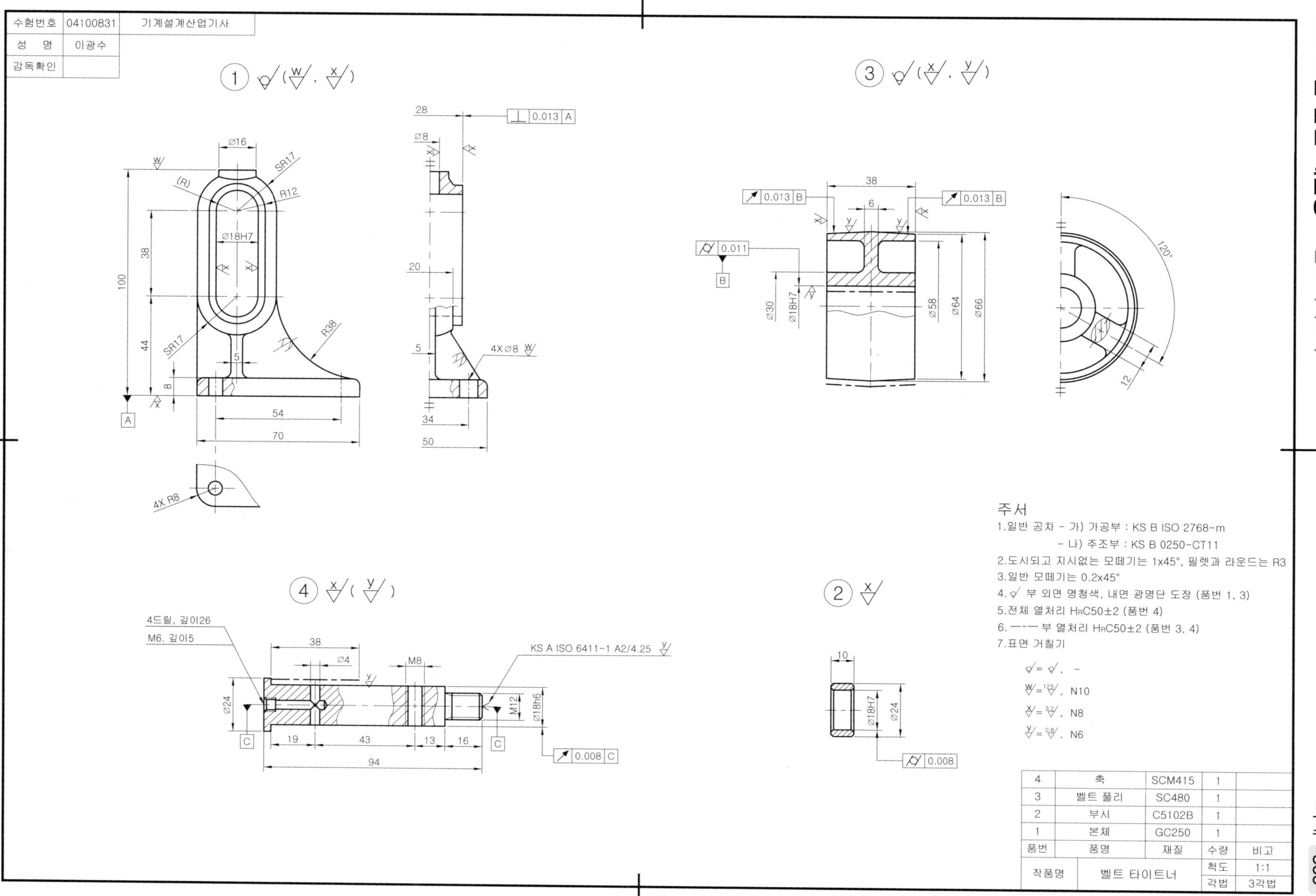
수험번호 04100831
기계설계산업기사
성 명 이광수
감독확인
주서
1.일반 공차 - 가) 가공부 : KS B ISO 2768-m
- 나) 주조부 : KS B 0250-CT11
2.도시되고 지시없는 모떼기는 1x45°, 필렛과 라운드는 R3
3.일반 모떼기는 0.2x45°
4.부 외면 명청색, 내면 광명단 도장 (품번 1, 3)
5.전체 열처리 HRC50±2 (품번 4)
6.—·— 부 열처리 HRC50±2 (품번 3, 4)
7.표면 거칠기
N10
N8
N6
4드릴, 깊이26
M6, 깊이15
KS A ISO 6411-1 A2/4.25
4 축 SCM415 1
3 벨트 풀리 SC480 1
2 부시 C5102B 1
1 본체 GC250 1
품번 품명 재질 수량 비고
작품명 벨트 타이트너
척도 1:1
각법 3각법

3D 모범 답안 제출용 – 벨트 타이트너

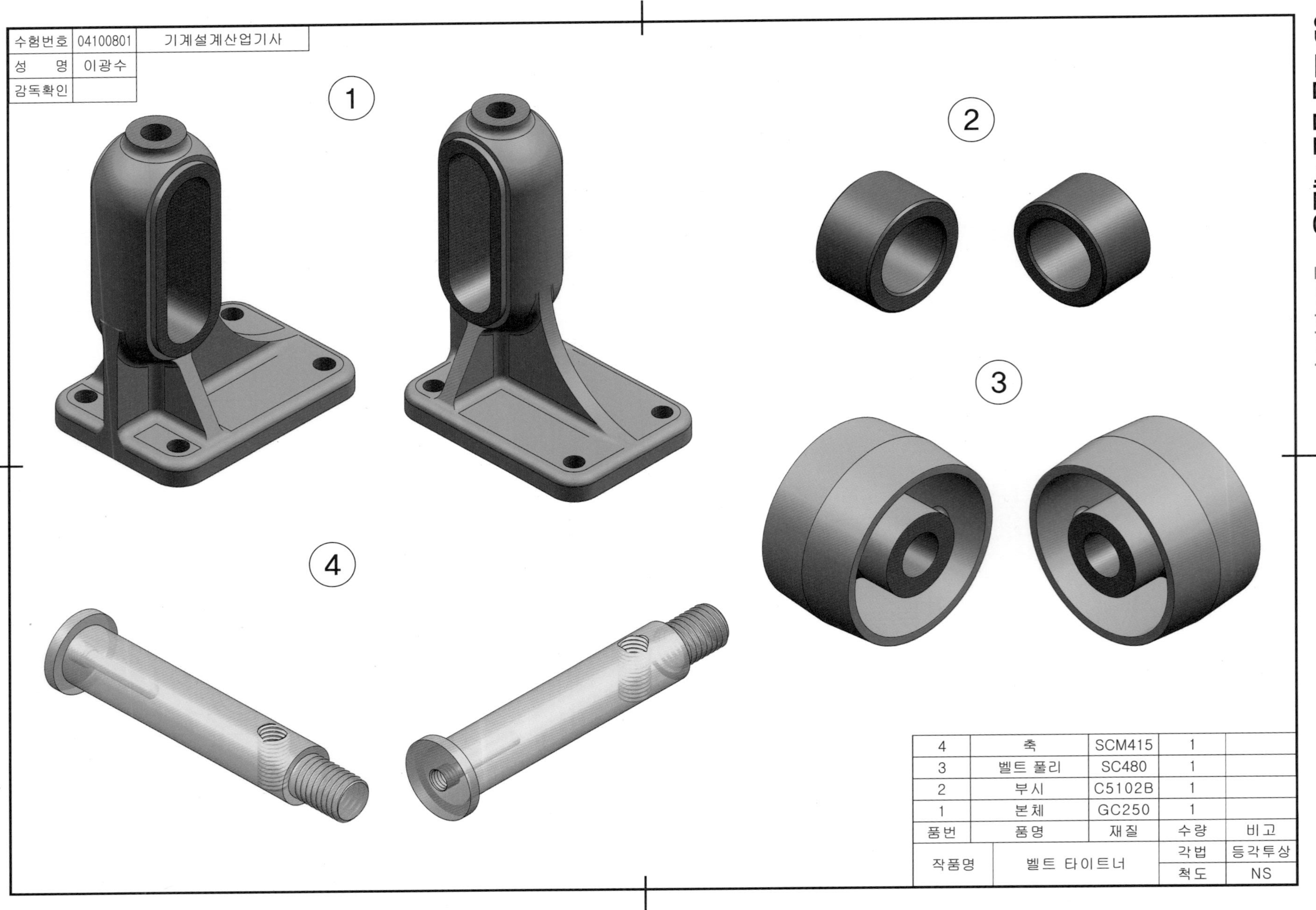

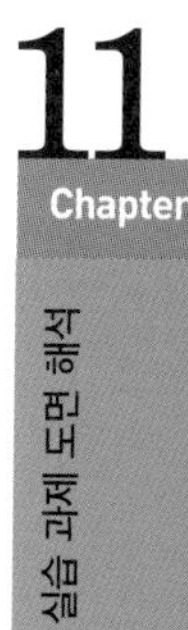

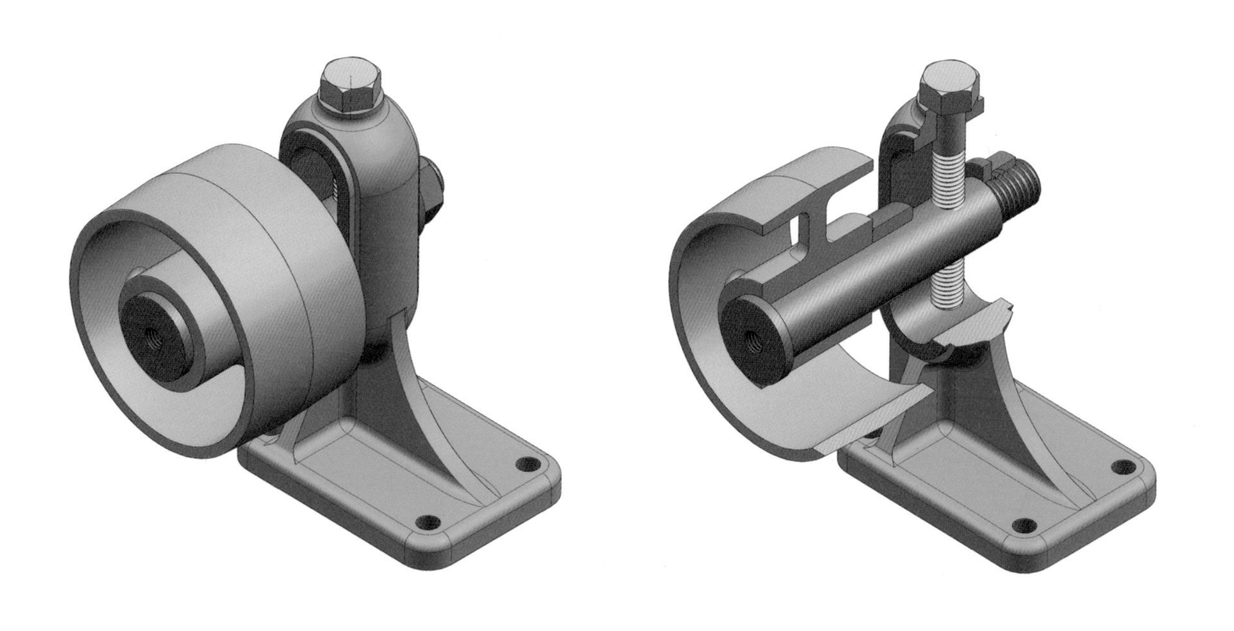

3D 조립 등각투상도 – 벨트 타이트너

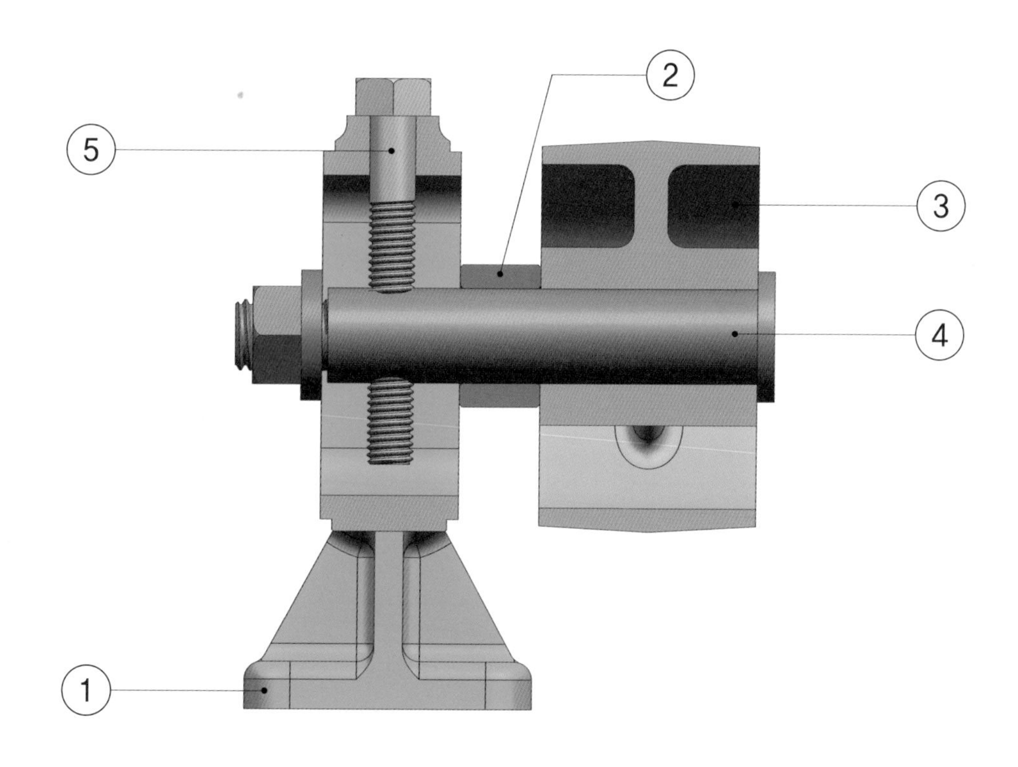

2D 조립 단면도 – 벨트 타이트너

설계 변경
- 'A'부 작동 시 최대거리가 35까지 증가하도록 변경하시오.
- 'B'부 나사 치수를 M24로 변경하시오.
- 'C'부 치수를 ϕ35로 변경하시오.

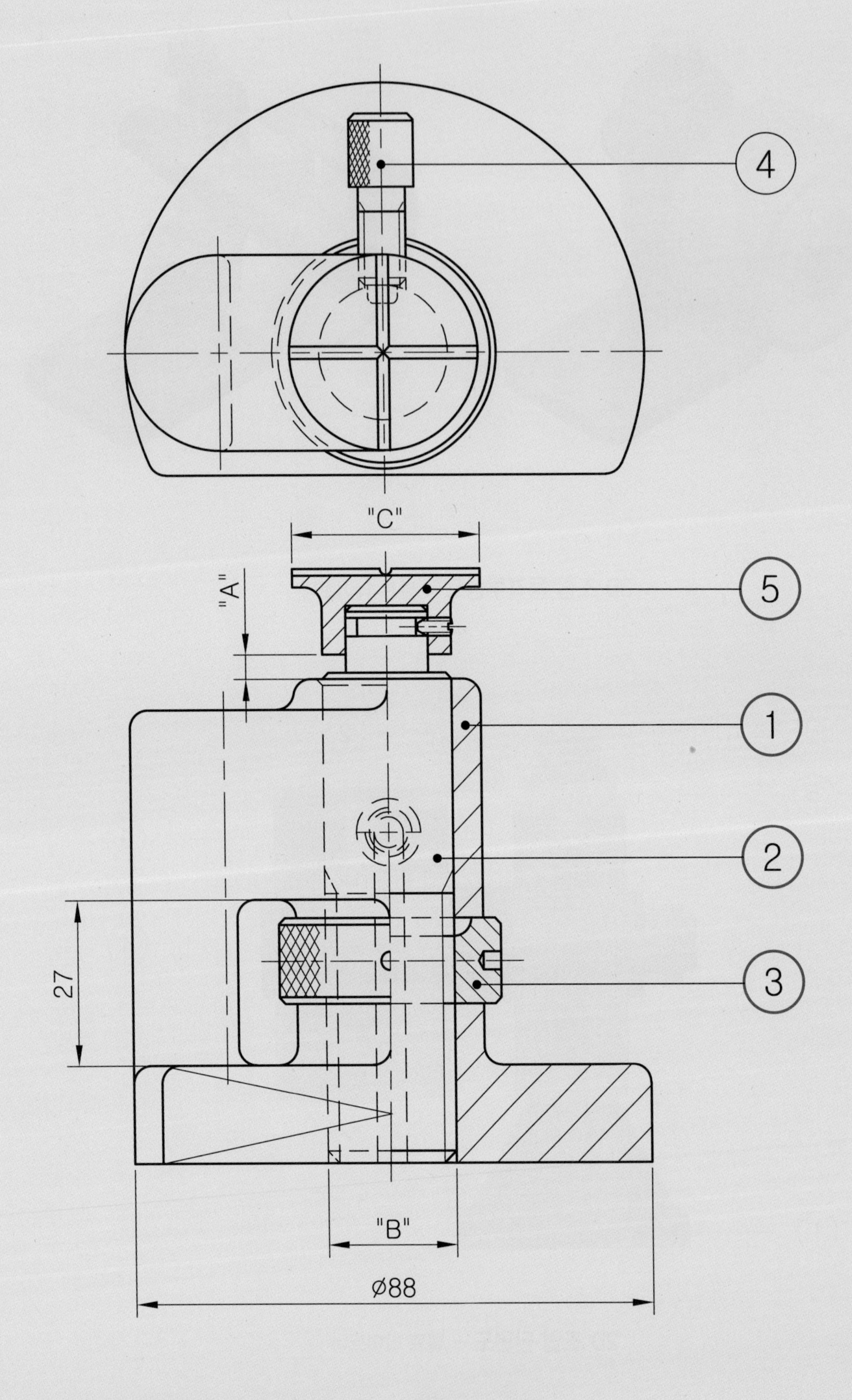

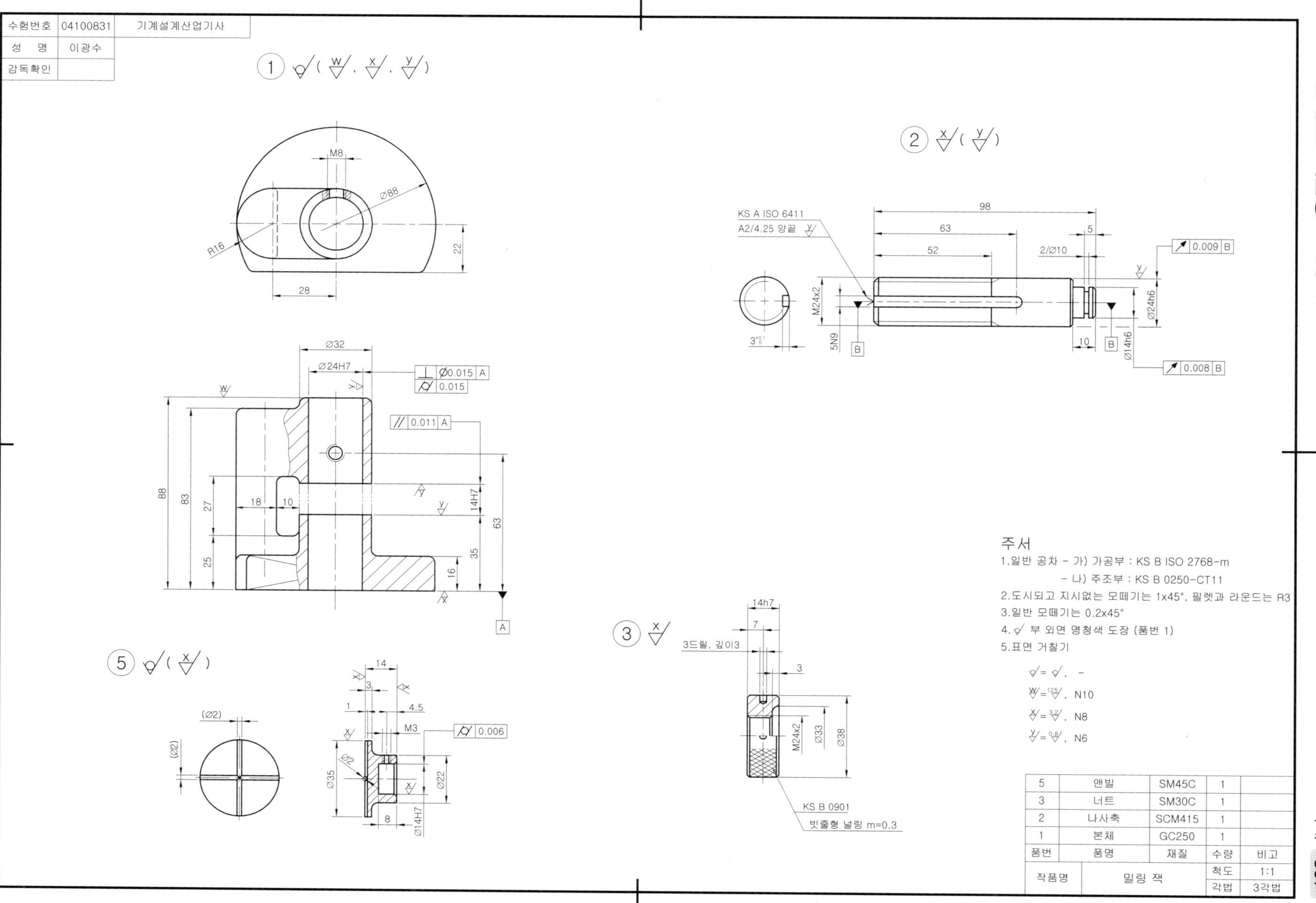

수험번호 04100831 기계설계산업기사
성 명 이광수
감독확인
KS A ISO 6411 A2/4.25 양끝
3드릴, 깊이3
KS B 0901 빗줄형 널링 m=0.3
주서
1.일반 공차 - 가) 가공부 : KS B ISO 2768-m
- 나) 주조부 : KS B 0250-CT11
2.도시되고 지시없는 모떼기는 1x45°, 필렛과 라운드는 R3
3.일반 모떼기는 0.2x45°
4.√ 부 외면 명청색 도장 (품번 1)
5.표면 거칠기
N10
N8
N6
5 앤빌 SM45C 1
3 너트 SM30C 1
2 나사축 SCM415 1
1 본체 GC250 1
품번 품명 재질 수량 비고
작품명 밀링 잭 척도 1:1 각법 3각법

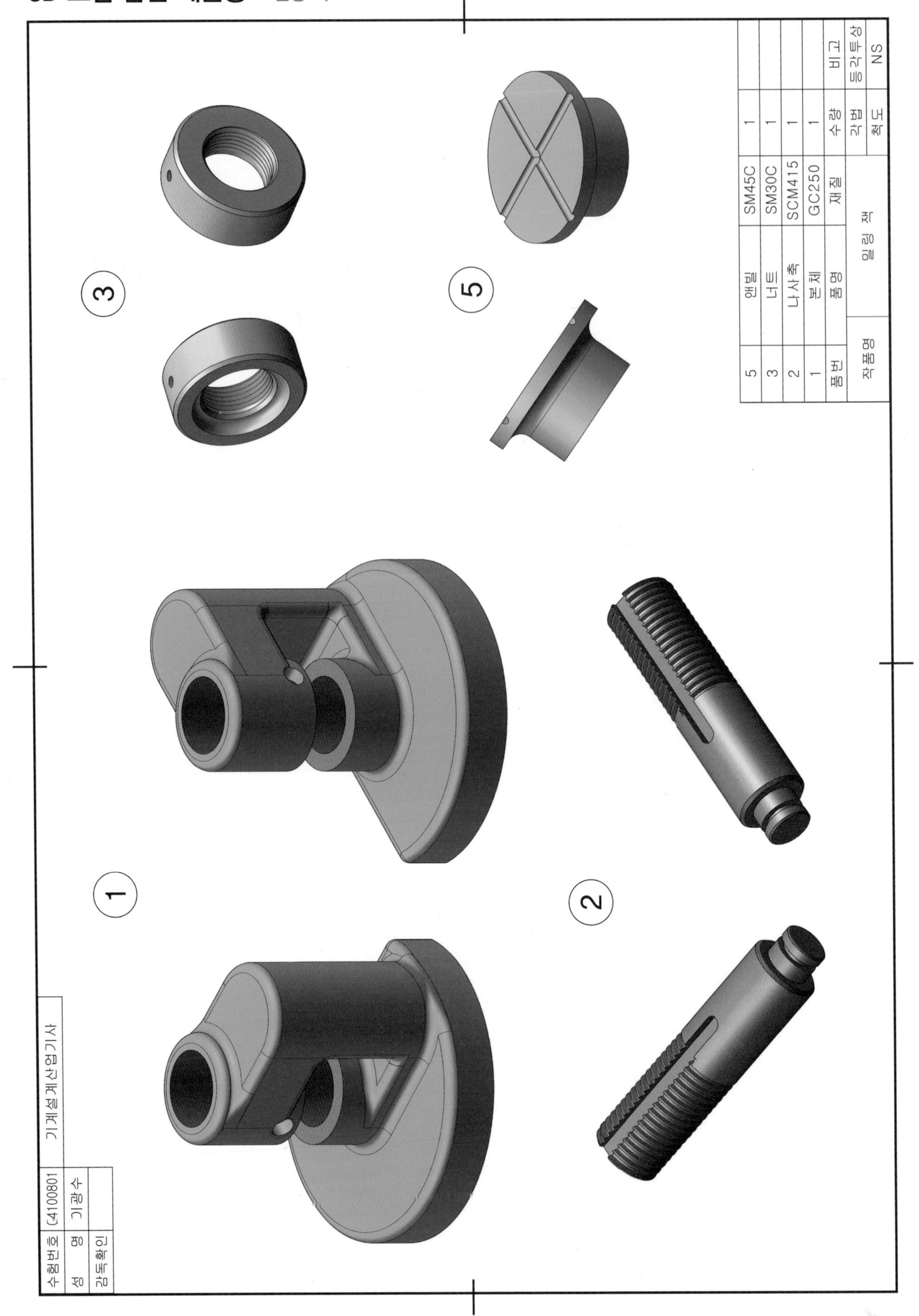

수험번호 C4100801 기계설계산업기사
성 명 기광수
감독확인
1
2
3
5
5 앤빌 SM45C 1
3 너트 SM30C 1
2 나사축 SCM415 1
1 본체 GC250 1
품번 품명 재질 수량 비고
작품명 밀링 잭
각법 등각투상
척도 NS

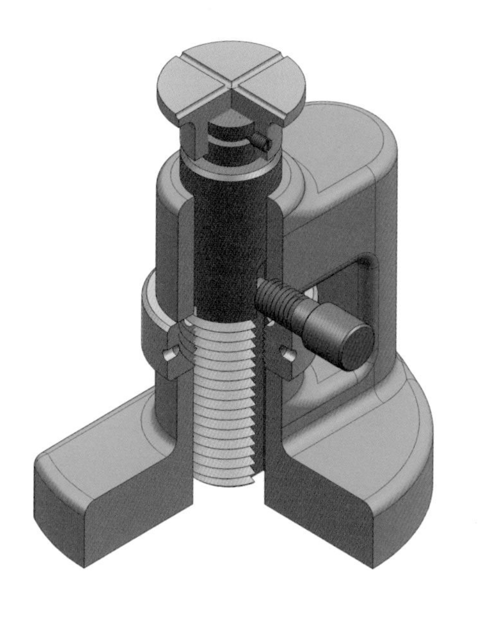

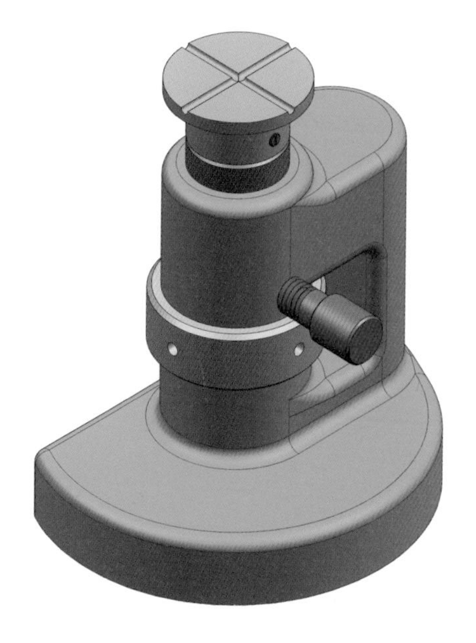

3D 조립 등각투상도 – 밀링 잭

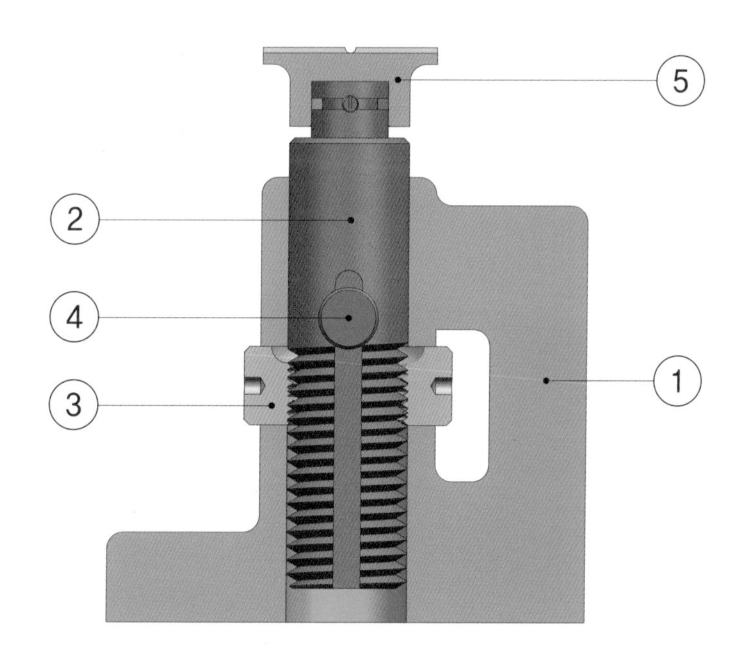

2D 조립 단면도 – 밀링 잭

과제6 편심 구동 장치

설계 변경	• 깊은 홈 볼 베어링 사양을 6003에서 6004로 변경하시오. • 기어의 잇수를 31에서 35로 변경하시오.

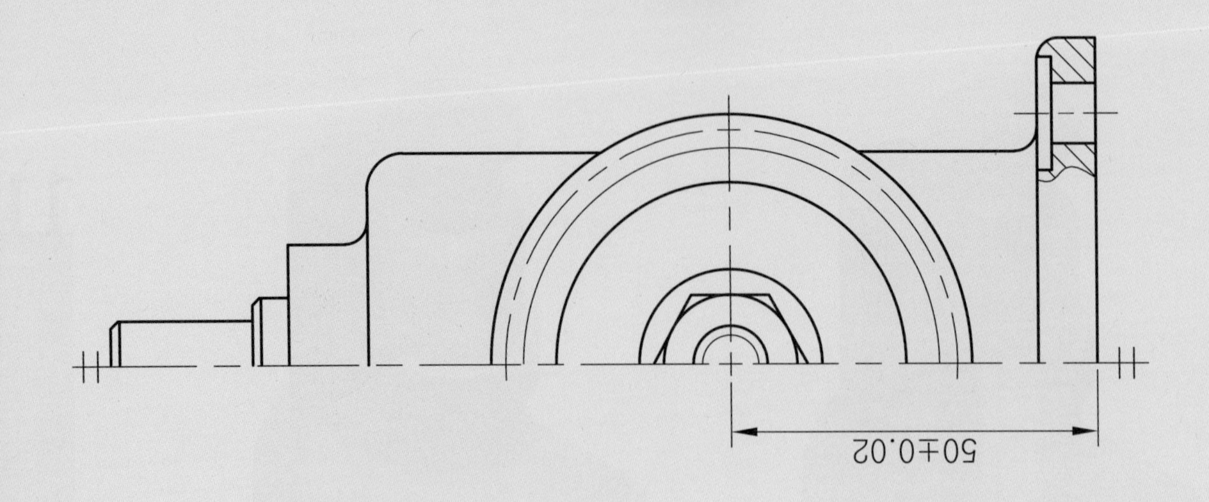

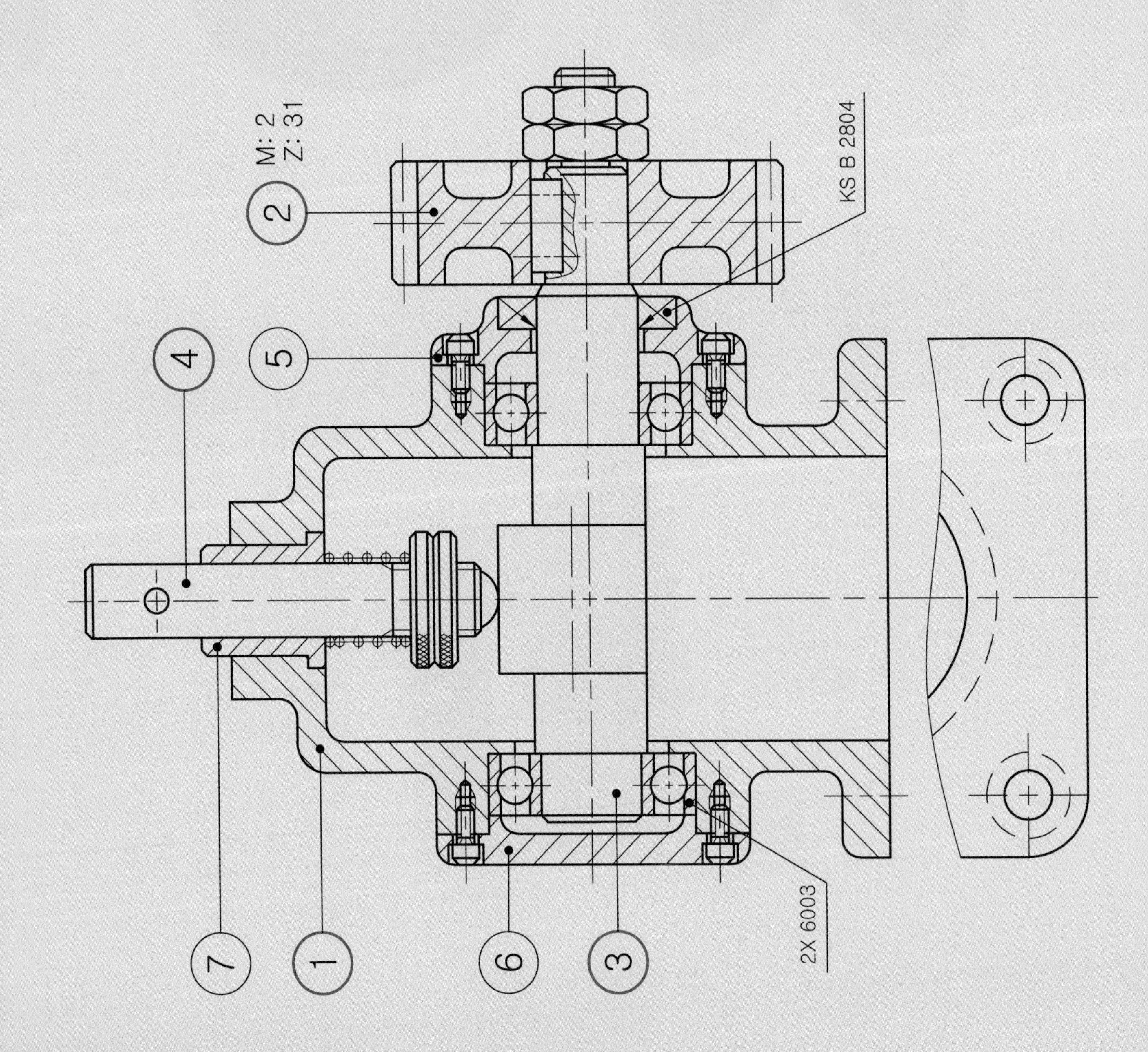

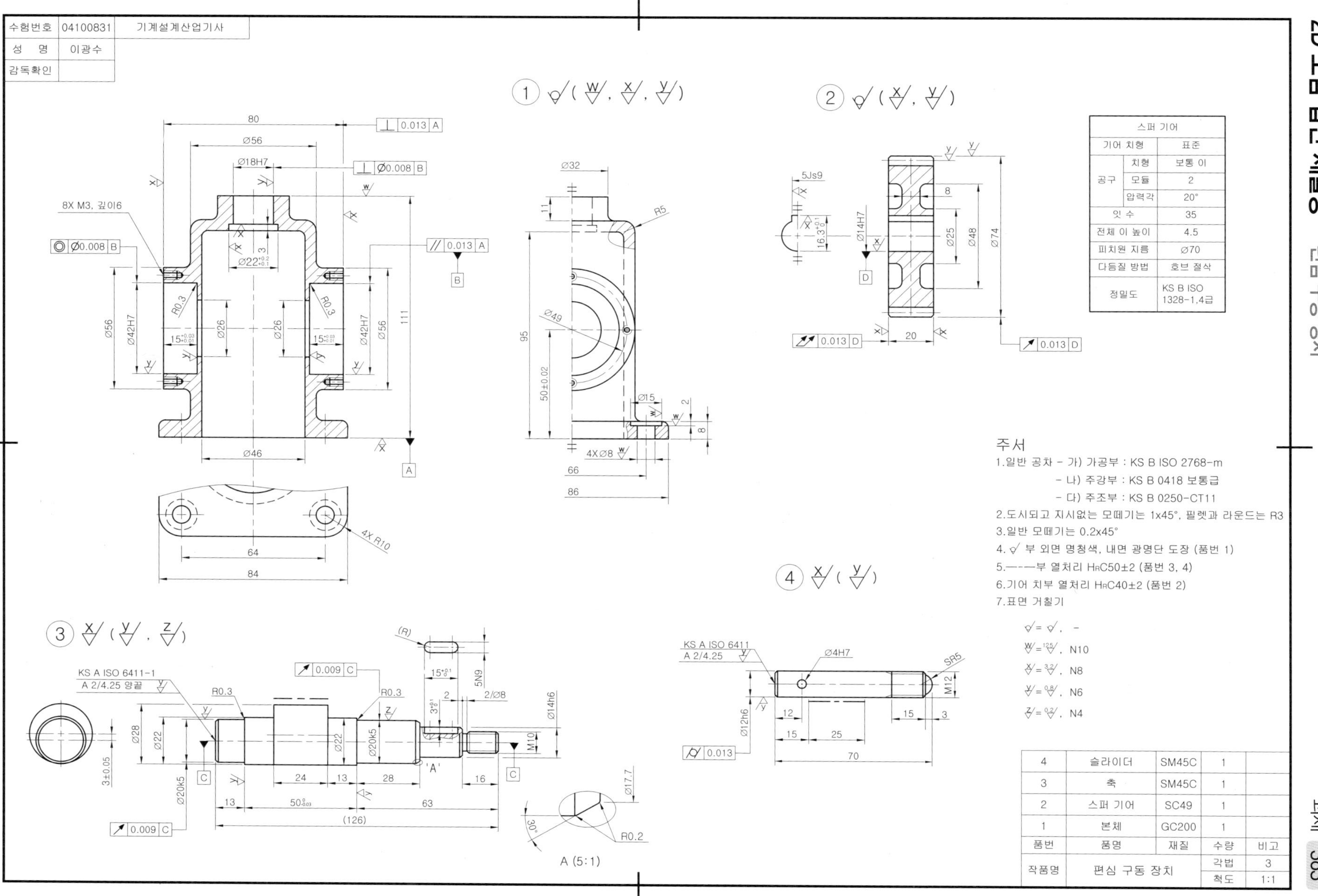
수험번호 04100831
기계설계산업기사
성 명 이광수
감독확인
스퍼 기어
기어 치형 표준
공구 치형 보통 이
모듈 2
압력각 20°
잇 수 35
전체 이 높이 4.5
피치원 지름 Ø70
다듬질 방법 호브 절삭
정밀도 KS B ISO 1328-1,4급
주서
1.일반 공차 - 가) 가공부 : KS B ISO 2768-m
- 나) 주강부 : KS B 0418 보통급
- 다) 주조부 : KS B 0250-CT11
2.도시되고 지시없는 모떼기는 1x45°, 필렛과 라운드는 R3
3.일반 모떼기는 0.2x45°
4.부 외면 명청색, 내면 광명단 도장 (품번 1)
5.부 열처리 HRC50±2 (품번 3, 4)
6.기어 치부 열처리 HRC40±2 (품번 2)
7.표면 거칠기
A (5:1)
4 슬라이더 SM45C 1
3 축 SM45C 1
2 스퍼 기어 SC49 1
1 본체 GC200 1
품번 품명 재질 수량 비고
작품명 편심 구동 장치
각법 3
척도 1:1

3D 모범 답안 제출용 – 편심 구동 장치

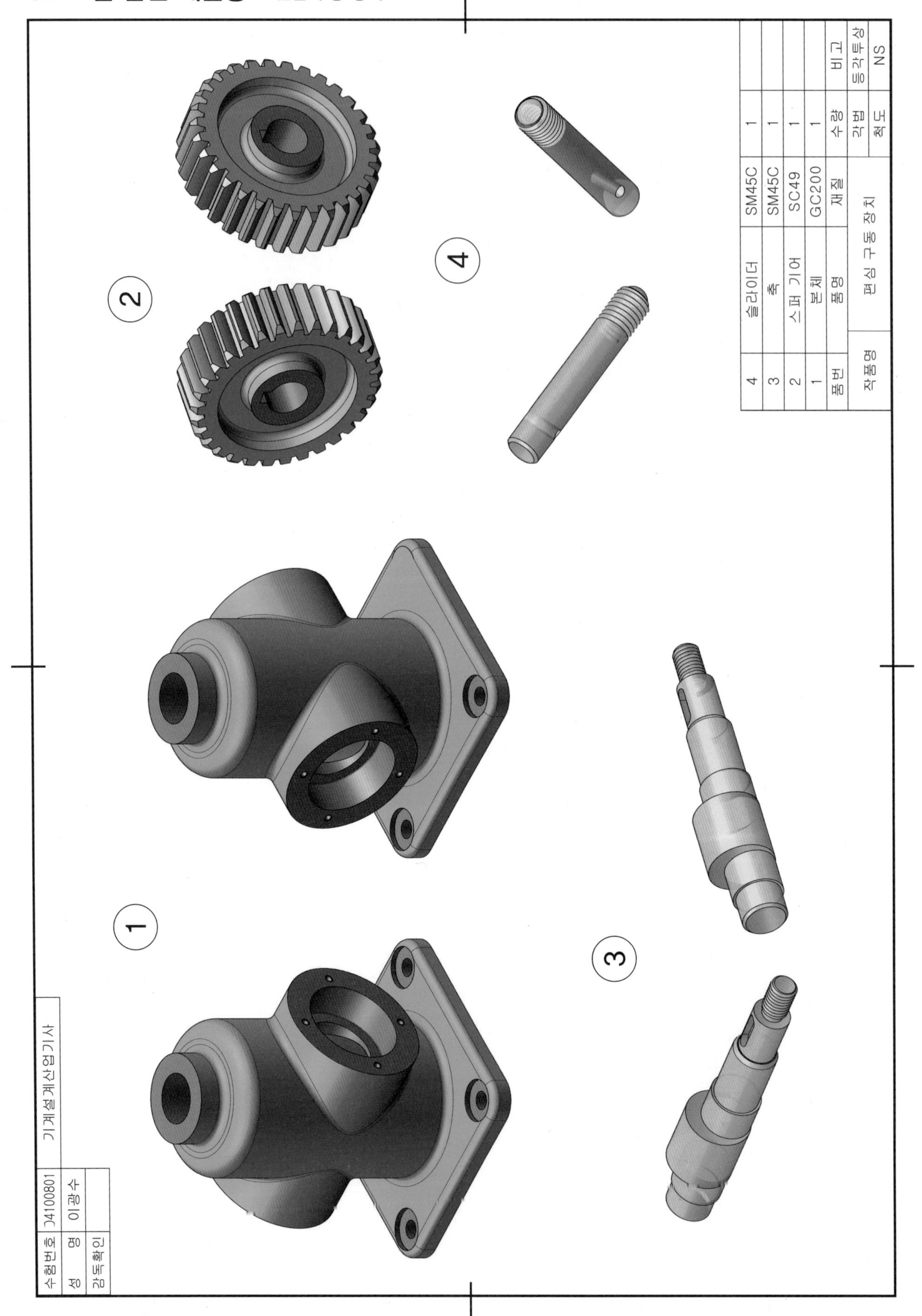

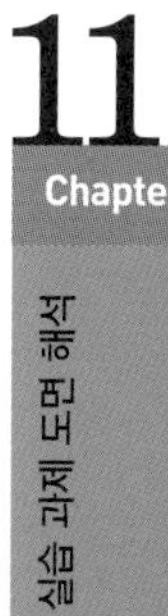

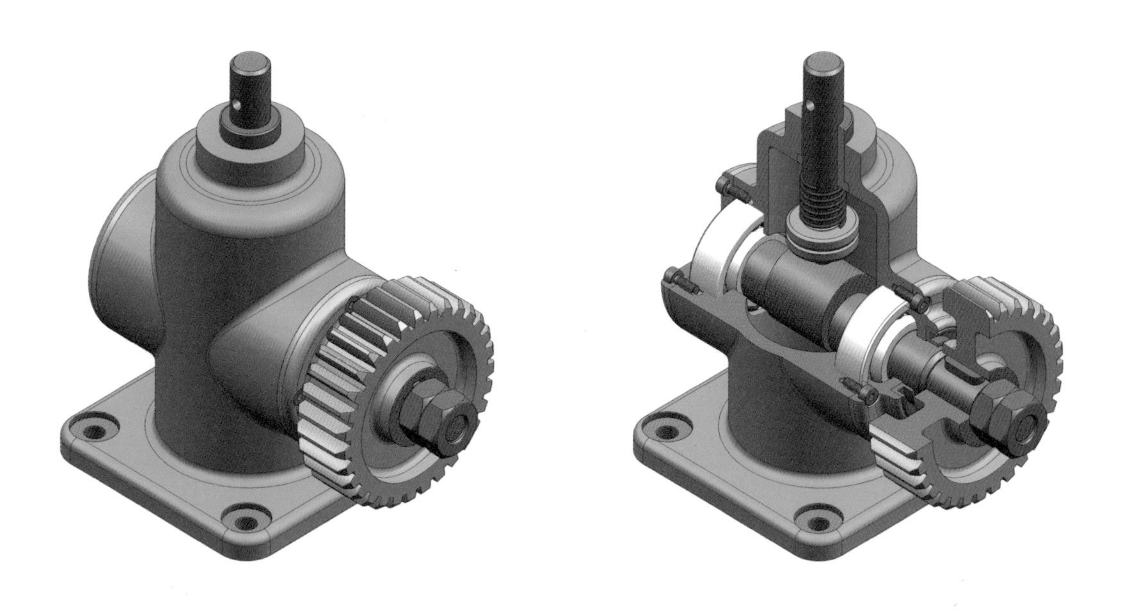

3D 조립 등각투상도 – 편심 구동 장치

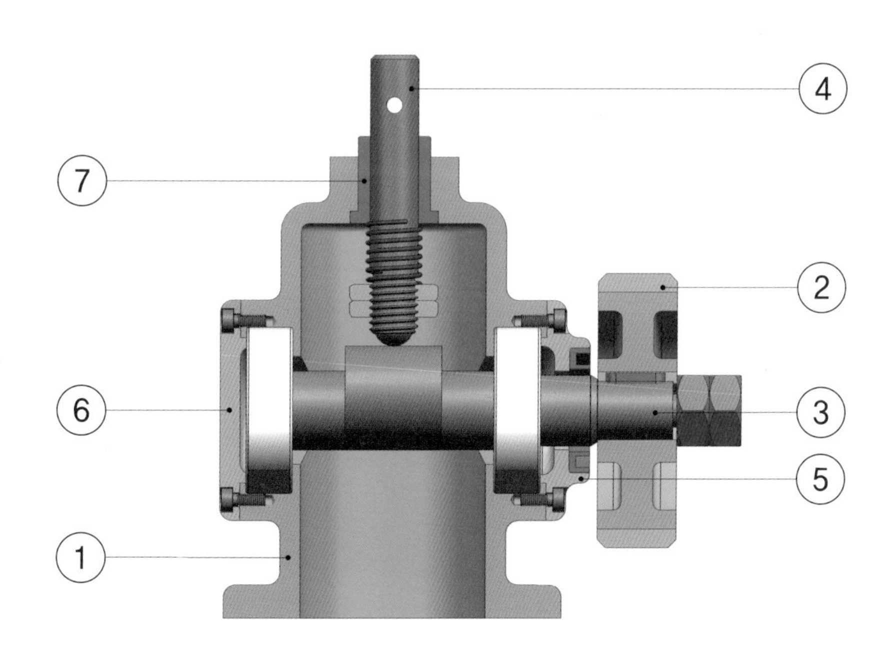

2D 조립 단면도 – 편심 구동 장치

과제7 기어 박스1

설계 변경
- 깊은 홈 볼 베어링 사양을 6202에서 6003으로 변경하시오.
- 기어의 잇수를 40에서 43으로 변경하시오.

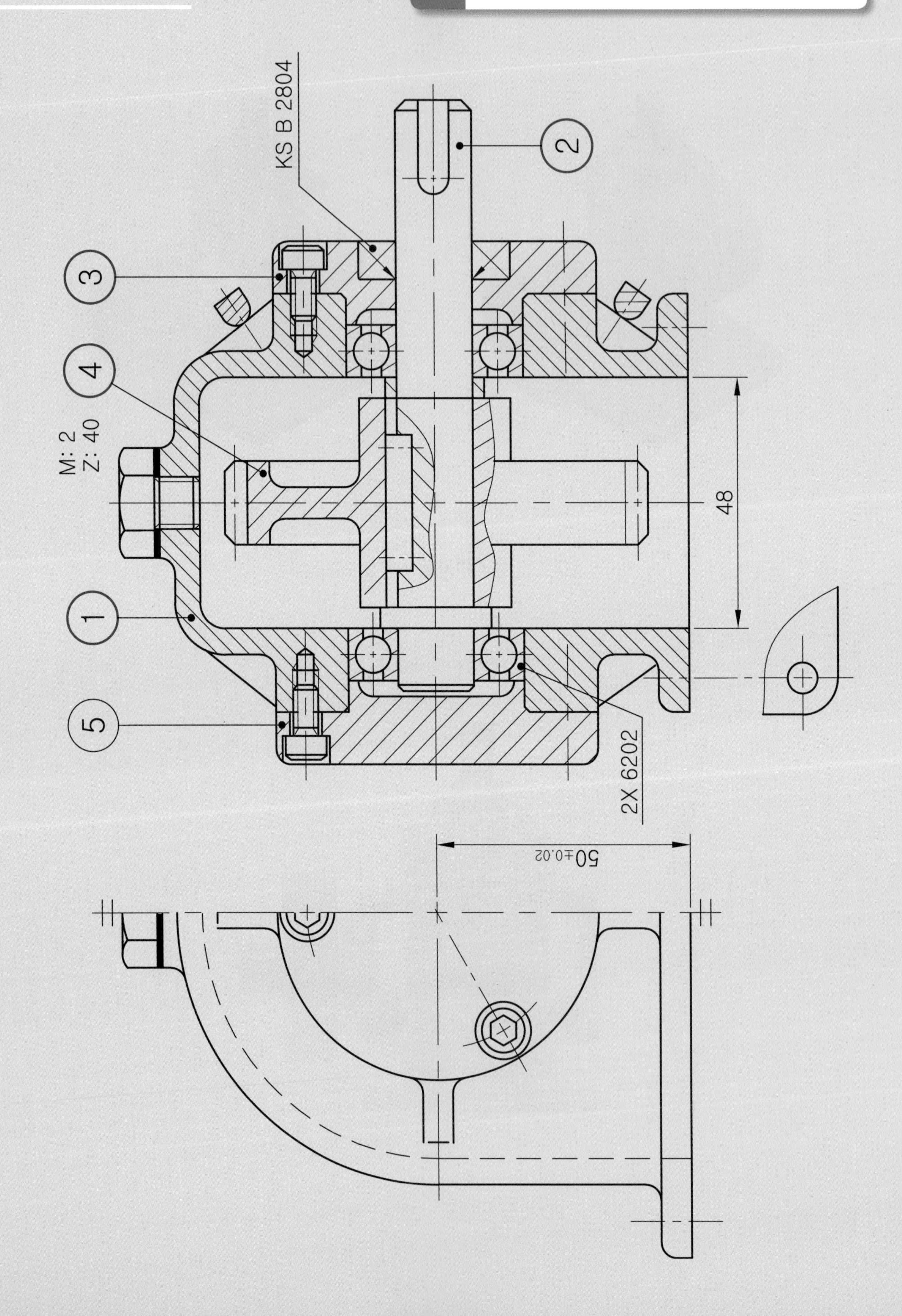

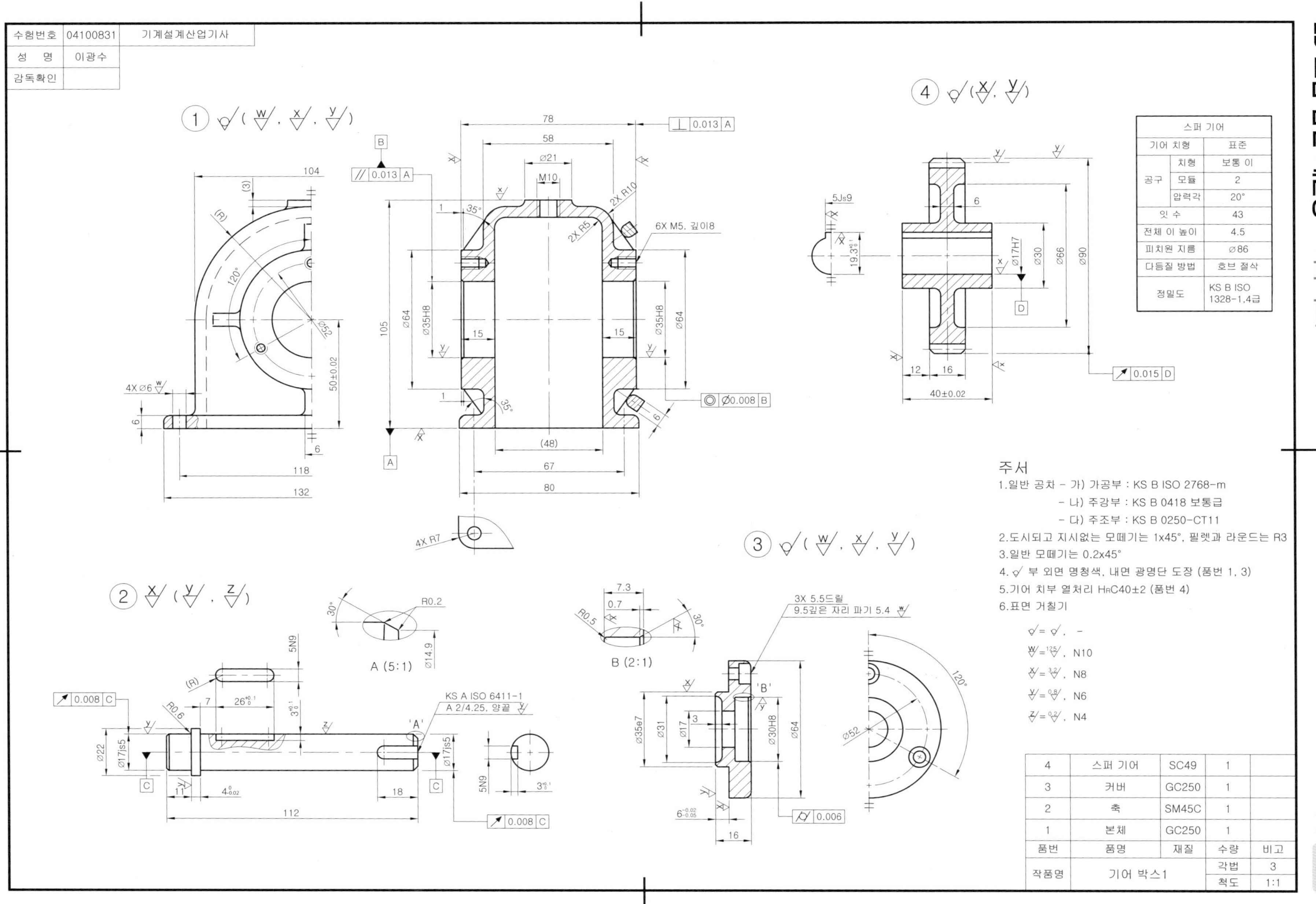
스퍼 기어
기어 치형 표준
공구 치형 보통 이
모듈 2
압력각 20°
잇 수 43
전체 이 높이 4.5
피치원 지름 Ø86
다듬질 방법 호브 절삭
정밀도 KS B ISO 1328-1,4급
주서
1.일반 공차 - 가) 가공부 : KS B ISO 2768-m
- 나) 주강부 : KS B 0418 보통급
- 다) 주조부 : KS B 0250-CT11
2.도시되고 지시없는 모떼기는 1x45°, 필렛과 라운드는 R3
3.일반 모떼기는 0.2x45°
4.√ 부 외면 명청색, 내면 광명단 도장 (품번 1, 3)
5.기어 치부 열처리 HRC40±2 (품번 4)
6.표면 거칠기
4 스퍼 기어 SC49 1
3 커버 GC250 1
2 축 SM45C 1
1 본체 GC250 1
품번 품명 재질 수량 비고
작품명 기어 박스1 각법 3 척도 1:1
수험번호 04100831 기계설계산업기사
성 명 이광수
감독확인

3D 모범 답안 제출용 – 기어 박스1

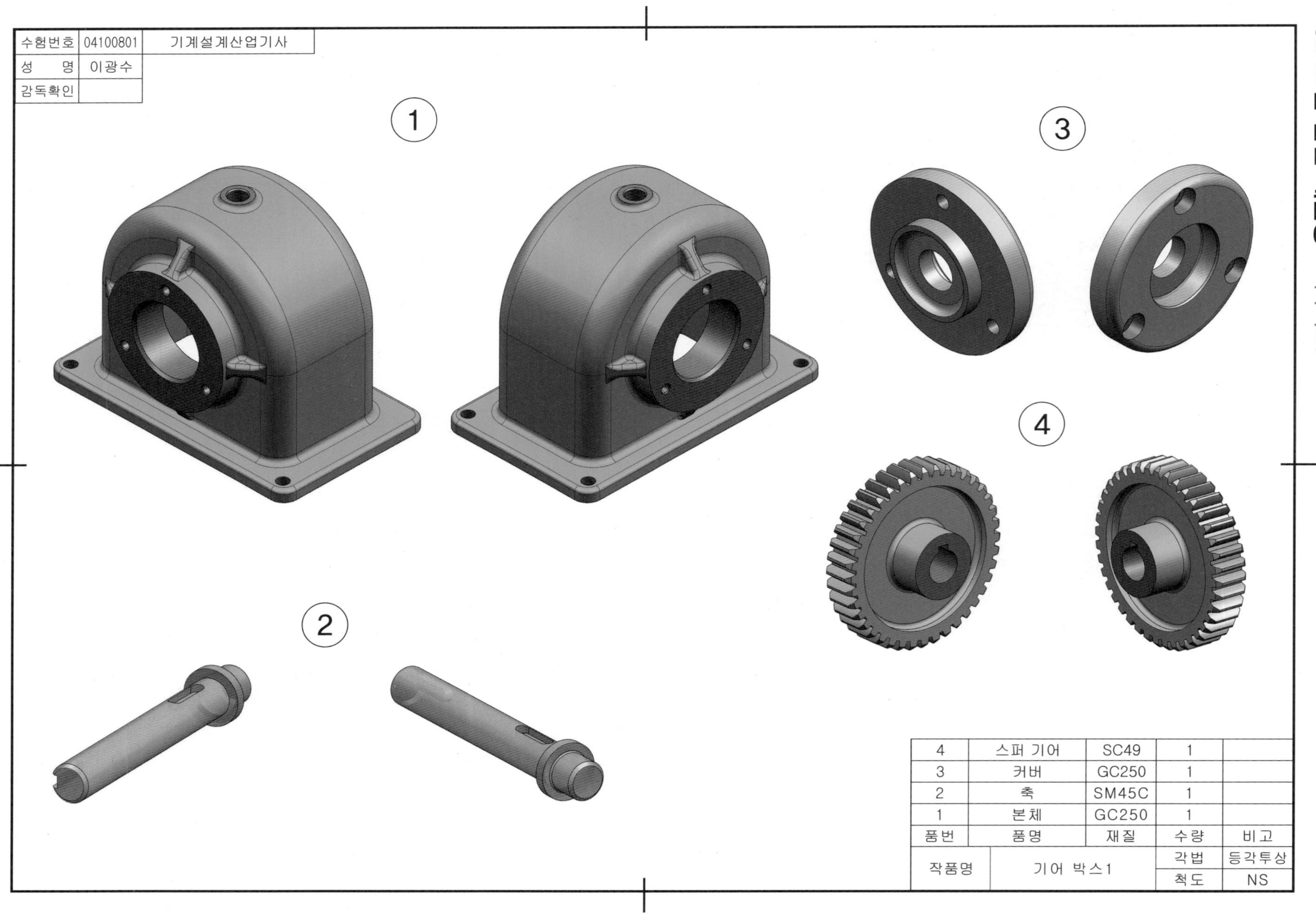

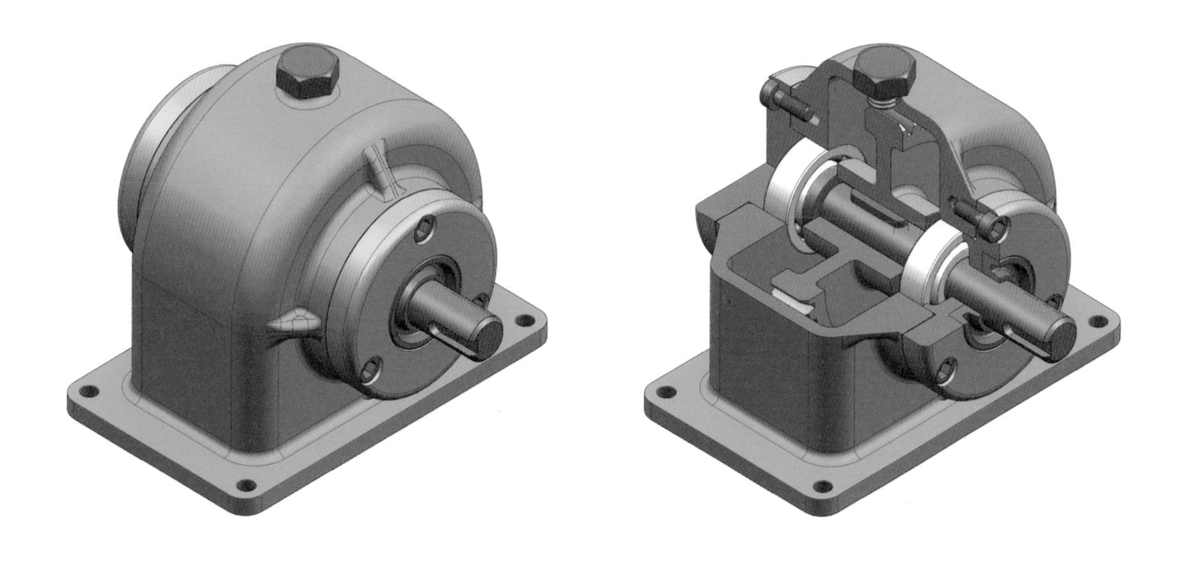

3D 조립 등각투상도 – 기어 박스1

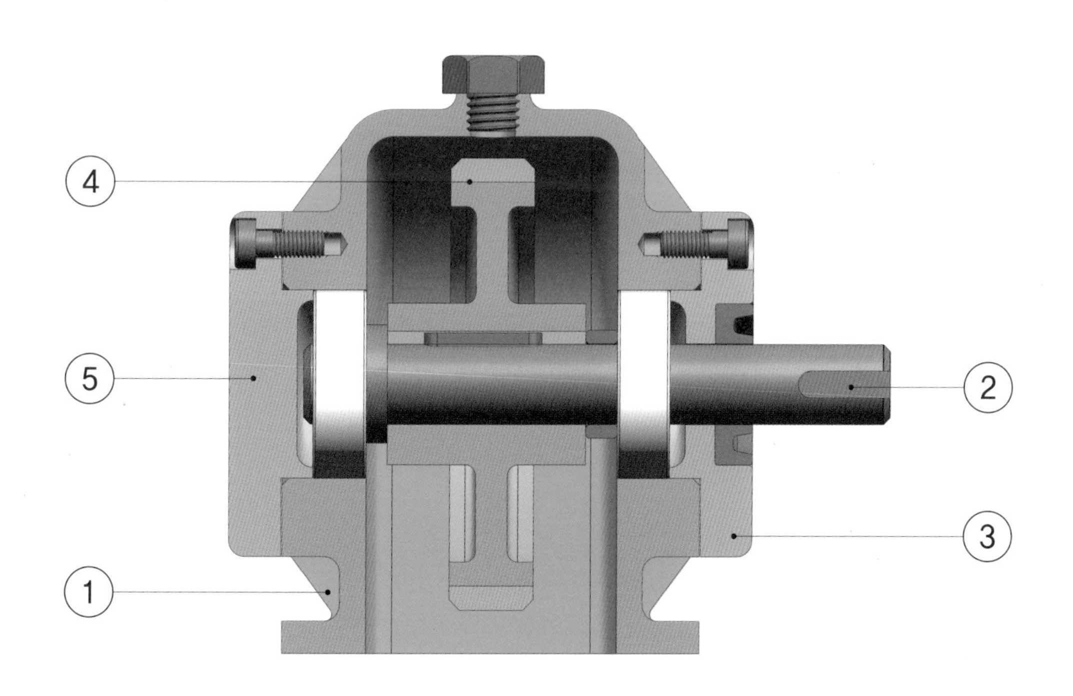

2D 조립 단면도 – 기어 박스1

설계 변경	• 깊은 홈 볼 베어링의 사양을 6203에서 6004로 변경하시오. • 'A'부의 중심거리 치수를 60으로 변경하시오.

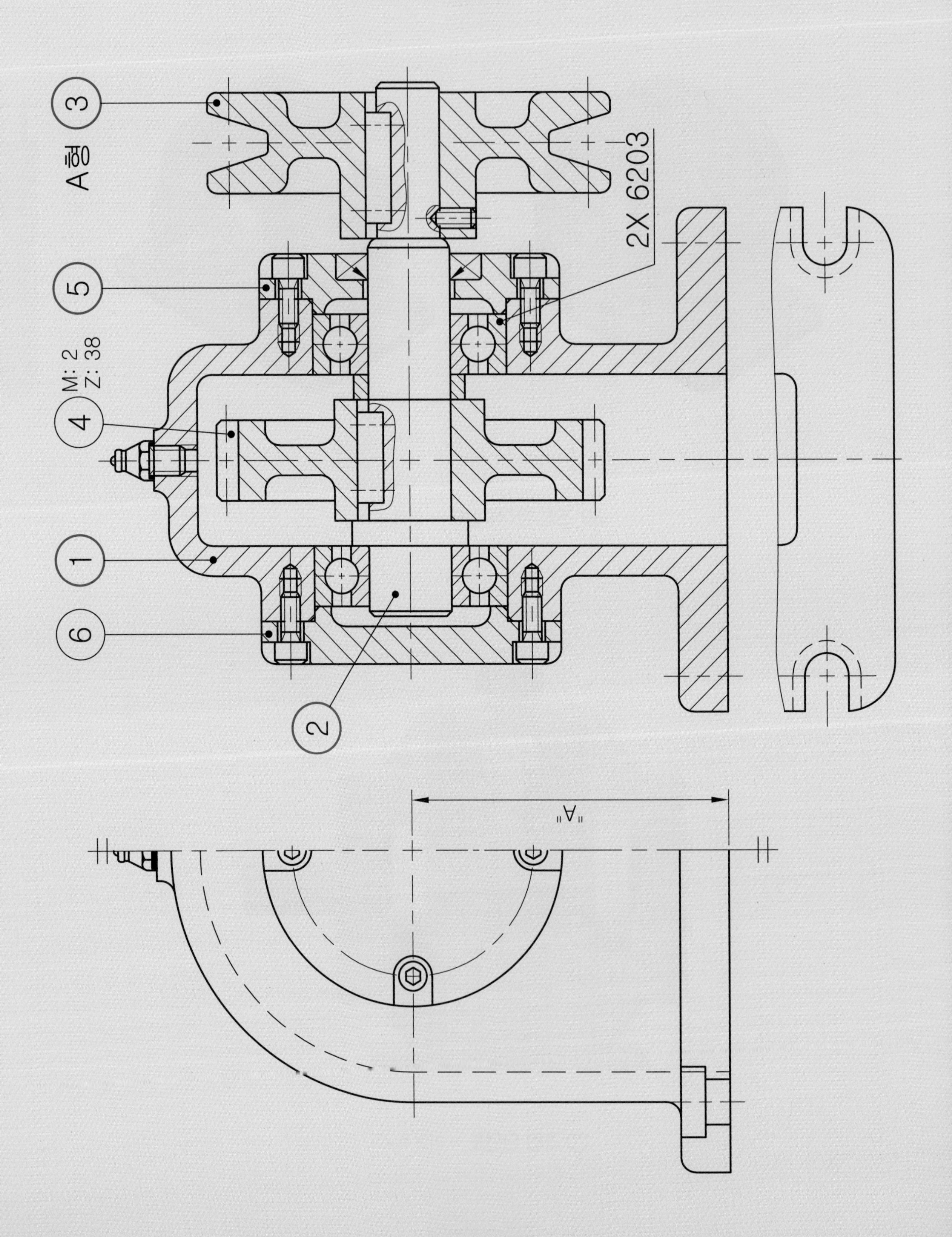

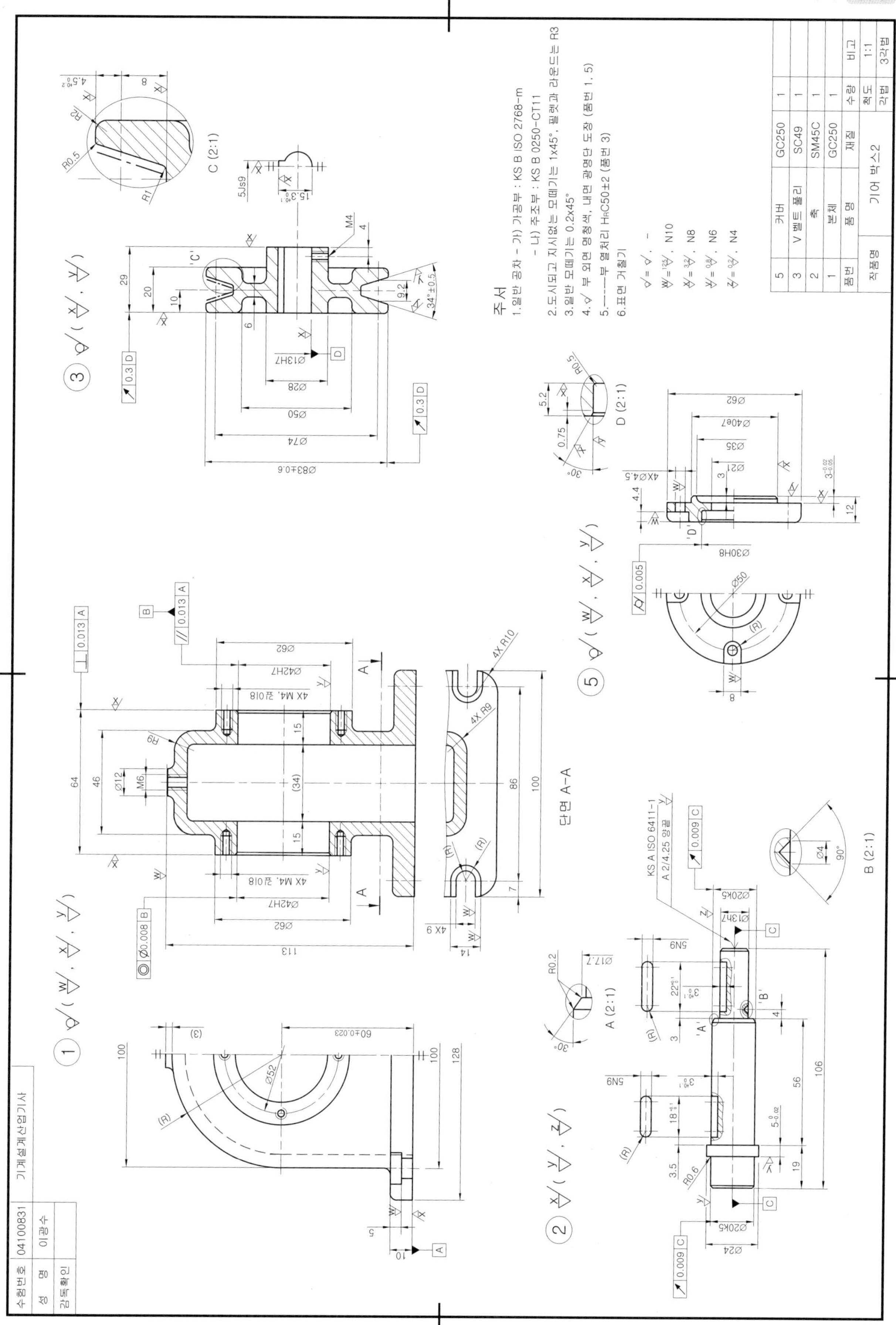
수험번호 04100831
성 명 이광수
감독확인
기계설계산업기사
주서
1.일반 공차 - 가) 가공부 : KS B ISO 2768-m
- 나) 주조부 : KS B 0250-CT11
2.도시되고 지시없는 모떼기는 1x45°, 필렛과 라운드는 R3
3.일반 모떼기는 0.2x45°
4.부 외면 명청색, 내면 광명단 도장 (품번 1, 5)
5.부 열처리 HRC50±2 (품번 3)
6.표면 거칠기
5 커버 GC250 1
3 V 벨트 풀리 SC49 1
2 축 SM45C 1
1 본체 GC250 1
품번 품명 재질 수량 비고
작품명 기어 박스2 척도 1:1 각법 3각법
단면 A-A
A (2:1)
B (2:1)
C (2:1)
D (2:1)

3D 모범 답안 제출용 – 기어 박스2

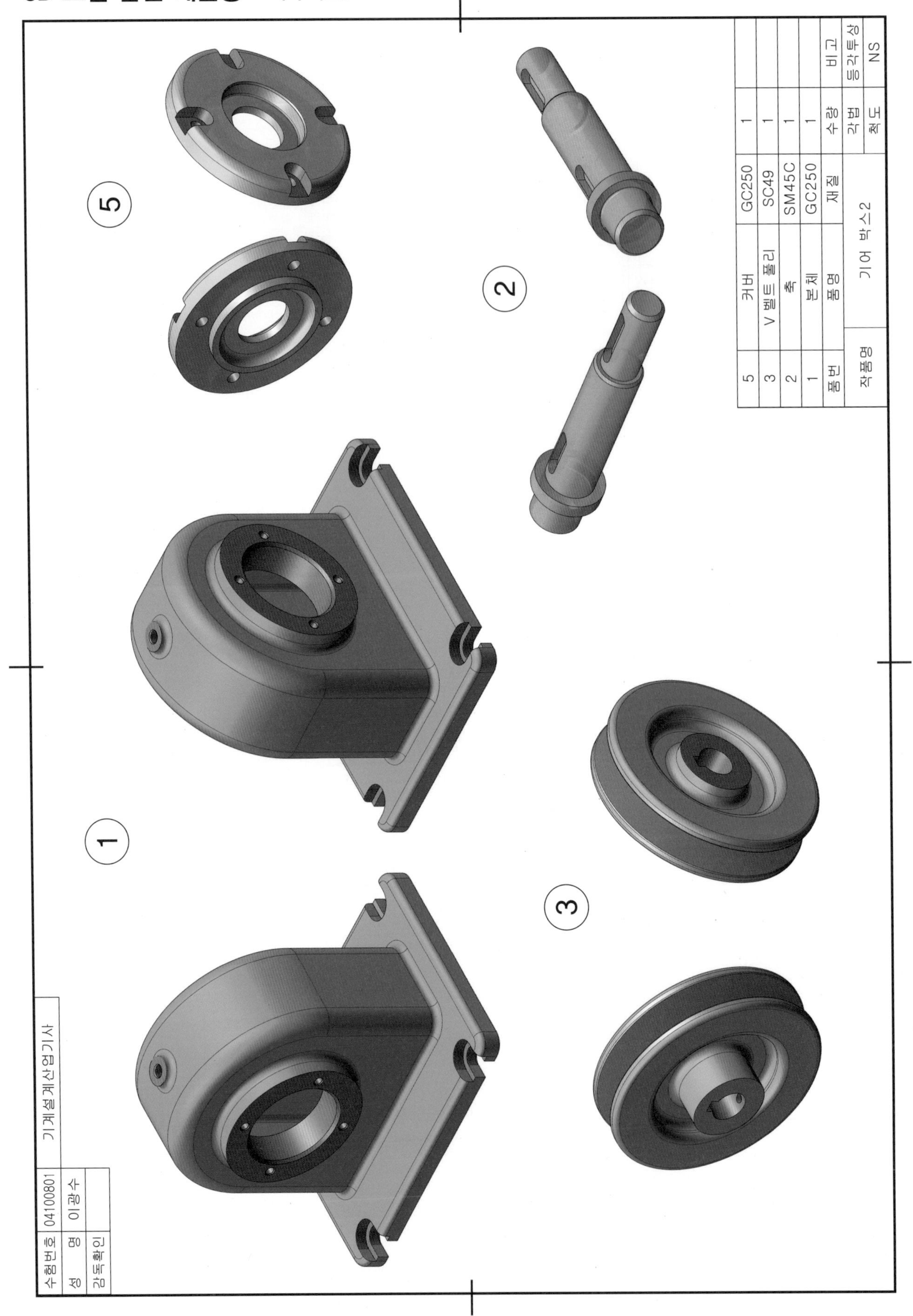

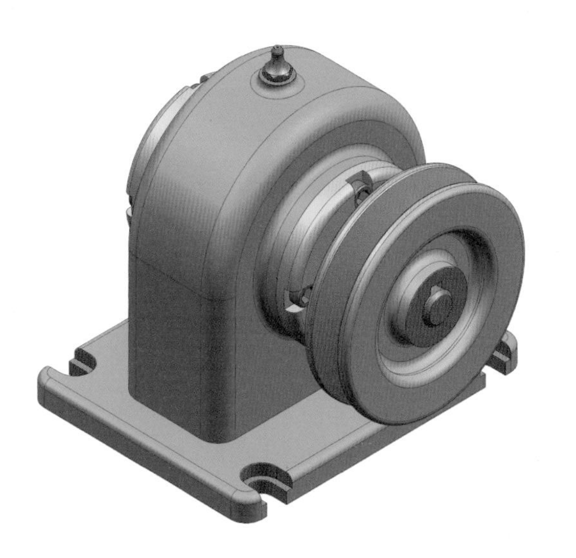

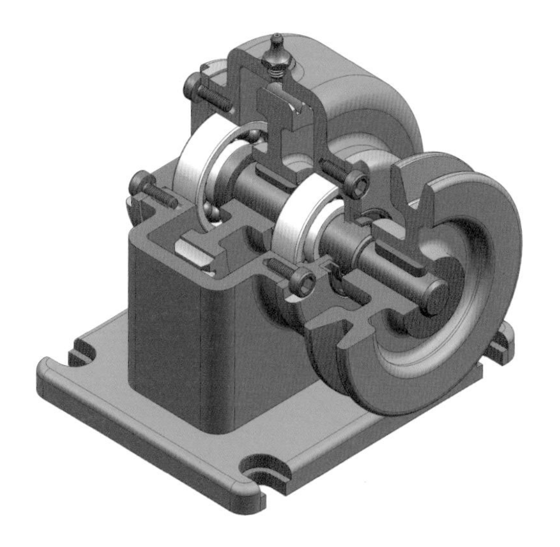

3D 조립 등각투상도 – 기어 박스2

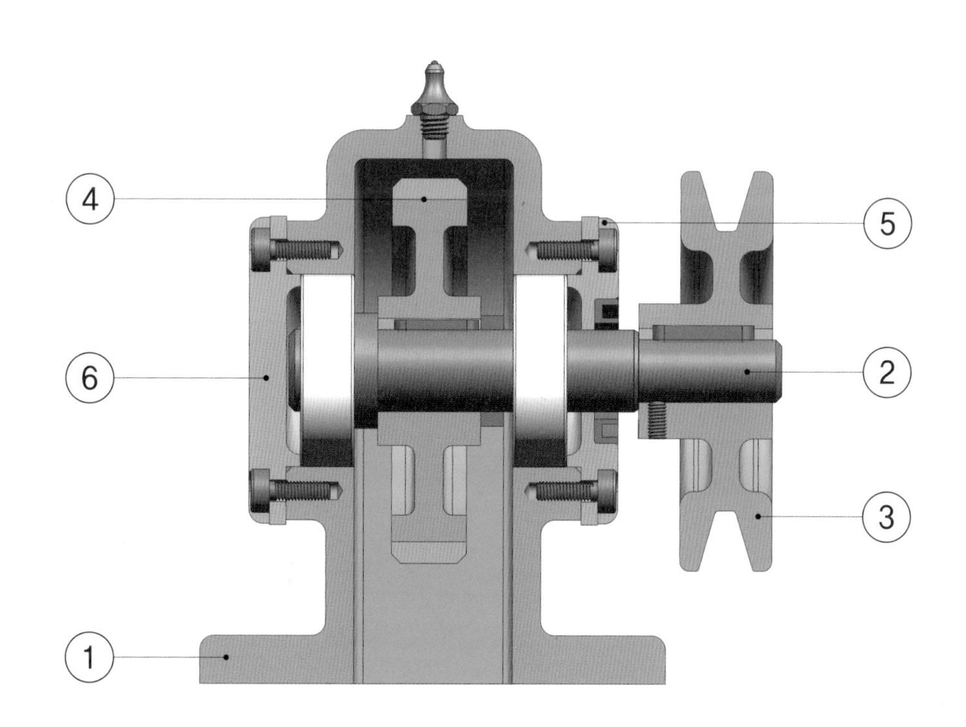

2D 조립 단면도 – 기어 박스2

과제9 기어 박스3

설계 변경

- 깊은 홈 볼 베어링의 사양을 6004에서 6204로 변경하시오.

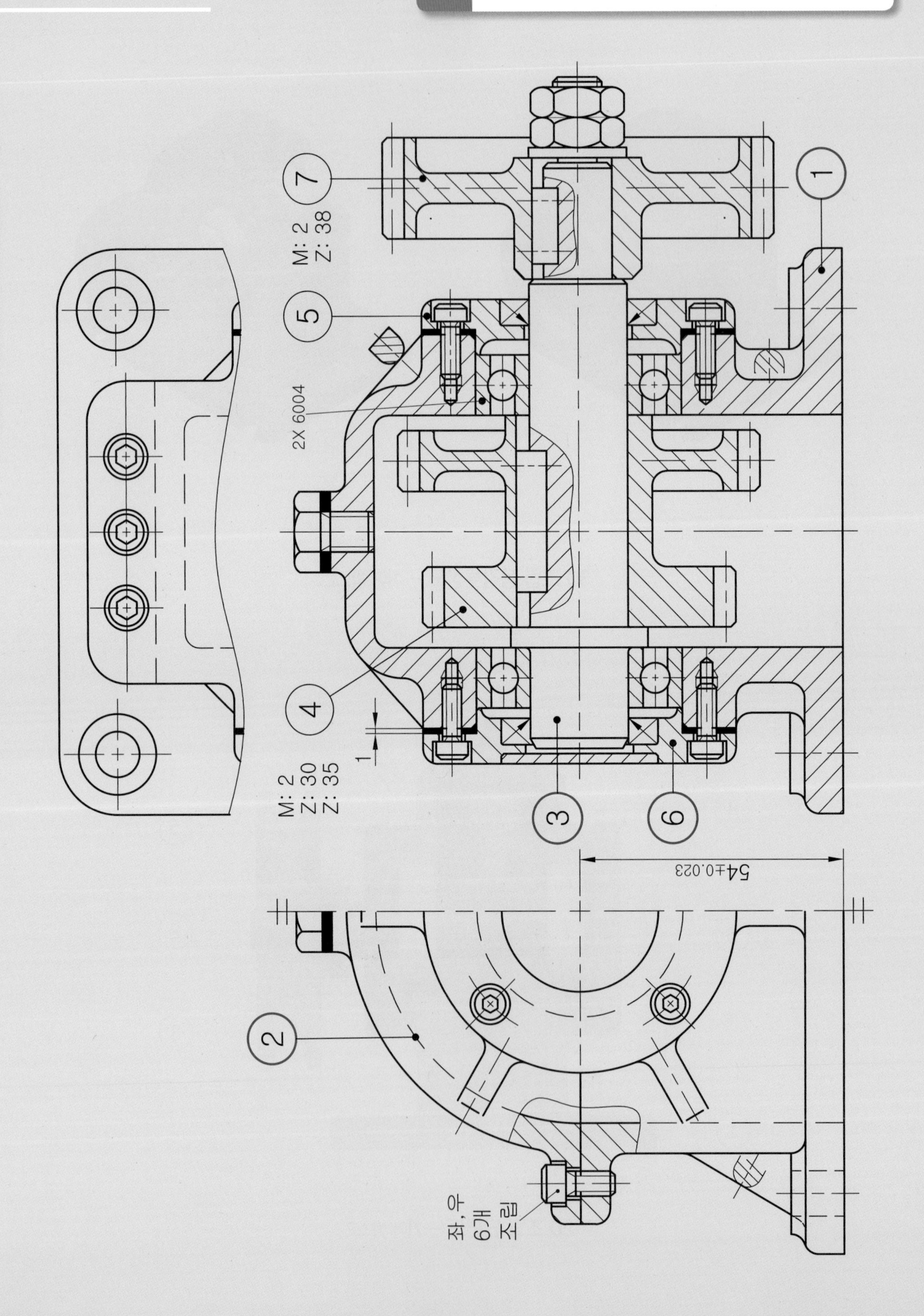

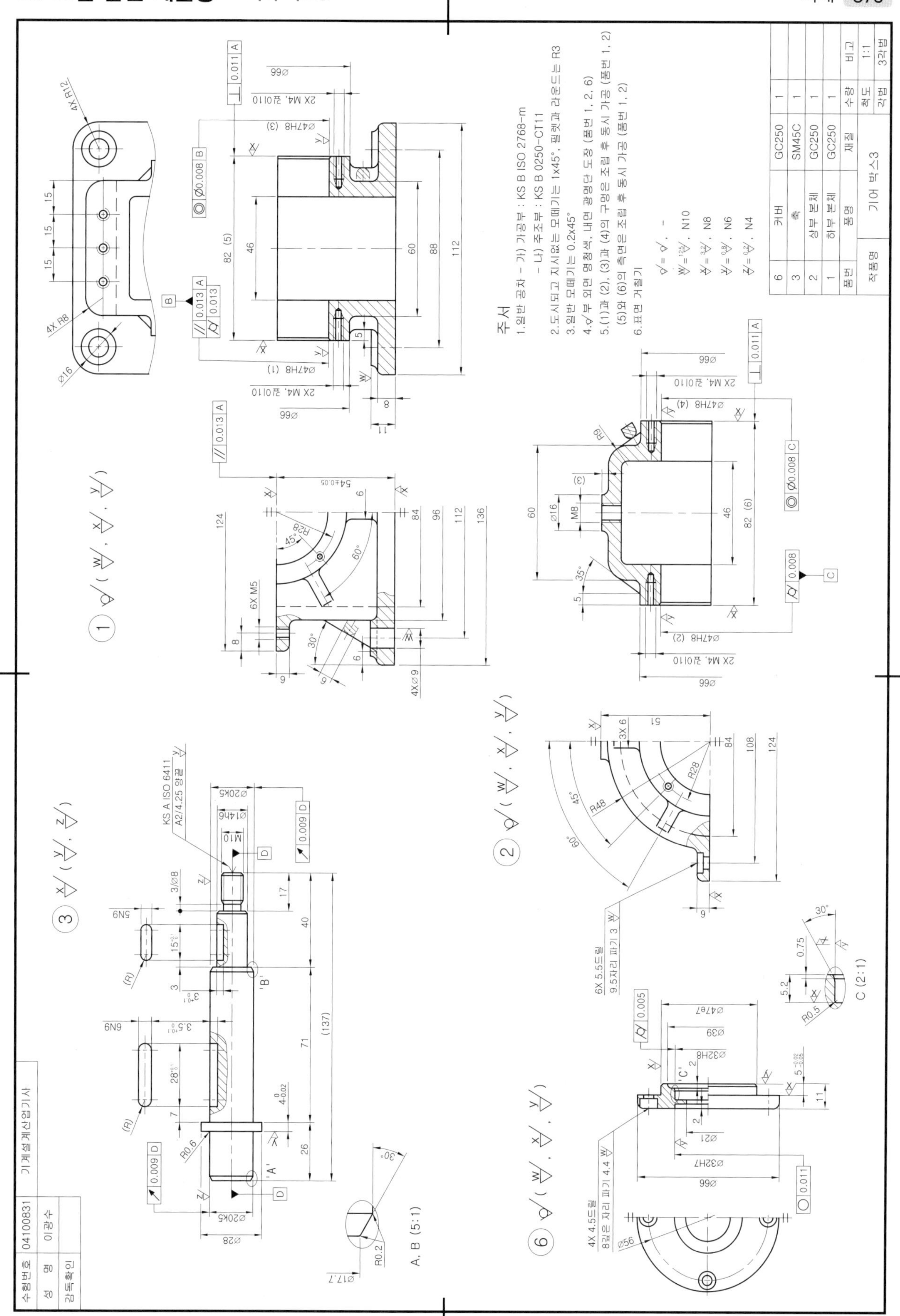
주서
1.일반 공차 - 가) 가공부 : KS B ISO 2768-m
- 나) 주조부 : KS B 0250-CT11
2.도시되고 지시없는 모떼기는 1x45°, 필렛과 라운드는 R3
3.일반 모떼기는 0.2x45°
4.부 외면 명청색, 내면 광명단 도장 (품번 1, 2, 6)
5.(1)과 (2), (3)과 (4)의 구멍은 조립 후 동시 가공 (품번 1, 2)
(5)와 (6)의 측면은 조립 후 동시 가공 (품번 1, 2)
6.표면 거칠기
N10
N8
N6
N4
6 커버 GC250 1
3 축 SM45C 1
2 상부 본체 GC250 1
1 하부 본체 GC250 1
품번 품명 재질 수량 비고
작품명 기어 박스3
척도 1:1
각법 3각법
수험번호 04100831 기계설계산업기사
성 명 이광수
감독확인
A. B (5:1)
C (2:1)

3D 모범 답안 제출용 – 기어 박스3

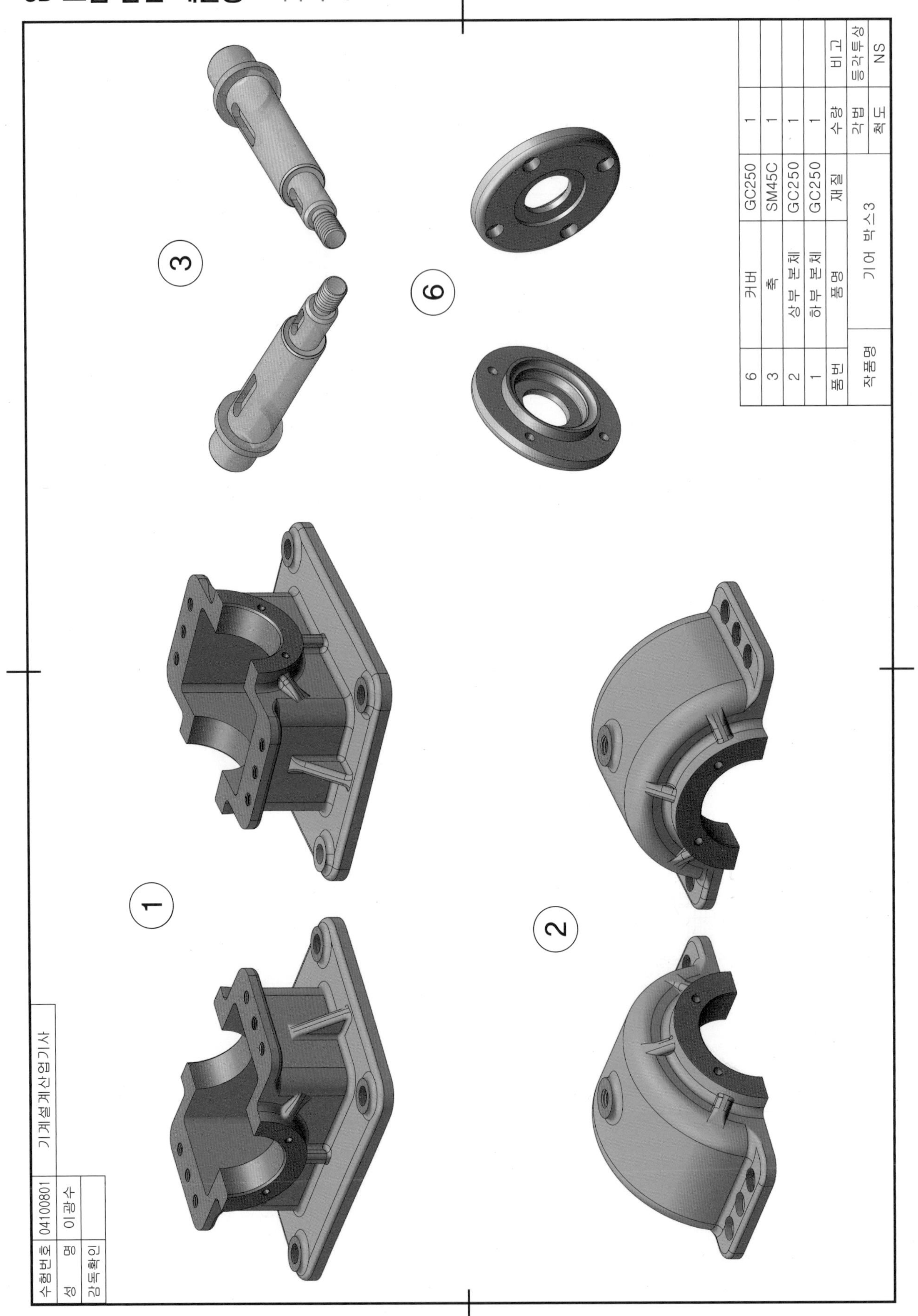

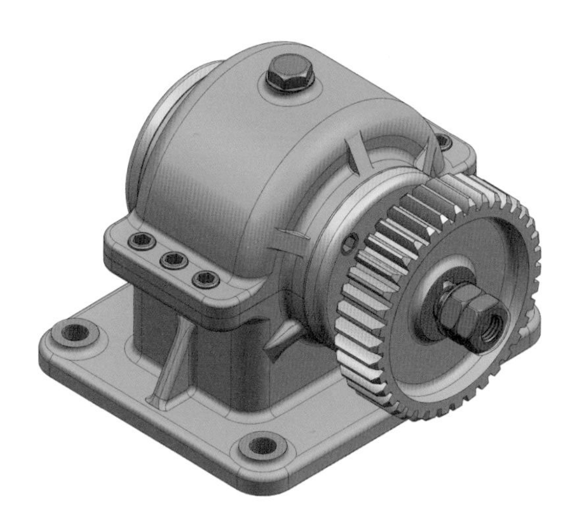

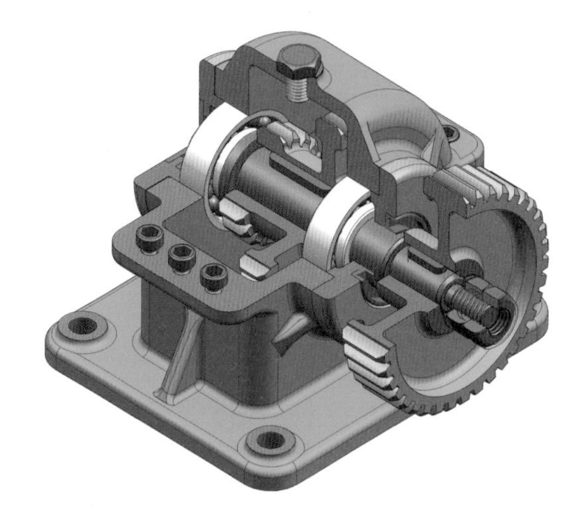

3D 조립 등각투상도 – 기어 박스3

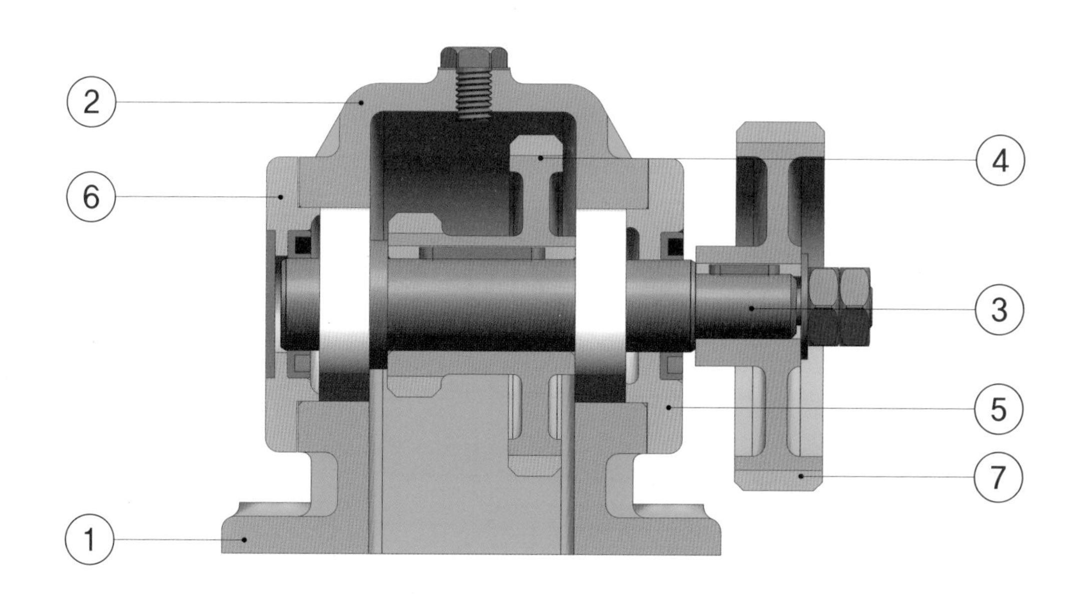

2D 조립 단면도 – 기어 박스3

과제10 래크와 피니언

설계 변경	• 피니언 기어 잇수를 18에서 17로 변경하시오. • 'A'부 치수를 ϕ10으로 변경하시오. • 깊은 홈 볼 베어링의 사양을 6202에서 6804로 변경하시오.

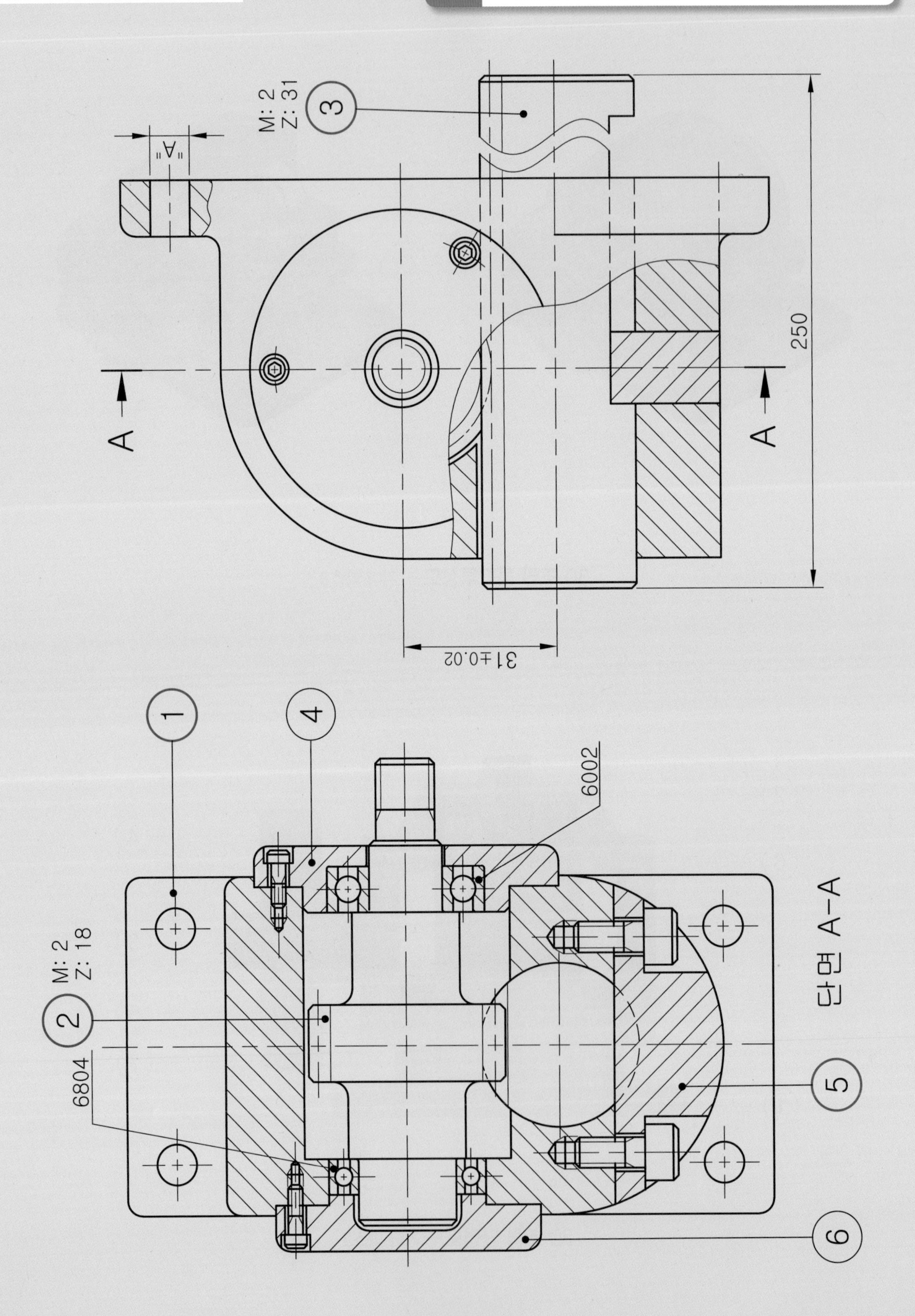

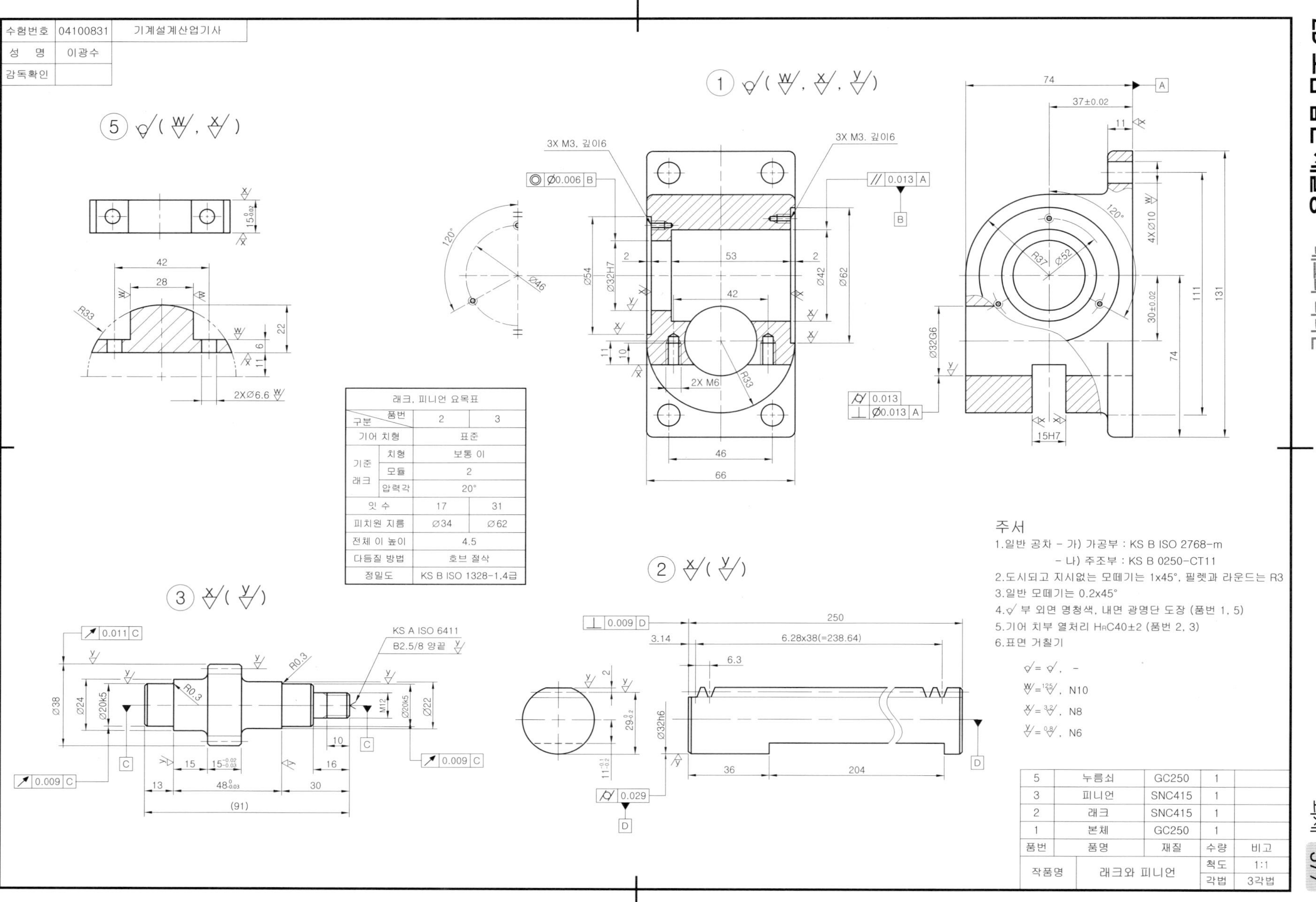

수험번호	04100831	기계설계산업기사
성 명	이광수	
감독확인		

래크, 피니언 요목표

구분 \ 품번		2	3
기어 치형		표준	
기준 래크	치형	보통 이	
	모듈	2	
	압력각	20°	
잇 수		17	31
피치원 지름		Ø34	Ø62
전체 이 높이		4.5	
다듬질 방법		호브 절삭	
정밀도		KS B ISO 1328-1,4급	

품번	품명	재질	수량	비고
5	누름쇠	GC250	1	
3	피니언	SNC415	1	
2	래크	SNC415	1	
1	본체	GC250	1	
작품명	래크와 피니언		척도	1:1
			각법	3각법

3D 모범 답안 제출용 – 래크와 피니언

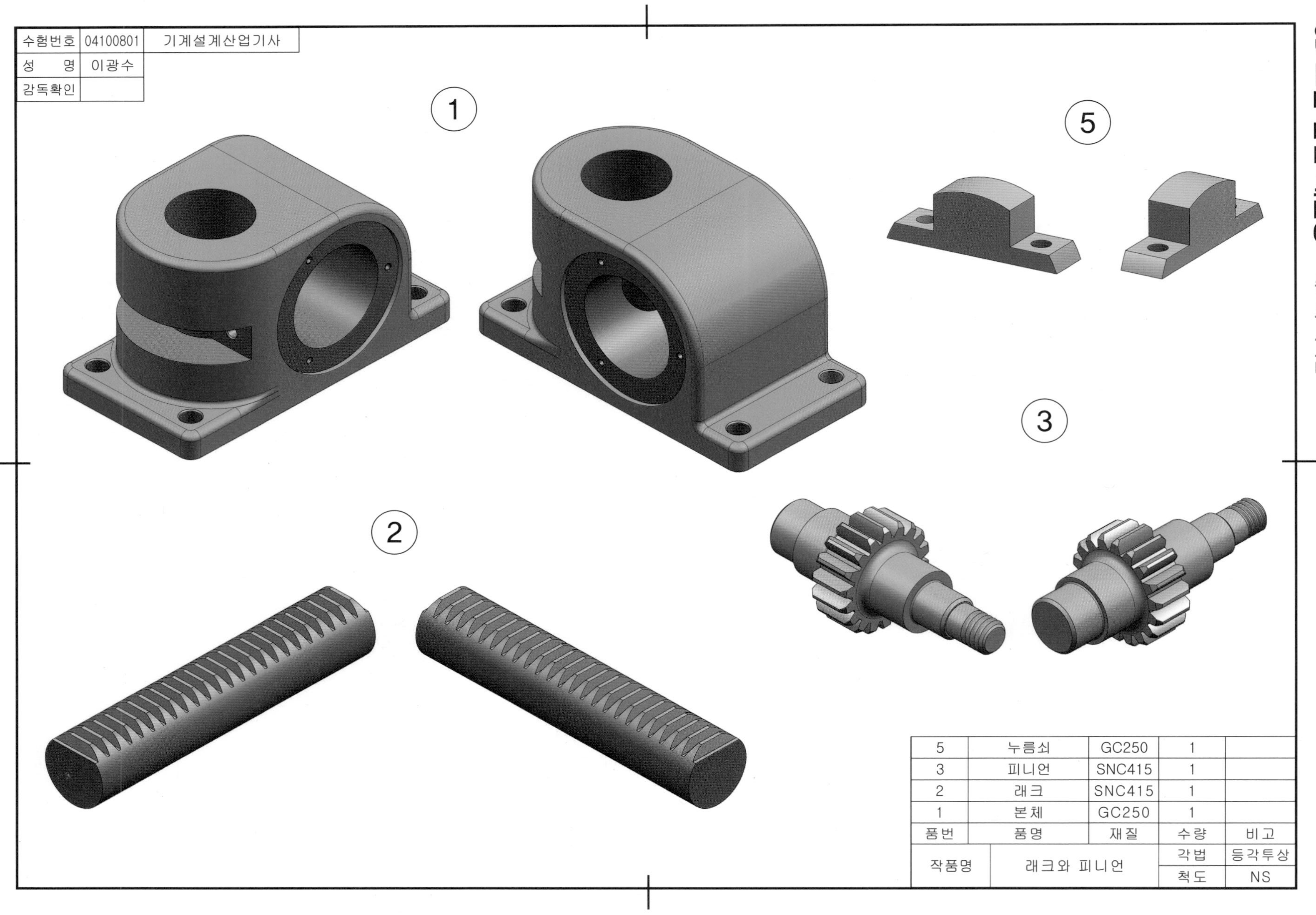

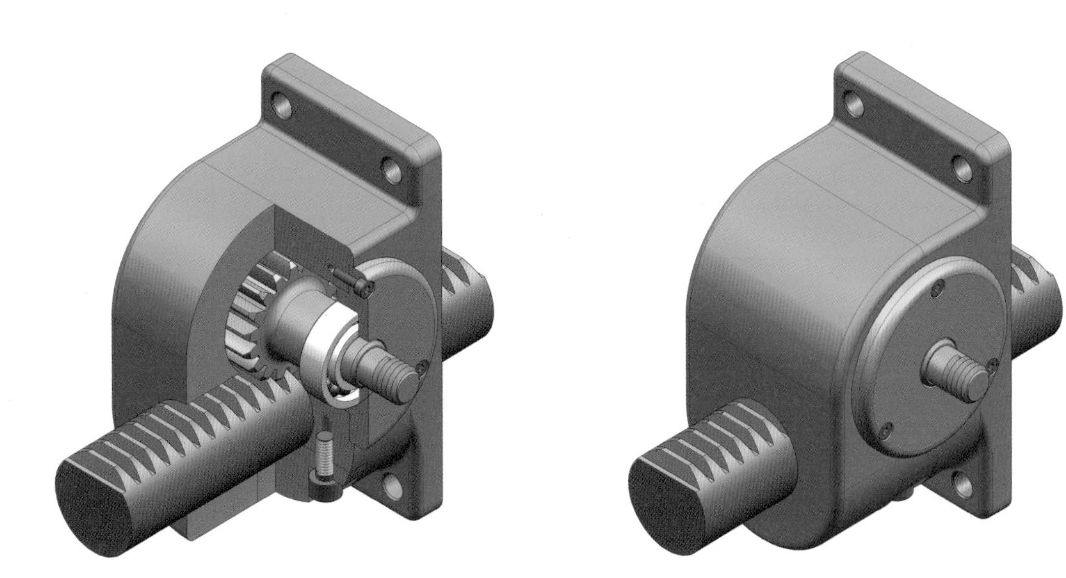

3D 조립 등각투상도 – 래크와 피니언

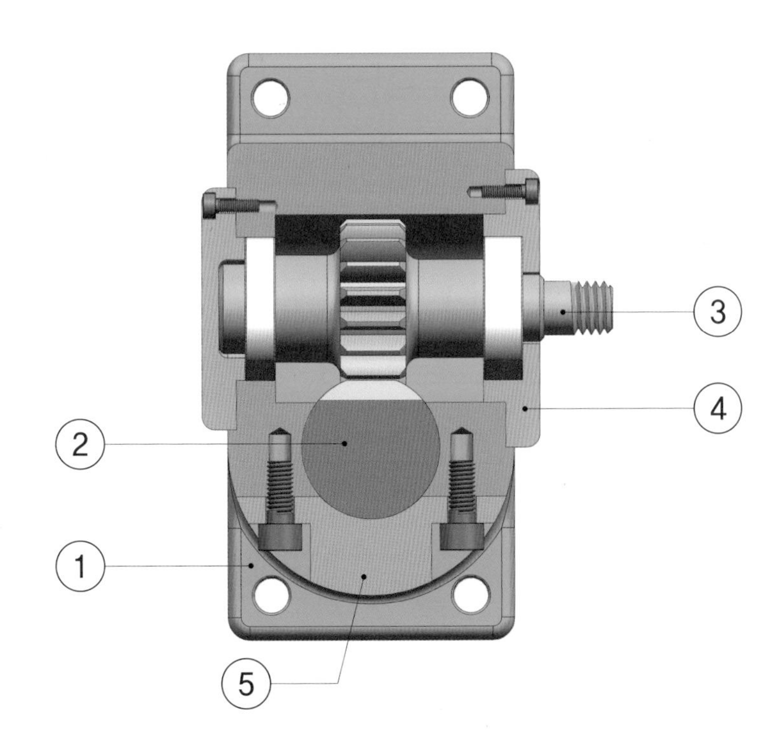

2D 조립 단면도 – 래크와 피니언

과제11 동력 전달 장치1

설계 변경
- 깊은 홈 볼 베어링의 사양을 6203에서 6004로 변경하시오.
- V벨트 풀리 M형을 A형으로 설계 변경하시오.

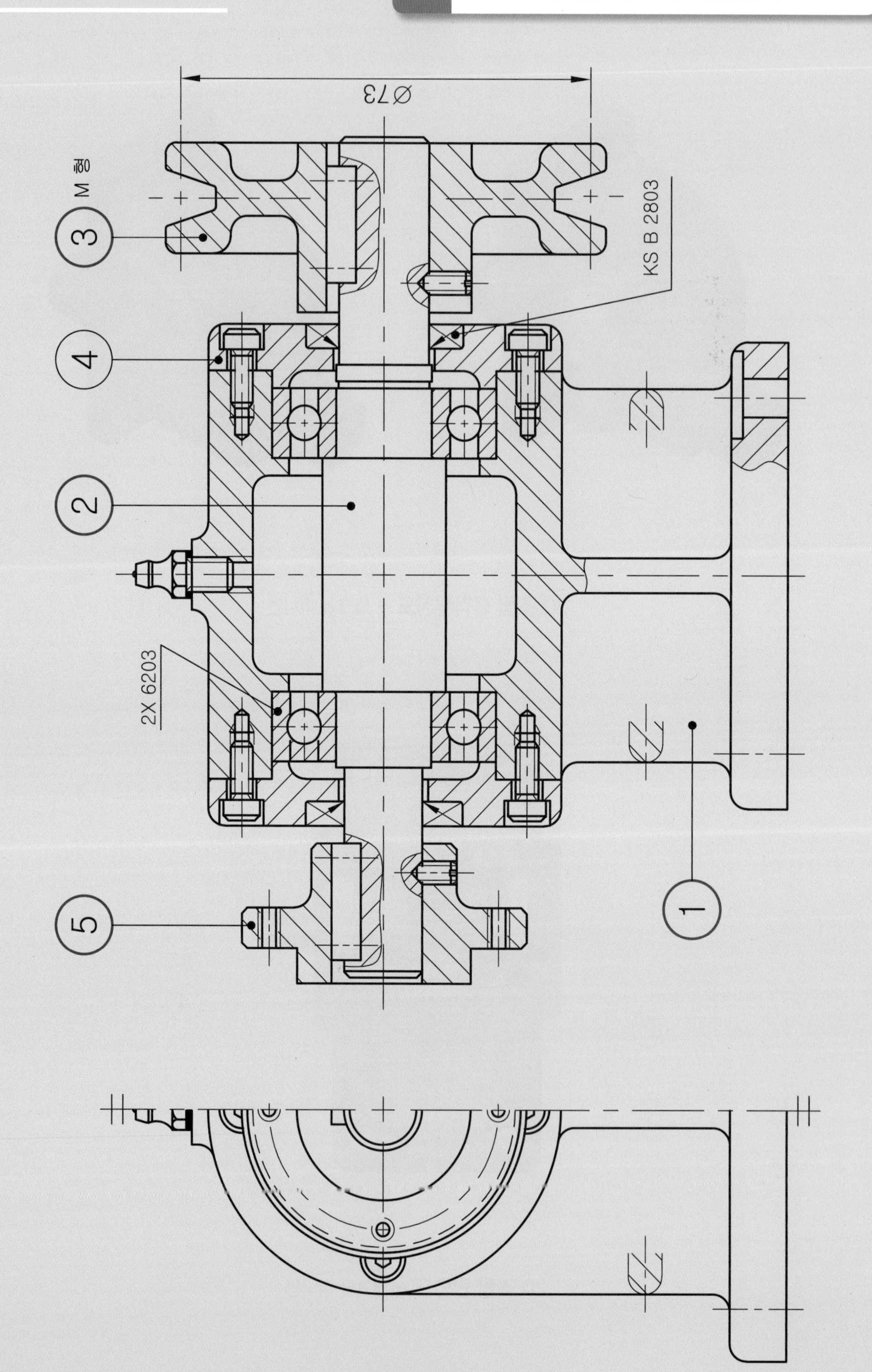

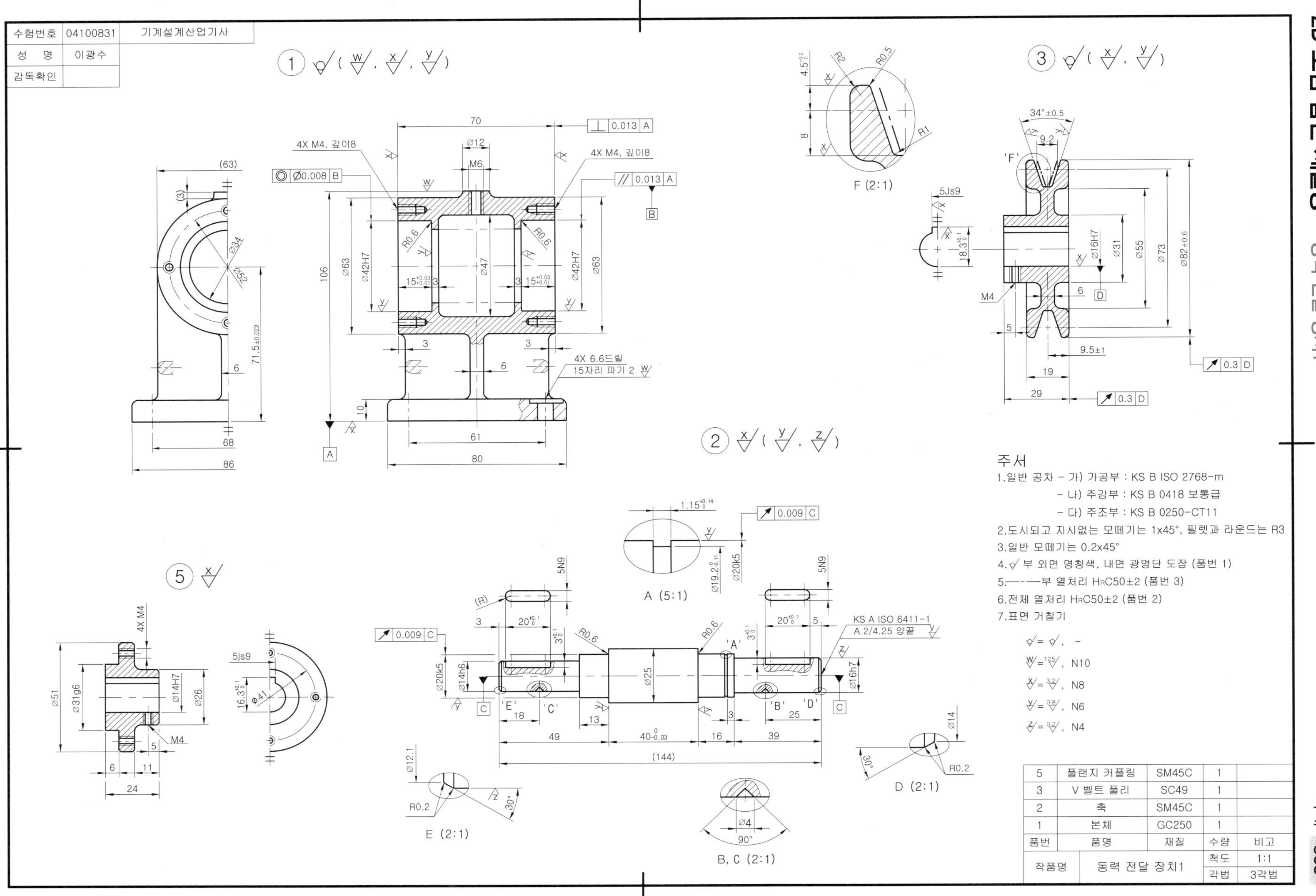
수험번호 04100831
기계설계산업기사
성 명 이광수
감독확인
F (2:1)
A (5:1)
B, C (2:1)
D (2:1)
E (2:1)
4X M4, 깊이8
4X 6.6드릴
15자리 파기 2
KS A ISO 6411-1
A 2/4.25 양끝
주서
1.일반 공차 – 가) 가공부 : KS B ISO 2768-m
– 나) 주강부 : KS B 0418 보통급
– 다) 주조부 : KS B 0250-CT11
2.도시되고 지시없는 모떼기는 1x45°, 필렛과 라운드는 R3
3.일반 모떼기는 0.2x45°
4.부 외면 명청색, 내면 광명단 도장 (품번 1)
5.부 열처리 HRC50±2 (품번 3)
6.전체 열처리 HRC50±2 (품번 2)
7.표면 거칠기
N10
N8
N6
N4
5 플랜지 커플링 SM45C 1
3 V 벨트 풀리 SC49 1
2 축 SM45C 1
1 본체 GC250 1
품번 품명 재질 수량 비고
작품명 동력 전달 장치1
척도 1:1
각법 3각법

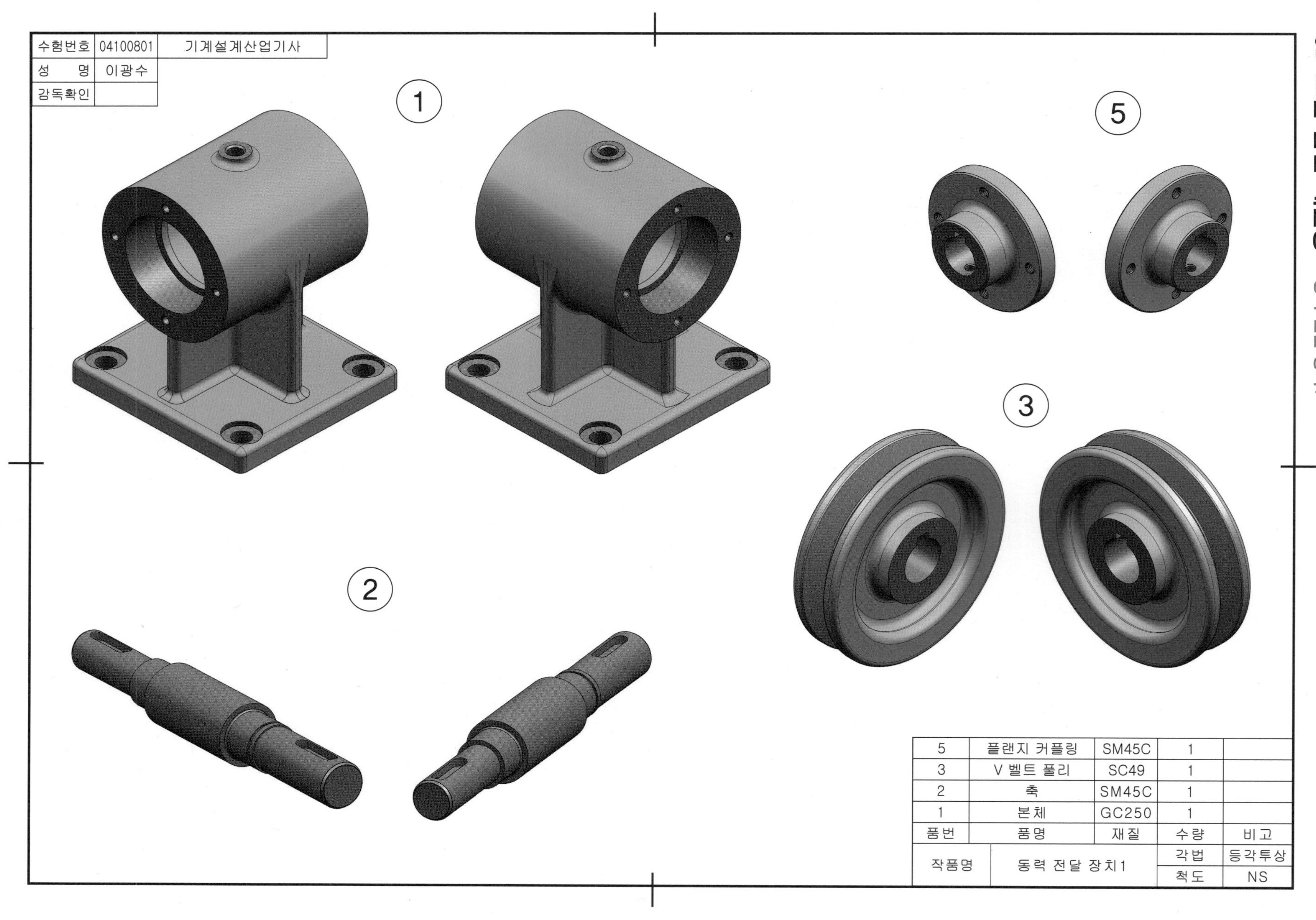
수험번호 04100801 기계설계산업기사
성 명 이광수
감독확인
1
5
3
2
5 플랜지 커플링 SM45C 1
3 V 벨트 풀리 SC49 1
2 축 SM45C 1
1 본체 GC250 1
품번 품명 재질 수량 비고
작품명 동력 전달 장치1
각법 등각투상
척도 NS

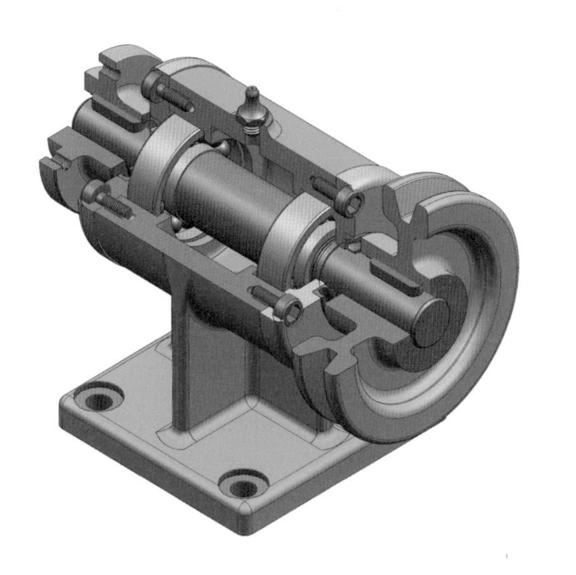

3D 조립 등각투상도 – 동력 전달 장치1

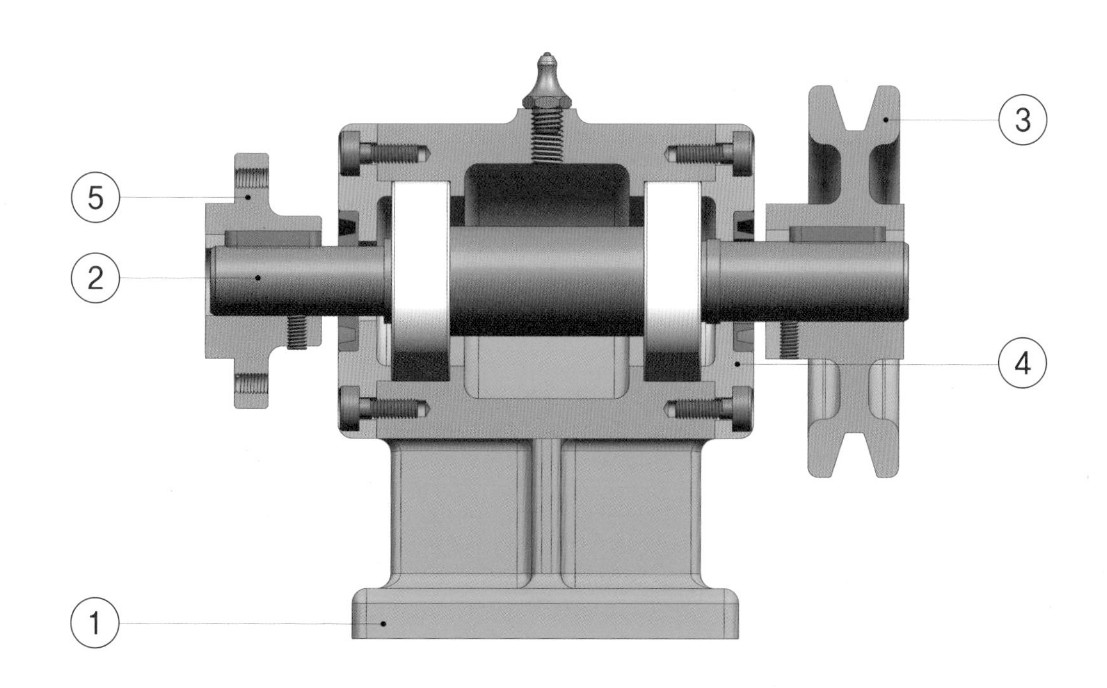

2D 조립 단면도 – 동력 전달 장치1

과제12 동력 전달 장치2

설계 변경

- ①번 부품의 플리머 블록을 커버로 설계 변경하시오. (본체는 좌우대칭)
  플리머 블록은 KS 규격에서 폐지되었으므로 커버로 설계 변경한다.

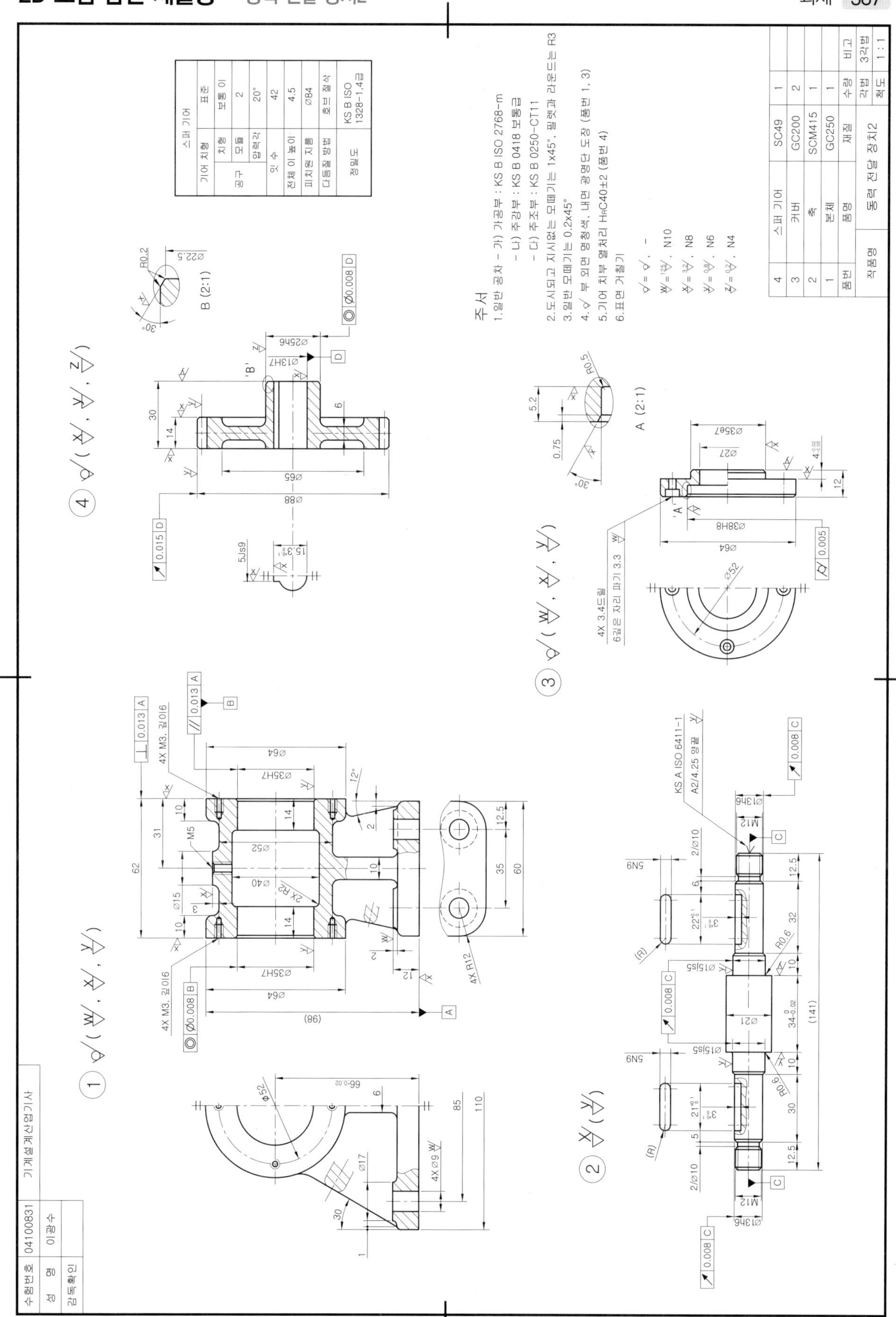
스퍼 기어
기어 치형 | 표준
공구 | 치형 | 보통 이
모듈 | 2
압력각 | 20°
잇 수 | 42
전체 이 높이 | 4.5
피치원 지름 | Ø84
다듬질 방법 | 호브 절삭
정밀도 | KS B ISO 1328-1,4급
주서
1.일반 공차 - 가) 가공부 : KS B ISO 2768-m
- 나) 주강부 : KS B 0418 보통급
- 다) 주조부 : KS B 0250-CT11
2.도시되고 지시없는 모떼기는 1x45°, 필렛과 라운드는 R3
3.일반 모떼기는 0.2x45°
4.부 외면 명청색, 내면 광명단 도장 (품번 1, 3)
5.기어 치부 열처리 HRC40±2 (품번 4)
6.표면 거칠기
N10
N8
N6
N4
4 | 스퍼 기어 | SC49 | 1
3 | 커버 | GC200 | 2
2 | 축 | SCM415 | 1
1 | 본체 | GC250 | 1
품번 | 품명 | 재질 | 수량 | 비고
작품명 | 동력 전달 장치2 | 각법 | 3각법
척도 | 1 : 1
수험번호 | 04100831 | 기계설계산업기사
성 명 | 이광수
감독확인
B (2:1)
A (2:1)
KS A ISO 6411-1
A2/4.25 양끝
4X 3.4드릴
6깊은 자리 파기 3.3
4X M3, 깊이6
4X R12
4X Ø9

3D 모범 답안 제출용 – 동력 전달 장치2

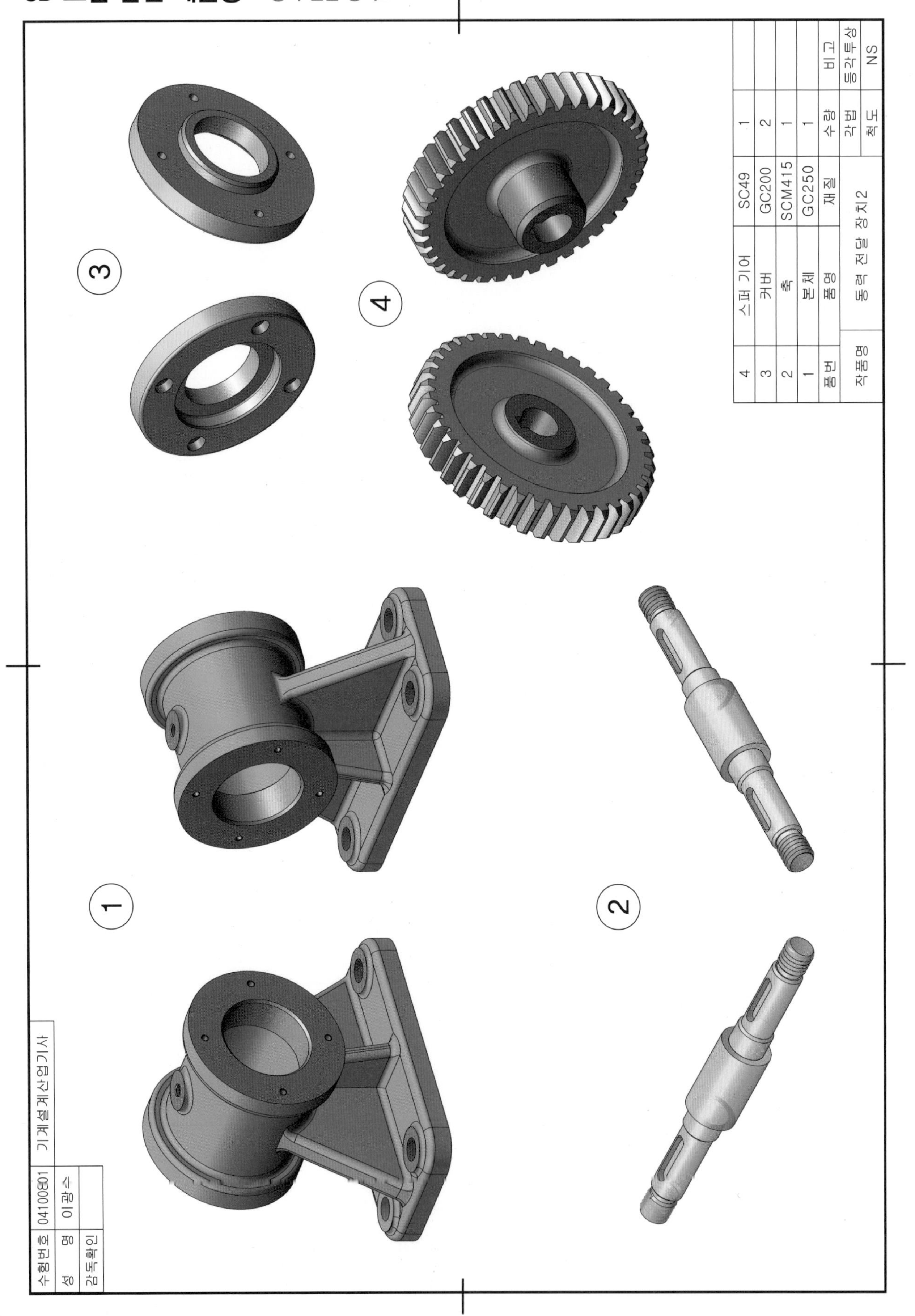

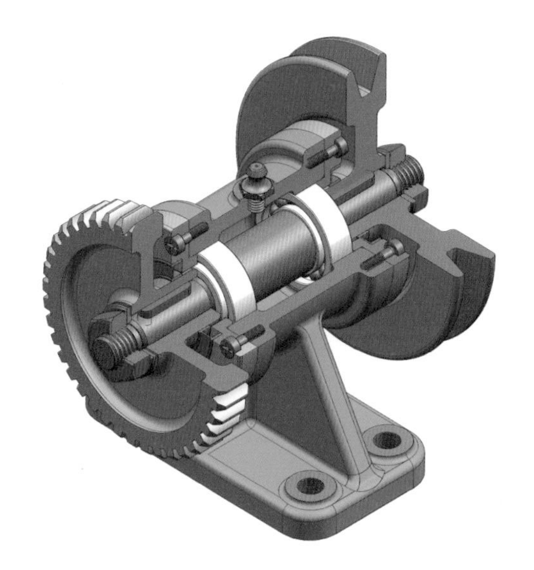

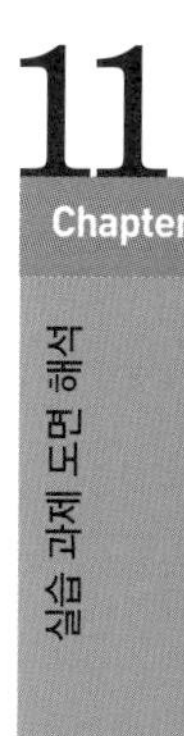

3D 조립 등각투상도 – 동력 전달 장치2

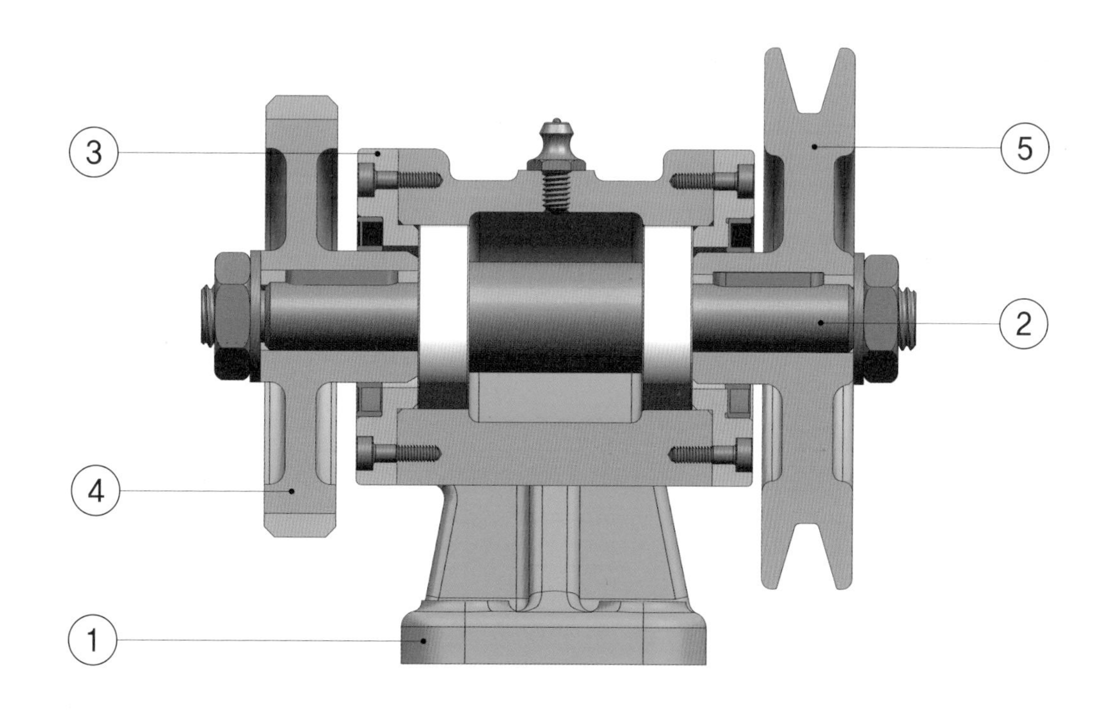

2D 조립 단면도 – 동력 전달 장치2

과제13 동력 전달 장치3

설계 변경
- ④번 부품의 플리머 블록을 커버로 설계 변경하시오.
- V벨트 풀리 M형을 A형으로 설계 변경하시오.

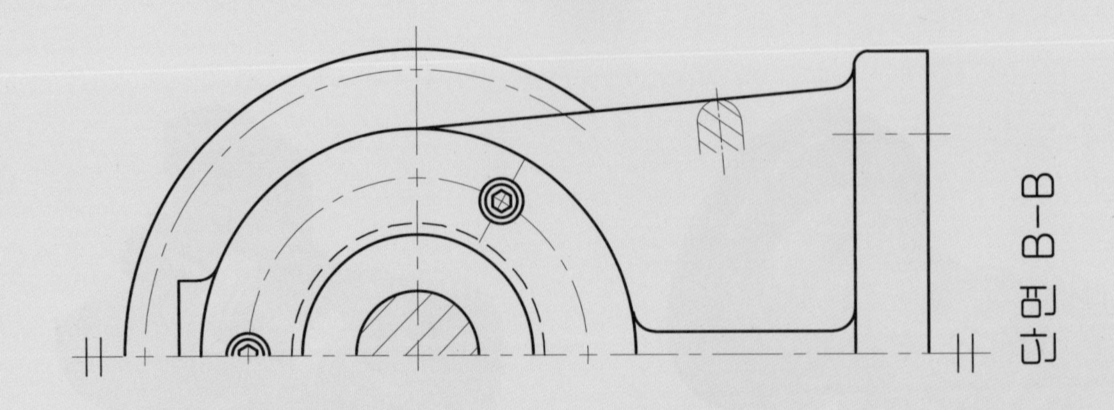

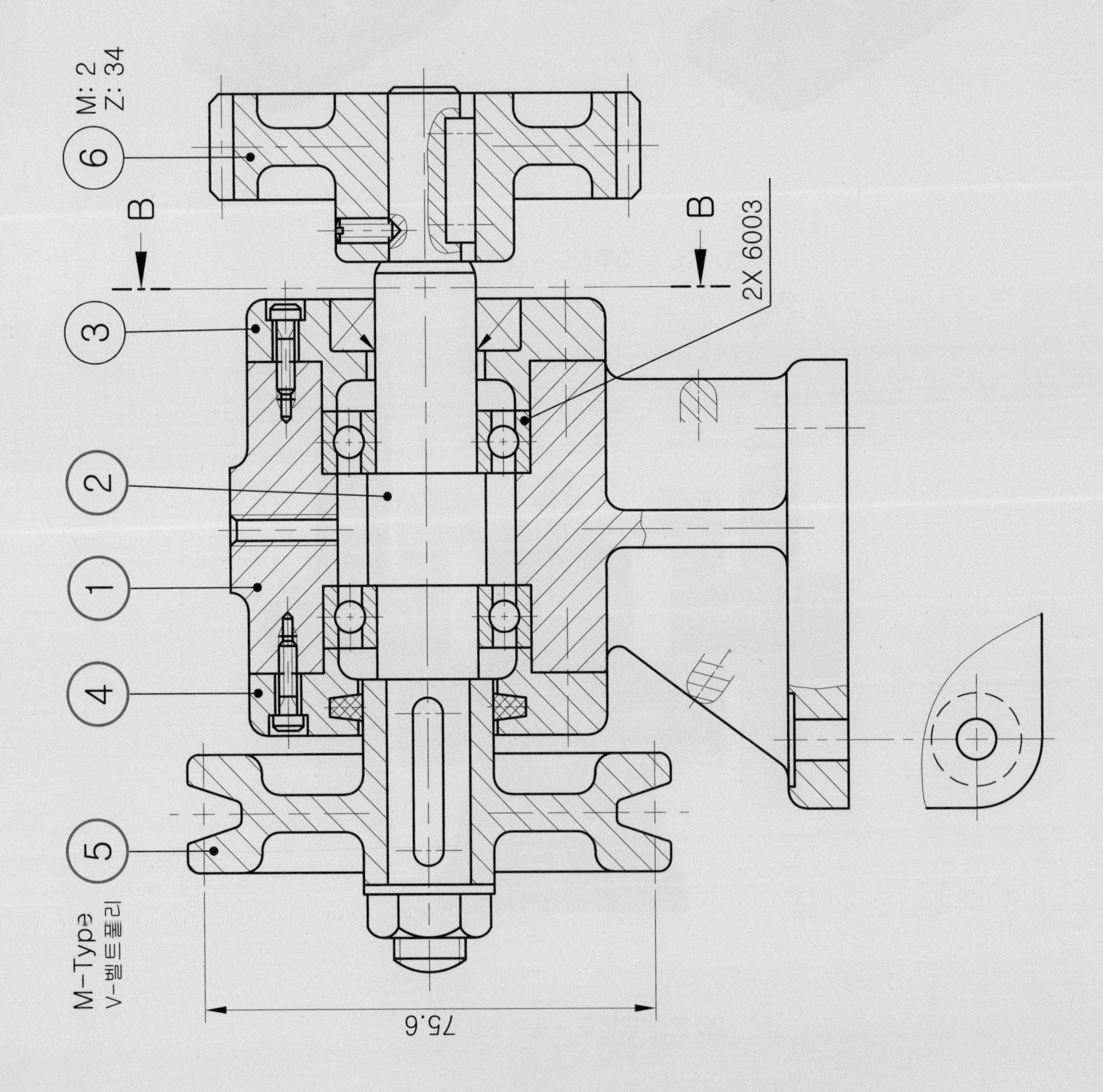

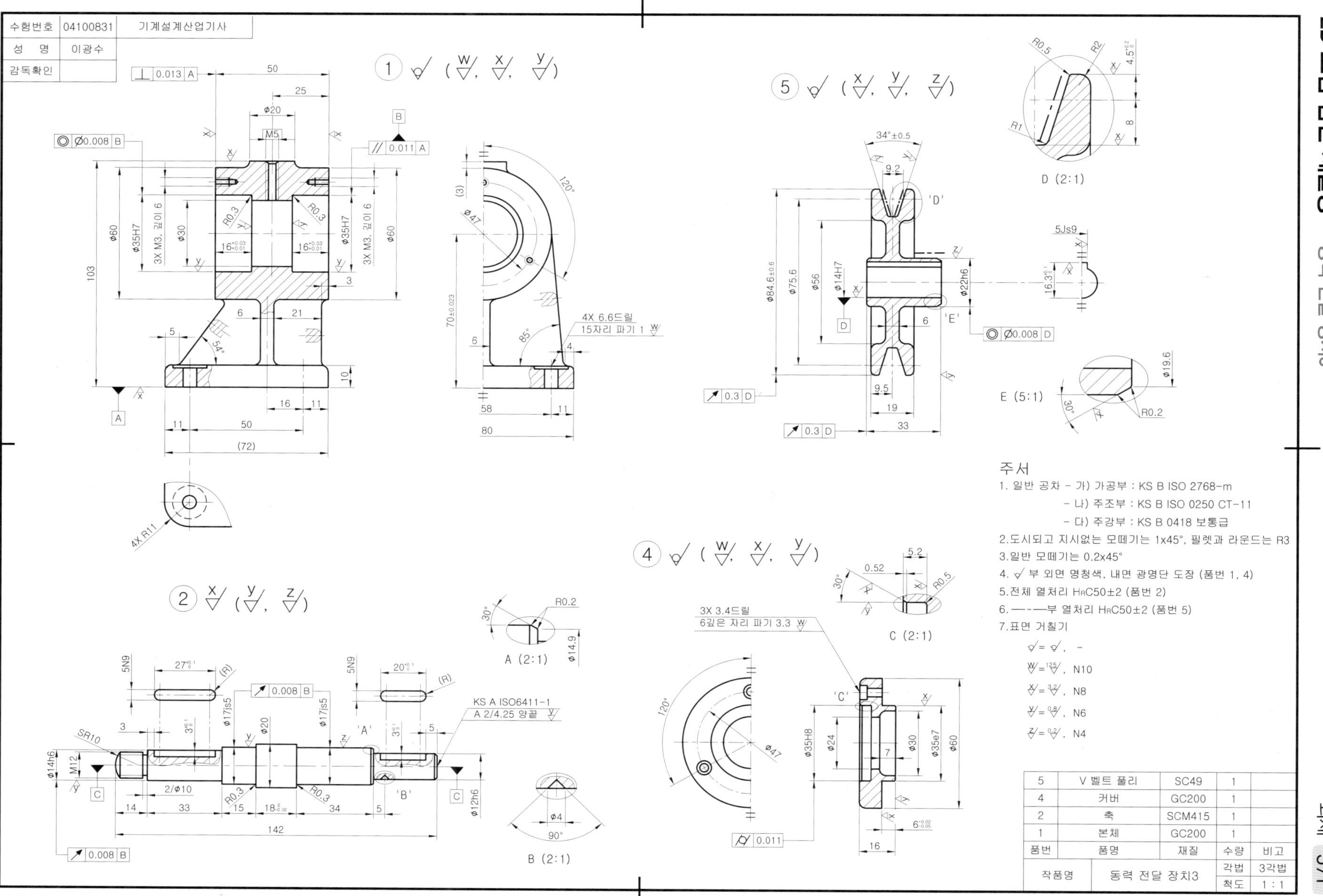
수험번호 04100831 기계설계산업기사
성 명 이광수
감독확인
D (2:1)
E (5:1)
A (2:1)
B (2:1)
C (2:1)
주서
1. 일반 공차 - 가) 가공부 : KS B ISO 2768-m
- 나) 주조부 : KS B ISO 0250 CT-11
- 다) 주강부 : KS B 0418 보통급
2.도시되고 지시없는 모떼기는 1x45°, 필렛과 라운드는 R3
3.일반 모떼기는 0.2x45°
4. 부 외면 명청색, 내면 광명단 도장 (품번 1, 4)
5.전체 열처리 HRC50±2 (품번 2)
6. 부 열처리 HRC50±2 (품번 5)
7.표면 거칠기
5 V벨트 풀리 SC49 1
4 커버 GC200 1
2 축 SCM415 1
1 본체 GC200 1
품번 품명 재질 수량 비고
작품명 동력 전달 장치3 각법 3각법 척도 1:1

3D 모범 답안 제출용 – 동력 전달 장치3

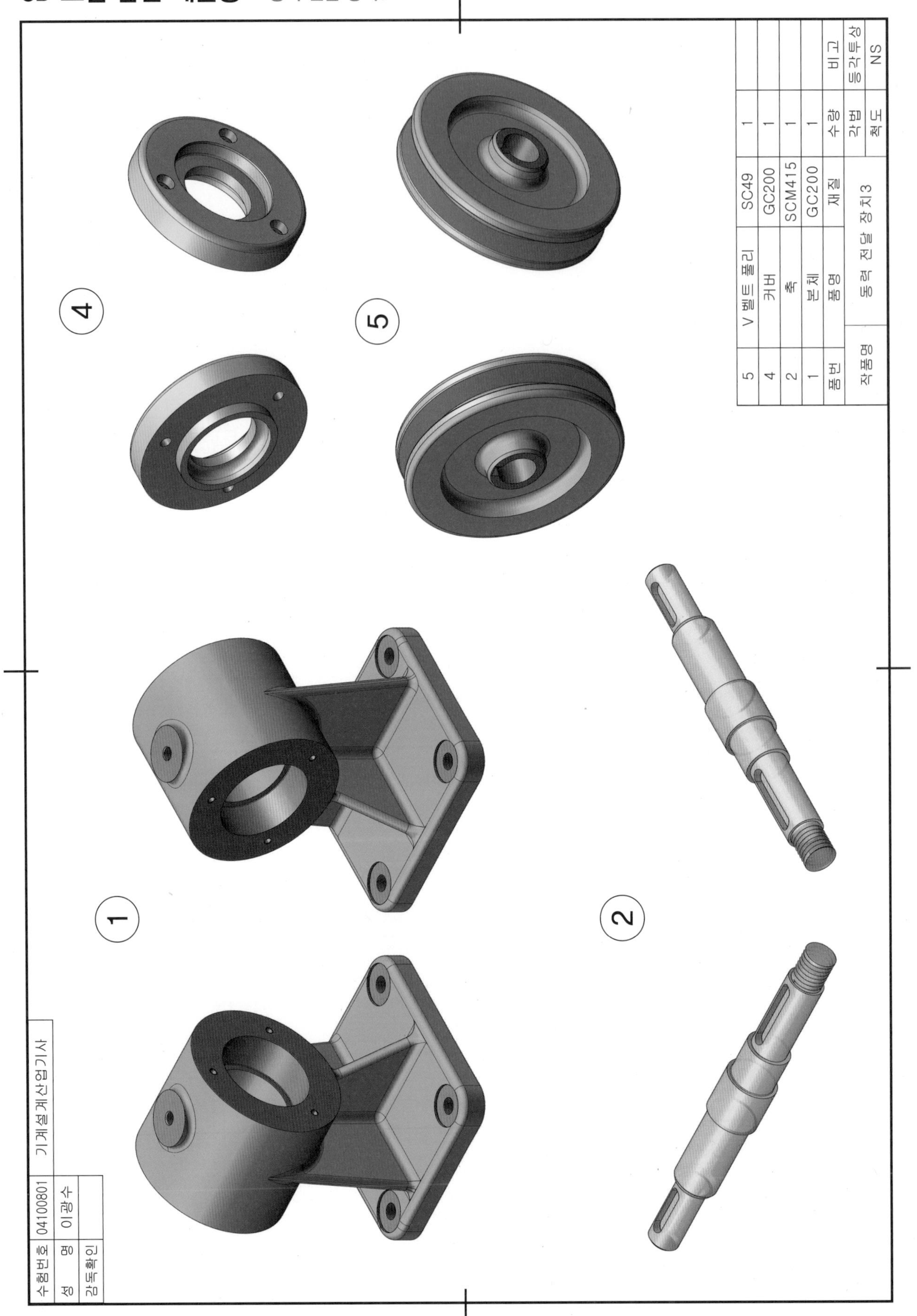

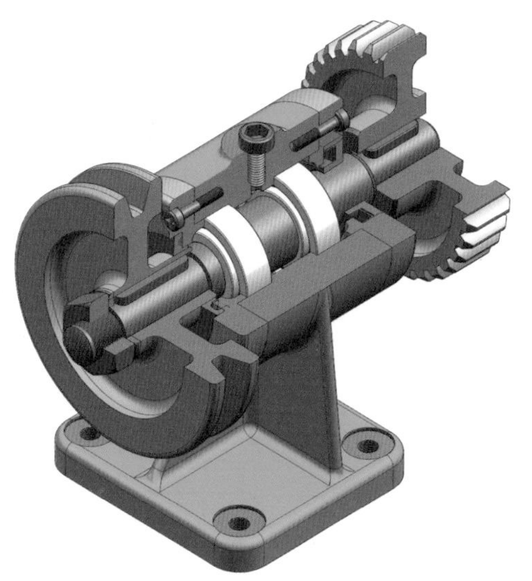

3D 조립 등각투상도 – 동력 전달 장치3

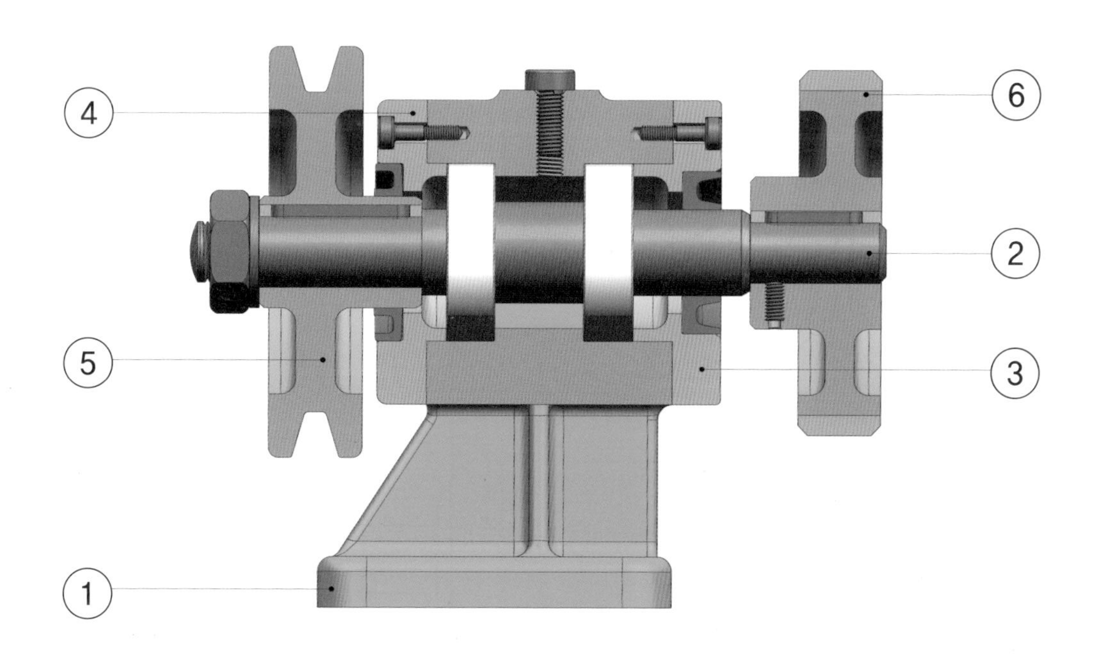

2D 조립 단면도 – 동력 전달 장치3

과제14 편심 슬라이더 구동 장치

설계 변경
- 슬라이더의 행정거리가 최대 12 mm가 되도록 변경하시오.
- 본체의 중심거리 'A'를 44로 변경하시오.

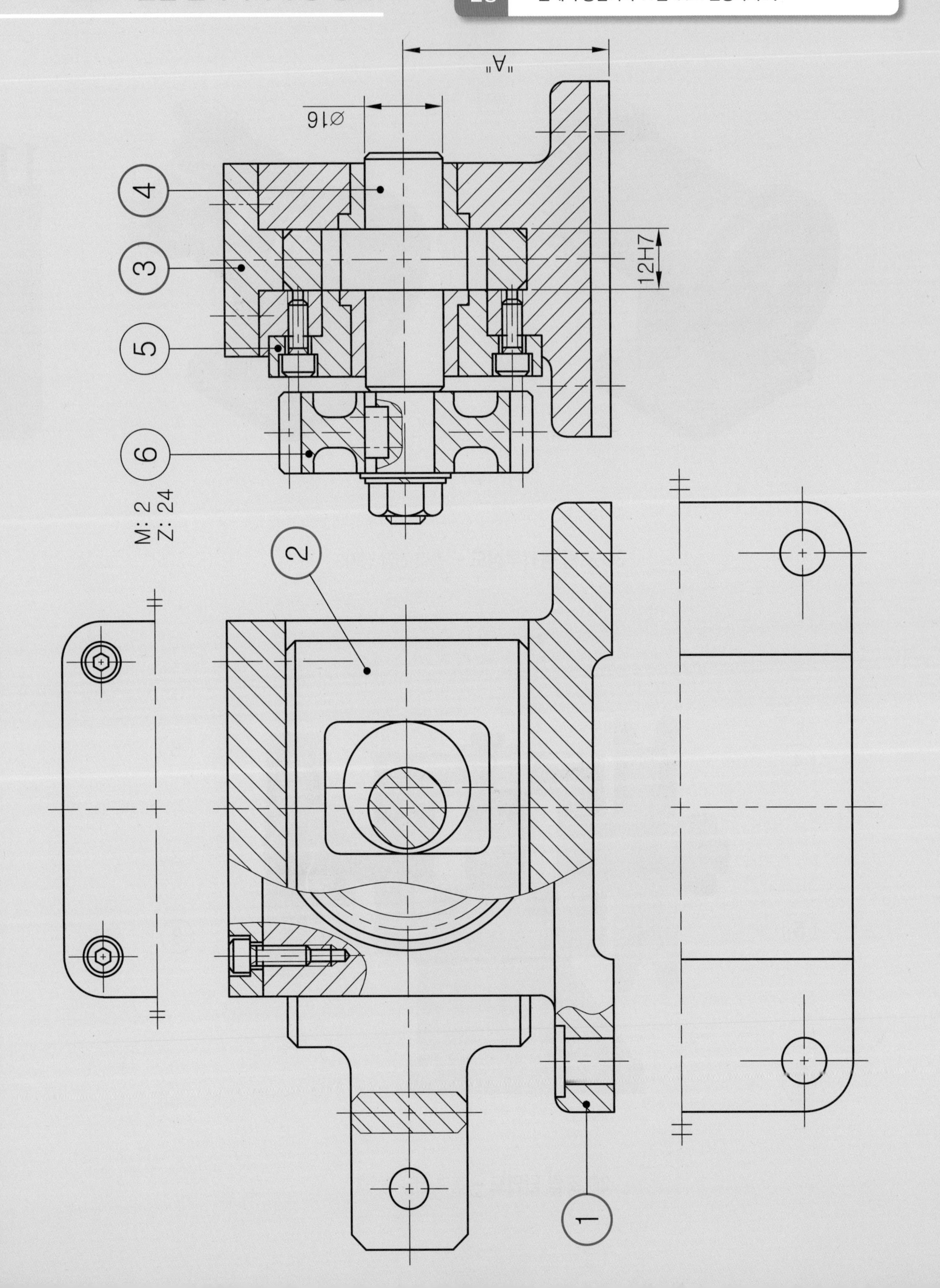

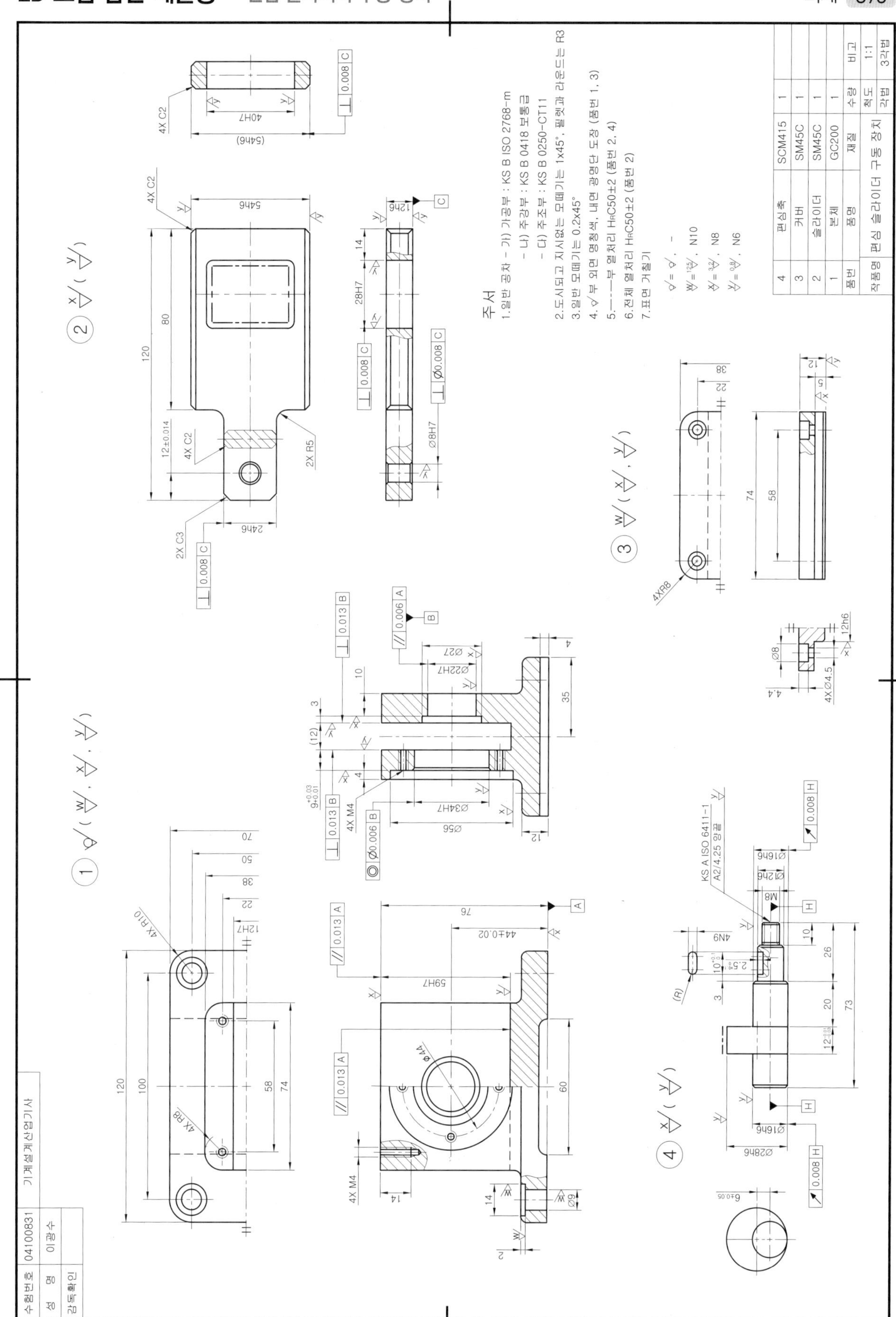
주서
1.일반 공차 - 가) 가공부 : KS B ISO 2768-m
- 나) 주강부 : KS B 0418 보통급
- 다) 주조부 : KS B 0250-CT11
2.도시되고 지시없는 모떼기는 1x45°, 필렛과 라운드는 R3
3.일반 모떼기는 0.2x45°
5.——부 열처리 HRC50±2 (품번 2, 4)
6.전체 열처리 HRC50±2 (품번 2)
7.표면 거칠기
4 편심축 SCM415 1
3 커버 SM45C 1
2 슬라이더 SM45C 1
1 본체 GC200 1
품번 품명 재질 수량 비고
작품명 편심 슬라이더 구동 장치
척도 1:1
각법 3각법
수험번호 04100831 기계설계산업기사
성 명 이광수
감독확인

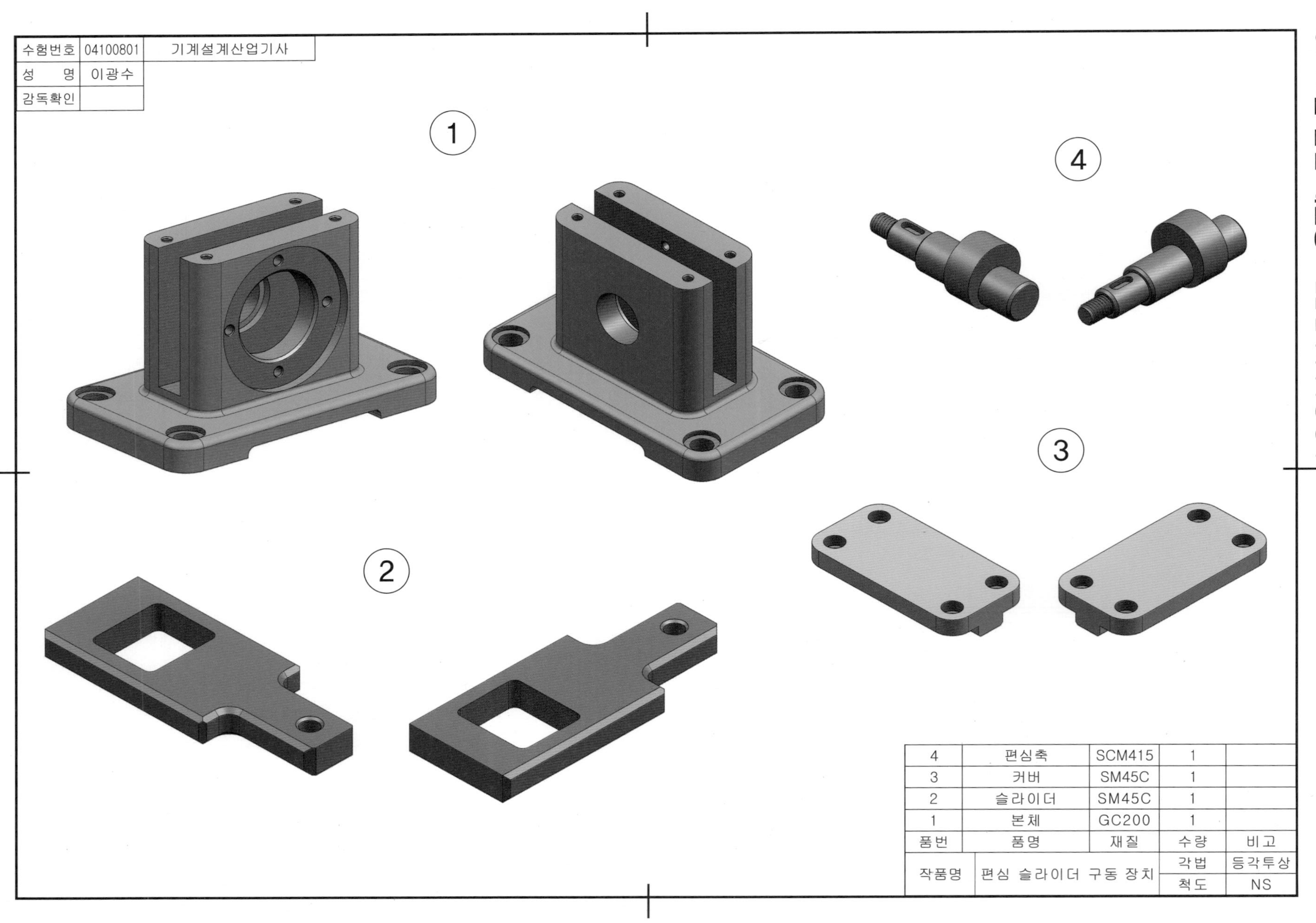

수험번호 | 04100801 | 기계설계산업기사
성 명 | 이광수
감독확인
1
4
3
2
4 | 편심축 | SCM415 | 1
3 | 커버 | SM45C | 1
2 | 슬라이더 | SM45C | 1
1 | 본체 | GC200 | 1
품번 | 품명 | 재질 | 수량 | 비고
작품명 | 편심 슬라이더 구동 장치 | 각법 | 등각투상
척도 | NS

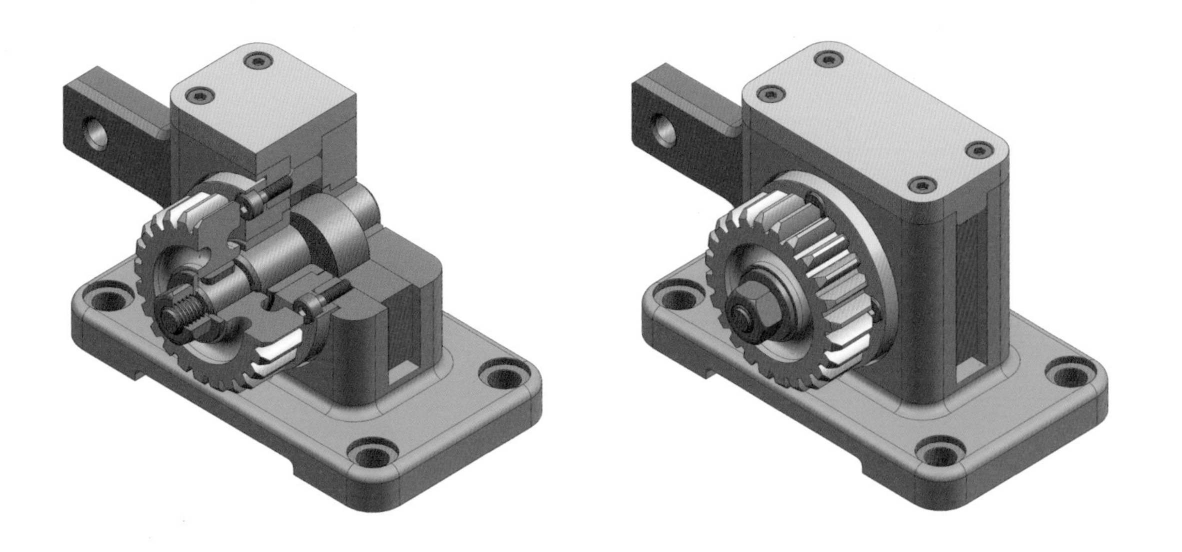

3D 조립 등각투상도 – 편심 슬라이더 구동 장치

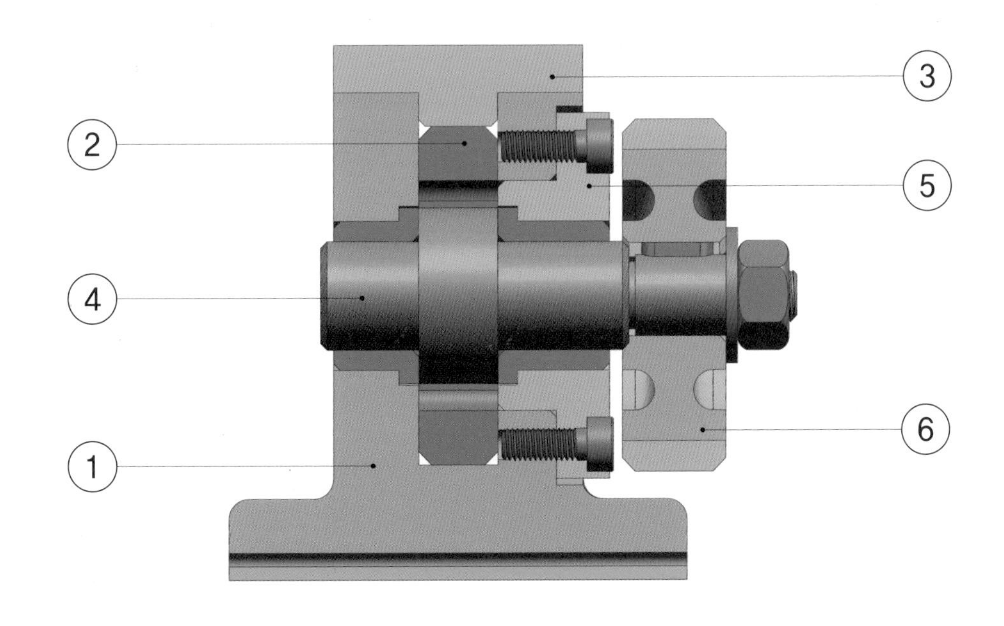

2D 조립 단면도 – 편심 슬라이더 구동 장치

과제15 2날 클로 클러치

설계 변경

- 깊은 홈 볼 베어링의 사양을 6203에서 6004로 변경하시오.
- 평면자리 스러스트 볼 베어링의 사양을 51203에서 51104로 변경하시오.
- 스퍼 기어의 잇수를 30으로 변경하시오.

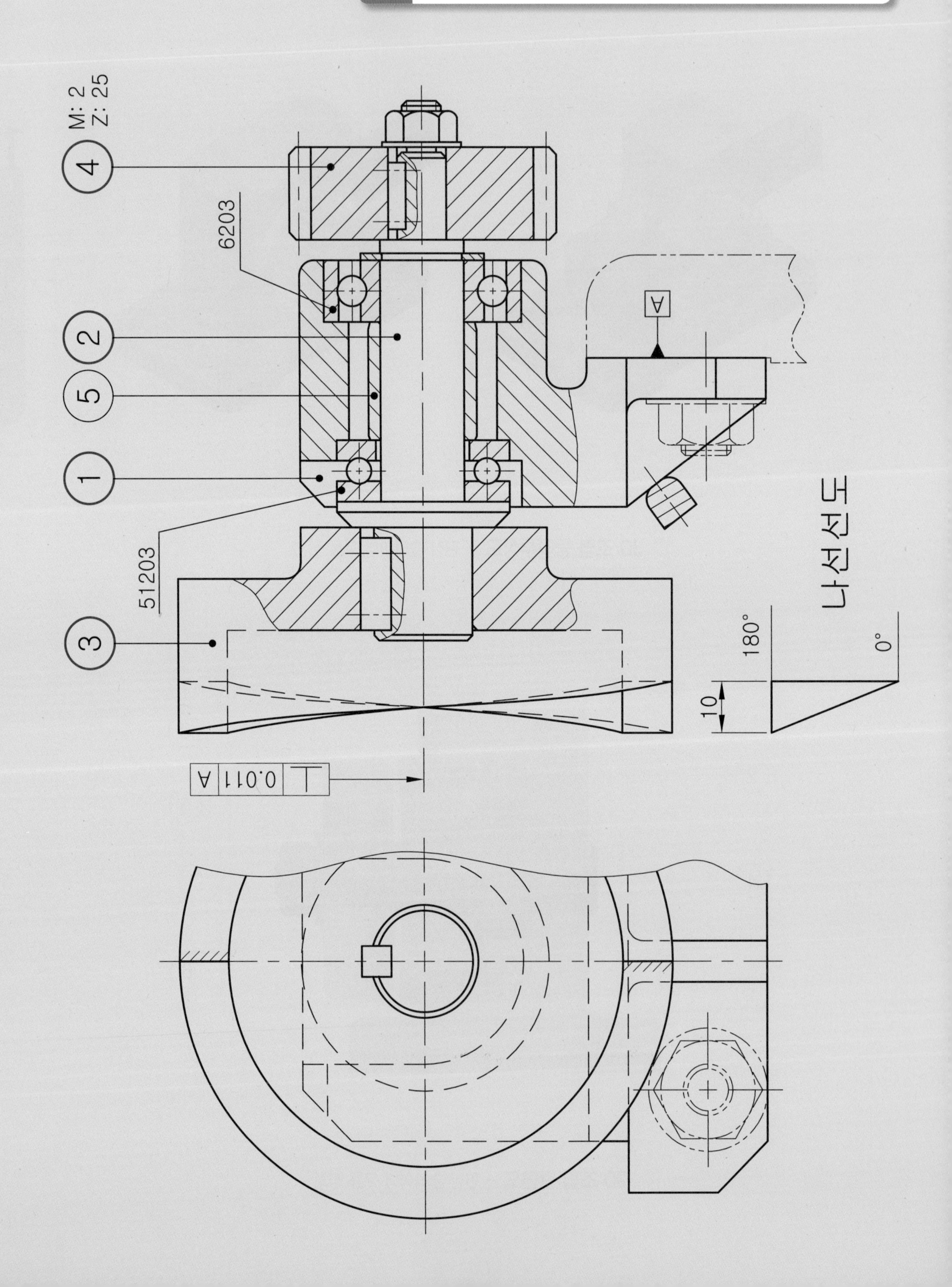

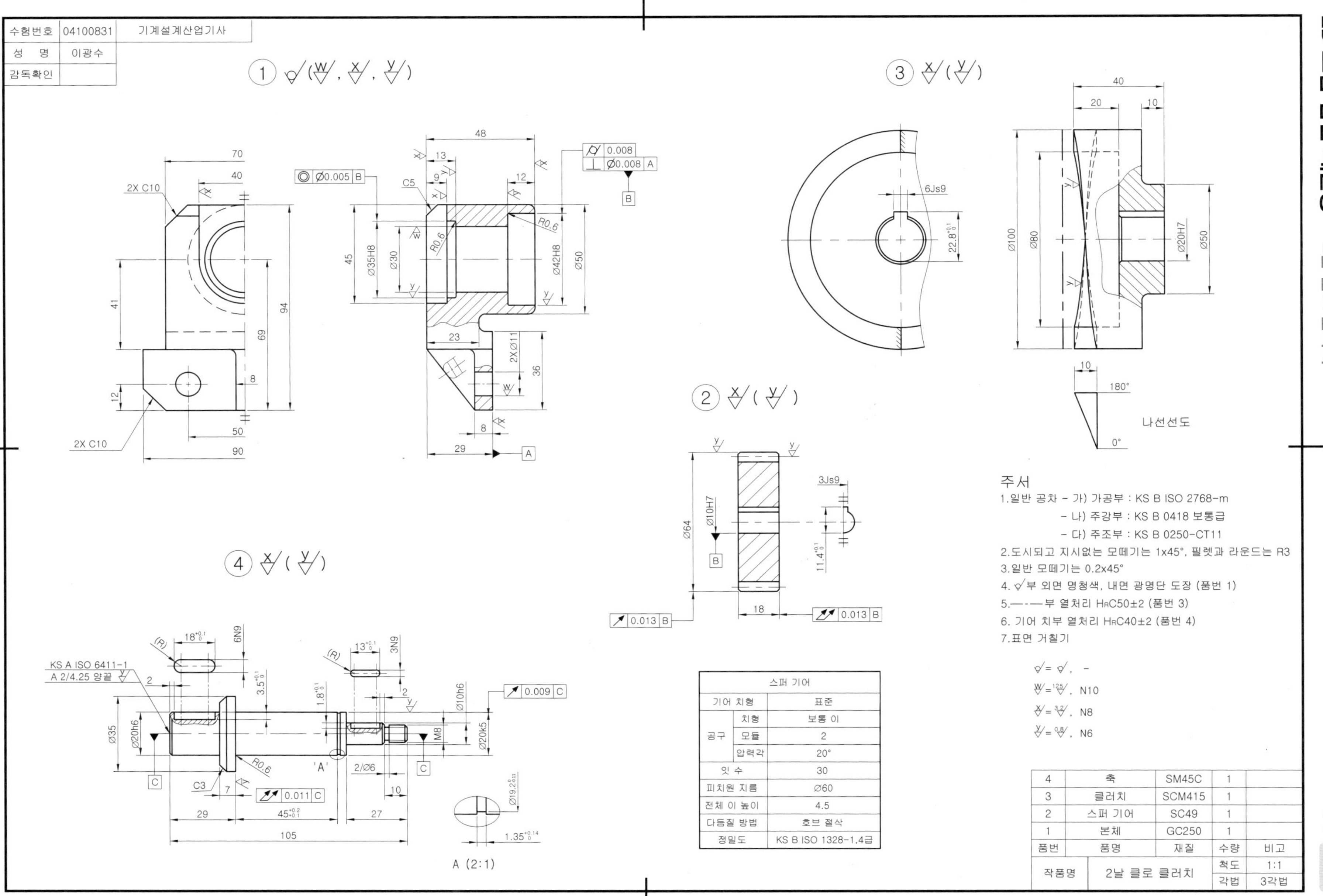

수험번호 04100831
기계설계산업기사
성 명 이광수
감독확인
나선선도
180°
0°
주서
1.일반 공차 - 가) 가공부 : KS B ISO 2768-m
- 나) 주강부 : KS B 0418 보통급
- 다) 주조부 : KS B 0250-CT11
2.도시되고 지시없는 모떼기는 1x45°, 필렛과 라운드는 R3
3.일반 모떼기는 0.2x45°
4.부 외면 명청색, 내면 광명단 도장 (품번 1)
5.부 열처리 HRC50±2 (품번 3)
6. 기어 치부 열처리 HRC40±2 (품번 4)
7.표면 거칠기
N10
N8
N6
KS A ISO 6411-1
A 2/4.25 양끝
A (2:1)
스퍼 기어
기어 치형 표준
공구 치형 보통 이
모듈 2
압력각 20°
잇 수 30
피치원 지름 Ø60
전체 이 높이 4.5
다듬질 방법 호브 절삭
정밀도 KS B ISO 1328-1,4급
4 축 SM45C 1
3 클러치 SCM415 1
2 스퍼 기어 SC49 1
1 본체 GC250 1
품번 품명 재질 수량 비고
작품명 2날 클로 클러치
척도 1:1
각법 3각법

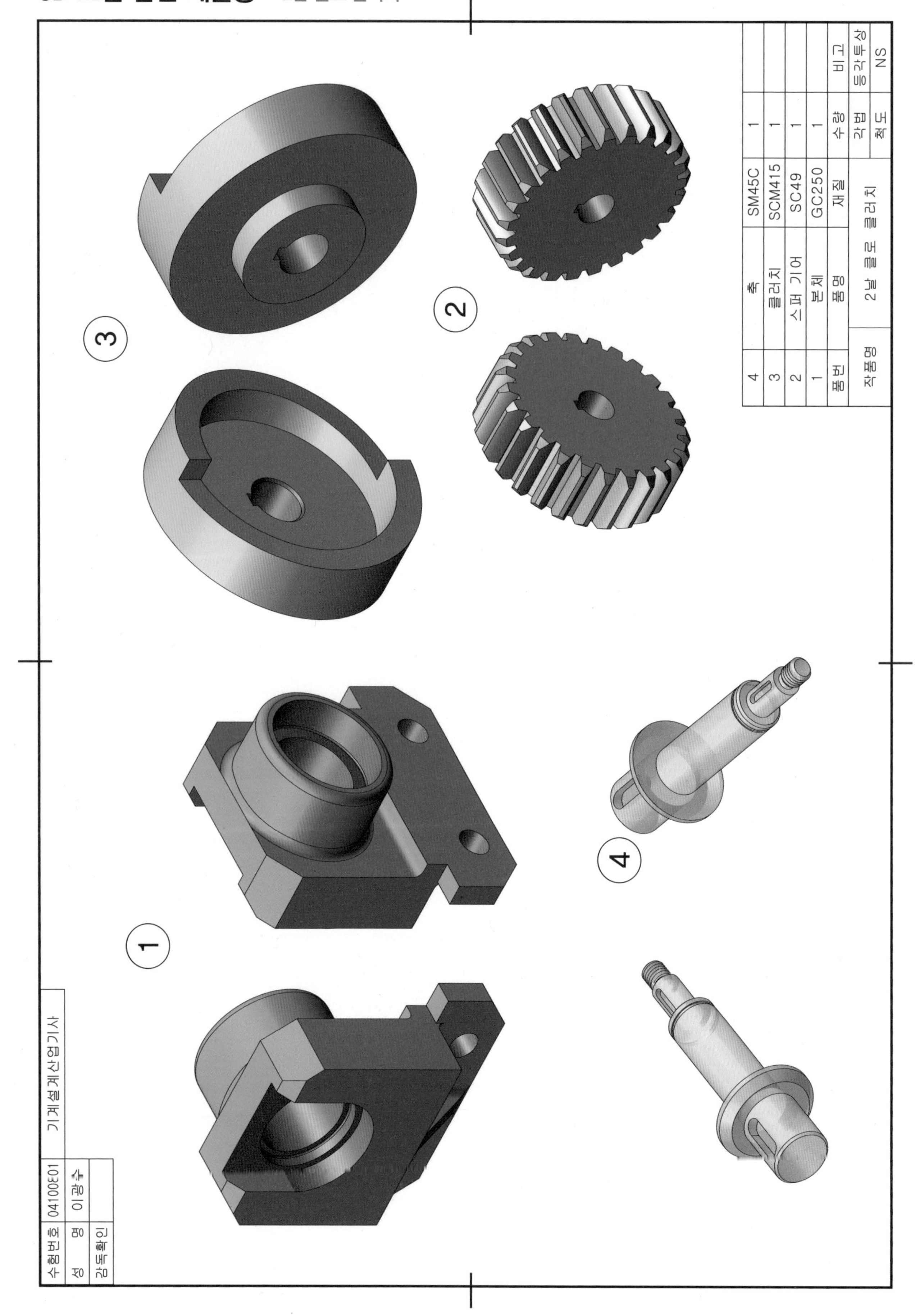
4 축 SM45C 1
3 클러치 SCM415 1
2 스퍼 기어 SC49 1
1 본체 GC250 1
품번 품명 재질 수량 비고
작품명 2날 클로 클러치
각법 등각투상
척도 NS
수험번호 04100E01 기계설계산업기사
성 명 이광수
감독확인
①
②
③
④

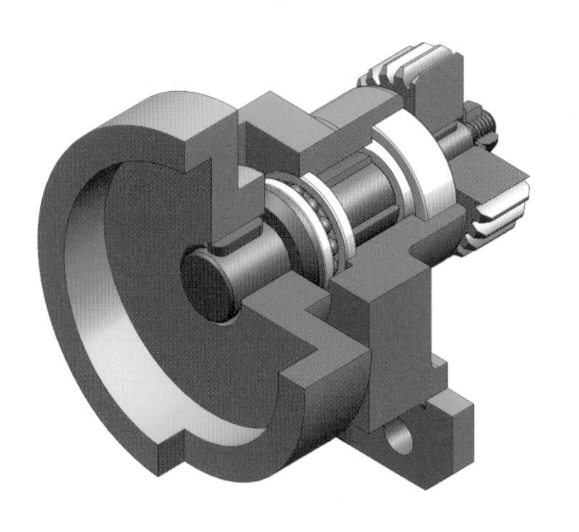

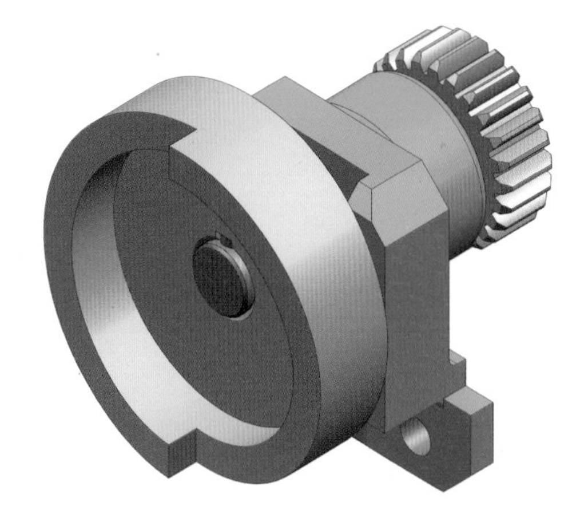

3D 조립 등각투상도 – 2날 클로 클러치

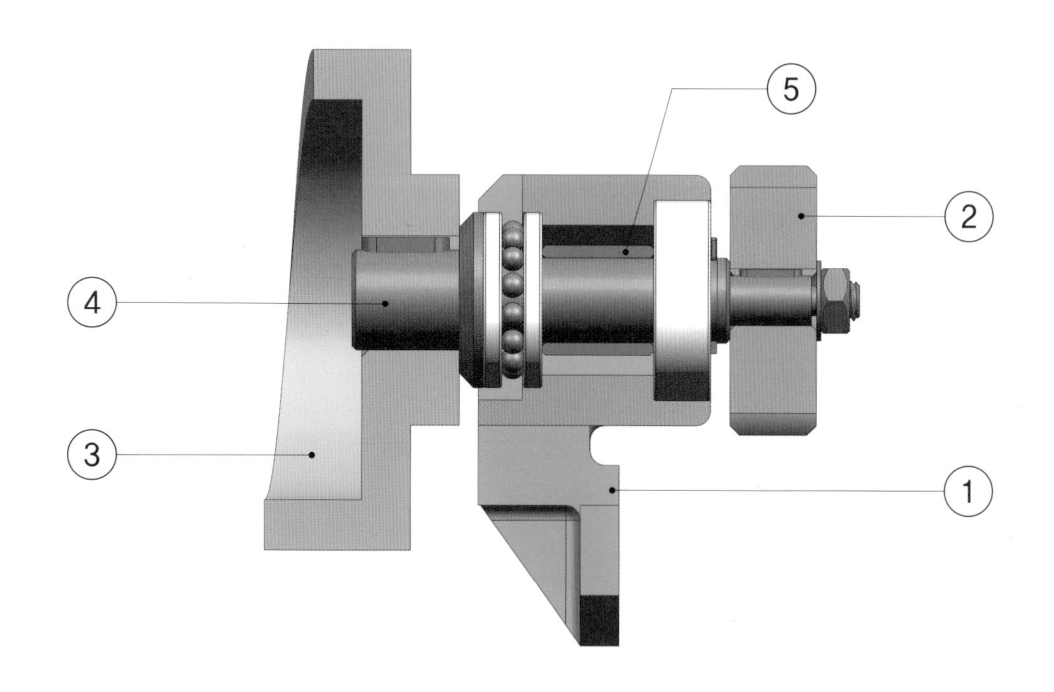

2D 조립 단면도 – 2날 클로 클러치

과제16 피벗 베어링 하우징

설계 변경
- 평면자리 스러스트 볼 베어링의 사양을 51203에서 51104로 변경하시오.
- 'A'부 리머 볼트를 M10에서 M12로 변경하시오.

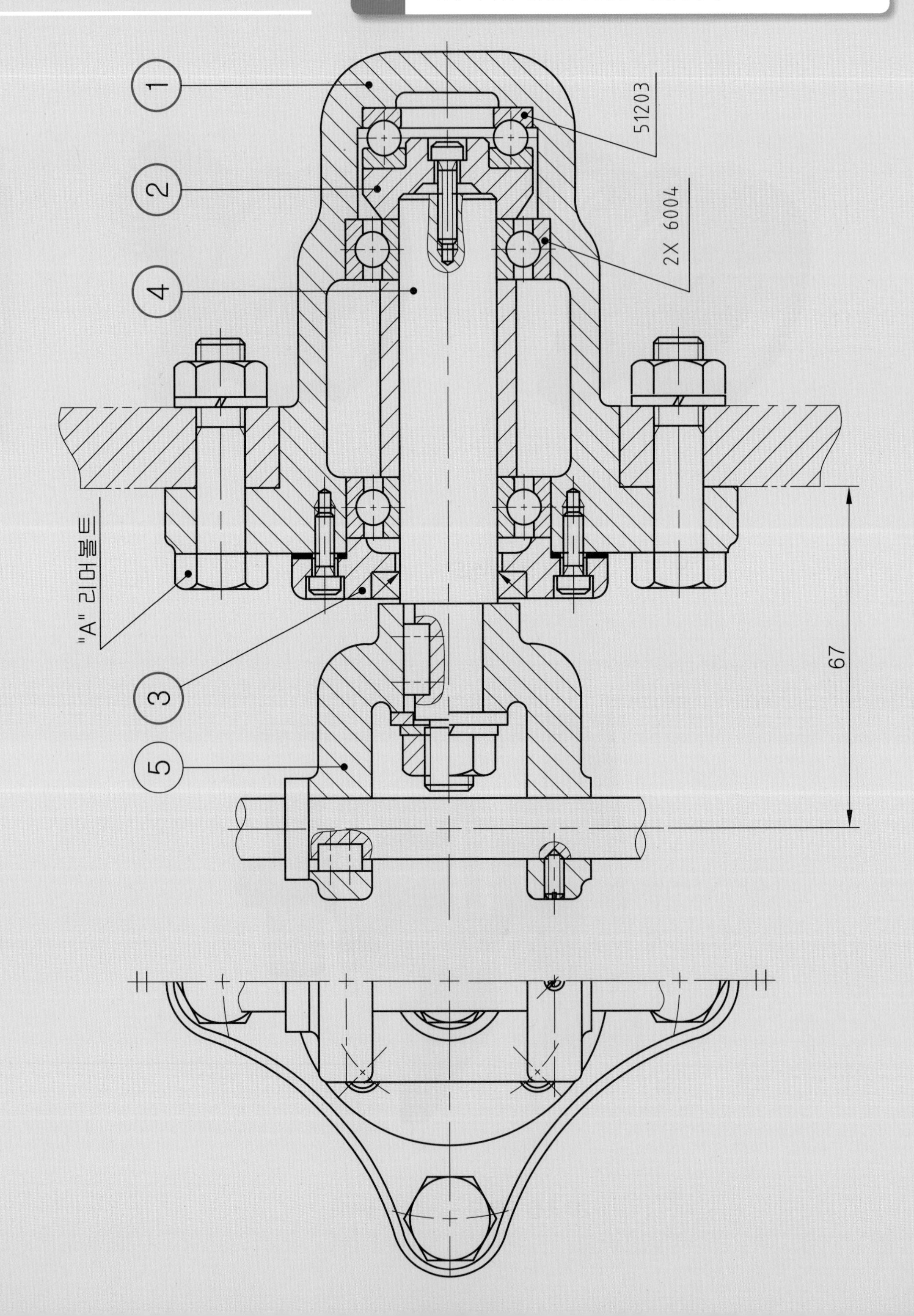

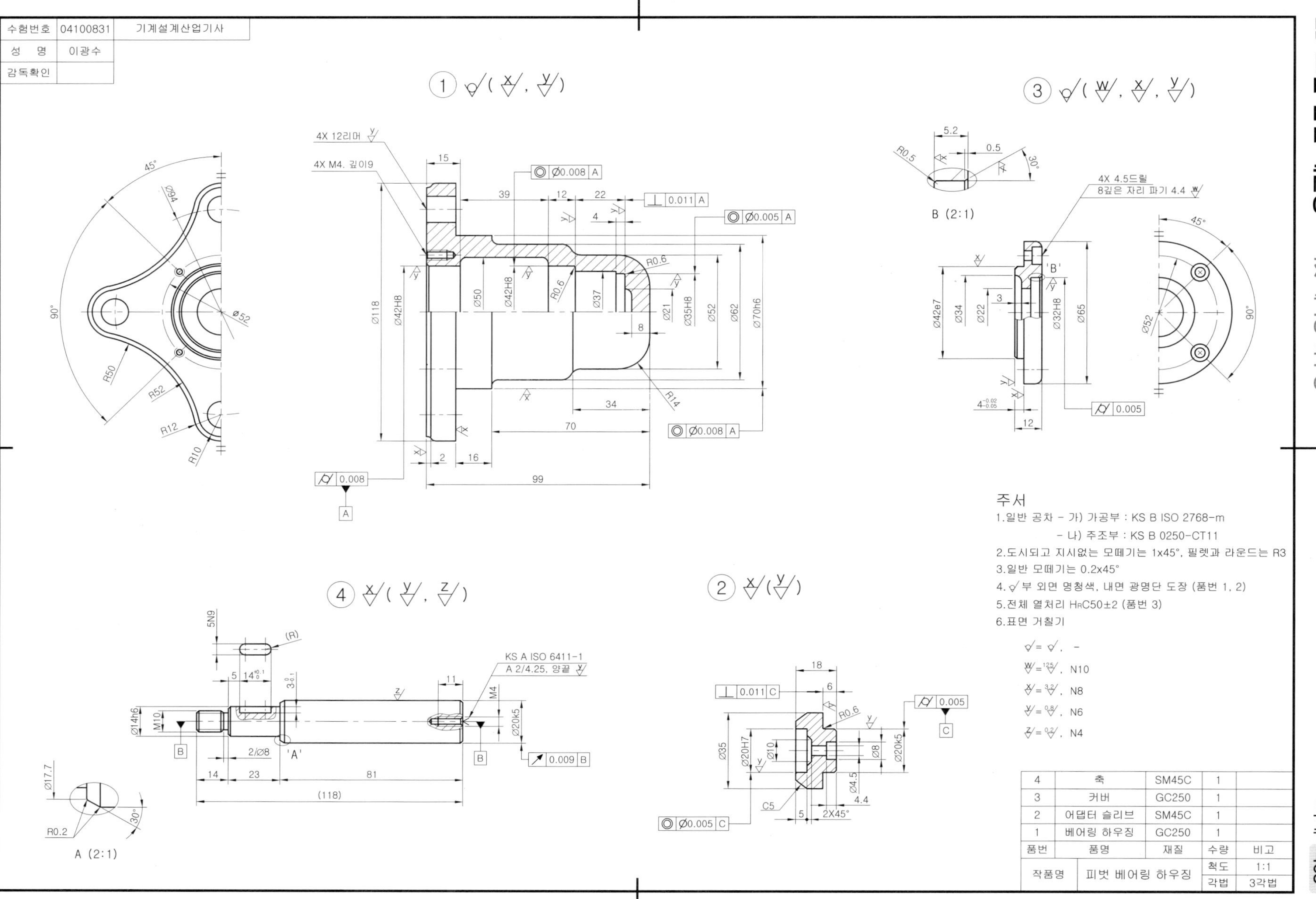

수험번호 04100831 기계설계산업기사
성 명 이광수
감독확인
4X 12리머
4X M4. 깊이9
B (2:1)
4X 4.5드릴
8깊은 자리 파기 4.4
A (2:1)
KS A ISO 6411-1
A 2/4.25. 양끝
주서
1.일반 공차 - 가) 가공부 : KS B ISO 2768-m
- 나) 주조부 : KS B 0250-CT11
2.도시되고 지시없는 모떼기는 1x45°, 필렛과 라운드는 R3
3.일반 모떼기는 0.2x45°
4.부 외면 명청색, 내면 광명단 도장 (품번 1, 2)
5.전체 열처리 HRC50±2 (품번 3)
6.표면 거칠기
N10
N8
N6
N4
4 축 SM45C 1
3 커버 GC250 1
2 어댑터 슬리브 SM45C 1
1 베어링 하우징 GC250 1
품번 품명 재질 수량 비고
작품명 피벗 베어링 하우징 척도 1:1 각법 3각법

3D 모범 답안 제출용 – 피벗 베어링 하우징

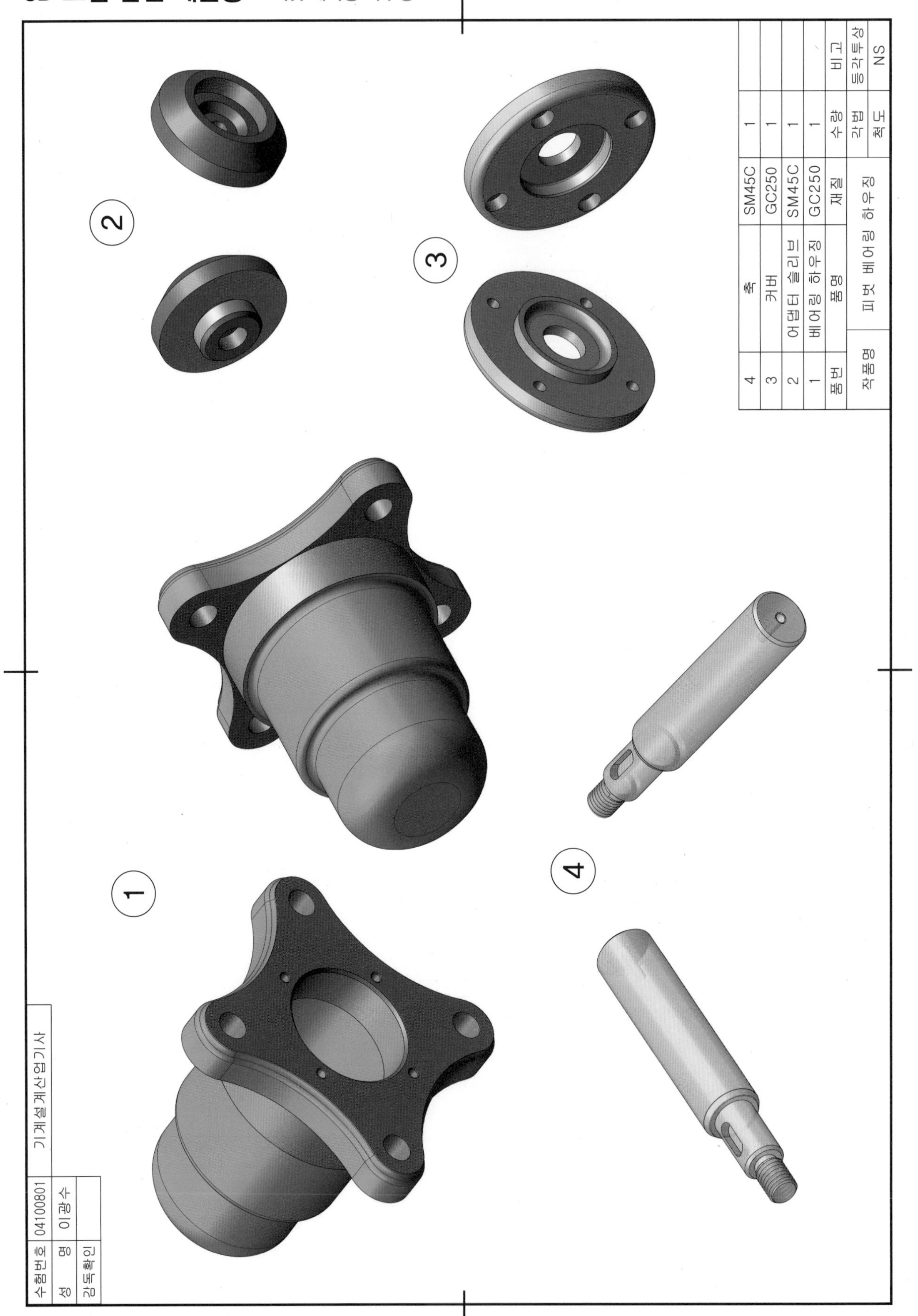

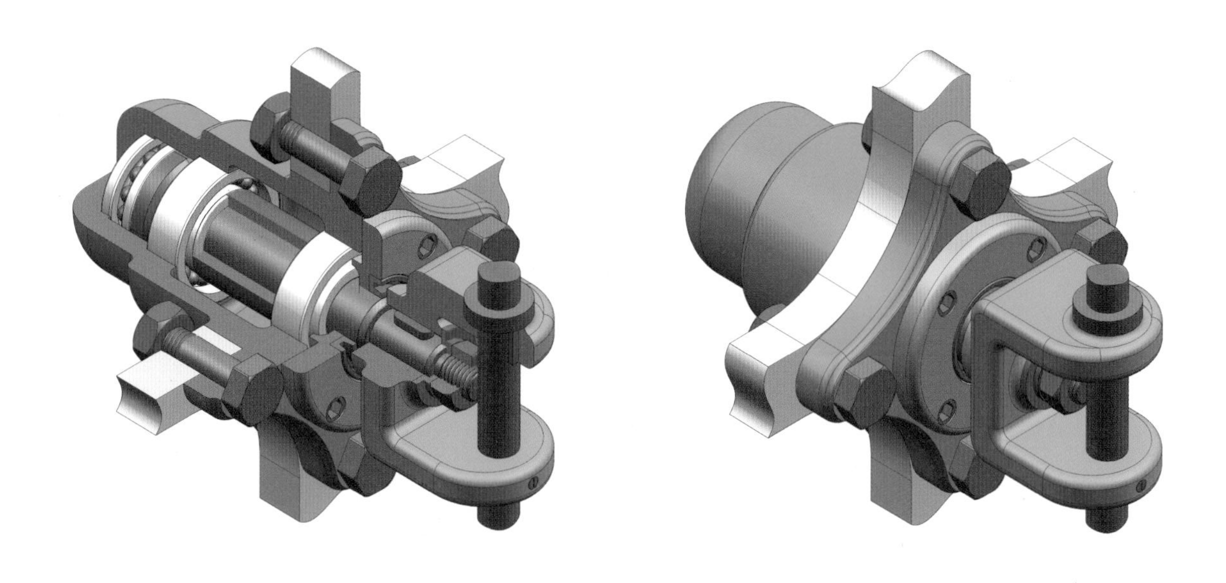

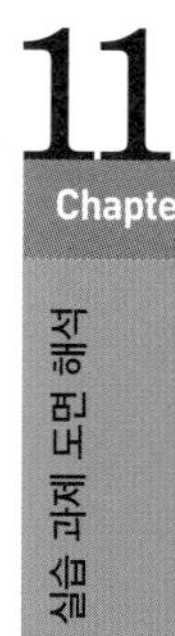

3D 조립 등각투상도 – 피벗 베어링 하우징

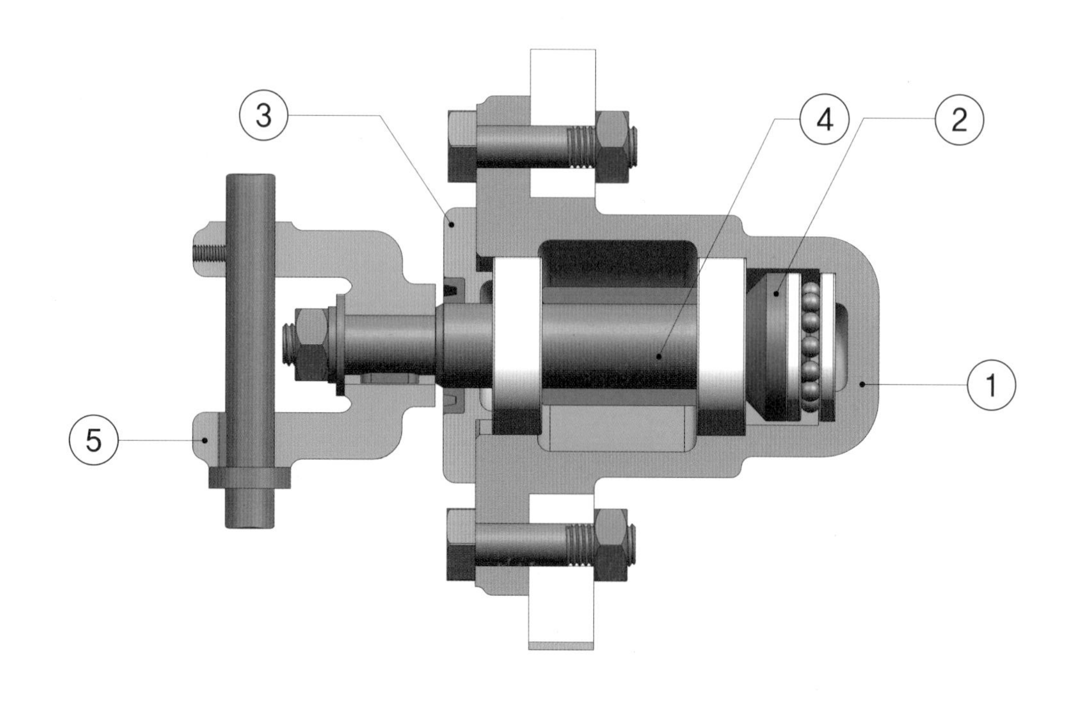

2D 조립 단면도 – 피벗 베어링 하우징

과제17 바이스

설계 변경

- 바이스 작동 시 'A'부 치수를 최대 37이 되도록 변경하시오.
- 'B'부 치수를 10으로 변경하시오.
- 'C'부 치수를 32로 변경하시오.

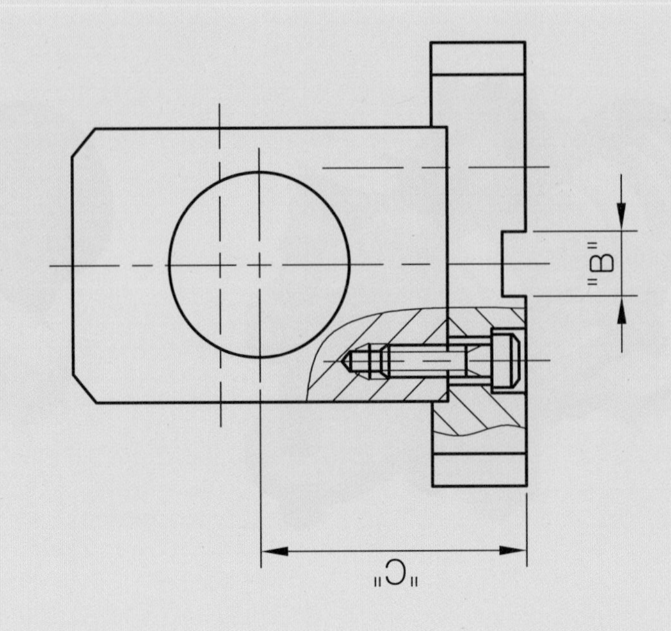

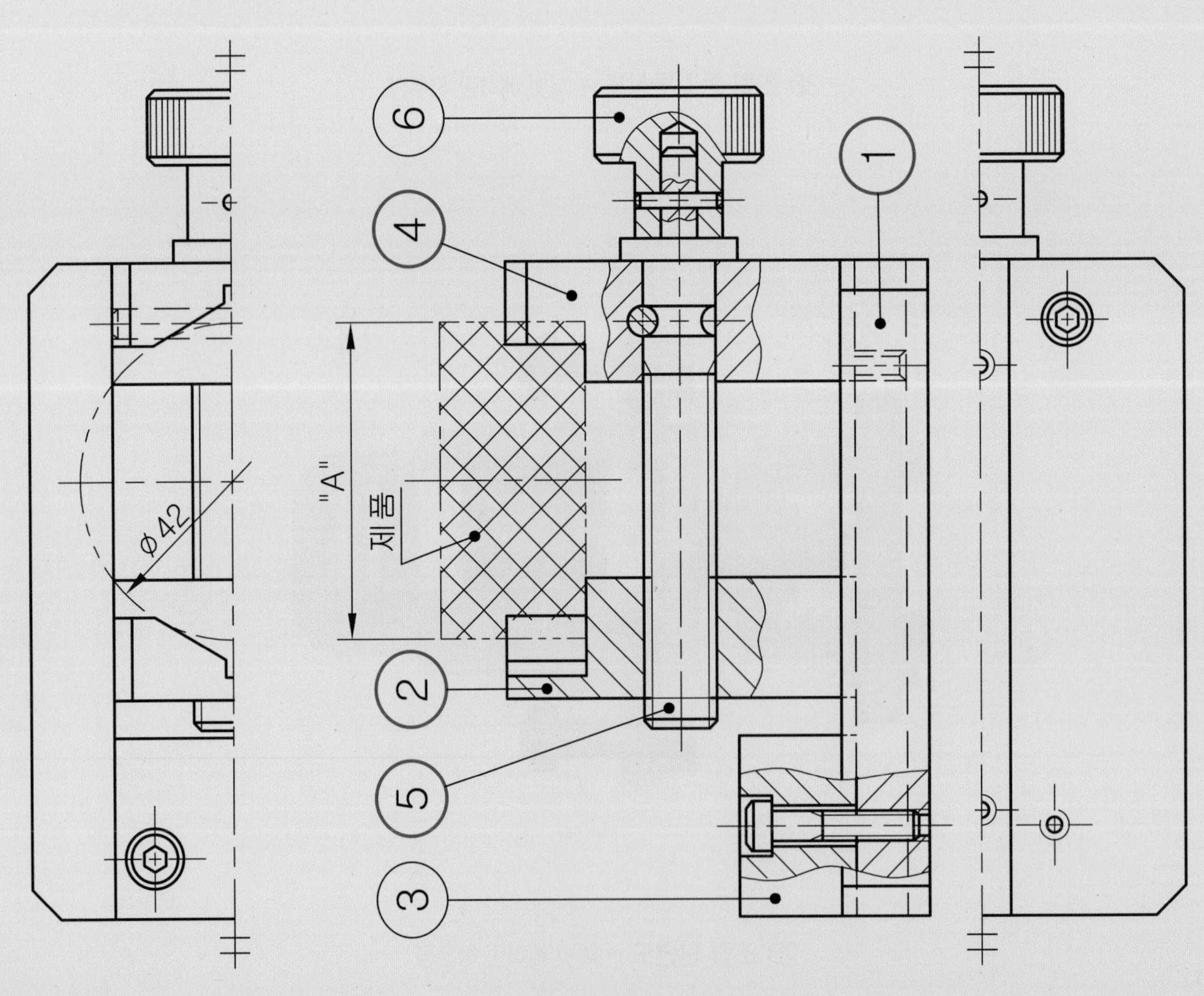

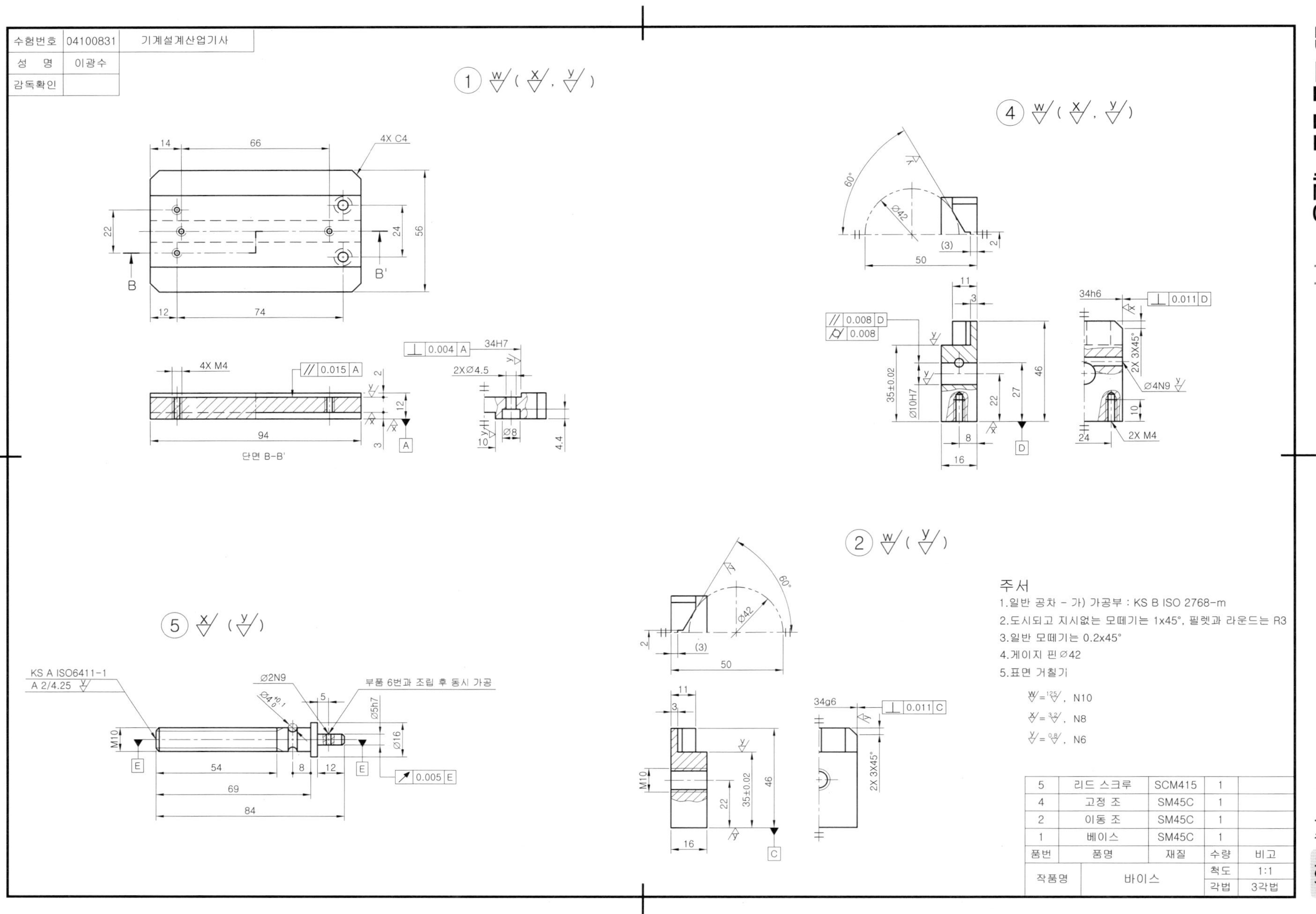
수험번호 04100831
성 명 이광수
감독확인
기계설계산업기사
단면 B-B'
KS A ISO6411-1 A 2/4.25
부품 6번과 조립 후 동시 가공
주서
1.일반 공차 - 가) 가공부 : KS B ISO 2768-m
2.도시되고 지시없는 모떼기는 1x45°, 필렛과 라운드는 R3
3.일반 모떼기는 0.2x45°
4.게이지 핀 Ø42
5.표면 거칠기
N10
N8
N6
5 리드 스크류 SCM415 1
4 고정 조 SM45C 1
2 이동 조 SM45C 1
1 베이스 SM45C 1
품번 품명 재질 수량 비고
작품명 바이스 척도 1:1 각법 3각법

3D 모범 답안 제출용 – 바이스

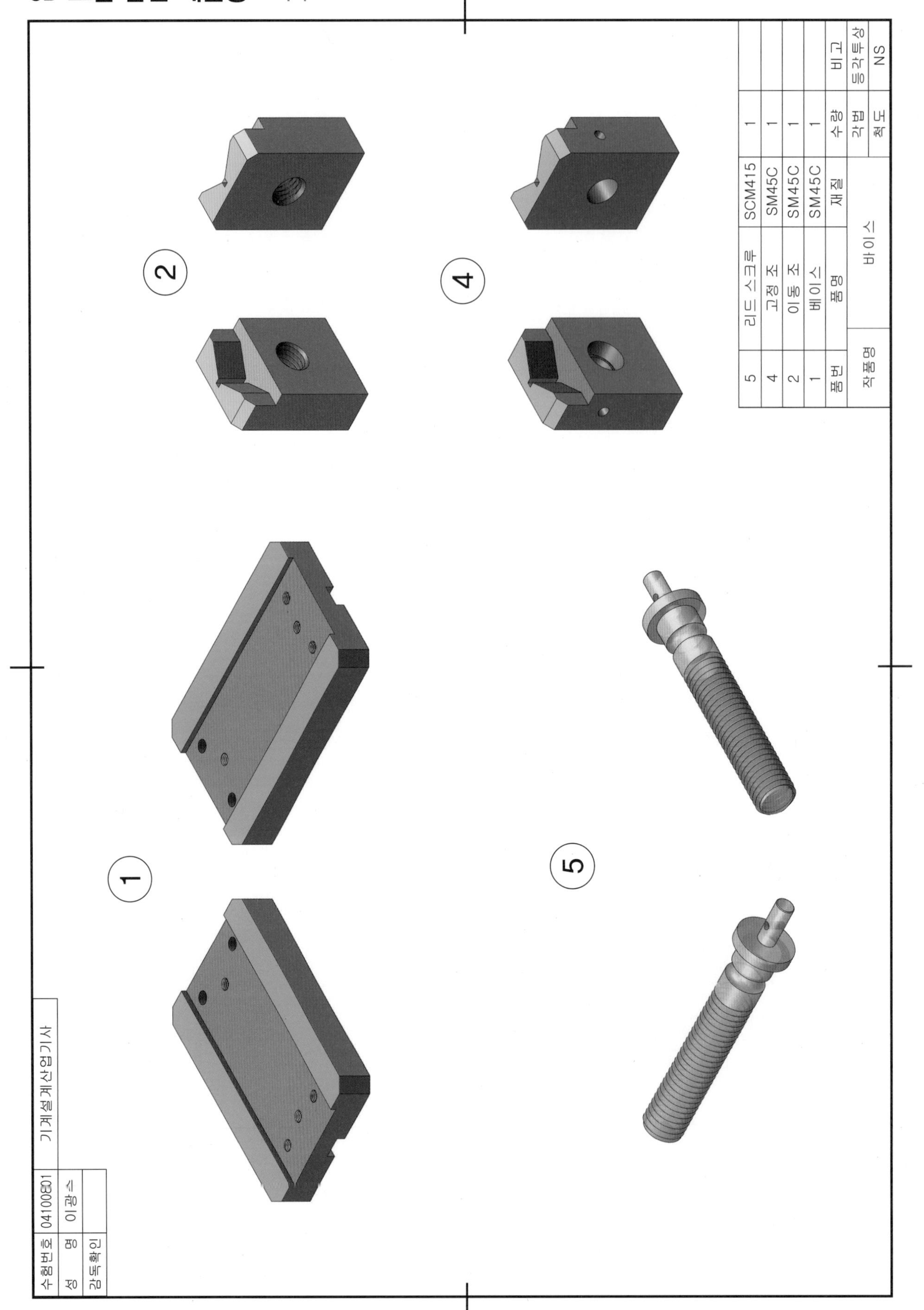

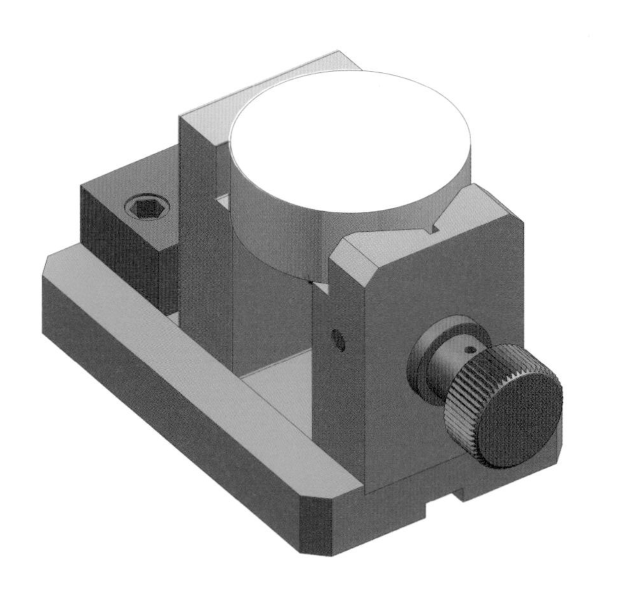

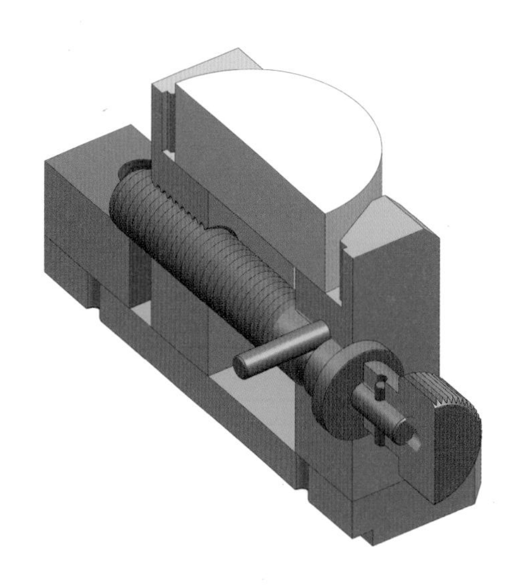

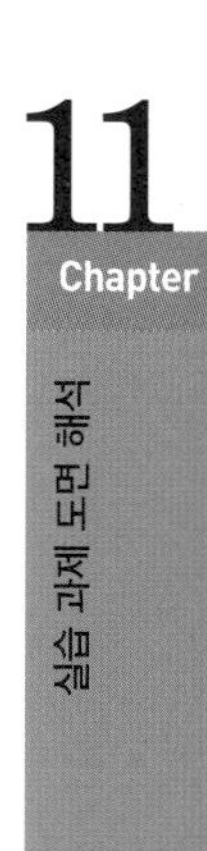

3D 조립 등각투상도 – 바이스

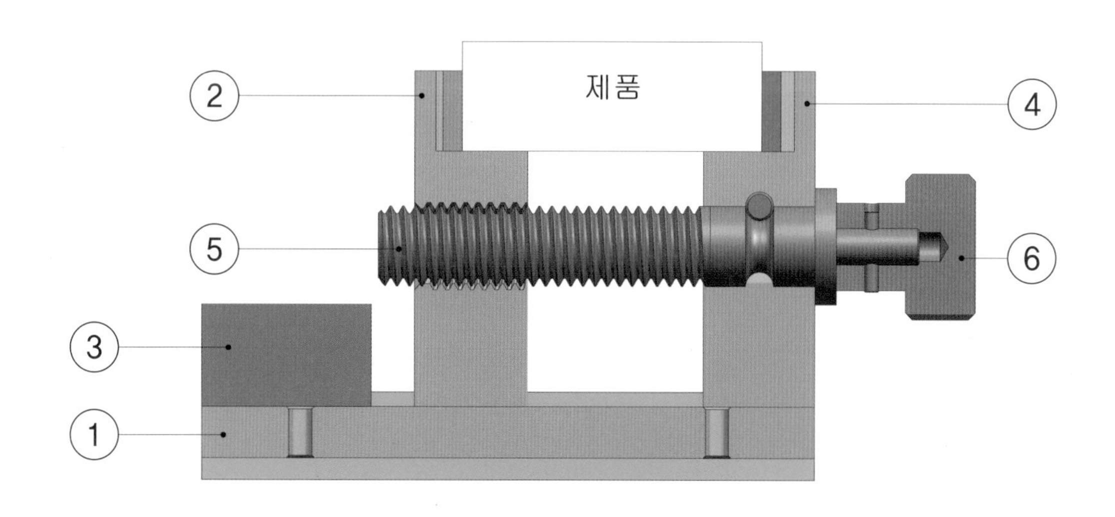

2D 조립 단면도 – 바이스

과제18 탁상 바이스

설계 변경

- 바이스 작동 시 'A'부 치수를 최대 63이 되도록 변경하시오.
- 'B'부 치수를 70으로 변경하시오.

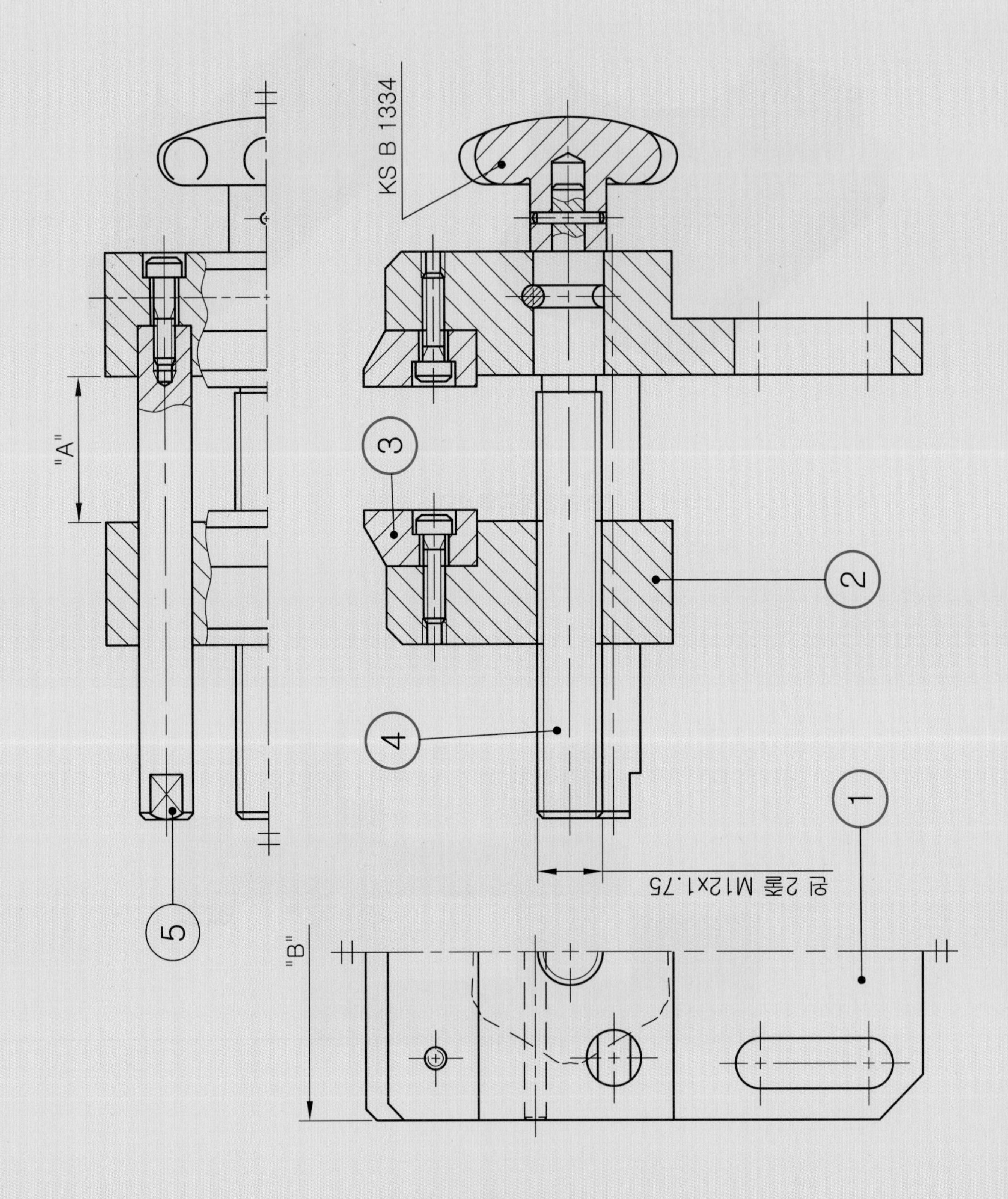

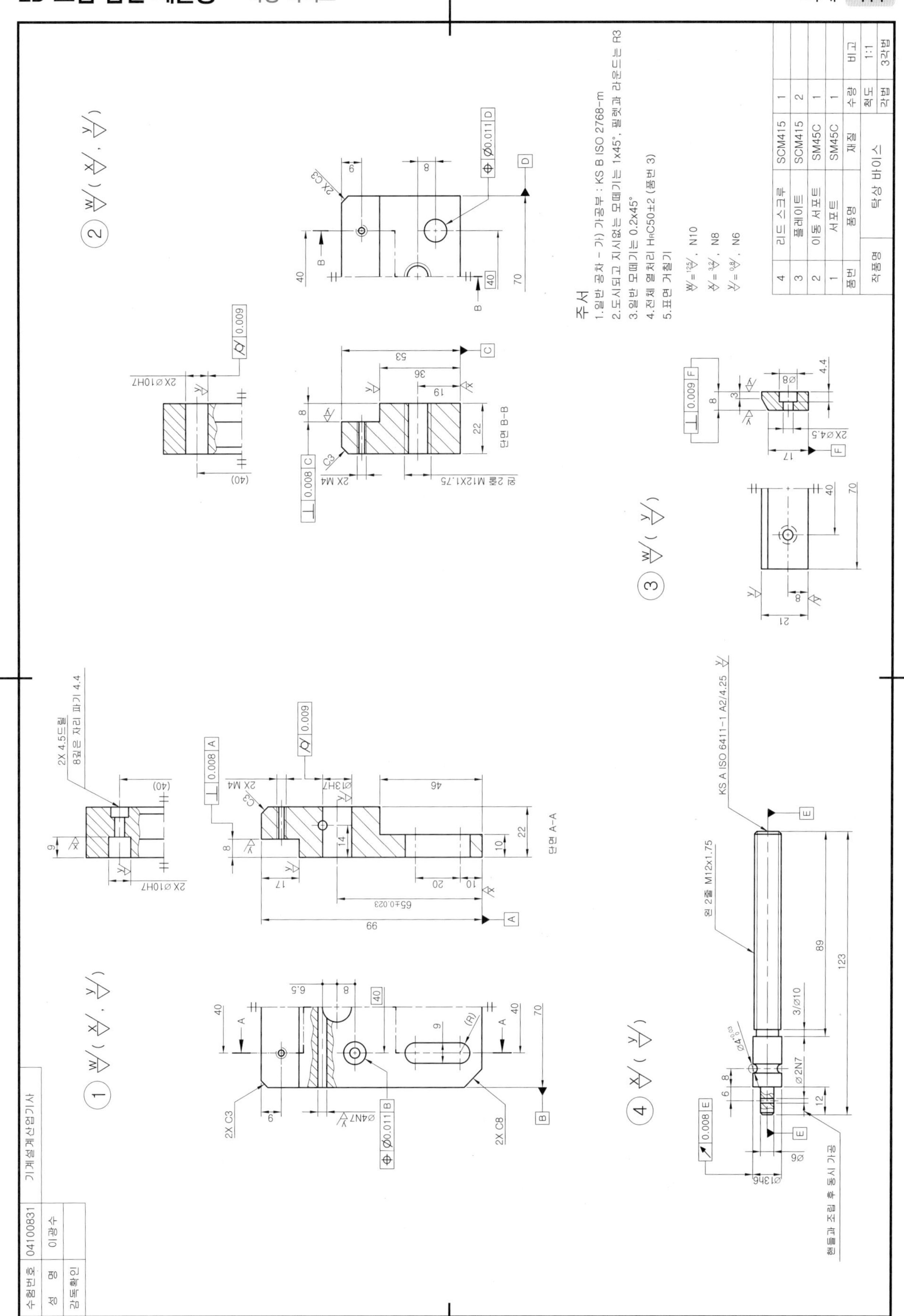

주서
1.일반 공차 - 가) 가공부 : KS B ISO 2768-m
2.도시되고 지시없는 모떼기는 1x45°, 필렛과 라운드는 R3
3.일반 모떼기는 0.2x45°
4.전체 열처리 HRC50±2 (품번 3)
5.표면 거칠기
N10
N8
N6
4 리드 스크루 SCM415 1
3 플레이트 SCM415 2
2 이동 서포트 SM45C 1
1 서포트 SM45C 1
품번 품명 재질 수량 비고
작품명 탁상 바이스 척도 1:1 각법 3각법
수험번호 04100831 기계설계산업기사
성 명 이광수
감독확인
단면 A-A
단면 B-B
KS A ISO 6411-1 A2/4.25
핸들과 조립 후 동시 가공

3D 모범 답안 제출용 – 탁상 바이스

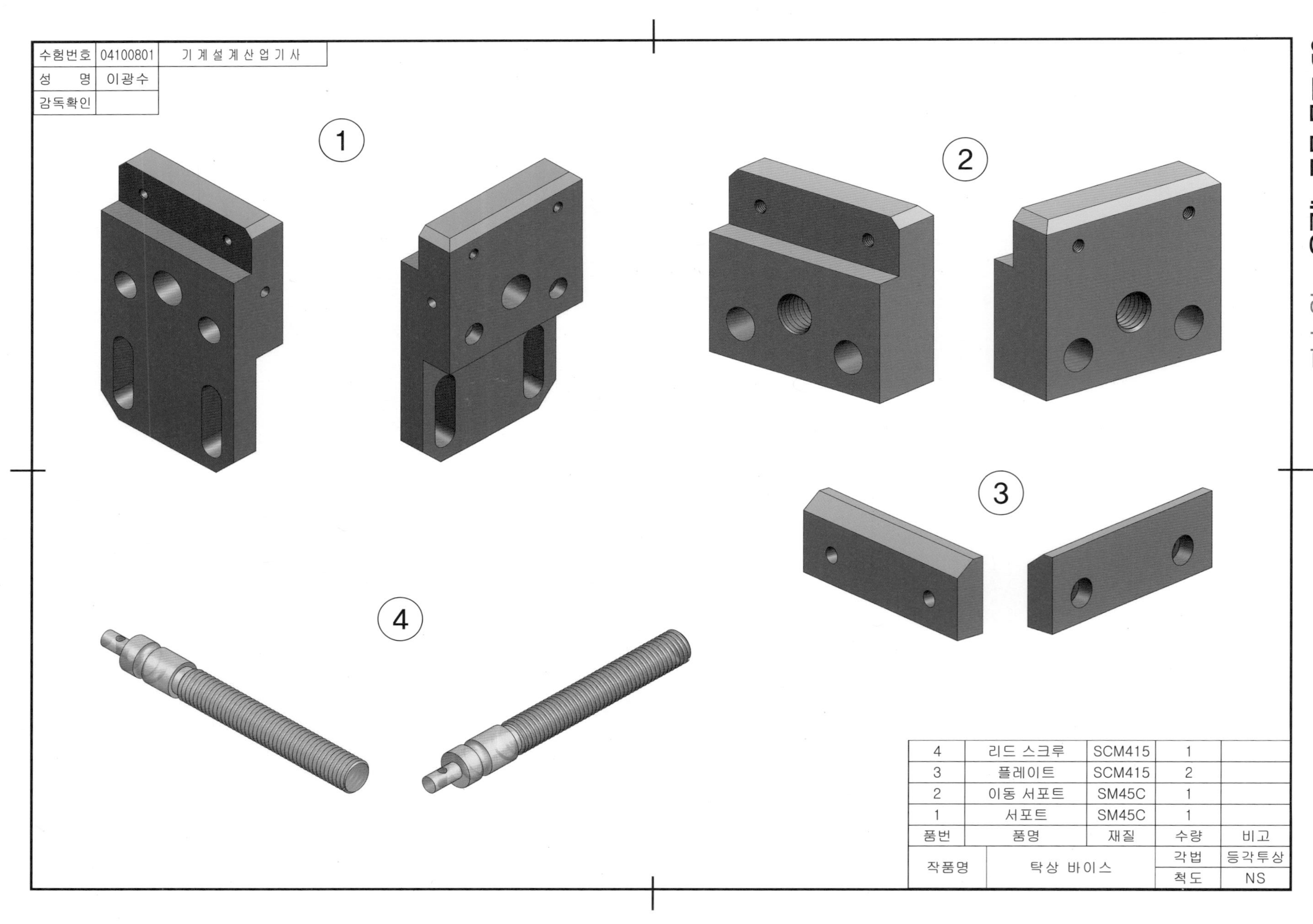

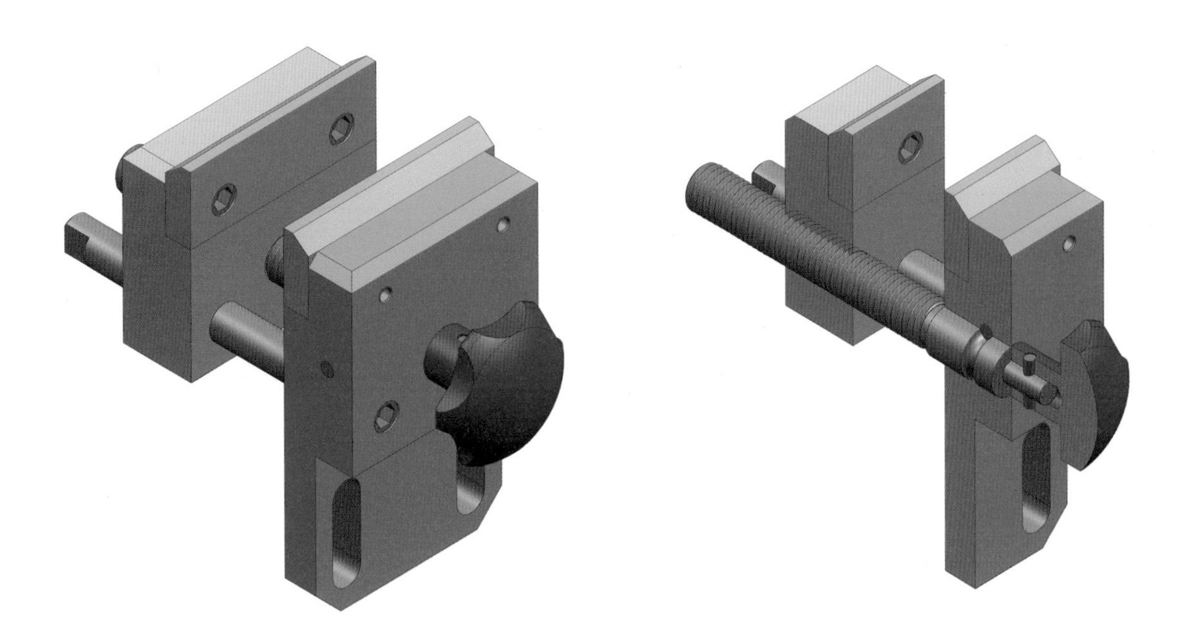

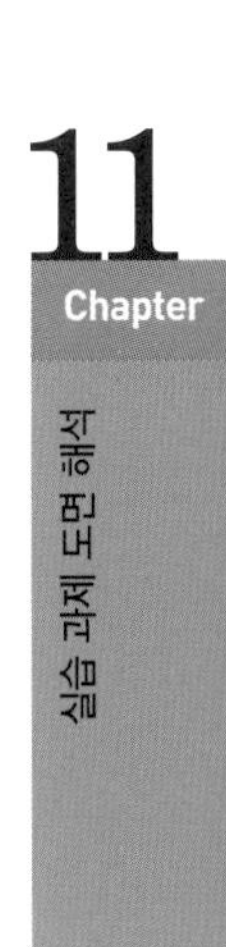

3D 조립 등각투상도 – 탁상 바이스

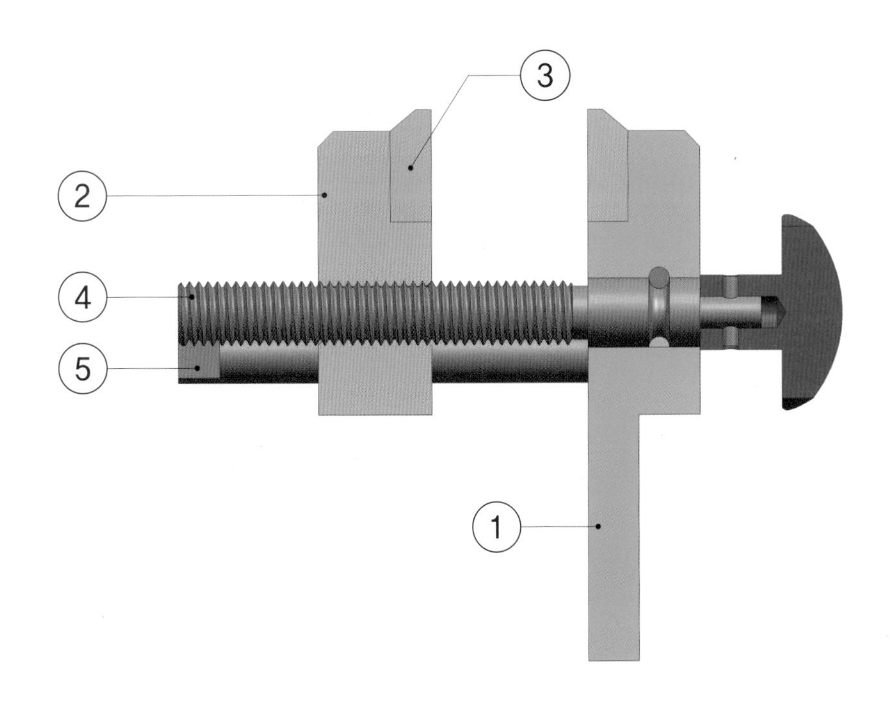

2D 조립 단면도 – 탁상 바이스

과제19 클램프

설계 변경	• 'A'부 치수를 74로 변경하시오. • 'B'부 치수를 18로 변경하시오. • 'C'부 치수를 ϕ5N7로 변경하시오.

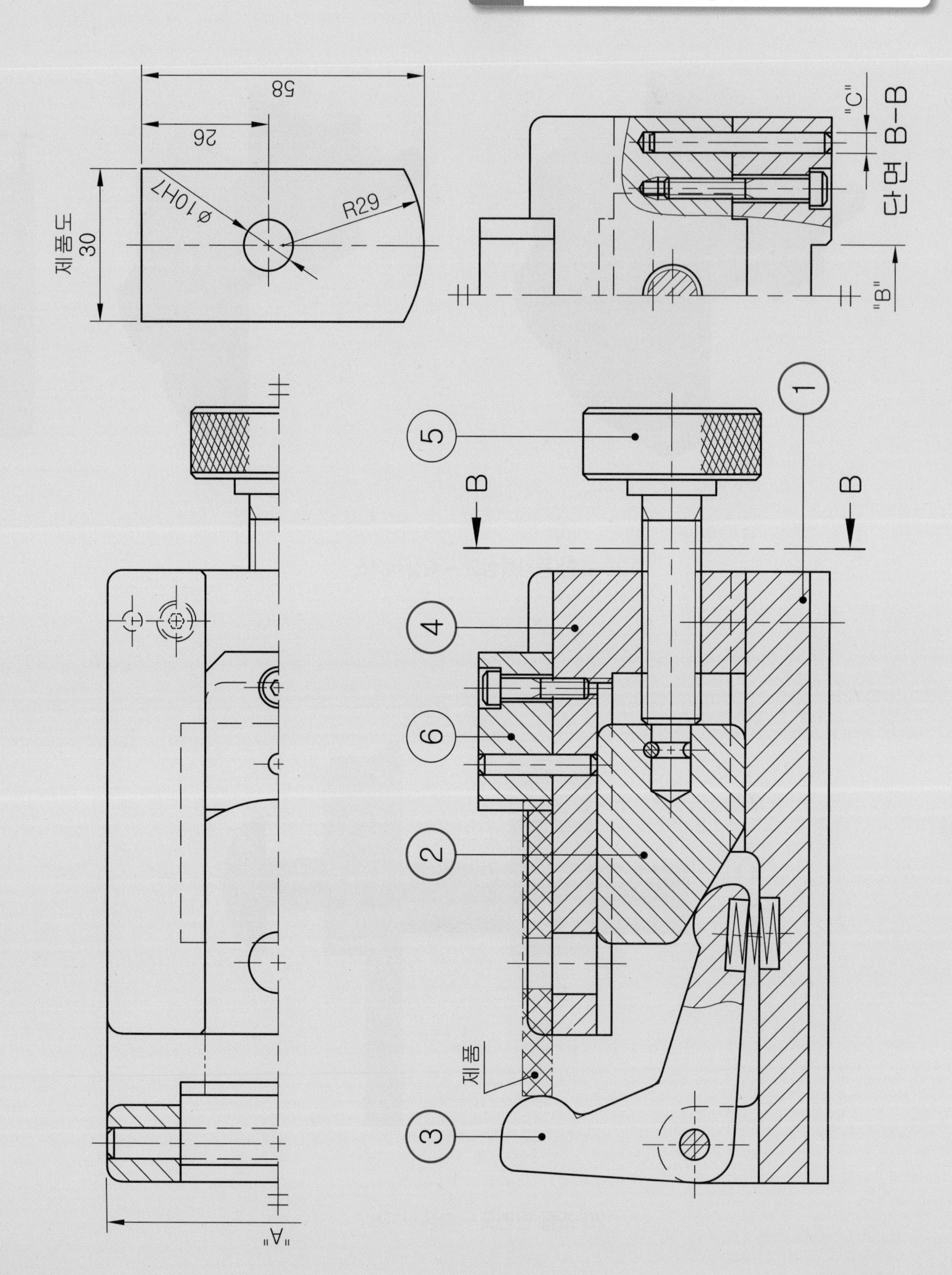

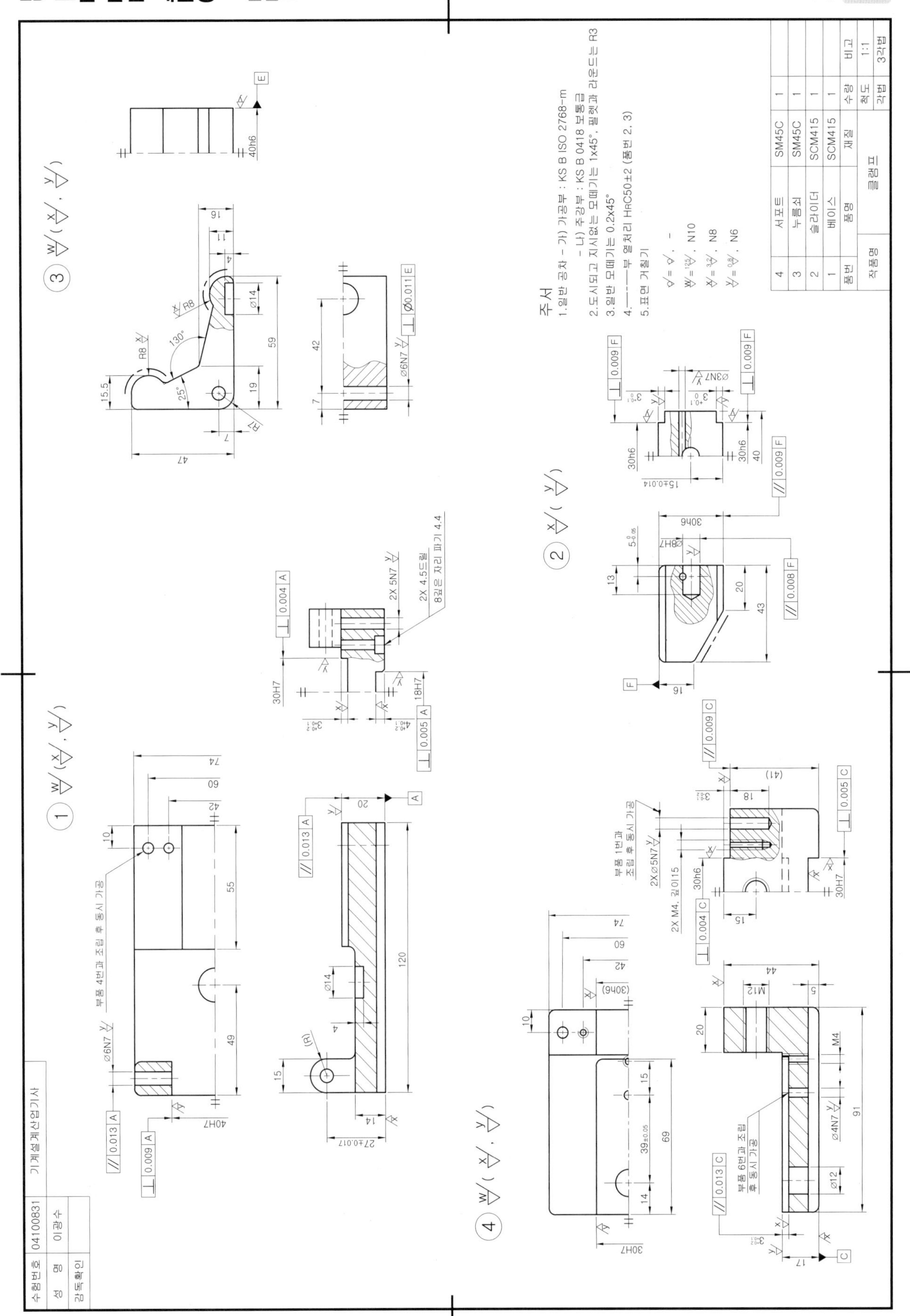
주서
1.일반 공차 - 가) 가공부 : KS B ISO 2768-m
- 나) 주강부 : KS B 0418 보통급
2.도시되고 지시없는 모떼기는 1x45°, 필렛과 라운드는 R3
3.일반 모떼기는 0.2x45°
4.——부 열처리 HRC50±2 (품번 2, 3)
5.표면 거칠기
4 샤프트 SM45C 1
3 누름쇠 SM45C 1
2 슬라이더 SCM415 1
1 베이스 SCM415 1
품번 품명 재질 수량 비고
작품명 클램프 척도 1:1 각법 3각법
수험번호 04100831 기계설계산업기사
성 명 이광수
감독확인

3D 모범 답안 제출용 – 클램프

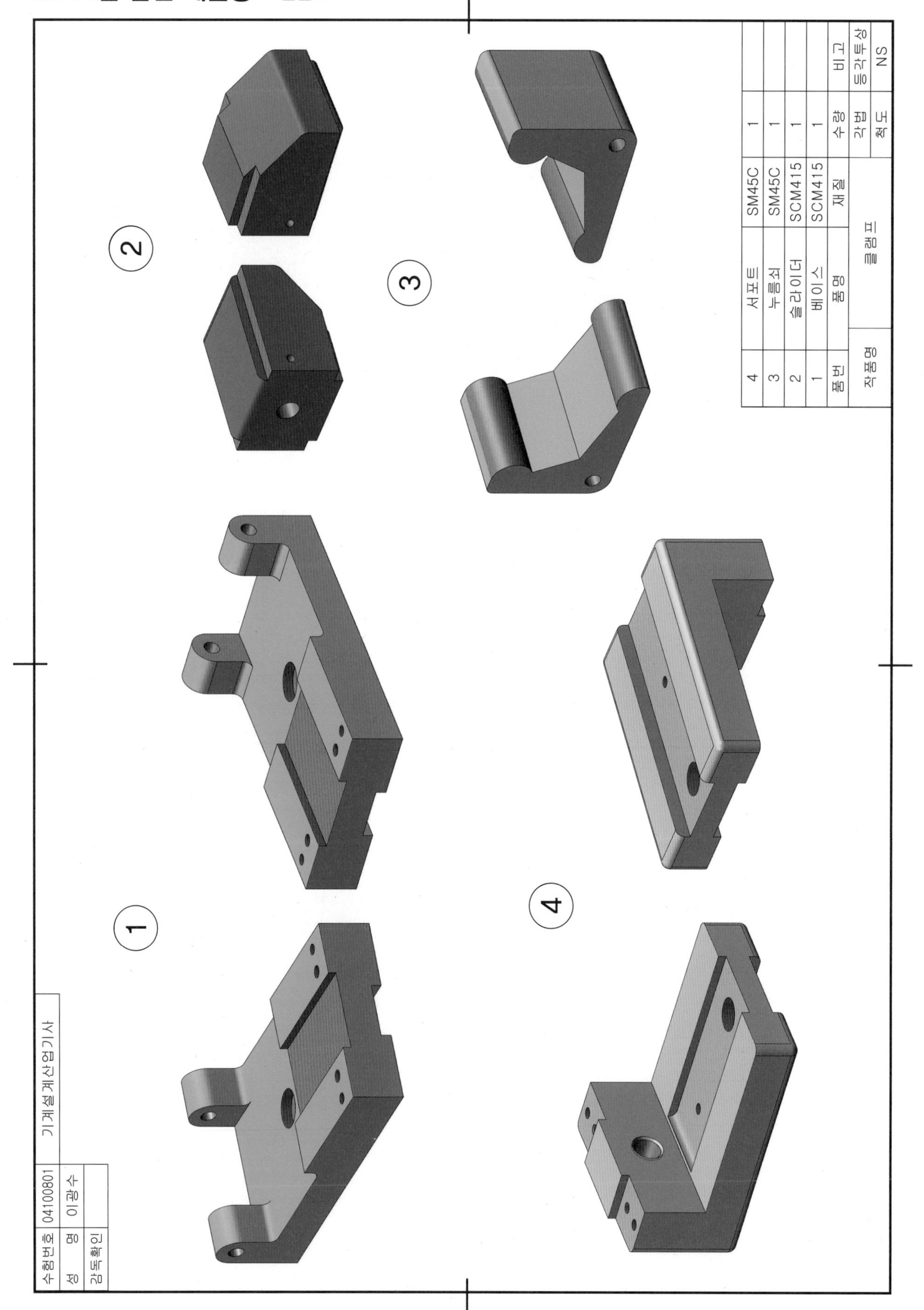

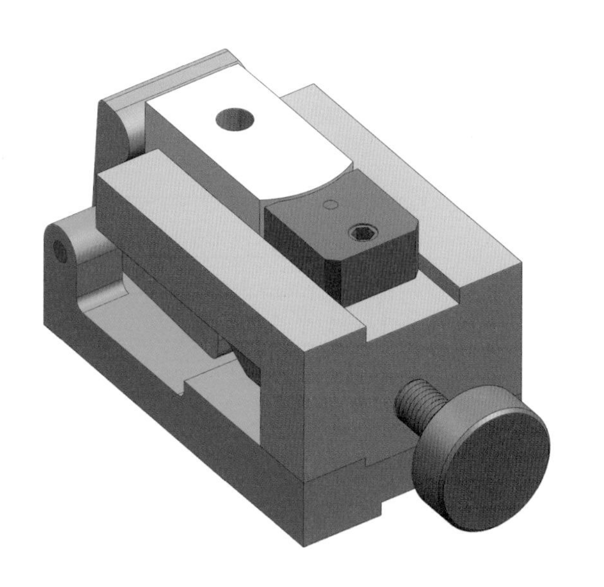

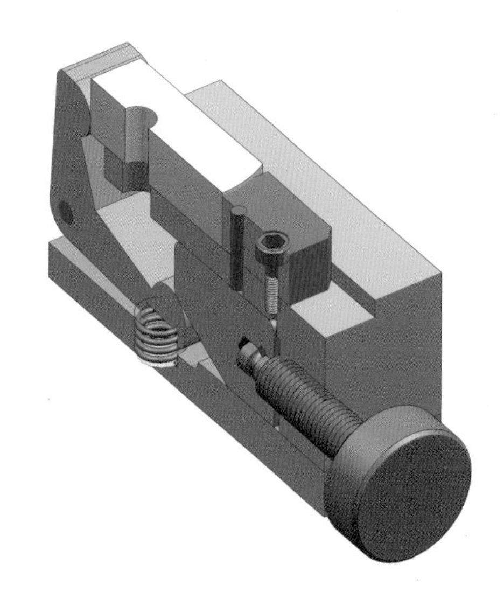

3D 조립 등각투상도 – 클램프

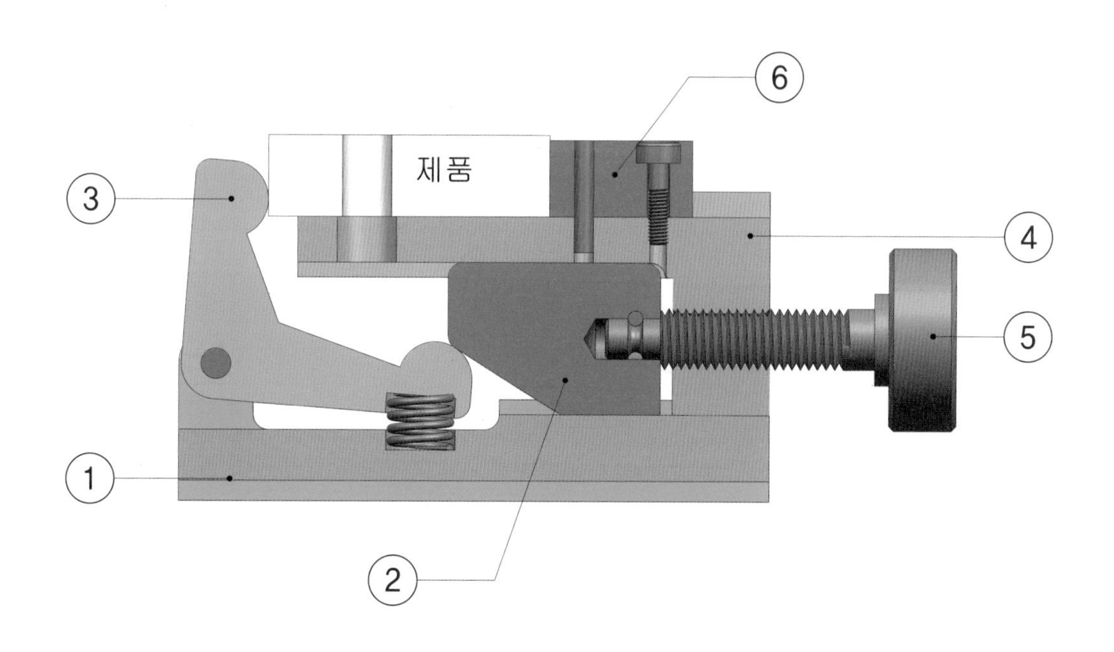

2D 조립 단면도 – 클램프

과제20 더블 밀링 클램프

설계 변경	
	• 더블 밀링 클램프 작동 시 'A'부 치수를 최대 47이 되도록 변경하시오. • 'B'부 치수를 120으로 변경하시오. • 베이스에 체결된 'C'부 6각 구멍붙이 볼트를 M10으로 설계 변경하시오.

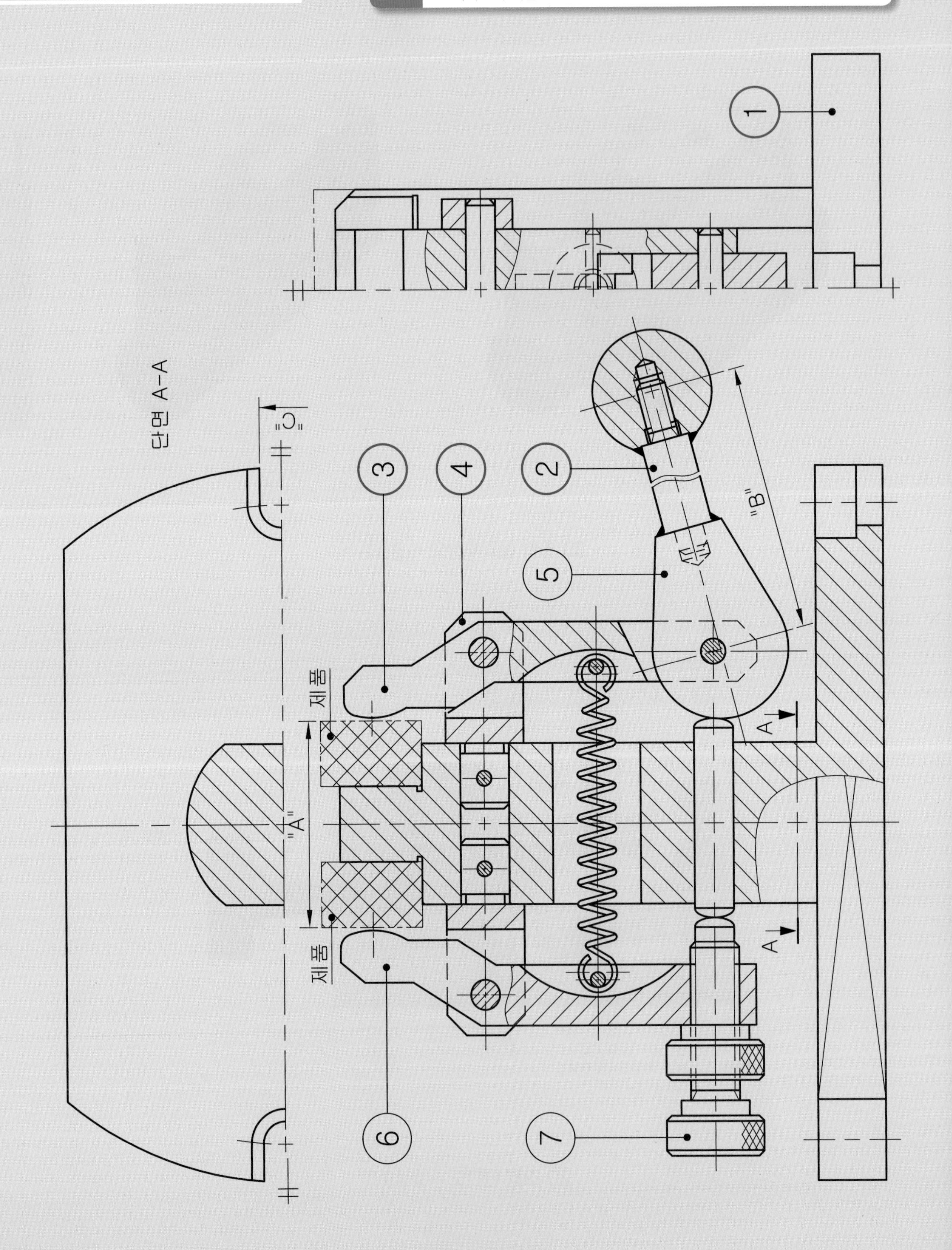

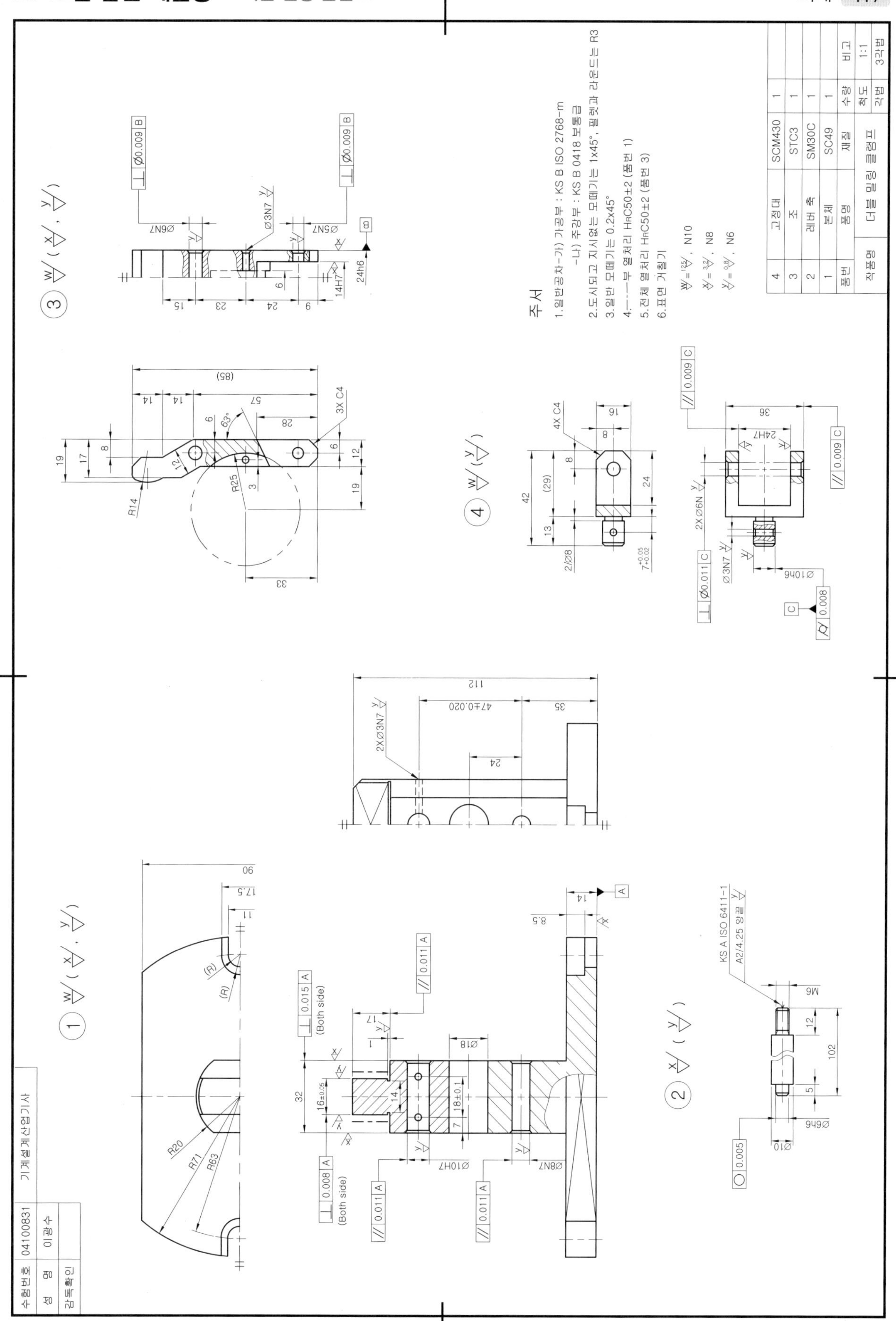
수험번호 04100831
기계설계산업기사
성 명 이광수
감독확인
주서
1.일반공차-가) 가공부 : KS B ISO 2768-m
-나) 주강부 : KS B 0418 보통급
2.도시되고 지시없는 모떼기는 1x45°, 필렛과 라운드는 R3
3.일반 모떼기는 0.2x45°
4.부 열처리 HRC50±2 (품번 1)
5.전체 열처리 HRC50±2 (품번 3)
6.표면 거칠기
4 고정대 SCM430 1
3 조 STC3 1
2 레버 축 SM30C 1
1 본체 SC49 1
품번 품명 재질 수량 비고
작품명 더블 밀링 클램프
척도 1:1
각법 3각법

3D 모범 답안 제출용 – 더블 밀링 클램프

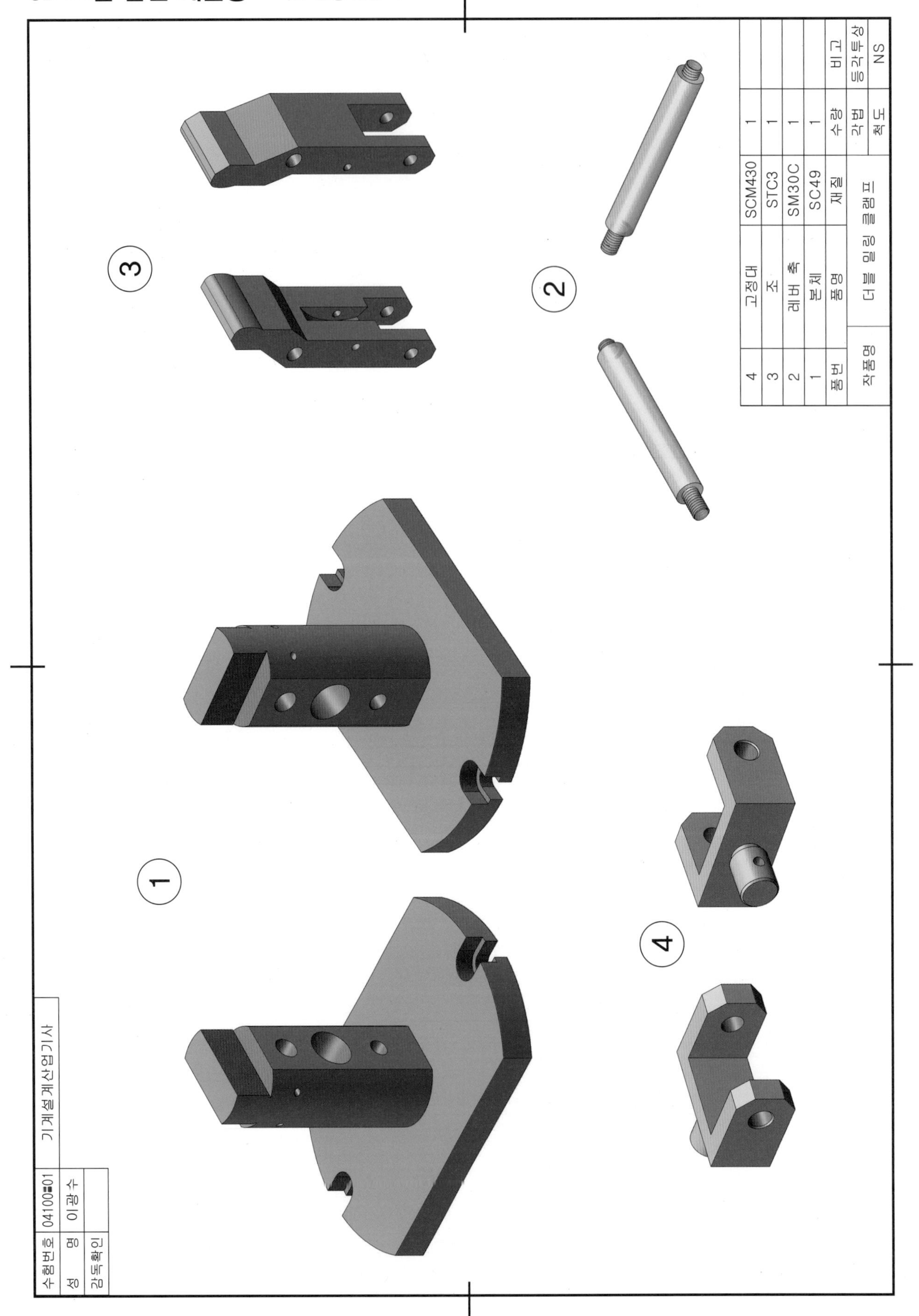

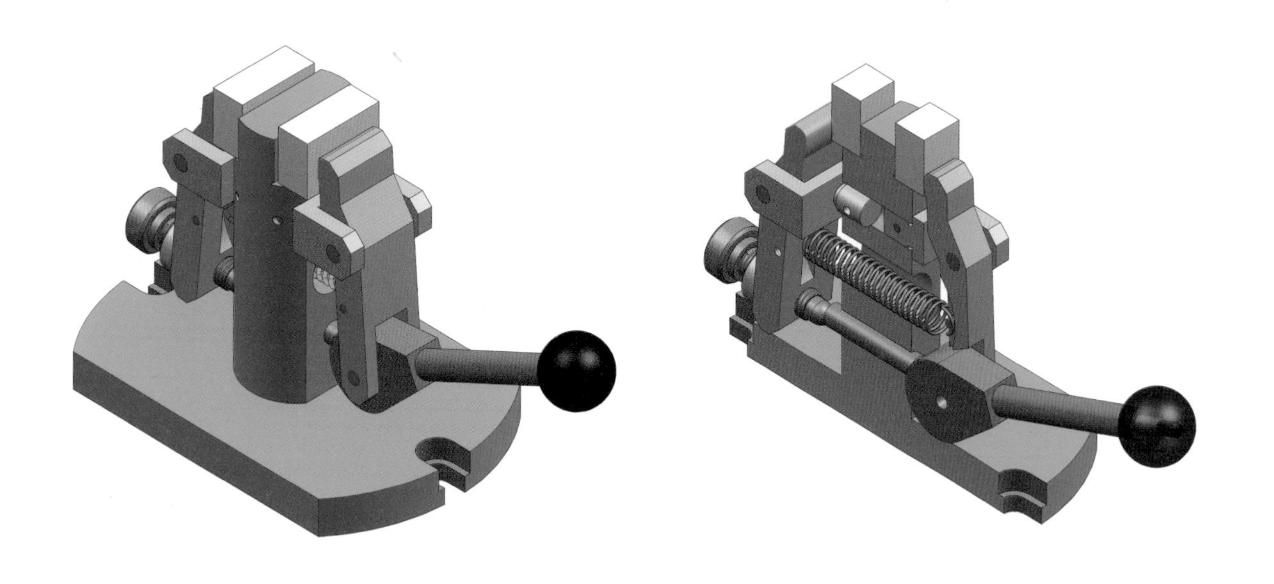

3D 조립 등각투상도 – 더블 밀링 클램프

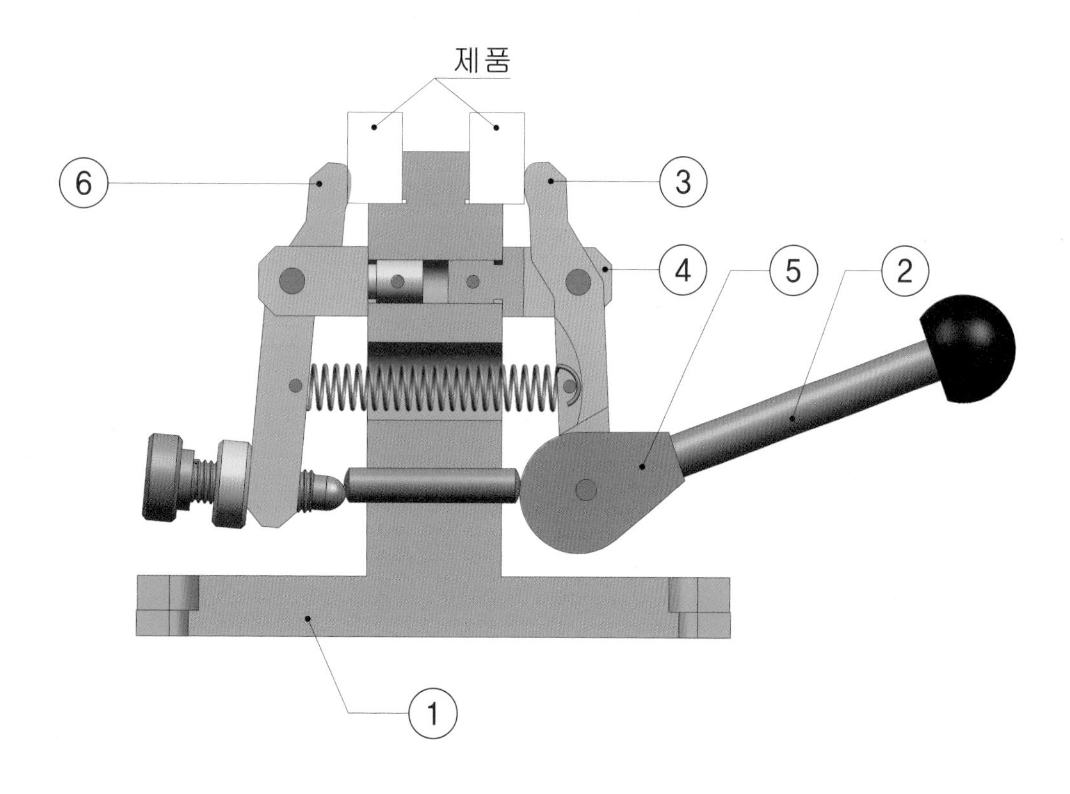

2D 조립 단면도 – 더블 밀링 클램프

과제21 위치 고정 지그

설계 변경

- 위치 고정 지그 'A'부 치수를 46으로 변경하시오.
- 'B'부 핀의 치수를 ϕ4N7로 변경하시오.
- 'C'부 치수를 42로 설계 변경하시오.

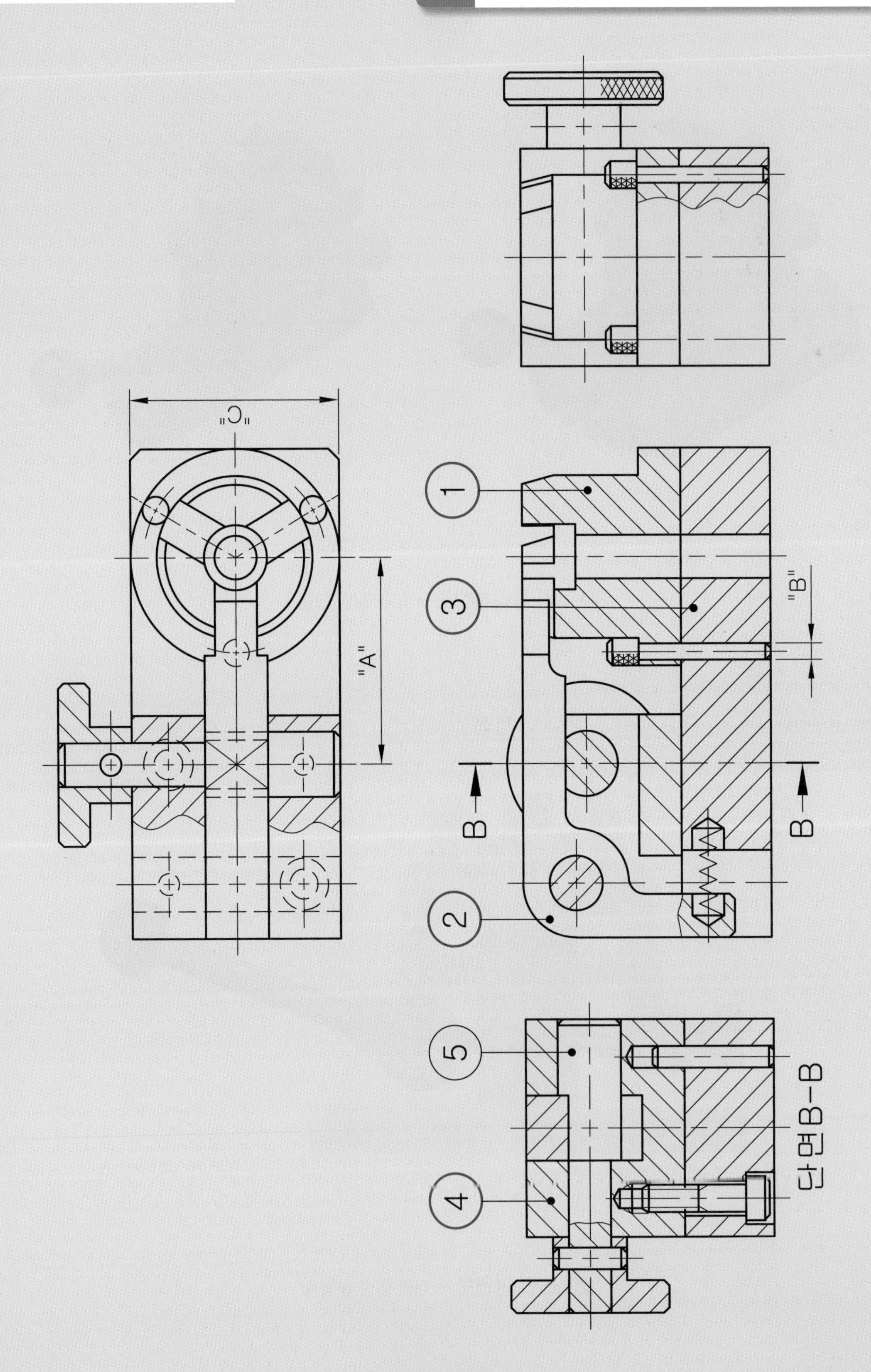

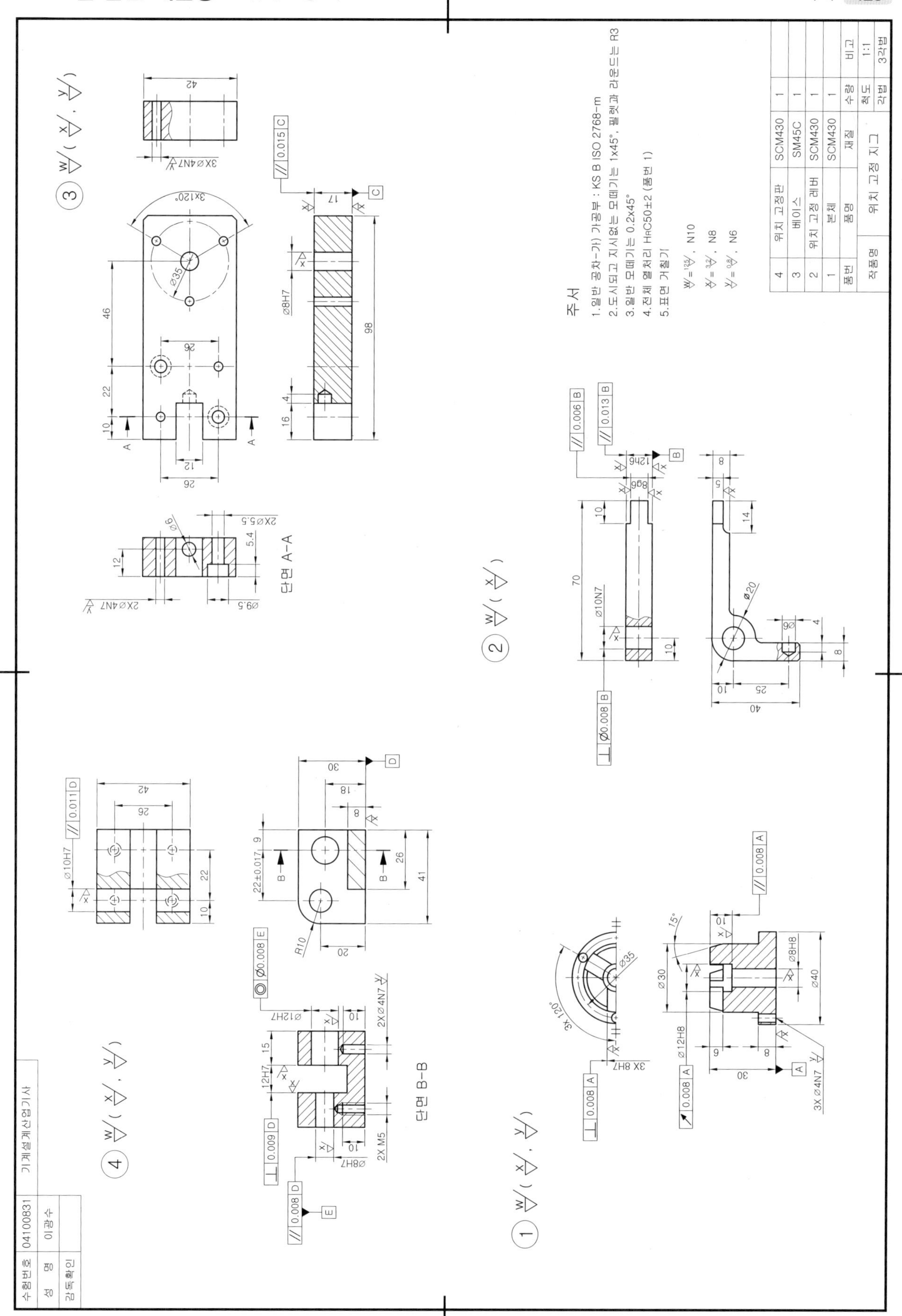
수험번호 04100831
기계설계산업기사
성 명 이광수
감독확인
단면 A-A
단면 B-B
주서
1.일반 공차-가) 가공부 : KS B ISO 2768-m
2.도시되고 지시없는 모떼기는 1x45°, 필렛과 라운드는 R3
3.일반 모떼기는 0.2x45°
4.전체 열처리 HRC50±2 (품번 1)
5.표면 거칠기
4 위치 고정판 SCM430 1
3 베이스 SM45C 1
2 위치 고정 레버 SCM430 1
1 본체 SCM430 1
품번 품명 재질 수량 비고
작품명 위치 고정 지그
척도 1:1
각법 3각법

3D 모범 답안 제출용 – 위치 고정 지그

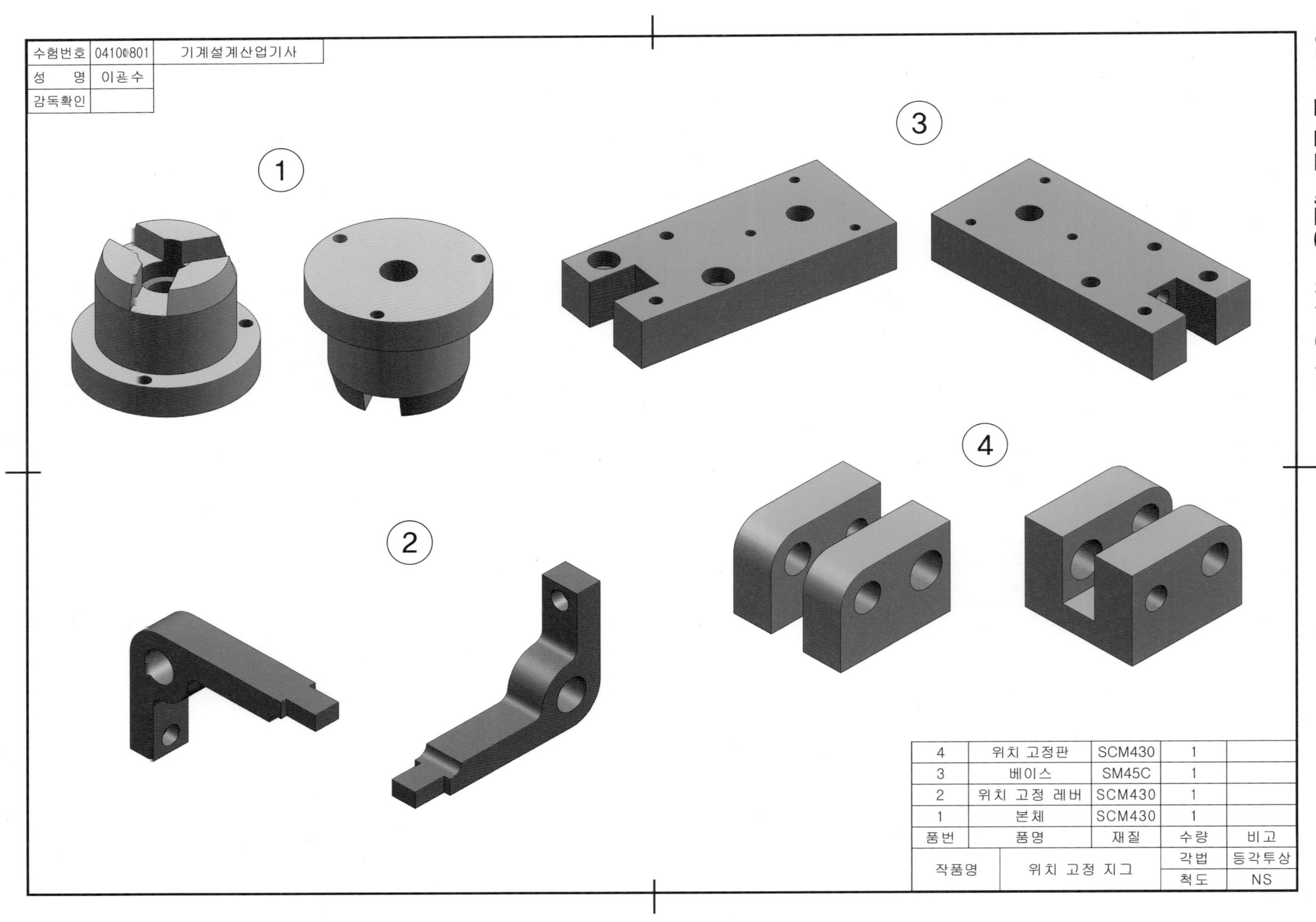

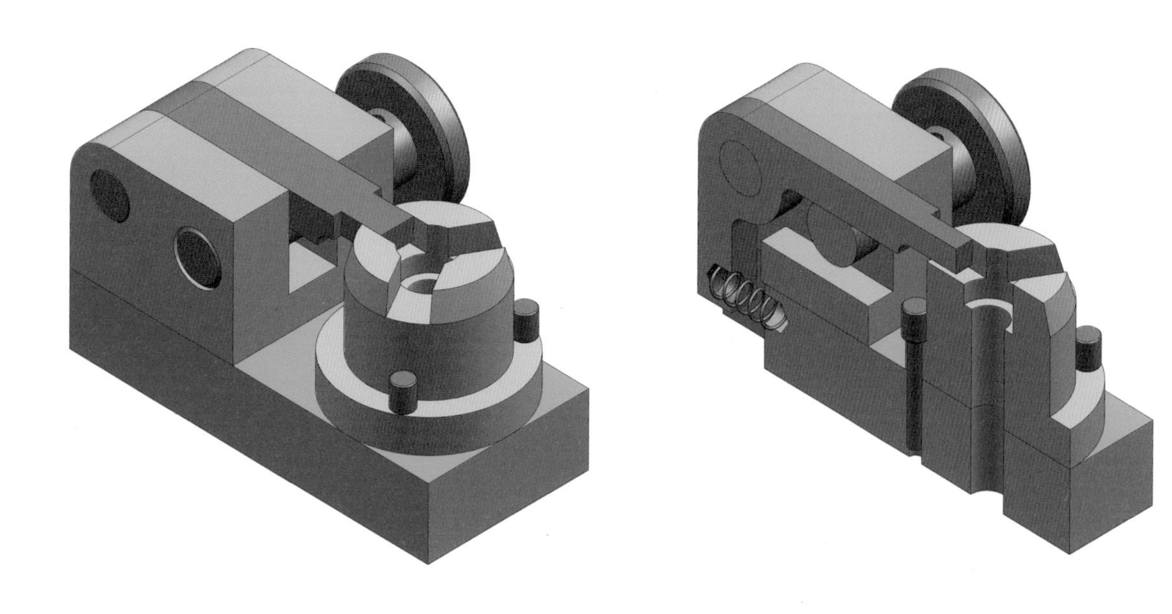

3D 조립 등각투상도 – 위치 고정 지그

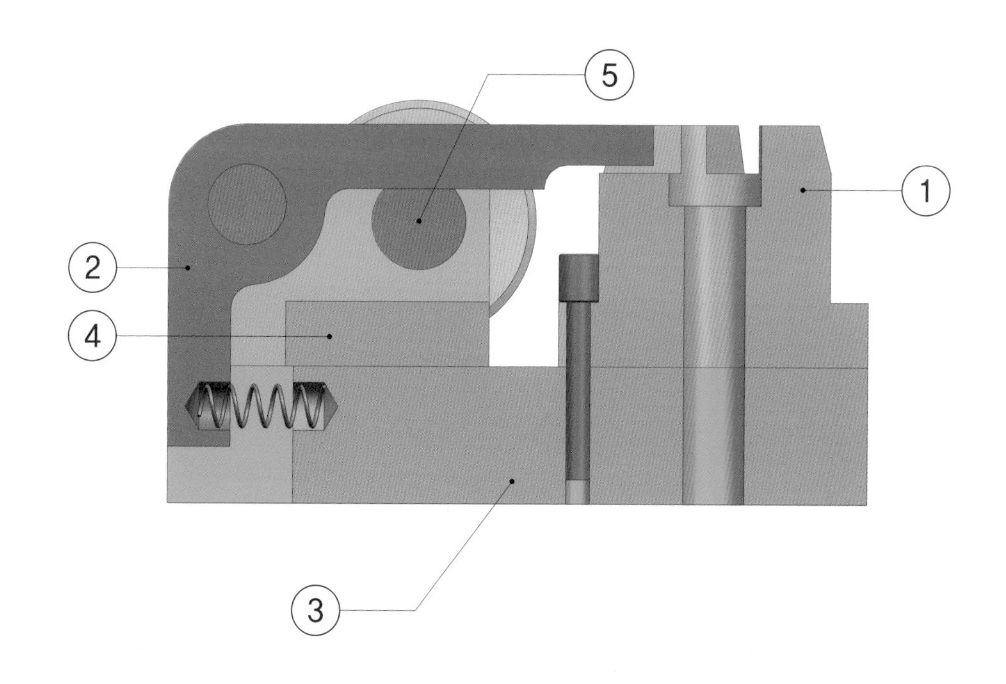

2D 조립 단면도 – 위치 고정 지그

과제22 유압 클램프

설계 변경

- 'A'부 실린더 내부 치수를 24로 변경하시오.
- 'B'부 치수를 28로 변경하시오.

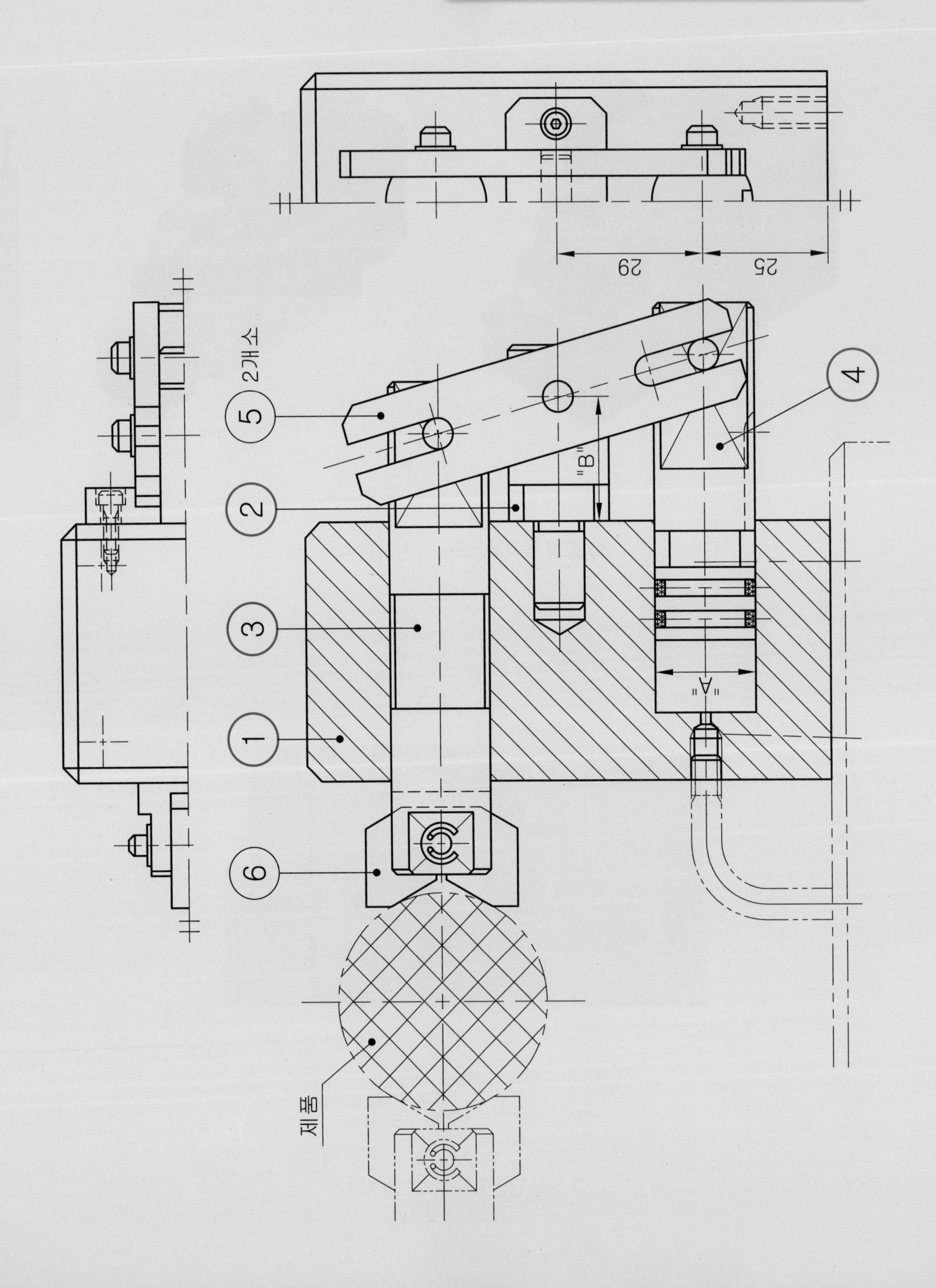

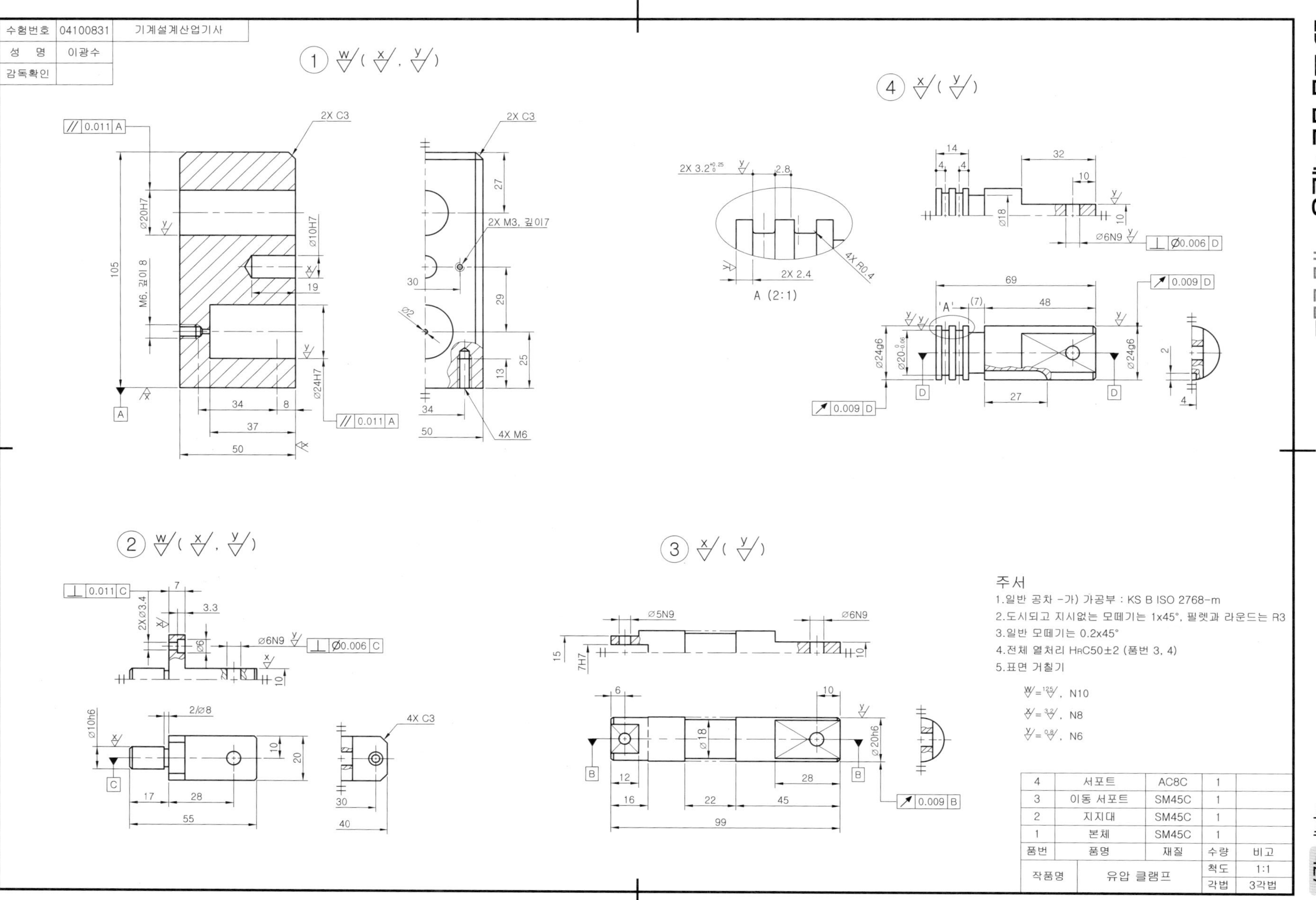
수험번호 04100831
기계설계산업기사
성 명 이광수
감독확인
주서
1.일반 공차 -가) 가공부 : KS B ISO 2768-m
2.도시되고 지시없는 모떼기는 1x45°, 필렛과 라운드는 R3
3.일반 모떼기는 0.2x45°
4.전체 열처리 HRC50±2 (품번 3, 4)
5.표면 거칠기
4 서포트 AC8C 1
3 이동 서포트 SM45C 1
2 지지대 SM45C 1
1 본체 SM45C 1
품번 품명 재질 수량 비고
작품명 유압 클램프 척도 1:1 각법 3각법

3D 모범 답안 제출용 – 유압 클램프

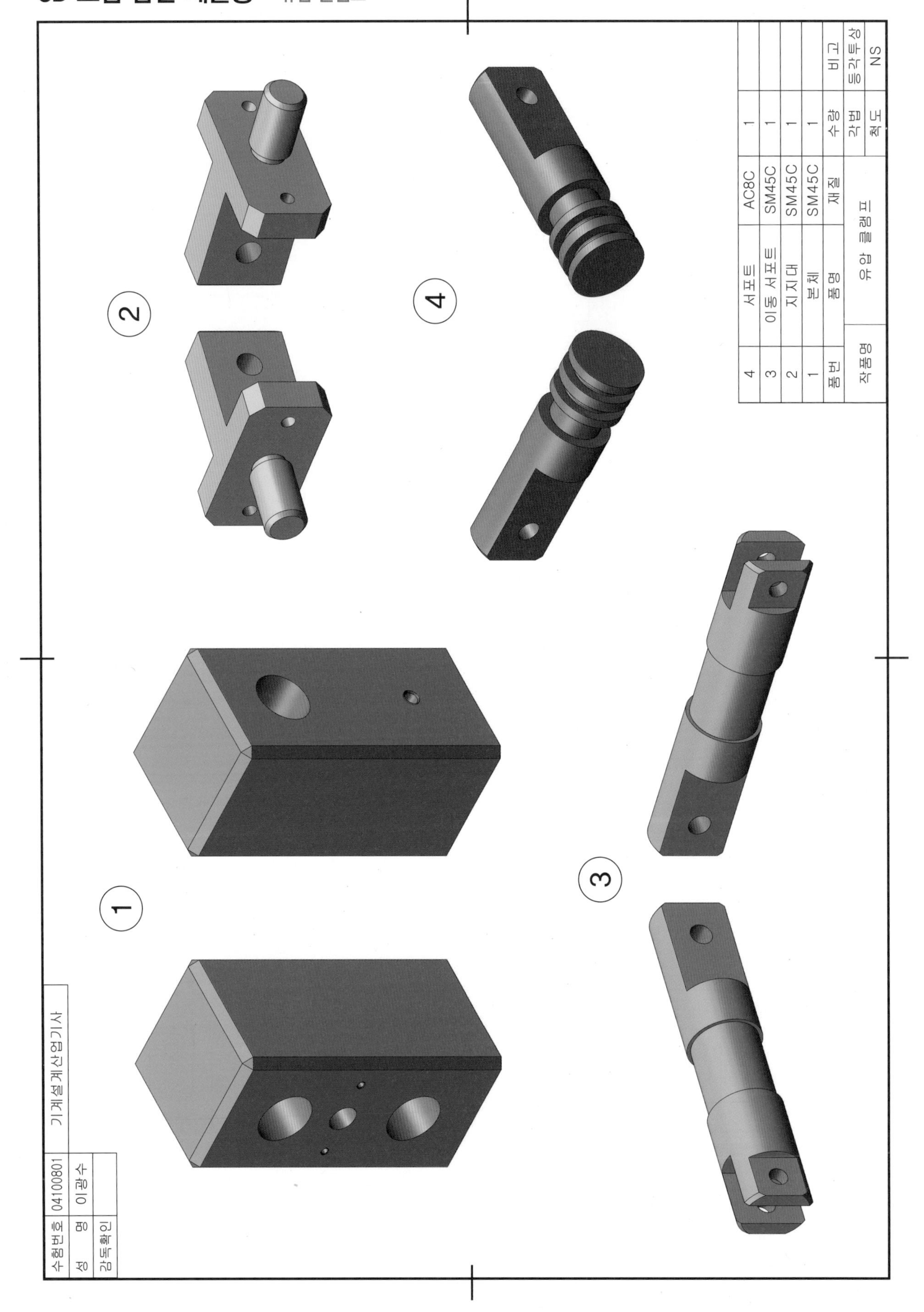

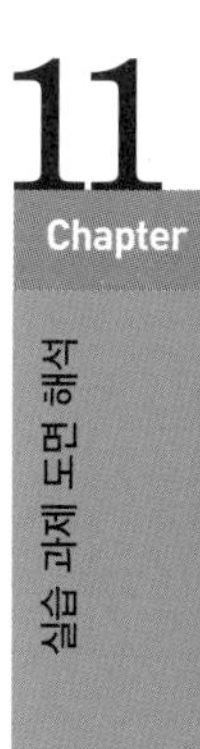

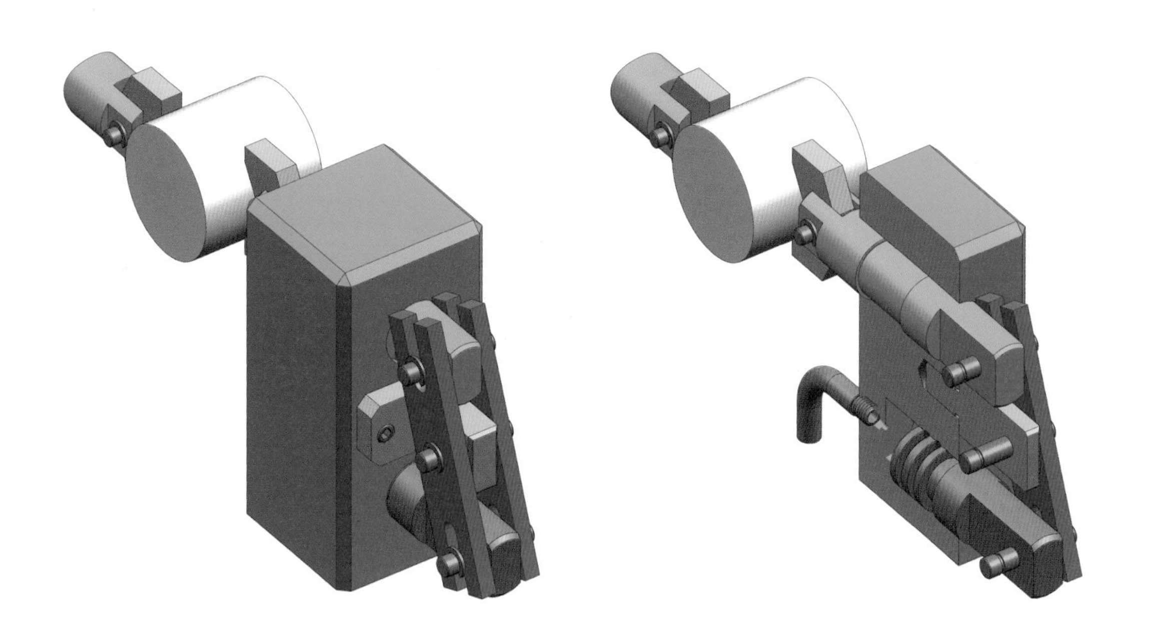

3D 조립 등각투상도 – 유압 클램프

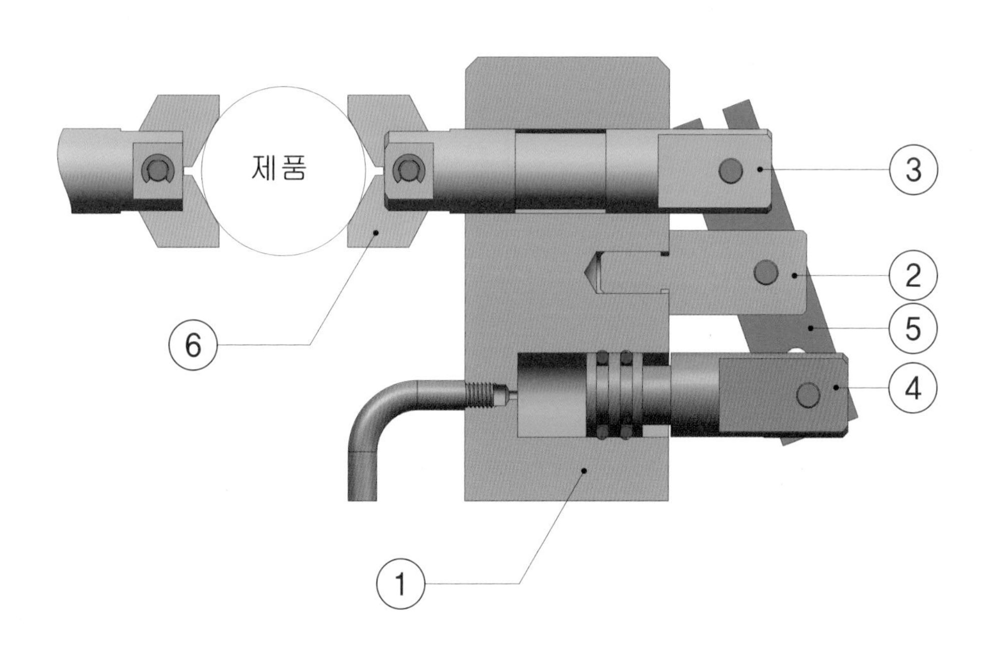

2D 조립 단면도 – 유압 클램프

과제23 2지형 레버 에어척

설계 변경
- 'A'부 실린더 내부 치수를 32로 변경하시오.
- 'B'부 나사 치수를 관용 평행나사 G11/8로 변경하시오.
- 'C'부 나사 치수를 관용 평행나사 G3/8로 변경하시오.

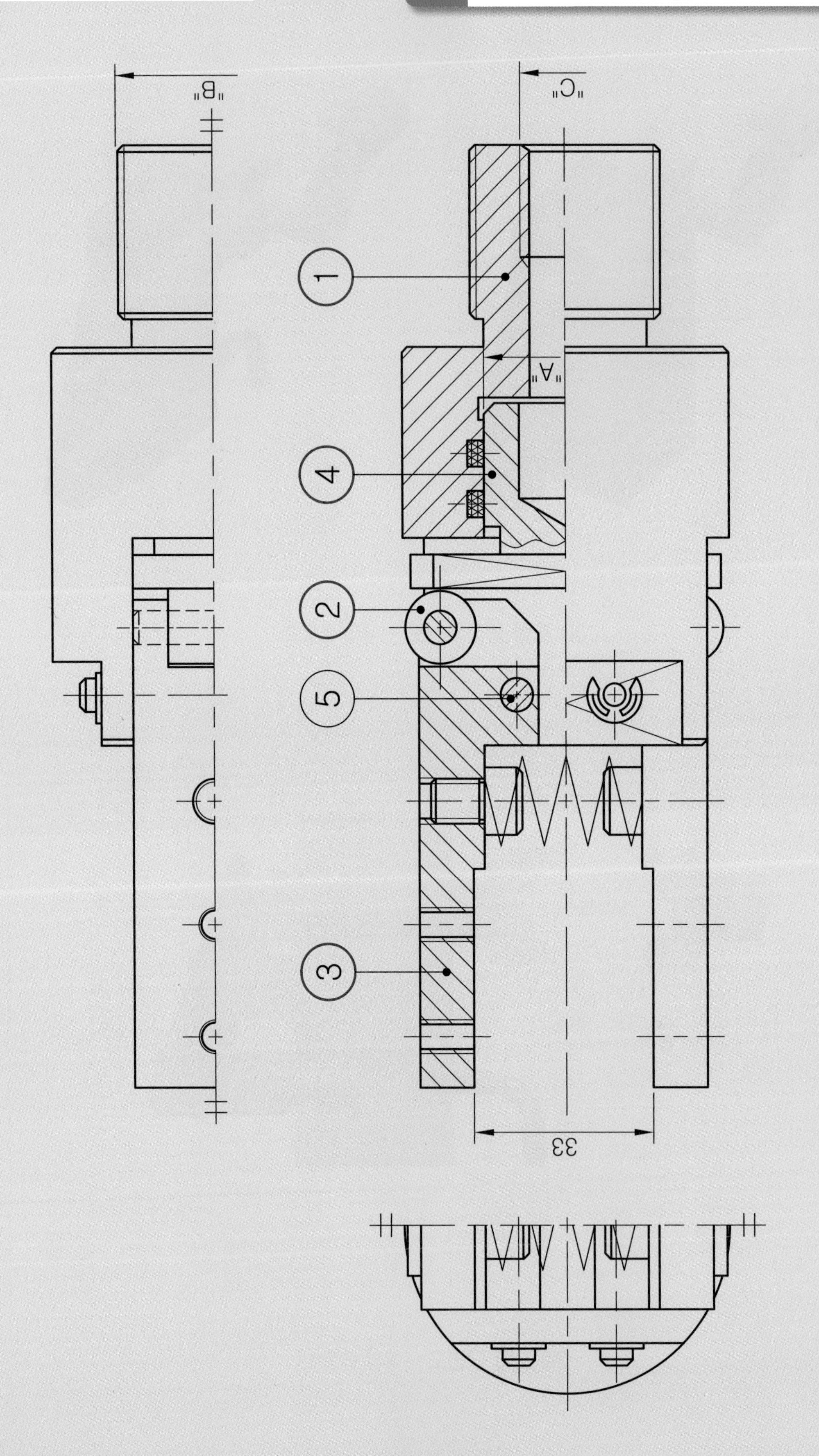

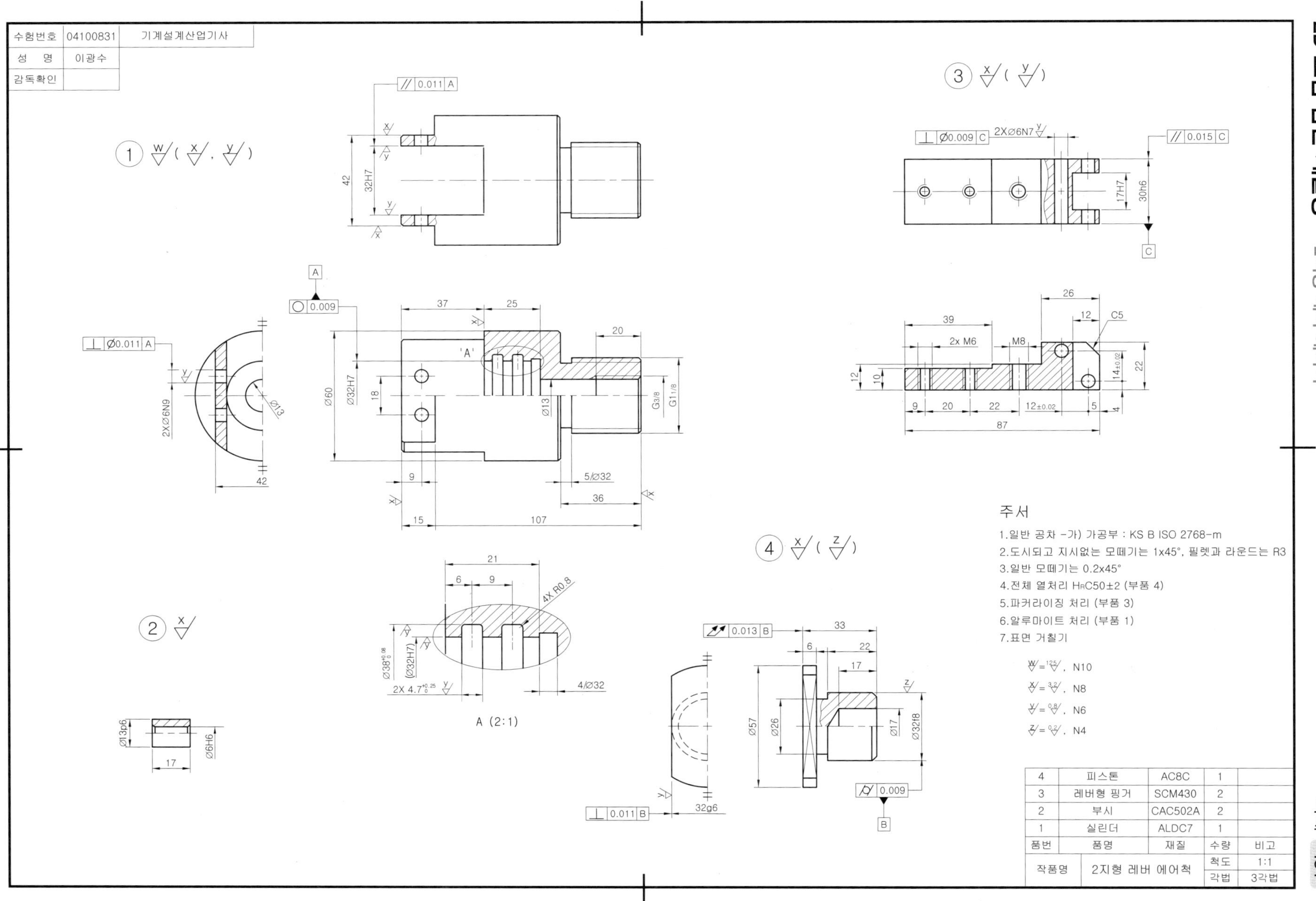
수험번호 04100831
기계설계산업기사
성 명 이광수
감독확인
주서
1.일반 공차 -가) 가공부 : KS B ISO 2768-m
2.도시되고 지시없는 모떼기는 1x45°, 필렛과 라운드는 R3
3.일반 모떼기는 0.2x45°
4.전체 열처리 HRC50±2 (부품 4)
5.파커라이징 처리 (부품 3)
6.알루마이트 처리 (부품 1)
7.표면 거칠기
w = 12.5, N10
x = 3.2, N8
y = 0.8, N6
z = 0.2, N4
4 피스톤 AC8C 1
3 레버형 핑거 SCM430 2
2 부시 CAC502A 2
1 실린더 ALDC7 1
품번 품명 재질 수량 비고
작품명 2지형 레버 에어척 척도 1:1 각법 3각법
A (2:1)

3D 모범 답안 제출용 – 2지형 레버 에어척

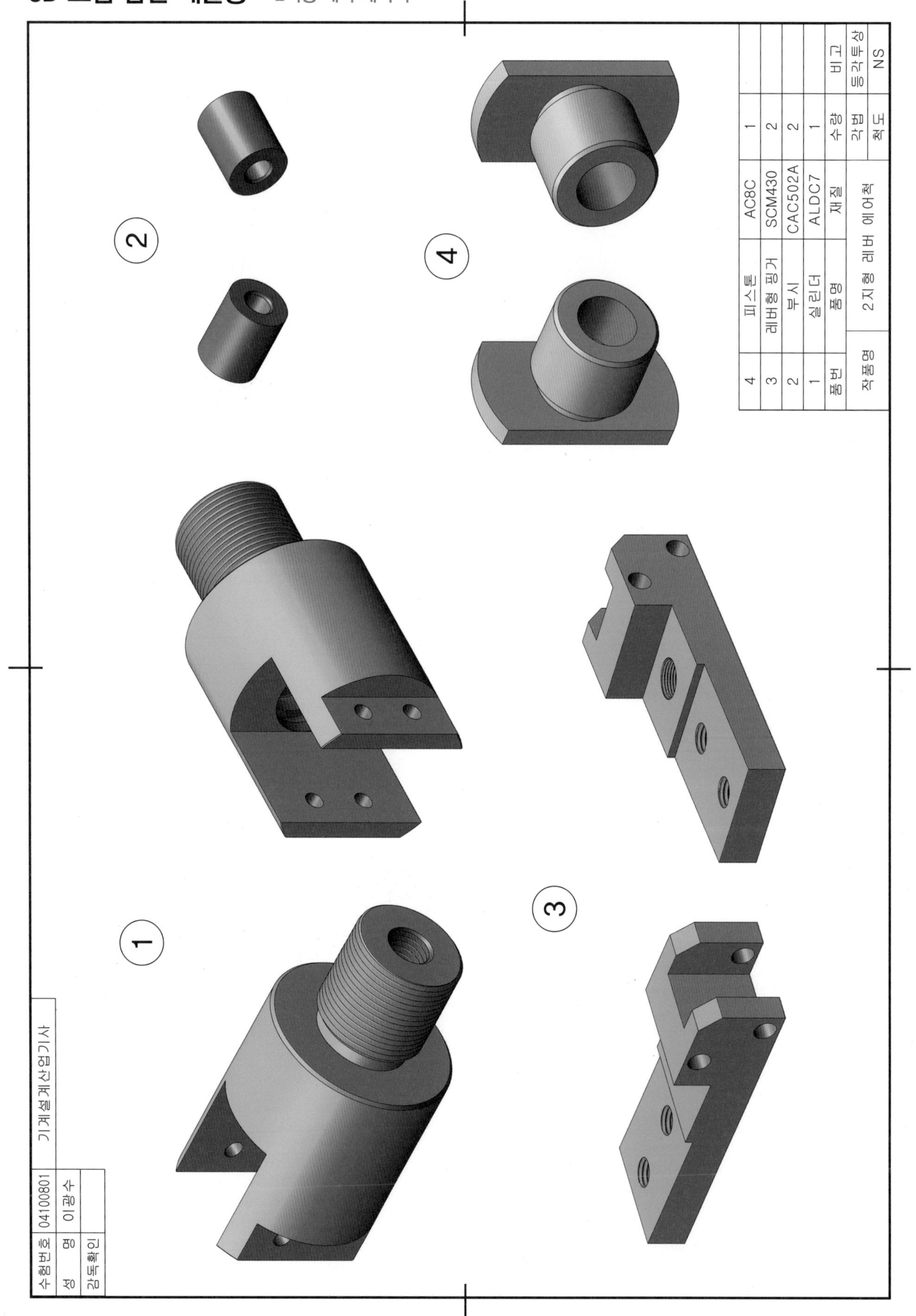

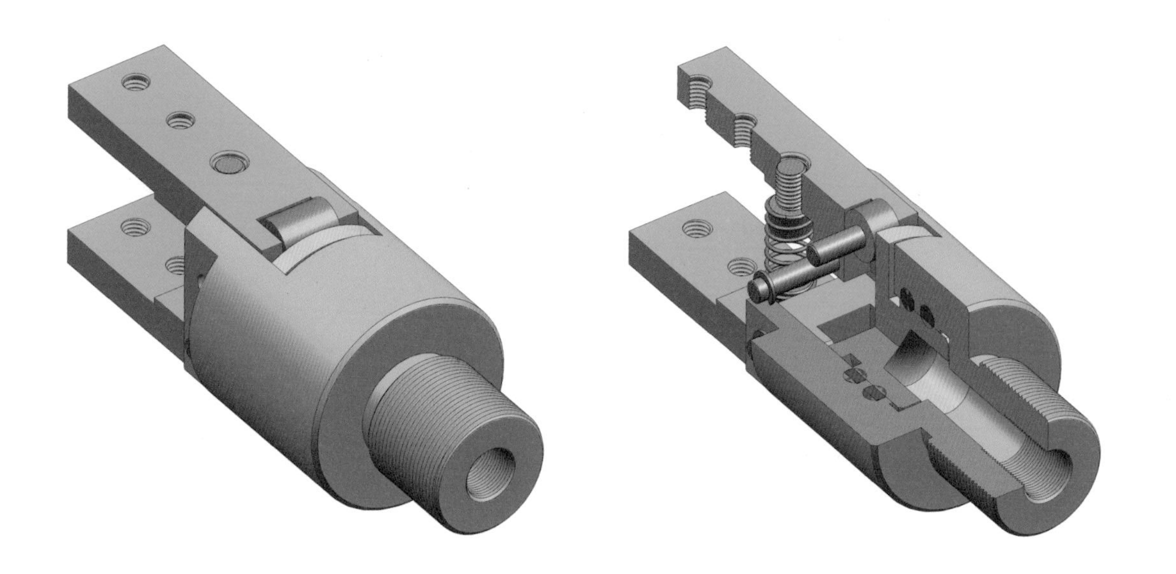

3D 조립 등각투상도 – 2지형 레버 에어척

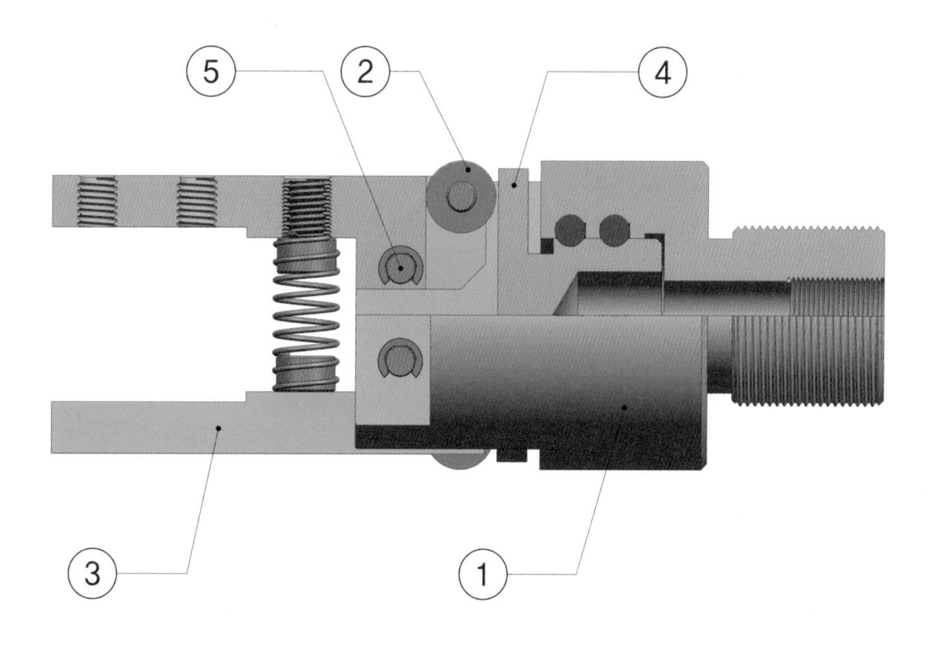

2D 조립 단면도 – 2지형 레버 에어척

과제24 에어 실린더

설계 변경
- 'A'부 로드의 행정거리를 20으로 변경하시오.
- 'B'부 치수를 20으로 변경하시오.
- 'C'부 치수를 $\phi 8$로 변경하시오

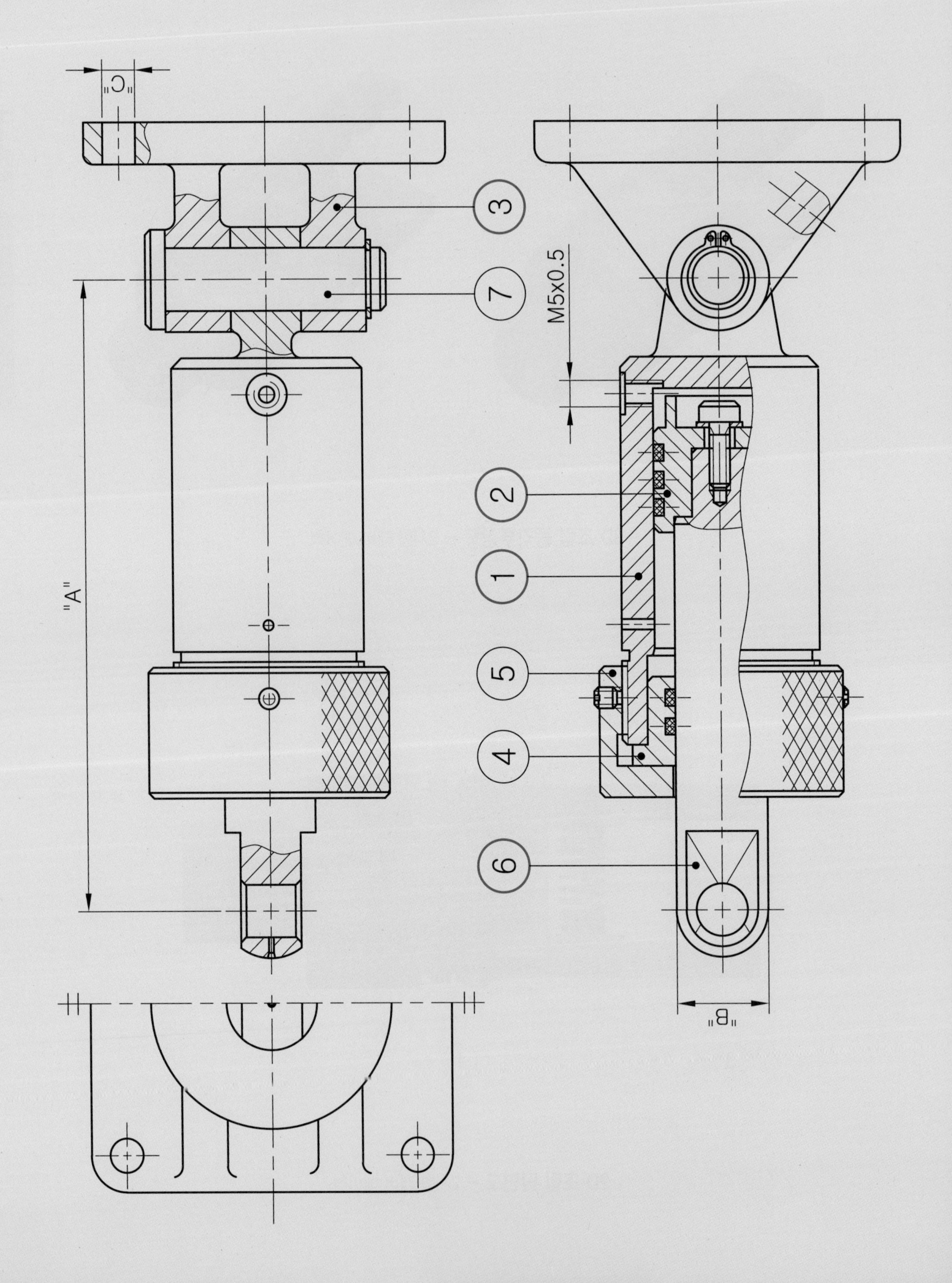

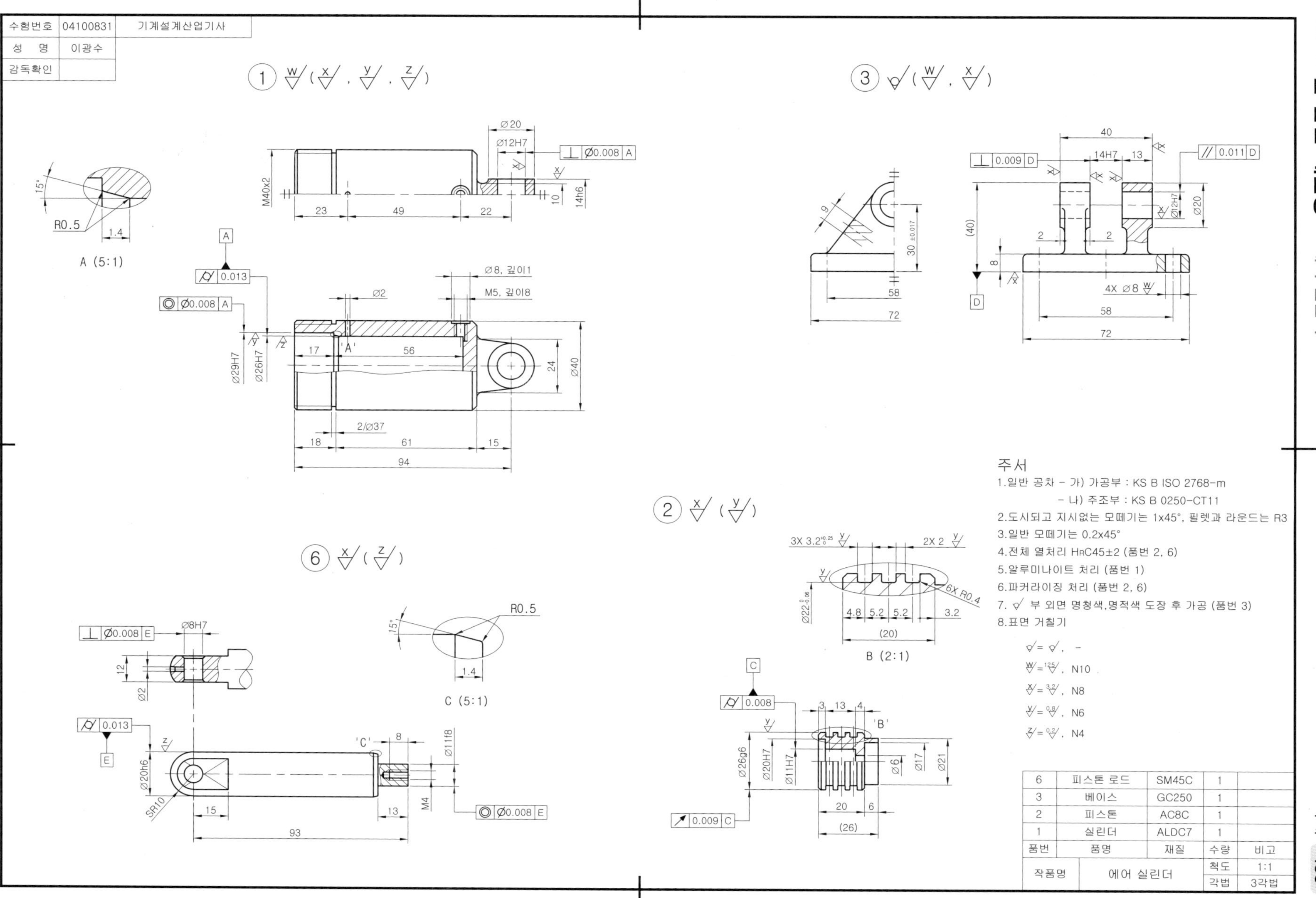

품번	품명	재질	수량	비고
6	피스톤 로드	SM45C	1	
3	베이스	GC250	1	
2	피스톤	AC8C	1	
1	실린더	ALDC7	1	
작품명	에어 실린더		척도	1:1
			각법	3각법

3D 모범 답안 제출용 - 에어 실린더

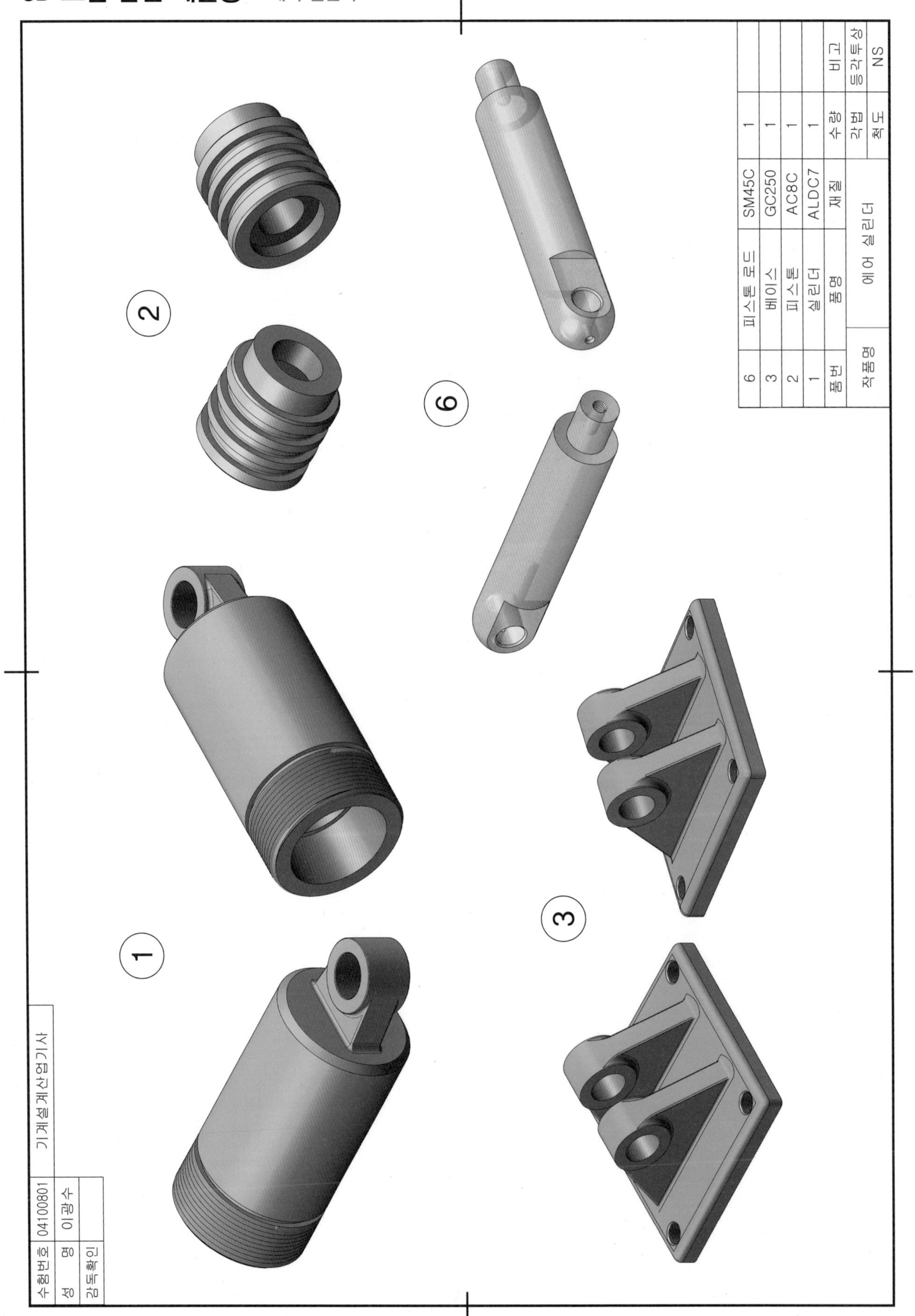

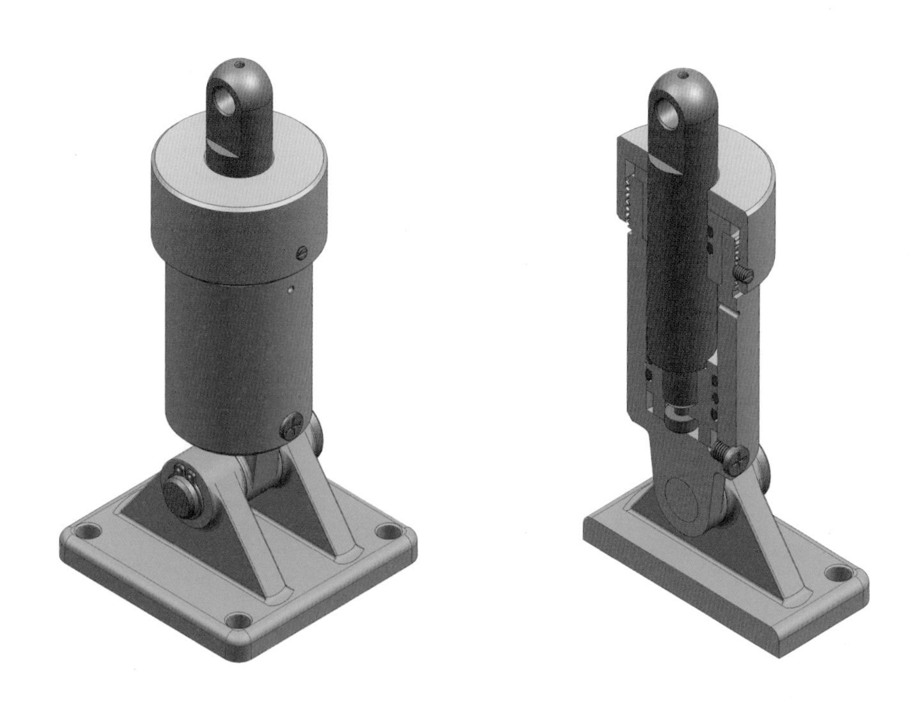

3D 조립 등각투상도 – 에어 실린더

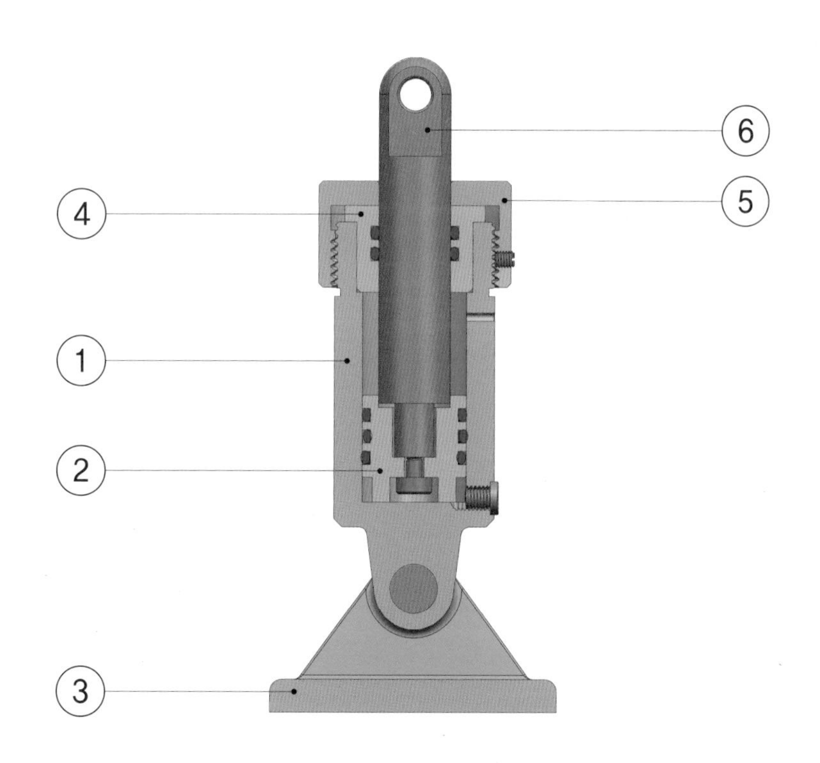

2D 조립 단면도 – 에어 실린더

과제25 턱 가공 밀링 고정구

설계 변경

- 'A'부 치수를 24로 변경하시오.
- 'B'부 중심거리를 120으로 변경하시오.
- 'C'부 테이블 치수를 88로 변경하시오.

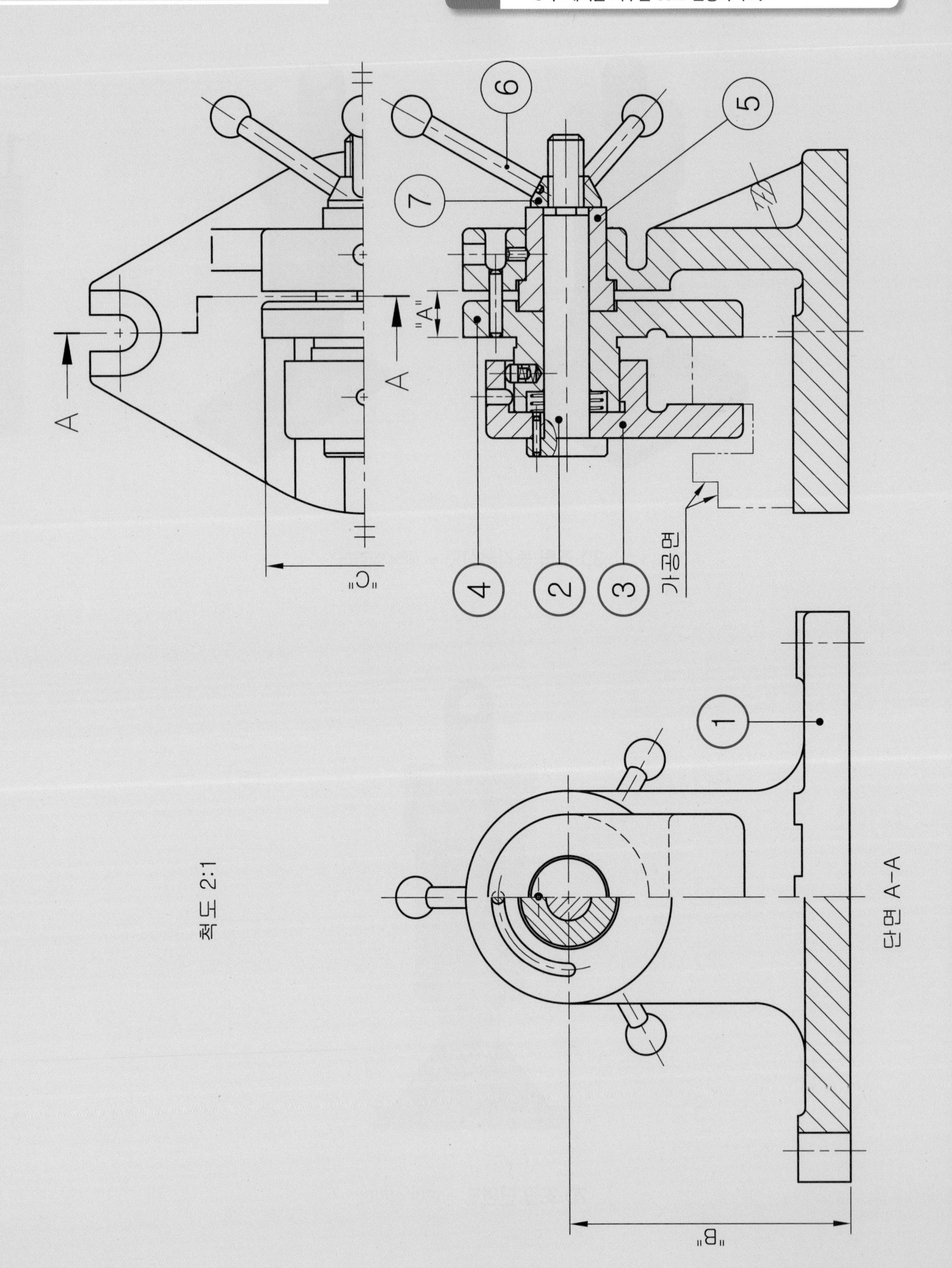

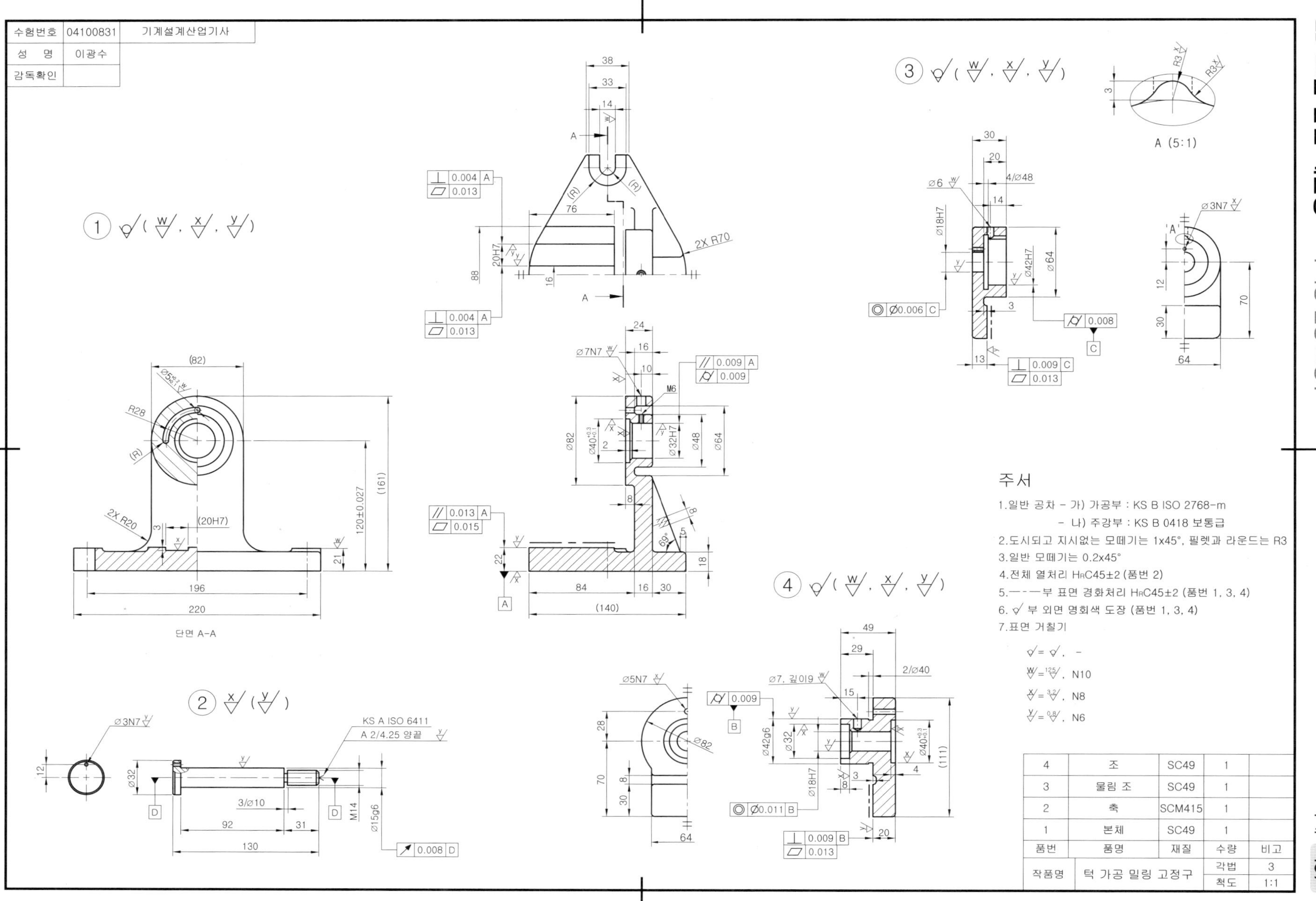
수험번호 04100831
기계설계산업기사
성 명 이광수
감독확인
단면 A-A
A (5:1)
KS A ISO 6411
A 2/4.25 양끝
주서
1.일반 공차 - 가) 가공부 : KS B ISO 2768-m
- 나) 주강부 : KS B 0418 보통급
2.도시되고 지시없는 모떼기는 1x45°, 필렛과 라운드는 R3
3.일반 모떼기는 0.2x45°
4.전체 열처리 HRC45±2 (품번 2)
5.- - - 부 표면 경화처리 HRC45±2 (품번 1, 3, 4)
6. 부 외면 명회색 도장 (품번 1, 3, 4)
7.표면 거칠기
N10
N8
N6
4 조 SC49 1
3 물림 조 SC49 1
2 축 SCM415 1
1 본체 SC49 1
품번 품명 재질 수량 비고
작품명 턱 가공 밀링 고정구 각법 3 척도 1:1

3D 모범 답안 제출용 – 턱 가공 밀링 고정구

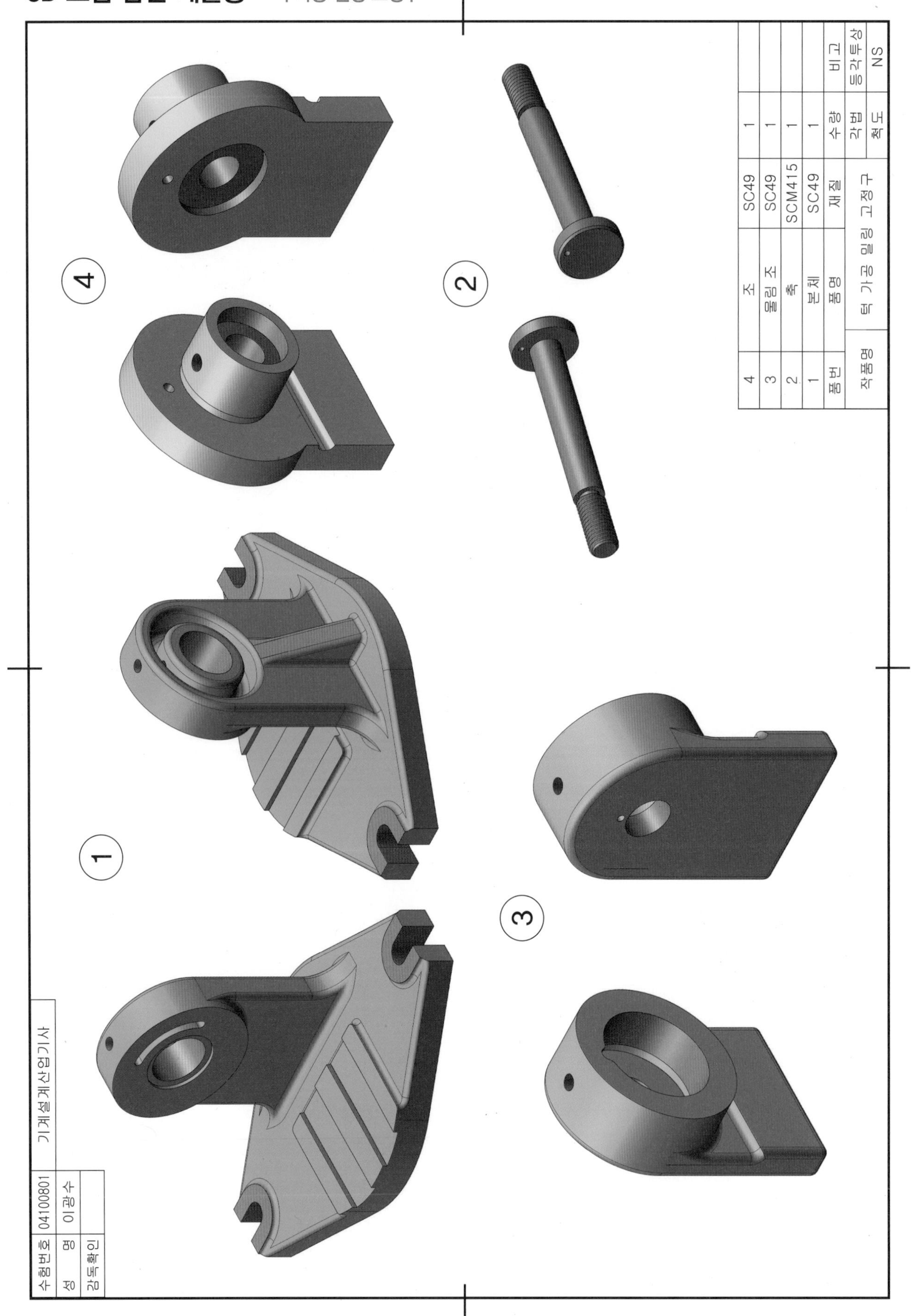

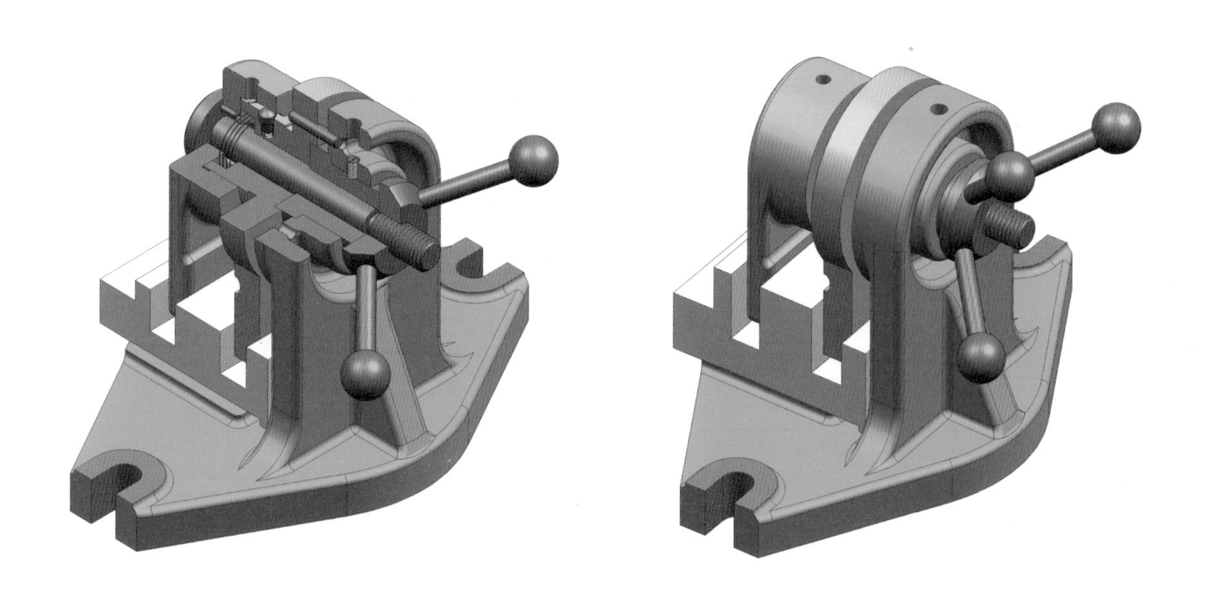

3D 조립 등각투상도 – 턱 가공 밀링 고정구

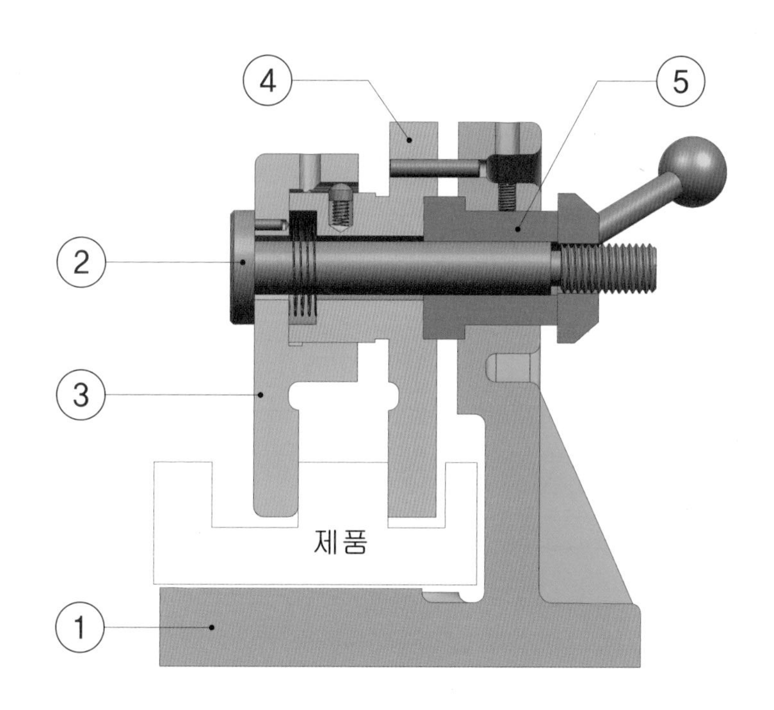

2D 조립 단면도 – 턱 가공 밀링 고정구

과제26 레버 고정 장치

설계 변경	• 'A'부 치수를 100으로 변경하시오. • 'B'부 치수를 18로 변경하시오. • 'C'부 볼트를 M10으로 변경하시오.

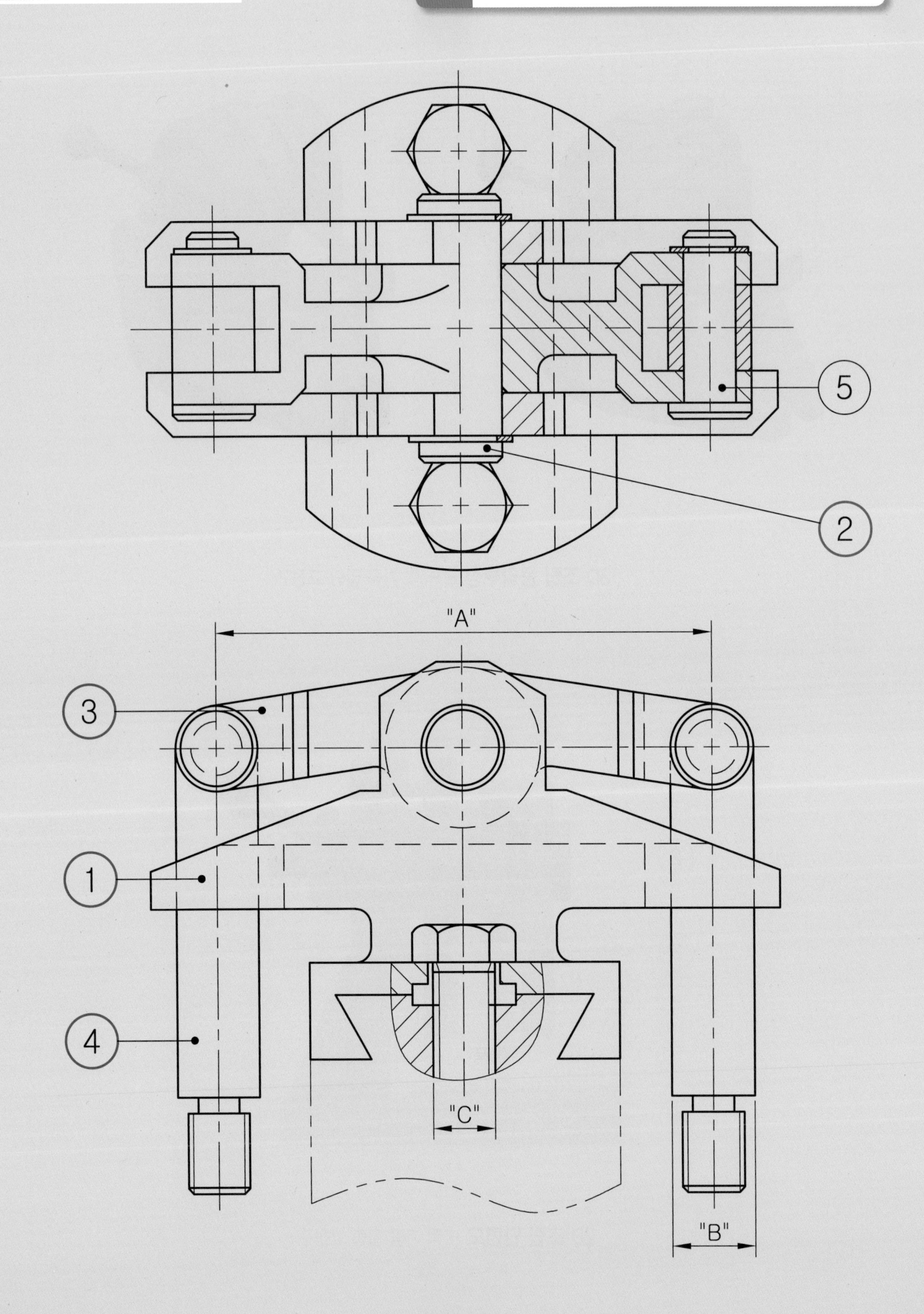

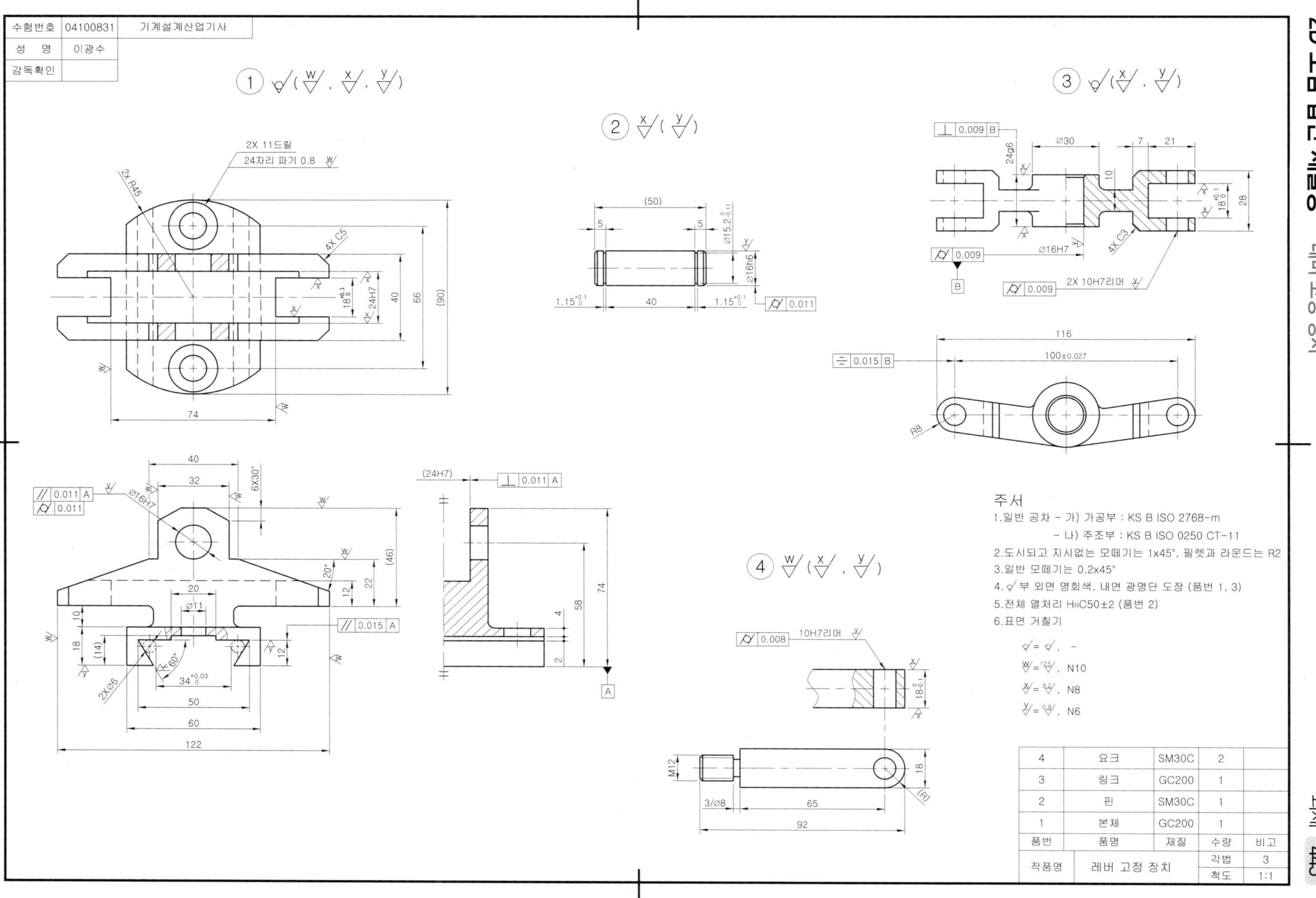
수험번호 04100831
기계설계산업기사
성 명 이광수
감독확인
주서
1.일반 공차 - 가) 가공부 : KS B ISO 2768-m
- 나) 주조부 : KS B ISO 0250 CT-11
2.도시되고 지시없는 모떼기는 1x45°, 필렛과 라운드는 R2
3.일반 모떼기는 0.2x45°
4.√부 외면 명회색, 내면 광명단 도장 (품번 1, 3)
5.전체 열처리 HRC50±2 (품번 2)
6.표면 거칠기
N10
N8
N6
4 요크 SM30C 2
3 링크 GC200 1
2 핀 SM30C 1
1 본체 GC200 1
품번 품명 재질 수량 비고
작품명 레버 고정 장치 각법 3 척도 1:1

3D 모범 답안 제출용 – 레버 고정 장치

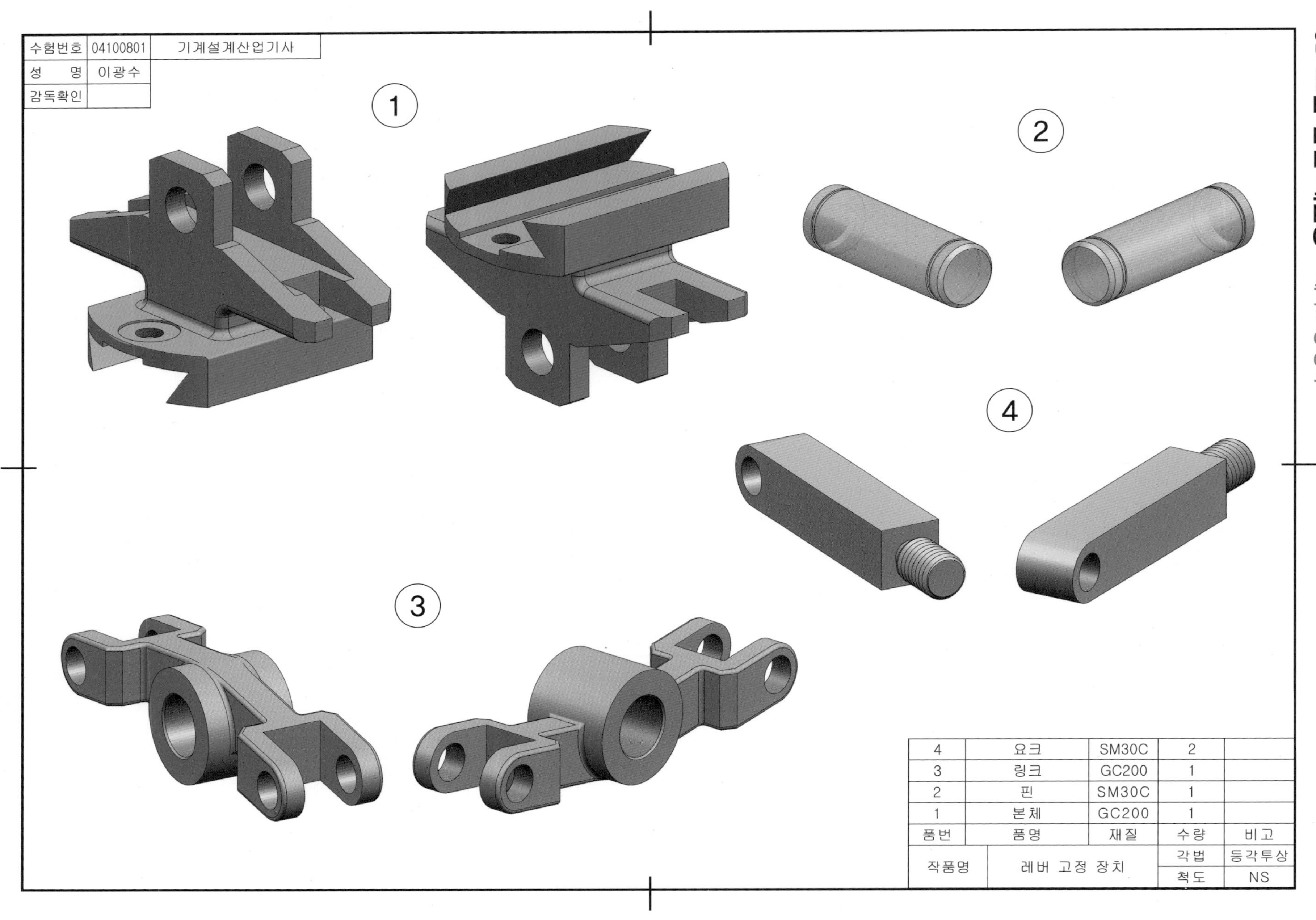

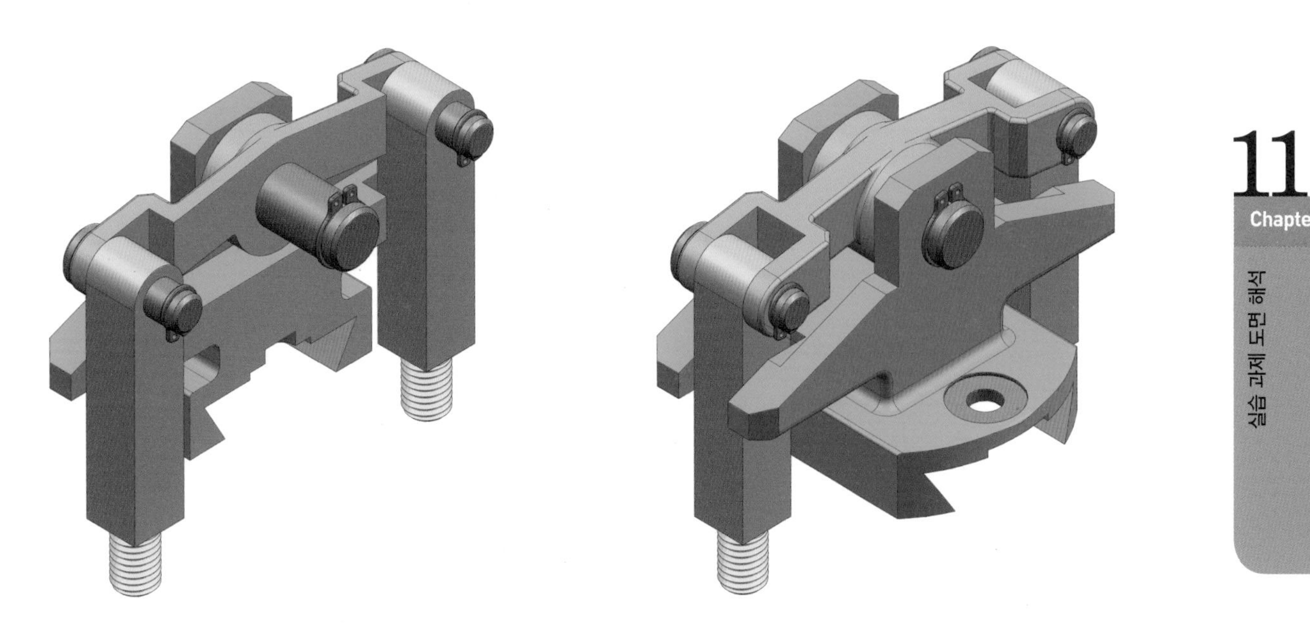

3D 조립 등각투상도 – 레버 고정 장치

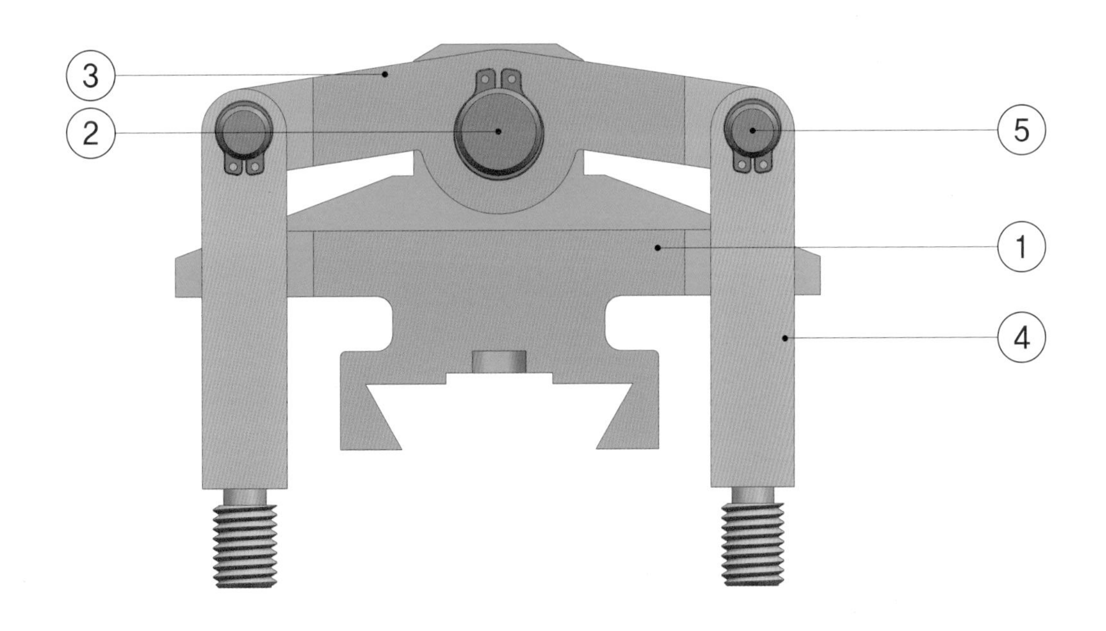

2D 조립 단면도 – 레버 고정 장치

과제27 앵글 타이트너

설계 변경

- 깊은 홈 볼 베어링의 사양을 6202에서 6203으로 변경하시오.
- 'A'부 치수를 80으로 변경하시오.
- 'B'부 치수를 ϕ8로 변경하시오.

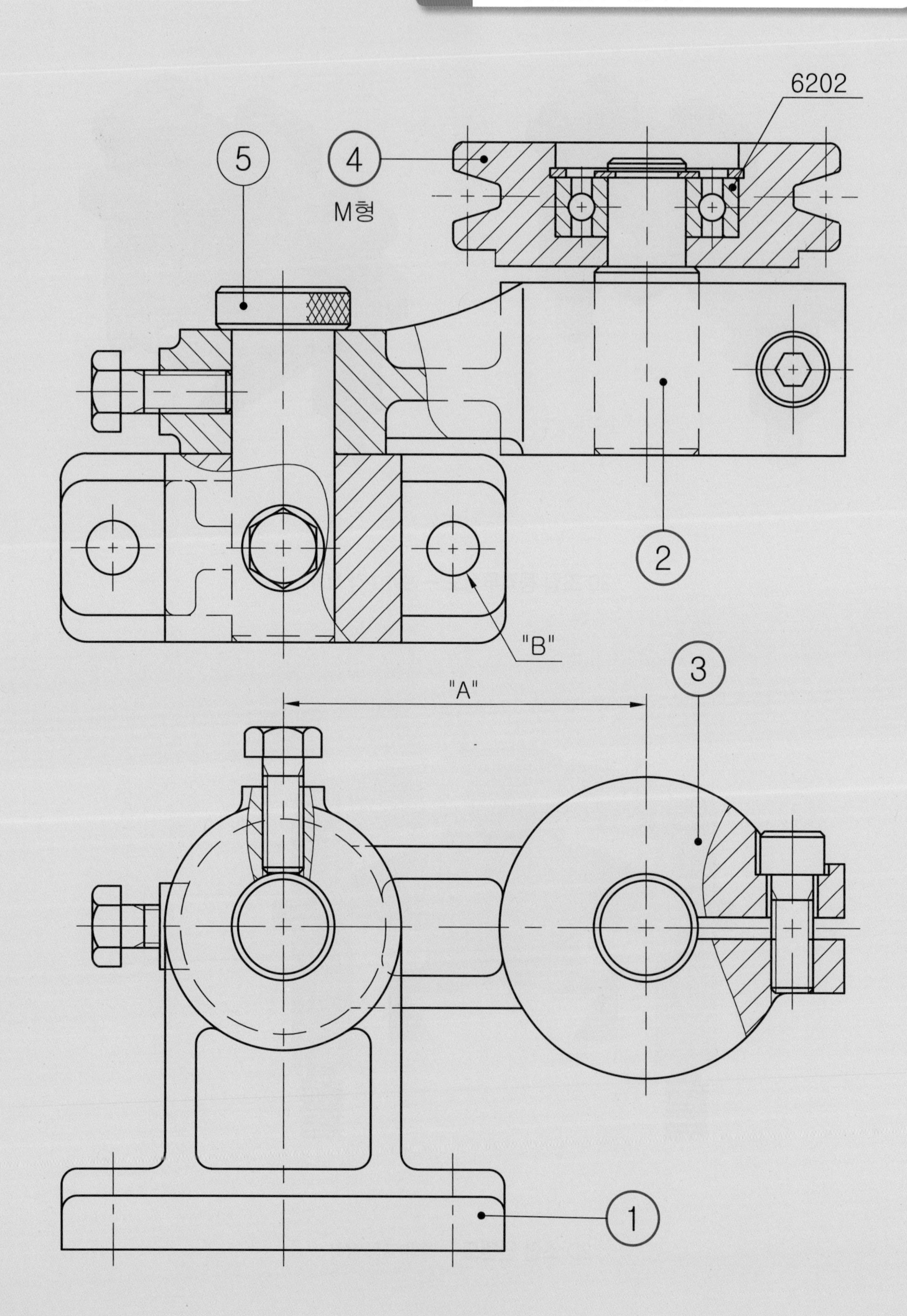

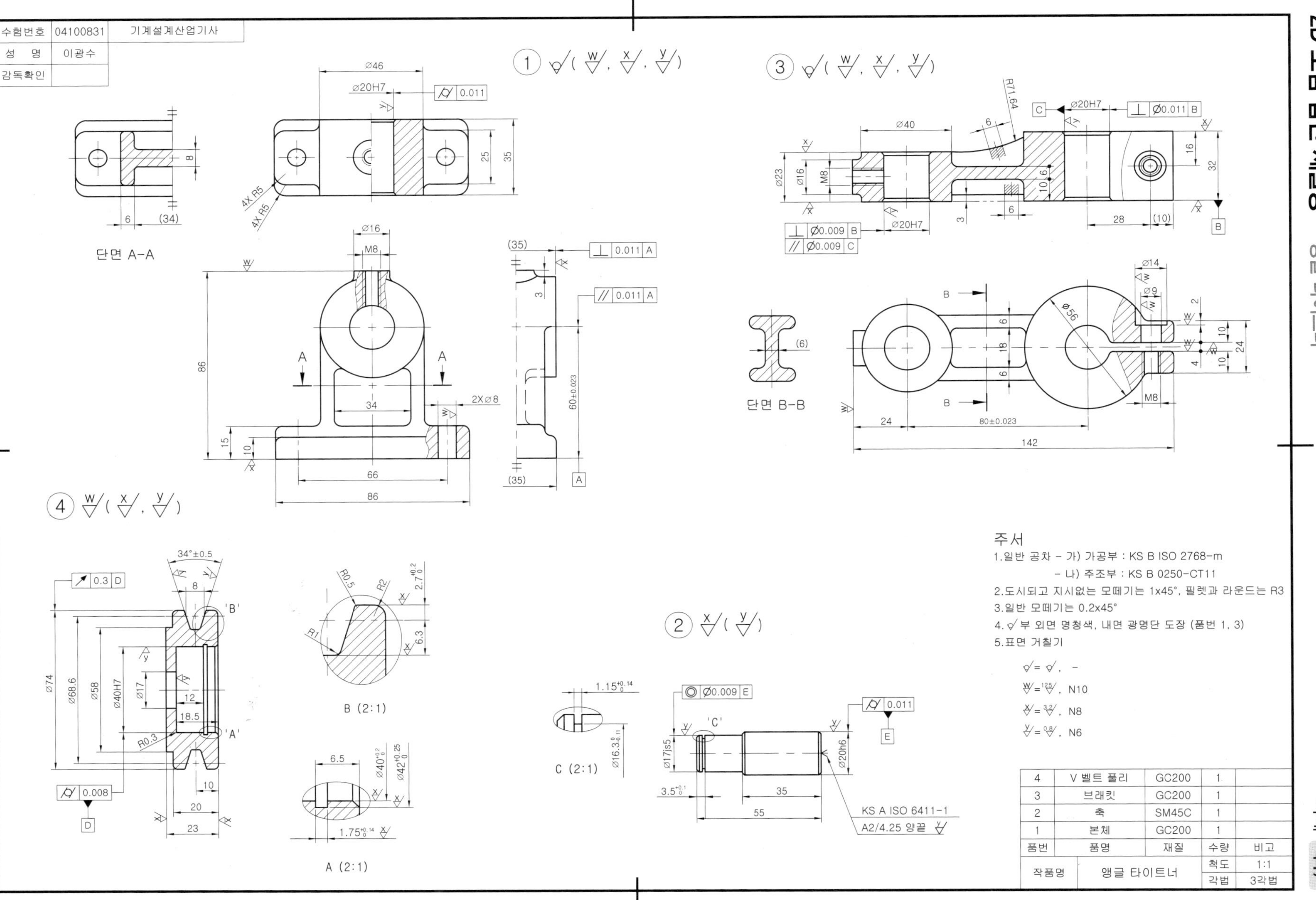
수험번호 04100831 기계설계산업기사
성명 이광수
감독확인
단면 A-A
단면 B-B
B (2:1)
A (2:1)
C (2:1)
주서
1.일반 공차 - 가) 가공부 : KS B ISO 2768-m
- 나) 주조부 : KS B 0250-CT11
2.도시되고 지시없는 모떼기는 1x45°, 필렛과 라운드는 R3
3.일반 모떼기는 0.2x45°
4.부 외면 명청색, 내면 광명단 도장 (품번 1, 3)
5.표면 거칠기
N10
N8
N6
KS A ISO 6411-1
A2/4.25 양끝
4 V 벨트 풀리 GC200 1
3 브래킷 GC200 1
2 축 SM45C 1
1 본체 GC200 1
품번 품명 재질 수량 비고
작품명 앵글 타이트너 척도 1:1 각법 3각법

3D 모범 답안 제출용 – 앵글 타이트너

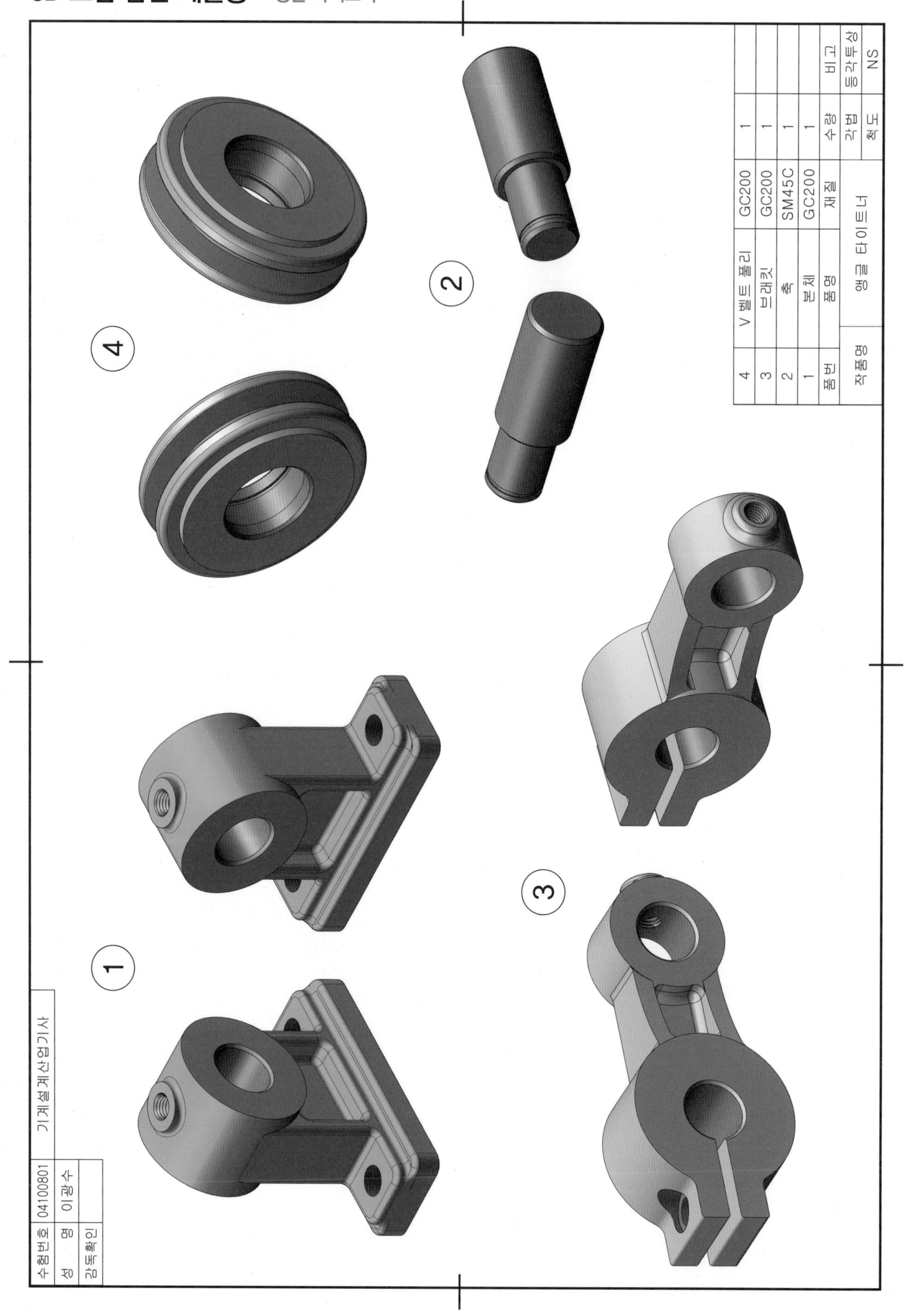

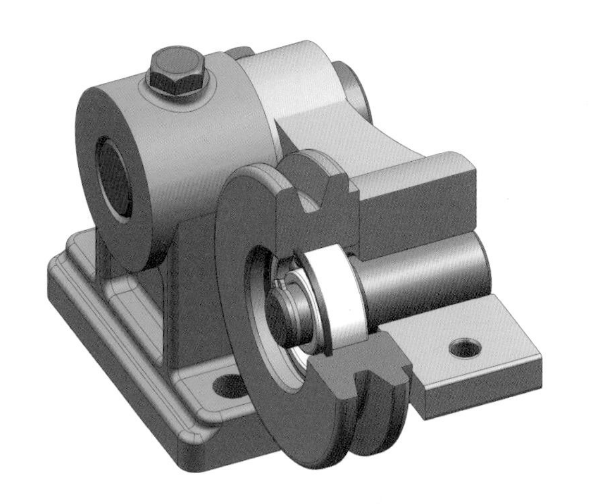

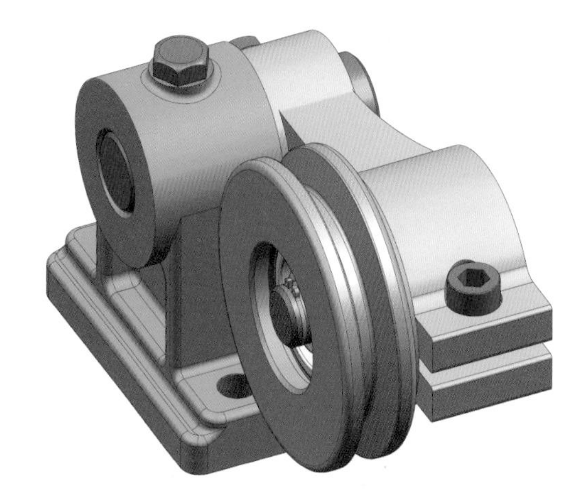

3D 조립 등각투상도 – 앵글 타이트너

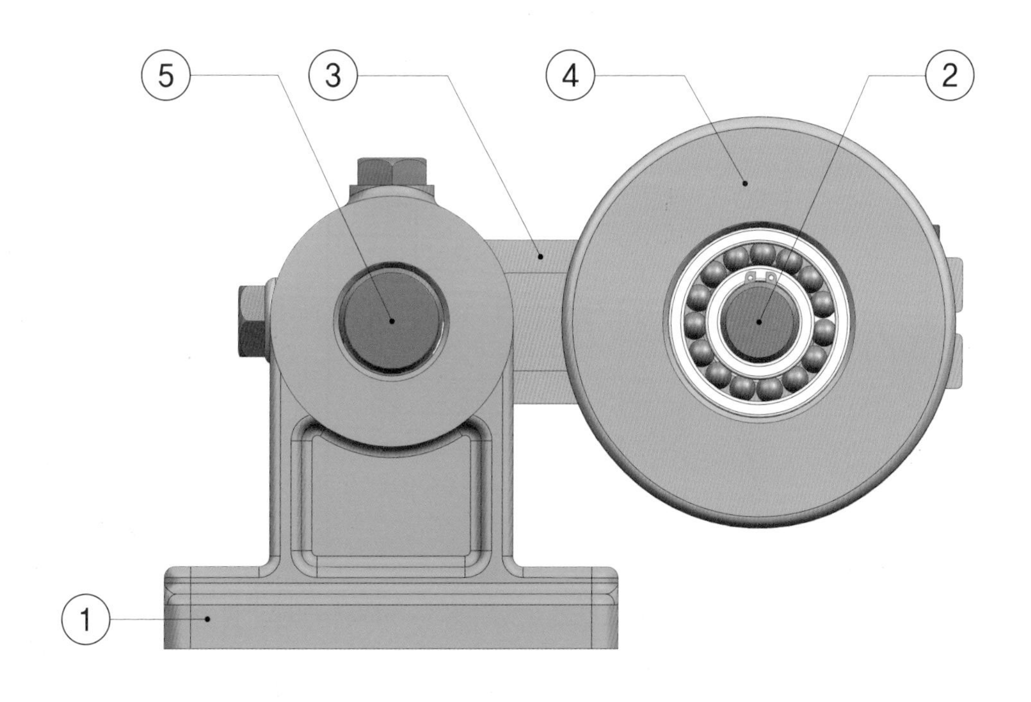

2D 조립 단면도 – 앵글 타이트너

과제28 드릴 지그1

설계 변경

- 'A'부 치수를 최대 50이 되도록 변경하시오.
- 베이스에 체결된 'B'부 6각 구멍붙이 볼트를 M5로 변경하시오.

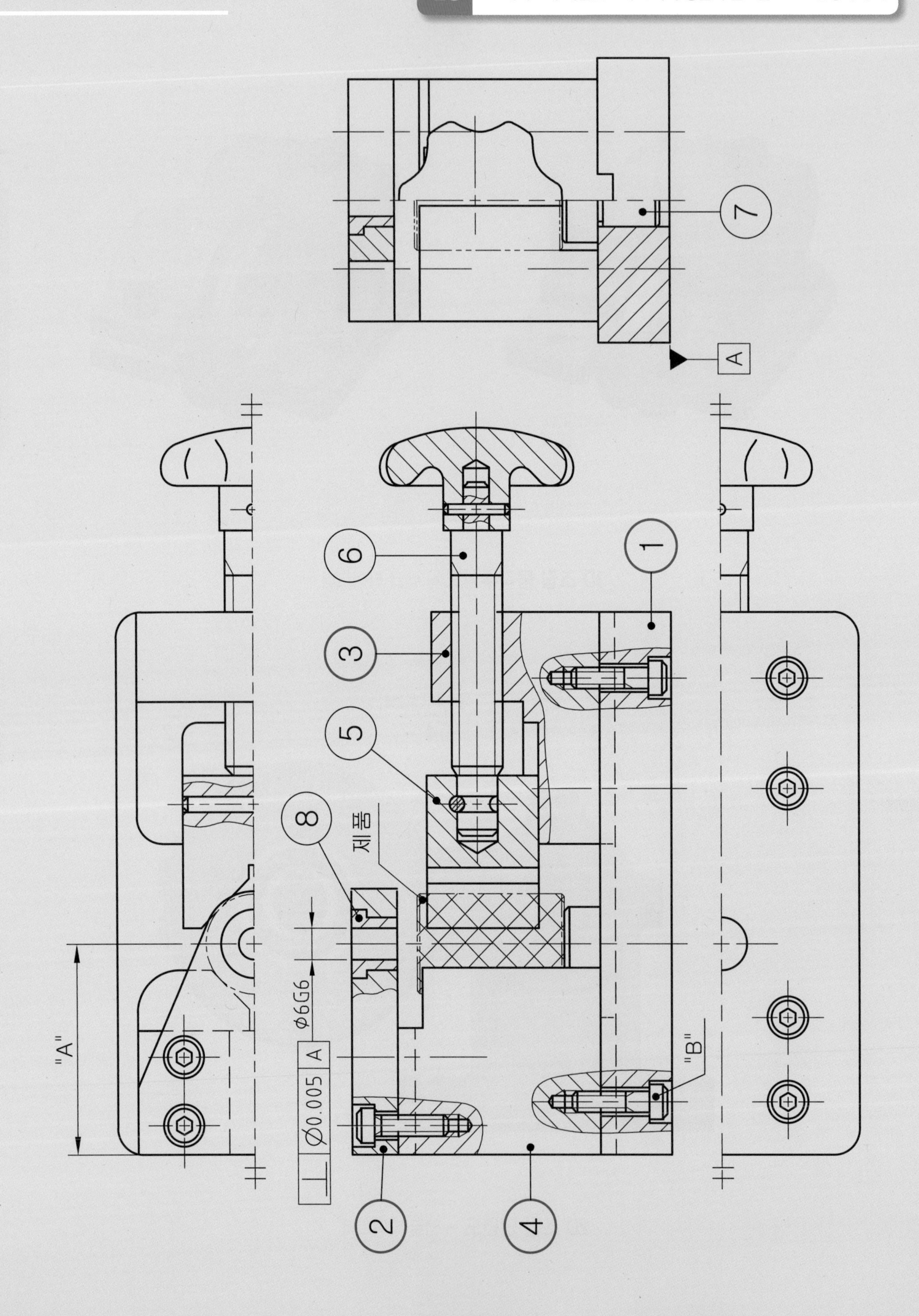

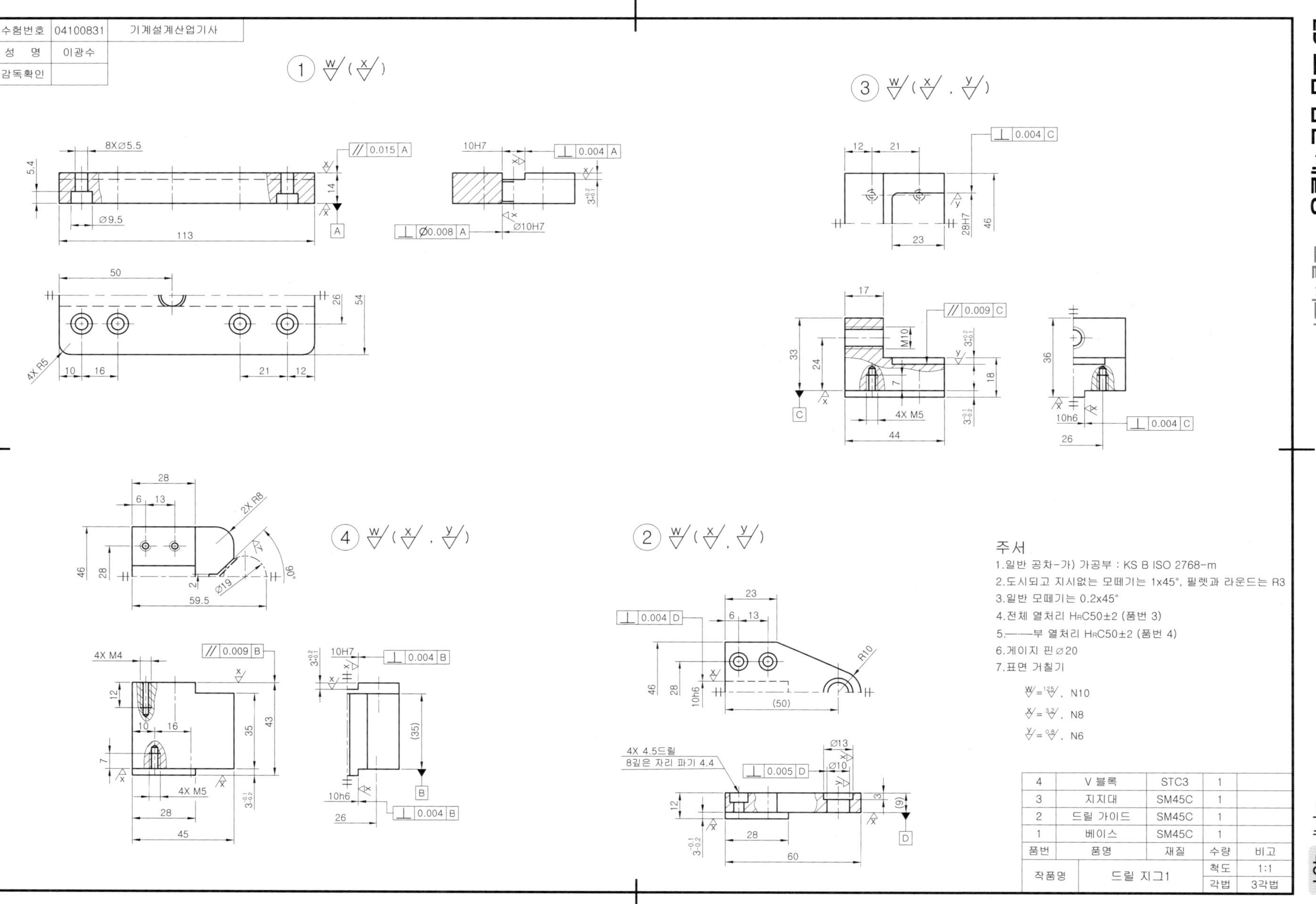
수험번호 04100831
기계설계산업기사
성 명 이광수
감독확인
주서
1.일반 공차-가) 가공부 : KS B ISO 2768-m
2.도시되고 지시없는 모떼기는 1x45°, 필렛과 라운드는 R3
3.일반 모떼기는 0.2x45°
4.전체 열처리 HRC50±2 (품번 3)
5.——부 열처리 HRC50±2 (품번 4)
6.게이지 핀 Ø20
7.표면 거칠기
4 V 블록 STC3 1
3 지지대 SM45C 1
2 드릴 가이드 SM45C 1
1 베이스 SM45C 1
품번 품명 재질 수량 비고
작품명 드릴 지그1
척도 1:1
각법 3각법

3D 모범 답안 제출용 - 드릴 지그1

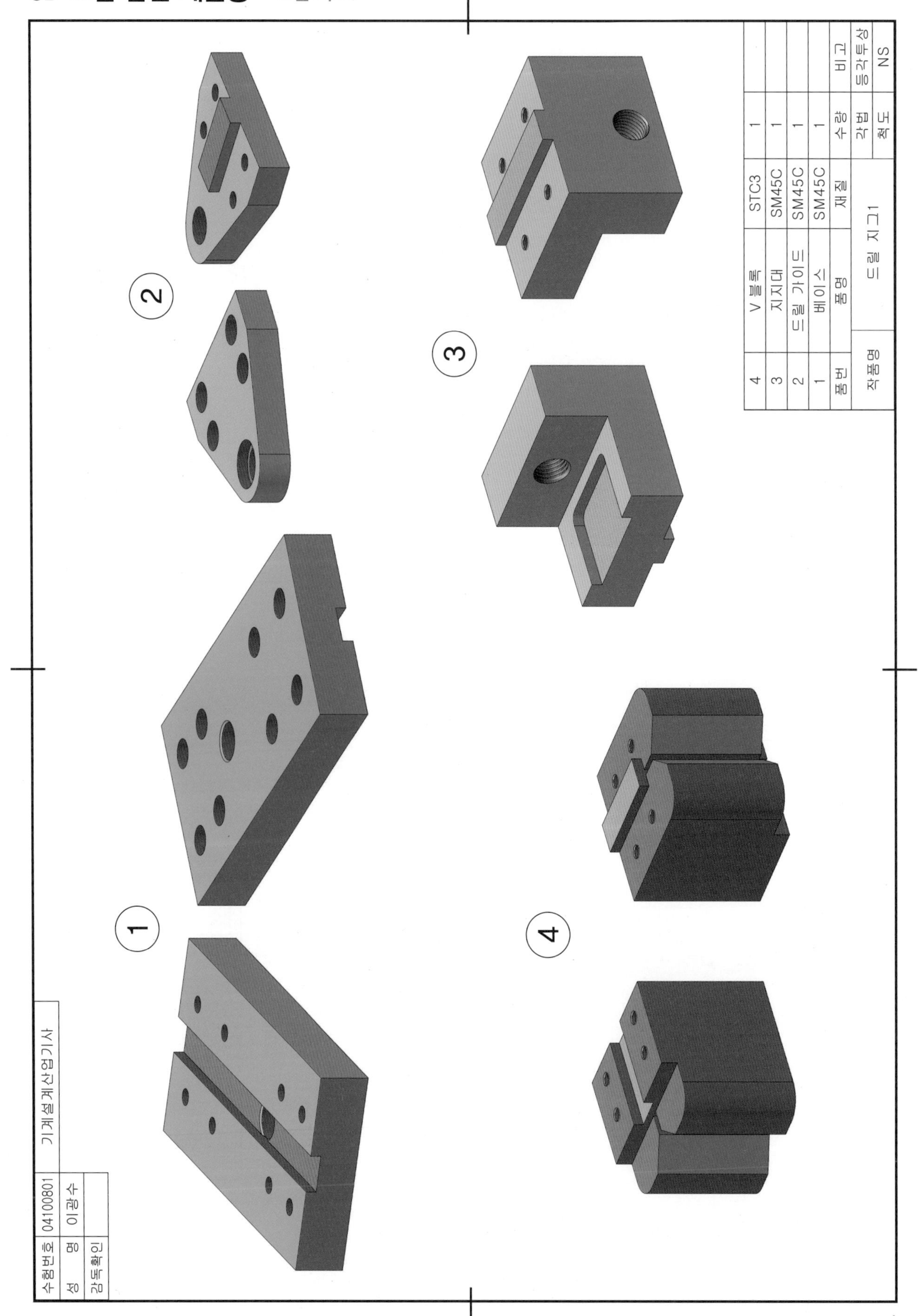

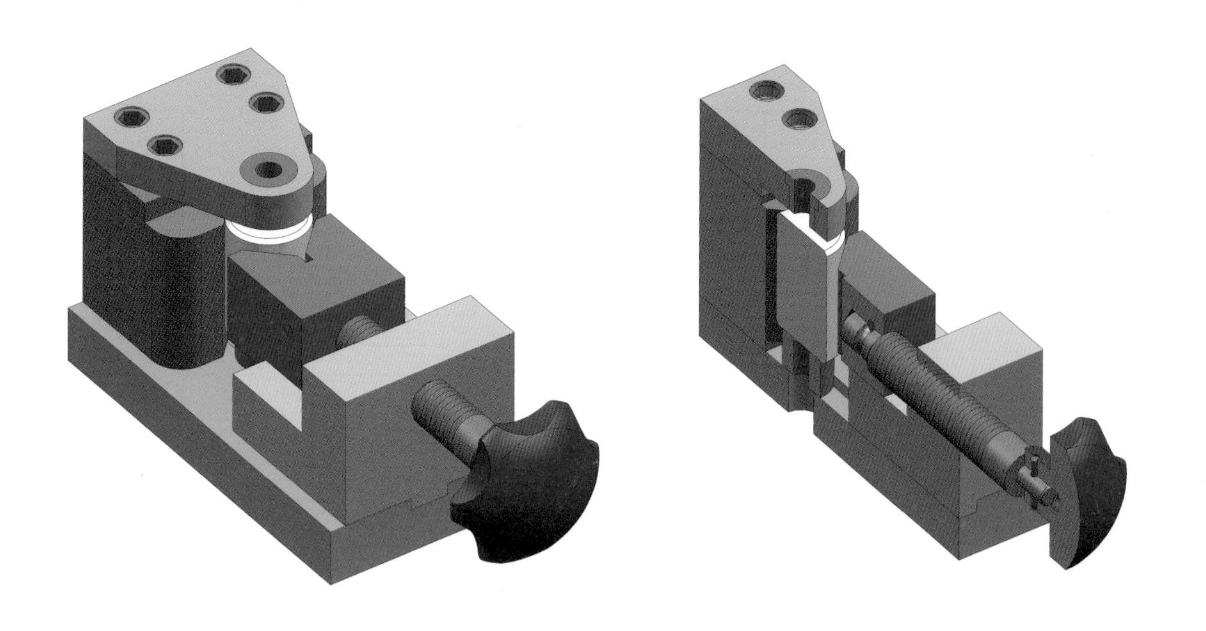

3D 조립 등각투상도 – 드릴 지그1

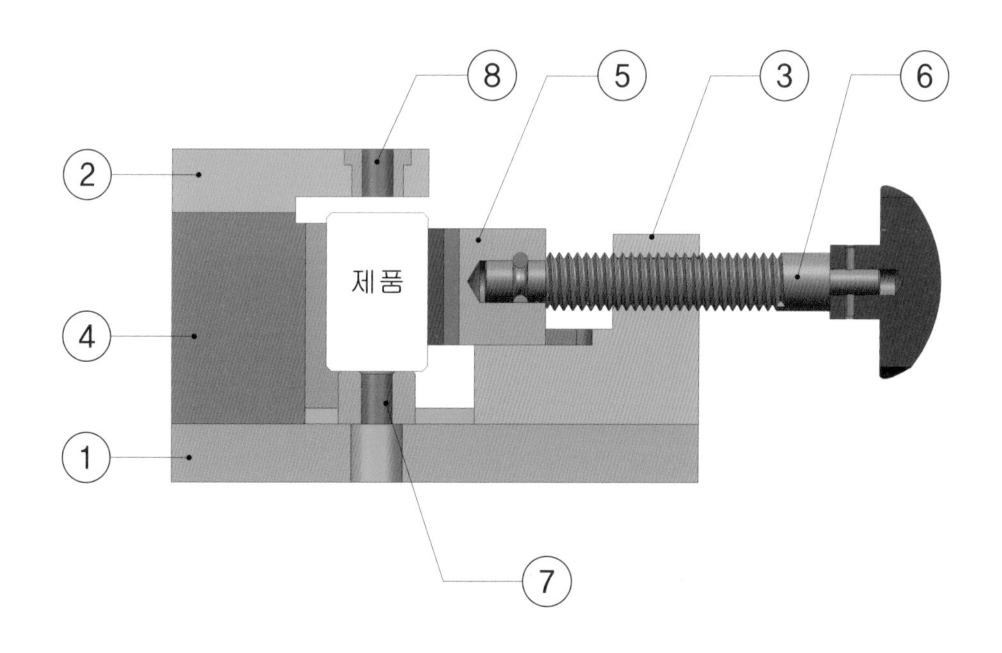

2D 조립 단면도 – 드릴 지그1

과제29 드릴 지그2

설계 변경	• 'A'부 치수를 50으로 변경하시오. • 'B'부 치수를 60으로 변경하시오. • 'C'부 치수를 16으로 변경하시오.

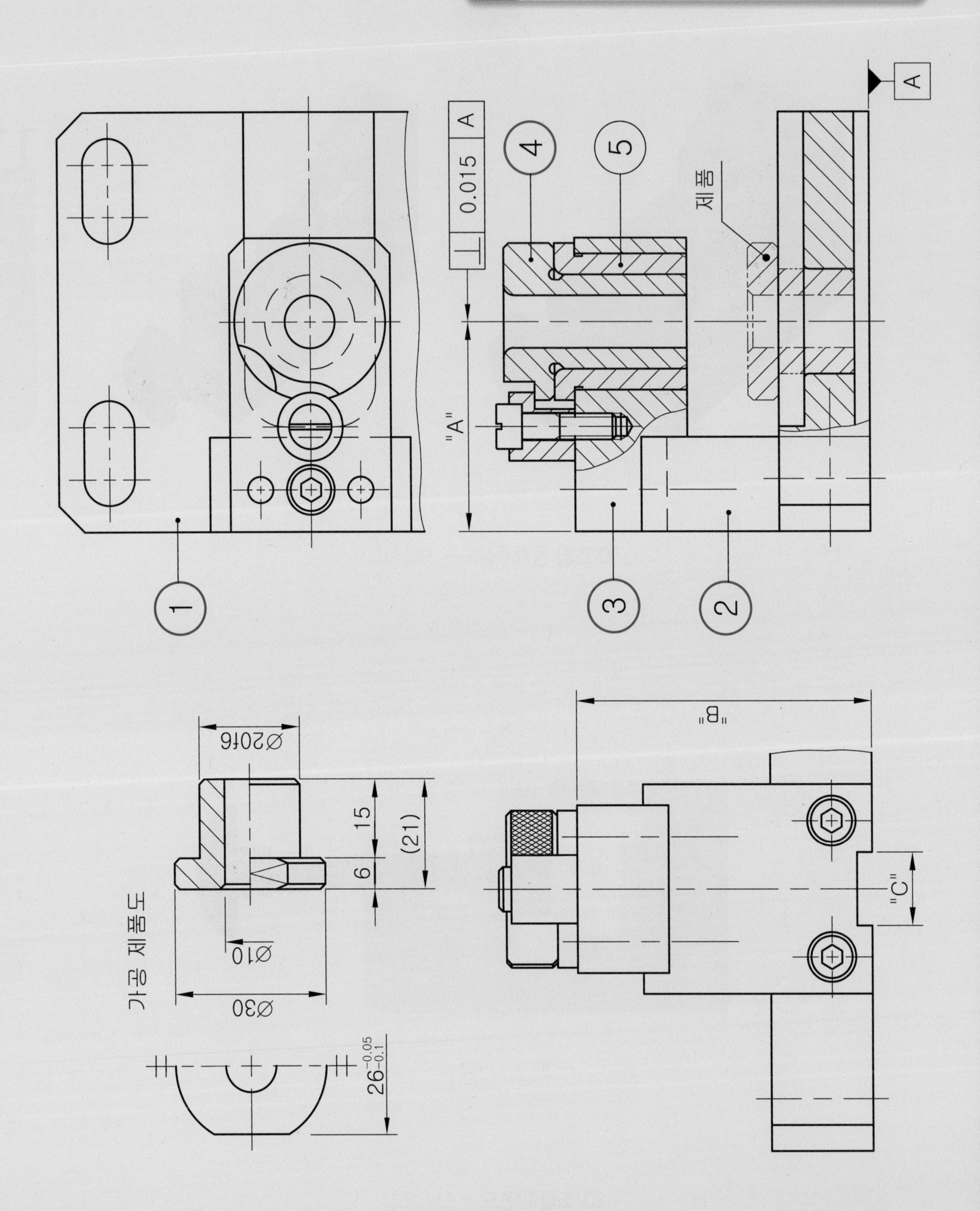

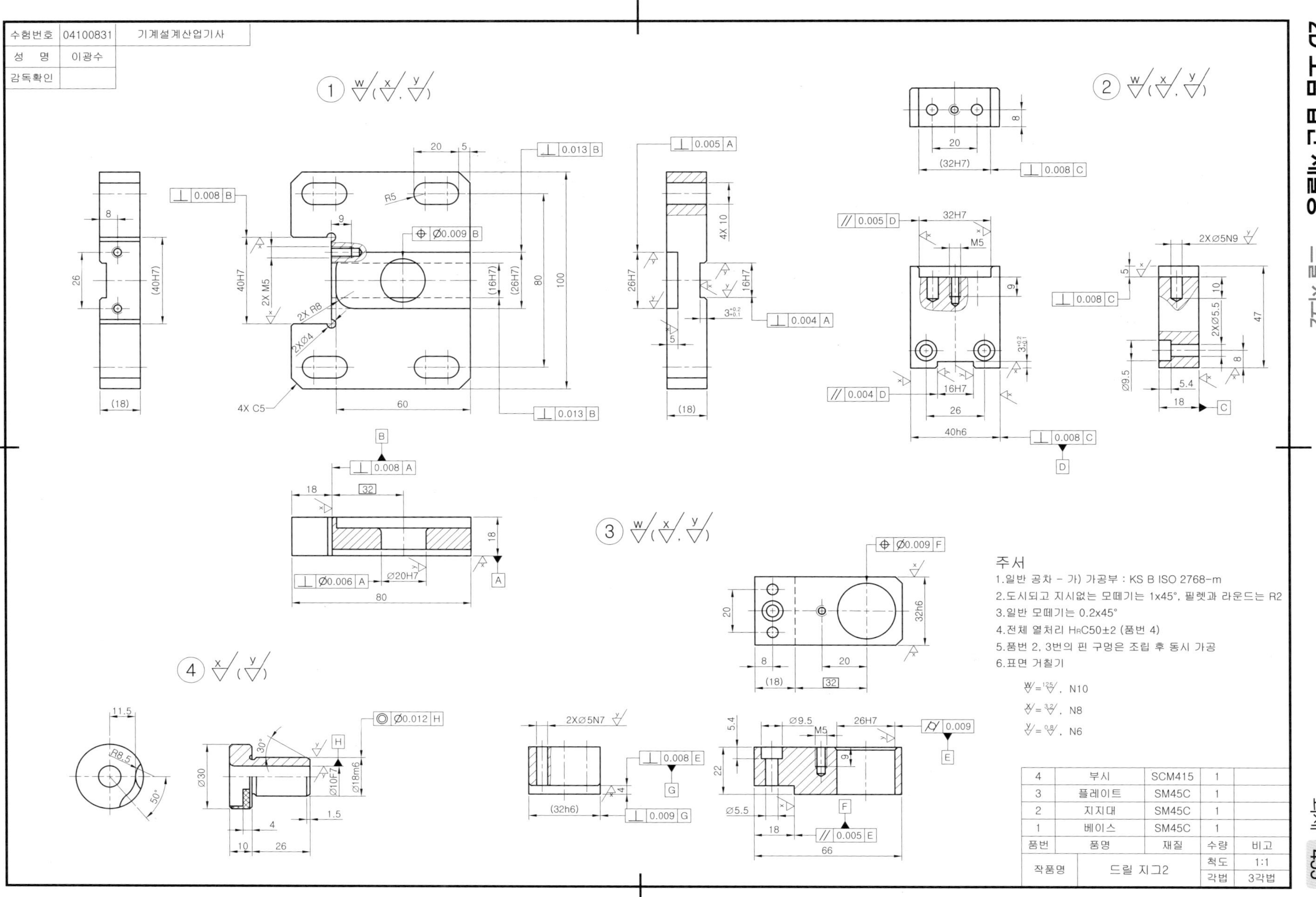
수험번호 04100831
기계설계산업기사
성 명 이광수
감독확인
주서
1.일반 공차 - 가) 가공부 : KS B ISO 2768-m
2.도시되고 지시없는 모떼기는 1x45°, 필렛과 라운드는 R2
3.일반 모떼기는 0.2x45°
4.전체 열처리 HRC50±2 (품번 4)
5.품번 2, 3번의 핀 구멍은 조립 후 동시 가공
6.표면 거칠기
4 부시 SCM415 1
3 플레이트 SM45C 1
2 지지대 SM45C 1
1 베이스 SM45C 1
품번 품명 재질 수량 비고
작품명 드릴 지그2 척도 1:1 각법 3각법

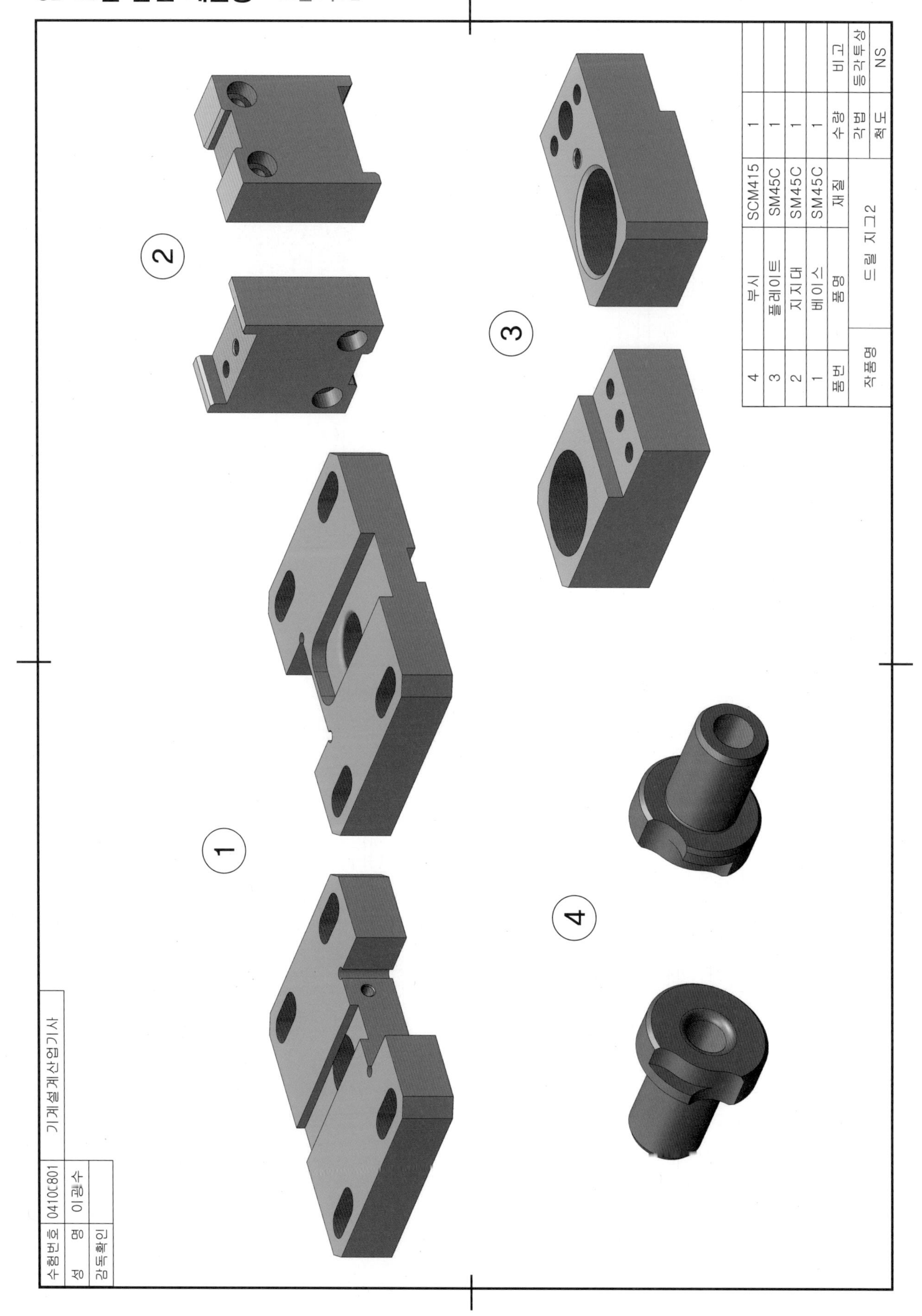

수험번호 0410C801
성 명 이광수
감독확인
기계설계산업기사
1
2
3
4
4 부시 SCM415 1
3 플레이트 SM45C 1
2 지지대 SM45C 1
1 베이스 SM45C 1
품번 품명 재질 수량 비고
작품명 드릴 지그2
각법 등각투상
척도 NS

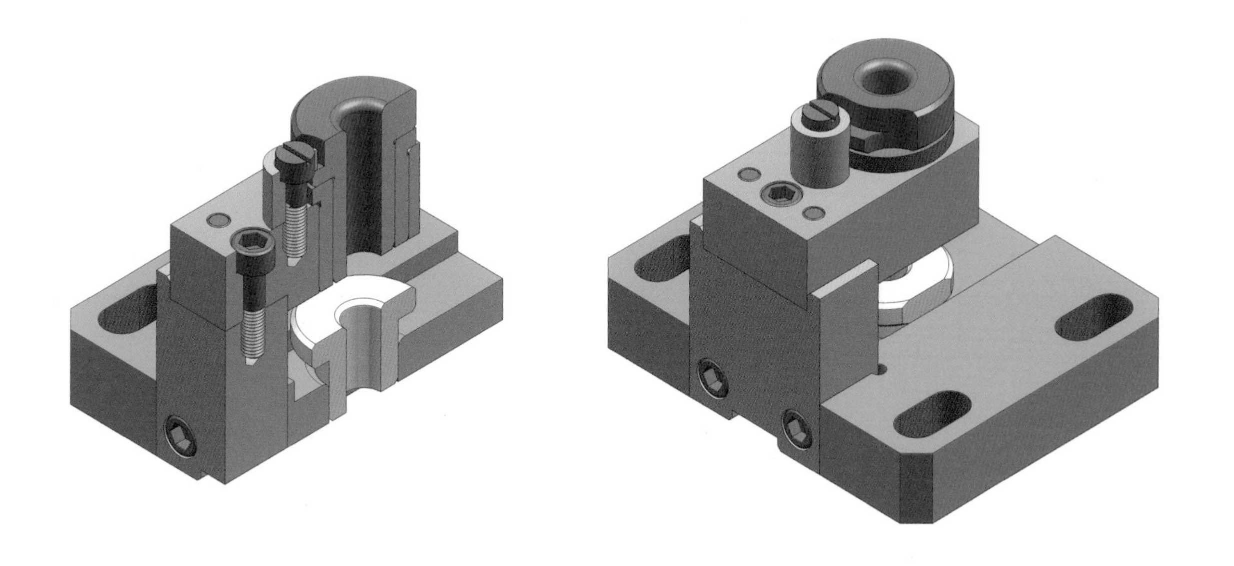

3D 조립 등각투상도 – 드릴 지그2

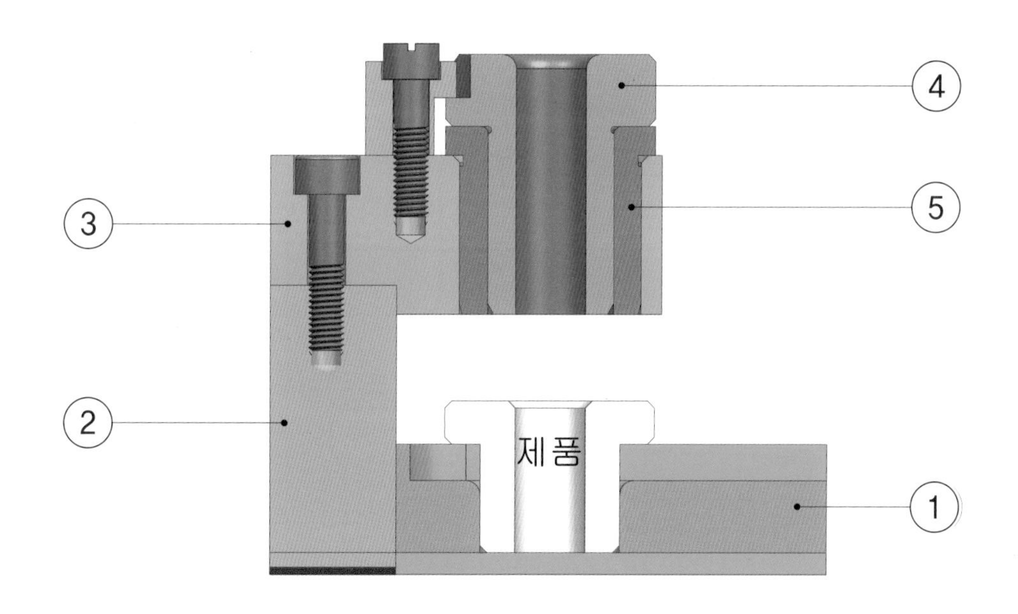

2D 조립 단면도 – 드릴 지그2

과제30 인덱싱 드릴 지그

설계 변경
- 인덱싱 드릴 지그 3구를 4구로 변경하시오.
- 'A'부 치수를 60으로 변경하시오.
- 'B'부 치수를 9로 변경하시오.

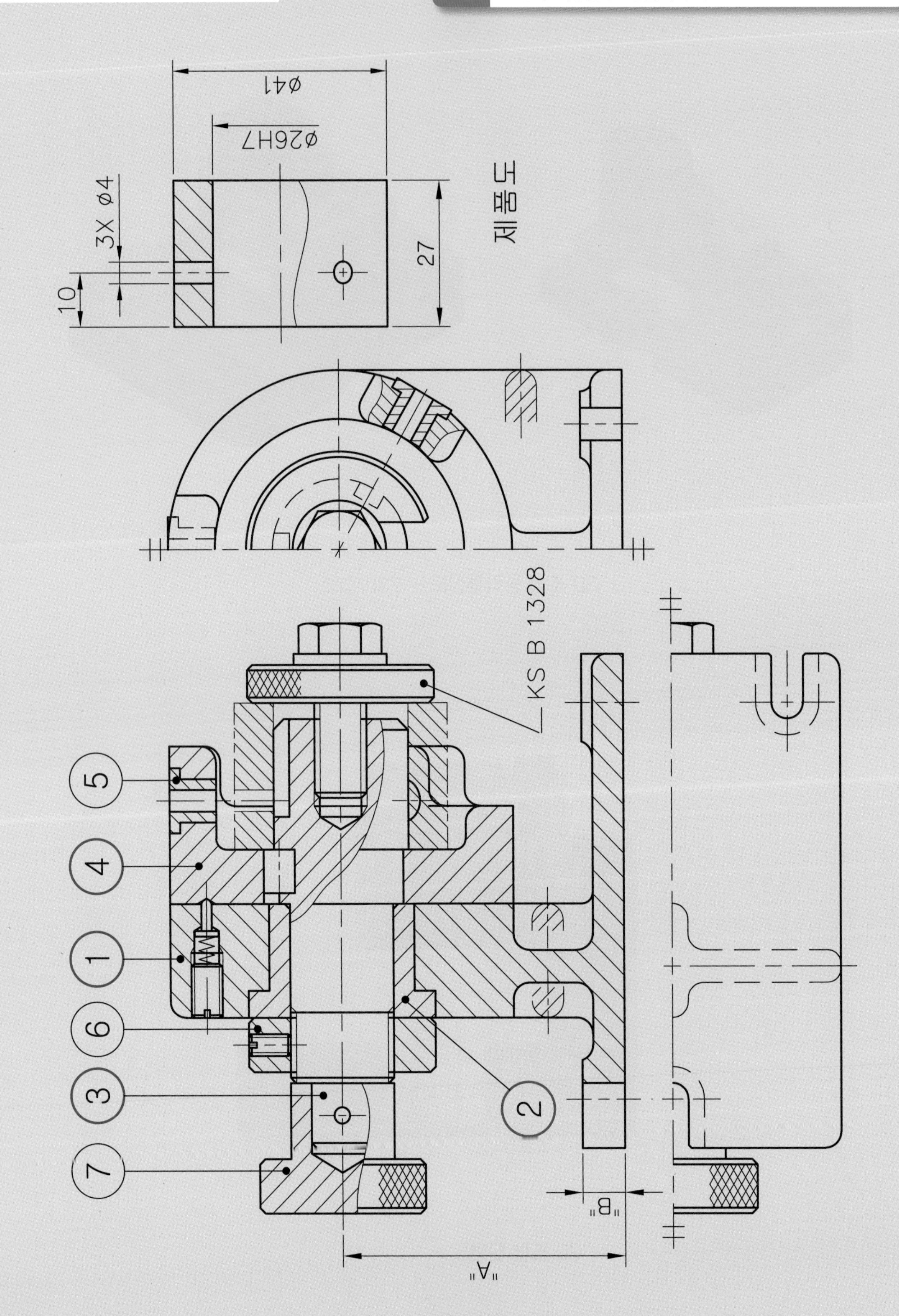

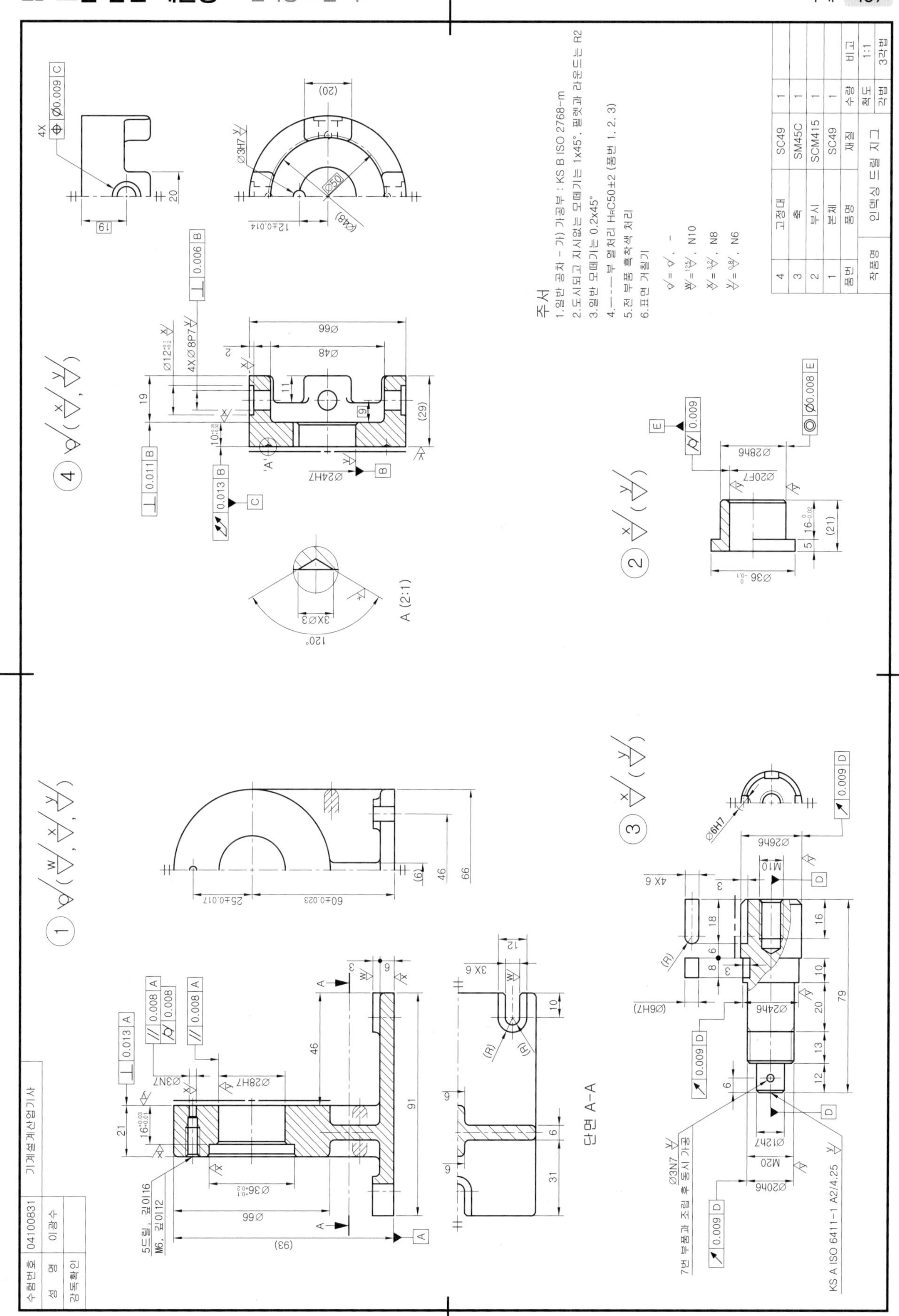

주서
1.일반 공차 - 가) 가공부 : KS B ISO 2768-m
2.도시되고 지시없는 모떼기는 1x45°, 필렛과 라운드는 R2
3.일반 모떼기는 0.2x45°
4.—-—부 열처리 HRC50±2 (품번 1, 2, 3)
5.전 부품 흑착색 처리
6.표면 거칠기
4 고정대 SC49 1
3 축 SM45C 1
2 부시 SCM415 1
1 본체 SC49 1
품번 품명 재질 수량 비고
작품명 인덱싱 드릴 지그 척도 1:1 각법 3각법
수험번호 04100831 기계설계산업기사
성 명 이광수
감독확인
단면 A-A
A (2:1)

3D 모범 답안 제출용 – 인덱싱 드릴 지그

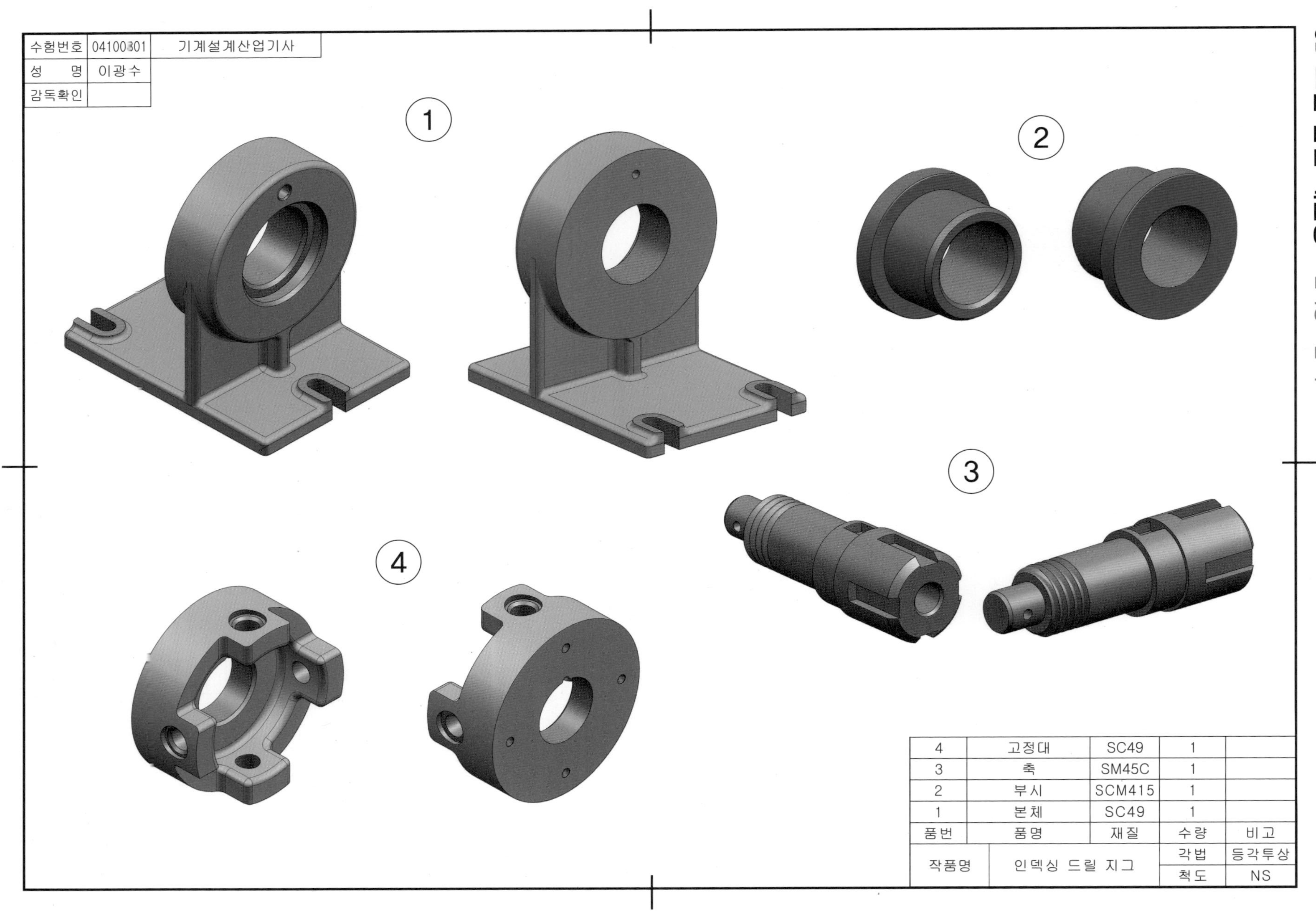

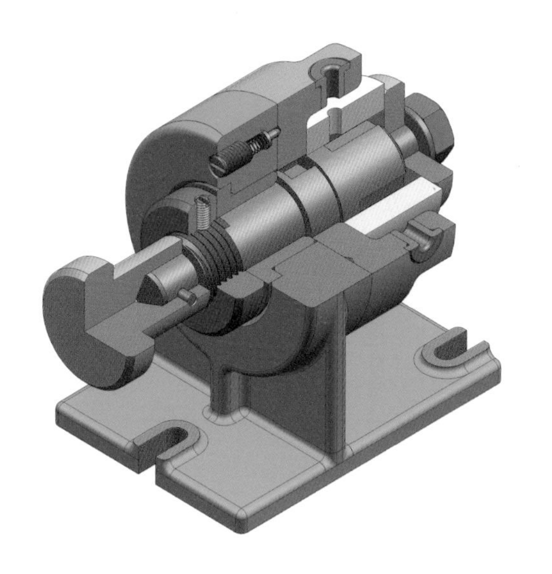

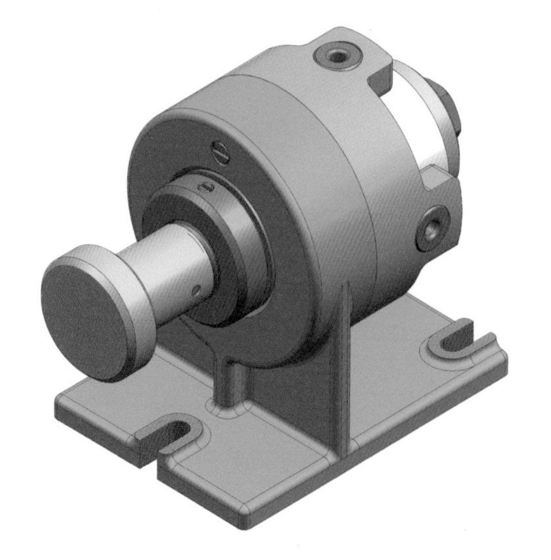

3D 조립 등각투상도 – 인덱싱 드릴 지그

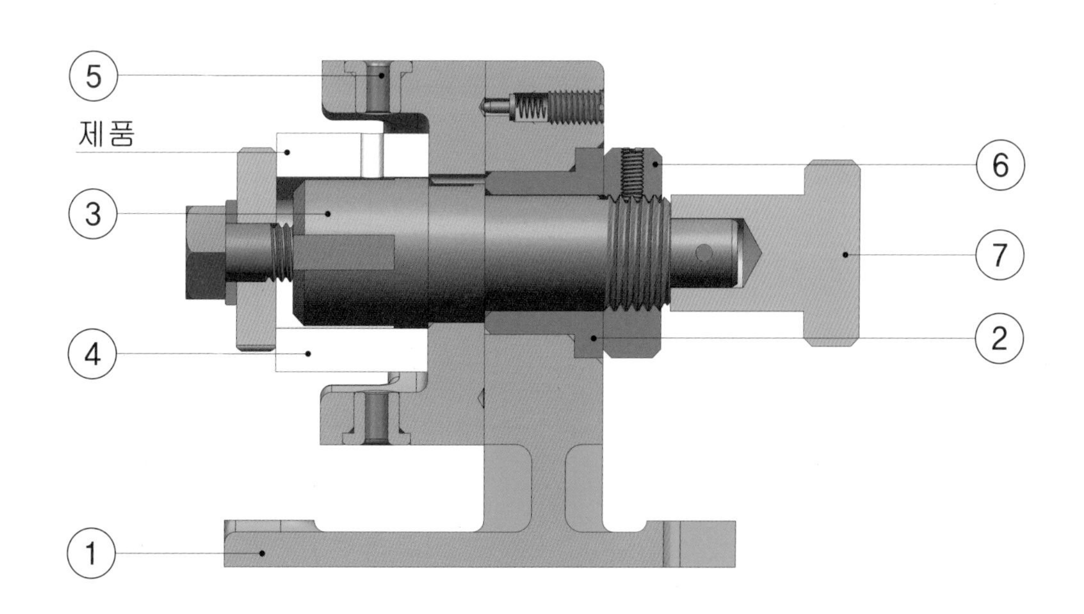

2D 조립 단면도 – 인덱싱 드릴 지그

과제31 사각 치공구

설계 변경
- 'A'부 치수를 50으로 변경하시오.
- 'B'부 치수를 50으로 변경하시오.
- 'C'부 치수를 ϕ10으로 변경하시오.

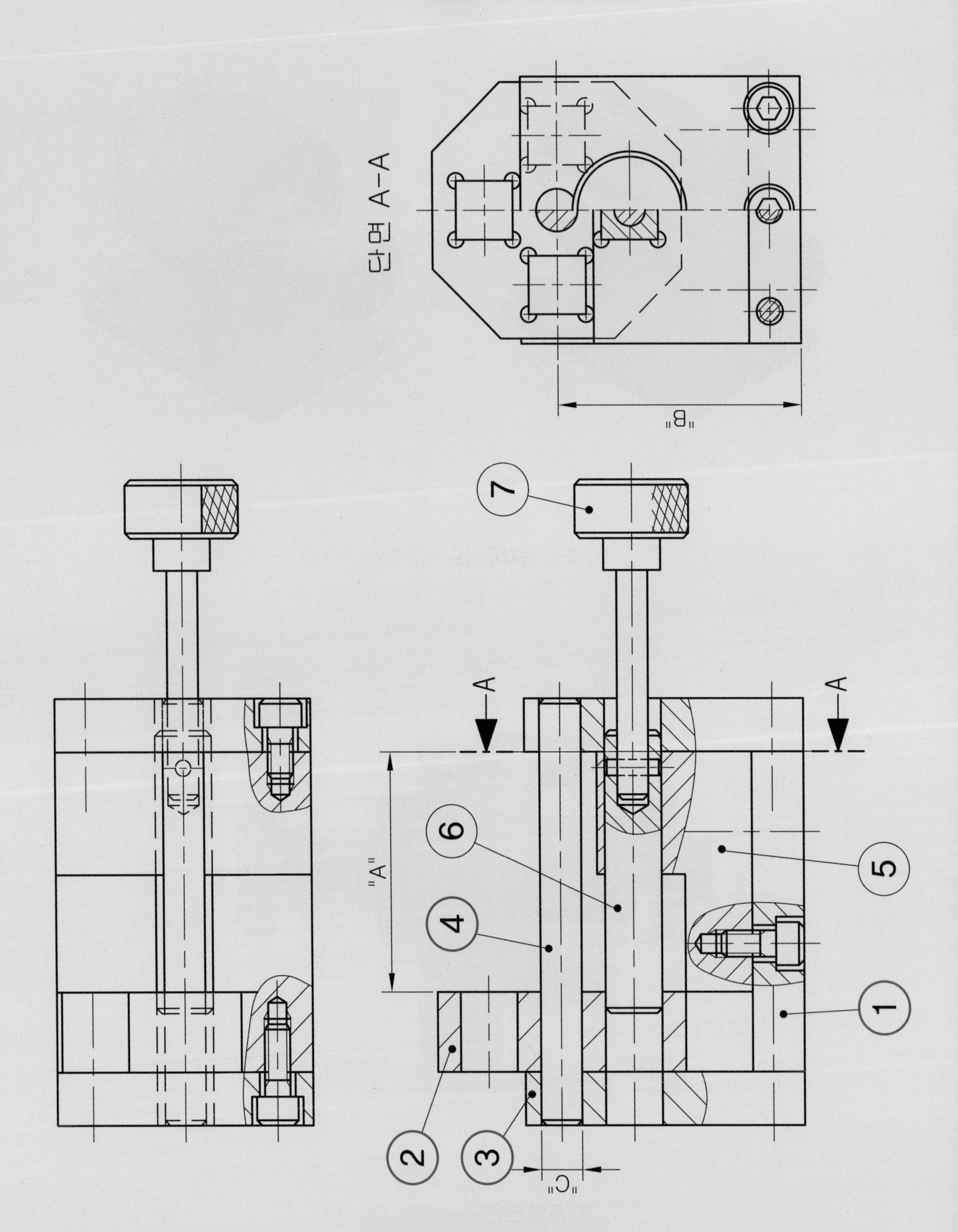

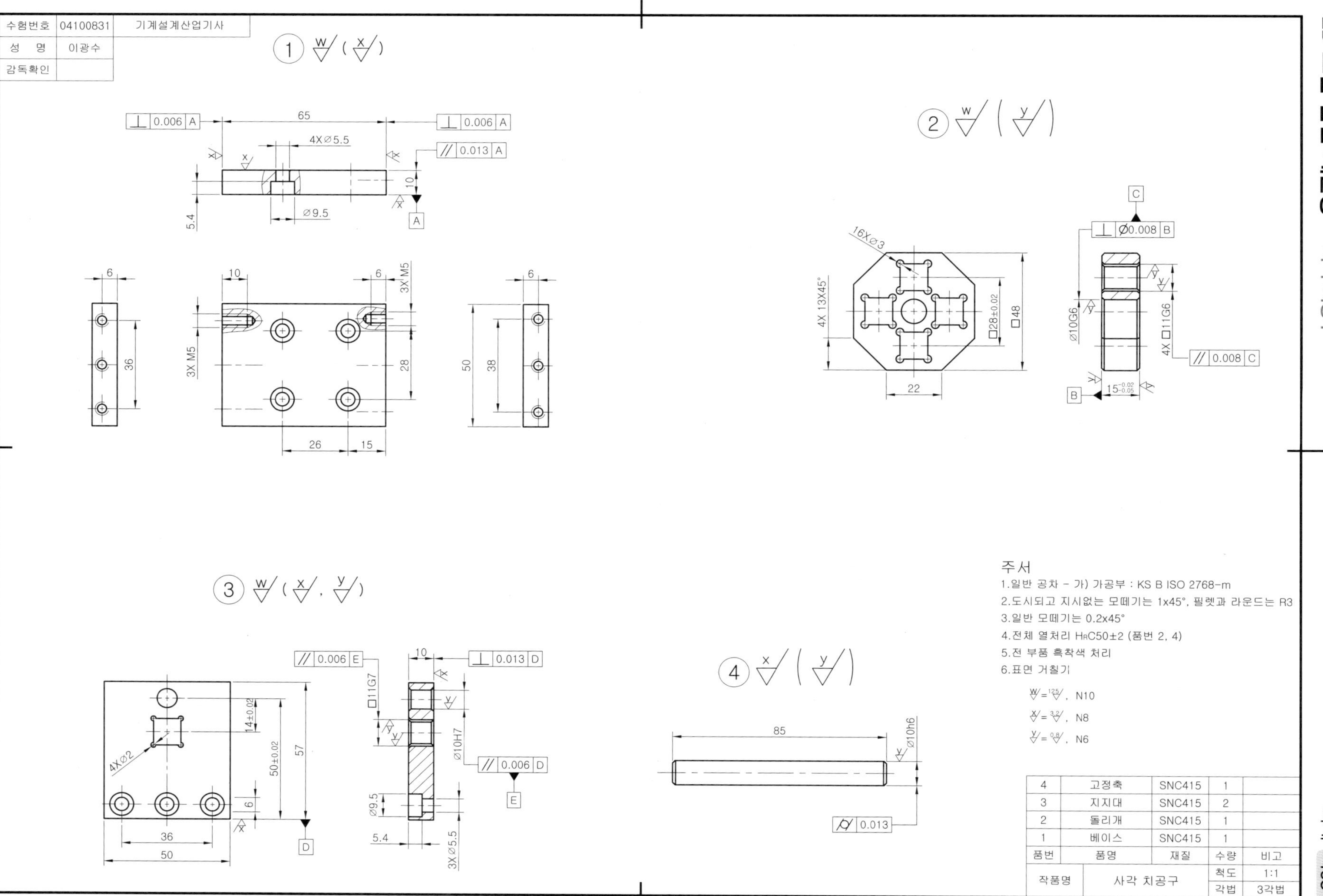
수험번호 04100831 기계설계산업기사
성 명 이광수
감독확인
주서
1.일반 공차 - 가) 가공부 : KS B ISO 2768-m
2.도시되고 지시없는 모떼기는 1x45°, 필렛과 라운드는 R3
3.일반 모떼기는 0.2x45°
4.전체 열처리 HRC50±2 (품번 2, 4)
5.전 부품 흑착색 처리
6.표면 거칠기
N10
N8
N6
4 고정축 SNC415 1
3 지지대 SNC415 2
2 돌리개 SNC415 1
1 베이스 SNC415 1
품번 품명 재질 수량 비고
작품명 사각 치공구 척도 1:1 각법 3각법

3D 모범 답안 제출용 – 사각 치공구

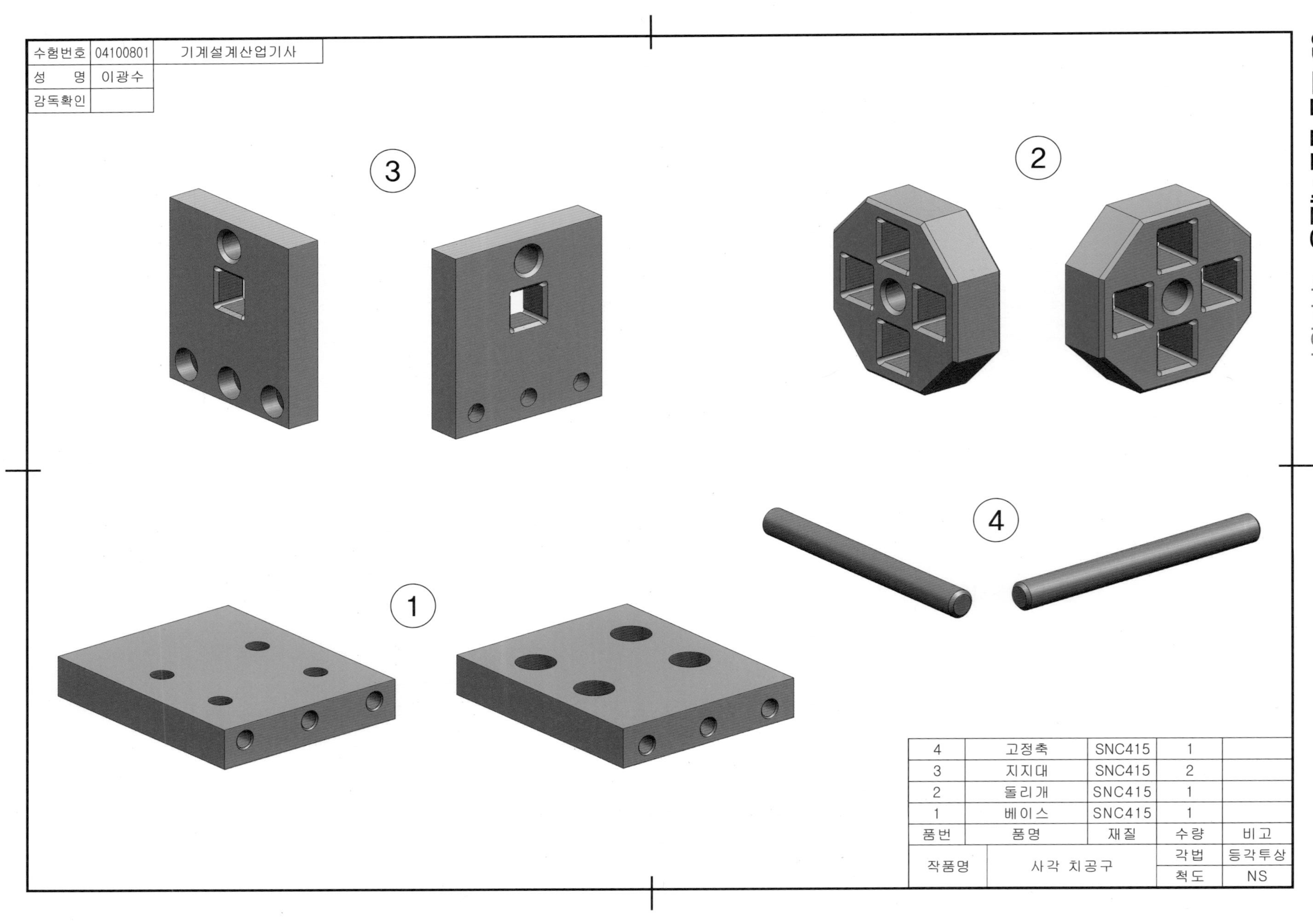

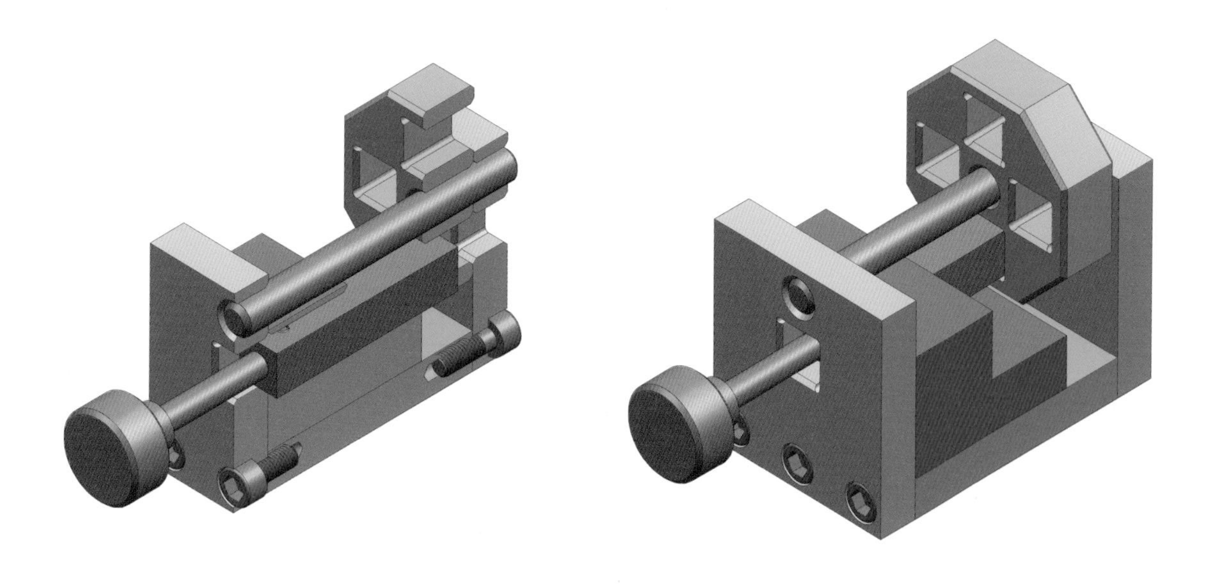

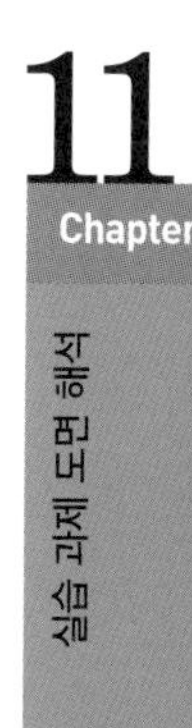

3D 조립 등각투상도 – 사각 치공구

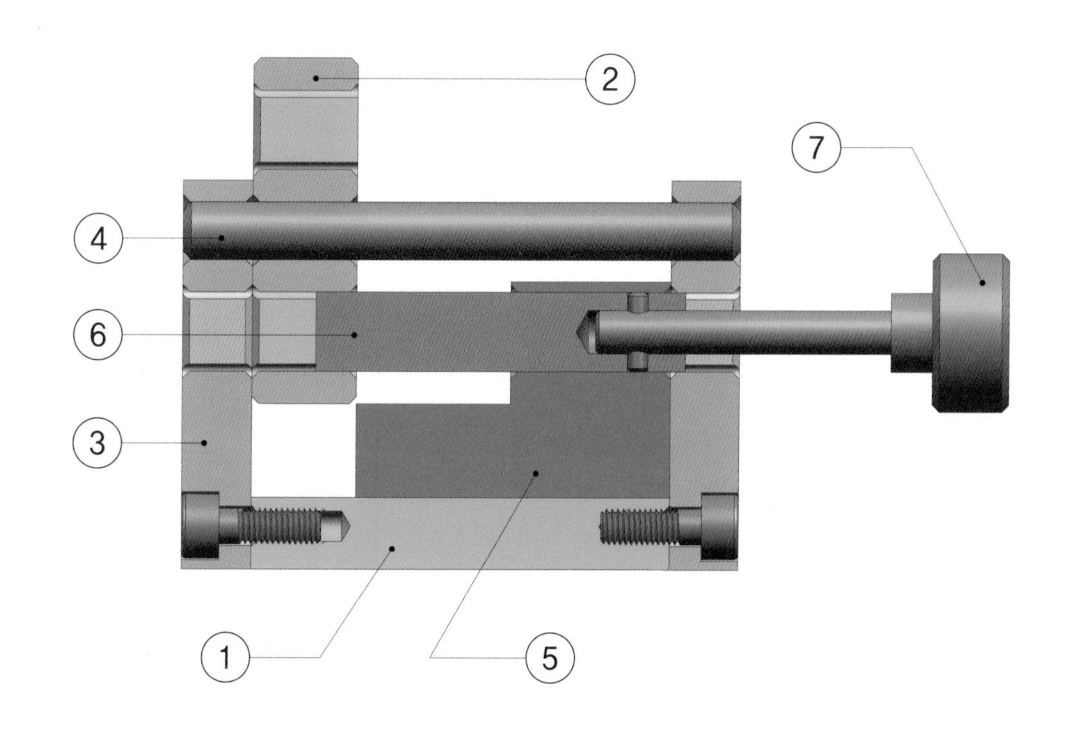

2D 조립 단면도 – 사각 치공구

설계 변경

- 'A'부 치수를 50으로 변경하시오.
- 'B'부 치수를 18로 변경하시오.
- 'C'부 치수를 $\phi5$로 변경하시오.

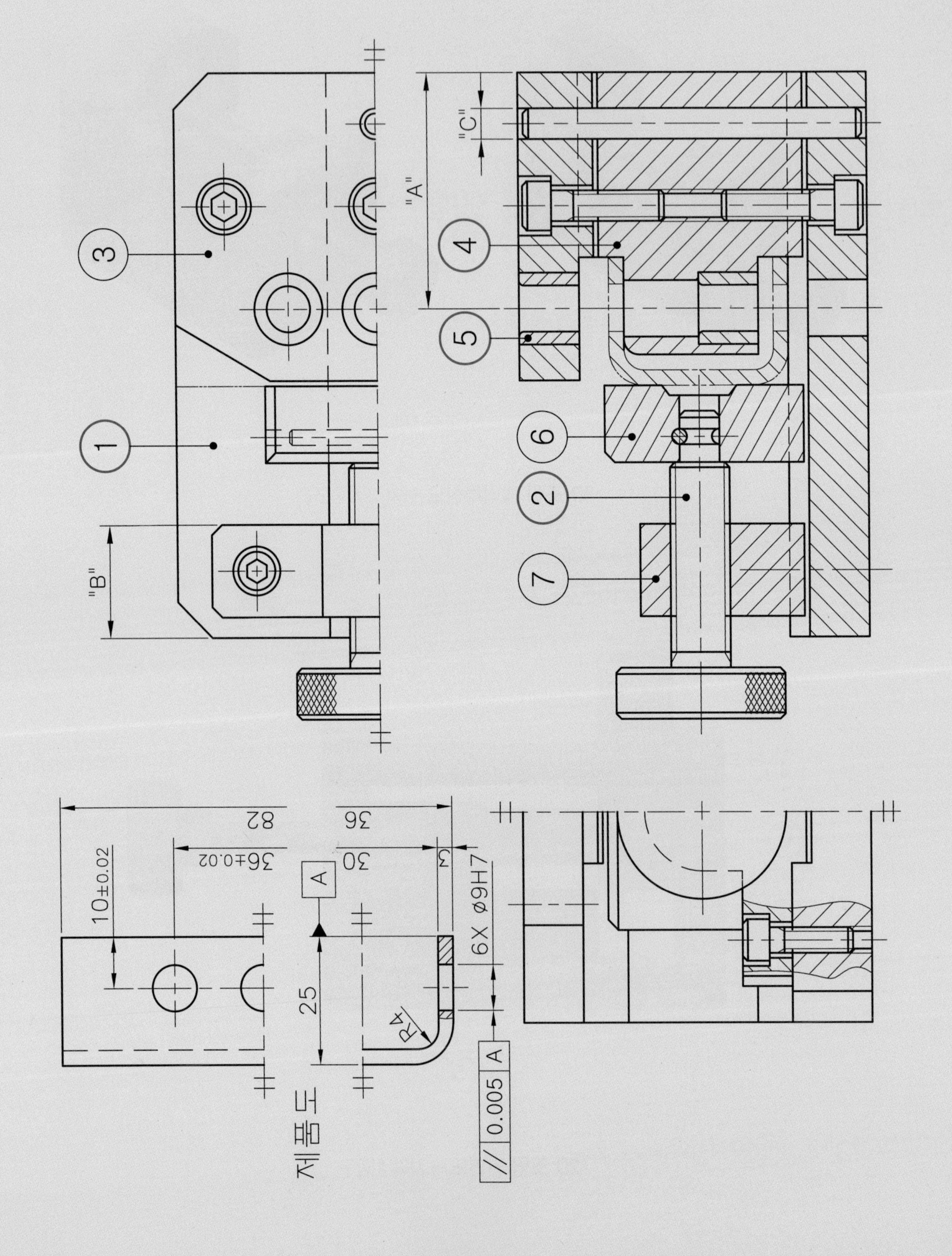

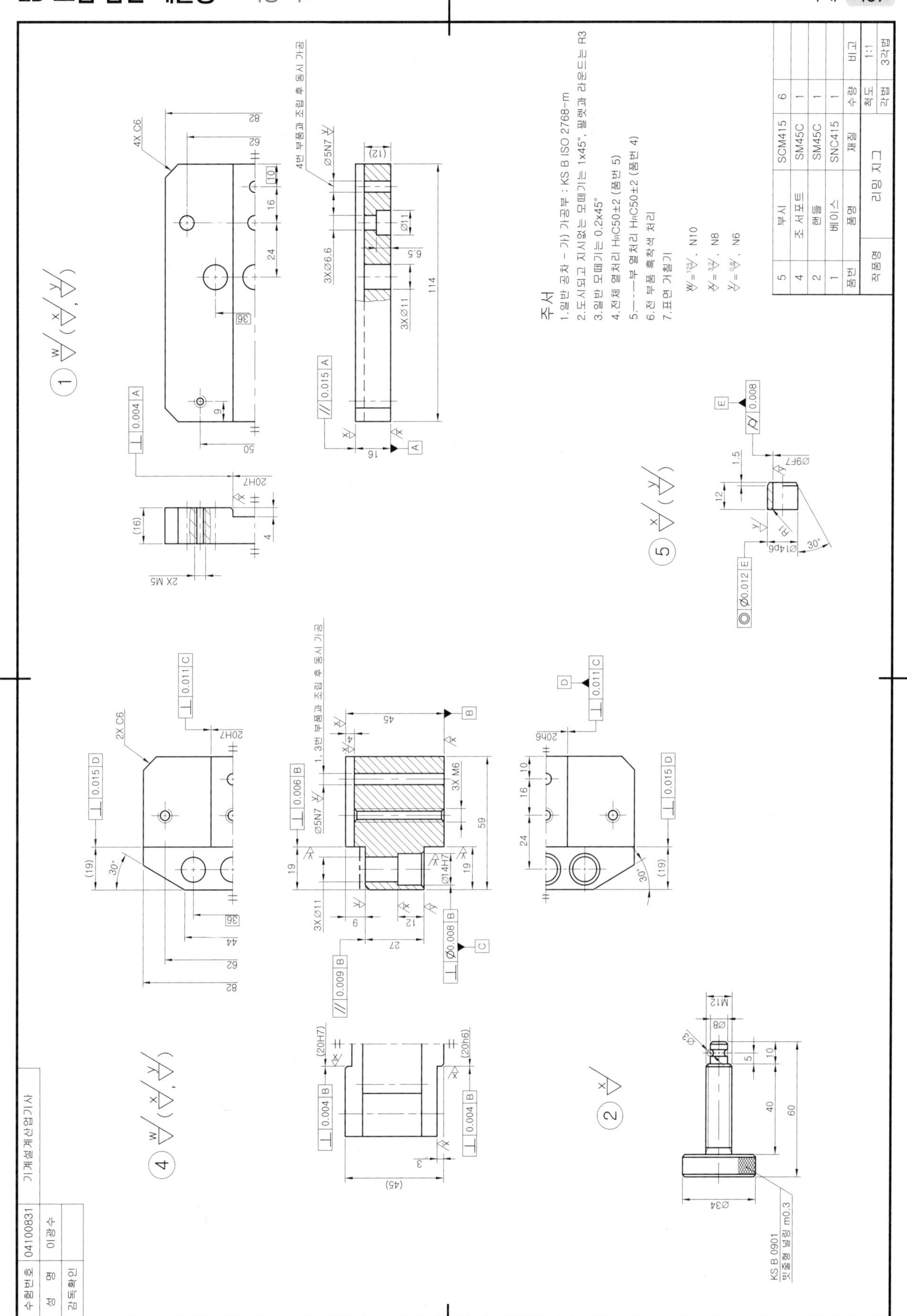
주서
1.일반 공차 - 가) 가공부 : KS B ISO 2768-m
2.도시되고 지시없는 모떼기는 1x45°, 필렛과 라운드는 R3
3.일반 모떼기는 0.2x45°
4.전체 열처리 HRC50±2 (품번 5)
5.——부 열처리 HRC50±2 (품번 4)
6.전 부품 흑착색 처리
7.표면 거칠기
5 부시 SCM415 6
4 조 서포트 SM45C 1
2 핸들 SM45C 1
1 베이스 SNC415 1
품번 품명 재질 수량 비고
작품명 리밍 지그
척도 1:1
각법 3각법
수험번호 04100831
성 명 이광수
감독확인
기계설계산업기사
KS B 0901 빗줄형 널링 m0.3

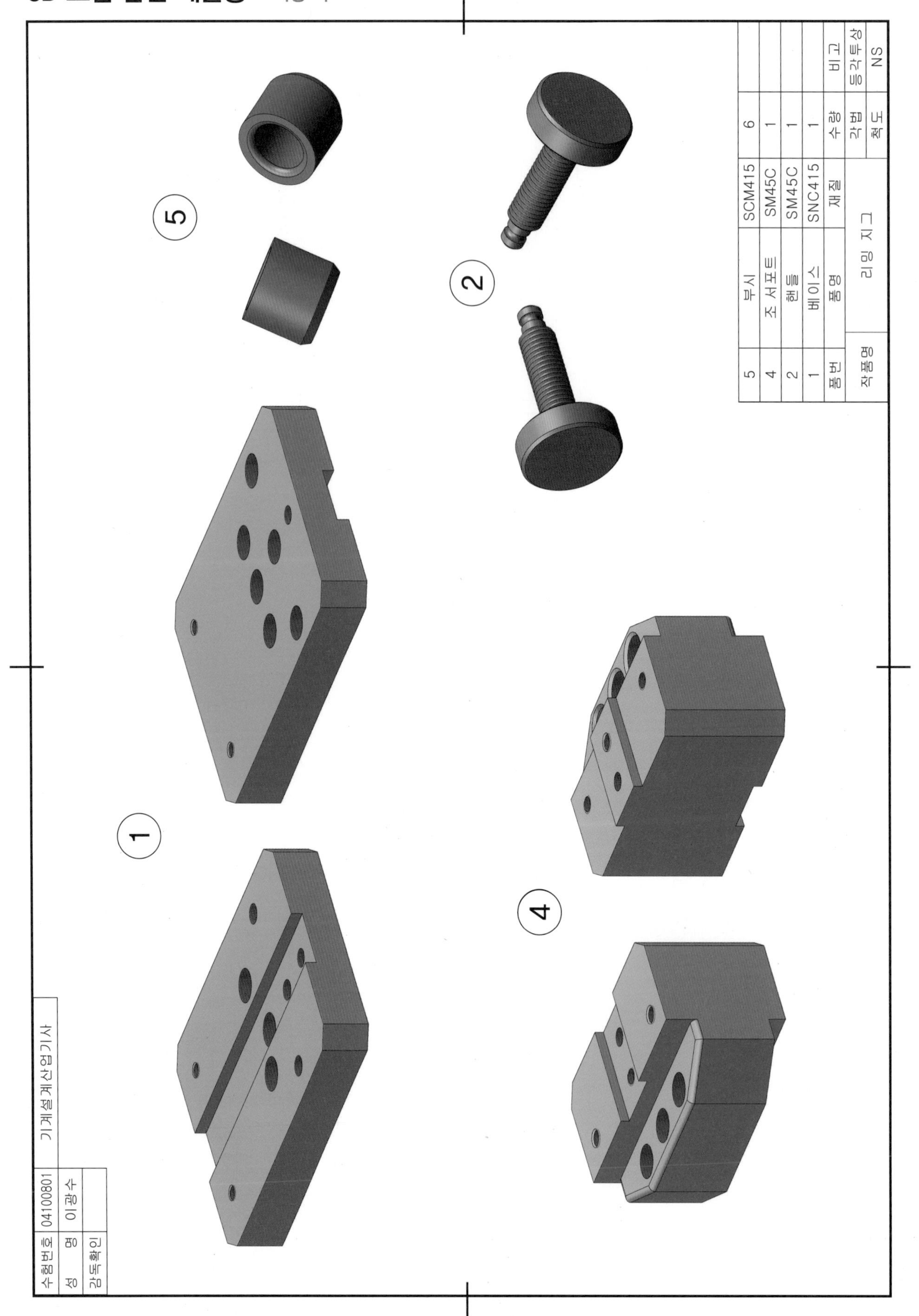

수험번호 04100801 기계설계산업기사
성 명 이광수
감독확인
1
2
4
5
5 부시 SCM415 6
4 조 서포트 SM45C 1
2 핸들 SM45C 1
1 베이스 SNC415 1
품번 품명 재질 수량 비고
작품명 리밍 지그 각법 등각투상
척도 NS

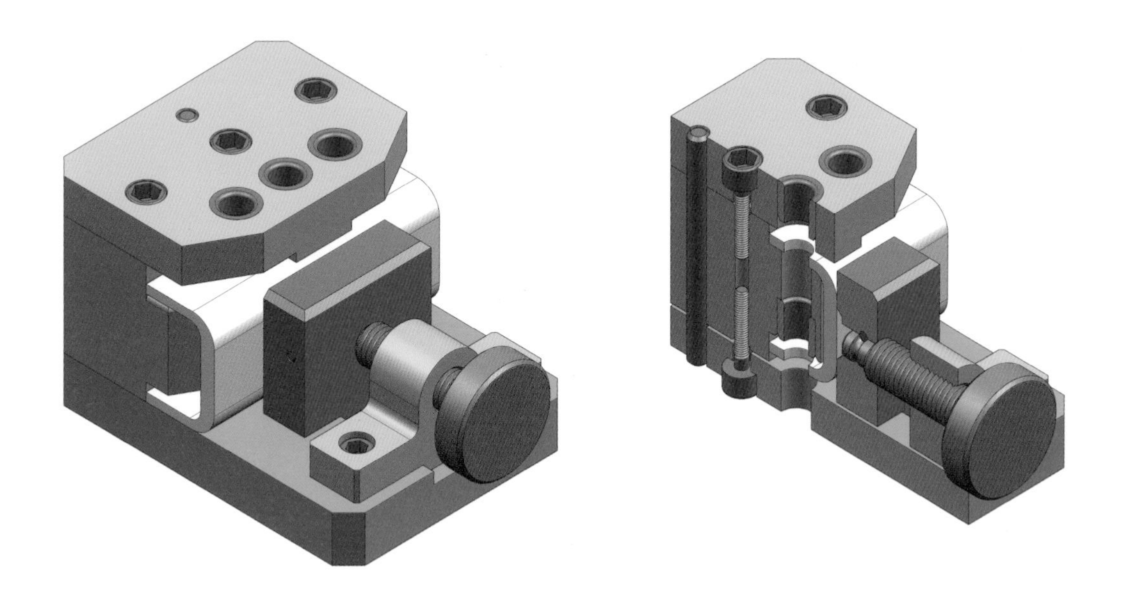

3D 조립 등각투상도 – 리밍 지그

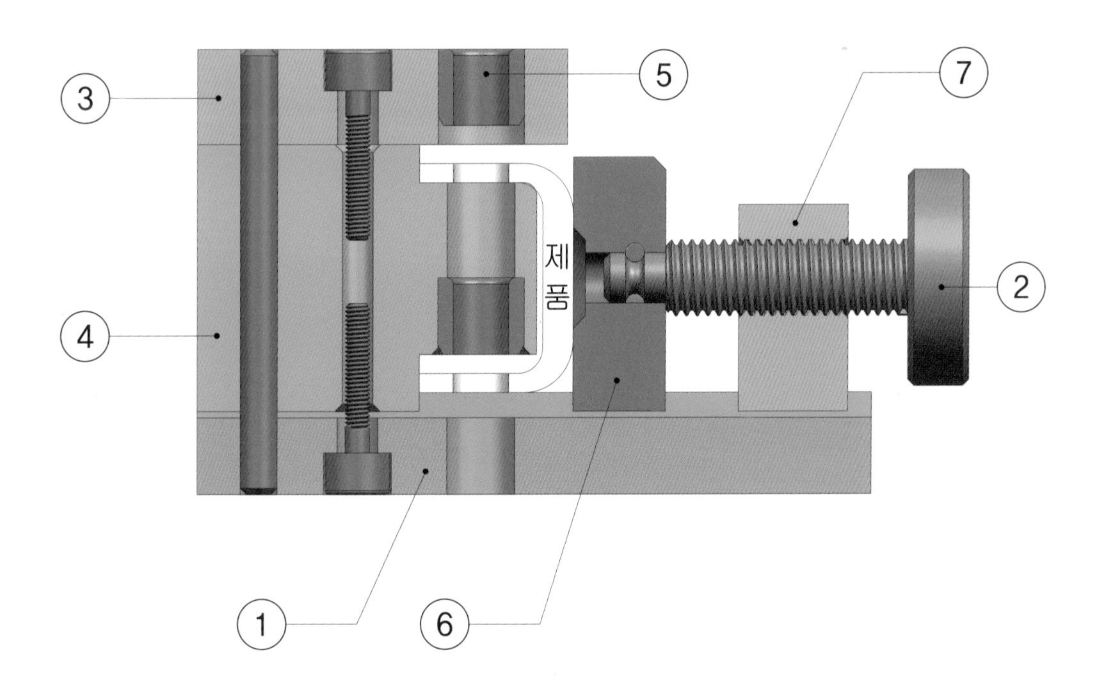

2D 조립 단면도 – 리밍 지그

2D/3D AutoCAD 기계설계제도

2015년 7월 25일 1판 1쇄
2024년 3월 10일 2판 8쇄

저자 : 이광수 · 계상덕 · 김성원
펴낸이 : 이정일

펴낸곳 : 도서출판 **일진사**
www.iljinsa.com

04317 서울시 용산구 효창원로 64길 6
대표전화 : 704-1616, 팩스 : 715-3536
이메일 : webmaster@iljinsa.com
등록번호 : 제1979-000009호(1979.4.2)

값 34,000원

ISBN : 978-89-429-1535-4